U0260298

"十三五"国家重点图书出版规划项目
当代动物营养与饲料科学精品专著

饲用微生物学

SIYONG WEISHENGWUXUE

佟建明　主编

中国农业出版社
北　京

作者简介

佟建明，1978—1985 年在中国农业大学获得学士和硕士学位，1995—1999 年在中国农业科学院研究生院获得博士学位。主要从事饲料添加剂研究，曾主持完成“饲用抗生素研究”和“生物饲料添加剂研究”等多项国家课题。中国农业科学院北京畜牧兽医研究所研究员，全国饲料工业标准化技术委员会微生物及酶制剂工作组组长，北京大北农科技集团股份有限公司饲用微生物工程国家重点实验室学术委员会副主任。

丛书编委会

李军国（研究员，中国农业科学院饲料研究所）
李胜利（教　授，中国农业大学动物科学技术学院）
李爱科（研究员，国家粮食局科学研究院）
呙于明（教　授，中国农业大学动物科学技术学院）
佟建明（研究员，中国农业科学院畜牧兽医研究所）
汪以真（教　授，浙江大学动物科学学院）
张日俊（教　授，中国农业大学动物科学技术学院）
张宏福（研究员，中国农业科学院畜牧兽医研究所）
陈代文（教　授，四川农业大学）
林　海（教　授，山东农业大学动物科技学院动物医学院）
罗　军（教　授，西北农林科技大学）
罗绪刚（研究员，中国农业科学院畜牧兽医研究所）
周志刚（研究员，中国农业科学院饲料研究所）
单安山（教　授，东北农业大学动物科技学院）
孟庆翔（教　授，中国农业大学动物科学技术学院）
侯水生（研究员，中国农业科学院畜牧兽医研究所）
侯永清（教　授，武汉工业大学）
姚　斌（研究员，中国农业科学院饲料研究所）
姚军虎（教　授，西北农林科技大学动物科技学院）
秦贵信（教　授，吉林农业大学动物科学技术学院）
高秀华（研究员，中国农业科学院饲料研究所）
曹兵海（教　授，中国农业大学动物科学技术学院）
彭　健（教　授，华中农业大学动物科学技术学院动物医学院）
蒋宗勇（研究员，广东省农业科学院动物科学研究所）
蔡辉益（研究员，中国农业科学院饲料研究所）
谭支良（研究员，中国科学院亚热带农业生态研究所）
谯仕彦（教　授，中国农业大学动物科学技术学院）
薛　敏（研究员，中国农业科学院饲料研究所）
瞿明仁（教　授，江西农业大学动物科技学院）

审稿专家

卢德勋（研究员，内蒙古自治区农牧业科学院）
计　成（教　授，中国农业大学动物科学技术学院）
杨振海（站　长，全国畜牧总站）
（秘书长，中国饲料工业协会）

本书编写人员

主　编　佟建明

副主编　董晓芳　邓　文

编　者（以汉语拼音为序）

崔东良　邓　文　丁　健　董晓芳

杜　伟　郝生宏　刘士杰　佟建明

王程亮　王黎文　王云山　王志红

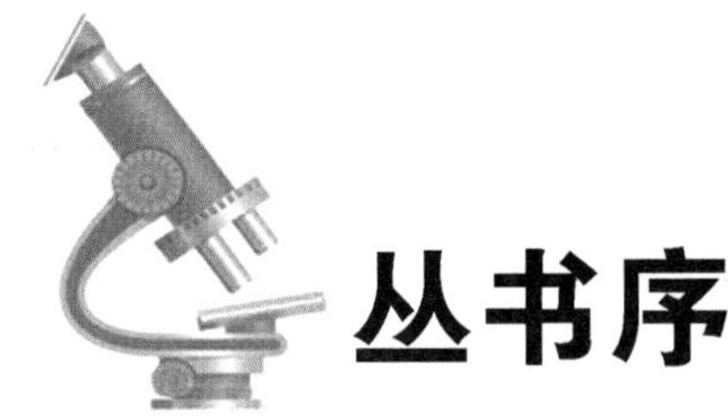

丛书序

经过近 40 年的发展，我国畜牧业取得了举世瞩目的成就，不仅是我国农业领域中集约化程度较高的产业，更成为国民经济的基础性产业之一。我国畜牧业现代化进程的飞速发展得益于畜牧科技事业的巨大进步，畜牧科技的发展已成为我国畜牧科技事业进一步发展的强大推动力。作为畜牧科学体系中的重要学科，动物营养和饲料科学也取得了突出的成绩，为推动我国畜牧业现代化进程做出了历史性的重要贡献。

畜牧业的传统养殖理念重点放在不断提高家畜生产性能上，现在情况发生了重大变化：对畜牧业的要求不仅是要能满足日益增长的畜产品消费数量的要求，而且还对畜产品的品质和安全提出了越来越严格的要求；家畜养殖户越来越认识到养殖效益和动物健康之间相互密切的关系。畜牧业中抗生素的大量使用、饲料原料重金属超标、饲料霉变等问题，使一些有毒有害物质蓄积于畜产品内，直接危害人类健康。这些情况集中到一点，即畜牧业的传统养殖理念必须彻底改变，这是实现我国畜牧业现代化首先要解决的一个最根本的问题。否则，就会出现一系列的问题，如畜牧业的可持续发展受到阻碍、饲料中的非法添加屡禁不止、“人畜争粮”矛盾凸显、食品安全问题受到质疑。

我国最大的国情就是在相当长的时期内处于社会主义初级阶段，我国养殖业生产方式由粗放型向集约化型的根本转变是一个相当长的历史过程。从这样的国情出发，发展我国动物营养学理论和技术，既具有中国特色，对制定我国养殖业长期发展战略有指导性意义；同时也对世界养殖业，特别是对发展中国家养殖业发展具有示范性意义。因此，我们必须清醒地意识到，作为畜牧发展中重要的动物营养的发展正处在一个关键的历史发展时期。这一发展趋势绝不是动物营养学理论和技术体系局部性创新，而是一个涉及动物营养学整体学科思维方式、研究范围和内容，乃至到研究方法和技术手段更新的全局性战略转变。在此期间养殖业内部不同程度的集约化水平长期存在。这就要求动物营养学理论不仅能适应高度集约化养殖业，而且也要能适应中等或初级集约化水平长期存在的需求。近年来，我国学者在动物营养和饲料科学方面作了大量研究，这些研究成果对我国畜种的产业化发展有重要实践价值。

“十三五”饲料工业的持续健康发展，事关动物性“菜篮子”产品的有效供给和质量安全，事关养殖业绿色发展和竞争力提升。从生产发展看，饲料工业是联结种植业和养殖业的中轴产业，而饲料产品又占养殖产品成本的70%。当前，我国粮食库存压力很大，大力发展饲料工业，既是国家粮食去库存的重要渠道，也是实现种养结合、降低生产成本、提高养殖效益的现实选择。从质量安全看，随着人口的增加和消费的提升，城乡居民对保障“舌尖上的安全”提出了新的更高的要求。饲料作为动物产品质量安全的源头和基础，要保障其安全放心，必须从饲料产业链条的每一个环节抓起，特别是在提质增效和保障质量安全方面，把科技进步放在更加突出的位置，支撑安全发展。从绿色发展看，当前我国畜牧业已走过了追求数量和保障质量的阶段，开始迈入绿色可持续发展的新阶段。畜牧业发展决不能“穿新鞋走老路”，继续高投入、高消耗、高污染，而应在源头上控制投入、减量增效，在过程中实施清洁生产、循环利用，在产品上保障绿色安全、引领消费。推介饲料资源高效利用、精准配方、氮磷和矿物元素源头减排、抗菌药物减量使用、微生物发酵等先进技术，促进形成畜牧业绿色发展新局面。

动物营养与饲料科学的理论与技术在保障国家粮食安全、保障食品安全、保障动物健康、提高动物生产水平、改善畜产品质量、降低生产成本、保护生态环境及推动饲料工业发展等方面具有不可替代的重要作用。《当代动物营养与饲料科学精品专著》，是我国动物营养和饲料科技界首次推出的大型理论研究与实际应用相结合的科技类专著应用型丛书，对于传播现代动物营养与饲料科学的创新成果、推动国家绿色发展有重要理论和现实指导意义。

李德发

2018年9月

前　言

饲用微生物是微生物家族中的重要成员，是指那些经过筛选获得的，用以维持动物机体微生态平衡和改善动物生理生化机能，以活菌形式作为饲料添加剂或直接饲喂或用于发酵饲料的微生物。

微生物世界是一个既与人类联系密切又让人类感到陌生的世界。荷兰人安东·列文虎克(Antony Van Leeuwenhoek，1632—1723)，是第一个直接看到微生物的人。他的杰出贡献，使人类对微生物世界的认识从猜想到亲眼所见，真正感受到了微生物世界的客观存在。早在数千年前人类就意识到了微生物的有益作用，并根据经验开始利用微生物，比如酿酒、制酱、酿醋等，而且已经知道利用微生物培养物治疗消化道疾病。另外，人们把微生物发酵作为一种食品保藏和改善风味的手段也早已出现，比如泡菜、腐乳、酸奶、奶酪等。近 100 年来，人们开始通过试验研究发现微生物的某些有益作用，并以此为依据有目的地使用微生物。因此，产生了工业微生物、医用微生物、食品用微生物和饲用微生物。

饲用微生物是一类新产品，在定义上经历了数次变化，目前仍然存在许多不同的说法。1974 年 Parker 提出“益生菌是维持动物肠道内微生态平衡的有机体或物质”。1989 年 Fuller 认为其定义不够科学，定义中的有机体和物质指代不明确，且不能明确把抗生素区分开，因此，将其修订为“一种活的、可通过改善肠道微生态平衡而对动物施加有利影响的微生物饲料添加剂”。其定义修改了具有争议的“物质”一词，同时强调益生菌必须是活的微生物并且需对动物机体产生有利的影响。1992 年 Fuller 再次对饲用微生物的定义进行了修改：“单一或者混合菌种，通过改善宿主的微生态平衡而对宿主产生有益作用的活性微生物饲料添加剂”。这次修改把饲用微生物发挥益生作用的位点从动物肠道内拓展到整个微生态系统。2001 年 FAO/WHO 将益生菌定义为“摄入足够量时对机体产生有益作用的活性微生物”。这一定义更加拓宽了益生菌的范围。除定义外，在术语上也还存在不一致性，比如在英语中，人们常用“probiotics”这一词表示饲用微生物。然而，这个词最早并不是用来表示活菌，而是表示一类微生物的代谢产物，与“antibiotics”相反，这类代谢产物可以促进其他微生物繁殖。1989 年美国 FDA 曾规定停止使用“probiotics”表示饲用微生物，而改用“direct-fed microorganisms (DFM)”，即“直接饲喂微生物”。可能是习惯的原因，目前在学术文章中人们仍然习惯用“probiotics”表示饲用微生物。

目前，全球已有近 50 种微生物被用于饲料添加剂，美国批准使用的最多。已有研究表明，微生物饲料添加剂具有维护肠道健康、提高机体免疫力、缓解不良应激、调节机体脂肪代谢、改善畜产品品质和改善畜舍环境等功效。还有研究表明，微生物饲料添加剂有望替代饲用抗生素。我国的饲用微生物产业正在兴旺发展，据不完全统计，我国现有相关企业 500 余家，批准使用的微生物菌种有近 20 个。然而，在兴旺发展的同时也表现出许多亟待研究解决的理论问题和技术问题。比如，其作用机理、产品的质量控制和检测方法等。这些问题已成为制约这类产品广泛应用的瓶颈。

本书系统介绍了微生物的观察和检测方法，详细介绍了饲用微生物研究、生产和应用的有关技术，对已基本明确的功能及其机理进行深入描述，旨在帮助读者全面、系统地了解饲用微生物，为研究人员、生产者和使用者在实际工作中提供科学帮助，有利克服瓶颈问题，促进饲用微生物产业的发展。

本书的撰写出版得到了北京大北农科技集团股份有限公司饲用微生物工程国家重点实验室的高度重视，并在资金、出版等多方面给予了鼎力支持，在此表示衷心的感谢。最后，本书中的疏漏和错误之处，望读者批评指正。

佟建明

2018 年 3 月 10 日

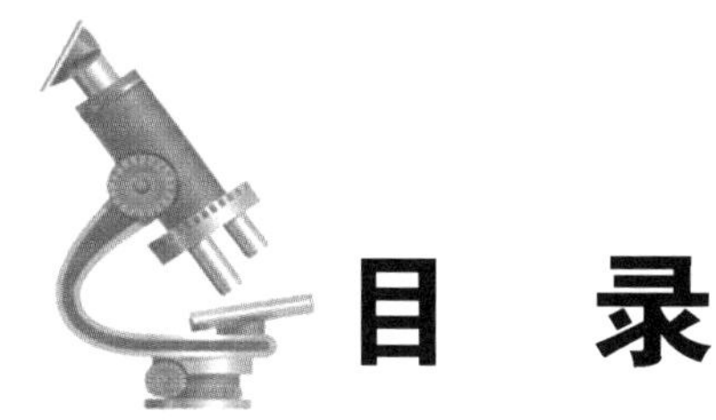

目　录

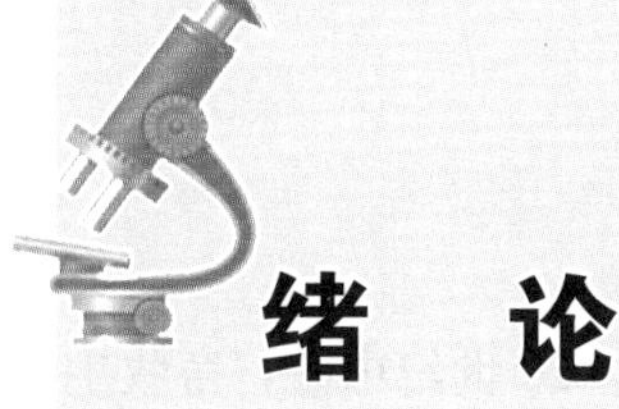

绪 论

一、饲用微生物定义

饲用微生物是指经过筛选获得的，用以维持动物机体微生态平衡和改善动物生理生化机能，以活菌形式作为饲料添加剂或直接饲喂或用于发酵饲料的微生物。

早在数千年前人类就意识到了微生物的存在及其有益作用，并从经验出发开始利用微生物，比如酿酒、制酱、酿醋等，而且已经知道利用微生物培养物治疗消化道疾病。另外，人们把微生物发酵作为一种食品保藏和改善风味的手段也早已出现，比如泡菜、腐乳、酸奶、奶酪等。安东·列文虎克（Antony Van Leeuwenhoek，1632—1723），一位荷兰人，是人类第一个直接看到微生物的人，并对其存在和特征做了详细描述。由于他的杰出贡献，使人类对微生物世界的认识从猜想转变成亲眼所见，真正感受到了微生物世界的客观存在。近100年来，人们开始通过试验研究定向筛选有益微生物，通过人工发酵生产有用的微生物代谢产物或有益微生物，并在微生物学研究的基础上逐渐发展形成了应用微生物学的新领域。随着应用领域的逐渐细化，先后出现了医用微生物、工业微生物、农业微生物和饲用微生物等应用微生物的研究领域。饲用微生物是近几十年来新出现的一个微生物应用方向，其定义也曾经历多次修改和完善，目前仍然存在许多不同的说法。比如，1974年Parker把饲用微生物称为“益生菌”，他认为“益生菌是维持动物肠道内微生态平衡的有机体或物质”。1989年Fuller认为其定义不够科学，定义中的有机体和物质指代不明确，且不能明确地把抗生素区分开，因此，将其修订为“一种活的、可通过改善肠道微生态平衡而对动物施加有利影响的微生物饲料添加剂”。其定义修改了具有争议的“物质”一词，同时强调饲用微生物必须是活的微生物，并且对动物机体应产生有利的影响。1992年Fuller再次对饲用微生物的定义进行了修改，将其修订为“单一或者混合菌种，通过改善宿主的微生态平衡而对宿主产生有益作用的活性微生物饲料添加剂”。这次修改把饲用微生物发挥益生作用的位点从动物肠道内拓展到整个微生态系统。2001年联合国粮食及农业组织（FAO）/世界卫生组织（WHO）将食品用微生物定义为“摄入足够量时对机体产生有益作用的活性微生物”。这一定义更加拓宽了食品用微生物的范围。除定义外，不同国家在术语上还存在差异，比如在英语中，人们常用“probiotics”这一词表示“益生菌”。然而，这个词最早并不是用来表示活菌，而是表示一类微生物的代谢产物，与“antibiotics”相对，意味着这类代谢产物可以促进其他微生物的繁殖。1989美国食品药品监督管理局（FDA）曾提出停止使用“probiotics”表示饲用微生物的规定，而改用“Direct-Fed Microorganisms，

DFM"，即"直接饲喂的微生物"。在加拿大，饲用微生物被称为"活的微生物产品（viable microbial products，VMP）"。

二、饲用微生物的主要功能

对饲用微生物功能研究起步较晚，这与畜牧生产发展紧密相关。20 世纪中叶，畜牧生产规模逐渐扩大，保障健康的对象也从个体或小群体逐渐发展为大的群体。对疾病来讲，更强调有效的预防。也正是在这一时期，饲用微生物的功能研究开始被人们所关注。到目前为止，人们发现了许多有关饲用微生物的功能，如维护肠道健康，缓解不良应激，改善畜舍环境，调节机体脂肪代谢和改善畜产品品质等。

（一）维护肠道健康

小肠是食物消化和吸收的主要部位，其黏膜形态结构影响动物肠道对营养物质的消化吸收能力。有报道显示，肠道黏膜绒毛变短和隐窝加深使机体对营养物质消化吸收的能力下降。Awad 等（2009）用添加乳酸杆菌的日粮（每千克日粮中含有 1×10^9 cfu）饲喂肉鸡后，其肠道黏膜绒毛高度、绒毛高度/隐窝深度值也增加，使肠道维持良好的结构形态，从而促进了对营养物质的消化吸收，改善了饲料转化率，提高了肉仔鸡的增重速度。Giang 等（2010）试验结果也表明，由枯草芽孢杆菌、布拉迪酵母菌和乳酸菌组成的复合活性微生物添加剂提高仔猪生长阶段对蛋白质和有机物质的消化率，进而提高了饲料转化率，平均日增重提高 5.9%。另外，断奶仔猪应激会导致肠道受损，消化功能紊乱，日粮中添加酵母菌也可以加快其断奶后小肠黏膜结构的恢复，增加小肠绒毛高度，降低隐窝深度，并且使肠壁黏液层厚度降低，改善对营养物质的消化吸收（Bontempo 等，2006）。在断奶仔猪日粮中添加益生菌还可以提高采食量和回肠消化率，改善饲料转化率，提高断奶仔猪的生产性能，这个试验结果同时也表明了由多菌种组成的益生菌的应用效果要优于单一菌种（Giang 等，2010）。Moallem 等（2009）用活酵母作为添加剂饲喂奶牛，与对照组相比，日平均干物质采食量增加了 2.5%，日平均产奶量增加了 4.1%，提高了饲料转化率。

维护动物肠道健康是微生物饲料添加剂的一个重要功能。动物肠道中既存在着有益微生物，又存在潜在病原微生物，相互竞争，相互制约。益生菌通过竞争性排斥和提高机体免疫能力减少病原微生物在机体内的定植。抵抗疾病感染的机制包括产生有机酸、过氧化氢、抗菌物质、与病原微生物竞争营养素和结合位点、发挥抗毒素和刺激免疫系统的作用等。Giang 等（2010）研究表明，在日粮中添加益生菌可以减少断奶仔猪腹泻的发生，增加肠道中乳酸菌数量和有机酸的含量，减少大肠杆菌的定植；而且发现肠道黏膜的巨噬细胞明显增多，这可能会增强对细菌感染的抵抗力。Lee 等（2010）报道，芽孢杆菌可以降低肉鸡血清 α1-酸性糖蛋白的水平，但能否发挥作用，不同菌株之间有很大的差异。Mountzouris 等（2010）研究了不同水平的混合菌株益生菌（主要乳酸菌和双歧杆菌）对肉鸡血浆中免疫球蛋白和粪中菌群组成的影响。结果表明，益生菌对血浆中 IgA、IgM、IgG 和总 Ig 水平没有什么影响，但是提高了粪中乳杆菌和双歧杆菌的浓度，降低了粪中大肠杆菌的浓度。Choi 等（2011）试验比较了液体深层发酵和固体底物发酵产生的由多菌株组成的益生菌和抗生素对断奶仔猪的影响。结果表明，固体底物发酵产生的益生菌改善了粪中的菌群结构，提高了粪中乳杆菌的含量，并且减少了粪中梭菌和大肠杆菌的数量。Le Bon 等（2010）用混合益生菌（布拉酿酒酵母菌和乳酸片球菌）饲喂仔猪，增加了小肠黏膜高度和隐窝深度，并且显著降低了大肠杆菌数量。

（二）缓解不良应激

应激是目前影响动物生产性能的主要因素之一。过高的温度会导致动物热应激，使其生理机能发生变化和紊乱，表现为采食量的下降，轻者生长缓慢、抵抗力降低，重者死亡率增加，造成较大的经济损失。Sohail 等（2010）报道，益生菌可以维持肉鸡热应激时肠道菌群的平衡，直接或间接影响下丘脑-垂体-肾上腺和下丘脑-垂体-甲状腺轴的活动，降低肾上腺皮质醇水平，减轻炎症反应，增强机体体液免疫力。Deng 等（2012）的研究结果表明，热应激破坏产蛋鸡肠道黏膜结构，降低肠道黏膜免疫水平，在每千克日粮中添加 10^7 活菌单位的地衣芽孢杆菌可以明显改善热应激条件下肠道的黏膜结构，保持黏膜免疫反应，克服了蛋鸡采食量和产蛋率的下降。另外，日粮中添加益生菌可以降低热应激时肉鸡的氧化损伤，从而降低热应激对肉鸡的不利影响（Sohail 等，2011）。在早期断奶仔猪饲料中添加纳豆芽孢杆菌提高了血清超氧化物歧化酶和谷胱甘肽过氧化物酶活性，减少血清丙二醛的含量，对仔猪的抗氧化机能有改善作用。Kodali 等（2008）研究发现，凝结芽孢杆菌可以分泌多糖，这些多糖有明显的抗氧化和自由基清除能力。

（三）改善畜舍环境

随着畜禽生产集约化、规模化的快速发展，养殖过程中产生的有害气体已是环境污染的一个重要来源。畜舍中有害气体达到一定浓度后不仅使养殖人员感到不悦，并且降低了动物对疾病的抵抗力和生产性能。降低畜舍中有害气体的措施通常为增强通风换气、放置气体吸附剂或喷洒化学除臭剂和在饲料中添加除臭剂等。动物体内和体外试验的研究结果表明，微生物饲料添加剂可以减少有害气体的产生。Chang 等（2003）用乳酸菌处理日粮使肉鸡舍环境中的氨气水平和粪 pH 与水分含量都明显降低，挥发性有机物质（如 1-丙醇、1-丁醇、3-甲基己烷和 2-甲苯等）都降低到检测不出的水平，其他的主要恶臭气体（如丁酮、己醛和二甲基二硫醚等）也有降低，说明该乳酸菌可以减少肉鸡舍中恶臭气体的产生，显著改善畜舍环境。硫化物和氨化物是动物粪便中主要有毒性和臭味的物质。Naidu 等（2002）体外试验结果表明，干酪乳杆菌 KE99 与表皮基质细胞和 Caco-2 单层细胞有很强的结合力，并且减少大肠杆菌在生物基质上的定植，显著减少 MRS 培养基中的含硫和含氨化合物。Chu 等（2011）报道，益生菌减少有害气体产生是由于其改变了粪便中挥发性脂肪酸组成，显著降低了粪便中丙酸盐含量。畜舍中恶臭气体的产生和粪便的残留是由于粪便中没有足够使之降解的微生物（Davis，2008）。益生菌改善畜舍环境可能是因为加强了动物后段消化道中的微生物代谢活动，减少了产生恶臭气味物质的排泄，或是增加了粪便中使粪便分解的微生物数量，加强了畜舍中粪便的分解（Sutton，1999）。

（四）改善畜产品品质

随着生活水平的提高，消费者对畜产品品质的要求也在逐步提高。畜产品中脂肪酸的组成和胆固醇含量受到广泛关注（Jimenez-Colmenero 等，2001）。微生物饲料添加剂改善畜产品品质普遍的方式就是调节其中脂肪酸的组成和胆固醇含量。Salma 等（2007a）一系列的研究表明，饲粮中添加荚膜红细菌可以提高肉仔鸡腿肌和胸肌中不饱和脂肪酸与饱和脂肪酸的比例，降低蛋黄中的胆固醇和甘油三酯的含量，增加其随粪便的排出，并且提高蛋黄中不饱和脂肪酸与饱和脂肪酸的比例（Salma 等，2007b），蛋鸡饲粮中添加水平为 0.04%时，显著降低了蛋黄中胆固醇和甘油三酯的浓度，并且随着添加水平的增加而呈线性递减（Salma 等，2011）。饲粮中添加地衣芽孢杆菌还可以使鸡蛋蛋壳厚度、蛋黄颜色和哈氏单位增加（Li 等，2006）。Tsujii 等（2007）的研究结果也表明，沼泽红假单胞菌和荚膜红细菌都显著降低了大鼠血清胆固醇、甘油三酯、低密度脂蛋白、极低密度脂蛋白和肝脏甘油三酯的含量。Yang 等（2010）在饲粮中添加酪酸梭状芽孢杆菌显著改善了肉鸡的肉质和胸肌的脂肪酸组成，增加了胸肌 C20：5 n-3 和总 n-3 多不饱和脂肪酸的含量，并且提高了胸肌脂肪含量，降低剪切力。凝结芽孢杆菌也可以改善广西三黄鸡的口感，降低胸肌的剪切力和滴水损失（Zhou 等，2010）。Parra 等（2010）的研究结果却显示，地衣芽孢杆菌和枯草芽孢杆菌对伊比利亚猪的肉质没有影响，胆固醇含量和脂肪酸组成没有发生明显的变化。分析原因可能是与所使用的菌种和试验周期较短有关。

三、饲用微生物的作用机制及特点

饲用微生物主要是通过影响动物消化道微环境或是与宿主之间的互作来发挥作用，因此不同于化学药物那样立竿见影。当动物机体受到各种应激时，饲用微生物保持消化道微生物区系的正常平衡，从而维持正常的消化环境，最终参与保证营养物质充分消化吸收和维持畜禽机体健康，实现最大的生长发育潜能。有的饲用微生物具有非特异性免疫激活作用，作为畜禽增强抗病力的手段是可能的，如在没有使用抗菌性药物的饲养场可用来控制沙门菌等病原菌，当然这种效果也可由微生物的竞争排斥作用产生。

饲用微生物的作用机制比较复杂，目前还不十分清楚。以往研究结果表明，菌株能黏附到肠壁上，从而阻止病原的黏附和生长，同时，对宿主的免疫系统发挥非特异的促进作用，增强免疫系统的保护功能（Reid 等，1987；Perdigon 等，1995）。有关研究还发现饲用微生物菌株可以产生抗感染物质，如挥发性脂肪酸、过氧化氢和细菌素等，还能产生刺激动物机体细胞的信号物质，这些信号物质可以促使黏膜屏障加强，从而阻止病原菌的入侵（Mack 等，2003；Ocana 和 Elena Nader-Macias，2004）。对饲用微生物的作用机制研究仍是一个热点课题，目前将其作用机制解释为如下 6 种：①产生乳酸和挥发性脂肪酸，降低肠道 pH，抑制病原菌和条件致病菌的增殖；②产生过氧化氢和细菌素，抑制病原微生物生长或将其杀灭；③减少毒性氨和胺的产生；④通过对肠道上皮细胞的黏附和定植，竞争性抑制有害病原微生物，激活非特异性免疫；⑤产生维生素和酶，有益于消化和提供宿主必需的养分；⑥分解或中和内毒素。

饲用微生物发挥作用的重要物质基础是活菌，其安全性和活力非常重要。当菌株具有安全保障后，其活力就成为了制约因素，一旦菌株丧失了活力，其功效将显著降低，甚至消失。因此，确保菌株在饲料中和在使用过程中的活力就显得尤为重要。人们对饲用微生物菌株应具备的特点提出了如下要求：①应是非致病性和无毒的；②应是可改善微生态平衡和增强宿主抗病机能的；③应能抵抗酸碱度的变化、胆汁酸和消化酶，在肠道环境中存活的；④应能在规定的贮存期中和使用过程中保持稳定活性的；⑤易于人工培养的。

四、饲用微生物与益生元

Gibson 等在 1995 年提出益生元（probiotics）的概念。益生元是指能够选择性地促进宿主肠道内原有的一种或几种有益微生物生长繁殖的物质，通过有益菌的繁殖增多，抑制有害细菌生长，从而达到调整肠道菌群，促进机体健康的目的。益生元通常被认为应具备以下四个特点：①在胃肠道的上部，既不能水解，也不能被宿主吸收；②只能选择性对肠内有益菌（双歧杆菌等）有刺激生长繁殖或激活代谢功能的作用；③能够提高肠内有益于健康的优势菌群的构成和数量；④能起到增强宿主机体健康的作用。

这类物质最早发现的是双歧因子（bifidus factor），如各种寡糖类物质（oligosaccharides）或称低聚糖，常见的有乳果糖（lactulose）、蔗糖低聚糖（oligosucrose）、棉籽低聚糖（oligofaffinose）、异麦芽低聚糖（oligomaltose）、玉米低聚糖（cornoligossacharides）和大豆低聚糖（soybean oligosaceharides）等。由于机体胃肠道缺乏水解这些低聚糖的酶系统，因此它们大部分可顺利通过胃和小肠而不被降解利用，直接进入大肠内被双歧杆菌和乳酸杆菌等有益菌所利用，有害菌对其利用率极低或不能利用，从而使有益菌大量生长繁殖而抑制病原菌如大肠杆菌、梭状芽孢杆菌和沙门菌的生长。Gibson（1994，1995）认为，双歧杆菌数量的增加可以改变肠道微生态，抑制有害菌的繁殖。而且低聚糖类益生元大多具有良好水溶性，黏度低，不结合矿物质，口感清爽，甜度低，且酸稳定性、热稳定性和贮存稳定性均较好，无不良风味。其他尚有一些有机酸及其盐类，如葡萄糖酸和葡萄糖酸钙以及某些中草药类，如人参、党参、黄芪等，或茶叶提取物亦能起到益生元的作用。

有研究表明，低聚果糖（fructooligosaccharide，FOS）能够明显提高肉鸡抗病力和日增重（Waldroup 等，1993），提高断奶仔猪增重速度和饲料转化率（Oli 等，1998）；甘露低聚糖（mannooligosaccharides，MOS）可显著提高犊牛的日增重，降低疾病发生率；提高断奶仔猪的日增重和饲料转化率，提高鸡白细胞吞噬能力和 PHA 淋巴细胞转化率，有效改善鸡肠道微生态环境，显著降低大肠杆菌数和盲肠、回肠内容物 pH，并显著提高鸡血清超氧化物歧化酶（SOD）和谷胱甘肽过氧化物酶（CSH-Px）活性。另外，还发现，低聚糖能够显著降低仔猪产生的氨、吲哚、粪臭素和对甲酚等有害物质，但过量使用会导致胀气。寡糖的化学性质稳定，而且具有耐高温和耐酸等优点，其应用方便，在粉料、颗粒料和膨化料中均可使用。

低聚糖由于其分子间结合位置及结合类型特殊，饲喂后不能被单胃动物自身分泌的消化酶分解。单胃动物消化道后部寄生着大量微生物，这些微生物可产生切断多聚糖或低聚糖末端糖苷键的酶，并产生水解聚合链中间各种糖苷键的酶，从而以非消化性寡糖（NDOS）→单糖→乳酸和丙酮酸→挥发脂肪酸→二氧化碳和水的消化过程将寡聚糖消化，为有益微生物或机体所直接利用。低聚糖可直接进入肠道，能为乳杆菌、双歧杆菌等有益菌的生长繁殖所利用，产生二氧化碳和挥发性脂肪酸，促进有益菌大量繁殖；同时，使肠道 pH 下降。对大肠杆菌、沙门菌等有害菌有抑制作用，并能把病原菌带出体外和具有充当免疫刺激因子等作用。低聚糖具有调节肠道正常蠕动的作用，间接阻止病原菌在肠道中的定植，从而起到有益菌的增殖因子作用。某些寡糖的结构与肠上皮寡糖结构受体相似，可与病原菌的外源凝集素特异性结合，使病原菌不能在肠壁上黏附，而随寡糖通过消化道排出体外。有研究表明，当甘露寡糖存在时，具有甘露寡糖特异性外源凝集素的大肠杆菌不附着哺乳动物肠道上皮细胞。体外试验证明，已黏附在肠道上皮组织上的大肠杆菌接触甘露寡糖后可在30min内脱落。这个结果表明，寡糖不但可阻止病原菌在肠壁上的附着，而且也能“洗脱”已黏附的病原菌。同时饲料中添加甘露寡糖，可以改善肠道微生物组成，形成以双歧杆菌和乳酸杆菌为优势菌的肠道菌群。

胃肠道中乳酸杆菌、双歧杆菌等能利用低聚果糖，大肠沙门菌等有害菌不能利用低聚果糖。因此，寡果糖等可促进乳酸菌等菌种的增殖，并通过有益菌增殖而抑制病原菌，从而提高动物生长速度、改善动物健康状况、提高饲料转化率和动物免疫力等。在鸡饲料中同时添加0.75%寡果糖和饲用微生物，第7天沙门菌感染鸡的百分率比单独添加饲用微生物降低42%，表明将两者联用更有效。大鼠试验结果表明，对大鼠分2次用皮下结肠致癌物质进行处理，发现含有*B. longum*和菊粉的试验组在减少结肠癌上具有协同作用。饲用微生物和益生元两者混合饲喂仔猪后，其日增重比单喂益生元组提高4.03%，饲料利用率差异不显著，但与单喂益生元相比具有提高的趋势，同时其腹泻率是试验组中最低的。研究饲用微生物和益生元对雏鸡和哺乳仔猪的作用时发现，甘露寡糖、粪链球菌以及两者混合使用都可极显著提高雏鸡血液中超氧化物歧化酶（SOD）和谷胱甘肽过氧化物酶（GSH-Px）的活性。因此，在实际应用中，有些人将饲用微生物与益生元联合使用，以增强产品的保健功效。这类产品被称作合生素（synbiotics），当其到达肠腔后可使随同进入的饲用微生物更趋于繁殖增多，从而促进外源益生菌在动物肠道中定植或占据优势，使之更能发挥抗病、保健的有益作用。

五、饲用微生物的发展前景

微生物和人类及其他生物一样，是自然界不可缺失的组成成分。随着人们对微生物认识的不断深入，越来越清楚地发现微生物与宿主的健康紧密相关，适当改变或调节微生物区系的变化，对动物健康将起到明显的促进作用，甚至可以替代化学药物的治疗。近年来养殖业迅速发展，由于快速生长的畜禽品种免疫功能低下、集约化高密度养殖及恶劣的养殖环境易导致交叉感染、应激以及畜禽疾病防治体系的不健全等因素，导致了在养殖过程中畜禽对抗生素的依赖。长期低剂量使用抗生素作为促生长剂和群体防治措施、抗生素的长期滥用和误用使得耐药菌株大量产生，当疾病发生时，抗生素的作用效果降低，而不得不加大使用剂量，这又导致了畜禽产品中的药物残留问题，从而导致恶性循环。化学药物在畜牧生产中的滥用已经成为一个社会广泛关注的问题。因此，人们越来越广泛关注饲用微生物的作用。

食以安为先，发展绿色饲料产品、实施健康养殖是确保畜产品安全的关键，也是发展高效益畜牧业，推进畜牧业产业结构战略性调整和健康持续发展的重要途径之一。饲用微生物从调整微生态失调入手，用以恢复生态平衡，或是以不同方式调节免疫系统抵抗病原微生物的入侵，理论上不存在抗药性和药残的弊端；饲用微生物的重要作用在于促进动物体内有益微生物的定植和生长优势的形成，抑制病原微生物和条件致病菌的生长，因此正常情况下并不会导致二重感染或内源感染；饲用微生物可以根据需要以不同方式来激活免疫系统或是维持免疫平衡，因此不会像抗生素那样导致广泛的免疫抑制。因此，从理论上和安全角度出发，饲用微生物产品具有三个特点：一是在动物生产过程中不产生药物残留，不产生毒副作用，对动物生长不构成危害，其动物产品对人类健康无害；二是菌种来源于自然环境，从动物的排泄物再排出后对环境没有污染；三是对肉蛋奶等畜产品不产生异味，而且具有改善风味的作用。当然，要真正使饲用微生物具备上述特性和在实际生产中发挥积极作用，还需要不断加强和完善饲用微生物的研究。

饲用微生物与其他化学药物相比，在使用中具有较强的生物安全保障。随着饲用微生物的功效研究不断深入，其产品定位更加明确，应用效果会更加肯定，伴随人们生物安全意识的不断增强，饲用微生物将成为保障动物健康的首选技术之一。

参考文献

蔡辉益，霍启光，1993. 饲用微生物添加剂研究与进展［J］. 饲料工业（14）：7-12.

戴自英，1992. 实用抗菌药物学［M］. 上海：上海科学技术出版社.

狄婷婷，高原，2012. 粪肠球菌主要毒力因子研究进展［J］. 中国病原生物学杂志，7（3）：231-234.

郭本恒，2004. 益生菌［M］. 北京：化学工业出版社.

何明清，1993. 动物微生态学［M］. 北京：中国农业出版社.

康白，1988. 微生态学［M］. 大连：大连出版社.

沈萍，陈向东，2007. 微生物学［M］. 2 版. 北京：高等教育出版社.

佟建明，沈建忠，2000. 饲用抗生素研究与应用［M］. 北京：中国农业大学出版社.

张刚，2007. 乳酸细菌基础、技术和应用［M］. 北京：化学工业出版社.

张文治，1995. 新编食品微生物学［M］. 北京：中国轻工业出版社.

Awad W A，Ghareeb K，Abdel-Raheem S，et al.，2009. Effects of dietary inclusion of probiotic and synbiotic on growth performance，organ weights，and intestinal histomorphology of broiler chickens［J］. Poult Sci.，88（1）：49-56.

Bontempo V，Di Giancamillo A，Savoini G，et al.，2006. Live yeast dietary supplementation acts upon intestinal morpho-functional aspects and growth in weanling piglets［J］. Animal feed science and technology，129（3-4）：224-236.

Chambers J R，Gong J，2011. The intestinal microbiota and its modulation for Salmonella control in chickens［J］. Food Research International，44（10）：3149-3159.

Chang M H，Chen T C，2003. Reduction of broiler house malodor by direct feeding of a Lactobacilli containing probiotic［J］. International Journal of Poultry Science，2（5）：313-317.

Choi J Y，Shinde P L，Ingale S L，et al.，2011. Evaluation of multi-microbe probiotics prepared by submerged liquid or solid substrate fermentation and antibiotics in weaning pigs［J］. Livestock Science，138（1-3）：144-151.

Chu G M，Lee S J，Jeong H S，et al.，2011. Efficacy of probiotics from anaerobic microflora with prebiotics on growth performance and noxious gas emission in growing pigs［J］. Anim Sci J.，82（2）：282-290.

Deng W，Dong X F，Tong J M，et al.，2012. The probiotic Bacillus licheniformis ameliorates heat-induced impairment of egg production，gut morphology，and intestinal mucosal immunity in laying hens［J］. Poult Sci.，91（3）：575-582.

Giang H H，Viet T Q，Ogle B，et al.，2011. Effects of Supplementation of probiotics on the Performance，Nutrient Digestibility and Faecal Microflora in Growing-finishing Pigs［J］. Asian-Australasian Journal of Animal Sciences，24（5）：655-661.

Giang H H, Viet T Q, Ogle B, et al., 2012. Growth performance, digestibility, gut environment and health status in weaned piglets fed a diet supplemented with a complex of lactic acid bacteria alone or in combination with Bacillus subtilis and Saccharomyces boulardii [J]. Livestock Science, 143 (2-3): 132-141.

Hansen I G, Mφllgaard H, 1947. Investigations of the Effect of Lactic Acid on the Metabolism of Calcium and Phosphorus [J]. Acta Physiologica Scandinavica, 14 (1-2): 158-170.

Jimenez-Colmenero F, Carballo J, Cofrades S, 2001. Healthier meat and meat products: their role as functional foods [J]. Meat Science, 59 (1): 5-13.

Kodali V P, Sen R, 2008. Antioxidant and free radical scavenging activities of an exopolysaccharide from a probiotic bacterium [J]. Biotechnol J., 3 (2): 245-251.

Le Bon M, Davies H E, Glynn C, et al., 2010. Influence of probiotics on gut health in the weaned pig [J]. Livestock Science, 133 (1-3): 179-181.

Lee K W, Lee S H, Lillehoj H S, et al., 2010. Effects of direct-fed microbials on growth performance, gut morphometry, and immune characteristics in broiler chickens [J]. Poult Sci., 89 (2): 203-216.

Lil, Xu C L, Ji C, et al., 2006. Effects of a dried Bacillus subtilis culture on egg quality [J]. Poult Sci., 85 (2): 364-368.

Marteau P R, Vrese M, Cellier C J, et al., 2001. Protection from gastrointestinal diseases with the use of probiotics [J]. The American journal of clinical nutrition, 73 (2): 430.

Moallem U, Lehrer H, Livshitz L, et al., 2009. The effects of live yeast supplementation to dairy cows during the hot season on production, feed efficiency, and digestibility [J]. J Dairy Sci., 92 (1): 343-351.

Naidu A S, Xie X, Leumer D A, et al., 2002. Reduction of sulfide, ammonia compounds, and adhesion properties of Lactobacillus casei strain KE99 in vitro [J]. Current microbiology, 44 (3): 196-205.

Parra V, Petron M J, Martin L, et al., 2010. Modification of the fat composition of the Iberian pig using Bacillus licheniformis and Bacillus subtilis [J]. European Journal of Lipid Science and Technology, 112 (7): 720-726.

Salma U, Miah A G, Maki T, et al., 2007. Effect of dietary *Rhodobacter* capsulatus on cholesterol concentration and fatty acid composition in broiler meat [J]. Poult Sci., 86 (9): 1920-1926.

Salma U, Miah A G, Tareq K M, et al., 2007. Effect of dietary *Rhodobacter* capsulatus on egg-yolk cholesterol and laying hen performance [J]. Poult Sci., 86 (4): 714-719.

Salma U, Miah A G, Tsujii H, et al., 2012. Effect of dietary *Rhodobacter* capsulatus on lipid fractions and egg-yolk fatty acid composition in laying hens [J]. J Anim Physiol Anim Nutr., 96 (6): 1091-1100.

Silbergeld E K, Graham J, Price L B, 2008. Industrial food animal production, antimicrobial resistance, and human health [J]. Annu. Rev. Public Health, 29: 151-169.

Sohail M U, Ijaz A, Yousaf M S, et al., 2010. Alleviation of cyclic heat stress in broilers by dietary supplementation of mannan-oligosaccharide and Lactobacillus-based probiotic: dynamics of cortisol, thyroid hormones, cholesterol, C-reactive protein, and humoral immunity [J]. Poult Sci., 89 (9): 1934-1938.

Sohail M U, Rahman Z U, Ijaz A, et al., 2011. Single or combined effects of mannan-oligosaccharides and probiotic supplements on the total oxidants, total antioxidants, enzymatic antioxidants, liver enzymes, and serum trace minerals in cyclic heat-stressed broilers [J]. Poult Sci., 90 (11): 2573-2577.

Threlfall E J, Ward L R, Frost J A, et al., 2000. The emergence and spread of antibiotic resistance in food-borne bacteria [J]. Int J Food Microbiol, 62 (1-2): 1-5.

Tsujii H, Nishioka M, Salma U, et al., 2007. Comparative study on hypocholesterolemic effect of *Rhodopseudomonas* palustris and *Rhodobacter* capsulatus on rats fed a high cholesterol diet [J]. Animal Science Journal, 78 (5): 535-540.

Wolfenden R E, Pumford N R, Morgan M J, et al., 2011. Evaluation of selected direct-fed microbial candidates on live performance and Salmonella reduction in commercial turkey brooding houses [J]. Poult Sci., 90 (11): 2627-2631.

Woods V B, Fearon A M, 2009. Dietary sources of unsaturated fatty acids for animals and their transfer into meat, milk and eggs: A review [J]. Livestock Science, 126 (1-3): 1-20.

Xu Z R, Hu C H, Xia M S, et al., 2003. Effects of dietary fructooligosaccharide on digestive enzyme activities, intestinal microflora and morphology of male broilers [J]. Poult Sci., 82 (6): 1030-1036.

Yang X, Zhang B, Guo Y, et al., 2010. Effects of dietary lipids and Clostridium butyricum on fat deposition and meat quality of broiler chickens [J]. Poult Sci., 89 (2): 254-260.

Yeo J, Kim K I, 1997. Effect of feeding diets containing an antibiotic, a probiotic, or yucca extract on growth and intestinal urease activity in broiler chicks [J]. Poult Sci., 76 (2): 381-385.

Zhou X, Wang Y, Gu Q, et al., 2010. Effect of dietary probiotic, Bacillus coagulans, on growth performance, chemical composition, and meat quality of Guangxi Yellow chicken [J]. Poult Sci., 89 (3): 588-593.

第一章 微生物学基础

第一节　微生物学发展

微生物学（microbiology）是研究微生物在一定条件下的形态结构、生理生化、遗传变异、分类、进化和生态等自然规律及应用的科学。这些微生物包括病毒、亚病毒因子（卫星病毒、卫星 RNA 和朊病毒）、具有原核细胞结构的细菌、古生菌以及具真核细胞结构的真菌（酵母、霉菌、蕈菌等）、单细胞藻类、原生动物等。但其中也有少数成员是肉眼可见的，比如一种大小可达 0.75mm 的硫黄细菌（*Thiomargarita namibiensis*）。微生物的丰富多样性和独特的生物学特性，使其在生命科学领域占据重要的地位。另外，随着生命科学领域中不同学科的交叉和融合，微生物学对推动生命科学的发展也发挥了积极重要的作用。

微生物在许多重要生物制品的生产中具有不可替代的作用，比如抗生素、疫苗、维生素、酶、奶酪、啤酒等。同时，人类和动物的生存环境中不可缺少微生物，有了它们才使得环境中物质能够进行有序的循环。在人们真正看到微生物之前，实际上已经猜想或感觉到它们的存在，甚至不知不觉中应用它们了。4 000 多年前我国酿酒已十分普遍，公元 6 世纪，我国贾思勰的《齐民要术》详细记载了制曲、酿酒、制酱等工艺。真正看见并描述微生物的第一个人是安东尼·列文虎克（Antony Van Leeuwenhoek，1632—1723）（图 1-1）。他是一位荷兰商人，用他自己制造的，放大倍数为 50～300 倍的显微镜发现了微生物，当时称其为微小动物。继列文虎克发现微生物世界以后的 200 年间，微生物学的研究基本上停留在形态描述和分类研究上。直到 19 世纪中期，法国的路易斯·巴斯德（Louis Pasteur，1822—1895）和德国的罗伯特·柯赫（Robert Koch，1843—1910）（图 1-1）等科学家们将对微生物的研究从形态描述推进到生理生化研究，从而揭示了微生物是造成腐败和人畜疾病的原因。在他们的研究基础上，建立了分离、培养、接种和灭菌等一系列微生物学操作技术，从而奠定了微生物学研究的方法学基础，也开辟了医学和工业微生物等分支学科。

巴斯德为微生物学的建立和发展做出了许多卓越的贡献，比如第一个研究成功了鸡霍乱疫苗和狂犬病疫苗，发明了一直沿用至今的巴斯德消毒法。另外，通过曲颈瓶试验（图 1-2）无可辩驳地证实了空气中含有微生物的存在，并证明了微生物是引起有机质腐败的根源。曲颈瓶的试验结果还具有更重要的科学意义，就是否定了以前的“自生说”。在发

安东尼·列文虎克（1632—1723）

路易斯·巴斯德（1822—1895）

罗伯特·柯赫（1843—1910）

图 1-1　微生物学的奠基人

现空气中存在微生物和腐败原因之前，“自生说”是解释一切生物腐败过程的依据，人们认为腐败是生物体自然发生的结果。现在看来，“自生说”显然很不科学，但当时却是阻碍人们正确认识微生物活动的一大障碍。正是由于巴斯德的研究成果彻底结束了“自生说”对人们的错误影响，同时建立了病原学说，推动了微生物学的发展。

柯赫是著名的细菌学家，他曾经是一名医生，对病原细菌的研究做出了突出的贡献，比如，证实了炭疽杆菌是炭疽的病原菌、发现了肺结核病的病原菌。提出了证明某种微生物是否为某种疾病病原体的基本原则，后人称为柯赫原则。即：①病原体伴随病害存在；②一定能从病害身体分离出病原体并体外培养；③体外培养物能感染新宿主；④能从新宿主分离病原体。柯赫除了在病原菌研究方面的成就，在微生物操作技术方面也为微生物学的发展奠定了基础，这些技术包括：①用固体培养基分离纯化微生物的技术，这是进行微生物学研究的基本技术，这项技术一直沿用至今；②配制培养基技术，也是当今微生物学研究的基本技术之一。

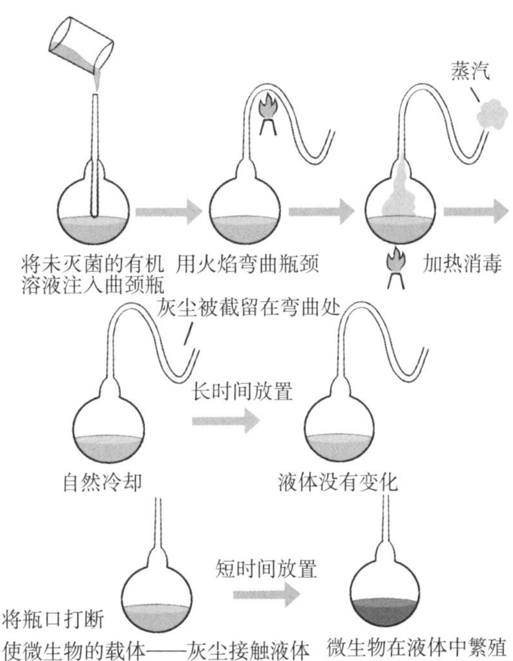

图 1-2　曲颈瓶试验

随着生物科学的发展，微生物学与其他不同学科之间不断发生交叉和渗透，到了 20 世纪，从研究内容到应用领域都得到了极大扩充。总体来讲，微生物学包括基础微生物学和应用微生物学。基础微生物学又分为微生物分类学、微生物生理学、微生物遗传学、微生物生态学、细胞微生物学、分子微生物学、微生物基因组学、免疫学、病原微生物学和流行病学等。应用微生物学又分为土壤微生物学、海洋微生物学、环境微生物学、宇宙微生物学、水微生物学、分析微生物学、发酵微生物学、遗传工程、工业微生物学、农业微生物学、医用微生物学、兽医微生物学、食品微生物学、饲用微生物学等（图 1-3）。

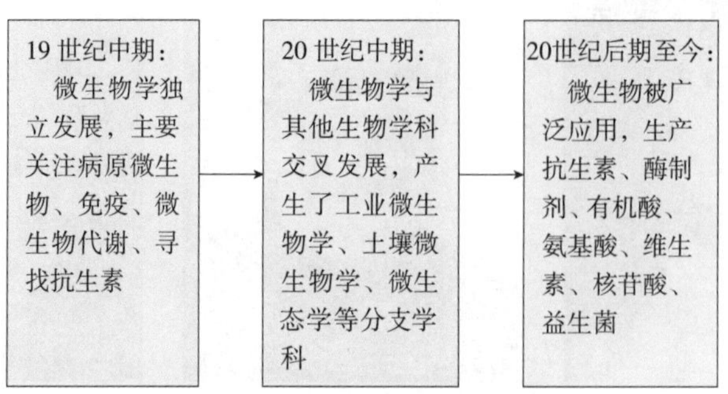

图 1-3　微生物学的发展与应用

21 世纪，随着人们环保意识的不断增强和回归自然思潮的日益涌现，微生物学研究备受青睐。在环境治理和土壤改良方面已经开展了大量研究并取得了许多卓有成效的技术成果，比如污水处理和微生物肥料等。更引人关注的是微生物与宿主之间的关系研究，在 20 世纪末，人们已经发现肠道微生物与宿主之间存在紧密关系，并对其生命过程具有重要的影响，比如肠道微生物可能与肥胖形成有关，还有微生物的基因与宿主基因可能发生同步进化。通过微生态学研究，平衡有利于健康的理念正逐渐形成。而且，人们已经研究发现，微生物、机体免疫因子和抗菌物质之间经常保持一种动态平衡，人们称其为“三元平衡”。这一平衡机制，保证了动物机体不受微生物的侵害，微生物与宿主之间相互依存。适当保持肠道微生物区系的稳定有利于动物健康，已有研究发现某些微生物菌种对改善肠道环境和预防疾病具有确切的功效。比如形成生物屏障、分泌消化酶、合成必需维生素、增加浆细胞数量及免疫球蛋白 A 含量、增加抗体水平、增强免疫系统识别和抗感染能力等，这些功效是稳定肠道微生物区系的关键因素。

第二节　微生物的种类及其细胞结构特点

把自然界微生物进行分类是一门相对独立的学科，随着微生物学和相关生物学研究的不断发展，微生物的分类标准和分类方法也在不断发生变化。微生物种类非常丰富，病毒也属于微生物学的范畴，但从饲用微生物角度出发，我们更关注那些具有细胞结构的微生物。因此，本章所介绍的微生物种类，主要依据了其细胞，特别是细胞核的构造和进化水平上的差异。这些微生物可分为原核微生物和真核微生物两大类，前者包括细菌（旧称真细菌）和古生菌（旧称古细菌），后者包括真菌、原生动物和藻类。

一、原核微生物

原核微生物（图 1-4）是指一大类细胞微小、细胞核无核膜包裹（只有称作核区的裸露 DNA）的原始单细胞生物。它们与真核微生物的主要区别有：①基因组由无核膜包裹的双链环状 DNA 组成；②缺乏由单位膜分隔、包围的细胞器；③核糖体为 70S 型。原核微生物分两个域，细菌域和古生菌域。其中的细菌域（广义的细菌）种类很多，包括细菌、放线菌、蓝细菌、支原体、立克次氏体和衣原体等，它们的共同点是细胞壁中含有独特的肽聚糖（无壁的支原体例外），细胞膜含有由酯键连接的脂质，DNA 序列中一般没有内含子。

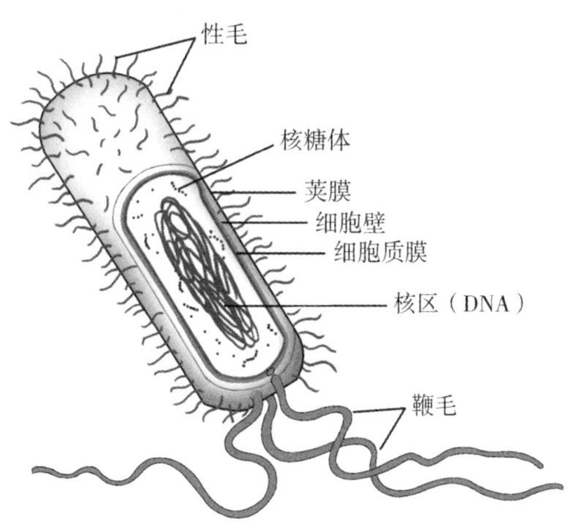

图 1-4　原核微生物细胞构造模式

（一）细胞壁

细胞壁是位于细胞最外的两层厚实、坚韧的外膜，主要由肽聚糖构成，有固定细胞形态和保护细胞等多种生理功能。通过染色、质壁分离或制成原生质体后再在光学显微镜下观察，可证实细胞壁的存在。用电子显微镜观察细菌超薄切片等方法，更可确证细胞壁的存在。细胞壁的主要功能有：①固定细胞外形和提高机械强度，从而使其免受渗透压等外力的损伤；②为细胞的生长、分裂和鞭毛运动所必需，失去了细胞壁的原生质体，也就丧失了这些重要功能；③阻拦酶和某些抗生素等相对分子质量大于 800 的大分子物质进入细胞，从而保护细胞免受溶菌酶、消化酶和抗生素等物质对其损伤；④赋予细菌具有特定的抗原性、致病性以及对抗生素和噬菌体的敏感性。

原核生物的细胞壁除了有一定的共性外，在革兰氏阳性菌、革兰氏阴性菌、抗酸细菌和古生菌中均有其各自的特点，而支原体则是一类无细胞壁的原核生物。

1. 革兰氏阳性菌的细胞壁　革兰氏阳性菌细胞壁比较简单，只有一层，主要由肽聚糖和与之结合的磷壁酸组成（图 1-5）。主要成分是肽聚糖，含量为 90%；磷壁酸，含量为 10%。

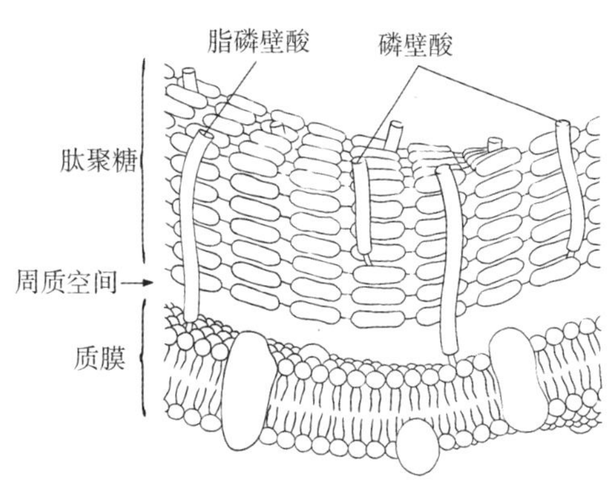

图 1-5　革兰氏阳性菌细胞壁模式

（1）肽聚糖　又称黏肽、胞壁质和黏质复合物，呈多层网状覆盖在整个细胞表面。肽聚糖具有多样性，目前已知的肽聚糖有 100 多种。金黄色葡萄球菌的肽聚糖及其组装形式是革兰氏阳性菌的典型结构。肽聚糖层由 25～40

层的肽聚糖网组成，覆盖在整个细胞上，层厚20～80nm。肽聚糖是真细菌类细胞壁中的特有成分，由若干个肽聚糖单体连接成网格状。肽聚糖单体由双糖单位、4肽侧链（或4肽尾）和肽桥组成（图1-6）。双糖单位是指*N*-乙酰葡萄糖胺（NAG）和*N*-乙酰胞壁酸（NAM）通过*β*-1，4糖苷键连接而成的双糖，其中NAM是原核生物所特有的己糖，*β*-1，4糖苷键很容易被溶菌酶所水解。4肽侧链由4个氨基酸分子按照L型与D型交替出现的方式连接而成。在金黄色葡萄球菌中，4肽侧链由L-Ala→D-Glu→L-Lys→D-Ala组成，其中D型氨基酸在细菌细胞壁之外很少出现。肽桥通过连接4肽侧链将若干条聚糖链连接成网状结构的肽聚糖，其中氨基酸组成的变化是造成肽聚糖多样性的主要原因，在金黄色葡萄球菌中，肽桥为5个甘氨酸分子连接而成的五肽。

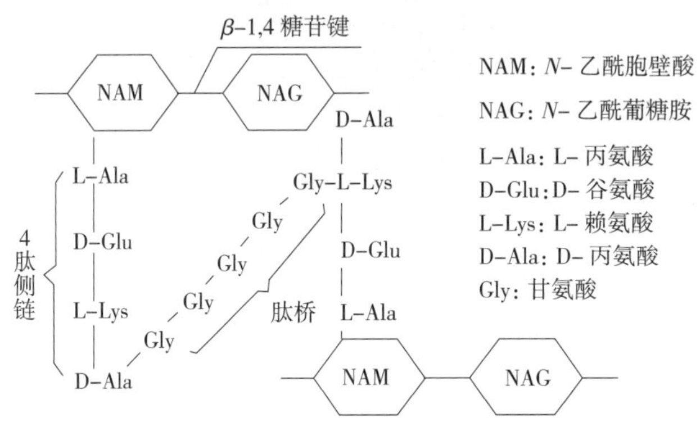

图1-6 革兰氏阳性菌肽聚糖单体结构及连接模式

（2）*磷壁酸* 是结合在革兰氏阳性菌细胞壁上的一种酸性多糖，在革兰氏阴性菌细胞壁中十分稀有。磷壁酸按所含醇组分的不同，可分为甘油磷壁酸（GTA）和核糖醇磷壁酸（RTA）两种。GTA是磷酸甘油和（或）被氨基酸或糖取代的磷酸甘油的聚合物，存在于细胞质膜、周质区和（或）细胞壁中。RTA是核糖醇-5-磷酸的聚合物，或极少的磷酸甘露醇聚合物，主要存在于细胞壁中。两种类型的磷壁酸中，取代的性质和程度，以及GTA和RTA的比例关系等，在不同的菌株间变化很大，甚至同一菌株在不同培养基上时（或不同生长条件）也有很大变化。

根据磷壁酸在细胞表面上的固定方式，其可分壁磷壁酸和膜磷壁酸两种，前者不深入质膜，其末端以磷酸二酯键与肽聚糖的*N*-乙酰胞壁酸残基连接。膜磷壁酸又称脂磷壁酸，跨过肽聚糖层，以其末端磷酸共价键连接于质膜中糖脂（例如二葡糖基二酰基甘油）的寡糖基部分。

磷壁酸具有很强的抗原性，是革兰氏阳性菌的重要表面抗原；在调节离子通过黏液层中发挥作用，比如通过调节Mg^{2+}穿越细胞膜的数量，控制膜结合酶（例如自溶酶）的活性；某些细菌的磷壁酸可发挥黏附素的作用，与细菌的致病性可能有关。

2. 革兰氏阴性菌的细胞壁 革兰氏阴性菌的细胞壁比较复杂，大致可分为2层，外膜层和肽聚糖层（图1-7）。大肠杆菌细胞壁是革兰氏阴性菌的典型代表。

（1）外膜 位于革兰氏阴性菌细胞壁外层，由脂多糖、磷脂、脂蛋白或其他若干种蛋白质组成，有人也称其为外壁。

脂多糖（lipopolysaccharide，LPS）可以是任何含有脂质的多聚糖。然而，通常“脂多

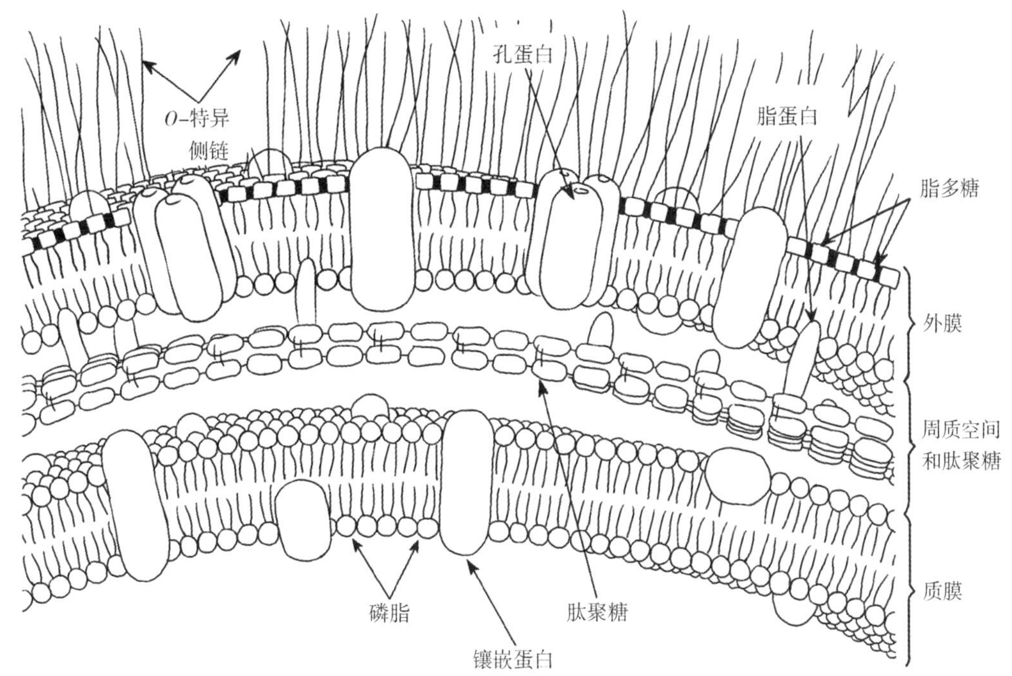

图 1-7 革兰氏阴性菌细胞壁模式

糖”这一术语特指革兰氏阴性菌外膜的内毒素成分。因其负电荷较强，故与磷壁酸相似，也有吸附 Mg^{2+} 、Ca^{2+} 等阳离子作用，以提高这些阳离子在细胞表面浓度。具有多样性，决定了革兰氏阴性菌细胞表面抗原决定簇的多样性。脂多糖是许多噬菌体在细胞表面吸附的受体，还具有选择性地控制某些物质进出细胞的屏障功能。比如，它可以让水、气体和较小分子的物质（嘌呤、嘧啶、双糖、肽类、氨基酸等）通过，但能阻止溶菌酶、抗生素、去污剂、大分子染料等物质进入细胞。要维持 LPS 结构的稳定性，必须有足够的 Ca^{2+} 存在，如果用 EDTA 等螯合剂去除了 Ca^{2+} 和降低了离子键强度，LPS 就会解体。这时肽聚糖分子就会暴露出来，因而易被溶菌酶所水解。

外膜 LPS 是一个复杂的分子，由三个共价连接部分构成，即类脂 A（也称脂质 A)、核心寡糖和 *O*-特异性侧链（也称 *O*-寡糖或 *O*-抗原）。

类脂 A 部分是革兰氏阴性菌致病物质——内毒素的物质基础，是 LPS 的主要毒性成分，是决定 LPS 多样性的关键成分。

核心寡糖部分，一种复杂的寡糖。包括内核心区和外核心区，内核心区由 3 个 2-酮-3-脱氧辛糖酸（KDO）和 3 个 L-甘油-D-甘露庚糖（Hep）组成；外核心区由 5 个己糖（Hex）组成，包括葡糖胺、半乳糖和葡萄糖。核心寡糖部分通过 KDO 与类脂 A 相连。

O-特异性侧链是完整细菌细胞中 LPS 的免疫中心，决定了细菌血清学抗原性的特异性。它由一个均一的线状或分枝状寡糖链亚单位构成，寡糖链亚单位的长度经常变化，即便是同一株细菌，寡糖亚单位也有变化。基于 *O*-特异性侧链的血清学抗原性特异性，可用灵敏的血清学方法对细菌进行鉴定。比如，截至 1983 年，在国际上已报道的沙门菌属中有多达 2 107种不同的抗原型。

外膜蛋白，指嵌合在 LPS 和磷脂中的蛋白，有很多种且随培养条件变化而发生数量变化。许多外膜蛋白的功能还不清楚，有关革兰氏阴性菌外膜蛋白的功能研究主要是在大肠杆菌和沙门菌上完成的。目前在功能上比较清楚的是两种跨膜蛋白，也叫孔蛋白，通常以三聚体形式存在，有时也以二聚体或单聚体形式存在。它们可以形成充满水的跨膜通道，允许某些离子和小分子物质通过，但能阻止大部分抗生素（比如β-内酰胺抗生素）进入。

（2）肽聚糖　革兰氏阴性菌的肽聚糖也是由肽聚糖单体连接而成的，其肽聚糖单体的结构与革兰氏阳性菌的类似，不同之处在于：①4 肽尾的第 3 个氨基酸（L-赖氨酸）被一种原核微生物特有的内消旋二氨基庚二酸（m-DAP）所代替；②没有肽桥，单体之间通过 D-Ala 的羧基与 m-DAP 的氨基直接相连（图 1-8）。

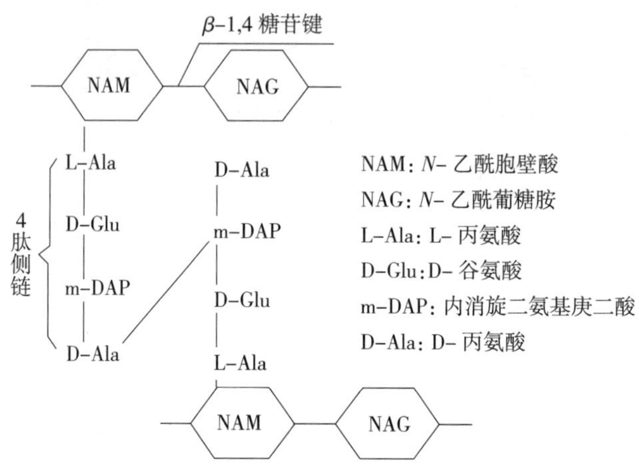

图 1-8　革兰氏阴性菌肽聚糖单体结构及连接模式

（3）周质空间　又称周质或壁膜间隙。在革兰氏阴性菌中，一般指其外膜与细胞膜之间的狭窄空间。在周质空间中存在着多种周质蛋白，包括：①水解酶类，如蛋白酶、核酸酶等；②合成酶类，如肽聚糖合成酶；③结合蛋白，这种蛋白具有通过促进扩散而运送营养物质的作用；④受体蛋白，这种蛋白与细胞的趋化性相关。

革兰氏阳性菌和阴性菌细胞壁的结构有明显的差异（表 1-1），这些差异决定了两种细菌的许多特性差异，特别是对药物敏感性的差异特性对我们非常有用，依据此特点可以准确地选择有效抗菌药物，比如青霉素和磺胺类药物主要对革兰氏阳性菌有效，四环素和链霉素等主要对革兰氏阴性菌有效。

表 1-1　革兰氏阳性菌和革兰氏阴性菌细胞壁特性的比较

项　目	革兰氏阳性菌	革兰氏阴性菌
厚度	厚（20～80nm）	薄（8～11nm）
层次	1	2
肽聚糖层厚度	厚	薄
磷壁酸	有	无
外膜（LPS）	无	有
孔蛋白	无	有
膜蛋白	无	有
周质空间	无或窄	有
溶质通透性	强	弱

3. 革兰氏染色 丹麦学者革兰（C. Cram）于1884年发明的革兰氏染色法是一种基于细胞壁特性鉴别细菌的方法，它不仅可用于鉴别真细菌，也可鉴别古生菌。革兰氏阳性菌和革兰氏阴性菌在细胞壁构造和成分上的差异反映出了它们之间在细胞形态、构造、化学成分、染色反应、生理功能和致病性等一系列生物学特性上的差异，因此，革兰氏染色对微生物理论研究和实际应用工作都有重要意义。

（1）革兰氏染色的原理 革兰氏染色的基本原理是通过结晶紫初染和碘液媒染后，在细胞壁内形成了不溶于水的结晶紫与碘的复合物。由于不同种类细菌的细胞壁物理特性有明显差异，结晶紫与碘的复合物从细胞壁中再被溶出的能力有所不同，因此，在普通光学显微镜下所显示的颜色就不同。这一原理得到了后来电子显微镜下细胞壁观察结果的进一步证实。革兰氏阳性菌的细胞壁较厚，肽聚糖的层次较多且交联致密。当遇到乙醇或丙酮时，细胞壁的网状结构因失水而变得更加致密，另外，革兰氏阳性菌的细胞壁不含类脂物质。因此，能把结晶紫与碘的复合物牢固地留在细胞壁内，使其仍显紫色。与之相反，革兰氏阴性菌的细胞壁较薄，外膜层的类脂物质含量丰富，肽聚糖的层数少且交联稀松。当遇到脱色剂后，外膜迅速溶解，暴露在外的肽聚糖层，因其稀松也不能阻挡结晶紫与碘复合物的溶出，因此，通过脱色后细胞壁几乎退为无色。这时再经复红或沙黄等红色染料进行复染，就使革兰氏阴性菌呈现红色，而革兰氏阳性菌仍保留紫色（实为紫色加红色）。

（2）染色法及结果判定 一般来讲，革兰氏染色法共分6个步骤：①涂片、自然干燥、火焰固定；②往玻片上滴加草酸铵结晶紫染色液，浸染1～3min；③用蒸馏水冲洗，然后滴加碘溶液，浸染1～3min；④对完成第三步的玻片通过滴加95％的乙醇（或丙酮乙醇溶液）进行脱色，直到不脱色为止。值得注意的是不能过分脱色，用时20～30s；⑤完成第四步后，用石炭酸复红液或沙黄液复染，浸染0.5～1min；⑥蒸馏水冲洗脱色、吸干、镜检。结果判定：革兰氏阳性菌在显微镜下显示为紫色，革兰氏阴性菌在显微镜下显示为红色。

（3）染色液的配制

①草酸铵结晶紫（或龙胆紫）溶液：首先配好结晶紫原液，即称取结晶紫10g，溶于100mL 95％的乙醇中。然后，取结晶紫原液20mL，与80mL的10％草酸铵水溶液混合即成。

②碘溶液：称取碘化钾2g，溶于20mL蒸馏水中，待完全溶解后，再加碘片1g，溶解后再加蒸馏水约280mL，最后用蒸馏水定容为300mL即成。

③丙酮乙醇溶液：95％的乙醇70mL与丙酮30mL混合即成。

④石炭酸复红液：称取碱性复红4g，放在乳钵内研细，徐徐加入95％的乙醇100mL，制成饱和溶液，再取饱和溶液10mL与5％石炭酸溶液90mL混合即成。

⑤沙黄溶液：称取0.25g沙黄，溶于95％乙醇10mL中，再用蒸馏水90mL稀释至100mL即可。

（二）原生质体

原核细胞在去除细胞壁以后，留下的由细胞膜包裹的脆弱而柔软的活细胞，称为原生质体，它的主要组成是细胞质膜、细胞质和核区3部分。

1. 细胞质膜（cyboplasmic membrane） 又称质膜（plasma membrane），是紧贴在细胞壁内侧，包围着细胞质的一层柔软、脆弱、富有弹性的半透性薄膜，厚7～8nm，由磷脂（占20％～30％）和蛋白质（占50％～76％）组成。原核生物与真核生物细胞膜的主要差别是前者的蛋白质含量特别高，一般无甾醇（仅支原体例外），而后者则蛋白质含量低并普遍含有甾醇。辛格（J S Singer）和尼克森（G L Nicolson）在1972年提出了一个细胞质膜结构的“液态镶嵌模型”（图1-9）。其要点是：①膜的主体是脂质双分子层；②脂质双分子层具有流动性；③占膜蛋白总量70%～80%的是整合蛋白，因其含有疏水α螺旋结构，故可溶在脂质分子双层中，且很难将其抽提出来；④占膜蛋白20%～30%的是周边蛋白，周边蛋白与膜结合松散，因其表面含有亲水基团，因而通过静电引力与脂质分子双层表面的极性端相连；⑤脂质分子间或脂质分子与蛋白质分子间无共价键结合，因而膜是流动的；⑥脂质双层犹如一片海洋，周边蛋白就像航船在其表面漂浮，整合蛋白就像浮动的冰山沉浸在其中并横向移动。

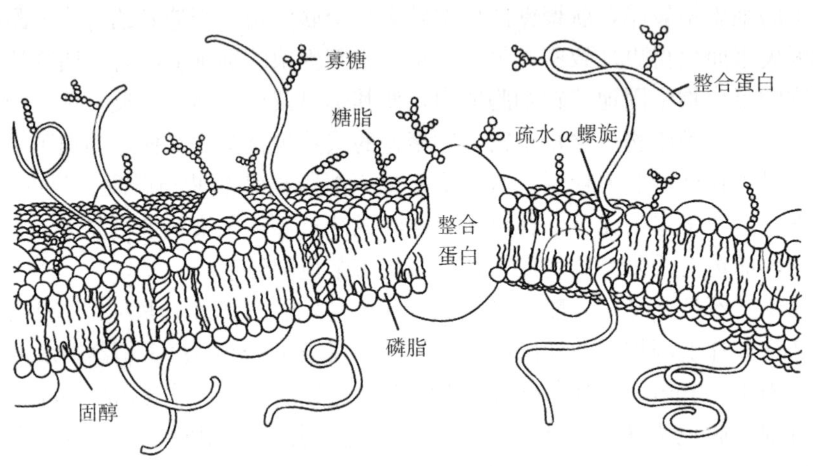

图1-9　细胞质膜构造模式

细胞质膜具有许多生理功能，目前对其功能的解释主要有6个方面：①选择性地控制细胞内、外的营养物质和代谢产物的运送；②维持细胞内正常渗透压；③合成细胞壁和糖被（萼）各种组分（肽聚糖、磷壁酸、LPS、荚膜多糖等）的主要场所；④含有氧化磷酸化或光合磷酸化等能量代谢的酶系，是细胞产能场所；⑤是鞭毛基体的着生部位和鞭毛旋转的供能部位；⑥膜上某些蛋白受体与细菌的趋化性有关。

原核微生物的细胞质膜上一般不含胆固醇等甾醇，这一点与真核生物明显不同。但缺乏细胞壁的原核生物——支原体（mycoplasma）则例外。在其细胞膜上因含有类何帕烷（hopanoid）甾醇而增强了坚韧性，故在一定程度上弥补了因无细胞壁而存在的缺陷。制霉菌素和杀假丝酵母菌素等多烯类抗生素因可破坏含甾醇的细胞质膜，故可抑制支原体和真核生物，但对其他原核生物则无抑制作用。对古生菌细胞质膜的研究是学术界的一个热点，人们研究发现，在本质上，古生菌细胞质膜也是由磷脂组成的，但它比真细菌或真核生物的细胞质膜具有更明显的多样性。表1-2概括性地介绍了不同微生物细胞质膜之间的差异。

表1-2　细菌、古生菌和真核生物细胞质膜的比较

项目	细菌	古生菌	真核生物
蛋白质含量	高	高	低
类脂结构	直链	分支	直链

（续）

项目	细菌	古生菌	真核生物
类脂成分	磷脂	硫脂、糖脂、非极性类异戊二烯酯、磷脂	磷脂
类脂连接	酯键	醚键（二醚和四醚）	酯键
甾醇	无（支原体除外）	无	有

引自《微生物学》（第2版），沈萍、陈向东。

2. 细胞质和内含物 细胞质（cytoplasm）或细胞质基质（cytoplasmic martix），是细胞质膜包围的除核区以外一切半透明、胶状、颗粒状物质的总称，含水量70%～80%。原核生物的细胞质是不流动的，这一点与真核生物明显不同。细胞质的主要成分为核糖体（70S，大小约14nm×20nm，相对分子质量约2.7×10^6，数量很多）、贮藏物、质粒、酶类、中间代谢物和吸入的营养物等，少数细菌还有类囊体、羧酶体、气泡、伴孢晶体等。

3. 核区（nuclear region or area） 又称核质体（nuclear body）、原核（prokaryon）、拟核（nucleoid）或原核生物核基因组（genome），指原核生物所特有的无核膜结构、无固定形态的原始细胞核。用富尔根（Feulgen）染色法染色后，可见到呈紫色的形态不定的核区。它是一个大型环状双链DNA分子，只有少量蛋白质与之结合，长度一般为0.25～3.00mm。

4. 芽孢 1876年，柯赫在研究炭疽芽孢杆菌（*Bacillus anthracis*）时首先发现了细菌的芽孢。1877年，英国学者丁达尔（J Tyndall）发现枯草芽孢杆菌具有两种存在状态，一种状态的枯草芽孢杆菌很容易被煮沸杀死，而另一种状态的被煮沸几小时都难以致死。同年，德国的学者科恩（F Cohn）研究明确了细菌的耐热特性来源于芽孢。

现在已经研究清楚，芽孢（endospore或spore）是某些细菌在其生长发育后期，在细胞内形成一个圆形或椭圆形、厚壁、含水量极低、抗逆性极强的休眠体。芽孢对热、干燥、杀菌剂、射线和静水压等都具有很强的抗性，只有通过特殊的灭菌过程才能确保灭活它们。一般情况下，芽孢可以在很长时间内保持休眠状态，一旦条件许可仍能保持生命活力。芽孢的有无、形态、大小和着生位置是细菌分类和鉴定的重要依据。

（1）产芽孢细菌的种类 能产芽孢的细菌属不多，最主要的是属于革兰氏阳性杆菌的两个属——好氧性的芽孢杆菌属（*Bacillus*）和厌氧性的梭菌属（*Clostridium*），球菌中只有芽孢八叠球菌属（*Sporosarcina*）产生芽孢，螺菌中的孢螺菌属（*Sporospirillum*）也产芽孢。此外，还发现少数其他杆菌可产生芽孢，如芽孢乳杆菌属（*Sporolactobacillus*）、脱硫肠状菌属（*Desulfotomaculum*）、考克斯氏体属（*Coxiella*）、鼠孢菌属（*Sporomusa*）和高温放线菌属（*Thermoactinomyces*）等。

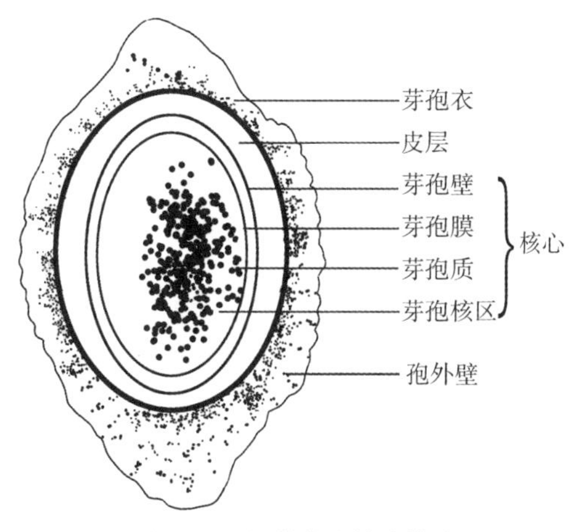

图1-10 细菌芽孢构造模式

（2）芽孢的构造 芽孢由孢外壁、芽孢衣、皮层、核心组成（图1-10）。孢外壁主要含脂蛋白，通透性差，有的芽孢没有此层；芽孢衣主要含有疏水性角蛋白，具有抗酶解的特性，多价阳离子和药物都难以通过；皮层主要含芽孢肽聚糖及吡啶二羧酸钙盐（DPA-Ca），体积大，渗透压高，可被溶菌酶水解；核心由芽孢壁、芽孢膜（也称芽孢质膜）、芽孢质、芽孢核区组成。其中芽孢壁主要含肽聚糖，可发展成为新细胞的细胞壁。芽孢膜主要含磷脂、蛋白质，可发展成为新细胞的细胞膜。芽孢质主要含 DPA-Ca、核糖体、RNA 和酶类。

（3）*芽孢的形成* 对芽孢的形成和出芽研究，主要通过枯草芽孢杆菌进行。决定细菌是否形成芽孢受多种环境因素和细胞内可能被整合或翻译的信号的影响。从形态上看，芽孢形成（sporulation）可分为 7 个阶段（图 1-11）：①DNA 浓缩，束状染色质形成。有的专家认为这一阶段不属于芽孢形成的过程。②细胞膜内陷形成隔膜，细胞发生不对称分裂，形成大小两个部分。其中含有单一染色体的小体积部分即为前芽孢（forespore），另一个大体积部分被称为母细胞。在进一步发育前，分隔中的肽聚糖被降解。③前芽孢的双层隔膜发育完成。④被修饰的肽聚糖（芽孢肽聚糖）在两层膜之间沉积形成一层坚硬的外壳，芽孢外壁开始发育。⑤DPA-Ca 在核心上沉积，累积 Ca^{2+} 离子，开始形成皮层，再经脱水，使折射率提高，芽孢衣合成结束。⑥皮层合成完成，芽孢成熟，抗热性出现。第 5 和第 6 阶段是芽孢成熟阶段。⑦芽孢囊（产芽孢菌的营养细胞外壳）裂解，芽孢游离外出。在枯草芽孢杆菌中，芽孢形成过程约需 8h，其中参与的基因约有 200 个。在芽孢的形成过程中，伴随着形态变化的还有一系列化学成分和生理功能的变化。有关芽孢和营养细胞特点的比较可见表 1-3。

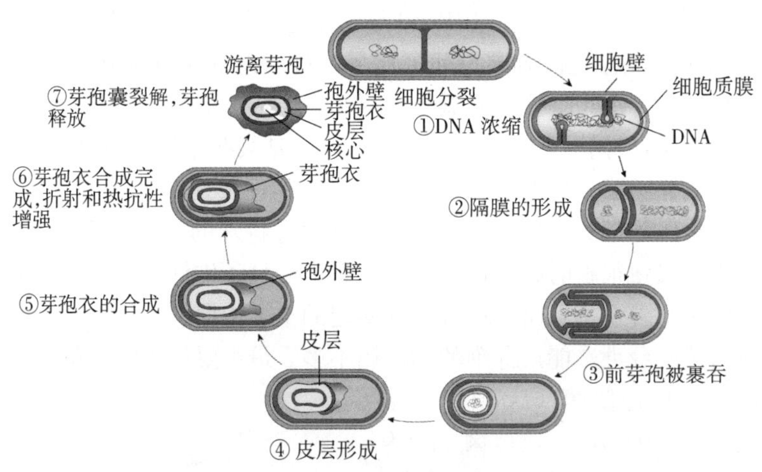

图 1-11 芽孢形成的过程

表 1-3 营养细胞和芽孢特点的比较

特　点	营养细胞	芽　孢
外形	一般为杆状	球状或椭球状
外包被层次	少	多
折射率	差	强
含水量	高	低
染色性能	良好	极差

（续）

特　点	营养细胞	芽　孢
含 Ca^{2+} 量	低	高
含 DPA	无	有
含 mRNA 量	高	低或无
酶活性	高	低
代谢活力	强	接近 0
大分子合成	强	无
抗热性	弱	极强
抗辐射性	弱	强
抗酸或化学药剂	弱	强
溶菌酶	敏感	抗性
保藏期	短	长或极长

引自《微生物学》（第 2 版），沈萍和陈向东。

（4）*芽孢萌发*　由休眠状态的芽孢变成营养体的过程，称为芽孢萌发，包括活化、出芽和生长 3 个阶段。在自然环境中，适宜的环境条件促使芽孢活化。在人为条件下，短期热处理、低 pH 和强氧化剂的处理，可以促进芽孢的活化。例如，休眠 7d 的枯草芽孢杆菌的芽孢，经 60℃处理 5min 即可促进其萌发。有些化学物质可以促进芽孢萌发，比如 L-丙氨酸、Mn^{2+}、葡萄糖和表面活性剂（*n*-十二烷胺）。而有些化合物可以抑制芽孢萌发，比如 D-丙氨酸和重碳酸钠。芽孢萌发的过程很短，一般仅需几分钟。

（5）*芽孢的意义及其他细菌休眠构造*　芽孢是少数几个属细菌所特有的形态构造，因此，它的存在和特点成为了细菌分类、鉴定中的重要形态学依据。因为芽孢具有高度耐热性，所以用高温处理含菌试样，可轻而易举地提高芽孢产生菌的筛选效率。由于芽孢的代谢活动基本停止，因此其休眠期特别长，这就为产芽孢菌的长期保藏带来了极大的方便。由于芽孢具有高度耐热性和其他抗逆性，因此，是否能消灭一些代表菌的芽孢就成为了衡量各种消毒灭菌手段的最重要的判断指标。在饲用微生物研究与应用的过程中正确把握芽孢产生与萌发的规律，可以有效地保证产品的有效性和质量稳定性。另外，在医疗器材灭菌处理过程中，常以破伤风梭菌（*C. tetani*）和产气荚膜梭菌（*C. perfringens*）这两种严重致病菌作为芽孢菌的代表，并以其芽孢耐热性作为灭菌程度的依据，即要在 121℃下灭菌 10min 或 115℃下灭菌 30min。在发酵工业中，培养基和发酵设备的灭菌条件，是以耐热性最强的嗜热脂肪芽孢杆菌（*Bacillus stearothermophilus*）的芽孢耐热特性为代表而确定。嗜热脂肪芽孢杆菌芽孢在 121℃下可维持活力 12min，若在干热空气中，其芽孢的耐热性更高。因此，发酵工业规定培养基和发酵设备至少要 121℃下保证维持 15min 以上。在干热灭菌条件下，要在 150～160℃维持 1～2h。

除了上述芽孢结构外，细菌还有其他几种形式的休眠结构，比如固氮菌产生的包囊

(cyst)、黏球菌产生的黏液孢子 (myxospore)、蛭弧菌产生的蛭孢囊 (bdellocyst)、嗜甲基细菌和红微菌产生的外生孢子 (exospore)。

(三) 细胞壁表面的构造

1. 糖被 (glycocalyx)　细菌细胞壁表面的一层厚度不定的胶状物质，称为糖被。糖被不是所有的细菌都具有，其是否具有决定于菌种和营养条件。糖被按其是否具有固定层次和层次厚薄，又可分为荚膜 (capsule)、微荚膜 (microcapsule)、黏液层 (slime layer) 和菌胶团 (zoogloea)。

对于细菌本身来说，糖被具有：①大量的极性基团起保护作用，比如免受干旱损伤、防止噬菌体吸附和裂解、免受宿主白细胞吞噬；②贮藏营养物质，以备营养缺乏时重新利用；③渗透性屏障或 (和) 离子交换系统，可保护细菌免受重金属离子的损伤；④表面分泌的黏附因子使细菌牢固地黏附于宿主表面组织或细胞上；⑤细菌间的信息识别；⑥堆积代谢废物。

从研究与应用角度出发，糖被的作用主要有：①依据其有无和性质差别，对细菌进行鉴定，比如血清学鉴定；②用于制药和试剂生产，比如代血浆、葡聚糖生化试剂、胞外多糖等；③用于污水处理，比如产生菌胶团的细菌具有分解、吸附和沉降有害物质的作用；④糖被的存在也是细菌感染、阻碍发酵过程和危害健康的源头。

2. S 层 (S layer)　是一层包围在原核微生物细胞壁表面，有大量蛋白质或蛋白亚基，以方块形或六角形排列的连续层，有的学者认为 S 层也是糖被的一种。

3. 鞭毛　生长在某些细菌体表的长丝状、波曲形的蛋白附属物，称为鞭毛 (flagellum)，其数目为一至数十根，具有运动性。至今所知道的细菌中，约有一半种类有运动能力，而鞭毛是最重要的运动结构。原核生物鞭毛的构造由基体 (basal body)、钩形鞘 (hook) 和鞭毛丝 (filament) 3 部分组成 (图 1-12)。革兰氏阴性菌和革兰氏阳性菌的鞭毛在基体的构造上稍有区别。革兰氏阴性菌的基体构造比较复杂，以大肠杆菌为例，基体由

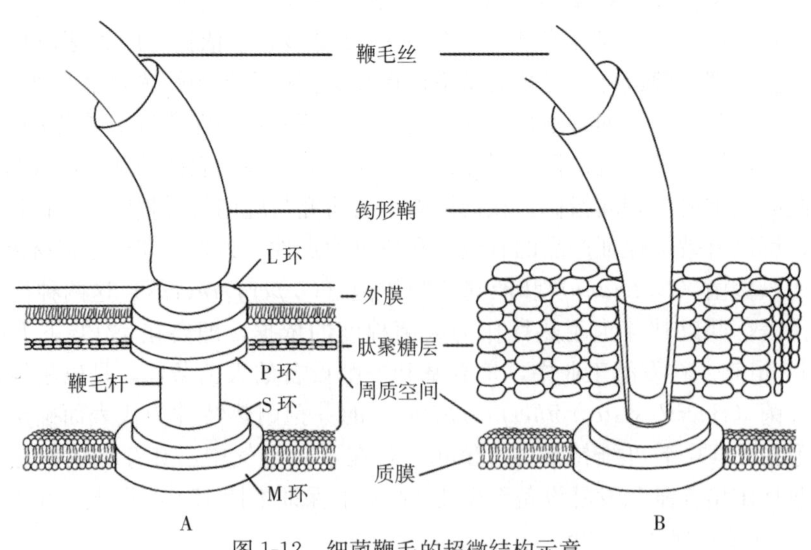

图 1-12　细菌鞭毛的超微结构示意

A. 革兰氏阴性菌；B. 革兰氏阳性菌

4个盘状物（即环状物）组成，由外向内，最外层是L环，与细胞壁最外层的外膜相连。接下来是P环，其与肽聚糖内壁层相连。第三个是靠近周质空间的S环，它与第四个环，即M环，连接在一起，也称S-M环或内环，共同镶嵌在细胞质膜上。革兰氏阳性菌的鞭毛结构比较简单，如枯草芽孢杆菌（*Bacillus subtilis*）的鞭毛基体仅有S和M两个环，而鞭毛丝和钩形鞘则与革兰氏阴性菌相同。钩形鞘是连接鞭毛丝和基体的构造，弯形，可作360°旋转，使鞭毛能够大幅度运动。鞭毛丝由鞭毛蛋白亚基沿着中央孔道呈螺旋排列而成，每周8～10个亚基。

4. 菌毛（fimbria，复数 fimbriae） 曾有多种译名（纤毛、伞毛、线毛或须毛等），是一种长在细菌体表的纤细、中空、短直、数量较多的蛋白质类附属物，具有使菌体附着于物体表面的功能。它的结构较鞭毛简单，无基体等复杂构造。

5. 性毛（pili，单数 pilus） 又称性菌毛（sex-pili 或 F-pili）或接合性毛（conjugative pili），构造和成分与菌毛相同，但比菌毛长，较粗（直径9～10nm），数量仅一至少数几根。性毛一般见于革兰氏阴性菌的雄性菌株（即供体菌）中，其功能是向雌性菌株（即受体菌）传递遗传物质。有的性毛还是RNA噬菌体的特异性吸附受体。

二、真核微生物

凡是细胞核具有核膜、细胞能进行有丝分裂、细胞质中存在线粒体或同时存在叶绿体等细胞器的生物，称为真核生物（eukaryotes）。微生物中的真菌、藻类、原生动物以及地衣均属于真核生物。真核细胞与原核细胞相比，其形态更大、结构更为复杂、细胞器的功能更为专一。真核生物已发展出许多由膜包围着的细胞器（organelles），如内质网、高尔基体、溶酶体、微体、线粒体和叶绿体等，更重要的是，它们已进化出有核膜包裹着的完整的细胞核，其中存在着构造极其精巧的染色体，它的双链DNA长链已与组蛋白和其他蛋白密切结合，可更完善地执行生物的遗传功能（图1-13）。真核生物与原核生物（prokaryotes）两者的差别可见表1-4。

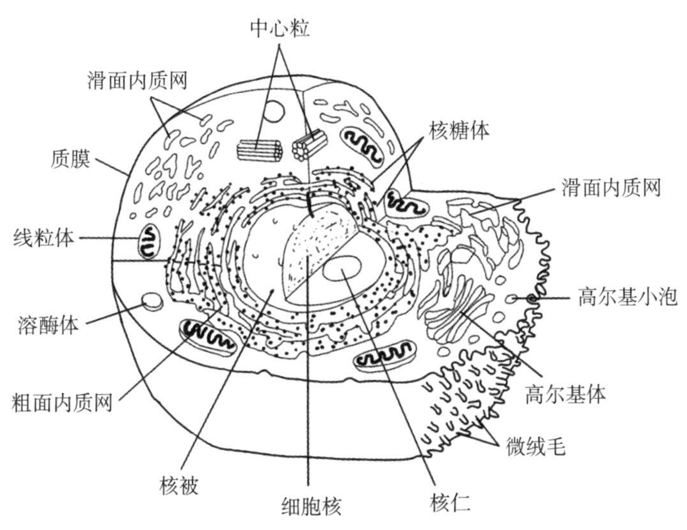

图1-13 真核细胞结构模式

表 1-4 真核生物和原核生物的比较

比较项目	真核生物	原核生物
细胞大小	较大（通常直径＞2μm）	较小（通常直径＜2μm）
若有壁，其主要成分	纤维素、几丁质	多数为肽聚糖
细胞膜中甾醇	有	无（仅支原体例外）
细胞膜含呼吸或光合组分	无	有
细胞器	有	无
鞭毛结构	如有，则粗而复杂（9＋2 型）	如有，则细而简单
线粒体	有	无
溶酶体	有	无
叶绿体	光合自养微生物中有	无
真液泡	有些有	无
高尔基体	有	无
微管系统	有	无
流动性	有	无
核糖体	80S	70S
间体	无	部分有
贮藏物	淀粉、糖原等	PHB 等
核膜	有	无
DNA 含量	低（约 5%）	高（约 10%）
组蛋白	有	少
核仁	有	无
染色体数	一般＞1	一般为 1
有丝分裂	有	无
减数分裂	有	无
氧化磷酸化部位	线粒体	细胞膜
光合作用部位	叶绿体	细胞膜
生物固氮能力	无	有些有
专性厌氧生活	罕见	常见
化能合成作用	无	有些有
鞭毛运动方式	挥鞭式	旋转马达式
遗传重组方式	有性生殖、准性生殖等	转化、转导、结合等
繁殖方式	有性、无性等多种	一般为无性

（一）细胞壁

具有细胞壁的真核生物主要是真菌（包括酵母菌、丝状真菌和蕈菌）和藻类。

1. 真菌的细胞壁 其主要成分是多糖，另有少量的蛋白质和脂质。许多研究发现，不同的真菌，其细胞壁所含多糖的种类也不同。在低等真菌中，以纤维素为主，酵母菌则以葡聚糖为主，而发展到高等陆生真菌时，则以几丁质为主。即使是同一种真菌，在其不同的生物阶段中，细胞壁的成分也会出现明显的变化，且与其功能和进化历史相关。

（1）酵母菌的细胞壁　厚度为 25～70nm，约占细胞干重的 25%，主要成分为葡聚糖、甘露聚糖、蛋白质和几丁质。它们在细胞壁上自外至内的分布次序是甘露聚糖、蛋白质、葡聚糖。不同种、属酵母菌的细胞壁成分差异也很大，而且并非各种酵母都含有甘露聚糖（图 1-14）。

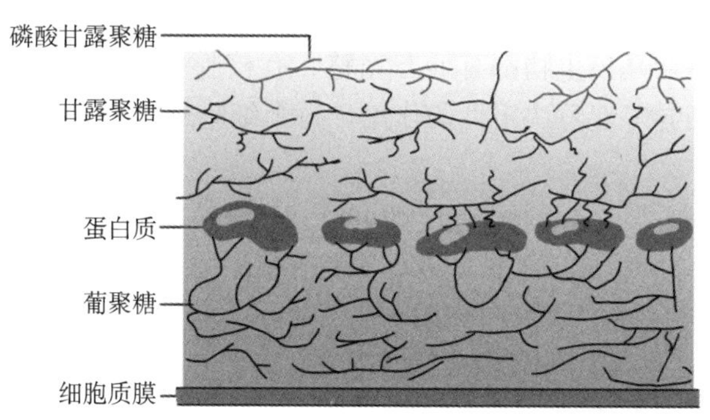

图 1-14　酵母菌细胞壁主要成分排列示意

（2）丝状真菌的细胞壁　研究最多的为粗糙脉孢菌（*Neurospora crassa*），其细胞壁由外到内由无定形葡聚糖、糖蛋白、蛋白质层和几丁质微纤丝组成。

2. 藻类的细胞壁　藻类细胞壁的厚度一般为 10～20nm，其骨架结构多由纤维素组成，它以微纤丝的方式呈层状排列，其余为间质多糖。

（二）鞭毛与纤毛

在有些真核微生物细胞的表面长有长短不一的毛发状细胞器，具有运动功能，较长且数目较少者称鞭毛（150～200μm），较短且数目较多者称纤毛（5～10μm）。真核生物的鞭毛与原核生物的鞭毛在运动功能上虽相同，但在构造、运动机制和所耗能源形式等方面都有显著的差别。真核生物细胞的鞭毛以挥鞭方式推动细胞运动，挥动速度为每秒 10～40 次。

（三）细胞质膜

真核生物的细胞都有细胞质膜的构造。对没有细胞壁的真核细胞来说，细胞膜就是它的外部屏障。真核生物和原核生物在其质膜的构造和功能上十分相似，两者的主要差别见表 1-5。

表 1-5　原核生物和真核生物细胞质膜的差异

项　目	原核生物	真核生物
甾醇	无（支原体除外）	有
磷脂种类	磷脂酰甘油和磷脂酰乙醇胺等	磷脂酰胆碱和磷脂酰乙醇胺等
糖脂	无	有
电子传递链	有	无

（续）

项　目	原核生物	真核生物
基团转移运输	有	无
胞吞作用	无	有

（四）细胞核

细胞核（nucleus）是细胞内遗传信息（DNA）的储存、复制和转录的主要场所，外形为球状或椭圆体状。一切真核生物都有形态完整、有核膜包裹的细胞核，它对细胞的生长、发育、繁殖和遗传、变异等起着决定性的作用。每个细胞通常只含一个核，个别的含有两个或多个细胞核。

1. 核被膜　核被膜（nuclear envelope）是包在细胞核外，由核膜和核纤层（nuclearlamina）两部分所组成的外被，其上有许多孔，称为核孔（nuclear pores）。

2. 染色质　组成染色体的核蛋白物质。当细胞处于分裂间期时，细胞内由 DNA、组蛋白、其他蛋白和少量 RNA 组成的一种线形复合构造，其基本单位是核小体（nucleosomes）（图 1-15）。因可被苏木精等碱性染料染色，故名染色质（chromatin）。

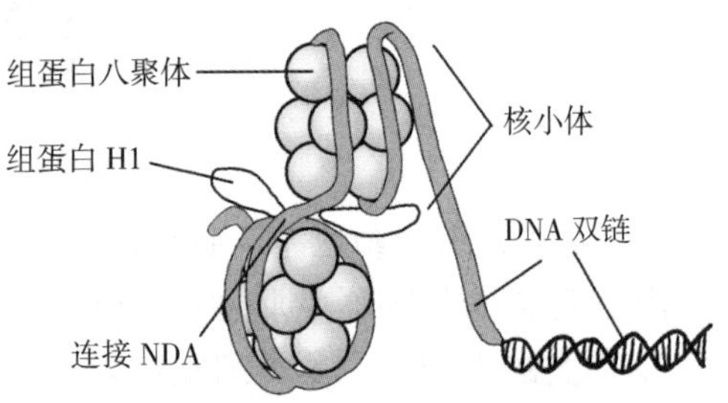

图 1-15　核小体构造模式

3. 核仁　核仁（nucleolus）是指细胞核中一个没有膜包裹的圆形或椭圆形小体，是细胞中染色最深的部分。

4. 核基质　核基质（nuclearmatrix）是充满于细胞核空间由蛋白纤维组成的网状结构，具有支撑细胞核和提供染色质附着点的功能。

（五）细胞质和细胞器

1. 细胞基质和细胞骨架　位于细胞质膜和细胞核间的透明、黏稠、不断流动并充满各种细胞器的溶胶，称为细胞质（cytoplasm）。组成真核生物细胞质的有细胞基质、细胞骨架和各种细胞器。

在真核细胞质中，除可分辨的细胞器以外的胶体状溶液，称细胞基质（cytoplasmic matrix 或 eytometrix）或细胞溶胶（cytosol），它含有赋予其一定机械强度的细胞骨架和丰富的酶等蛋白质（占细胞总蛋白的 25%～50%）、各种内含物以及中间代谢产物等，故是细胞代谢活动的重要场所。

2. 内质网和核糖体　内质网（endoplasmic reticulum，ER）指细胞质中一个与细胞基质相隔离，但彼此相通的囊腔和细管系统，由脂质双分子层围成。其内侧与核被膜的外膜相通，核周间隙也是内质网腔的一部分。内质网分两类，它们之间相互连通，一类是在膜上附有核糖体颗粒的糙面内质网（rough ER），具有合成和运送胞外分泌蛋白至高尔基体中的功能；另一类为膜上不含核糖体的光面内质网（smooth ER），它与脂质代谢和钙代谢等密切相关，是合成磷脂的主要部位，主要存在于某些动物细胞中。

核糖体（ribosomes）又称核蛋白体，是存在于一切细胞中的无膜包裹的颗粒状细胞器，具有蛋白质合成功能。真核生物的核糖体较原核生物大，其沉降系数为 80S，它由 60S 和 40S 两个小亚基组成；而原核生物的核糖体沉降系数为 70S，由 50S 和 30S 的小亚基组成。

3. 高尔基体 高尔基体（Golgi body）是一种由若干平行堆叠的扁平膜囊和大小不等的囊泡所组成的膜聚合体，其上无核糖体附着。由糙面内质网合成的蛋白质送到高尔基体中浓缩，并与其中的糖类和脂质结合，形成糖蛋白和脂蛋白的分泌泡，再通过外排作用分泌到细胞外。因此，高尔基体是合成、分泌糖蛋白和脂蛋白以及对某些无生物活性的蛋白质原如胰岛素原等进行酶切加工的重要细胞器。

4. 溶酶体 溶酶体（lysosome）是一种由单层膜包被、内含多种酸性水解酶的囊泡状细胞器，其主要功能是细胞内的消化作用。

5. 微体 微体（microbody）是一种由单层细胞膜包被、与溶酶体相似的球型细胞器，其中所含的酶与溶酶体不同。分两种，一种为过氧化物酶体（peroxisome），另一种微体称乙酰酸循环体（glyoxisome）。前者是由单层膜包被的，含有一种或几种氧化酶类的细胞器。其中主要有两种酶，一种是依赖于黄素（FDA）的氧化酶，另一种是过氧化氢酶，它们的共同作用可以使细胞免受 H_2O_2 的毒害。后者主要存在于植物细胞中，其功能是使细胞中的脂类转化为糖类。

6. 线粒体 线粒体（mitochondria）是一种进行氧化磷酸化反应的重要细胞器，其功能是指导蕴藏在有机物中的化学潜能转化成生命活动所需能量（ATP），故是一切真核细胞的“动力车间”。

7. 叶绿体 叶绿体（chloroplast）是一种由双层膜包裹、能把光能转化为化学能的绿色颗粒状细胞器，只存在于绿色植物（包括藻类）的细胞中。

第三节 微生物营养

一、微生物的营养需求

（一）微生物细胞的化学组成

构成微生物细胞的物质基础是各种化学元素。根据微生物生长时对各类化学元素需要量的多少，可将它们分为主要元素和微量元素，主要元素包括碳、氢、氧、磷、硫、钾、镁、钙和铁等，其中碳、氢、氧、氮、磷及硫这 6 种主要元素可占细菌细胞干重的 97%。其余是微量元素，包括锌、锰、钠、氯、钼、硒、钴、铜、钨、镍和硼等。

组成微生物细胞的各类化学元素的比例常因微生物种类的不同而不同，例如，细菌、酵母菌和真菌的碳、氢、氧、氮、磷和硫 6 种元素的含量就有差别。不仅如此，微生物细胞的化学元素组成也常随菌龄及培养条件的不同而在一定范围内发生变化，幼龄的比老龄的含氮量高，在氮源丰富的培养基上生长的细胞比在氮源相对贫乏的培养基上生长的细胞含氮量高。

（二）营养物质及其生理功能

微生物需要从外界获得营养物质，而这些营养物质主要以有机和无机化合物的形式为微生物所利用，也有小部分以分子态的气体形式提供。根据营养物质所提供的主要元素及其在微生物体内生理功能的不同，可将它们分为碳源、氮源、无机盐、生长因子和水5大类。

1. 碳源 碳源是在微生物生长过程中为微生物提供碳素来源的物质。碳源物质在细胞内经过一系列复杂的化学变化后，成为微生物自身的细胞物质（如糖类、脂、蛋白质等）和代谢产物。一般情况下，碳可占细菌细胞干重的一半。绝大部分碳源物质在细胞内生化反应过程中还能为微生物提供维持生命活动所需的能源，因此碳源物质通常也是能源物质。也有例外，比如那些只能以CO_2作为唯一或主要碳源的微生物，其生长过程中所需要的能源并非来自碳源物质。

微生物利用碳源物质具有选择性，糖类是一般微生物的良好碳源和能源物质，但微生物对不同糖类物质的利用也有差别，例如，在以葡萄糖和半乳糖为碳源的培养基中，大肠杆菌（*Escherichia coli*）首先利用葡萄糖，然后利用半乳糖，前者称为大肠杆菌的速效碳源，后者称为迟效碳源。

不同种类微生物利用碳源物质的能力也有差别。有的微生物能广泛利用各种类型的碳源物质，而有些微生物可利用的碳源物质则比较少，例如，假单胞菌属（*Pseudomonas*）中的某些种可以利用多达90种以上的碳源物质，而一些甲基营养型（methylotrophs）微生物只能利用甲醇或甲烷等一碳化合物作为碳源物质。

2. 氮源 氮源物质是为微生物提供氮素的物质。这类物质主要用来合成细胞中的含氮物质，一般不作为能源，只有少数自养微生物能利用铵盐和硝酸盐同时作为氮源和能源。在碳源物质缺乏的情况下，某些厌氧微生物在厌氧条件下可以利用某些氨基酸作为能源物质。能够被微生物利用的氮源物质包括铵盐、硝酸盐、氮分子、嘌呤、嘧啶、脲、胺、酰胺、蛋白质及其不同程度的降解产物（胨、肽、氨基酸等）。

常用的蛋白质类氮源包括蛋白胨、鱼粉、蚕蛹粉、黄豆饼粉、花生饼粉、玉米浆、牛肉膏和酵母浸膏等。微生物对氮源的利用具有选择性，例如，土霉素产生菌利用玉米浆比利用黄豆饼粉和花生饼粉的速度快，这是因为玉米浆中的氮源物质主要以较易吸收的蛋白质降解产物形式存在，氨基酸等降解产物的氮可以通过转氨作用直接被机体利用，而黄豆饼粉和花生饼粉中的氮主要以大分子蛋白质形式存在，需进一步降解成小分子的肽和氨基酸后才能被微生物吸收利用，因而速度较慢。玉米浆是一种速效氮源，黄豆饼粉和花生饼粉是迟效氮源，前者有利于菌体生长，而后者有利于代谢产物的形成。在发酵生产土霉素的过程中，往往将两者按一定比例制成混合氮源，以控制菌体生长时期与代谢产物形成时期的协调，达到提高土霉素产量的目的。

微生物吸收利用铵盐和硝酸盐的能力较强，NH_4^+被细胞吸收后可直接被利用，因而，$(NH_4)_2SO_4$等铵盐一般被称为速效氮源，而NO_3^-被吸收后需进一步还原成NH_4^+后再被微生物利用。许多腐生型细菌、肠道菌、动植物致病菌等可利用铵盐或硝酸盐作为氮源，例如，大肠杆菌、产气肠杆菌（*Enterobacter aerogenes*）、枯草芽孢杆菌（*Bacillus subtilis*）、铜绿假单胞菌（*Pseudomonas aeruginosa*）等均可利用硫酸铵和硝酸铵作为氮源，放线菌可以利用硝酸钾作为氮源，霉菌可以利用硝酸钠作为氮源。以$(NH_4)_2SO_4$等铵盐为氮源培养微生物时，由于NH_4^+被吸收，会导致培养基pH下降，因而将其称为生理酸性盐；以硝酸盐（如KNO_3）为氮源培养微生物时，由于NO_3^-被吸收，会导致培养基pH升高，因而将其称为生理碱性盐。为避免培养基pH变化对微生物生长造成不利影响，需要在培养基中加入缓冲物质。

3. 无机盐 无机盐是微量元素的来源，是微生物生长必不可少的一类营养物质，它们在机体中的生理功能主要是作为酶活性中心的组成部分、维持生物大分子和细胞结构的稳定性、调节并维持细胞的渗透压平衡、控制细胞的氧化还原电位和作为某些微生物生长的能源物质等。如果微生物在生长过程中缺乏微量元素，会导致细胞生理活性降低甚至停止生长。

值得注意的是，许多微量元素是重金属，如果它们过量，就会对机体产生毒害作用，而且单独一种微量元素过量产生的毒害作用更大，因此有必要将培养基中微量元素的量控制在正常范围内，并注意各种微量元素之间保持恰当比例。

4. 生长因子 生长因子通常指那些微生物生长所必需且需要量很少，但微生物自身不能合成或合成量不足以满足机体生长需要的有机化合物。各种微生物需求的生长因子的种类和数量是不同的。

自养微生物和某些异养微生物（如大肠杆菌）甚至不需外源生长因子也能生长。不仅如此，同种微生物对生长因子的需求也会随着环境条件的变化而改变，例如，鲁氏毛霉（*Mucor rouxii*）在厌氧条件下生长时需要维生素 B_1 与生物素，而在有氧条件下生长时自身能合成这两种物质，不需外加这两种生长因子。有时对某些微生物生长所需生长因子的化学成分及其机制并不清楚，因此，通常在培养基中加入酵母浸膏、牛肉膏及动植物组织等天然物质以满足需要。

根据生长因子的化学结构和它们在机体中的生理功能的不同，可将生长因子分为维生素、氨基酸和碱基（嘌呤和嘧啶）三大类。最早发现的生长因子，经过化学研究发现其化学成分都是维生素。后来进行发酵工艺研究时也发现，许多维生素都能起到生长因子的作用。虽然有些微生物能合成维生素，但许多微生物仍然需要外界提供维生素才能生长。维生素主要是作为酶的辅基或辅酶参与新陈代谢；有些微生物自身缺乏合成某些氨基酸的能力，因此必须在培养基中补充这些氨基酸或含有这些氨基酸的小肽类物质，微生物才能正常生长。肠膜明串珠菌需要 17 种氨基酸才能生长，有些细菌需要 D-丙氨酸用于合成细胞壁；嘌呤和嘧啶作为生长因子主要是作为酶的辅酶或辅基，以及用来合成核苷、核苷酸或核酸。

5. 水 水是微生物生长所必不可少的。水在细胞中的生理功能主要有：①起到溶剂与运输介质的作用，营养物质的吸收与代谢产物的分泌必须以水为介质才能完成；②参与细胞内一系列化学反应；③维持蛋白质、核酸等生物大分子稳定的天然构象；④是良好的热导体，因为水的比热容高，能有效地吸收代谢过程中产生的热并及时地将热迅速散发出体外，从而有效地控制细胞内温度的变化；⑤维持细胞正常形态。

（三）微生物的营养类型

根据碳源、能源及电子供体性质的不同，可将绝大部分微生物分为光能无机自养型（ptotolithoautotrophy）、光能有机异养型（photoorganoheterotrophy）、化学能无机自养型（chemolithoautotrophy）和化学能有机异养型（chemoorganoheterotrophy）4 种类型。

1. 光能无机自养型 这是一类带有色素的微生物，以无机的 CO_2 为主要碳源，以光能为能量来源，通过光合作用合成自身需要的有机物。比如绿硫细菌，以 CO_2 为碳源，以光能为能量来源，同化有机物形成自身的有机物。在生长过程中能利用溶解的硫化合物，且能把硫化氢氧化为硫，并再将硫氧化为硫酸盐。

2. 光能有机异养型 这类微生物以有机物为主要碳源，以光能为能量来源，通过光合作用同化有机物形成自身的有机物。这类微生物比较少见。

3. 化学能无机自养型 这类微生物以环境中的CO_2为碳源，以氧化无机物获得能量，从而合成自身的有机物。比如氨氧化细菌，可以氧化水中的氨氮，提供自身的能量，从而去除水中的氨氮污染物。再比如氧化硫硫杆菌，它可以氧化硫化氢，获取合成自身有机物时所需要的能量。

4. 化学能有机异养型 这是大多数微生物的营养方式，以有机物为碳源和能量来源，从而合成自身有机物。比如大肠杆菌，依靠分解现成的有机物获取储存在有机物中的化学能，从环境中的有机物获取碳源，从而合成自身的有机物。

二、培养基

培养基（culturemedium）是人工配制、适合微生物生长繁殖或产生代谢产物的营养基质。无论是以微生物为材料还是利用微生物生产制品，都必须进行培养基的配制，它是微生物学研究和微生物发酵工业的基础。

（一）配制培养基的原则

1. 选择适宜的营养物质 首先要根据不同微生物的营养需求配制针对性强的培养基。总体而言，所有微生物生长繁殖均需要培养基含有碳源、氮源、无机盐、生长因子、水及能源。就微生物主要类型而言，有细菌、放线菌、酵母菌、霉菌、原生动物、藻类及病毒之分，培养它们所需的培养基各不相同。在实验室中培养细菌常用牛肉膏蛋白胨培养基或简称普通的肉汤培养基（牛肉膏 5.0g、自来水 1 000mL、蛋白胨 10.0g、NaCl 5.0g、琼脂 18.0g、pH7.0～7.2）；培养酵母一般用麦芽汁培养基（35～45℃烘干的大麦芽，经过糖化处理后取滤液，将滤液再加水稀释至糖度 10～15°BX）；培养放线菌用高氏一号合成培养基（可溶性淀粉 20.0g、KNO_3 1g、NaCl 0.5g、K_2HPO_4 0.5g、$MgSO_4$ 0.5g、$FeSO_4$ 0.01g、琼脂 20g、水 1 000mL、pH7.2～7.4）；培养霉菌一般用查氏合成培养基（$NaNO_3$ 2.0g、KCl 0.5g、K_2HPO_4 1.0g、$MgSO_4$ 0.5g、$FeSO_4$ 0.01g、蔗糖 30g、琼脂 15～20g、水 1 000mL、pH 自然）。

2. 营养物质浓度及配比 培养基中营养物质浓度合适时微生物才能良好生长，营养物质浓度过低时不能满足微生物正常生长所需。浓度过高时也可能对微生物生长起抑制作用。例如，高浓度糖类物质、无机盐、重金属离子等不仅不能维持和促进微生物的生长，反而起到抑制或杀菌作用。另外，培养基中各营养物质之间浓度配比也直接影响微生物的生长繁殖和（或）代谢产物的形成和积累。其中碳氮比（C/N）的影响较大。例如，在利用微生物发酵生产谷氨酸的过程中，培养基碳氮比为 4∶1 时，菌体大量繁殖，谷氨酸积累少；当培养基碳氮比为 3∶1 时，菌体繁殖受到抵制，谷氨酸产量则大量增加。严格地讲，碳氮比指培养基中碳元素与氮元素的摩尔数比值，有时也指培养基中还原糖与粗蛋白之比。

3. 控制 pH 条件 培养基的 pH 必须控制在一定的范围内，以满足不同类型微生物的生长繁殖或产生代谢产物。各类微生物生长繁殖或产生代谢产物的最适 pH 条件各不相同，一般来讲，细菌与放线菌适于在 pH7～7.5 范围内生长，酵母菌和霉菌通常在 pH4.5～6 范围内生长。值得注意的是，在微生物繁殖和代谢过程中，由于营养物质被分解利用和代谢产物的形成与积累，会导致培养基 pH 发生变化，若不对培养基 pH 条件进行控制，往往导致微生物生长速度或（和）代谢产物产量降低。因此，为了维持培养基 pH 的相对恒定，通常在培养基中加入 pH 缓冲剂，常用的缓冲剂是一氢磷酸盐和二氢磷酸盐（如 K_2HPO_4 和 KH_2PO_4）组成的混合物。

但 K_2HPO_4/KH_2PO_4 缓冲系统只能在一定的 pH 范围内（pH6.4～7.2）起调节作用。有些微生物，如乳酸菌能大量产酸，上述缓冲系统就难以起到缓冲作用，此时可在培养基中添加难溶的碳酸盐（如 $CaCO_3$）来进行调节。

4. 控制氧化还原电位　不同类型微生物生长对氧化还原电位（redox potential，φ）的要求不一样，一般好氧性微生物在 φ 值为 0.1V 以上时可以正常生长，一般以 0.3～0.4V 为宜，厌氧性微生物只能在 φ 值低于 0.1V 条件下生长。兼性厌氧微生物在 φ 值为 0.1V 以上时进行好氧呼吸，在 0.1V 以下时进行发酵。φ 值与氧分压和 pH 有关，也受某些微生物代谢产物的影响。在 pH 相对稳定的条件下，可通过增加通气量（如振荡培养、搅拌）提高培养基的氧分压，或加入氧化剂，从而增加 φ 值；在培养基中加入抗坏血酸、硫化氢、半胱氨酸、谷胱甘肽、二硫苏糖醇等还原性物质可降低 φ 值。

5. 原料来源的选择　在配制培养基时应尽量利用廉价且易于获得的原料作为培养基成分，特别是在发酵工业中，培养基用量很大，利用低成本的原料更体现出其经济价值。例如，在微生物单细胞蛋白的工业生产过程中，常常利用糖蜜（制糖工业中含有蔗糖的废液）、乳清（乳制品工业中含有乳糖的废液）、豆制品工业废液及黑废液（造纸工业中含有戊糖和己糖的亚硫酸纸浆）等作为培养基的原料。

6. 灭菌处理　要获得纯培养微生物，必须避免杂菌污染，因此，应对所用器材及工作场所进行消毒与灭菌。对培养基而言，更是要进行严格的灭菌。

（二）培养基的类型及应用

培养基种类繁多，根据其成分、物理状态和用途可将培养基分成多种类型。

1. 按成分不同划分

（1）天然培养基　天然培养基（complex medium）含有化学成分还不清楚或化学成分不恒定的天然有机物，也称非化学限定培养基（chemically undefined medium）。牛肉膏蛋白胨培养基和麦芽汁培养基就属于此类。天然培养基成本较低，除在实验室经常使用外，也适用于工业大规模的微生物发酵生产。

（2）合成培养基　合成培养基（synthetic medium）是由化学成分完全已知的物质配制而成的培养基，也称化学限定培养基（chemically defined medium）。高氏一号培养基和查氏培养基就属于此种类型。配制合成培养基重复性强，但与天然培养基相比，其成本较高，微生物在其中生长速度较慢，一般适于在实验室用来进行有关微生物营养需求、代谢、分类鉴定、生物量测定、菌种选育及遗传分析等方面的研究工作。

2. 根据物理状态划分

（1）固体培养基　在液体培养基中加入一定量凝固剂即为固体培养基（solid medium）。理想的凝固剂应具备以下条件：①不被所培养的微生物分解利用。②在微生物生长的温度范围内保持固体状态。在培养嗜热细菌时，由于高温容易引起培养基液化，通常在培养基中适当增加凝固剂来解决这一问题。③凝固点温度不能太低，否则将不利于微生物的生长。④对所培养的微生物无毒害作用。⑤在灭菌过程中不会被破坏。⑥透明度好，黏着力强。⑦配制方便且价格低廉。常用的凝固剂有琼脂（agar)、明胶（gelatin）和硅胶（silica gel)。

（2）半固体培养基　半固体培养基中凝固剂的含量比固体培养基少，培养基中琼脂量一般为0.2%～0.7%。半固体培养基常用于观察微生物的运动特征、分类鉴定及噬菌体效价滴定等。

（3）液体培养基　液体培养基中未加任何凝固剂。在用液体培养基培养微生物时，通过振荡或搅拌可以增加培养基的通气量，同时使营养物质分布均匀。液体培养基常用于大规模工业生产以及在实验室进行微生物的基础理论和应用方面的研究。

3. 按用途划分

（1）基础培养基　尽管不同微生物的营养需求各不相同，但大多数微生物所需的基本营养物质是相同的。基础培养基（minimum medium）是含有一般微生物生长繁殖所需的基本营养物质的培养基。牛肉膏蛋白胨培养基是最常用的基础培养基。

（2）加富培养基　加富培养基（enrichment medium）也称营养培养基，即在基础培养基中加入某些特殊营养物质制成的一类营养丰富的培养基，这些特殊营养物质包括血液、血清、酵母浸膏、动植物组织液等。加富培养基一般用来培养营养要求比较苛刻的异养型微生物。加富培养基还可以用来富集和分离某种微生物，这是因为加富培养基含有某种微生物所需的特殊营养物质；该种微生物在这种培养基中较其他微生物生长速度快，并逐渐富集而占优势，逐步淘汰其他微生物，从而容易达到分离这种微生物的目的。

（3）鉴别培养基　鉴别培养基（differential medium）是用于鉴别不同类型微生物的培养基。在培养基中加入某种特殊化学物质，某种微生物在培养基中生长后能产生某种代谢产物，而这种代谢产物可以与培养基中的特殊化学物质发生特定的化学反应，产生明显的特征性变化，根据这种特征性变化，可将该种微生物与其他微生物区分开来。鉴别培养基主要用于微生物的快速分类鉴定，以及分离和筛选产生某种代谢产物的微生物菌种。常用的一些鉴别培养基见表1-6。

表1-6　一些鉴别培养基

培养基名称	加入的物质	微生物代谢产物	培养基特征性变化	主要用途
酵素培养基	酵素	胞外蛋白酶	蛋白水解圈	鉴别产蛋白酶菌株
明胶培养基	明胶	胞外蛋白酶	明胶液化	鉴别产蛋白酶菌株
油脂培养基	食用油、吐温、中性红	胞外脂肪酶	由单红色变成深红色	鉴别产脂肪酶菌株
淀粉培养基	可溶性淀粉	胞外淀粉酶	淀粉水解圈	鉴别产淀粉酶菌株
H_2S培养基	醋酸铅	H_2S	产生黑色沉淀	鉴别产H_2S菌株
糖发酵培养基	溴甲酚紫	乳酸、醋酸、丙酸等	由紫色变成黄色	鉴别肠道细菌
远藤氏培养基	碱性复红、亚硫酸钠	酸、乙醛	带金属光泽的深红色菌落	鉴别水中大肠杆菌
伊红美蓝培养基	伊红、美蓝	酸	带金属光泽的深紫色菌落	鉴别水中大肠杆菌

（4）选择培养基　选择培养基是用来将某种或某类微生物从混杂的微生物群体中分离出来的培养基。根据不同种类微生物的特殊营养需求或对某种化学物质的敏感性不同，在培养基中加入相应的特殊营养物质或化学物质，抑制不需要的微生物生长，有利于所需微生物生长。

一类选择培养基是依据某些微生物的特殊营养需求设计的，例如，利用纤维素或石蜡油作为唯一碳源的选择培养基，可以从混杂的微生物群体中分离出能分解纤维素或石蜡油的微生物；利用蛋白质作为唯一氮源的选择培养基，可以分离产胞外蛋白酶的微生物；缺乏氮源的选择培养基可用来分离固氮微生物。

另一类选择培养基是在培养基中加入某种化学物质，这种化学物质没有营养作用，对所需分离的微生物无害，但可以抑制或杀死其他微生物，例如，在培养基中加入数滴10%酚可以抑制细菌和霉菌的生长，从而从混杂的微生物群体中分离出放线菌；在培养基中加入亚硫酸铋，可以抑制革兰氏阳性菌和绝大多数革兰氏阴性菌的生长，而革兰氏阴性的伤寒沙门菌可以在这种培养基上生长。

在实际应用中，有时需要配制既有选择作用又有鉴别作用的培养基。例如，当要分离金黄色葡萄球菌时，在培养基中加入7.5%NaCl、甘露糖醇和酸碱指示剂，金黄色葡萄球菌可耐高浓度NaCl，而且能利用甘露糖醇产酸。因此，能在上述培养基生长，而且菌落周围培养基颜色发生变化，则该菌落有可能是金黄色葡萄球菌，再通过进一步鉴定加以确定。

（5）其他类型培养基　除上述4种主要类型外，培养基按用途划分还有很多种，比如：分析培养基（assay medium）常用来分析某些化学物质（抗生素、维生素）的浓度，还可用来分析微生物的营养需求；还原性培养基（reduced medium）专门用来培养厌氧型微生物；组织培养物培养基（tissue -culture medium）含有动、植物细胞，用来培养病毒、衣原体（chlamydia）、立克次氏体（rickettsia）及某些螺旋体（spirochete）等专性活细胞寄生的微生物。尽管如此，有些病毒和立克次氏体目前还不能利用人工培养基培养，需要接种在动植物体内、动植物组织中才能增殖。常用的培养病毒与立克次氏体的动物有小鼠、家鼠和豚鼠，鸡胚也是培养某些病毒与立克次氏体的良好营养基质，鸡瘟病毒、牛痘病毒、天花病毒、狂犬病毒等十几种病毒也可用鸡胚培养。

尽管利用各种培养基分离、培养微生物已有100多年的历史，但随着分子生物学技术在微生物生态和系统发育研究方面的应用，人们逐渐认识到目前在实验室所能培养的微生物还不到自然界存在的微生物的1%，其根本原因是自然界中的大多数微生物不能在常规的培养基上生长，这些微生物曾被认为是“未培养微生物”（uncultivable microorganisms）。事实上，之所以“未培养”，是因为人们还没有找到适合这类微生物生长的培养基和培养条件。

三、细胞吸收营养物质

营养物质能否被微生物利用的一个决定性因素是这些营养物质能否进入微生物细胞。只有营养物质进入细胞后才能被微生物细胞内的新陈代谢系统分解利用，进而使微生物正常生长繁殖。影响营养物质进入细胞的因素主要有3个：一是营养物质本身的性质。相对分子质量、溶解性、电负性、极性等都影响营养物质进入细胞的难易程度；二是微生物所处的环境；三是微生物细胞的透过屏障（permeability barrier）。所有微生物都具有一种保护机体完整性且能限制物质进出细胞的透过屏障，透过屏障主要是原生质膜、细胞壁、荚膜及黏液层等组成的结构。根据物质运输过程的特点，可将物质的运输方式分为扩散、促进扩散、主动运输与膜泡运输。

（一）扩散

原生质膜是一种半透膜，营养物质通过原生质膜上的小孔，由高浓度的胞外（内）环境向低浓度的胞内（外）进行扩散（diffusion）。扩散是非特异性的，但原生质膜上的小孔的大小和形状对参与扩散的营养物质分子有一定的选择性。扩散过程中不消耗细胞的能量，物质扩散的动力来自参与扩散的物质在膜内外的浓度差。

由于原生质膜主要由磷脂双分子层和蛋白质组成，膜内外表面为极性表面，中间为疏水层，因而物质跨膜扩散的能力和速率与该物质的性质有关，相对分子质量小、脂溶性、极性小的物质易通过扩散进出细胞。另外，温度高时，原生质膜的流动性增加，有利于物质扩散进出细胞，pH 与离子强度通过影响物质的电离程度而影响物质的扩散速率。

（二）促进扩散

与扩散一样，促进扩散（facilitated diffusion）也是一种被动的物质跨膜运输方式，在这个过程中不消耗细胞的能量，参与运输的物质本身的分子结构不发生变化，不能进行逆浓度运输，运输速率与膜内外物质的浓度差成正比。

促进扩散与扩散的主要区别在于通过促进扩散进行跨膜运输的物质需要借助载体（carrier）的作用才能进入细胞（图 1-16），而且每种载体只运输相应的物质，具有较高的专一性。通过促进扩散进入细胞的营养物质主要有氨基酸、单糖、维生素及无机盐等。一般微生物通过专一的载体蛋白运输相应的物质，但同时微生物对同一物质的运输由 1 种以上的载体蛋白来完成，例如，鼠伤寒沙门菌（*Salmonella typhimurium*）利用 4 种不同载体蛋白运输组氨酸。另外，某些载体蛋白可同时完成几种物质的运输，例如，大肠杆菌可通过一种载体蛋白完成亮氨酸、异亮氨酸和缬氨酸的运输，但这种载体蛋白对这 3 种氨基酸的运输能力有差别。

促进扩散

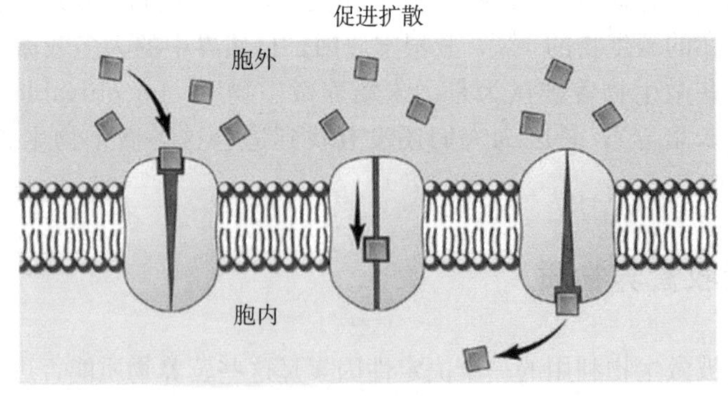

图 1-16　促进扩散示意

（三）主动运输

主动运输（active transport）是广泛存在于微生物中的一种主要的物质运输方式。与扩散及促进扩散等被动运输（passive transport）方式相比，主动运输的一个重要特点是在物质运输过程中需要消耗细胞的能量，而且可以进行逆浓度差运输。在主动运输过程中，运输物质所需能量来源因微生物不同而各异，好氧型微生物与兼性厌氧微生物直接利用呼吸能，厌氧型微生物利用化学能（ATP），光合微生物利用光能，嗜盐细菌通过紫膜（purple membrane）利用光能。主动运输与促进扩散的类似之处在于物质运输过程中同样需要载体蛋白，载体蛋白通过构象变化而改变与被运输物质之间的亲和力大小，使两者之间发生可逆性结合与分离，从而完成相应物质的跨膜运输，区别在于主动运输过程中的载体蛋白构象变化需要细胞提供能量。主动运输的具体方式有多种，主要有初级主动运输、次级主动运输、ATP 结合性盒式转运蛋白系统、Na^{+}-K^{+}-ATP 酶系统（图 1-17）、基因转位及铁载体运输等。

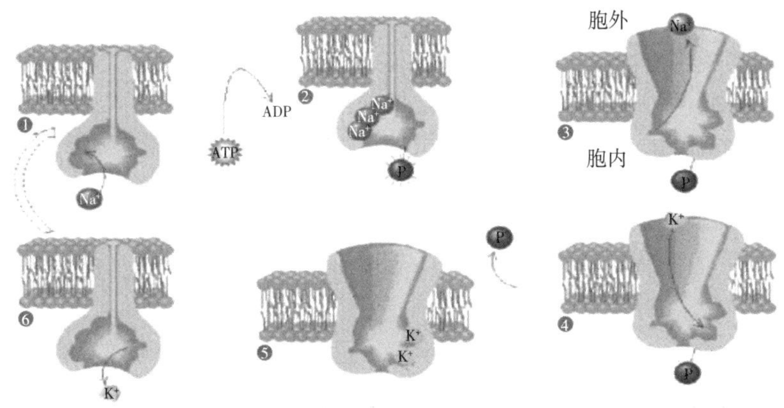

图 1-17　Na^{+}-K^{+}-ATP 酶系统示意

（四）膜泡运输

膜泡运输（membrane vesicle transport）主要存在于原生动物中，特别是变形虫（amoeba），为这类微生物的一种营养物质的运输方式。变形虫通过趋向性动作靠近营养物质，并将该物质吸附到膜表面，然后该物质附近的细胞膜开始内陷，逐步将营养物质包围，最后形成一个含有该营养物质的膜泡，之后膜泡离开细胞膜而游离于细胞质中，营养物质通过这种运输方式由胞外进入胞内。如果膜泡中包含的是固体营养物质，则将这种营养物质运输方式称为胞吞作用（Phagocytosis）；如果膜泡中包含的是液体，则称之为胞饮作用（pinocytosis）。通过胞吞作用或胞饮作用进行营养物质膜泡运输的过程一般分为 5 个时期，即：吸附期、膜伸展期、膜泡迅速形成期、附着膜泡形成期和膜泡释放期（图 1-18）。

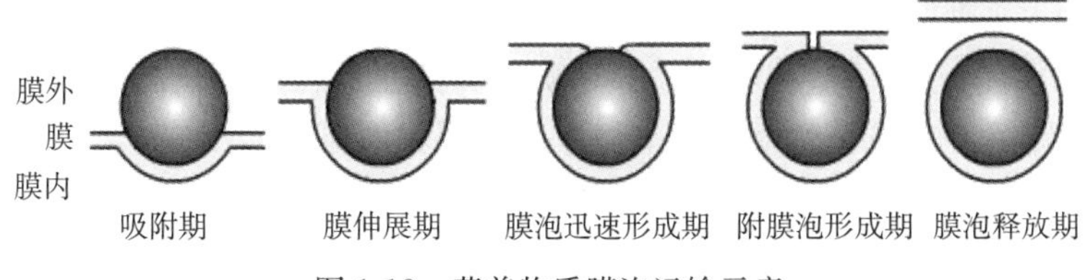

图 1-18　营养物质膜泡运输示意

第四节　微生物代谢

一、微生物的能量代谢

（一）微生物的产能代谢

微生物的产能代谢是指物质在生物体内经过一系列连续的氧化还原反应，逐步分解并释放能量的过程，这是一个产能代谢过程，又称为生物氧化。在生物氧化过程中释放的能量可被微生物直接利用，也可通过能量转换贮存在高能化合物（如ATP）中，以便逐步被利用；还有部分能量以热的形式释放到环境中。不同类型微生物进行生物氧化所利用的物质不同，异养微生物利用有机物，自养微生物则利用无机物。

1. 异养微生物的生物氧化　异养微生物将有机物氧化，根据氧化还原反应中电子受体的不同，可将微生物细胞内发生的生物氧化反应分成发酵和呼吸两种类型，而呼吸又可分为有氧呼吸和无氧呼吸两种方式。

（1）发酵　发酵（fermentation）是指微生物细胞将有机物氧化释放的电子直接交给底物本身未完全氧化的某种中间产物，同时释放能量并产生各种不同的代谢产物。在发酵条件下，有机物只是部分地被氧化，因此，只释放出一小部分的能量。发酵过程的氧化与有机物的还原相耦联，被还原的有机物来自于初始发酵的分解代谢产物即不需要外界提供电子受体。

发酵的种类有很多，可发酵的底物有糖类、有机酸、氨基酸等，其中以微生物发酵葡萄糖最为重要。生物体内葡萄糖被降解成丙酮酸的过程称为糖酵解（glycolysis），主要分为4种途径：EMP途径、HM途径、ED途径及磷酸解酮酶途径。

1）EMP途径　EMP途径（embden-meyerhof-parnas pathway）（图1-19）可为微生物的生理活动提供ATP和NADH，其中间产物又可为微生物的合成代谢提供碳骨架，并在一定条件下可逆转合成多糖。

2）HM途径　由于HM途径（hexose monophosphate pathway）并没有净ATP生成，因此不能把该途径看做是产生ATP的有效机制。大多数好氧和兼性厌氧微生物中都有HM途径，而且在同一微生物中往往同时存在EMP和HM途径，单独具有EMP或HM途径的微生物较少见。

3）ED途径　ED（entner-doudoroff pathway）途径是在研究嗜糖假单胞菌（*Pseudomonas saccharophila*）时发现的。ED途径在革兰氏阴性菌中分布较广，特别是假单胞菌和固氮菌的某些菌中较多存在。ED途径可不依赖于EMP和HM途径而单独存在，但对于依赖底物水平磷酸化获得ATP的厌氧菌而言，ED途径不如EMP途径经济。

4）磷酸解酮酶途径　磷酸解酮酶途径是明串珠菌在进行异型乳酸发酵过程中分解己糖和戊糖的途径。该途径的特征性酶是磷酸解酮酶，根据解酮酶的不同，把具有磷酸戊糖解酮酶的途径称为PK途径。把具有磷酸已糖解酮酶的途径称为HK途径。

目前发现多种微生物可以发酵葡萄糖生产乙醇，能进行乙醇发酵的微生物包括酵母菌、根霉、曲霉和某些细菌。根据在不同条件下代谢产物的不同，可将酵母菌利用葡萄糖进行的发酵分为 3 种类型：①在酵母菌的乙醇发酵中，酵母菌可将葡萄糖经 EMP 途径降解为两分子丙酮酸，然后丙酮酸脱羧生成乙醛，乙醛作为氢受体使 NAD^+ 再生，发酵终产物为乙醇，这种发酵类型称为酵母的一型发酵。②但当环境中存在亚硫酸氢钠时，它可与乙醛反应生成难溶的磺化羟基乙醛。由于乙醛和亚硫酸盐结合而不能作为 NADH 的受氢体，所以不能形成乙醇，迫使磷酸二羟丙酮代替乙醛作为受氢体，生成 α-磷酸甘油。α-磷酸甘油进一步水解脱磷酸而生成甘油，称为酵母的二型发酵。③在弱碱性条件下（pH7.6），乙醛因得不到足够的氢而积累，两个乙醛分子间会发生歧化反应，一分子乙醛作为氧化剂被还原成乙醇，另一分子乙醛则作为还原剂被氧化为乙酸。氢受体则由磷酸二羟丙酮担任。发酵终产物为甘油、乙醇和乙酸，称为酵母的三型发酵。

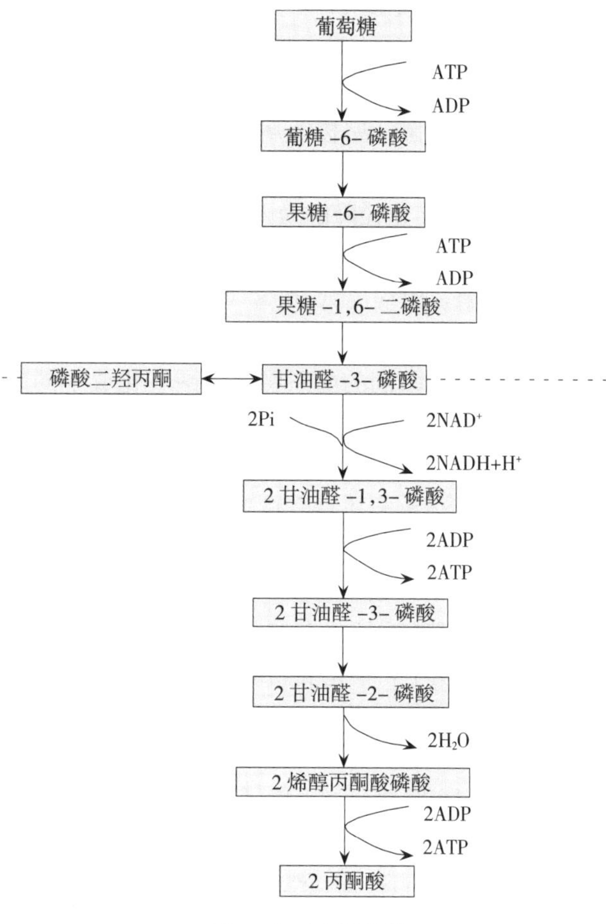

图 1-19 EMP 途径

不同的细菌进行乙醇发酵时，其发酵途径也各不相同。如运动发酵单胞菌（*Zymomonas mobilis*）和厌氧发酵单胞菌（*Zymomonas anaerobia*）是利用 ED 途径分解葡萄糖为丙酮酸，最后得到乙醇；对于某些生长在极端酸性条件下的严格厌氧菌，如胃八叠球菌（*Sarcina uentriculi*）和肠杆菌（*Enterobacteriaceae*）则是利用 EMP 途径进行乙醇发酵。

许多细菌能利用葡萄糖产生乳酸，这类细菌称为乳酸菌。根据产物的不同，乳酸发酵有 3 种类型：同型乳酸发酵、异型乳酸发酵和双歧发酵。①同型乳酸发酵的过程是：葡萄糖经 EMP 途径降解为丙酮酸，丙酮酸在乳酸脱氢酶的作用下被 NADH 还原为乳酸。由于终产物只有乳酸一种，故称为同型乳酸发酵。②在异型乳酸发酵中，葡萄糖首先经 PK 途径分解，发酵终产物除乳酸以外还有一部分乙醇或乙酸。在肠膜明串珠菌（*Leuconostoc mesenteroides*）中，利用 HK 途径分解葡萄糖，产生甘油醛-3-磷酸和乙酰磷酸，其中甘油醛-3-磷酸进一步转化为乳酸，乙酰磷酸经两次还原变为乙醇，当发酵戊糖时，则是利用 PK 途径，磷酸戊糖解酮酶催化木酮糖-5-磷酸裂解生成乙酰磷酸和甘油醛-3-磷酸。③双歧发酵是两歧双歧杆菌（*Bifidobacterium bifidum*）发酵葡萄糖产生乳酸的一条途径。此反应中有两种磷酸解酮酶参加反应，即果糖-6-磷酸磷酸解酮酶和木酮糖-5-磷酸磷酸解酮酶分别催化果糖-6-磷酸和木酮糖-5-磷酸裂解产生乙酰磷酸和丁糖-4-磷酸及甘油醛-3-磷酸和乙酰磷酸。

许多厌氧菌可进行丙酸发酵，葡萄糖经 EMP 途径分解为两个丙酮酸后，再被转化为丙酸。少数丙酸细菌还能将乳酸（或利用葡萄糖分解而产生的乳酸）转变为丙酸。

某些专性厌氧菌，如梭菌属（*Clostridium*）、丁酸弧菌属（*Butyrivibrio*）、真杆菌属（*Eubacterium*）和梭杆菌属（*Fusobacterium*），能进行丁酸与丙酮-丁醇发酵。在发酵过程中，葡萄糖经 EMP 途径降解为丙酮酸，接着在丙酮酸-铁氧还蛋白酶的参与下，将丙酮酸转化为乙酰辅酶 A。乙酰辅酶 A 再经一系列反应生成丁酸或丁醇和丙酮。

某些肠杆菌，如埃希氏菌属（*Escherichia*）、沙门菌属（*Salmonella*）和志贺氏菌属（*Shigella*）中的一些菌，能够利用葡萄糖进行混合酸发酵。先通过 EMP 途径将葡萄糖分解为丙酮酸，然后不同的酶系将丙酮酸转化成不同的产物，如乳酸、乙酸、甲酸、乙醇、CO_2和氢气，还有一部分烯醇丙酮酸磷酸用于生成琥珀酸；而肠杆菌、欧文氏菌属（*Erwinia*）中的一些细菌，能将丙酮酸转变成乙酰乳酸，乙酰乳酸经一系列反应生成丁二醇。由于这类肠道菌还具有丙酮酸-甲酸裂解酶、乳酸脱氢酶等，因此其终产物还有甲酸、乳酸、乙醇等。

（2）呼吸作用　我们已经在上面讨论了葡萄糖分子在没有外源电子受体时的代谢过程。在这个过程中，底物中所具有的能量只有一小部分被释放出来，并合成少量 ATP。造成这种现象的原因有两个，一是底物的碳原子只被部分氧化，二是初始电子供体和最终电子受体的还原电势相差不大。然而，如果有微生物在降解底物的过程中，将释放出的电子交给 NAD $(P)^+$、FAD 或 FMN 等电子载体，再经电子传递系统传给外源电子受体，从而生成水或其他还原型产物并释放出能量的过程，称为呼吸作用。其中，以分子氧作为最终电子受体的呼吸称为有氧呼吸（aerobic respiration），以氧化型化合物作为最终电子受体的呼吸称为无氧呼吸（anaerobic respiration）。呼吸作用与发酵作用的根本区别在于：电子载体不是将电子直接传递给底物降解的中间产物，而是交给电子传递系统，逐步释放出能量后再交给最终电子受体。

①有氧呼吸　葡萄糖经过糖酵解作用形成丙酮酸，在发酵过程中，丙酮酸在厌氧条件下转变成不同的发酵产物；而在有氧呼吸过程中，丙酮酸进入三羧酸循环（tricarboxylic acid cycle，简称 TCA 循环），被彻底氧化生成 CO_2和水，同时释放大量能量。

②无氧呼吸　某些厌氧和兼性厌氧微生物在无氧条件下进行无氧呼吸。无氧呼吸的最终电子受体不是氧，而是像 NO_3^-、NO_2^-、SO_4^{2-}、$S_2O_3^{2-}$及 CO_2等这类外源受体。无氧呼吸也需要细胞色素等电子传递体，并在能量分级释放过程中伴随有磷酸化作用，也能产生较多的能量用于生命活动。

2. 自养微生物的生物氧化　一些微生物可以氧化无机物获得能量，同化合成细胞物质，这类细菌称为化能自养微生物。它们在无机能源氧化过程中通过氧化磷酸化产生 ATP。

（1）氨的氧化　氨（NH_3）同亚硝酸（NO_2^-）是可以用作能源的最普通的无机氮化合物，能被硝化细菌所氧化。硝化细菌可分为两个亚群：亚硝化细菌和硝化细菌。氨氧化为硝酸的过程可分为两个阶段，先由亚硝化细菌将氨氧化为亚硝酸，再由硝化细菌将亚硝酸氧化为硝酸。由氨氧化为硝酸是通过这两类细菌依次进行的。硝化细菌都是一些专性好氧的革兰氏阴性菌，以分子氧为最终电子受体，且大多数是专性无机营养型。硝化细菌无芽孢，多数为二分裂繁殖，生长缓慢，平均代时 10h 以上，分布非常广泛。

(2) 硫的氧化 硫杆菌能够利用一种或多种还原态或部分还原态的硫化合物（包括硫化物、元素硫、硫代硫酸盐、多硫酸盐和亚硫酸盐）作能源。H_2S首先被氧化成元素硫，随之被硫氧化酶和细胞色素系统氧化成亚硫酸盐，放出的电子在传递过程中可以耦联产生4个ATP。

(3) 铁的氧化 从亚铁到高铁状态的铁的氧化，对于少数细菌来说也是一种产能反应，但在这种氧化中只有少量的能量可以被利用。亚铁的氧化仅在嗜酸性的氧化亚铁硫杆菌（*Thiobacillus ferrooxidans*）中进行了较为详细的研究。在低pH环境中这种菌能利用亚铁放出的能量生长。

(4) 氢的氧化 氢细菌都是一些呈革兰氏阴性的兼性化能自氧菌。它们能利用分子氢氧化产生的能量同化CO_2，也能利用其他有机物生长。氢细菌的细胞膜上有泛醌、维生素K_2及细胞色素等呼吸链组分。在该菌中，电子直接从氢传递给电子传递系统，电子在呼吸链传递过程中产生ATP。

3. 能量转换 在产能代谢过程中，微生物可通过底物水平磷酸化和氧化磷酸化将某种物质氧化而释放的能量贮存于ATP等高能分子中；对光合微生物而言，则可通过光合磷酸化将光能转变为化学能贮存于ATP中。

(1) 底物水平磷酸化 物质在生物氧化过程中，常生成一些含有高能键的化合物，而这些化合物可直接耦联ATP或GTP的合成，这种产生ATP等高能分子的方式称为底物水平磷酸化（substrate level phosphorylation）。底物水平磷酸化既存在于发酵过程中，也存在于呼吸作用过程中。

(2) 氧化磷酸化（oxidative phosphorylation） 物质在生物氧化过程中形成的NADH和$FADH_2$可通过位于线粒体内膜或细菌质膜上的电子传递系统将电子传递给氧或其他氧化型物质，在这个过程中耦联着ATP的合成，这种产生ATP的方式称为氧化磷酸化。1分子NADH和$FADH_2$可分别产生3个分子和2个分子ATP。

英国学者米切尔（P. Mitchell）1961年提出化学渗透耦联假说（chemiosmotic coupling hypothesis），该学说的中心思想是电子传递过程中导致建立膜内外浓度差，从而将能量蕴藏在质子势中，质子势推动质子由膜外进入胞内，在这个过程中通过存在于膜上的F_1-F_0 ATP酶耦联ATP的形成。

(3) 光合磷酸化（photophosphorylation） 光合作用是自然界一个极其重要的生物学过程，其实质是通过光合磷酸化将光能转变成化学能，用于从CO_2合成细胞物质。进行光合作用的生物体除了绿色植物外，还包括光合微生物，如藻类、蓝细菌和其他光合细菌（包括紫色细菌、绿色细菌、嗜盐菌等）。它们利用光能维持生命，同时也为其他生物（如动物和异养微生物）提供了赖以生存的有机物。

（二）耗能代谢

1. 细胞物质的合成 微生物利用能量代谢所产生的能量、中间产物以及从外界吸收的小分子，合成复杂的细胞物质的过程称为合成代谢。合成代谢所需要的能量由ATP和质子动力提供。糖类、氨基酸、脂肪酸、嘌呤、嘧啶等主要细胞成分的合成生化途径中有共同的中间代谢产物参加（图1-20），但一个分子的生物合成途径和其分解途径通常不同。

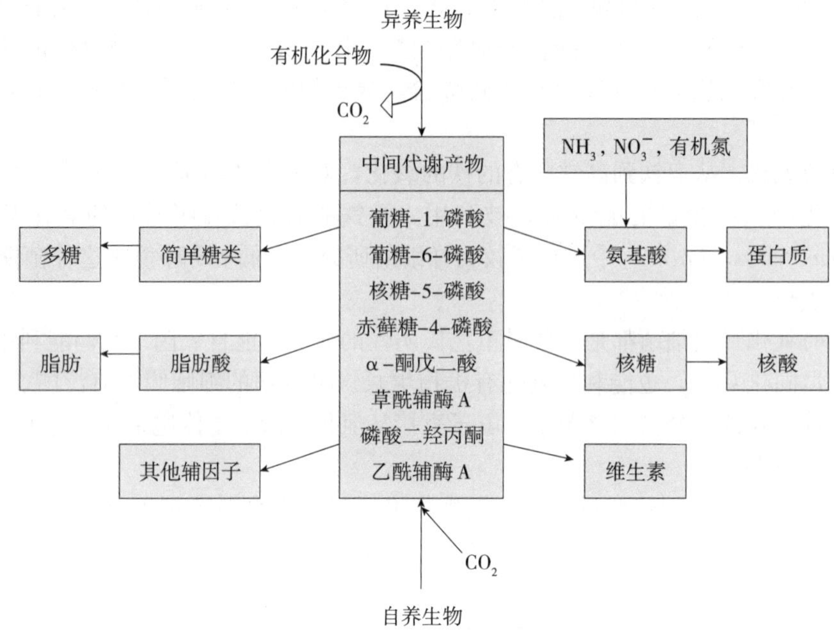

图 1-20　分解代谢和合成代谢中的重要中间产物

（1）CO_2的固定　CO_2是自养微生物的唯一碳源，异养微生物也能利用CO_2作为辅助的碳源。将空气中的CO_2同化成细胞物质的过程，称为CO_2的固定。

（2）生物固氮　所有的生命都需要氮，氮的最终来源是无机氮。尽管大气中氮气的比例占了79%，但所有的动植物以及大多数微生物都不能利用分子态氮作为氮源。目前仅发现一些特殊类群的原核生物能够将分子态氮还原为氨，然后再由氨转化为各种细胞物质。微生物将氮还原为氨的过程称为生物固氮。

（3）二碳化合物的同化　三羧酸循环是产能反应和生物合成的重要代谢环节，其中的有机酸可被微生物利用，作为电子的供体和碳源。四碳、五碳、六碳酸均可在有氧环境下被微生物利用，通过氧化磷酸化产生能量。但三羧酸循环只有当受体分子草酰乙酸在每次循环后都能得到再生的情况下才能进行。不同的微生物在补充因合成代谢而消耗的中间产物时具有不同的回补途径，主要是乙醛酸途径和甘油酸途径。具有乙醛酸途径的微生物能利用乙酸作为碳源和能源生长；具有甘油酸途径的微生物能利用乙醇酸、草酸和甘氨酸等二碳化合物作为碳源生长。

（4）糖类的合成　微生物在生长过程中，除了有分解糖类的能量代谢外，还不断地利用简单化合物合成糖类，以构成细胞生长所需要的单糖、多糖等。单糖在微生物中很少以游离形式存在，一般以多糖或多聚体的形式，或是以少量的糖磷酸酯和糖核苷酸形式存在。单糖和多糖的合成对自养和异养微生物的生命活动十分重要。

（5）氨基酸的合成　在蛋白质中通常存在着21种氨基酸。对于微生物来讲，有些氨基酸不能从环境中获得，就必须从另外的来源合成它们。在氨基酸合成中，主要包含着两个方面的过程，一是各氨基酸碳骨架的合成，二是氨基的结合。氨基酸的合成主要有3种方式：一是氨基化作用，二是通过转氨基作用，三是由糖代谢的中间产物为前体合成氨基酸。

（6）核苷酸的合成　核苷酸是核酸的基本结构单位，由碱基、戊糖及磷酸组成。根据碱基成分可把核苷酸分为嘌呤核苷酸和嘧啶核苷酸。

2. 其他耗能过程　由细菌细胞产能反应形成的 ATP 和质子动力，被消耗在各种途径中。许多能量用于新的细胞组成的生物合成。另外，细菌的运动、营养物质的主动运输和膜泡运输、生物发光等也是重要的生物耗能过程。

二、微生物代谢的调节

微生物细胞代谢的调节主要是通过控制酶的作用来实现的，因为任何代谢途径都是一系列酶促反应构成的。微生物细胞的代谢调节主要有两种类型：一类是酶活性调节，调节的是已有酶分子的活性，是在酶化学水平上发生的；另一类是酶合成的调节，调节的是酶分子的合成量，是在遗传学水平上发生的，在细胞内这两种方式协调进行。

（一）酶活性的调节

酶活性调节是指一定数量的酶，通过其分子构象或分子结构的改变来调节其催化反应的速率。这种调节方式可以使微生物细胞对环境变化作出迅速的反应。酶活性调节受多种因素影响，底物的性质和浓度、环境因子，以及其他酶的存在都可能激活或控制酶的活性。酶活性调节的方式主要有两种，一是变构调节，二是酶分子的修饰调节。

1. 变构调节　在某些重要的生化反应中，反应产物的积累往往会抑制催化这个反应的酶的活性，这是由于反应产物与酶的结构抑制了底物与酶活性中心的结合。在一个由多步反应组成的代谢途径中，末端产物通常会反馈抑制该途径的第一个酶，这种酶通常被称为变构酶（allosteric enzyme）。例如，合成异亮氨酸的第一个酶是苏氨酸脱氨酶。

2. 修饰调节　修饰调节是通过共价调节酶来实现的。共价调节酶通过修饰酶催化其多肽链上某些基团进行可逆的共价修饰，使之处于活性和非活性的互变状态，从而导致调节酶的活化或抑制，以控制代谢的速度和方向。

（二）分支合成途径调节

不分支的生物合成途径中的第一个酶受末端产物的抑制，而在有两种或两种以上的末端产物的分支代谢途径中，其共同特点是每个分支途径的末端产物控制支点后的第一个酶，同时每个末端产物又对整个途径的第一个酶有部分的抑制作用，分支代谢的反馈调节方式有多种。

1. 同工酶　同工酶是指能催化同一种化学反应，但其酶蛋白本身的分子结构组成却有所不同的一组酶。特点是：在分支途径中的第一个酶有几种结构不同的一组同工酶，每一种代谢终产物只对一种同工酶具有反馈抑制作用，只有当几种终产物同时过量时，才能完全阻止反应的进行。这种调节方式的著名例子是大肠杆菌天冬氨酸族氨基酸的合成。有 3 个天冬氨酸激酶化途径的第一个反应，分别受赖氨酸、苏氨酸及甲硫氨酸的调节。

2. 协同反馈抑制　在分支代谢途径中，几种末端产物同时都过量，才对途径中的第一个酶具有抑制作用。若某一末端产物单独过量则对途径中的第一个酶无抑制作用。在多黏芽孢杆菌（*Bacillus polymyxa*）合成赖氨酸、甲硫氨酸和苏氨酸的途径中，终产物苏氨酸和赖氨酸协同抑制天冬氨酸激酶。

3. 累积反馈抑制 在分支代谢途径中，任何一种末端产物过量时都能对共同途径中的第一个酶起抑制作用，而且各种末端产物的抑制作用互不干扰。当各种末端产物同时过量时，它们的抑制作用是累加的。

4. 顺序反馈抑制 分支代谢途径中的两个末端产物，不能直接抑制代谢途径中的第一个酶，而是分别抑制分支点后的反应步骤，造成分支点上中间产物的积累，达到一定浓度的中间产物再反馈抑制第一个酶的活性。因此，只有当两个末端产物都过量时，才能对途径中的第一个酶起到抑制作用。枯草芽孢杆菌合成芳香族氨基酸的代谢就是采用这种方式进行调节。

三、次级代谢与次级代谢产物

（一）次级代谢和次级代谢产物

次级代谢是指微生物在一定的生长时期，以初级代谢产物为前体，合成一些对微生物的生命活动无明确功能的物质，这一过程的产物，即为次级代谢产物。次级代谢产物大多是分子结构比较复杂的化合物，根据其作用特点，可将其分为抗生素、激素、生物碱、毒素及维生素等类型。

次级代谢与初级代谢关系密切，初级代谢的关键性中间产物往往是次级代谢产物的前体，比如糖降解过程中的乙酰辅酶A是合成四环素、红霉素的前体；次级代谢一般在菌体指数生长后期或稳定期进行，但会受到环境条件的影响；某些催化次级代谢的酶的专一性不高；次级代谢产物的合成，因菌株不同而异，但与分类地位无关；质粒与次级代谢的关系密切，控制着多种抗生素的合成。

次级代谢不像初级代谢那样有明确的生理功能，因为次级代谢途径即使被阻断，也不会影响菌体生长繁殖。次级代谢产物通常都是限定在某些特定微生物中生成，因此它们一般没有生理功能，也不是生物体生长繁殖的必需物质，尽管对它们本身可能是重要的。关于次级代谢的生理功能，目前尚无一致的看法。

（二）次级代谢的调节

1. 初级代谢对次级代谢的调节 与初级代谢类似，次级代谢的调节过程也有酶活性的激活和抑制以及酶合成的诱导和阻遏。由于次级代谢一般以初级代谢产物为前体，因此次级代谢必然会受到初级代谢的调节。例如，青霉素的合成会受到赖氨酸的强烈抑制，而赖氨酸前体α-氨基己二酸可缓解赖氨酸的抑制作用，并能刺激青霉素的合成。这是因为α-氨基己二酸是合成青霉素和赖氨酸的共同前体。如果赖氨酸过量，它就会抑制这个反应途径中的第一个酶，减少α-氨基己二酸的产量，从而进一步影响青霉素的合成。

2. 碳、氮代谢物的调节作用 次级代谢产物一般在菌体指数生长后期或稳定期合成，这是因为在菌体生长阶段，被快速利用的碳源的分解物阻遏了次级代谢酶系的合成。因此，只有在指数生长后期或稳定期，这类碳源被消耗完之后，解除阻遏作用，次级代谢产物才能得以合成。高浓度的NH_4^+可以降低谷氨酰胺合成酶的活性，而后者的比活力与抗生素的合成呈正相关性，因此高浓度的 NH_4^+ 对抗生素的生产有不利影响。

3. 诱导作用及产物的反馈抑制 在次级代谢中也存在着诱导作用，例如，巴比妥虽不是利福霉素的前体，也不参与利福霉素的合成，但能促进利福霉素 SV 转化为利福霉素 B 的过程。

第五节 微生物的生长

一、微生物的生长繁殖

（一）细菌的个体生长

1. 染色体 DNA 的复制和分离 细菌的染色体为环形的双链 DNA 分子。在细菌个体细胞生长的过程中，染色体以双向的方式进行连续的复制，在细胞分裂之前不仅完成了染色体的复制，而且也开始了两个子细胞 DNA 分子的复制。

2. 细胞壁扩增 细胞在生长过程中，细胞壁只有通过扩增，才能使细胞体积扩大。在细胞壁扩增过程中，细胞壁在什么位点扩增，以及它如何扩增是两个主要问题。研究结果表明：杆菌在生长过程中，新合成的肽聚糖在细胞壁中使新老细胞壁呈间隔分布，新合成的肽聚糖不是在一个位点而是在多个位点插入；而球菌在生长过程中，新合成的肽聚糖是固定在赤道板附近插入，导致新老细胞壁能明显地分开，原来的细胞壁被推向两端。

3. 细菌的分裂和调节 当细菌的各种结构复制完成之后就进入分裂时期。细菌的生长和分裂是两个重要过程，这两个过程如何协调，其机制不完全了解。有些资料认为在细菌生长和分裂两个过程中，转肽酶和磷酸解酮酶的活性比例会发生明显变化，这可能起着重要的调节作用。

（二）细菌的群体生长繁殖

1. 生长曲线 在封闭系统中对微生物进行的培养，既不补充营养物质也不移去培养物质，保持整个培养液体积不变的培养方式称为分批培养（batch culture）。以时间为横坐标，以菌数为纵坐标，根据不同培养时间里细菌数量的变化，可以作出一条反映细菌在整个培养期间菌数变化规律的曲线，这种曲线称为生长曲线（growth curve）（图 1-21）。分批培养的典型的生长曲线可以分为迟缓期、对数生长期、稳定生长期和衰亡期 4 个生长时期。与细菌生长繁殖相关的还有两个术语：一是代时（generation time），指的是每个细菌分裂繁殖一代所需要的时间；二是倍增时间（doubling time），指的是一个细菌群体生长中，数量每增加一倍所需要的时间。代时可以通过数学模型进行计算，不同微生物之间代时差别很大，一般为 1h 左右，生长快的微生物在适宜条件下可能会在 10min 以内。

（1）迟缓期（lag phase） 细菌接种到新鲜培养基而处于一个新的生长环境，因此在一段时间里并不马上分裂，细菌的数量维持恒定，或增加很少。

（2）对数生长期（log phase） 又称指数生长期（exponential phase）。细菌经过迟缓期进入对数生长期，以最大的速率生长和分裂，导致细菌数量呈对数增加，此时细菌生长呈

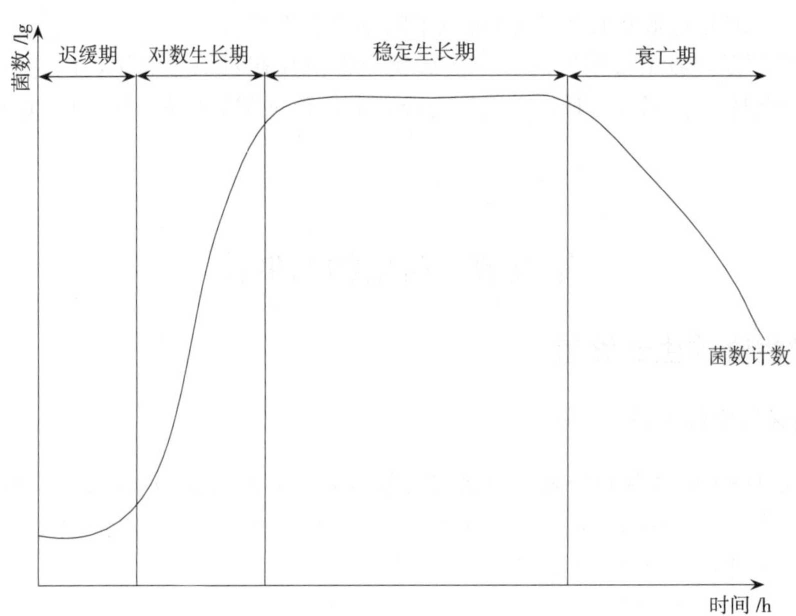

图 1-21　细菌的生长曲线

平衡生长，即细胞内各成分按比例有规律地增加，所有细胞组分呈彼此相对稳定速度合成。对数生长期细菌的代谢活性及酶活性高而稳定，细胞大小比较一致，生命力强，因而在生产上它常被广泛地用作“种子”，在科研上它常作为理想的实验材料。

（3）稳定生长期（stationary phase）　由于营养物质消耗，代谢产物积累和 pH 等环境变化，环境条件逐步不适宜于细菌生长，导致细菌生长速率降低直至零（即细菌分裂增加的数量等于细菌死亡数量），对数生长期结束，进入稳定生长期。稳定生长期的活细菌数最高并维持稳定。如果及时采取措施，补充营养物质或取走代谢产物或改善培养条件，如对好氧菌进行通气、搅拌或振荡等可以延长稳定生长期，获得更多的菌体物质或代谢产物。

（4）衰亡期（decline 或 death phase）　营养物质耗尽和有毒代谢产物大量积累，细菌死亡速率逐步增加和活细菌逐步减少，标志着细菌的群体生长进入衰亡期。该时期细菌代谢活性降低，细菌衰老并出现自溶。该时期死亡的细菌以对数方式增加，但在衰亡期的后期，由于部分细菌产生抗性也会使细菌死亡的速率降低。

2. 二次生长（diauxic growth）　微生物对不同碳源（或氮源）的利用能力不同，据此可将碳源（或氮源）分为速效碳源（或氮源）和迟缓碳源（或氮源）。比如，葡萄糖和 NH_4^+ 属速效碳源和氮源，乳糖和 NO_3^- 属迟效碳源和氮源。当微生物在同时含有速效和迟效碳源（氮源）的培养基中生长时，微生物首先会利用速效碳源（或氮源）生长直到该速效碳源（或氮源）耗尽，然后经过短暂的停滞后，再利用迟效碳源（或氮源）重新开始生长，这种生长或应答称为二次生长（图 1-22）。

3. 生长的数学模型　对数生长期中微生物生长速率变化规律的研究有助于推动微生物生理学与生态学基础研究和解决工业发酵等应用中的问题。对数生长期中微生物生长是平衡生长，即微生物细胞数量呈对数增加和细胞各成分按比例增加。因此对数生长期中微生物的生长可用数学模型表示如下：

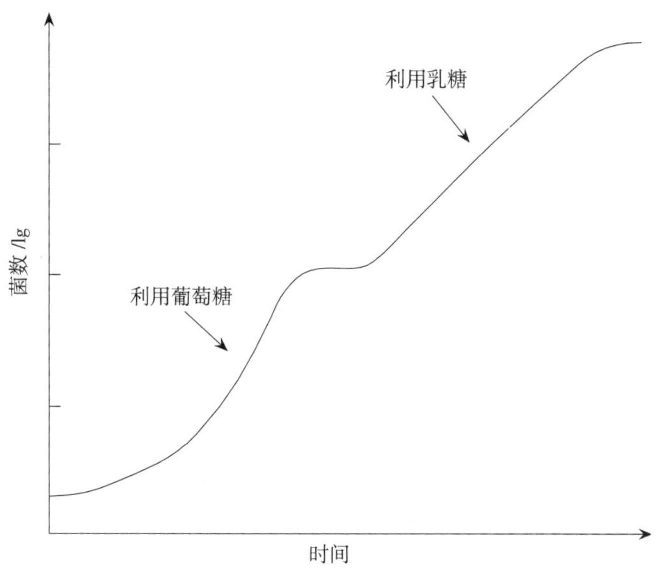

图 1-22 微生物的二次生长曲线

$$\frac{\mathrm{d}N}{\mathrm{d}t}=\mu N\left(或\frac{\mathrm{d}M}{\mathrm{d}t}=\mu M 或\frac{\mathrm{d}E}{\mathrm{d}t}=\mu E\right)$$

N：每毫升培养液中细胞的数量；

M：每毫升培养液中细胞物质的量；

E：每毫升培养液中其他细胞物质的量；

μ：比生长速率（specific growth rate），即每单位数量的细菌或物质在单位时间（h）内增加的量；

t：培养时间（h）。

积分得：

$$\lg N_t-\lg N_0=\frac{\mu(t_1-t_0)}{2.303}$$

N_t与 N_0分别代表时间 t 和 t_0时的细胞数量。因此只要测定从 N_0增加到 N_t所用的时间和 N_0与 N_t的量，就可以由上式求出该条件下 μ。例如，t_0时每毫升培养液中细胞数为 10^4，经过 4h 后该培养液中细胞数量增加到每毫升 10^8（N_t），则此条件下该菌的比生长速率为：

$$\mu=\frac{\lg N_t-\lg N_0}{t-t_0}\times 2.303=\frac{8-4}{4\mathrm{h}}\times 2.303=2.303/\mathrm{h}$$

说明该菌在此条件下，每个细菌以每小时增加 2.303 个细菌的速度生长。

4. 主要生长参数 在微生物生长过程中，迟缓时间、比生长速率和总生长量 3 个主要参数在生产实践中有重要的参考价值。

（1）迟缓时间 微生物在生长过程中，在实际条件下达到对数生长期所需的时间与理想条件（即无迟缓期）下达到对数生长期所需的时间之差。

迟缓时间长短反映了细菌对生长条件的适应程度。在生产实践中，这个时间越短越好。迟缓生长量是指在迟缓时间内微生物的产量，反映了迟缓期给细胞物质的工业化生产所造成的损失。

（2）**比生长速率**　比生长速率与微生物的生长基质浓度密切相关。目前一般用莫诺（Monod）经验公式表示比生长速率与生长基质浓度之间的关系：

$$\mu = \mu_m \times (S/K_s + 1)$$

μ_m：最大比生长速率；

S：生长基质浓度；

K_s：比生长速率为最大比生长速率一半时的基质浓度。

（3）**总生长量**　总生长量代表在某一时间里，通过培养所获得的微生物总量与原来接种的微生物量的差值，总生长量大小客观反映了培养基与生长条件是否适合于微生物的生长。与总生长量相关的另一个参数——产量常数，反映了在培养过程中微生物对培养基质的利用能力。产量常数越大，表明微生物对基质利用的效率越高、越充分。因此在实际生产中应采取有效措施努力提高产量常数。

5. 同步培养　微生物个体生长是微生物群体生长的基础，但群体中的每个个体可能是分别处于个体生长的不同阶段，因而它们的生长、生理和代谢活性等特性不一致，出现生长和分裂不同步的现象。同步生长（synchronous culture）是一种培养方法，它能使群体中不同步的细胞转变为同时生长、分裂的群体细胞。以同步培养方法使群体细胞能处于同一生长阶段，并同时进行分裂的生长方式称为同步生长。通过同步培养方法获得的细胞被称为同步细胞或是同步培养物。同步培养物通常被用来研究在单个细胞上难以研究的生理与遗传特性和作为工业发酵的种子，它是一种理想材料。

6. 连续培养　连续培养是在微生物的整个培养期间，通过一定的方式使微生物能以恒定的比生长速率生长并能持续生长下去的一种培养方法。根据生长曲线，营养物质的消耗和代谢产物的积累是导致微生物生长停止的主要原因。因此，在微生物培养过程中采用开放系统，不断的补充营养物质和以同样的速率移出培养物是实现微生物连续培养的基本原则。

连续培养有两种类型，恒化器（chemostat）连续培养（图 1-23）和恒浊器（tubidostat）连续培养。前者是整个过程中通过保持培养基中某种营养物质的浓度基本恒定的方式，使细菌的比生长速率恒定，恒化器连续培养常用于微生物学研究，筛选不同的菌种；而恒浊器连续培养主要是通过连续培养装置中的光电系统保持培养基中菌体浓度的恒定，是细菌生长连续进行的一种方式。通过光电系统调节稀释率来维持菌数恒定，此种培养方式一般用于菌体以及菌体生长平行的代谢产物生产的发酵工业，从而获得更好的经济效益。

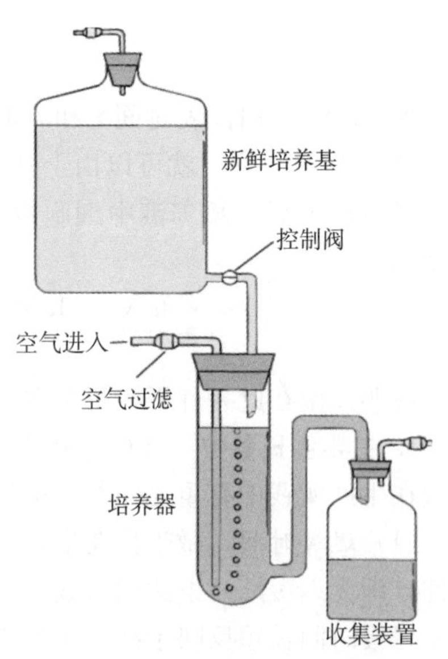

图 1-23　连续培养的恒化器系统示意

（三）真菌的生长和繁殖

1. 丝状真菌的生长繁殖　丝状真菌俗称霉菌，它们往往能形成分支繁茂的菌丝体，但又不像蘑菇那样产生大型的子实体。在潮湿温暖的地方，很多物品上长出一些肉眼可见的绒毛状、絮状或蛛网状的菌落，那就是霉菌。丝状真菌的生长与繁殖的能力很强，而且方式各种各样，菌丝的断片可以生长繁殖，发育成新的菌丝体，一般称此为断裂增殖。在自然环境中，丝状真菌主要靠形成各种无性或有性孢子生长繁殖。因此，丝状真菌的繁殖方式主要有 3 种，即断裂增殖、无性孢子繁殖和有性孢子繁殖。

（1）断裂增殖　菌丝的生长是顶端生长，菌丝各个部分都有极性之分，即位于前端的为幼龄菌丝，位于后面的为老龄菌丝。菌丝断片被接种到新鲜培养基里，在菌丝断片的幼龄端会重新形成新的生长点，通过顶端生长使菌丝延长。这条菌丝又可产生新的分支，分支的多少与培养基的营养有关。一般菌丝生长到一定阶段先行产生无性孢子，进行无性生殖，到后期，在同一菌丝体上产生有性繁殖结构，形成有性孢子，进行有性繁殖。

（2）无性孢子繁殖　无性繁殖是指不经过两性细胞的结合，只是营养细胞的分裂或营养菌丝的分化（切割）而形成同种新个体的过程。菌丝断片和无性孢子的生长繁殖，都属于无性繁殖。真菌中主要的无性孢子类型有游动孢子、孢囊孢子、分生孢子、节孢子和厚垣孢子等（图 1-24）。

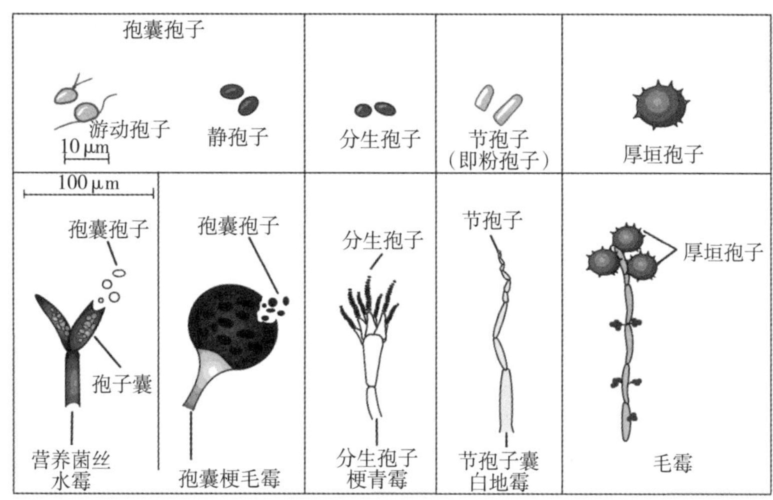

图 1-24　丝状真菌无性孢子类型

游动孢子：是一种单细胞、有鞭毛、可游动的水生孢子，产生于游动孢子囊内。这种孢子通常由低等真菌产生，如壶菌门、卵菌门的真菌，先形成一个孢子囊，最后孢子囊破裂释放出游动孢子。

孢囊孢子：这种无性孢子产生于孢子囊内，单细胞，有细胞壁，不能游动，因此称其为静孢子，主要分布于接合菌门的根霉和青霉。

分生孢子：这是一类靠菌丝分割或缢缩而形成的具有特定形态的无性孢子，在真菌中最为普遍。

节孢子：由菌丝断裂形成，常为成串短柱状，如白地霉。

厚垣孢子：或称厚壁孢子，是由菌丝细胞原生质浓缩、变圆，形成的厚壁无性孢子。常产生于菌丝的顶端或中央，圆形或椭圆形。

（3）有性孢子繁殖　经过两个性细胞结合而产生新个体的过程为有性生殖。丝状真菌的有性繁殖复杂而多样，但一般都分为 3 个阶段：①第一个阶段是质配（plasmogamy）。两个性细胞接触后结合在一起，细胞质融合，但两个核暂不融合，称为双合子核细胞，每个核的染色体数目都是单倍的，可用 $n+n$ 表示。②第二阶段为核配（karyogamy）。质配后，两个核融合（或结合），产生二倍体接合子核，可用 $2n$ 表示。在低等真菌中，质配后立即核配，而高等真菌中，质配后并不立即核配，常有双核阶段，在此期间，双核在细胞中甚至还可以同时分裂。③第三阶段是减数分裂（meiosis）。大多数真菌核配后立即减数分裂，核中的染色体数目又恢复到单倍体状态。

（4）丝状真菌的生活史　丝状真菌从一个孢子开始，经过一定的生长繁殖，其中包括无性繁殖和有性繁殖两个阶段，最后又产生孢子，这一循环称为丝状真菌的生活史。不同的真菌生活史差异较大。较典型的是：丝状真菌的菌体（营养体）在适宜条件下产生无性孢子，无性孢子萌发形成新的菌丝体，如此重复多次，此为生活史中的无性繁殖阶段。当菌丝生长繁殖一定时间后，在一定条件下，开始有性繁殖，即从菌丝体上分化出特殊的性细胞（器官），或两条异性营养菌丝进行接合，经过质配、核配，形成双倍体细胞核，最后经过减数分裂形成单倍体孢子，这类孢子萌发再形成新的菌丝体。这就是一般丝状真菌生活史的一个循环周期。

2. 酵母的生长繁殖　大多数酵母菌为单细胞，呈卵圆形，其细胞直径常是细菌的 10 倍左右，宽 1～5μm，长 5～20μm。但各种酵母的形态、大小差别很大，同种酵母也因菌龄及环境的不同而有差异。有些酵母菌与其子代细胞连在一起成为链状，称为假丝酵母（*Candida lipolytica*）。酵母菌的细胞结构、功能与其他真核生物基本相同。

酵母菌的繁殖方式多种多样，主要有以下几种方式：

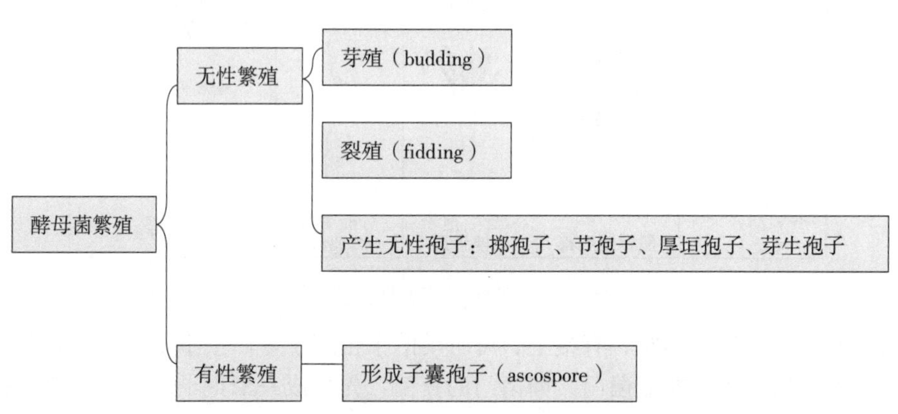

酿酒酵母在营养丰富和适宜的条件下生长到一定大小，细胞会向外凸起，形成一个芽，随之新合成的细胞壁物质不断地在芽和细胞间的部位插入，导致芽不断长大，同时复制的核和原生质被导入芽内，最后在芽和细胞间形成横隔壁，并与母细胞分离，产生一个新的酵母细胞，此时在母细胞表面留下一个圆形突起的芽痕（图 1-25）。

除了芽殖外，裂殖酵母生长到一定阶段还可以进行裂殖，即细胞长到一定大小后，核分裂，细胞一分为二，产生新的子细胞。还有少数酵母产生无性孢子进行繁殖。无论是芽殖、裂殖还是无性孢子，细胞核都没有进行过减数分裂，属于无性繁殖。

由于酵母菌的生长和无性繁殖，营养物质的大量消耗和代谢产物的积累，酵母菌停止芽

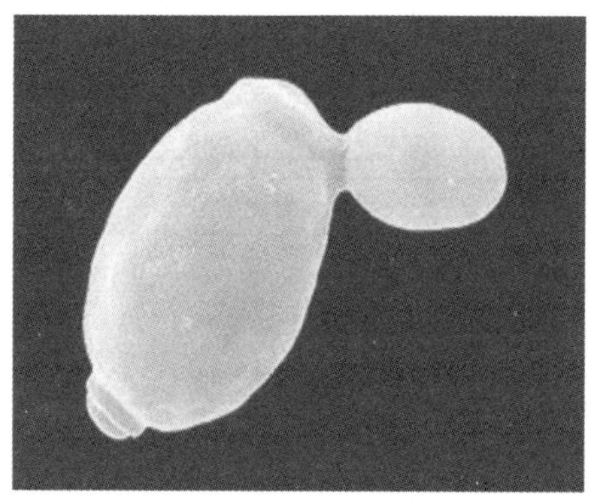

图 1-25 酿酒酵母的芽殖示意

殖，此时通过细胞核减数分裂在细胞内产生两种不同的 4 个单倍体细胞——子囊孢子，即两个 a 细胞和两个 α 细胞，在适宜的条件下，a 细胞和两个 α 细胞可以结合，经质配、核配，最后融合成一个双倍体的合子细胞（图 1-26）。

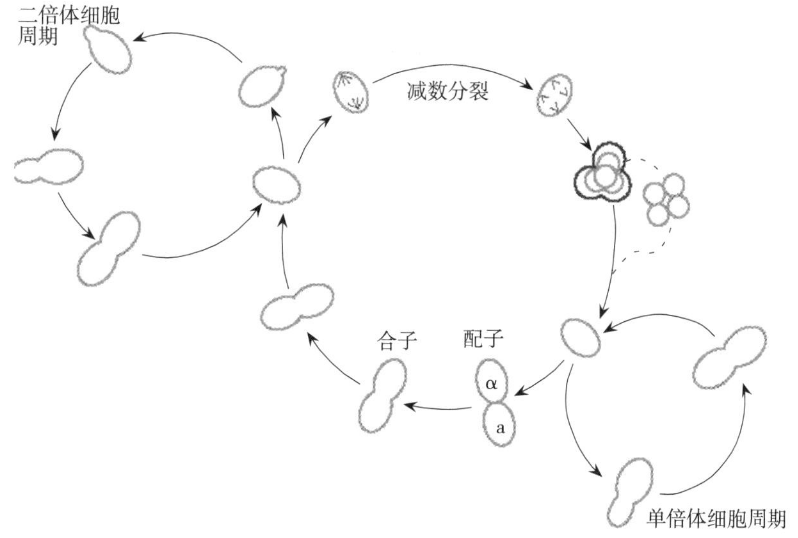

图 1-26 酿酒酵母的生活史

二、环境对微生物生长的影响及微生物生长繁殖的控制

（一）环境对微生物生长的影响

1. 营养物质 营养物质不足导致微生物生长所需的能量、碳源、氮源、无机盐等成分不足，此时微生物一方面降低或停止细胞物质合成，避免能量的消耗，或者通过诱导合成特定的运输系统，充分吸收环境中微量的营养物质以维持生存；另一方面微生物对胞内某些非必需成分或失效的成分进行降解以重新利用。

2. 水 水是细胞中的重要组成成分，它是一种起着溶剂和运输介质作用的物质，参与细胞内水解、缩合、氧化与还原等反应在内的化学反应，并在维持蛋白质等大分子物质的稳定中起着重要作用。

3. 温度 根据微生物生长的最适温度不同，可以将微生物分为嗜冷、嗜温、嗜热等不同的类型。它们都有各种的最低、最适和最高生长温度范围（表 1-7）。

表 1-7 微生物的生长温度类型

微生物类型		生长温度范围（℃）			分布区域
		最低	最高	最适	
嗜冷微生物	专性嗜冷型	−12	15～20	5～15	地球两极
	兼性嗜冷型	−5～0	25～30	10～20	海洋、冷泉、冷藏食品
嗜温微生物	室温型	10～20	40～45	20～35	腐生环境
	体温型	10～20	40～45	35～40	寄生环境
嗜热微生物		25～45	70～95	50～60	温泉、堆肥、土壤

4. pH 微生物生长过程中细胞内发生的绝大多数的反应是酶促反应，而酶促反应都有一个最适 pH 范围（表 1-8），范围内只要条件适合，酶促反应速率最高，微生物生长速率最大，因此微生物生长也有一个最适生长的 pH 范围。

表 1-8 一般微生物生长的 pH 范围

微生物种类	最低 pH	最高 pH	最适 pH
细菌	3～5	8～10	6.5～7.5
放线菌	5.0	10.0	7.0～8.0
酵母菌	2～3	7～8	4.5～5.5
霉菌	1～3	7～8	4.5～5.5

5. 氧 根据氧与微生物生长的关系，可将微生物分为好氧、微好氧、耐氧厌氧、兼性厌氧和专性厌氧 5 种类型（表 1-9）。

表 1-9 微生物与氧的关系

微生物类型	最适生长的氧浓度
好养菌	≥20%
微好氧菌	2%～10%
耐氧厌氧菌	2%以下
兼性厌氧菌	有氧或无氧
专性厌氧菌	不需要氧，有氧时死亡

（二）微生物生长繁殖的控制

1. 控制微生物的化学物质

（1）抗微生物药剂 抗微生物药剂（antimicrobial agent）是一类能够杀死微生物或抑制微生物生长的化学物质，这类物质可以人工合成，也可以是生物合成的天然产物。根据它们抗微生物的特性可分为：①抑菌剂（bacteriostatic agent），能抑制微生物生长，但不能杀死它们；②杀菌剂（bactericide），能杀死微生物细胞，但不能使细胞裂解；③溶菌剂

(bacteriolysis)，能通过诱导细胞裂解的方式杀死细胞，将这类物质加到生长的细胞悬液里会导致细胞数量或细胞悬液的混浊度降低。根据作用效果和作用范围，抗微生物剂又可分为消毒剂（disinfectants）和防腐剂（antiseptics），前者通常用来杀死非生物材料上的微生物，后者具有杀死微生物或抑制微生物生长的能力，而且对动物或人体的组织无毒害作用，可用作外用抗微生物药物。

（2）抗代谢药物　微生物在生长过程中常常需要一些生长因子才能正常生长，那么可以利用生长因子的结构类似物干扰微生物的正常代谢，以达到抑制微生物生长的目的。例如，磺胺类药物是叶酸组成部分对氨基苯甲酸（PAB）结构类似物，磺胺类药物被微生物吸收后取代对氨基苯甲酸，干扰叶酸的合成，抑制转甲基反应，导致代谢的紊乱，从而抑制生长。因此，生长因子的结构类似物又称为抗代谢物（antimetabolite），它在治疗由病毒和微生物引起的疾病上起着重要作用。

（3）抗生素　抗生素（antibiotic）是由某些生物合成或半合成的一类次级代谢产物或衍生物，它们是能抑制微生物生长或杀死微生物的化合物，它们主要是通过抑制细菌细胞壁合成、破坏细胞质膜、作用于呼吸链以干扰氧化磷酸化、抑制蛋白质和核酸合成等方式来抑制微生物的生长或杀死微生物。图 1-27 说明了作用于细菌的某些抗生素及其作用的主要部位。

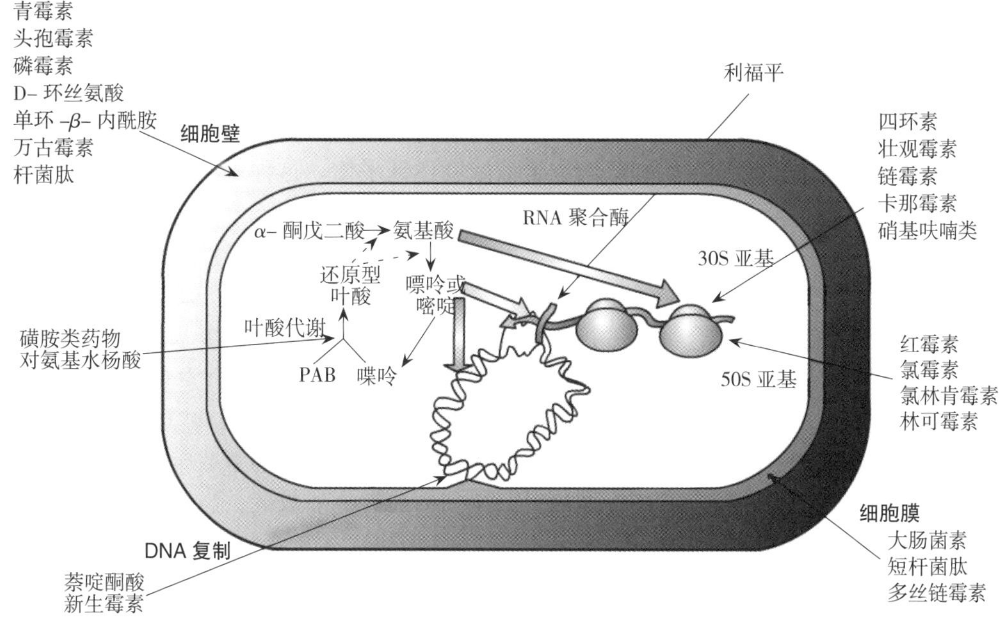

图 1-27　一些抗生素的作用位点

对某些抗生素不敏感的抗性菌株的研究表明，抗性菌株具有以下特点：①细胞质膜透性改变，如抗四环素的委内瑞拉链霉菌的细胞质膜透性改变，阻止四环素进入细胞；②药物作用靶改变，二氢叶酸合成酶是磺胺类药物作用的靶，抗磺胺药物的菌株改变了二氢叶酸合成酶基因的性质，合成了一种对磺胺药物不敏感的二氢叶酸合成酶；③合成了修饰抗生素的酶，这些酶有转乙酰酶、转磷酸酶或腺苷酸转移酶等，在这些酶的作用下，分别使氯霉素乙酰化，链霉素与卡那霉素磷酸化或链霉素腺苷酸化，这些被修饰的抗生素也失去了抗菌活性；④抗性菌株发生遗传变异，发生变异的菌株导致合成新的多聚体，以取代或部分取代原来的多聚体，如有些抗青霉素的菌株细胞壁中肽聚糖含量降低，但合成了另外的细胞壁多聚体等。抗性菌株的特征改变表明了它们产生耐药性的部分机制。

在临床上用抗生素治疗由细菌引起的疾病时，为了避免或减缓细菌产生耐药性，通常第一次使用的药物剂量要充足，另外，应避免在一个时期或长期多次使用同种抗生素，不应同时把不同种类的抗生素（或与其他药物）混合使用。

2. 控制微生物的物理因素 控制微生物的物理因素主要有温度、辐射作用、过滤、渗透压、干燥和超声波等，它们对微生物生长能起抑制或杀灭作用。

（1）*高温灭菌* 当温度超过微生物生长的最高温度或低于生长的最低温度都会对微生物产生杀灭或抑制作用。高压蒸气灭菌温度越高，微生物死亡越快。衡量灭菌效果的指标之一是十倍减少时间（decimal reduction time，D），即在一定的温度条件下杀死某一样品中90%微生物或孢子及芽孢所需要的时间。温度越高，十倍减少时间越短。另外，D值大小还与微生物的种类、检测培养基的性质等因素有关。

（2）*辐射作用* 辐射灭菌（radiation sterilization）是利用电磁辐射产生的电磁波杀死物体上微生物的一种有效方法。用于灭菌的电磁波有微波、紫外线（UV）、X射线和γ射线等。

（3）*过滤除菌* 高压蒸汽灭菌可以除去流体培养基中的微生物，但对于空气和不耐热的液体培养基的灭菌是不适宜的，为此设计了一种过滤除菌的方法。在一定压力作用下，无菌的液体被滤过，菌体保留下来，因而起到灭菌的作用。

（4）*高渗作用* 细胞质膜是一种半透膜，它将细胞内的原生质与环境中的溶液（培养基等）分开，如果环境中的溶液浓度低于细胞原生质中的溶液浓度，那么水就会从环境中通过细胞质膜进入原生质，使原生质和环境中溶液浓度达到平衡，这种现象为渗透作用，即水或其他溶剂经过半透性膜而进行扩散的现象称为渗透（osmosis）。

当培养基的渗透压高时，细胞质失水，发生质壁分离，导致生长停止。大多数微生物能通过胞内积累某些能调整胞内渗透压的相容溶质（compatible solute）来适应培养基的渗透压变化。相容溶质是一些适合细胞进行新陈代谢和生长的细胞内高浓度物质。

（5）*干燥* 水是微生物细胞的重要成分，占活细胞的90%以上，它参与细胞内的各种生理活动，因此，没有水就没有生命。降低物质的含水量直至干燥，就可以抑制微生物生长，防止食品等物质的腐败与霉变。因此，干燥是保存各种物质的重要手段之一。

（6）*超声波* 超声波处理微生物悬液可以达到消灭它们的目的。超声波处理微生物悬液时由于超声波探头的高频率振动，产生空穴（cavitation）作用，导致溶液温度升高，使细胞产生热变性以抑制或杀死微生物。

第六节 微生物遗传

一、微生物遗传基础

（一）微生物遗传的物质基础

遗传的物质基础是蛋白质还是核酸，曾是生物学中激烈争论的重大问题之一。1944年Avery等以微生物为研究对象进行的试验，无可辩驳地证实遗传的物质基础不是蛋白质而是核酸。

1. DNA 作为遗传物质 1928 年英国的一位细菌学家 F Griffith 将能使小鼠致死的 SⅢ型菌株加热杀死，并注入小鼠体内后，小鼠不死，而且也不能从小鼠体内重新分离到肺炎球菌。但当他们进一步将加热杀死已无致病性的 SⅢ菌和少量活的非致病的 R 型菌（由 SⅡ型突变而来）一起注入小鼠体内后，意外地发现小鼠死了，而且从死的小鼠中分离到活的 SⅢ型菌株（注意不是 SⅡ型）。试验不难证明注入小鼠体内的 SⅢ菌已全部被杀死，不可能是 SⅢ的残留者，同时也不可能是 R 型回复突变所致，因为来自 SⅡ型的 R 型的回复突变应为 SⅡ型而不是 SⅢ型（图 1-28）。唯一合理的解释是：活的、非致病性的 R 型从已被杀死的 SⅢ型中获得了遗传物质，使其产生荚膜成为致病性的 SⅢ型。Griffith 将这种现象称为转化（transformation）。几年后，这一现象在离体条件下进一步得到证实，并将引起转化的遗传物质称为转化因子（transforming factor）。Griffith 是第一个发现转化现象的，虽然当时还不知道转化的本质是什么，但是他的工作为后来 Avery 等进一步揭示转化因子的实质，确立 DNA 为遗传物质奠定了重要基础。

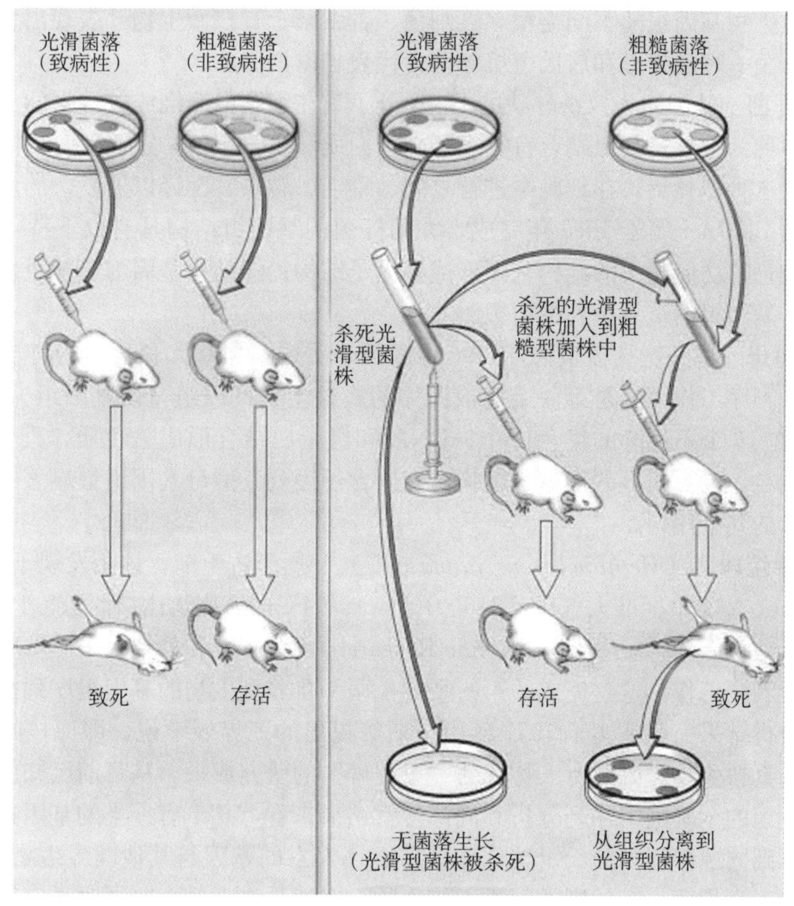

图 1-28 Griffith 的小鼠试验

2. RNA 作为遗传物质 有些生物体内只存在 RNA 和蛋白质，例如，某些动物和植物病毒以及某些噬菌体。1956 年，H Fraenkel-Conrat 用含 RNA 的烟草花叶病毒所进行的拆分与重建试验证明 RNA 也是遗传物质的基础。

无论是 DNA 还是 RNA，作为遗传物质的基础已是无可辩驳的事实，但一种既不含 DNA 也不含 RNA 的蛋白质颗粒朊病毒（prion 也称朊粒）的致病性及其传染性的发现，曾对“蛋白质不是遗传物质”的定论带来一些质疑。因为已知的传染性疾病的传播因子必须含有 DNA 或 RNA 组成的遗传物质，才能感染宿主并在宿主体内自然繁殖。现在大量的事实已经证实，致病性的朊病毒蛋白（以 prp^{sc} 表示）是由于正常的蛋白 prp^{c} 改变其折叠状态所致；而 prp^{c} 仍是基因编码产生的一种糖蛋白；prp^{sc} 并不是遗传信息的携带者。

（二）微生物的基因组结构

基因组（genome）是指存在于细胞或病毒中的所有基因。细菌在一般情况下是一套基因，即单倍体（haploid）；真核微生物通常是有两套基因又称二倍体（diploid）。基因组通常是指全部一套基因。由于现在发现许多非编码序列具有重要的功能，因此目前基因组的含义实际上是指细胞中基因以及非基因的 DNA 序列组成的总称，包括编码蛋白质的结构基因、调控序列以及目前功能还尚不清楚的 DNA 序列。不论是真核还是原核微生物，其基因组都较小。微生物基因组随不同类型（真细菌、古细菌、真核微生物）表现出多样性，下面分别以大肠杆菌、啤酒酵母和詹氏甲烷球菌为代表加以说明。

1. 大肠杆菌 基因组为双链环状的 DNA 分子，在细胞中缠绕成较致密的不规则的小体形式，该小体称为拟核，其上结合有类组蛋白蛋白质和少量 RNA 分子。大肠杆菌及其他原核细胞就是以这种拟核形式在细胞中进行复制、重组、转录、翻译以及复杂的调节过程。基因组全系列由 Blattner 等于 1997 年完成。大肠杆菌的基因组结构具有以下特点：①遗传信息具有连续性；②功能相关的结构基因形成操纵子结构；③结构基因为单拷贝，rRNA 基因为多拷贝；④基因组的重复序列少而短。

2. 啤酒酵母 单细胞真核生物，1996 由欧洲、美国、加拿大和日本的科学家联合完成其全基因组的测序工作。这是第一个完成测序的真核生物基因组。该基因组大小为 13.5×10^{6} bp，分布在 16 个不连续的染色体中。DNA 和组蛋白结合形成染色质，染色体 DNA 上有着丝粒和端粒，没有明显的操纵子结构，有内含子序列。酵母基因组最显著的特点是高度重复，有大量的冗余序列。

3. 詹氏甲烷球菌（*Methanococcus jannaschii*） 属于古生菌，该菌发现于 1982 年。生活在深 2 600m、260 个标准大气压（2.6×10^{7} Pa）、94℃的海底火山口附近。1996 年由美国基因组研究所（The Institute for Genomic Research，TIGR）和其他 5 个单位联合完成了该菌的基因组全测序工作。这是完成的第一个古生菌和自养型生物的基因组序列。对该菌的全基因组序列分析结果完全证实了 1977 年由伍斯等提出的三界域学说，即原核的古菌、原核的细菌和全部真核生物。因此有人称之为“里程碑”的研究成果。从目前已知的詹氏甲烷球菌和其他古生菌的全基因组序列分析和同源搜索结果来看，几乎有一半的基因在现有的基因数据库中找不到同源序列。詹氏甲烷球菌只有 40%左右的基因与其他两界生物具有同源性，其中有的类似于真细菌，有的则类似于真核生物，有的是二者融合。同时具有细菌和真核生物基因组结构特征的古生菌对于研究生命的起源和进化有重要意义。

（三）质粒和转座子

质粒（plasmid）和转座因子（transposable element）是细胞中除染色体外的另外两类

遗传因子。前者是一种独立于染色体外，能进行自主复制的细胞质遗传因子，主要存在于各种微生物细胞中；后者广泛分布于原核和真核细胞中。

1. 质粒的分子结构 质粒通常以共价闭合环状（covalently closed circle，CCC）的超螺旋双链DNA分子存在于细胞中，但从细胞中分离的质粒大多是3种构型，即CCC型、开环型（open circular form）和线型（linear form）。近年来在疏螺旋体、链霉菌和酵母菌中也发现了线型双链DNA质粒和RNA质粒。质粒分子的大小范围从1kb左右到1 000kb。

根据质粒的分子大小和结构特征，通过超离心或琼脂凝胶电泳可将质粒与染色体DNA分开，从而分离得到质粒。

2. 质粒的主要类型 染色体DNA作为细胞中的主要遗传因子，携带所有在生长条件下所必需的基因，这些基因有时称为“看家基因”（housekeeping gene），而质粒所含的基因对宿主细胞一般是非必需的，只是在某些特殊条件下，质粒能赋予宿主细胞以特殊的机能，从而使宿主得到生长优势。例如，抗药性质粒和降解性质粒能使宿主细胞在具有相应药物或化学毒物的环境中生存，而且在细胞分裂时恒定地传递给子细胞。根据质粒所编码的功能和赋予宿主的表型效应，可将其分为不同的类型。

（1）致育因子 致育因子（fertility factor，F因子）又称F质粒，其大小约100kb，这是最早发现的一种与大肠杆菌的有性生殖现象（接合作用）有关的质粒。

（2）抗性因子 抗性因子（resistance factor，R因子）是另一类普遍而重要的质粒，主要包括抗药性和抗重金属两大类，简称R质粒。

（3）Col质粒 Col质粒（Col plasmid）因首先发现于大肠杆菌中而得名，该质粒含有编码大肠菌素的基因，大肠菌素是一种细菌蛋白，只杀死近缘且不含Col质粒的菌株，而宿主不受其产生的细菌素的影响。

（4）毒性质粒 越来越多的证据表明，许多致病菌的致病性是由其所携带的质粒引起的，这些毒性质粒（virulence plasmid）具有编码毒素的基因，例如，产毒素大肠杆菌是引起人类和动物腹泻的主要病原菌之一，其中许多菌株含有一种或多种肠毒素编码的质粒。

（5）代谢质粒 代谢质粒（metabolic plasmid）上携带有能降解某些基质的酶的基因，含有这类质粒的细菌，特别是假单胞菌，能将复杂的有机化合物降解成能被其作为碳源和能源利用的简单形式。

3. 质粒的不亲和性 细菌通常含有一种或多种稳定遗传的质粒，这些质粒可认为是彼此亲和的（compatible）。但是如果将一种类型的质粒通过接合或其他方式（如转化）导入某一合适的但已含一种质粒的宿主细胞，只经过少数几代后，大多数子细胞只含有其中一种质粒，那么这两种质粒便是不亲和的（incompatible），它们不能共存于同一细胞中。质粒的这种特性称为不亲和性（incompatibility）。这种质粒的不亲和性现象主要与复制和分配有关，不能在同一细胞共存的质粒是因为它们共享一个或多个共同的复制因子或相同的分配系统，只有那些具有不同的复制因子或不同分配系统的质粒才能共存于同一细胞中。

4. 转座子的类型和分子结构 转座因子是细胞中能改变自身位置（如从染色体或质粒的一个位点转到另一位点，或者在两个复制子之间转移）的一段DNA序列。广泛存在于原核和真核细胞中，由美国遗传学家Barbara MeClintock首先在玉米中发现，并荣获1983年度诺贝尔奖。原核生物中的转座因子有 3 种类型：插入顺序（insertion sequence，IS）、转座子（transposon，Tn）和某些特殊病毒（如 Mu、D108）。IS 和 Tn 有两个重要的共同特征：它们都携带有编码转座酶（transposase）的基因，该酶是转座（transposition）所必需的；另一个共同特征是它们两端都有反向末端重复序列（inverted terminal repeat，ITR）。

5. 转座的遗传效应

（1）*插入突变* 当各种 IS、Tn 等转座因子插入到某一基因中后，此基因的功能丧失，发生突变。

（2）*产生染色体畸变* 复制性转座是转座子一个拷贝的转座，处在同一染色体上不同位置的两个拷贝之间可能发生同源重组，这种重组过程可导致 DNA 的缺失或倒位，即染色体畸变。

（3）*基因的移动和重排* 转座作用可能使一些原来的染色体上相距甚远的基因组合到一起，构建成一个操纵子或表达单元，也可能产生一些具有新生物学功能的基因和新的蛋白质分子，在生物进化上具有重要意义。

二、基因突变

一个基因内部遗传结构或 DNA 序列的任何改变，包括一对或少数几对碱基的缺失、插入或置换，而导致的遗传变化称为基因突变（gene mutation），其发生变化的范围很小，故又称点突变（point mutation）或狭义的突变。广义的突变又称染色体畸变（chromosomal aberration），包括大段染色体的缺失、重复、倒位。基因突变是重要的生物学现象，它是一切生物变异的根源，连同基因转移、重组一起提供了推动生物进化的遗传多变性。也是我们用来获得优良菌株的重要途径之一。DNA 损伤的修复和基因突变有着密切的关系，当 DNA 的某一位置的结构发生改变（称为前突）时，并不意味着一定会产生突变，因为细胞内存在一系列的修复系统，能清除或纠正不正常的 DNA 分子结构和损伤，从而阻止突变的发生，因此，前突可以通过 DNA 复制而成为真正的突变，也可以重新变为原来的结构，这取决于修复作用和其他多种因素。

（一）基因突变的类型

1. 碱基变化与遗传信息的改变 不同的碱基变化对遗传信息的改变是不同的，可分为 4 种类型，即同义突变、错义突变、无义突变、移码突变。

2. 表型变化 表型（phenotype）和基因型（genotype）是遗传学中常用的两个概念，前者是指可观察或可检测到的个体形状或特征，是特定的基因型在一定环境条件下的表现；后者是指贮藏在遗传物质中的信息，也就是 DNA 的碱基顺序。常用的表型变化的突变型有：营养缺陷型、抗药性突变型、条件致死突变型、形态突变型等。

（二）基因突变的分子基础

1. 自发突变 自发突变（spontaneous mutation）是不经诱变剂处理而自然发生的突变，具有以下特性：非对应性、稀有性、规律性、独立性、遗传和回复性、可诱变性。

引起自发突变的原因很多，包括在 DNA 复制过程中，由 DNA 聚合酶产生的错误，

DNA 的物理损伤、重组和转座等。但是这些错误和损伤将会被细胞内大量的修复系统修复，使突变率降到最低限度。自发突变的一个最主要的原因是碱基能以称之为互变异构体（taumer）的不同形式存在，互变异构体能够形成不同的碱基配对（图 1-29）。在 DNA 复制时，当腺嘌呤以正常的氨基形式出现时，便与胸腺嘧啶进行正确配对（A-T）；如果以亚氨基形式（互变异构体）出现，则与胞嘧啶配对，这意味着 C 代替 T 插入到 DNA 序列中，如果在下一轮复制前未被修复，那么 DNA 分子中的 A-T 碱基对就有的突变成了 C-G。

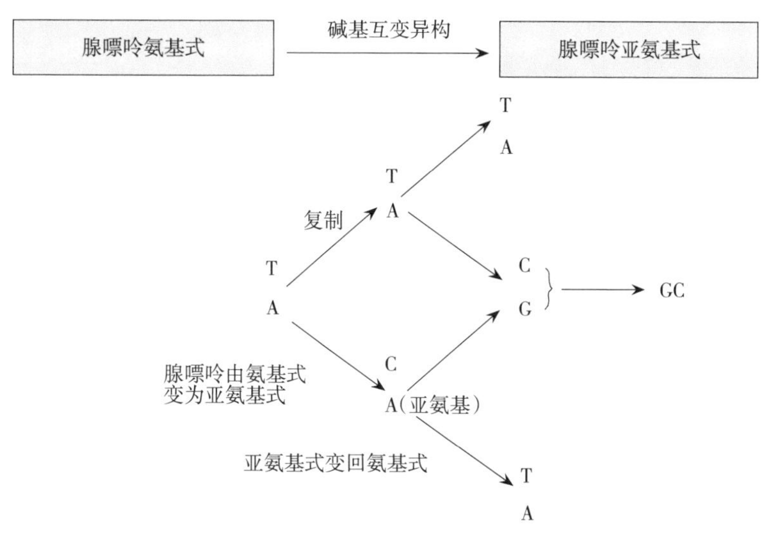

图 1-29　由碱基互变异构导致的基因突变

2. 诱发突变　自发突变的频率是很低的，一般为 10^{-10}～10^{-6}。许多化学、物理和生物因子能够提高突变频率，将这些能使突变率提高到自发突变水平以上的物理、化学和生物因子称为诱变剂（mutagen）。所谓诱发突变（induced mutation）并非是用诱变剂产生新的突变，而是通过不同的方式提高突变率。常用的诱变剂有：碱基类似物、插入染料、辐射和热、生物诱变因子、直接与 DNA 碱基起化学反应的诱变剂等。

（三）DNA 损伤的修复

1. 光复活作用　光复活（photoreactivation）由 *phr* 基因编码的光解酶 Phr（471 氨基酸，3.5×10^4）进行。Phr 在黑暗中专一地识别嘧啶二聚体，并与之结合，形成酶 DNA 复合物，当给予光照时，酶利用光能（Phr 本身无发色基因，与损伤的 DNA 结合后才能吸收光，起光解作用）将二聚体拆开，恢复原状，酶再释放出来。

2. 切除修复　切除修复（excision repair）又称暗修复，该修复系统除了碱基错误配对和单核苷插入不能修复外，几乎其他 DNA 损伤（包括嘧啶二聚体在内）均可修复，是细胞内的主要修复系统，涉及 UvrA、UvrB、UvrC 和 UvrD 4 种蛋白质的联合作用。

3. 重组修复　重组修复（recombination repair）是一种越过损伤而进行的修复。这种修复不将损伤碱基除去，而是通过复制后，经染色体交换，使子链上的空隙部位不再面对着嘧啶二聚体，而是面对着正常的单链，在这种情况下，DNA 聚合酶和连接酶便能起作用，把空隙部分进行修复。

4. SOS 修复　SOS 修复（SOS repair）是在 DNA 分子受到较大范围的重大损伤时诱导

产生的一种应急反应。涉及一批修复基因：recA、lexA 以及 uvrA、uvrB、uvrC。

三、基因转移及重组

（一）细菌的接合作用

接合作用（conjugation）是指通过细胞与细胞的直接接触而产生的遗传信息的转移和重组过程（图 1-30）。

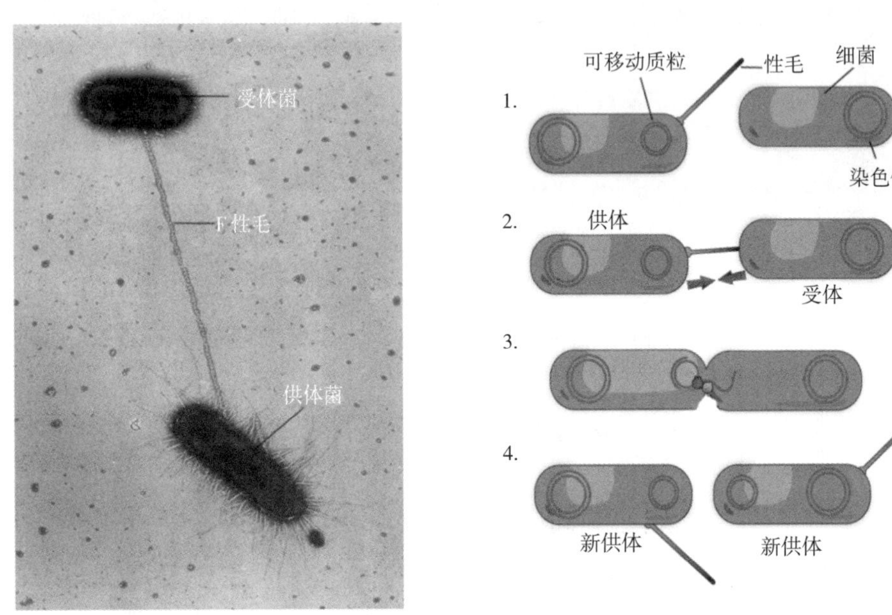

图 1-30　细菌的结合作用

（二）细菌的转导

转导（transduction）是由病毒介导的细胞间进行遗传交换的一种方式。其具体含义是指一个细胞的 DNA 或 RNA 通过病毒载体的感染转移到另一个细胞中。转导方式可分为普遍性转导和局限性转导。在普遍性转导中，噬菌体可以转导供体染色体上的任何部分到受体细胞中；在局限性转到中，噬菌体总是携带同样的片段到受体细胞中。

局限性转导（specialized transduction）与普遍性转导的主要区别在于：第一，被转导的基因共价地与噬菌体 DNA 连接，与噬菌体 DNA 一起进行复制、包装以及被导入受体细胞中。第二，局限性转导颗粒携带特殊的染色体片段并将固定的个别基因导入受体，故称为局限性转导。

（三）细菌的遗传转化

遗传转化（genetic transformation）是指同源或异源的游离 DNA 分子（质粒和染色体 DNA）被感受态细胞摄取并得到表达的基因转移过程。根据感受态建立方式，可以分为自然遗传转化（natural genetic transformation）和人工转化（artificial transformation），前者感受态的出现是细胞一定生长阶段的生理特性；后者则是通过人为诱导的方法，使细胞具有摄取 DNA 的功能，或人为地将 DNA 导入细胞内。

1. 自然遗传转化 自然遗传转化的第一步是受体细胞要处于感受态（competence），即能从周围环境中吸收 DNA 的一种状态，然后是 DNA 在细胞表面的结合和进入，进入细胞内的 DNA 分子一般以单链形式整合进染色体 DNA，并获得遗传特性的表达。

2. 人工转化 人工转化（artificial transformation）是在实验室中用多种不同的技术完成的转化，包括用 $CaCl_2$ 处理细胞、电穿孔等。为许多不具有自然转化能力的细菌（如大肠杆菌）提供了一条获取外源 DNA 的途径，这也是基因工程的基础技术之一。

参考文献

黄秀梨，2000. 微生物学［M］. 北京：高等教育出版社.

沈萍，2006. 微生物学［M］. 2 版. 北京：高等教育出版社.

杨苏声，周俊初，2004. 微生物生物学［M］. 北京：科学出版社.

周德庆，2002. 微生物学教程［M］. 2 版. 北京：高等教育出版社.

Harley J P，Prescott L M，2002. Microbiology［M］. 5th ed. New York：McGraw-Hill.

第二章 微生态学基础

第一节　微生态空间

一、动物微生态空间的概念

动物微生态学中生态空间的概念与宏观生态学中生态空间的概念有所不同。动物微生态学是以个体以下，细胞及细胞以上层次为研究对象，其生态空间是生物体的个体、系统、器官、组织及细胞的各个层次。而宏观生态学是研究生物体个体以上的层次，包括个体、群体、群落甚至是生物区系同其环境关系的科学，包括研究生物与环境、生物与生物之间的相互作用、相互制约及其功能表达规律。如图 2-1 和图 2-2 分别描绘了宏观生态和动物微生态。

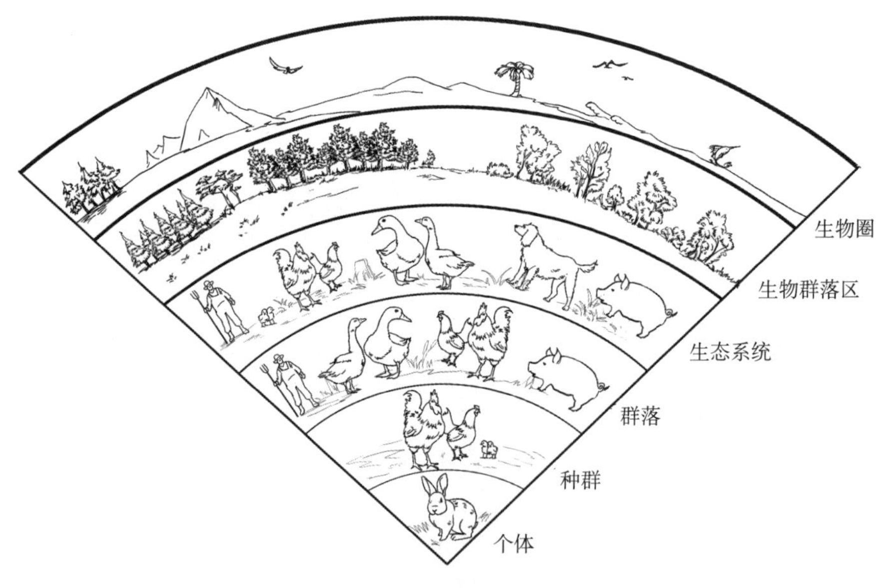

图 2-1　宏观生态

正常微生物群的生态空间中包含有生命体和无生命因子。生命体包括细菌、真菌、病毒、衣原体、支原体和原虫等；无生命因子包括微生物和动物体的代谢产物、营养成分、水分、气体和温度、pH、电势（Eh）等生物物理与化学特性。这些生命体和无生命因子相互

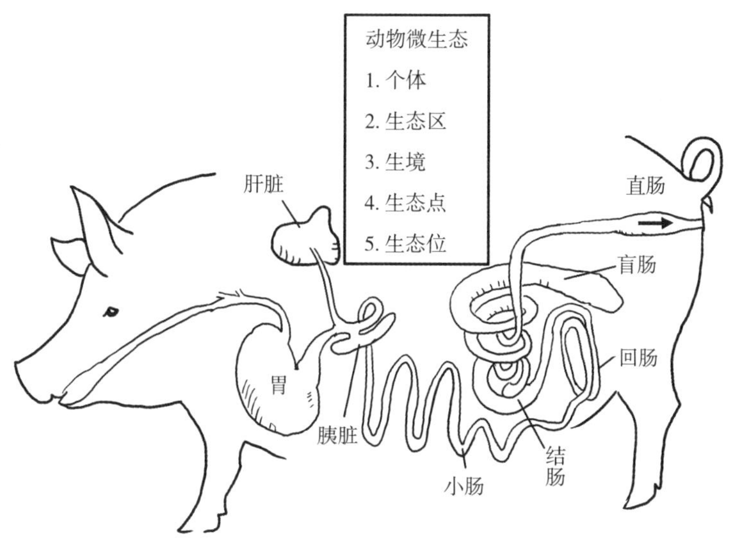

图 2-2 微观生态

联系，影响各个层次的微生物总和所构成的生物与环境的统一体。

动物体所处环境中的宏观因素为外环境，其对动物体正常微生物群的影响只能是间接的，需要通过动物体这个层次来发挥作用。

二、动物微生态空间层次

微生态空间的层次与动物体的生态层次相关联。一定的动物体生态层次有一定的生态空间，反之，一定的微生态空间也有一定的动物体结构相对应。例如大肠杆菌在人、动物肠道（生态空间）内能生存良好，但在动物体所处的外环境中或动物的某些其他部位如皮肤等，则很快死亡。动物的微生态空间可划分为五个层次：

（一）动物个体（animal individual）

在动物微生态学中，动物个体及其所携带的所有微生物菌群构成了一个巨大的生态系，相当于在宏观生态学中的地球及其生物圈构成的巨大生态系统，其中包括生态区、生境、生态点和生态位。

（二）生态区（biotic area）

在动物体内，有些区域的生理环境相似，但又含有许多性质相异的系统或器官，称之为生态区，如动物体的各解剖系统，如呼吸系统、消化系统、泌尿系统、生殖系统及皮肤等，生态区由许多性质不同的微生物定居的生态空间组成。生态区定居的正常微生物群是由许多生态系构成的综合生态系。如瘤胃中含有各种细菌、真菌和原虫。

生态区的划分是相对的。以动物的消化道为例，如果说消化道是一个生态区，其亚结构可分为口腔、胃、十二指肠、空肠、回肠、盲肠、结肠和直肠生境。实际上，这些结构也有其亚结构，例如，反刍动物的胃又可分为 4 个不同功能的胃。因此，消化道可以是一个生态区，其亚结构也可以是一个生态区。凡含有许多生境（其性质基本相似）的宿主解剖系统、器官和局部都可称之为生态区。生态区的以上层次是个体，以下层次是生境。

肠道是动物体内最大的菌库，同时还是重要的分泌器官和免疫器官，其结构和功能构成强大的黏膜免疫系统。肠道微生态系统与肠道微观结构密切相关，如图 2-3 是小肠微观解剖示意图。腔内壁是由绒毛（图 2-4）构成的环形皱褶，有着巨大的表面积，绒毛间的凹陷处为隐窝。肠绒毛上皮（图 2-5）是单层柱状上皮，由吸收细胞、杯状细胞和少量内分泌细胞组成。吸收细胞呈柱状，又称柱状细胞，细胞核在下部，细胞内有各种细胞器，细胞顶部有刷状缘，由密集排列的微绒毛组成。刷状缘增加了营养吸收的表面积，产生二糖酶，分解二糖成单糖，产生肽酶，分解肽为氨基酸，提供运输葡萄糖和氨基酸的载体。杯状细胞分散在吸收细胞之间，能合成和分泌酸性糖蛋白，具有润滑作用，能阻止抗原、毒素和微生物入侵上皮。内分泌细胞数量较少，但种类较多，如产生促胃液素的 IG 细胞、分泌生长抑素的 D 细胞等。上皮细胞是不断新陈代谢的细胞，小肠每天要脱落约 10^{11} 个细胞，每 3～5d 前部更新一次。未分化的细胞位于隐窝底部，这种细胞始终进行有丝分裂，一方面自身繁殖，另一方面又不断产生其他细胞。实际上隐窝基底的这种柱状细胞是一种干细胞，它可分别发育成柱状吸收细胞、杯状细胞、内分泌细胞，这些细胞边增殖、边发育、边向上移动，到达绒毛根部后继续向绒毛顶端移动，最后脱落到肠腔。这种干细胞的终生存在和繁殖、分化对肠道上皮的生理更新和病理损伤后的再生修复有重要意义。大肠黏膜是肠壁的最内层，由肠上

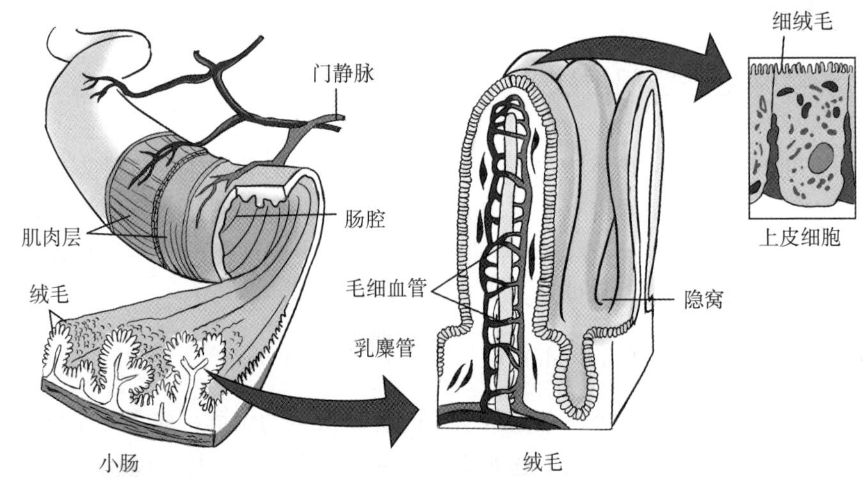

图 2-3　小肠微观解剖示意

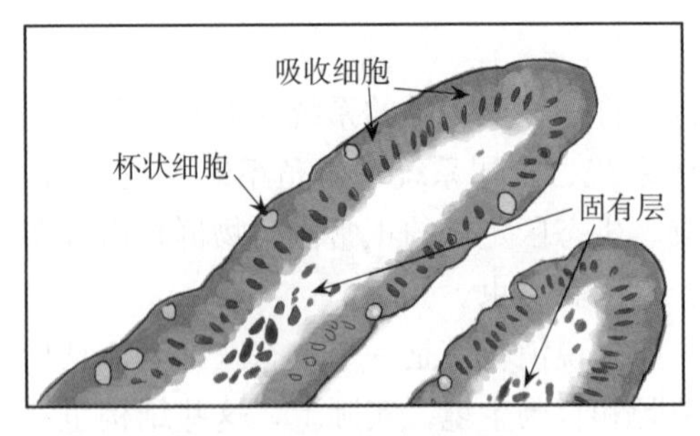

图 2-4　小肠绒毛示意

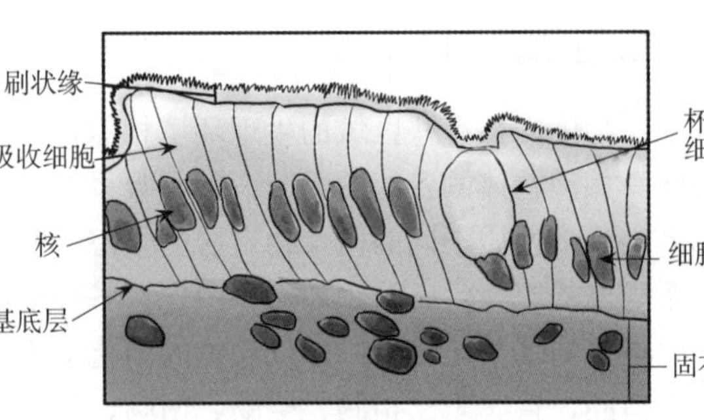

图 2-5　小肠绒毛上皮结构示意

皮、固有层和黏膜肌层组成，无环形皱褶和绒毛，表面积没有小肠大，刷状缘较薄，微绒毛较少。肠上皮由柱状上皮细胞和杯状细胞及少量分泌细胞组成。结肠上皮柱状细胞的主要功能是吸收水分和盐分，杯状细胞的功能是分泌黏液，起润滑作用，还可保护上皮。

肠道微生物是一个非常宏大的细菌群落，对人的肠道内微生物研究结果表明，至少存在 10^{14} 个原核和真核微生物，数目是人体细胞的 10 倍，基因组是人类基因组的 100 倍，涉及 500～1 000 个菌种，而且以厌氧菌为主。

就鸡而言，乳酸杆菌是鸡嗉囊中的优势菌群，数量为 10^9 cfu/g；空肠和直肠中的优势菌群为双歧杆菌、乳酸杆菌及拟杆菌，其次为消化球菌和弯曲杆菌；回肠内的优势菌群主要为乳酸杆菌；盲肠中细菌的种类和数量最多，其中优势菌群主要包括拟杆菌、真细菌、双歧杆菌、消化球菌和梭菌等，而葡萄球菌、产气荚膜杆菌和酵母的数量较少。

（三）生境（habitat）

生境也称栖境或栖息地。生境在宏观生态学中也是一个相对概念，每个生态组织都是一个对立的统一体，即每个生态组织的层次都存在于相应的生境中，生境包括物理的、化学的和生物的各个方面。以上是宏观生态学中广义的生境概念，在动物微生态学中，这种广义的概念不适合动物体内生态空间的实际情况，需要更细致的生态空间分类。

动物的微生境有其特异性，对某些微生物是原籍生境，对另一些微生物则是外籍生境，例如肠道对于大肠杆菌是原籍生境，但对唾液链球菌则是外籍生境，口腔对唾液链球菌是原籍生境，但对大肠杆菌则是外籍生境。因此，生境的特异性是生物与环境在共同进化中形成的，各级生态组织都有其原籍生境和外籍生境。

（四）生态点（biotopes）

生态点是微生态空间的第四个单位，是狭义生境的亚结构。例如舌面是一个生境，而舌尖部、舌根部和舌缘部却是不同的生态点。这些生态点虽然都属于舌面生境，但正常微生物群结构彼此并不相同。

（五）生态位（niche）

生态位是微生态学中的第五个空间单位，生态位是有微生物的功能和作用在时间和空间上的位置，是微生物与环境统一的一个层次。在生态位内，相异物种可以共存，相似物种产生强烈的竞争。因此，非常相近的异种物种不能共存于一个生态位内，这就是竞争排斥性。

三、动物微生态组织层次

微观生态组织的复杂性不亚于宏观生态组织，甚至可能更复杂。从生态学出发按层次不同，微观生态组织分为总微生态系、大微生态系、微生态系、微群落和微种群五个层次。

（一）总微生态系

指整个动物个体所包容的全部正常微生物群和极少数过路微生物群共同组成的总微生态系。总微生态系与相应微生态空间中的个体层次相结合。

（二）大微生态系

亦称综合微生态系，包括多个微生态系，例如消化道大微生态系、呼吸道大微生态系、泌尿道大微生态系等。大微生态系与相应微生态空间中的生态区层次相结合。

（三）微生态系

是大微生态系的亚结构，例如消化道微生态系的亚结构为口腔、十二指肠等微生态系。微生态系与相应微生态空间中的生境层次相结合。

（四）微群落

微群落指存在于动物体特定生态系的亚结构，它具有特异的空间位置，特殊的结构和功能，与其他生态系统有联系但一般不相互侵犯，能保持其独立性。例如，肠道内的空肠、回肠及结肠生态系的正常微生物群，在正常情况下，尽管经常发生密切联系，但彼此都保持着各自的独立性和特点。

微群落间具有相似性，相似性与其所处的环境密切相关，环境越接近，其微群落越相似。牙齿的微群落和舌的微群落差别较大，但牙及舌本身的各部分的微群落相近似，但不等同。不仅组织间有差异，细胞间也有差异，酵母菌与小鼠胃分泌区的壁细胞有亲和性，而乳杆菌却与非分泌区的鳞状上皮细胞有亲和性。微群落在结构和功能上具有显著特点。

1. 微群落的结构

（1）*微群落的定性*　亦称微群落丰度，即在该群落内含有多少个种群。种群是微群落的亚单位，种群的多少，决定微群落的稳定性。

微群落多样性是微群落丰度的表现。丰度是指微群落所含的种群数量，数量愈多，丰度愈大，多样性亦愈高，随之微群落的稳定性就愈大，稳定性来源于多样性。在多样性高的微群落内，由于含有较多的微生物种群和个体，因而对环境的变化和来自微群落内部的种群变化波动就有一个较强大的反馈系统，而得到较大的缓冲。从微群落的能流和物流的角度来看，多样性意味着能源和物源的流动途径较多。如果一条途径受到干扰，还有其他替代途径。在动物肠道内有需氧菌、兼性厌氧菌和专性厌氧菌。兼性厌氧菌起到很大的缓冲作用，它们在有氧时起作用，在无氧时也起作用。

（2）*微群落的定量*　包括总菌数测定和活菌数测定两个方面。

总菌数是指在一定的生境中（重量或面积）中所有的可见菌体数。测定结果可粗略反映生物量的多少。例如在测定每克大便的总菌数的同时，还可测出革兰氏阳性球菌、杆菌和革兰氏阴性球菌和杆菌的相对值（%）。传统的培养计数方法并不能完全反映肠道内菌群数量的真实值，因为能以实验室方法培养的肠道微生物只占很少一部分。但随着现代分子生物学的发展，我们可以通过测定微生物 DNA 的量来获取相关数据信息，为微生物群落的定量提供了新的方法和契机。

活菌数代表微群落各种群的数量指标。各种群的数量指标，是长期历史进化过程中形成的，有一定的稳定性。在正常情况下，不同种属、同种属不同解剖部位都有其独特的分布结构，其数量是生态平衡和生态失调的重要指标。

（3）*微群落分布*　总的说来，每个微群落都占据一定的生境，但每个种群又有其各自特定的生态位。除了分布在生境与生态位外，还有分布层次的问题。无论皮肤还是黏膜，正常微生物都有片层分布状态即纵向分布。例如，在肠道和呼吸道黏膜，常常上层是需氧菌，中层是兼性厌氧菌，下层是专性厌氧菌，这样分布有利于正常微生物群的互助与相互制约，也有利于保持生态平衡。

2. 微群落的功能

（1）“三流”运转　“三流”即物流、能流和信息流。

①物质交换　动物体和其正常微生物群之间以及正常微生物群内部存在有物质的交换作用。降解和合成是微生物代谢的必然途径，这与动物体细胞的功能是一致的。正常微生物群与动物体通过降解和合成进行物质交换，裂解的细胞或其产生的物质可被微生物所利用，而微生物产生的酶、维生素和某些细胞成分等也可被动物体细胞所利用。

在正常微生物之间还有着广泛的基因交换，抗生素抗性基因在微生物间的水平转移是我们不愿看到的，实际上基因也是一种物质形式。微生物细胞间通过直接接触而实现遗传信息的转移和重组，这种作用方式称之为接合作用。该过程是在 1946 年由 Joshua Lederberg 和 Edward L Taturm 通过使用细菌的多重营养缺陷型（避免回复突变的干扰），进行杂交试验得到证实的。从图 2-6 中可以看出，两株多重营养缺陷型菌株只有在混合培养后才能在基本培养基上长出原养型菌落，而未混合的两亲菌均不能在基本培养基上生长，说明长出的原养型菌落（由营养缺陷型恢复成野生型表型的菌株所形成的菌落）是两菌株之间发生了遗传交换和重组所致。

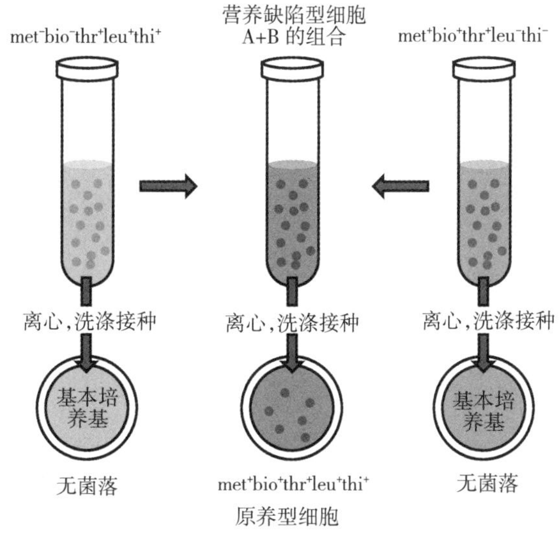

图 2-6　细菌重组的试验证据

Lederberg 等人的实验第一次证实了细菌之间可以发生遗传交换和重组，但这一过程是否需要细菌之间的直接接触则是由 Davis 的 U 形管实验证实的（图 2-7）。U 形管中间隔有滤板，只允许培养基通过而细菌不能通过。其两臂盛有完全培养基，当将两株营养缺陷型分别接种到 U 形管两臂进行“混合”培养后，没有发现基因交换和重组（基本培养基上无原养型菌落生长），从而证明了 Lederberg 等观察到的重组现象是需要细胞的直接接触的。质粒的转移是细菌间发生基因水平转移的常见形式，如致育因子（fertility factor），也称 F 质粒，在 F^+ 和 F^- 大肠杆菌间转移，可转移的还有抗性因子（resistance factor）和毒性质粒等。基因转移也发生在微生物和高等动植物之间。例如，最近发现引起人体结核病的结核分枝杆菌基因组上有 8 个人的基因，获得这些基因可以使该菌抵抗人体的免疫防御系统，而得以生存。而在人的基因组上发现至少有 113 个基因是来自细菌的。因此，基因的转移和交换是普遍存在的，是生物进化的重要动力之一。

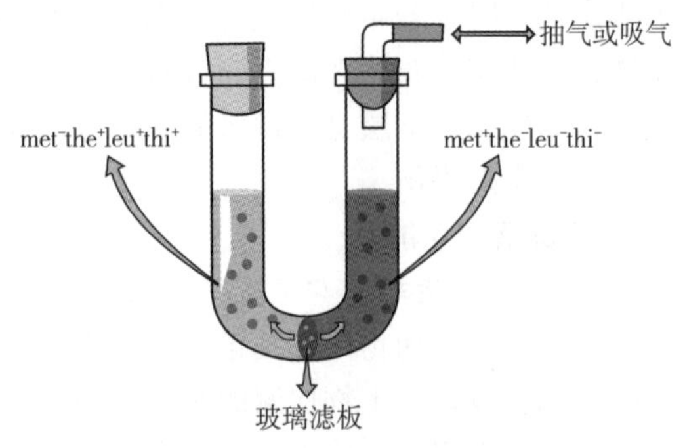

图 2-7　U 形管试验

②能量转运　正常微生物群内部及其与动物体也保持着能量交换和转运的关系。但这种能量如果从本质上看也是物质交换的一种形式。

③信息交流　随着生物学，特别是近年分子生物学的发展，还发现在正常微生物群内部及微生物和宿主间存在有信息的交流。以前人们一直认为细菌是被动、独立的响应外界环境的变化，比如趋化性、趋磁性和趋光性等，黏细菌是首先被发现能够分泌细胞信号分子，完成细胞分化，从而主动适应环境变化的细菌。到 20 世纪 70 年代，Hasting 等通过对发光细菌（图 2-8）——海洋弧菌（*Vibrio fischeri*）和哈维氏弧菌（*Vibrio harveyi*）的发光机制的研究发现，细菌的发光与细胞浓度有关。到 20 世纪 80 年代，进一步的研究表明，发光细菌本身能分泌一类小分子物质，这些信号分子被称为信息素（bacterial pheromones）。对于阈值敏感现象而言，这些小分子被称为自身诱导物，这些小分子有 cAMP、高丝氨酸内酯衍生物、寡肽、γ-丁内酯等。随着细菌的生长，这些自身诱导物在环境中积累，当达到一定的阈值浓度时，调整细菌本身状态，使细菌群体以宏观有序的方式发光。这种现象被称为细胞阈值敏感现象（quorum sensing，QS）。如图 2-9 所示是发光细菌——海洋弧菌的发光机制。对于海洋弧菌，在生长期间，酰化的高丝氨酸内酯信息分子是由 LuxI（acyl-HSL）合成酶合成的。该信息分子可以自由的弥散进出细菌的细胞，并在周围环境中积聚。只有在细菌数量达到一个临界量时，acyl-HSL 信息分子才会达到一个有效的阈值浓度并与相应的受体 LuxR-转录调节蛋白结合，形成与 LuxR 复合物的二聚体并与 RNA 聚合酶结合附着在位于 luxR-luxI 之间的启动子的区域，从而激活了靶基因的转录。微生物与宿主间的信息交流主要表现在：病原菌通过各种信号分子对黏膜上皮细胞和免疫细胞基因表达产生影响；正常微生物或是益生菌通过某些信号分子对宿主免疫功能进行调节。

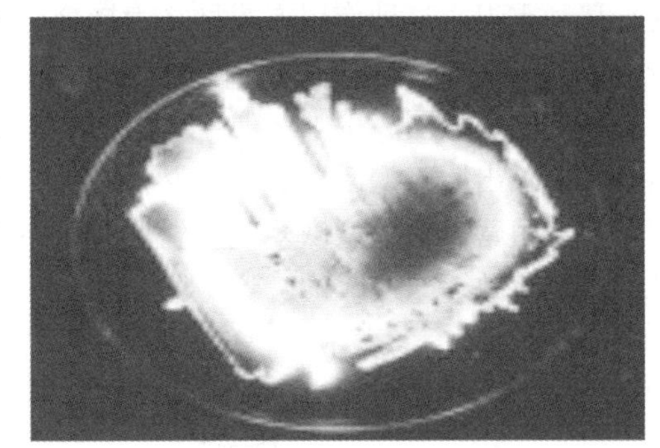
图 2-8　发光细菌

（2）生物颉颃　在正常微生物群之间，正常微生物与病原微生物之间存在的颉颃和互助作用是微群落的重要自稳机制。生物颉颃为动物体提供了益处，即可以防止外来菌入侵。20 世纪 70 年代，荷兰学者 Vander Waajj 等曾提出了一个定植抗力（colonization resistance）学说。他们认为人或动物肠道内厌氧菌占绝对优势，对外来菌（致病菌或非致病菌）在其肠

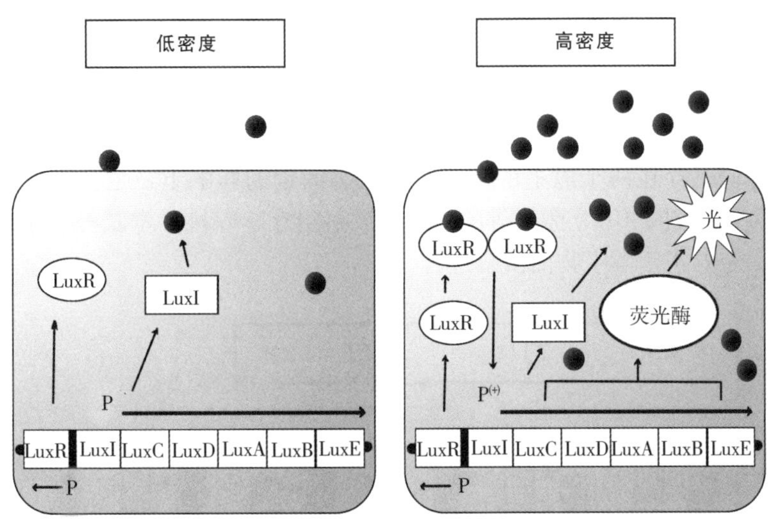

●酰化的高丝氨酸内酯信息分子（Acyl-homoserine lactone，AHL）

图 2-9　海洋弧菌的发光机制

道内的定居有阻抗力。如果用无菌动物或是用抗生素将肠道内厌氧菌杀灭时，则定植抗力下降，甚至消失，但正常动物却保持着这种定植抗力，表明厌氧菌减少会直接影响定植抗力。

（3）*免疫影响*　动物体内的正常微生物群，可使宿主，尤其是在黏膜处产生广泛的免疫屏障。在长期的进化过程中，宿主将正常微生物当外源物质识别的能力逐渐降低，形成了免疫耐受，从而有利于正常微生物群的存在。

（五）微种群

所谓种群是指在一定空间内同种个体数量的集合体，但种群又不是个体的简单相加，而是有机组合。微生态学中，微种群是指一定数量同种微生物个体与其所占据的生态位构成统一体。从个体到群体是一个飞跃，种群既有其内部的独特性，也受外环境因素的影响。大肠杆菌在营养充分的培养基上可以无限的繁殖下去，但在动物肠道内，在正常情况下不会超出肠道内所有菌体数的1%，一般认为与厌氧菌的定植优势有关，可能还有更复杂的原因。微种群不是分类学上的种，可能在分类学上对应的是科（family），它是一个综合概念。如肠杆菌种群，实际上就是肠杆菌科，肠杆菌科有 14 个属，如果再分到种（species）或型（type）甚至亚型（subtype）则更细，更新细节是研究的发展方向。

第二节　动物微生态动力学

一、微生态演替

（一）微生态演替的概念

动物微生态演替是指正常微生物群，受自然或是人为因素的影响，在其动物体微生态空间中发生、发展和消亡的过程。

以大肠杆菌为例，不同血清型的定居和交替处于不断的转换之中，并有一定的规律。如仔猪出生时肠内是无菌的，与外界接触后，首次进入的无致病性大肠杆菌即为第一个血清型，在肠内定居时间为9～12d，其后被第二个血清型所替代。再经过9～12d后第二个血清型又被第三个血清型所替代。菌型替代时，前者迅速消失，后者很快发展成为优势菌群。在交替期间，可能同时存在两个以上的菌型。在人为因素的影响下，也会出现生态群落的演替，例如：抗生素（图2-10）、激素等的应用，放射治疗、外科手术及一些生理性或病理性因素，多伴有一定的正常微生物的演替过程。

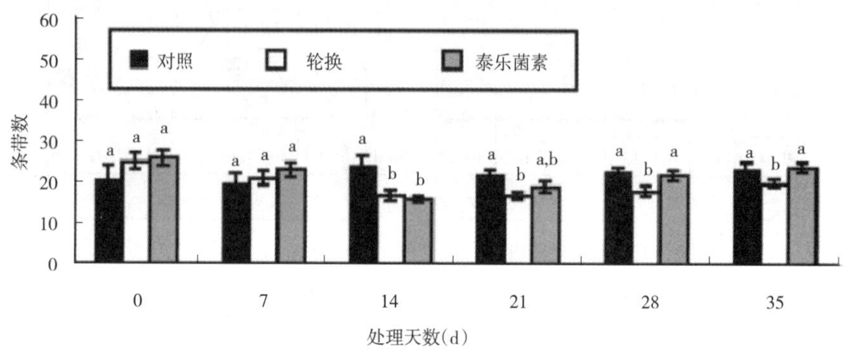

图2-10　抗生素对猪回肠样品中微生物 V_3-16SrDNA PCR-DGGE扩增条带数的影响（$n=5$/每个处理）
每个条带代表至少一种微生物。带有不同字母的值间有显著差异（$p<0.05$）

（二）微生态演替过程

根据动物微生态的演替过程，其可分为初级演替、次级演替和生理演替三个阶段。

1. 初级演替　初级演替指第一批微生物定居到动物体尚未定居微生物的生境中。新生动物降生时，肠道是无菌的，出生后1～2h即出现细菌，开始数量很少，然后逐渐增多，进而达到第一次高峰阶段。对新生动物大便的检查可以证明这一点。

在此阶段，先定居的菌群由于没有竞争对手，因而迅速生长。先定居的多为需氧菌和兼性厌氧菌，在生长过程中消耗了氧气，创造了厌氧环境，随后厌氧菌开始生长，成为先定植者的竞争者，并占据了优势。

2. 次级演替　受某种因素的影响，一个生态系或群落被全部或部分排除，因而出现的生态系或群落的重建过程，称为次级演替。根据产生次级演替的原因，其又可分为自然次级演替和人为次级演替。也有人把人为次级演替称为社会次级演替。

（1）*自然次级演替*　宿主在恶劣的自然环境如居住条件、长途运输、气候突变、患病、感染等应激因素，所引起正常微生物群的生态失调和这失调的恢复过程，这种演替属于自然次级演替。自然次级演替是可逆的，一般当恶劣环境被消除后，又可自然恢复。如在寒冷季节发生的上呼吸道感染，就存在这种演替过程。自然次级演替过程如导致慢性过程，正常微生物群由生理组合演变为病理组合。这种病理组合不易恢复到生理组合，因而就会导致宿主患慢性病。

（2）*人为次级演替*　这种演替中引起演替的原因主要是社会因素。一切不利于动物生长的社会干扰都可以引起正常微生物群的演替。例如，在农业中农药、化肥、杀虫剂以及除草剂的应用，可引起动物及植物的生态演替。这种演替被称作社会次级演替或人为次级演替。

3. 生理性演替 动物的一切生理性变化都会引起正常微生物群发生变化，这种变化就叫生理性演替。生理性演替是研究病理性演替的基础，动物的生理性演替因素包括年龄、营养、食物类型、繁殖等。微生物在宿主体内的某一特定微环境中，视这一环境中含氧情况、pH、氧化还原电位、营养来源和性质、黏膜表面的分泌状态和组织学特性等，各自形成特定的微生物区系，如瘤胃和网胃的微生物群、食草动物盲肠的微生物群、杂食动物肠道的微生物群等。这些微生物群的形成是与宿主一起进化、互生的结果。但随着生理条件的变化，也会发生相应的菌群变化。如瘤胃微生物群与宿主保持着一定的生态平衡，随着季节的变化，反刍动物的食物由干草变为青草，瘤胃内的微生物亦会作相应的调整，一些新菌会替代以前的菌型，但这种调整不会超过生理范围，瘤胃的正常菌群仍保持生态平衡。但如牛、羊吃大量谷物饲料或服用广谱抗生素，就可能导致体内正常菌群微生态的失调。猪刚出生时肠道是无菌的，不久就有数种微生物侵入肠道，经过生长、繁殖和竞争逐步形成了一个微生物群体。仔猪出生后不久在空肠、回肠、盲肠和直肠就定植有大肠杆菌、双歧杆菌、乳杆菌、消化球菌、肠球菌、小梭菌、拟杆菌和酵母等。到 8～22 日龄菌数达到最高峰并形成一个定型的菌群，以双歧杆菌、拟杆菌、乳杆菌、大肠杆菌和消化球菌占优势。以后随日龄增长各菌群的菌数均有下降。其原因可能与猪的营养和饲料结构的变化有关。

（三）演替峰顶

演替峰顶是在一个单一的生境内微生物群落由初级演替、次级演替或生理性演替形成的在一定时间内持续的稳定状态。峰顶是微生物群在一定时间、空间中的持续和稳定的定性和定量结构，以此为基础而表现出来的功能结构的总和。

峰顶时间的延长就是自稳状态，自稳状态是微生物群落经过演替后达到峰顶时，在一定空间内保持稳定性和完整性的能力。在微生态学中有生理性顶峰和病理性顶峰之分。顶峰是微生物群落演替的必然结果，是生物与其所处的生态环境的统一体。以宿主解剖部位为生境的正常微生物群，当宿主机体处于正常状态时，就表现为生理性顶峰；当宿主机体出现异常时，就表现出病理性顶峰。如正常反刍动物的瘤胃微生物群、马属动物的盲肠微生物群以及猪、兔的大肠的微生物群等均表现为生理性演替。如宿主机体患上了消化道疾病、炎症或其他疾病时，其胃肠微生物就会出现病理性演替，并最终形成病理性顶峰。

演替达到最后阶段即趋于稳定，当微生物与生境达到平衡时，就形成峰顶，亦即微生物群落形成过程已达到高潮，故称峰顶群落。在生态学中，一切过程和状态都是动态的，因此峰顶也是动态的，只能说处于相对稳定的状态而已。

峰顶主要是微生物群落稳定状态的表现，在微生态的演替过程中，峰顶的微生物存在以下特点：

（1）种群多。与群落初建阶段或峰顶前期相比种群数多。

（2）质量增加。峰顶前期质量低，而峰顶质量高。

（3）负反馈占主导地位。峰顶前期正反馈占主导地位，因而不稳定。而峰顶期种群数量和质量均相对稳定，此时负反馈占主导地位。

（4）生理功能最佳。对宿主的营养、免疫和生物颉颃等作用都处于最佳状态。

（5）高度结构化和复杂程序。峰顶时，群落处于高度结构化，并且呈现出复杂而又有序的状态。在峰顶时能量消耗减少，处于最佳的能量使用状态。微群落的能量消耗大小，直接与宿主的营养效益有关，因为一切营养都是宿主由环境摄入的。

二、宿主转换

（一）宿主转换的概念

宿主转换是微生物群由甲宿主转移并定植到乙宿主体内的现象，是正常微生物群的重要动态表现。

宿主有种属特异性，不同种属宿主都有各自独特的正常微生物群。因此没有抽象的微生物群，只有具体的正常微生物群，即对甲种属是正常微生物群，对乙种属可能就不是，甚至有可能是致命的。如禽类的乳杆菌与哺乳动物的乳杆菌不能交叉定植。从禽类分离的乳杆菌，可定植在嗉囊的上皮细胞，但从哺乳动物分离的乳杆菌却不能。种属的特异性与上皮细胞的特异性相关联，具体地说就是与上皮细胞上大量的各种不同的受体相关联，当然也与不同种属动物特定的微生态环境因素有密切的联系。

（二）宿主转换的方向

从进化的观点看，微生物从两个方向进行宿主转换。一个是从外环境向正常微生物群、宿主方向转换；另一个是从正常微生物、宿主向外界环境转换。前者是主要的，经常发生的，后者是次要的，偶尔发生的。宿主对正常微生物的影响是直接的、主要的、相互的；环境对正常微生物群的影响是间接的、次要的、单方面的。

动物的正常微生物群组成中，除了自身的、特异的正常微生物群外，还包含着一部分由人或植物正常微生物传来的；人类的正常微生物群和组成中，也包含着一部分由动物和植物正常微生物转来的。

由于食物链的关系，外环境的微生物转移到植物，植物转移到草食动物，草食动物转移到肉食动物，或者通过节肢动物在植物与动物之间、在不同种属动物之间，都存在着正常微生物转移宿主的现象。

（三）宿主转换的方式

正常微生物群更换宿主与其宿主和其他宿主的密切程度有关，越密切，转换的概率越大，但由于宿主的近缘性，功能相似者间的转换可能性更大。反刍动物之间，反刍动物和非反刍动物之间相比较，前者更容易发生转换。宿主转换方式如下：

1. 虫媒方式 节肢动物有许多共生体、含菌细胞和含菌体。这些都是正常微生物群在昆虫体内的生物群落或解剖结构。这些微生物对其宿主的生长、繁殖、发育和繁衍后代都是必需的。这些昆虫如果咬到其他动物，就有可能把其正常微生物群传递给它们，从而出现宿主转移现象。

在自然疫源地就广泛存在着上述现象，在自然疫源地的节肢动物体内存在着细菌、螺旋体、立克次氏体与病毒，这些微生物在节肢动物体内可长期存在，并不致病，而且对宿主的生长发育和繁衍有益，甚至是必要的。蚊子能长期保留日本乙型脑炎病毒，其他如蚤传立克次氏体、兔病毒性出血症病毒及李斯特杆菌等。

昆虫传播微生物之所以为人们所重视，是因为它们不仅传播正常的微生物，还可以传播对人畜有害的微生物，如胃肠道细菌、痢疾杆菌、霍乱弧菌等是苍蝇传播的。至于蚊、跳蚤等吸食性昆虫，常传播病毒，造成动植物病害。但对昆虫来说是正常微生物群，可以在不同种属的昆虫间传播。

这些微生物要么以昆虫为宿主，要么另有宿主。但从发生学上说，昆虫是较古老的生物，它对微生物的依赖远远超过了脊椎动物，并形成了解剖结构和含菌体与含菌细胞，因而节肢动物的微生物流向脊椎动物是主流。

2. 经口方式 草食动物吃植物，肉食动物吃草食动物，人吃动植物，总之，通过口可以使宿主的正常微生物发生转换。现在已经有大量的人畜共患病源微生物，如肠杆菌科细菌、螺旋体、病毒与原虫等。这些微生物都有一定的宿主特异性，但可在近缘的动物种属间传播。在土壤内的低等动物如蚯蚓、线虫等躯体上带有细菌或真菌孢子，当它们被鸟类或兽类吞食后，亦可转移给相应的动物。人和动物中都可以分离出轮状病毒，究竟谁是原始宿主还有待证明。

3. 其他方式 除了上述两种宿主转移方式外，尚有直接接触、间接接触及呼吸、排泄等方式使正常微生物群在不同宿主间转换。生物是传播微生物的一个重要因子，动植物表面和内部都带有微生物。动物在传播微生物方面最为重要，它们的皮肤上和体内带有各种微生物，通过直接接触、间接接触、呼吸和排泄等传播。有的微生物，如一些肠道内的真菌特别适合于借助排泄物传播。它们的孢子在正常情况下不易萌发，但孢子一旦被动物吞食，经过肠道，并打破休眠后，将在粪便上很快的萌芽、生长并产生大量的孢子囊，其释放的孢子能散射到周围，被污染的植物被动物进食后，再度传播。很多动物通过呼吸，经空气把呼吸道的正常的微生物群传给另一种动物。还有通过皮肤的接触，相互的舔舐等都可将微生物由一种宿主转移到另一种宿主。

（四）宿主转换的结局

正常微生物群是指在某一宿主中有具体定位的微生物群。正常微生物群在宿主一定部位定居、生长、繁殖和延续后代的现象，称为定植。定植是正常微生物群与宿主在长期历史进化过程中形成的一种共生关系的微生态学表现。在一定宿主生境内生存的微生物群有原籍菌群和外籍菌群之分。这两个概念首先是由美国哈佛大学医学微生物学家杜鲍提出的。他们把微生态理论应用于单胃动物胃肠道菌群的研究，提出了原籍菌群理论，认为原籍菌群是在长期的历史进化过程中形成的，与宿主的共生关系极为密切，对宿主是益生菌，因而也称“固有菌群”。对于原籍菌群来说，该宿主就是特异性宿主，可以长期寄生。而外籍菌群在其非特异性宿主体内，要适应环境，耐受宿主免疫屏障和生物颉颃等作用才能生存和发展，否则将被排除，这就是正常微生物宿主转换的结局（表 2-1）。

表 2-1 正常微生物群宿主转换的结局

类型	宿主转换结局						结局
	微生物			宿主			
	定居	繁殖	死亡	存活	患病	死亡	
1	+	+	−	+	−	−	生态平衡（健康）
2	+	−	−	+	−	−	生态平衡（带菌）

（续）

类型	宿主转换结局						结局
	微　生　物			宿　　主			
	定居	繁殖	死亡	存活	患病	死亡	
3	+	+	−	+	+	−	生态失调（患病）
4	−	−	+	+	−	−	生态崩溃（主活）
5	+	+	−	+	−	+	生态崩溃（主死）

上述五种类型，1、2类属生态平衡。1类达到了特异宿主水平，宿主是健康的；2类仅定居，不能繁殖，但宿主并不发病，因而相当于生态平衡（带菌）。3类，微生物能定居与繁殖，宿主存活与患病，表现为明显的生态失调。4、5类表现为生态崩溃。4类为微生物死亡；5类为宿主死亡。动物体的正常菌群与宿主及外界环境构成一个生态环境，在正常情况下，在这一生态系统中的微生物区系随着外界环境和动物采食的变化，而在一定范围内变动，这种生理波动是可逆的，称之为菌群的生态平衡。但如果这种波动超出了宿主的生理范围，就引起病理过程，称之为生态失调。

（五）宿主转换的意义

宿主转换现象的存在，使我们更加深刻的认清了正常微生物群的本质，同时也认清了致病菌的本质，这两者都是相对的。

1. 正常微生物群的本质　正常微生物群是具体、相对的概念。正常微生物群是指特定的种属，特定的生境，长期进化过程中形成的微生物与宿主相互受益、相互有利的统一体。肠道中的需氧菌和厌氧菌，就是相互依存、相互制约的生态学关系。在肠道菌群正常时，肠道感染是不易成功的，如果感染成功，通常必须先破坏正常菌群的生态平衡，而且即便是宿主的正常菌群在特定的情况，也可对宿主形成感染，比如，本来属于肠道正常菌群的屎肠球菌，也可以出现在血液中，并成为致病微生物。对植物是正常的微生物群，对动物则可能是致病菌；对节肢动物是正常微生物群，对脊椎动物则可能是致病菌；对动物是正常微生物群，对人则可能是致病菌。对不同种，也都存在着这样的问题。这种现象是由遗传学和进化生态学规律所支配的，如节肢动物所携带的病毒、立克次氏体、衣原体等就是如此，当这些微生物转移到动物和人时，就可能成为致病微生物。

2. 致病微生物的本质　微生物存在中间差异，有的毒性强，有的毒性弱；有的有荚膜，有的没有荚膜；有的有芽孢，有的没有芽孢，因此，它们的侵袭力有差异。从微生物和宿主的生态统一性来说，病原体也是相对的。

事实上没有一种微生物可以对任何宿主均致病。从生态学的角度看，感染是微生物和宿主之间相互作用、相互制约后的一种表现。微生物和宿主的对立统一关系受到外界环境的影响，矛盾双方向各自相反的方向转化，或微生物死亡，或宿主死亡，或两者处于对峙状态。因此，有人提出假说：地球上没有真正致病微生物，现有的致病微生物都是正常微生物群在宿主间转换的一种微生态现象。

三、定位转移

（一）定位转移的概念

定位是微生物在宿主体内定居或定植的位置，与一定的生境相适应，不仅包括微生物生长繁殖的位置，也包括原本无微生物生长繁殖的位置，如血液、内脏及组织等。

定位转移也称易位是指微生物群离开原籍，游离到其他生态系或生境中，且能定植下来，或指微生物群由原籍生境转移到外籍生境或本来无微生物生存的位置的一种现象。在一个生态区里，如果有外籍菌定植，很可能会导致生态失衡。正常微生物群在人和动物的不同部位有不同的特征，其定性和定量都各有其特点，这种定位在正常情况下是不容易改变的。在临床长期大量应用抗生素的白痢仔猪，常常看到耐药性的大肠杆菌向肺部转移引起肺炎和肺部感染。在抗生素的影响下，大肠杆菌可以定植到呼吸道引起肺炎，也可以定植到泌尿道引起肾盂肾炎、膀胱炎，或定植于阴道引起阴道炎等。其他菌群如葡萄球菌、白色念珠菌或链球菌等也有“背井离乡”到别处定居的例子，这种定居通常会引发不良后果。在微生态学中，这种定居并不是轻而易举就能发生的，通常是在宿主和正常微生物群间的生态平衡遭到破坏的情况下才会发生。

（二）定位转移的机理

1. 定植 定植是指微生物在宿主体内一定生境或解剖结构位置落脚或存活的状态。必须具备一定的条件才能定植下来。

（1）适宜的生态空间 微生物定植的生态空间是在长期进化过程中形成的。在原籍生态空间容易定植，在外籍生态空间不易定植。如果定植，必须适应该微生物对环境的耐受范围，否则不能定植。例如，在黏膜、皮肤、牙齿等处定植的微生物都有特异性，很难交叉定植，甚至在黏膜、皮肤和牙齿的不同部位，也有特异性。定植的成功与否，取决于该微生物对生态空间的适应范围。

（2）黏附性 人、动物和植物表面及体内均有微生物黏附，形成一个生物膜，以防御外来微生物的侵犯。动物出生后几小时至几天，就会出现各部位的特异性微生物吸附。哪个部位有哪些微生物黏附都是一定的，是微生物和宿主的遗传机制共同决定的。表皮葡萄球菌在表皮，大肠杆菌在结肠黏膜，A 型链球菌在咽部，唾液链球菌在舌面部，血链球菌和变形球菌在牙齿表面黏附，都是有特异性的，若要易位，首先要有适宜的生态空间，其次要有黏附性。

2. 繁殖性 微生物在新的生境里定居靠的是黏附性，其后是繁殖，增加数量。不仅要能繁殖，在初期还必须有一段时间形成优势种群。因为这样才能与其他微生物逐渐建立起平衡状态。但微生物要繁殖就必须要有适宜的物理的、化学的以及微生物生态空间，还要有适宜的宿主反应，各方面的条件都具备才能繁殖。在有微生物的生境里，要抵抗其他微生物的竞争以及宿主的免疫屏障等作用。

3. 颉颃性 易位的微生物要有排除其他微生物的能力，因为生态空间是有限的，微生物之间的相互颉颃和相互制约作用是客观存在的，所以外来的微生物如果不能在新的微生物群落中有一定的颉颃性，是不能生存下去的。对外来微生物的颉颃主要来自于微生物群落，该群落如果遭到抗生素等的破坏，就会有利于外来微生物的易位。

肠道微生物对外籍菌的颉颃作用是很强的，这种颉颃机制很复杂，其中定植能力的作用非常重要。20 世纪 70 年代，荷兰有人提出了一个定植抗力学说，根据实验，他们认为肠道对外来微生物的阻抗力来源于菌群的厌氧部分。正常的动物如大鼠、小鼠肠道中厌氧菌占绝对优势。正常菌群中的厌氧菌水平高，定植抗力就高。厌氧菌特别是双歧杆菌和乳杆菌能产生各种有机酸，如乳酸、醋酸等，可以抑制很多致病菌和条件致病菌。

在肠道内，厌氧菌是常住菌，而一些需氧菌和兼性厌氧菌则多为过路菌。前者占优势，但又依赖后者消耗氧气，以提供生长繁殖的条件。具有这样格局的微生物群落其颉颃能力最强。

4. 定位转移的时相性 在 20 世纪 80 年代，美国与日本学者相继报道，厌氧菌感染具有时相性。腹腔感染和腹膜炎、腹腔脓肿、肝脓肿、肾脓肿等首先分离出兼性厌氧菌，随后分离出的是厌氧菌。因此，定位转移与初级演替一样，也是按顺序发生的，首先需氧菌和兼性厌氧菌生长，消耗局部过多的氧，待 pH 和 Eh 降到一定程度时，厌氧菌再定植，并与先前定植的微生物一起构成统一的感染群落。

（三）定位转移的诱因

定位转移的诱因来源于宿主和微生物两个方面。

1. 宿主方面

（1）物理因素　物理因素包括解剖结构的畸形与变态、外科手术、外伤等，这些因素改变了生态空间的结构，势必引起包括定位转移在内的生态失调。一切可以破坏正常生理结构的措施或因素都可引起微环境的破坏，在肠道，各种手术和截除，都可导致微生态失调。在这些因素中，手术干预对定位转移有重要作用。

（2）化学因素　化学因素如胆汁分泌、胃酸分泌、肠道与胰液分泌的异常也常为定位转移的因素。如胆汁分泌异常（数量和质量下降），可引起消化道菌群上行至上消化道定植，并引起小肠上部细菌过生长综合征等。在正常情况下，小肠上部只有较少的微生物，而下消化道正常微生物种类和数量较多，由于定植、胆汁、肠蠕动、消化道内的冲刷等原因很难上行。然而在异常的条件下，下消化道菌上行至上消化道，且细菌数量大增，并引起一系列的临床症状，这种表现被称为小肠细菌过生长综合征。任何导致降低胃酸和胆汁的生理学功能的破坏因素，都有导致该症发生的可能。

（3）免疫力下降　宿主的免疫功能下降也是导致定位转移的重要原因。造成免疫功能下降的原因有很多，如应用激素、同位素、免疫抑制剂及慢性病等。这种情况下，定位转移就很容易发生。放射性物质和放射线对动物的影响是很明显的。动物在接受一定的放射性照射后，正常微生物与宿主的微生态平衡常常会被破坏，微生物易于移行到组织和血液，宿主对微生物的敏感性增强，自然防卫机制遭到破坏。呼吸道、肠道的某些微生物的数量增加，吞噬细胞的数量和吞噬功能下降，淋巴的屏障功能减弱，免疫应答能力遭到破坏。照射后，动物肠道的微生物群如大肠杆菌、绿脓杆菌、变形杆菌、念珠菌、肠球菌、微球菌等都可在组织中出现，而作为对照的健康动物却未发现。据试验，照射后的大鼠，肠道菌在两天后可以到达淋巴结，3d 可到达肺泡，4～5d 可达血液。

2. 微生物方面

（1）抗生素的作用　抗生素虽然能够杀灭病原菌，但其使用也消灭了敏感的正常菌成员，其生境被耐药性成员占据，表现出定位转移。如肠菌科各成员，原籍生境为肠道，当肠道某些菌群过量繁殖，而呼吸道正常微生物群又受到抗生素抑制后，便可转移到呼吸道，引起感染。同样的情况也可发生在泌尿道及其他部位。

抗生素促进了某些本来是少数菌或是外来菌的生长繁殖，并成为优势菌。优势菌很容易向外传播，如全身性白色念珠菌、绿脓杆菌或肺炎杆菌的感染，多数是与这些菌有高度的耐药性有关。

（2）遗传的改变　在抗生素、外环境、食物等因素的影响下，由于质粒可以在正常微生物间发生水平转移，造成严重的遗传性改变，如耐热因子、产毒因子等都可发生转移。耐药因子的水平转移可引起疾病暴发流行，如仔猪大肠杆菌病的广泛流行，由于耐药性基因通过质粒在大肠杆菌之间相互传递，使没有耐药性的菌株也有了耐药性。产毒因子可以使白喉杆菌、大肠杆菌等产生外毒素。

微生物遗传背景改变后，也改变了其定位转移的性能，使原来本不能定位转移的种群转变成能定位转移的菌群，如沙雷氏菌、枸橼酸菌、变形杆菌等常常可造成尿路定位转移。

第三节　微生物之间的关系

自然界的微生物种类繁多，几乎无处不在。微生物常以种群形式出现，极少单独存在。各种不同的微生物种群与周围环境共同形成微生态系统。微生态系统中的各种微生物个体间或种群间会发生各种各样不同的相互关系。有的是一方或双方受益，称正性相互关系；有的是一方或双方受害，称为负性相关关系。正是这种正性或负性的相互关系维持了微生物群落内部与微生物群落间的生态平衡。

一、微生物种群内个体间的相互关系

在同一微生物种群内的个体间也会发生正性或负性的相互关系。微生物种群内个体间的正性关系称协作，是由单个微生物间相互提供营养物质和生长因子而产生的。这种协作关系以利用不溶性养料及遗传交换等方式发挥作用。微生物种群内个体间的负性相关关系称竞争。包括微生物个体间对于营养物质、光线、氧、栖息地等的竞争及其他，如有毒代谢产物的积聚对两者生长的影响。微生物种群内的各种相互作用是有机联系的，受到种群密度的影响。如果以生长作为衡量尺度就会看到，正性相互关系使生长率提高；负性相互关系使生长率降低。一般来说，在低密度时，正性相互关系占优势；高密度时，负性相互关系占优势。在一定的种群密度，微生物的生长率达到最高，这时的微生物种群密度为最适种群密度（图 2-11）。

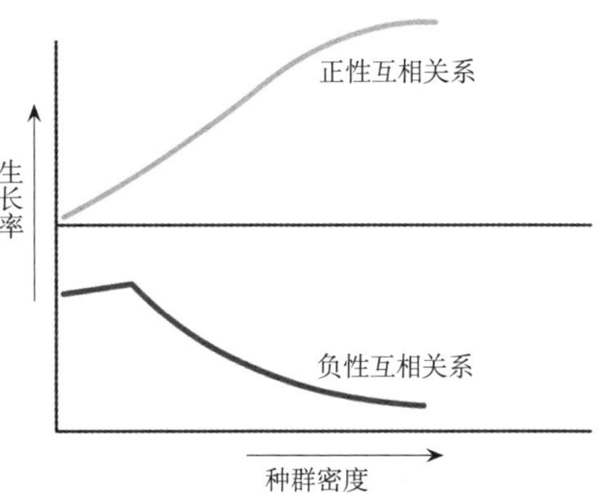

图 2-11　种群密度对种群间相互关系的影响

二、微生物种群间的关系

在不同的微生物种群间，经常呈现着非常复杂而多样化的相互影响的关系。确定不同微生物种群间的相互关系是根据其同处于一个环境中，彼此间发生的使一方或双方受益、一方或双方受害、双方互不影响的后果而分的。微生物种群间的相互关系有如下几种，见表 2-2 所示。

表 2-2　微生物间相互关系的类型及相互影响

名称	A 群	B 群
中立	0	0
栖生	0	+
互生	+	+
助生	+	+/−
竞争	−	−
偏生	0/+	−
寄生	+	−
捕食	+	−

注：0 表示无影响；+表示有益；−表示有害。

（一）中立

中立是指两种或两种以上的微生物处于同一环境时不发生任何相互影响。常见于对营养需求根本不相同的微生物或当生长密度很低时或处于生长静止期的微生物。

微生物间的中立关系不是一成不变的。处于生长静止期的微生物由于代谢活动低下，营养要求极少，故很少与其他微生物对能量来源等发生竞争，处于中立关系。例如，细菌芽孢与其他微生物间为中立关系，但细菌由芽孢转变成生长体，相互间原有的中立关系就会被竞争或其他关系所替代。

（二）栖生

栖生是微生物间常见的相互关系，指两种微生物共同生长时，一方受益，另一方不受任何影响。对受益方来说，另一方可能为其提供一些基本的生存条件，它还能从其他方面获得这些条件；对另一方来说，既不从中受益，也不会受到损害。因此，栖生是一种单向的，非固定的相互关系。兼性厌氧菌与专性厌氧菌是栖生关系中的典型例子。兼性厌氧菌在生长过程中消耗氧，使氧气压力下降，从而为专性厌氧菌的生长提供了理想的生活环境。专性厌氧菌从对方受益而兼性厌氧菌不受任何影响。专性厌氧菌在需氧菌占优势的地方如口腔，就是依靠这种栖生关系得以生存的。另一些栖生关系的建立是依靠一方向另一方提供生长因子。这些生长因子包括维生素类、氨基酸、生物素等，它们很多是辅基或辅酶的主要成分，对细菌的生命活动至关重要。如硫胺素是溶血性链球菌、布鲁氏菌的生长因子。那些能为溶血性链球菌、布鲁氏菌提供硫胺素的细菌，那些能为李氏杆菌提供生物素的细菌之间均为栖生关系。一些微生物产生的胞外酶，能为其他微生物提供新的代谢物质，也是建立栖生关系的原因之一。如瘤胃纤维素分解菌产生的纤维素酶能把纤维素降解为小分子的糖，从而为能利用小分子糖的淀粉分解菌提供能量。某些真菌分泌的胞外酶也有相似的作用，因此，两者间能建立栖生关系。排出和中和有毒物质也是建立栖生关系的一种原因。例如，硫化氢对很多细菌是有毒的，但有的细菌能氧化硫化氢，在有这种菌存在时，因为环境中的硫化氢被氧化而失去毒性，许多细菌从中受益得以生长。

还有一种栖生关系以共同代谢为基础，形成有趣的栖生链。共同代谢是指一种微生物利用某种物质进行代谢过程中产生另一种微生物需要而又不能直接从环境中获得的产物。如土壤中一种微生物分解复杂的多糖产生有机酸；另一种细菌则能利用有机酸而产生甲烷；而甲烷又能被另一种分解甲烷的菌利用。这样的栖生关系在微生物界非常多见。

（三）互生

互生指两种微生物共同生活在一起，相互受益。互生不是一种固定的关系，互生双方均可在自然界中独立生存，而一旦形成互生关系时又可从对方获益。例如，海藻常常与其表面的细菌形成互生关系。有些细菌因为生长在海藻表面而被叫做附生菌。附生菌能和海藻形成互生关系时因为海藻能进行光合作用利用光能，产生有机化合物和氧，为细菌提供必要的生长因子；而细菌又能分解一些有机物质如纤维素被海藻利用，还提供 CO_2 作为光合作用的必需物质。但当这些细菌或海藻单独存在时，同样在自然界中能生长繁殖。

另一种互生关系叫共养，指两种或两种以上的微生物协同进行某一代谢过程并互相提供所需要的代谢物质。如甲群微生物能利用化合物 A 合成化合物 B，但其本身缺乏必需的酶进一步合成化合物 C。但乙群微生物不能利用化合物 A，只能利用化合物 B，形成化合物 C。因此，只有在甲、乙两群微生物的共同作用下才能形成化合物 C。在这一过程中，甲、乙微生物菌能从中获得能量，共同受益。当甲、乙群各自单独存在时，同样能生长繁殖。如粪链球菌和大肠杆菌均不能单独将精氨酸转变为丁二胺，先提供粪链球菌可将精氨酸转变为鸟氨酸，大肠杆菌在利用鸟氨酸最终生产丁二胺。

（四）助生

助生是指两种或两种以上共同生长的微生物互相受益的专性关系。助生是有选择性的，任何一方都不能由其他微生物替代。微生物的助生关系使其成为一个整体而共同活动。

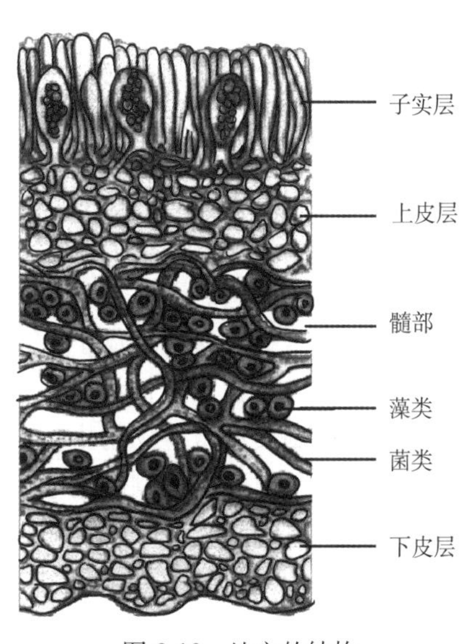

图 2-12　地衣的结构

有海藻、蓝细菌和真菌形成的地衣（图 2-12）是助生最典型的例子。地衣有藻类共生体和地衣共生菌组成。藻类共生体又由海藻和各种蓝细菌组成；地衣共生菌常见的是子囊菌类。地衣中各种成分的结合是特异的，即一种海藻只能和某几种蓝细菌结合，反之亦然。藻类共生体利用阳光进行光合作用，合成一些有机物，如碳水化合物可供地衣共生菌利用。而后者又为前者提供保护作用，并可提供前者所需的生长因子。地衣常生长在其他生物不能生长的地方，如岩石表面，它能耐受较严酷的自然环境，如日照、干燥。这些环境条件是组成地衣的任何一种微生物所不能单独承受的。

草履虫和立克次氏体可形成内助生关系。草履虫体内含有立克次氏体者，由于内助生关系，使这种草履虫具有杀伤能力，有的体内不含有立克次氏体的草履虫，由于没有助生关系，就不具有杀伤能力。而立克次氏体能从草履虫体内获得 ATP。

溶原性噬菌体和相应的细菌的关系也可看做是一种助生关系。噬菌体携带自身的遗传物质整合到宿主菌的染色体上，从而为其长期潜伏创造了条件。如白喉毒素，它是一种对许多动物有高度毒性的蛋白质分子，每千克体重 50～100ng 即可杀死动物。该毒素由与白喉杆菌形成助生关系的溶原性噬菌体所编码。

（五）竞争

竞争又叫颉颃共生，是指两种微生物共同生存时为获得能源、空间或有限的生长因子而发生的争夺现象。竞争的双方都受到不利影响。微生物的竞争关系表现为两种，一种是排斥竞争；另一种是和平共处。

竞争排斥指竞争的双方不能长期共同在某一环境中生长。如双方争夺同一生长环境或营养物质，一方必须战胜另一方，失利者将被排斥出这个环境。例如，外籍菌群与原籍菌群对生境的竞争。

和平共处的出现是竞争双方及时分离的结果。例如初级演替过程中需氧菌与厌氧菌的竞争，先是需氧菌迅速增长，几天后，由于氧气消耗，造成的厌氧环境使厌氧菌生长，逐渐成为优势，取代了需氧菌的地位。这时，竞争双方迅速分离，需氧菌主要占据黏膜表层，而厌氧菌主要占据黏膜深层，形成和平共处。

有时竞争的优势并不仅仅建立在能迅速有效的利用营养成分的基础上。对恶劣条件的耐受性大小也是重要条件之一。有些微生物对干燥、高温、高盐的耐受力较强，因而，才能在竞争中取胜。

（六）偏生

偏生又叫单害共生，是两种微生物共同生长时，一方产生抑制对方的生长因子，前者本身不受影响或仅受益，后者的生长受到不利影响。真菌产生抗生素抑制其他菌的生长就是典型例子，真菌本身不受不利影响。

某些微生物的代谢产物能改变环境的氢离子浓度、渗透压或其他方面的情况，造成对另一些微生物生长不利的因素，也是一种偏生现象。如在青贮饲料的制造过程中，由于乳酸菌的大量繁殖产生了乳酸，降低了 pH，结果使得大多不耐酸的腐生细菌的生长受到抑制。

还有一些微生物在生长代谢过程中产生一些低分子量的有机物，如脂肪酸、乙醇等，这些物质也能抑制其他微生物的生长，从而形成相互间的偏生关系。酵母菌进行酒精发酵产生乙醇，乙醇的积累也能抑制其他杂菌的生长。

（七）寄生

寄生是由宿主和寄生物两方面组成。一般来说，寄生物比宿主小，有的进入宿主体内称内寄生，有的不进入宿主体内称外寄生。寄生物从宿主体内摄取营养成分。有的寄生物完全依赖宿主提供营养来源，称专性寄生，如病毒。有的仅仅将寄主作为一种获取营养的方式，许多外寄生微生物属于后一类。在寄生过程中宿主受害，寄生物受益。寄生物与宿主的关系是特异的，这种特异性是由宿主内与寄生物相适应的受体和宿主的环境所决定的。

微生物中寄生现象非常多见，常见的宿主有细菌、真菌、原虫、海藻等。

病毒是上述宿主体内最常见的一种寄生物。病毒为专性寄生，完全依赖宿主细胞的养分来繁殖自身。病毒入侵宿主形成内寄生，随着病毒的不断繁殖，宿主细胞溶解破裂，并不断释放新的感染病毒。又如大肠杆菌的噬菌体是一种寄生物，入侵大肠杆菌的细胞内后，不断在大肠杆菌内繁殖，引起菌体溶解破裂。随着时间的延长，可使某一特定环境中的大肠杆菌消失。

有的微生物间形成外寄生，也可引起宿主方面受害。如蛭弧菌能活泼游动，当与宿主革兰氏阴性菌接触后，释放出毒性物质，引起宿主细胞死亡溶解。

（八）捕食

捕食关系是指一种微生物以另一种微生物为猎物进行吞食和消化的现象。在自然界中最典型和最大量的捕食关系是原生动物对细菌、酵母、放线菌和真菌孢子等的捕食。除此之外，还有藻类捕食其他细菌和藻类，原生动物也捕食其他原生动物，真菌捕食线虫等。如捕食细菌对噬菌蛭弧菌的捕食（图 2-13）。

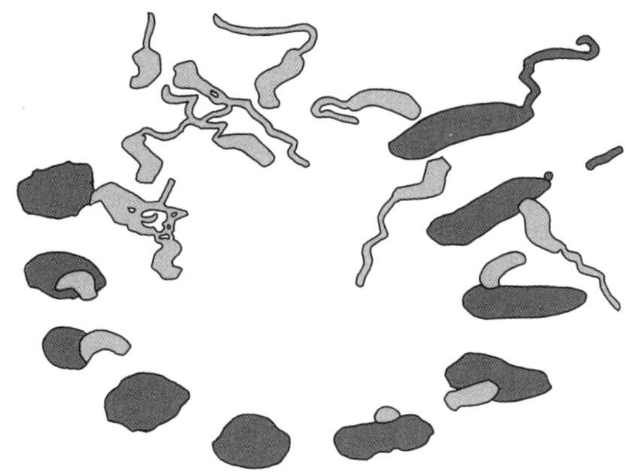

图 2-13　捕食细菌（黑色）捕食噬菌蛭弧菌（灰色）

第四节　常居微生物群与宿主的相互关系

一、宿主对常居菌群的免疫应答

免疫是动物机体识别自己和非己，排除非己大分子物质，从而保持机体内外环境平衡的生理反应。通常情况下，机体自身的物质不能刺激机体产生免疫应答，与动物机体接触后，能刺激机体产生免疫应答的异体或异种物质被称为抗原。大部分的非己蛋白质都是良好的抗原，病毒、细菌以及细菌的各种特殊结构（荚膜、鞭毛、纤毛等）都是由多种性质不同的蛋白质构成的，因而都是良好的抗原，大部分的细菌毒素也是抗原。由于每种抗原的结构不同，因而每种抗原都有其特异性。针对每种抗原产生的抗体或致敏淋巴细胞也有很高的特异性，只能识别相应的抗原，并与之发生反应。例如，大肠杆菌黏附因子作用于动物肠道细胞后，刺激机体产生的抗体只能与大肠杆菌的黏附因子结合，阻碍大肠杆菌黏附至肠道上皮细胞表面，使大肠杆菌不能对动物致病。但这种抗体对其他细菌及同一细菌的其他部分均无作用，甚至对一种黏附因子产生的抗体对另一种黏附因子也无作用。

要想知道动物对某种抗原是否产生过特异性免疫应答，通常是检测其血清中或黏膜表面的分泌液中有无特异性抗体和血液中有无特异性致敏淋巴细胞。有特异性抗体和致敏淋巴细胞，则说明动物已对这种抗原产生过免疫应答，有时也可通过组织学的方法观察免疫器官的发育水平和淋巴细胞的数量，以判断动物的免疫状况。但用这种方法获得结果是非特异性的，除非有恰当的对照，否则不能说明动物对某一特定抗原的免疫应答水平。

（一）原籍菌群与宿主的免疫应答

目前人们研究发现，宿主的防御机能由三个基本单位组成。一是结构性防御单位，其中包括皮肤、黏膜、鼻毛、唾液、分泌物、胸腺、法氏囊、淋巴细胞、抗微生物血清、凝集素、补体等，还包括一系列的防御反应，比如渗出液、炎症、休克等。现已研究证实，这一防御单位的产生和存在与微生物无关，当有微生物存在时只是量上的变化。二是适应性防御单位，其中主要包括淋巴结的增大、淋巴组织倍增、肠壁增厚、淋巴细胞增殖等。这一单位的变化与微生物密切相关。三是存在于宿主各个生态空间的微生物。现已证实，这一单位的存在对于宿主的健康非常重要，但是如何发挥其保健作用的仍是一个需要深入研究的课题。有研究发现，当给无菌动物接种大肠杆菌后，其血清会对抑制沙门菌产生抑制作用，在此基础上如果再同时接种双歧杆菌，其血清对沙门菌的抑制作用会增强。通过对无菌动物、悉生动物和普通动物血清抑制沙门菌能力的比较发现，无菌动物最弱，普通动物最强，悉生动物居中。

原籍菌群与宿主细胞紧密接触，宿主对正常菌群产生免疫应答是很自然的。然而，令人惊奇的是，很少有证据表明宿主体内有针对原籍细菌的抗体，原籍菌群亦很少受到宿主免疫应答的影响。基于对类似现象的研究，20 世纪 60 年代杜鲍提出原籍菌群，特别是胃肠道中的原籍菌群不能引起宿主的免疫反应，这一看法已被原来的许多研究所证实。将原籍菌与无菌动物单项接触后，无论观察的时间多长，宿主均未产生针对这种细菌的抗体。双歧杆菌是动物和人类肠道中的原籍菌，终生存在于动物肠道中，但至今尚未检测出对这种细菌的特异性抗体，原籍菌不能使宿主产生免疫应答的看法已被大多数人所接受。

原籍菌为何不能刺激宿主产生免疫反应这一现象曾引起许多人的兴趣。原籍菌也并非完全失去了引起宿主免疫应答的能力。在生态失调的情况下，如果原籍菌离开了其通常栖居的肠黏膜部位，或进入组织中，它们便会刺激机体产生抗体。另外，将原籍菌非经口接种（离开了其正常的生态位），发现原籍菌可引起宿主的免疫应答。这些事实都说明，原籍菌之所以不引起宿主的免疫反应，并非由于两者之间的抗原性相同，而是原籍菌与其定居部位的宿主细胞建立了某种特殊的关系。

虽然宿主对原籍菌一般不产生免疫应答，但宿主血清或黏膜表面常存在着对某些原籍菌的低水平抗体，这些抗体被称为自然抗体或异嗜抗体。自然抗体产生的原因主要有两个方面：一是原籍菌转为外籍菌。肠道的原籍菌如果转移到呼吸道或其他生境，则变为外籍菌，可引起感染，从而引起宿主产生抗体。二是食物中的抗原刺激。刚出生的无菌小鼠血清球蛋白水平很低，但是，食入无菌食物后，其血清球蛋白的水平迅速增加，由此人们推测可能是食物中的抗原物质刺激产生了自然抗体。

宿主产生分泌型免疫球蛋白（IgA）能力与正常微生物菌群的存在与否密切相关，无菌动物的 IgA 水平很低。人们研究发现，IgA 对原籍菌群具有保护作用，对外籍菌群具有抑制作用。目前对产生这样作用的原因还不清楚。

（二）外籍菌群与宿主的免疫应答

外籍菌群的免疫反应是强烈的，当其进入到动物体内后很容易引起宿主产生抗体和致敏的免疫活性细胞。

二、常居菌群对动物肠道结构和功能的影响

肠道常居菌群是正常动物肠道中存在的各种细菌的总称。肠道常居菌群对肠道功能的影响早已是人们所熟知的事实。给动物口服抗生素后，肠道内的常居菌群受到破坏，肠道内细菌大为减少，动物便会发生便秘。如果肠道中某些耐药的潜在致病菌大量增殖，就会导致动物腹泻，甚至发生全身性感染而导致动物死亡。设法恢复肠道内的正常菌群，可使腹泻或便秘得以治愈或缓解。至于常居微生物群对动物肠道结构的影响，则是在无菌动物和悉生动物培育成功以后，通过比较普通动物与无菌动物、悉生动物肠道的发育结构才有了较多的认识。无菌动物和悉生动物培育的成功，大大促进了对正常菌群与宿主关系的研究，加深了常居菌群对动物肠道结构和功能影响的认识。

（一）常居菌群对肠道结构的影响

无菌动物培育的成功证明了细菌并不是动物生存所必需的。自然状态下，常居菌群与动物之间是互生关系。通过用无菌动物和普通动物进行对比研究，发现无菌动物、悉生动物与普通动物在许多方面都有着明显的差异，差异最明显的部位就是与微生物接触的部位，特别是胃肠道。这种对比研究主要是用啮齿类动物进行的，其次是猪、鸡等。尽管对不同动物研究所获得的结果有所差异，但总的来说是一致的。

1. 盲肠 许多无菌动物的盲肠较普通动物要大得多，啮齿类无菌动物的盲肠甚至可以增大 10 倍，占动物总体重的 30%。原因是啮齿类动物的肠道中有一种黏多糖胶状体，在普通动物的盲肠内，这种物质可被肠道内的微生物所降解。而在无菌动物中，这种黏多糖胶状体不能被分解而持续存在，它不仅可以将水吸入肠内，而且还吸收游离的阳离子，从而干扰水分的正常转运。若将普通动物的常见菌群，特别是梭菌或类杆菌转入无菌动物肠道，可观察到膨大的盲肠会迅速缩小，甚至恢复到普通动物盲肠的大小。

在无菌动物的盲肠内还发现了一些有生理活性的物质，如无菌大鼠和小鼠的盲肠内存在着一种激肽，这种激肽可降低盲肠肌的张力，从而使盲肠容量扩张。

无菌大鼠盲肠的结构与普通大鼠也有不同，盲肠总厚度变小，上皮细胞多呈柱状，细胞

核变大，微绒毛变长，基底膜仅含有少量的吞噬细胞，无浆细胞。由于盲肠扩张，肌层表面细胞增生，使许多肠腺变浅，呈漏斗状。

2. 小肠黏膜 无菌动物由于缺乏正常菌群，因而肠壁的结缔组织减少，使小肠壁变薄，网状内皮细胞的数量减少，肠管的重量减轻，小肠绒毛变短、变细、隐窝变浅。黏膜细胞多，由柱状变为杯状，大小和形态趋于一致。小肠的固有层只有少量淋巴细胞和巨噬细胞存在，浆细胞消失，派伊尔节变小，只有少量分布在淋巴结的生发中心。

如果无菌动物与肠道常居菌群联系后，其肠黏膜结构就可迅速恢复普通动物小肠黏膜的特征：肠绒毛变长，隐窝变深，肠壁增厚，固有层细胞增多，淋巴细胞、巨噬细胞等增加，出现浆细胞浸润，淋巴结的生发中心增大，淋巴细胞增多。

（二）常居菌群对肠道功能的影响

常居菌群引起了宿主肠道结构的改变，加之大量细菌及其产物的存在，必然会伴随肠道功能的改变。

肠道菌所产生的酶与宿主自身肠道的酶系共同参与了肠道内容物的消化和降解。肠道菌产生的酶主要有β-葡萄糖醛酶、β-葡萄糖苷酶、β-半乳糖酶、硝基还原酶、偶氮还原酶、胆固醇脱氢酶、蛋白酶及各种碳水化合物酶等。正是由于正常菌群及其酶的存在，普通肠道内容物的性质和状态与无菌动物有诸多不同。无菌动物肠道内容物偏碱性，氧化还原电位多偏阳性。无菌家兔和无菌豚鼠肠内的氧化铁含量较普通动物低得多，因而认为无菌动物不能像普通动物那样有效的利用食物中的铁，无菌大鼠的钙代谢也与普通动物不同，因为无菌动物可以从尿中排出钙，分析认为这与大鼠尿中低磷和高枸橼酸有关。

在普通动物肠道内存在一种艰难梭菌。这种细菌在代谢过程中可导致肠道内钠、氯和碳酸盐离子的增加。在无菌动物肠道内，这三种离子浓度较低，同时伴随着盲肠的增大。如果用阴离子交换树脂处理无菌动物，使氯离子浓度增加到适当的浓度，则可起到减少盲肠体积的作用。但无菌鸡肠内容物的氯离子浓度也较普通鸡低，但未出现盲肠增大的现象。因此，单纯的氯离子浓度降低并非无菌动物盲肠增大的原因。

食物在无菌啮齿动物肠道内通过较慢，可能是无菌动物肠内缺乏细菌及酶，使食物的消化变慢有关，也有人认为是盲肠吸收了大量能降低盲肠肌张力的激肽所致，使得肠蠕动减缓，食物通过肠道的速度减慢。但无菌动物并非都是如此，食物通过无菌鸡的时间与普通鸡没多大差异。

胃肠内的常居微生物直接参与肠道内的生理生化活动，帮助宿主降解食物，为宿主提供包括维生素、氨基酸、简单碳水化合物等多种营养物质。胃肠道内，特别是反刍动物瘤胃和单胃动物盲肠中，含有大量可以降解纤维素的细菌，通过降解纤维素，这些细菌在满足自身需要的同时，为宿主提供了大量可以利用的营养。也有人认为无菌盲肠增大与肠道中缺乏降解纤维素性食物的微生物有关，使得大量的纤维素不能被降解，而增加了盲肠中内容物的量。在研究肠道微生物对蛋白质利用的影响时发现，无菌鸡消化道后段的内容物中，蛋白质和氨基酸的含量较普通鸡高，可能是无菌鸡肠道内缺乏参与蛋白质降解的微生物所致，也可能与无菌鸡肠黏膜的吸收功能较低有关。普通动物还有一种回收利用肠道中尿素氮的能力。排泄至肠道后段，甚至泄殖腔中的尿素氮，可通过肠管的逆蠕动移至盲肠中，由盲肠中大量的尿素分解菌重新分解、利用这种尿素氮。

与普通鸡相比，无菌鸡对脂肪的消化率更高，在饲料中混有抗生素，降低肠道正常菌群的数量后，鸡对动物性脂肪酸的吸收率得以提高，而将无菌鸡与粪链球菌和魏氏梭菌联系后，可导致试验鸡对饱和脂肪酸的吸收不良。

肠道菌群对宿主的影响也存在有害的一面。革兰氏阴性杆菌的细胞壁脂多糖是一种内毒素，是肠道内毒素的重要来源。如果革兰氏阴性杆菌，特别是一些需氧和兼性厌氧革兰氏阴性菌过度繁殖，必然会导致肠道内内毒素含量的大量增加，引起内毒素血症，使用乳酮糖可促进厌氧双歧杆菌的增殖，抑制革兰氏阴性杆菌，阻断内毒素的来源，从而减轻内毒素血症。

肠道常居微生物群在动物大肠癌的发生上起一定的作用。将含有苏铁苷的蕨类果实饲喂普通大鼠和无菌大鼠，前者可诱发直肠癌，而后者未见异常。投药途径和动物年龄与苏铁苷能否致癌有密切关系。非经口给药和新生大鼠口服给药都不会诱发癌症。这些试验结果均表明苏铁苷的致癌作用与肠道菌群有关。其机理是细菌的β-葡萄糖苷酶将苏铁苷水解成具有诱变活性的甲基偶氮甲醇。

三、微生物对宿主的营养作用

通过无菌动物与悉生动物的模型进行的研究表明，微生物参与了宿主营养素的消化、合成与吸收。微生物群与肠黏膜上皮细胞密切接触，这已被超微结构图像所证实，这说明微生物与宿主细胞基本融为一体。微生物的菌毛、糖被可与肠上皮的微绒毛结合，参与营养物质的重要代谢过程。

（一）维生素

肠道微生物能合成维生素 K 及维生素 B 复合体已是肯定的事实。对无菌大鼠，如果提供无维生素 K 的饲料，很快发生典型的出血性综合征，而相应的普通大鼠不但凝血时间正常，而且一般状态良好。无菌动物转为普通动物或无菌动物饲料中加上维生素 K，出血症状立即消失。自然产生的维生素 K 比人工合成维生素 K 对其缺乏症的治疗更有效。

反刍动物、家兔、豚鼠的饲料中缺乏 B 族维生素时不会产生缺乏症，因其肠道菌群可以合成。在普通鸡的盲肠内有一些微生物能合成硫胺素、吡哆醇、核黄素、泛酸、生物素、叶酸及维生素 B_{12}。除叶酸外，鸡必须通过食入自己的粪便才能利用肠道微生物合成的这些维生素。因此，在笼养鸡的饲料中添加 B 族维生素是必需的。

（二）脂质与固醇类

通过无菌动物研究证明，微生物在肠道对脂质与固醇类的代谢起重要作用。无菌大鼠较普通大鼠能更好地吸收不饱和及饱和脂肪酸。这两种动物大便内的脂肪酸类型是不同的，无菌动物只含有正常组织内的脂肪酸，但普通动物比较复杂，包括细菌来源的侧链脂肪酸。一个明显的特点是，无菌动物亚油酸高、硬脂酸低，而普通动物则刚好相反。尽管尚未分离出能将亚油酸转化为硬脂酸的菌，但在试管内已证明有许多菌的混合物具有此种转化作用。已确定优杆菌有这种转化作用。已经证明粪链球菌与因饲喂高蔗糖饲料而发生的鸡脂质吸收不良综合征有关系。这种综合征在无菌鸡中可通过饲喂粪链球菌而再现。

对于鸡，在 3 周龄时，肠道固有微生物群能使植物源脂肪的表观消化率降低 2%，而对于动物脂肪则能降低 10%（Kussaibati 等，1982）。这很可能是由于微生物对胆汁酸盐的脱结合作用，当然也可能是由于内源排出的细胞脂质。结合型胆汁酸盐用于形成乳化微囊，其浓度降低会降低脂质的溶解性，从而减少吸收，特别是对于含有长链饱和脂肪酸的脂质。而对于不饱和脂肪酸如油酸和亚油酸，内源微生物的存在影响较小（Boyd 和 Edward，1967）。

Fredrik Bäckhed 等（2004）报道了肠道微生物对脂肪沉积作用的研究。给无菌（germ-free，GF）小鼠引入正常动物盲肠微生物，使无菌动物普通化（conventionalized，CONV-D）。正常饲养的普通动物（conventionally raised，CONV-R）比无菌动物摄入较少（图 2-14C）的标准饲料（57%碳水化合物，5%脂肪）时，能沉积更多的脂肪（图 2-14A、B）。

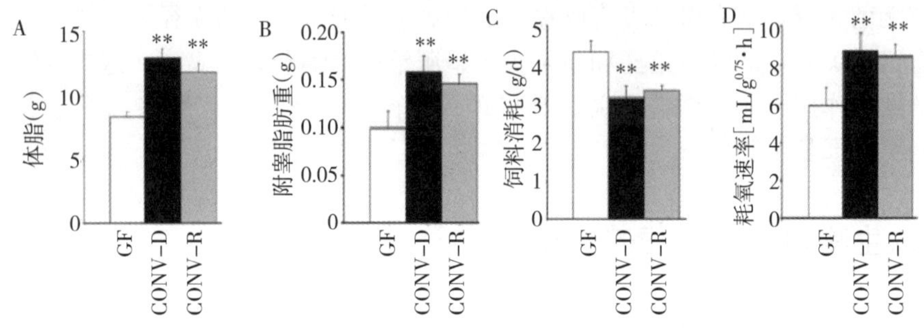

图 2-14　无菌小鼠和含菌小鼠的表型比较

A：(n=21～25)，双能量 X 射线扫描测定；B：(n=21～25)；C：(n=10)；D：(n=10)。图中所代表的值为平均值±SEM；＊＊，$p<0.01$

并非普通动物的代谢速率降低，消耗的能量减少，相反普通动物的代谢速率高于无菌动物（图 2-14D）。对定植有多形拟杆菌的 GF 小鼠的研究表明，其多糖处理能力与诱导宿主的单糖转运载体有关。Fredrik Bäckhed 等研究了仅定植多形拟杆菌对小鼠脂肪沉积的影响，结果表明能显著增加脂肪沉积，尽管脂肪沉积的增加不如定植完整的盲肠微生物（分别为 23%和 57%，$n=10$，$p<0.01$）。Leptin 是一种脂肪细胞分泌的激素，能减少采食量和增加能量消耗（Dentin 等，2004），其表达与脂肪细胞的脂质含量有关（Maffei 等，1995）。在该研究中正常化的小鼠血液中 Leptin 水平升高，而且与脂肪沉积的增加成正相关（$r^2=0.977$）。肝脏甘油三酯水平增加了 3 倍（图 2-15A、B）。乙酰辅酶 A 羧化酶（acetyl-CoA carboxylase，Accl）和脂肪酸合成酶（fatty acid synthase，Fas）是肝脏中两种脂肪合成的关键酶，qRT-PCR 检测结果证实编码这两种酶的 mRNA 量显著升高，同时升高的还有 ChREBP 和 SREBP-1 的 mRNA 量（图 2-15C）。固醇反应元件结合蛋白（sterol response element binding protein 1，SREBP-1）和糖类应答元件结合蛋白（carbohydrate response element binding protein，ChREBP）是两种基本的螺旋-环-螺旋/亮氨酸拉链式和转录因子，介导肝脏对胰岛素和葡萄糖的应答及脂肪合成，并表现出协同效应（Dentin 等，2004）。Accl 和 Fas 都是 ChREBP 和 SREBP-1 的靶标（Towle 和 H C，2001）。ChREBP 被丝氨酸/苏氨酸磷酸化酶 PP2A 脱磷酸化后由胞浆转移到细胞核中，而 PP2A 能被 5-磷酸木酮糖（Xu5P）激活。定植有微生物的小鼠肝脏 Xu5P 水平高于无菌小鼠，而且有更多定植于核中的 ChREBP。

微生物糖基水解酶能增加处理日粮多糖的能力，增加单糖向肝脏的转运，ChREBP 能增加脂肪合成酶的激活，SREBP-1 也有这种可能。GF 小鼠和 CONV-D 小鼠附睾脂肪垫（epididymal fat pads）DNA 分析显示并无显著差异，试验结果表明，无显著差异的原因可

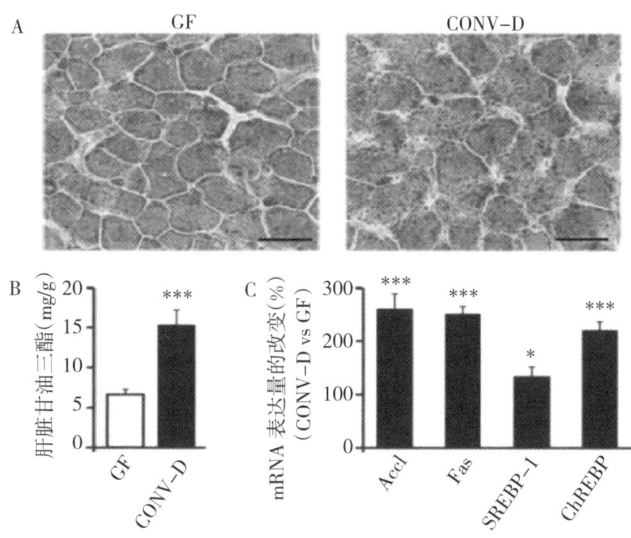

图 2-15 微生物定植诱导肝脏脂肪合成及相关酶的表达

A：多聚甲醛固定的肝脏切片的油红（oil red O）染色，短线长＝25μm；B：肝脏甘油三酯（TG），$n=5$，图中所代表的值为平均值±SEM；***，$p<0.001$；C：qRT-PCR 分析肝脏脂肪合成相关酶 mRNA 的表达量，$n=15$，*，$p<0.05$；***，$p<0.001$

能是脂肪细胞的增大（图 2-16）。脂蛋白脂酶（LPL）是促进脂肪酸从肌肉、心脏和肝脏富含甘油三酯的脂蛋白中释放的关键酶。脂肪细胞的 LPL 增加，能增加脂肪细胞对脂肪酸的摄入和脂肪甘油三酯的积累。无菌小鼠定植盲肠微生物能使附睾脂肪垫中的 LPL 活性增加。因此，微生物对脂肪沉积的影响机制如图 2-17 所示。

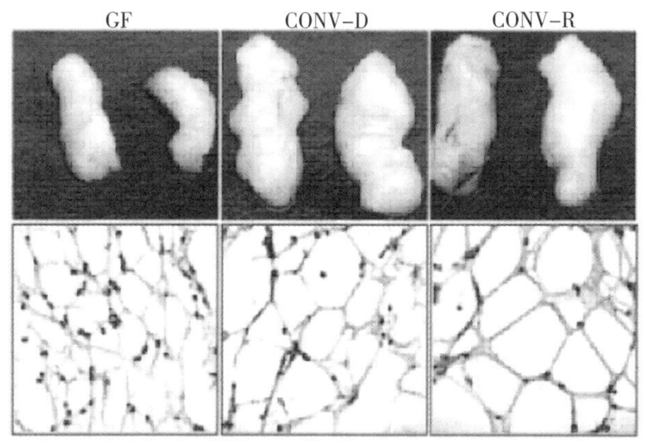

图 2-16 微生物定植促进脂肪细胞过度增大

附睾脂肪垫（上）和脂肪细胞的苏木精-曙红染色（下）

无菌动物大便内的固醇种类与普通动物的也不同。无菌大鼠的大便含胆固醇和未变化的食饵性固醇，而普通大鼠大便中则含有类固醇的氢化衍生物。能够把胆固醇转化为类固醇的细菌可以从大鼠盲肠内分离出来，如优杆菌的生长就绝对需要胆固醇及其有关化合物。对胆固醇的需要，是细菌可将其作为氢的受体而起作用，而不是作为生长因子。

分泌到肠道内的胆汁酸是结合型的，在无菌动物肠道内这种胆汁酸无变化的混入大便

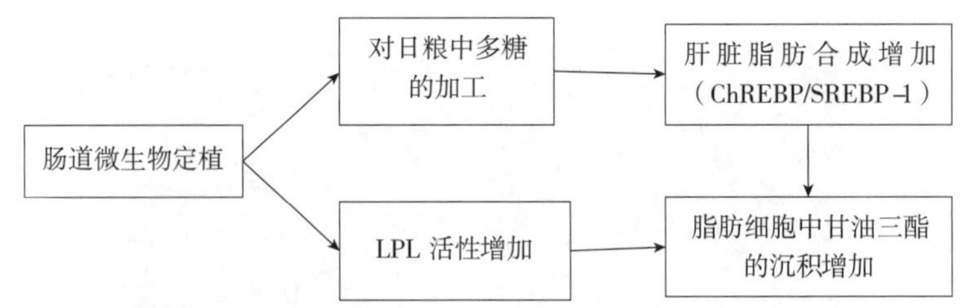

图 2-17　肠道微生物定植影响宿主脂肪沉积的机制示意

内，而在普通动物肠道则被脱结合、脱羟基或发生其他变化。有的细菌在试管内具有使胆汁酸脱结合的能力。细菌对牛磺胆酸或甘氨酸的脱结合作用的特异性是不同的，有的对两者都有作用，有的只对其中一个具有脱结合作用。这些菌属包括梭菌、链球菌、类杆菌、双歧杆菌、韦荣氏球菌、乳杆菌、优杆菌、链条杆菌、枝杆菌、丁酸杆菌、产碱杆菌与变形杆菌等。穿透梭菌已被证明在悉生动物体内有胆汁脱结合作用。

胆固醇和胆汁酸进行着肝肠循环，它们由胆管分泌到肠道，并沿着肠道再被重吸收。在无菌动物，这些化合物不被细菌改变，因而比较易吸收，体内总胆固醇易增高。一方面因为未改变的胆固醇量较大，另一方面随着胆汁酸的增加，可抑制组织内胆固醇分解代谢。因此，不论是肝脏还是血清内的胆固醇水平，无菌大鼠均较普通大鼠要高。这是因为细菌的降解减少，胆固醇及胆汁酸的增加所致。如果把优杆菌与无菌大鼠联系，就可出现胆固醇向类固醇的转变，但对血清与肝的胆固醇水平并无影响，而将梭菌与无菌大鼠联系时，就增加了胆固醇向普通水平的转变，尽管无类固醇及其衍生物的排出。普通鸡的胆固醇代谢没有大鼠复杂，可能因为鸡的肠道短，微生物活动性低的关系。无菌鸡的胆固醇只比普通鸡稍高一些，有人认为这是因为普通鸡胆道微生物的负反馈作用所致，最终抑制了胆固醇的合成。

（三）氮代谢

牛的瘤胃内有大量现成的氨基酸被分解成氨，而氨又被作为细胞含氮化合物的重要原料。牛链球菌与氨的结合是通过磷酸烟酰胺腺嘌呤二核苷酸联结的谷氨酸脱氢酶的作用。该菌也含有天门冬酰胺合成酶，它的催化作用是由氨、天门冬氨酸和 ATP 产生天门冬酰胺。因此，微生物对氮的代谢也有重要影响。

肠道微生物具有使蛋白质降解的分解代谢过程，而且能够利用氨合成蛋白质（图 2-18）。这种代谢过程，对反刍动物的氮营养是非常重要的。

无菌鸡较普通鸡排出更多的内源性氮。由两种鸡排泄氨基酸的比较可看出，微生物能降解氨基酸形成氨。这种氨可进入再循环并为宿主利用再合成氨基酸。用只含必需氨基酸的饲料研究证明，普通鸡能利用食饵性尿素，而无菌鸡则不能。这说明细菌尿素酶分解尿素产生的氨可以被吸收，并用于氨基酸的合成。在蛋白质不足的情况下，肠道菌的活动，在氮转化上，对宿主更为有益。普通大鼠较无菌大鼠能忍受饥饿就是一个有力证据。

肠道微生物的固氮能力得到广泛的重视。经研究证明，在猪、豚鼠肠道内含有克氏菌种，其培养物有固定空气氮的作用。一般认为肠道菌固氮主要发生在宿主蛋白质饥饿状态。

从小肠和上、下结肠的内容物取样分析结果表明，随着内容物经过肠道，蛋白酶的活性逐渐降低。这可能是因为胰蛋白酶在大肠中被细菌降解，或者宿主产生的抗蛋白酶影响了消

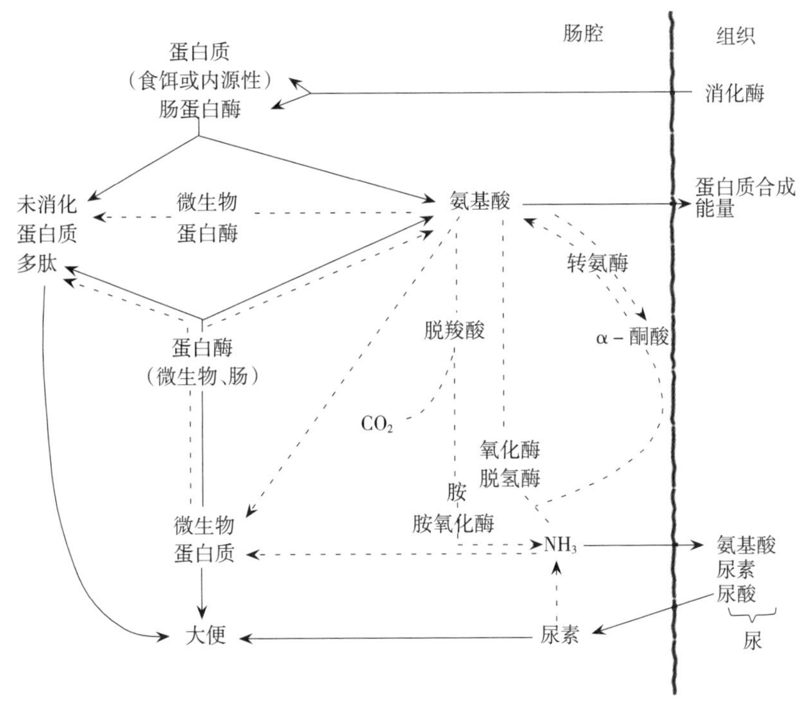

图 2-18 肠内菌对蛋白质的消化与利用的可能途径（虚线代表细菌的作用）（Atlas 和 Bartha，1981）

化道中内源胰蛋白酶的活性。动物实验证明细菌可以降解胰蛋白酶，和常规动物相比，无菌动物粪便中胰蛋白酶的活性要高得多。有人报道，在用抗生素处理的粪样中，胰蛋白酶的活性提高了 100 倍。但也不排除胰蛋白酶在结肠中的自行消化，或是胰酶和细菌蛋白酶在蛋白分解中的协同作用。

但需要指出的是，在肠道中，微生物也能同宿主竞争营养物质如碳水化合物等。而且微生物代谢蛋白质能产生氨、酚、硫化氢、胺、硫醇、吲哚等有毒物质。如腹泻猪肠道菌的产氨增加，尤其是尸胺和腐胺的水平特别高。当采用高蛋白日粮时，这些有害物质的产量会更大，这是我们需要考虑的问题。

（四）矿质元素

Smith 和 Soares（1984）报道了肠道微生物对于肠道中钙的转运和吸收有负面影响，增加了宿主对锰和磷的需要量。微生物可以减少锰的吸收，但对铜、锌和铁的吸收没有影响（Henry 等，1987）。另外，微生物由于能产生挥发性脂肪酸，能促进盲肠和结肠中矿质元素如钾的吸收（Braun，2003）。

许多动物，如啮齿类动物、鸡、犬等都有食粪习惯。食粪有自食和他食。单胃动物在盲肠内微生物合成许多维生素和其他营养素，但在结肠不能吸收，就排出体外，因此，食粪是一种营养补充。许多动物如啮齿类和兔，如果阻止其食粪，其生长发育将受到很大影响，甚至死亡。家兔有两种大便，一种是球形，一种是稀便，不食前者，而食后者。后者多在夜间排出，随即吃掉。如果将家兔饲养在无垫草的铁丝笼内，食粪被阻止，动物生长就很快受到不良影响。

食粪是在长期进化过程中形成的一种靠自身或其他动物大便补充由微生物合成营养的一种方式。这种现象表明，正常微生物群对其宿主的营养作用是非常重要的。

四、常居菌群对宿主免疫功能的调节

肠道微生物参与肠道免疫系统的发育和维持（Salminen 等，1998），通过改变肠道免疫系统中淋巴细胞的数量、分布和激活程度来调节免疫反应。无菌动物与正常动物相比，小肠长度短、重量轻并且肠壁薄，尤其是固有层。无菌动物由于缺少微生物的刺激，其淋巴结和脾脏发育都不如普通动物完全，因此各种免疫反应也不相同。无菌动物肠道组织中的淋巴发生中心和浆细胞减少，无菌小鼠肠内产生 IgA 的浆细胞只有普通动物的 1/10。

细菌能通过激活巨噬细胞的吞噬能力和细胞因子的合成来激活先天免疫，调节炎症反应，但这种功能性作用不能过度，微生物对免疫系统的持续激活会导致生产性能的降低。然而，细菌也能减弱炎症反应（Neish 等，2000）。

消化道微生物还能特异性的调节局部和系统免疫，共生微生物能调节日粮和微生物抗原所导致的口服耐受。消化道微生物还与免疫系统对病原的反应有关。不同的消化道微生物具有不同的免疫调节功能（Maassen 等，1998），这可能与细胞壁的组成有关（Herich 和 Levkut，2002），因此，动物的免疫反应的结果与微生物区系的组成有关。

五、原籍菌群的抗感染作用

动物胃肠道中常居微生物的种类很多，根据这些细菌自身的特点及其与宿主的关系，可分为原籍菌群和外籍菌群，原籍菌群是紧贴于肠道黏膜细胞表面的专性厌氧菌，在生态平衡时不但不对宿主致病，而且能为宿主提供维生素等营养物质，帮助宿主消化等重要功能。原籍菌群的另一个重要作用就是对肠道外籍菌群中的致病菌、条件致病菌有生物颉颃作用。一旦原籍菌群因某种因素被抑制，微生态平衡被破坏，其生物颉颃作用就会被削弱，甚至丧失，使得致病菌和条件致病菌能大量繁殖，致使动物发病。

（一）定植抗力

20 世纪 60 年代荷兰学者发现，口服肠道不吸收的广谱抗生素能有效地抑制消化道细菌的生长，这类抗生素可将肠道内的细菌全部杀灭，使肠道内处于无菌状态。这种抗生素完全消除肠道内细菌的过程称为脱污染，自发现抗生素的脱污染作用后，抗生素便在辐射试验中被广泛应用，原因是辐射处理会破坏动物得免疫机能，使用抗生素可以避免辐射后的动物死亡。在应用的最初几个月发现，如果脱污染后的动物偶然接触到对抗生素有耐药性的革兰氏阳性杆菌或酵母，这些耐药性菌株就会在脱污染动物中迅速传播，使这些动物被耐药菌污染。如果污染的是条件致病菌，在辐射后的 2 周内所有小鼠均最终死亡。随后有人将试验小鼠分为三组：第一组小鼠带有正常菌群；第二组小鼠也带有正常菌群，但用非致死剂量的放射线辐射；第三组小鼠用链霉素和杆菌肽脱污染。三组动物均口服相同剂量的抗链霉素的革兰氏阴性杆菌后，三组动物肠道中含有此菌的数量很不一样。第一组小鼠的含菌量最少，要使这株细菌在带有肠道正常菌群的鼠中定植，并使每克粪便中的含菌量大于 10^3 个，口服此菌的剂量必须高达每克 10^9 个细菌。即使给每只小鼠口服剂量达每克 10^{11} 个细菌，每克粪便中含有 10^5 个以上细菌的峰顶浓度也仅能维持 2d 左右。对于用非致死剂量照射后的小鼠，粪便中含有的人工感染菌的浓度开始较高，但 2 周后逐渐下降。在脱污染小鼠，其试验结果与上述两组完全不同。在口服菌数达每克 10^3 个或 10^{11} 个时，肠道内均有大量的耐药菌株存在，甚至口服剂量仅为每克 10^2 个细菌时，该菌就能在肠道中定植。Bohnhoff 等也发现，口服链霉素对伤寒沙门菌等致病菌在肠道的定植十分有利。许多试验证明，动物肠道中的正常菌群对外来细菌的大量增殖有着很强的限制作用，即使在免疫系统受到损害（如辐射）后仍然如此。动物失去肠道菌群后，其他细菌（包括致病菌和条件致病菌）在肠道中定植并大量繁殖就要容易得多。这种由肠道正常菌提供的对致病菌和潜在致病菌在肠道中定植和增殖的抵抗性被称为定植抗力。对因辐射等原因导致免疫系统受到损害，抵抗力下降的动物而言，定植抗力显得尤为重要。缺乏定植抗力，动物肠道中的致病菌和潜在致病菌极易大量增殖，并突破肠黏膜进入组织中，最终导致全身感染，甚至因此而死亡。定植抗力并不仅存在于胃肠道，凡是有正常微生物群存在的部位（包括皮肤表面、口腔、呼吸道黏膜等），都有正常菌群形成的定植抗力存在。

无菌动物没有定植抗力，但只要将从常规健康大鼠分离出的厌氧菌群与无菌大鼠联系两周后，带有肠道厌氧菌群的大鼠便具有了定植抗力。通过使用抗菌谱不同的抗生素进行试验，已经知道革兰氏阳性厌氧菌在定植抗力中发挥的作用大于革兰氏阴性厌氧菌。因此，可以肯定正常动物中的厌氧菌群（原籍菌群）在定植抗力中起主要作用。

（二）原籍菌群的抗感染作用

通常把细菌是否穿过宿主肠黏膜细胞，进入结缔组织和局部淋巴组织中作为是否已对宿主致病的一项重要指标。有人研究革兰氏阴性的肠杆菌和肠球菌，对普通小鼠和抗生素处理过的小鼠及辐射后小鼠的致病情况。对普通小鼠而言，感染剂量必须在每克 10^9 个细菌以上。才能在肠道淋巴结和脾脏分离出细菌。小鼠是否被感染，与细菌在消化道中的最高浓度（峰顶浓度）及维持时间有关，在普通小鼠，人工感染的峰顶浓度仅保持 1～2d，并在 2～3 周内降为 0。在用抗生素脱污染的小鼠，人工感染的细菌在肠道内保持很高的峰顶浓度，并使小鼠感染。在用抗生素非经口处理的同时，肠道内耐药的条件致病菌也进入肠系膜淋巴结和腹股沟淋巴结。对于辐射后的小鼠，其肠道潜在致病菌的浓度在辐射后第二周增加，细菌进入局部淋巴结，甚至血液中，小鼠因败血症死亡。经辐射后又用抗生素处理的小鼠死亡更快。

肠道中的原籍菌群对防御病源菌和潜在致病菌对宿主的感染起重要作用。用抗生素破坏肠道中的原籍菌群后，对其他细菌的定植抗力明显降低，这些细菌便容易大量定植和增殖，在肠道中形成和保持很高的峰顶浓度，并感染宿主。如果经抗生素处理的动物又经致死剂量的射线辐射，使免疫功能被完全破坏，动物同时失去了定植抗力和免疫力的保护，最终因细菌的急性感染而死亡。

由艰难梭菌引起的结肠炎已成为人和动物较常见的一种疾病。尽管艰难梭菌经常存在于动物和人的肠道内，但很少导致淋巴疾病。通常是由于使用抗生素使肠道正常菌群受到破坏，而耐药的艰难梭菌大量增殖后才发生这种肠炎的。很多试验证明，肠道正常菌群对防治这一疾病的发生有重要作用。在仓鼠结肠正常菌群未被破坏的情况下艰难梭菌不能在结肠定植，但仓鼠经抗生素处理后，口服同一细菌后，能在短时间内大量增殖。对于抗生素处理的仓鼠，如果在接种艰难梭菌前口服正常仓鼠的粪便，肠道中艰难梭菌的数量只是未口服正常仓鼠粪便组的1%以下，而且可以避免发生大肠炎。

原籍菌群是动物宿主抵抗外籍菌侵袭的一道屏障。初生动物容易发生各种腹泻，其原因是初生动物肠道内的固有菌群尚未建立或尚未完善。动物出生后数小时便可在动物肠道中检出定植的细菌。初生动物的肠道并不呈厌氧状态，因而最初定植的是革兰氏阴性的需氧菌和兼性厌氧菌，随着肠道中的氧气逐渐被消耗，厌氧菌开始定植，并逐步形成肠道内的优势菌，与宿主肠黏膜保持密切的关系，成为固有菌群。宿主肠道内的固有菌群的建立和完善依赖厌氧菌进入和定植的迟早及宿主肠道生理机能的完善。

动物从初生至肠道菌群的逐步建立，肠道内的定植抗力逐步增大，但其间经历了两次重大的变化。一次是在初生数天内，另一次是在断奶前后。在初生数天内，肠道黏膜的功能尚不完善，又从无菌状态迅速转变为有大量的细菌定植；在断奶后期，肠道正常菌群尚未完全建立，又因从奶向饲料的转变，肠道菌群经历着一次大的波动，尚无对致病菌和潜在致病菌的定植抗力（初生），或断奶前后这种定植抗力显著降低，在临床上表现为动物较易患消化道疾病。

动物肠道的正常菌群来源于母体动物及周围环境，在第1周内肠道中的细菌尚少，正常菌群正处在开始形成之初，此时进入肠道的细菌容易黏附到宿主肠黏膜的上皮细胞上，如果是致病菌或潜在致病菌，则容易引起宿主腹泻或全身感染，但母乳尤其是初乳中的母源抗体对这些细菌黏附到肠黏膜有很强的抑制作用。在第1周内进入动物胃肠道的厌氧菌则成为肠道固有菌群的组成部分。动物出生早期，口服需氧和兼性厌氧的非致病性细菌，这些细菌在肠道内增殖后使肠道变为无氧状态，有助于厌氧菌的定植，尽早形成固有菌群，提高定植抗力。这些非致病菌在增值过程中产生的代谢产物对随后进入的致病菌增殖有抑制作用。在生态失调（如腹泻）的情况下，饲喂非致病性的需氧菌或厌氧菌，有助于恢复肠道内的生态平衡，促进患病动物的康复。

六、常居菌群的药理作用

动物体内寄居的正常菌群对药物具有代谢能力，特别是肠道菌群，这种代谢能力十分强大。早先这方面的研究曾被忽视，但随着药物肝外代谢研究的广泛深入，以及无菌动物和细菌学技术的迅速发展，正常菌群对药物的代谢作用已逐渐为人们所认识并日益受到重视。

与体内最重要的代谢器官肝脏相比，肠道菌群在药物代谢类型及功能等方面均有其独特之处，肝脏对药物兼有分解和合成反应两个方面的功能，多数药物经肝脏代谢后分子量增大，极性增强而易于从体内排除，从而主要表现为解毒作用。肠道菌群则几乎全为分解反应，致使药物分子量减小，极性减弱，脂溶性增强，往往伴有药效及毒性作用的增强，肠道微生物的这种作用具有重要的药理学和毒理学意义。事实上，肠道菌群对药物的代谢能力在许多方面已经超过肝脏。这种非组织性代谢途径的药理学和毒理学意义不可低估。另外，肠道菌群所进行的药物代谢反应也是造成口服给药和胃肠外给药时药物代谢命运不同的主要因素之一。临床所用的某些药物，只有经过肠道菌群的代谢活化才具有药理活性和治疗价值。如磺胺类药物，肠道菌群的代谢作用可使某些磺胺类抗菌药从其无活性的前体物中释放出来，从而产生抗菌效果。

肠道菌群虽能产生多种不同类型的代谢反应，但绝大部分属非合成反应，如水解、还原、芳香化、杂环裂解、脱羧、脱氨、脱卤素、脱烷基等反应，其中水解和还原反应最为多见。如氯霉素的葡萄糖醛酸结合物（Ⅰ）在肠腔内受葡萄糖醛酸苷酶水解生成原来的氯霉素（Ⅱ）和葡萄糖醛酸（Ⅲ）（图 2-19）。

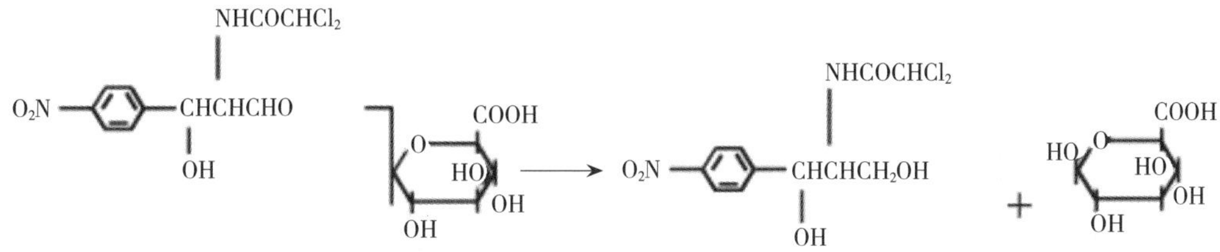

图 2-19 氯霉素葡萄糖醛酸结合物的水解

在某种意义上说，肠道菌群对药物的代谢反应可视为肝脏对药物代谢的补充或对抗。肝微粒体细胞色素 P_{450} 依赖性反应需要分子氧，而肠道菌群 99%为厌氧菌，肠内保持很高的厌氧度，氧的存在反而可抑制肠道菌群的药物代谢反应，与通常在有氧条件下进行的微生物反应多有明显的不同，肝脏往往使药物还原或使结合物水解。

第五节 动物机体微生态平衡

微生态平衡是动物微生态学的核心，只有对微生态平衡有全面的认识，才能正确了解微生态失调，以及采取有力措施防止或纠正微生态失调，同时也是研究影响微生态平衡各要素的基础。

当前，宏观生态学已引起了人们的高度重视，环境问题受到广泛关注。人类不单是生态圈的操纵者，也是栖居者，因此，“征服”自然与保持生态平衡，保持人们赖以生存的环境是至关重要的，否则人类将面临自己否定自己的悲惨结局。微生态平衡是微观层次的生态平衡。动物微生态平衡，直接关系到动物的健康、养殖业的发展及人类健康。但是现代医药、药物添加剂，尤其是抗生素的广泛应用所带来的副作用，给微生态平衡提出了一系列的新课题。

一、微生态平衡的概念

人们开始是从微生物本身来认识微生态平衡的，后来发展到从微生物与宿主的相互关系中认识微生态平衡。1962 年，Haenel 提出了一个微生物群落的生态平衡定义：“一个健康器官的、平衡的、可以再度组成的、能够自然发生的微生物群落的状态，叫做微生态平衡。”这个定义着眼于微生物自身，强调微生物群落的状态，指的是微生物群落的生态平衡。从宿主与微生物之间的关系出发，我们不难看出这个定义对宿主的作用与反作用，以及微生物与宿主统一体的意义还缺乏足够的认识。

19 世纪 50 年代，人们主要重视需氧菌，如大肠杆菌和肠球菌在微生态平衡中的作用。

在德国，以 A Nissele 为首的大肠杆菌派，倡导大肠杆菌是微生态平衡的核心。19 世纪 60 年代以来，随着微生态学研究成果的不断问世，证明了大肠杆菌、肠球菌、双歧杆菌、乳酸杆菌、绿脓杆菌、葡萄球菌及白色念珠菌等需氧菌和兼性厌氧菌仅占肠道菌群的很少一部分，绝大部分都是厌氧菌，特别是无芽孢厌氧菌。

大量正常菌群，特别是厌氧菌的发现，无菌动物及悉生动物模型的建立，电镜技术、分子生物学技术的发展与应用，以及通过各种微生态制剂治疗疾病实践的佐证，逐渐形成了微生态平衡的新概念。

现代微生态平衡的含义是指从微生物与宿主统一体的生态平衡出发，考察与研究微生物与微生物、微生物与宿主、微生物与宿主和外界环境的生态平衡问题。其概念为："微生态平衡是长期历史进化过程中形成的正常微生物群与其宿主在不同发育阶段的动态的生理性组合。这个组合是指在共同的宏观条件影响下，正常微生物各级生态组织结构与其宿主体内、体表相应的生态空间结构正常的相互作用的生理统一体。这个统一体的内部结构和存在状态就是微生态平衡。"

微生态平衡不是抽象的，而是具体的。不同种属、不同年龄、不同发育阶段、不同生态空间所对应的正常微生物群的组成、功能和演替都各不相同。微生物之间、微生物与宿主间的关系各异，因而构成了特定的生态平衡。生态平衡是生物的正常生理性过程，是以宏观环境和微观生境为条件，宿主与微生物，微生物与微生物间相互联系、相互依存的完整机能统一。生态组织应与生态空间相联系，例如，肠道微生态系与肠道各生态区，盲肠生态系与盲肠生境等，都有各自相应独特的生态平衡状态。

任何微生态平衡都不是孤立的，都与总生态系、大生态系有相应的联系。局部生态平衡受总体生态平衡影响，当然局部生态平衡也必将影响整体生态平衡。

二、微生态平衡的相对性

微生态平衡在不同动物，不同发育阶段，不同解剖部位或生境，差异很大，各有其平衡的指标。微生态平衡是动态的生理平衡状态，在各级生态组织和相应的生态空间内各成员间存在着相互制约，相互依存，因此，判定这个机能上相对稳定的生态平衡系统的指标应该是动态的。

判定微生态平衡既要考虑微生物群自身，也要重视与之相关联的宿主。因为构成动物体的各生态系统既包括菌群，也包括宿主，还包括非生物环境，并且每一部分都影响另一部分的特征。因此，在评价、考察任何一个微生态平衡时，应全面和相互联系的考虑。

（一）宿主方面

在动物微生态系统中，宿主是主要成员，其自身状况本来就应当作为微生态平衡的重要指标，而且对正常微生物群的组成、结构、功能等也有明显影响。

1. 动物种类与品种　马属动物、反刍动物、猪、禽、水生动物、经济动物、实验动物及其众多品种，生理解剖、生理特点及饲料组成等各异，微生态平衡各具特征。例如，反刍动物瘤胃内主要有细菌、真菌和纤毛虫等微生物，瘤胃微生物在反刍动物的消化、能量供给中起着极其重要的作用。而马属动物胃内微生物则很少，主要是抗酸性细菌和芽孢杆菌。可见不同动物的相同器官，微生物菌群差异很大。同种动物不同品种间，同样也存在一定差异。

2. 系统与器官 动物体是由多种功能不同的系统与器官组成的不可分割的统一体。由于各器官解剖与生理上的差异，以及各系统生境的不同，构成各自微生态的特征。如肠道菌群，以专性厌氧菌为主，好氧菌和兼性厌氧菌较少，而在肺脏，虽然有多种细菌、支原体、病毒、真菌及原虫，但专性厌氧菌很少。同种动物的小肠和结肠菌群的分布和数量差异也很大。可见不同的系统和器官，直至不同的生态区，在微生物种属和数量上都有很大差异。

3. 生理功能 动物处在发情、妊娠、哺乳、分娩、断奶及饲养管理更换等条件下，其代谢水平、生理功能及相关微生态系统的生境，均随之出现一定的变化，同时也伴随着正常微生物种群和数量的变化。

4. 发育阶段 在动物的一生中，随着年龄的增长，生理机能在不断变化，各生态区的生态平衡也在有规律的调整。例如：仔畜（幼雏）、育成畜禽、成年及老龄动物，在免疫机能、生理状态、环境适应性以及微生物的定植与演替等各自存在着有规律的动态变化。

（二）微生物方面

正常微生物群是微生态系统中的主要成员之一。它的性质、数量及定位情况，直接影响宿主的生理功能，直至病理状态的发生。微生物群落的组成包括其含有的微生物的种类和数量。当前，对微生物群落的定性和定量仍然是分析、评定微生态平衡的重要手段。

1. 定性 定性是指对微生物群落中各个种群的分离和鉴定，或利用其他手段，确定菌群的种类。定性检查应包括对微生物种群中的所有成员，如细菌、真菌、原虫、支原体、立克次氏体、螺旋体及病毒等的检测。定性分析很重要，因为有了定性，才能分出科、属、种，及其致病性和非致病性，才能进行定量和定位，最终全面判定微生态平衡情况。

2. 定量 定量是对生境中微生物总菌数和各种群活菌数的测定。在动物体内不同的生态区，同样可以检测出多种微生物。如果仅有定性的概念，在许多情况下，很难确定其意义大小。然而有了定量概念，情况则不同。例如，在呼吸道检查出有大肠杆菌，如果是少量则不足为奇；但若是成为优势菌群，则可视为宿主发病的因素。

在数种、数十种甚至百余种微生物共生的同一生态系统中，只有经过定量分析，获得各种群菌数的数值，以及种群间菌数的比例关系，同其正常值进行比较，才能获得全面判断微生物群生态平衡的信息。

3. 定位 定位是指生态空间，即微生物种群在宿主中存在的位置。如同一种群，在原位是原籍菌群，但离开原位后转移至其他位置，该菌群对移位器官而言则为外籍菌群。原籍菌群和外籍菌群在生物学上是相同的，但在生态学中是不同的。例如：唾液链球菌在口腔中属原籍菌群，而大肠杆菌在口腔中则属外籍菌群，反之亦然。原籍菌对宿主是有益的，但如果脱离了原籍，转移到异地，变成了外籍菌，对宿主可能就是有害的。

大肠杆菌是动物肠道的常住菌，如果在肝、脾、淋巴等组织中分离出大肠杆菌，易位的大肠杆菌则可被认为是引起疾病的致病菌。因此，定位分析在判定微生态平衡中具有重要价值。

微生物的定性、定量与定位分析是判定微生态平衡的三个方面。这三个方面不是孤立的，而是相互联系的整体。

三、对微生态平衡的评价

微生态平衡是一个多因素的动态平衡系统，因此，只凭获得的某些信息来评价微生态平衡难免有其片面性，应当全面地收集信息，具体而又综合的进行分析、判断。

（一）宿主

动物种类繁多，发育阶段不同，生理状态不一，病理情况十分复杂。因此，在评价微生态系统是否平衡时，首先应考虑这些与微生态平衡相联系的特征。

在实际情况下，常常遇到看来完全健康的个体却有一个微生态失调的检查结果，而相反，看来完全是一个患病个体，其菌群检查却是正常的。对待这样的情况，应用发展的观点来看待，有可能健康的动物即将发病，也可能发病的动物即将康复。菌群结果与宿主反应有时不一致，或许还有其他尚待发掘的问题。

（二）微生物

菌群定性、定量和定位检查与分析，是评价微生态平衡的主要客观指标。

1. 正常值 对于正常值有很多限制条件，不同动物、不同发育阶段、不同饲养条件及不同器官部位，正常值的差异往往很大。

2. 测量方法 微生物菌群的检查，特别是定量分析，由于各种因素的影响及方法自身精确度的限制，常常会出现测量结果与正常值的不一致，因此，有人建议对正常个体和异常个体进行同步检测，在有对照的条件下，增加测量结果的可信度。

3. 易位与易主 对于检查的结果，我们应细心分析，确定哪些是生理波动，那些是病理波动。特别是当生理波动和病理波动交叉存在时，应从宿主、外环境及微生物的相互关系中仔细分析。

四、影响微生态平衡的因素

微生态平衡是动态的，也是有限度的，超过一定的限度，平衡将受到破坏，宿主将出现病理性改变，直至死亡。影响微生态平衡的主要因素可归纳为环境、宿主和微生物三个方面。这三个因素是综合的，相互联系的（图 2-20）。

（一）外环境

任何机体及其微生态系统，只凭其自身而没有一个适宜的环境是不能稳定存在的。

1. 环境对宿主的影响 环境中的诸多因素均能影响宿主的生理机能，控制宿主的生命活动。影响宿主的外界环境因素主要有：空气、水土、气温、辐射、化学物质、饲料、外籍菌、药物等。如若空气中氧含量过低，氨含量过高或病原微生物含量增多，以及气温、突变等环境因素，会使宿主生理机能失调，导致疾病的发生和流行。有毒化学物质和辐射可以直接导致宿主生理机能的破坏或免疫系统的受损。

2. 环境对微生物群的影响 外界不利环境对微生物的影响以间接影响为主，主要是通

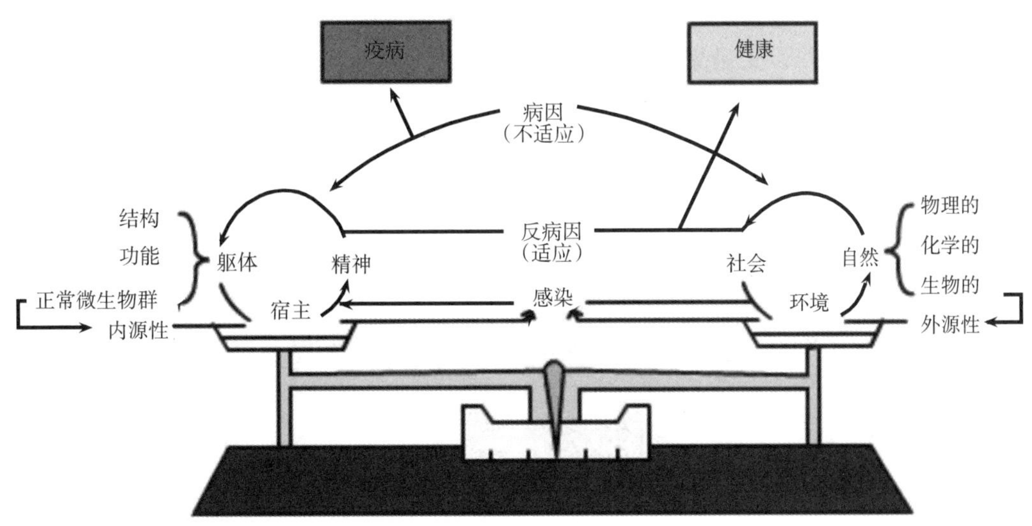

图 2-20 影响微生态平衡的因素

过宿主生理机能的改变，影响微生物菌群平衡，导致菌群失调和定植异常，以及微生物性能的改变。例如，宿主受到辐射后，葡萄球菌的毒性增强，耐药性提高。

（二）宿主

宿主是微生态系统的主要成员，因此任何影响宿主生理功能的因素及其自身的免疫机能和遗传性状，均可直接或间接影响微生态系统的平衡。

1. 遗传 正常微生物群的组成和数量，不同种属明显不同，不同个体也有差异，这种差异并非偶然的，而是以各自不同的遗传背景为基础的必然结果。不同的遗传背景决定了不同的生理特点和生态空间的各种不同特征。

2. 免疫 宿主的免疫机能是抵御外籍菌侵袭和增强宿主防卫能力的重要因素，也是清除正常微生物代谢产物—内毒素的重要机制。当免疫反应减弱或被抑制时即可引起宿主发生不良反应，导致微生态失调。

如免疫缺陷、同位素照射、营养失调、免疫抑制性病毒的感染等可能引起免疫抑制的因素，容易造成微生态失调。

3. 生理功能 宿主的生理功能不仅与正常微生物菌群的定植和数量有关，与宿主病理状态的发生也密切相关。因此任何使宿主生理功能改变的因素，均有可能影响微生态平衡。如胃酸是调节胃内微生物菌群的重要因素。胃酸减少或缺乏，都会使瘤胃内正常微生物菌群数减少，使肠道厌氧或兼性厌氧菌在胃内的数量增多。肠蠕动过速或缓慢，直接影响微生物在肠道内存留时间及繁殖数量。胆汁酸分泌减少，肠道黏液过少等都可以影响正常微生物的定植和数量，使得外籍菌容易入侵。

（三）微生物菌群

正常微生物群也是构成微生态平衡的重要因素，微生物菌群除了受外界环境、宿主状态及生境影响外，其自身状态与其种间的相互关系，也是影响微生态平衡的重要因素。

抗生素一般具有特定的抗菌谱，可以主要抑制或杀死病原微生物，但是正常微生物也会受到不同程度的抑制。宿主一旦失去了正常菌群屏障，失去生物颉颃作用，内源性条件致病菌和外源性致病菌便得以大量繁殖。实验证明，动物口服抗生素，不仅破坏正常菌群的平衡，还可导致免疫机能的降低。免疫机能的降低与抗生素抗菌谱、用药剂量和用药时间有关。而大量抗生素的使用还可导致动物体维生素 K 和 B 族维生素的缺乏，更重要的是抗药性问题，其结果是选育出了一批致病性更强、危害更大的致病性微生物如大肠杆菌、沙门菌、葡糖球菌和绿脓杆菌等，导致其广泛流行。

第六节　动物机体微生态失调

一、动物机体微生态失调的概念

微生态失调是指正常微生物群之间、正常微生物与宿主之间的微生态平衡，在外界环境的影响下，由生理性组合转变为病理性组合的状态。其包括三方面的内容：一是菌间比例的失调，即正常微生物群种间的平衡遭到破坏；二是菌与宿主的生态失调，如宿主患病或抗生素过度使用，菌与宿主的平衡遭到破坏；三是菌、宿主与外环境统一失调，如外界环境改变引起宿主患病。因此，微生态失调主要有两个方面的表现：一方面是正常微生物群的种类、数量和定位的变化，另一方面是宿主表现出患病或动物机体出现病理变化。

二、动物机体微生态失调的分类

从微生态学的理论出发，微生态失调可分为以下四类：

（一）菌群失调

菌群失调指的是在原生境中的微生物群发生的定性或定量的异常变化。这种变化主要是量的变化。因此，菌群失调也称比例失调。根据失调的程度，菌群失调可以分为以下三度：

1. 一度失调　一度失调只能从细菌定量检查上发现有变化，在临床上往往没有表现或只有轻微的反应。一度失调，在抗生素或其他化学疗法停止后，不加治疗即可恢复。因此，一度失调是可逆的。

2. 二度失调　比例失调后，即使诱发原因去掉了，仍然保持原来的失调状态，菌群内生理波动转变为病理波动。二度失调在临床上多有慢性病的表现，如动物的慢性肠炎等。二度失调是不可逆的。

3. 三度失调　三度失调表现为原来的菌群大部分被抑制，只有少数菌种处于占绝对优势的状态。三度感染常表现为急性炎症，如沙门菌引起动物的伪膜性肠炎。

（二）定位转移

定位转移又称易位（详见第二节）。

（三）血行感染

血行感染分为菌血症和脓毒败血症。

1. 菌血症 正常菌群的定位转移，血行途径具有重要意义。菌群侵入血液生长繁殖称菌血症。由正常菌群引起的菌血症一般称为非特异菌血症。正常菌群进入血液很常见，但不一定都形成感染。只有在动物抵抗力很低，免疫功能减弱的情况下才引起感染。

2. 脓毒败血症 细菌经血行转移到其他部位，引起严重感染，然后再由感染部位重新进入血行，引起更严重的感染，故称脓毒败血症。

（四）易位病灶

正常微生物群多因其他诱因，在脏器或组织形成病灶。例如，脑、肝、肾、盆腔等处的脓肿。这种病理多与脓毒症同时发生或连续发生。

生物病因论感染认为，感染由致病性微生物引起，如霍乱、麻疹、伤寒、结核等病原体引起的感染。病原体的确定须符合“科赫法则”，即①病变部位始终可证明该菌的存在；②该菌只能在该病病人中找到；③能把该菌从病原部位分离出来，并获得纯培养。如果把纯培养接种动物可再现同样的疾病。

生态病因论感染与生物病因论感染对感染的原因认识有所不同，其认为动物微生态失调与感染密切相关，感染是生态平衡与生态失调相互转化的结果。从生态动力学出发，引起感染的微生物不一定是致病菌或病原体，而是正常微生物群易位或易主的结果。两种理论观点差异的本质在于对感染过程中因果关系的认知，如何正确应用这两种理论还需要对具体感染过程的准确研究与分析。

大肠杆菌和肠球菌在人类肠道都存在一定数量，在正常情况下，对宿主非但无害，而且有益。在菌群失调时，如数量增加或消失会导致宿主发病，如大肠杆菌、肠球菌在大肠的数量一般控制在 10^8 cfu/g 肠内容物，若超过此数量值，即有可能引起细菌易位，引起内源性感染。同样，肠道内酵母菌数量一般为 10^3 cfu/g 左右，广谱抗生素应用，杀灭其他专性厌氧菌及兼性厌氧菌后，酵母菌就得到优势生长繁殖，超过此值后有可能引起酵母菌的易位，引起深部真菌感染。

大肠杆菌不在呼吸道定植，但在抗生素作用后，消灭了呼吸道的常住菌，出现空缺，大肠杆菌就可以定植，引起呼吸道感染。作为生物物种，它们并不是致病菌，但却表现了致病性，这与它的生态环境（定位）、数量（定量）发生变化有关，因此，称之为条件致病菌。

感染可分为以下几种类型：

1. 自身感染（autogenic infection） 自身感染是个体自身的正常微生物群引起的自身感染，如在免疫功能低下时，引起的各种自身感染。因此自身感染是正常微生物易位（横向或纵向）的结果。

2. 内源性感染（endogenic infection） 指自身的或同种属其他个体的正常微生物成员引起的感染，如：金黄色葡萄球菌、克雷伯氏菌、绿脓杆菌、白色念珠菌、变形杆菌等，一般可作为人类肠道的过路菌或常驻菌。在一定条件下可引起宿主自身的感染。内源性感染既有易位（translocation）也有易主（transversion）。

3. 外源性感染（exogenic infection） 由致病性微生物引起的感染，如伤寒、霍乱、麻疹等。这些微生物不属于人体正常微生物群，故属外源性感染。

微生态学认为：感染发生是受生态动力学支配的，有的是易位的结果，有的是易主的结果（表 2-3）。自身感染是正常微生物易位的结果，而内源性感染既有易位也有易主，这个易主专指同种属之间的传播，外源性感染则是易主的结果，这个易主既包括同种属之间，也包括异种属之间的易主。

表 2-3　感染发生的生态动力学表现

感染类型	易位	易主
自身感染	+	−
内源性感染	+	+
外源性感染	−	+

三、导致微生态失调的因素

常见影响微生态平衡的因素有：

（1）长期大量使用广谱抗生素：抑制原籍菌，定植抗力下降，潜在致病菌、耐药菌如酵母菌、金黄色葡萄球菌、革兰氏阴性细菌等形成生长优势。

（2）各种应激：如动物断奶、长途运输等。

（3）免疫功能低下：严重疾病、慢性消耗性疾病、肿瘤等。

（4）医疗措施影响：手术损伤等使局部免疫力受损，潜在致病菌易于入侵。

参考文献

郭新华，2002. 益生菌基础和应用［M］. 北京：北京科学技术出版社.

何明清，1993. 动物微生态学［M］. 北京：中国农业出版社.

康白，1988. 微生态学［M］. 大连：大连出版社.

陶金莉，等，2004. 细菌的群体行为调控机制-Quorum sensing［J］. 微生物学通报（31）：106-110.

张素琴，2004. 微生物分子生态学［M］. 北京：科学出版社.

Bergman E N，1990. Energy contributions of volatile fatty acids from the gastrointestinal tract in various species［J］. Physiol. Rev.，70：567-590.

Bry L，et al.，1996. A model of host-microbial interactions in an open mammalian ecosystem［J］. Science，273：1380-1383.

Cornelia C Metges，2000. Contribution of Microbial Amino Acids to Amino Acid Homeostasis of the Host［J］. J. Nutr.，130：1857-1864.

Cotta M A，Russell J B，1997. Digestion of nitrogen in the rumen：a model for metabolism of nitrogen compounds in gastrointestinal environments［J］. See Ref.，59：380-423.

Cummings J H，Macfarlane G T，1997. Role of intestinal bacteria in nutrient metabolism［J］. Clin. Nutr.，16：3-11.

Cummings J H, Macfarlane G T, 1997. Role of intestinal bacteria in nutrient metabolism [J]. J. Parenter. Enter. Nutr., 21: 357-365.

Deplancke B and Gaskins H R, 2001. Microbial modulation of innate defense: goblet cells and the intestinal mucus layer [J]. Am. J. Clin. Nutr.: 1131-1141.

Falk P G, et al., 1998. Creating and maintaining the gastrointestinal ecosystem: what we know and need to know from gnotobiology [J]. Microbiol. Mol. Biol. Rev., 62: 1157-1170.

Fredrik Bäckhed, et al., 2004. The gut microbiota as an environmental factor that regulates fat storage [J]. PNAS., 101: 15718 - 15723.

Forsythe S J, Parker D S, 1985. Nitrogen metabolism by the microbial flora of the rabbit caecum [J]. J. Appl. Bacteriol, 58: 363-369.

Fuqua C, Parsek M R, Greenberg E P, 2001. Regulation of gene expression by cell-to-cell communication: Acyl-homoserine lactone quorum sensing [J]. Annu Rev Genet., 35: 439-468.

Gracey M, 1982. Intestinal microflora and bacterial overgrowth in early life [J]. J Pediatr Gastroenterol Nutr., 1: 13-22.

Hill M J, 1997. Intestinal flora and endogenous vitamin synthesis [J]. Eur. J. Cancer Prev. Suppl., 1: 43-45.

Hooper L V and Gordon J I, 2001. Commensal host-bacterial relationships in the gut [J]. Science, 292: 1115-1118.

Hooper L V, et al., 2001. Molecular analysis of commensal host-microbial relationships in the intestine [J]. Science, 291: 881-884.

John C March and William E Bentley, 2004. Quorum sensing and bacterial cross-talk in Biotechnology [J]. Current Opinion in Biotechnology, 15: 495-502.

Joyce E A, et al., 2004. LuxS is required for persistent pneumococcal carriage and expression of virulence and biosynthesis genes [J]. Infect Immunity, 72: 2964-2975.

Lora V Hooper, Tore Midtvedt and Jeffrey I Gordon, 2002. How host-microbial interactions shape the nutrient environment of the mammalian intestine [J]. Annual Review of Nutrition, 22: 283-307.

Mevissen-Verhage EAE, et al., 1985. Effect of iron on neonatal gut microflora during the first three months of life [J]. Eur J Clin Microbiol, 4: 273-278.

Midtvedt T, 1974. Microbial bile acid transformation [J]. Am. J. Clin. Nutr., 27: 1341-1347.

Midtvedt T, et al., 1987. Establishment of a biochemically active intestinal ecosystem in ex-germfree rats [J]. Appl. Environ. Microbiol, 53: 2866-2871.

Savage D C, 1977. Microbial ecology of the gastrointestinal tract [J]. Annu. Rev. Microbiol, 31: 107-133.

Savage D C, 1986. Gastrointestinal microflora in mammalian nutrition [J]. Annu. Rev. Nutr., 6: 155-178.

Savage D C, Dubos R, Schaedler RW., 1968. The gastrointestinal epithelium and its autochthonous bacterial flora [J]. J. Exp. Med., 127: 67-76.

Savage D C, et al., 1981. Transit time of epithelial cells in the small intestines of germfree mice and ex-germfree mice associated with indigenous microorganisms [J]. Appl. Environ. Microbiol, 42: 996-1001.

Saxerholt H, Midtvedt T, 1986. Intestinal deconjugation of bilirubin in germfree and conventional rats [J]. Scand. J. Clin. Lab Invest., 46: 341-344.

第三章 饲用微生物的功能与应用

第一节 饲用微生物的功能

一 、调节消化道微生态平衡

正常微生物群与宿主机体的健康或疾病的发生有着密切的联系，它们与宿主间的生态平衡保证了宿主正常生理代谢以及较高的免疫抗病能力，同时还为机体提供丰富的营养物质。因此维持宿主消化道的微生态平衡有着重要的意义。

大量研究表明益生菌具有抗致病性细菌、真菌或是病毒的功能，从而有利于维持消化道的微生态平衡，促进宿主对健康状况的维持。

Sato 研究了 10 种乳酸菌在小鼠体内的抗李斯特菌活性，发现干酪乳杆菌（*L. casei*）对单核细胞增多性李斯特菌（*Listeria monocytogenes*）有强烈的抑制作用。而且，这种抑制作用与所摄入的干酪乳杆菌的数量有关。他认为小鼠对李斯特菌感染抵抗力的增强主要来自于口服干酪乳杆菌后所引起的巨噬细胞从血液向网状内皮组织的转移。在 *L. casei* 诱导的肝脏巨噬细胞中，由多发性肌炎抗原（PMA）引发的呼吸爆发力度要高于原有的巨噬细胞。在注射了 *L. casei* 后，肝脏巨噬细胞的碱性磷酸二酯酶活力下降，这种情况同样发生在腹腔巨噬细胞，这些结果表明 *L. casei* 可以增强肝脏和腹腔巨噬细胞的细胞免疫功能。

Fichera 等在严重感染肠炎沙门菌（*Salmonella enteritidis*）的小鼠体内，研究嗜酸乳杆菌（*L. acidophilus*）和双歧杆菌（*B. bifidum*）对感染的控制作用。小鼠灌喂双歧杆菌和嗜酸乳杆菌后，对这种致死性沙门菌感染的抵抗力显著提高。对通过口腔途径感染鼠伤寒沙门菌 *S. typhimurium* C5 的小鼠，Hudault 等研究了鼠李糖乳杆菌 *L. rhamnosus* GG 对肠道致病菌的颉颃作用。在无菌鼠体内，当发生沙门菌感染时，*L. rhamnosus* GG 在消化道内的定植可以显著地延长小鼠出现 100%死亡的时间，*S. typhimurium* C5 在小鼠盲肠定植的数量以及向肠淋巴结、脾脏以及肝脏转移的比率显著降低。

肠致病性大肠杆菌（EPEC）能定植于仔猪的回肠内，并通过 K_{88} 纤毛性附属物黏附到肠黏膜上。从内源性乳杆菌的培养液中可检测到一种能阻碍 K_{88} 纤毛与回肠黏膜发生作用的活性成分，将黏膜用内源性乳杆菌培养物上清液透析截流物或凝胶过滤残留物（分子量>250kD 的部分）进行预处理后，EPEC 对黏膜的黏附作用受到抑制。从猪体内分离到的乳杆

菌可使 *E. coli* K_{88} 的黏附作用减少近 50%。因此，内源性乳杆菌可能对 EPEC 的定植起到抑制作用。

在回肠上皮细胞（IEC）放射性分析试验中，发现从禽来源的嗜酸乳杆菌（*L. acidophilus*）对鸡肠道致病性沙门菌具有一定的干扰作用。通过以下三个试验：①在加入沙门菌以前，将乳酸菌与 IEC 共培养；②LAB、IEC 和沙门菌同时培养；③在加入乳酸菌以前，先将沙门菌与 IEC 共培养，分别研究发现，乳酸菌对沙门菌具有排除、竞争与替代作用。结果表明，在排除和竞争试验中，*L. acidophilus* 可显著减少鸡白痢沙门菌（*S. pullonum*）对 IEC 的吸附，但在替代试验中这种作用不明显。

Wagner 测定了 *L. acidophilus*、*L. reuteri*、*L. rhamnosus* GG 或 *B. animalis* 对无胸腺和有胸腺小鼠发生黏膜及周身性念珠菌病的保护作用。与消化道中仅有白色念珠菌（*C. albicans*）定植的同类小鼠相比，消化道中上述益生菌的存在可以延长成年及新生无胸腺小鼠的生存期。这四种益生菌中的任何一种都可以显著地降低无胸腺小鼠发生周身性念珠菌病的概率，而在有胸腺小鼠体内，*L. rhamnosus* GG 或 *B. animalis* 可以显著地减少消化道内 *C. albicans* 的数量，但上述四种益生菌中没有一种能完全阻止黏膜念珠菌病的感染。

热灭活的干酪乳杆菌 LC9018 能提高成年小鼠对 1 型单纯疱疹病毒（HSV-1）的抵抗力。如果给小鼠同时注射热灭活的 LC9018 和灭活的 HSV-1 抗原，LC9018 对小鼠抗 HSV-1 感染的能力以及对 HSV-1 中和抗体的表达都显著提高。在同时给予热灭活的 LC9018 和灭活的 HSV-1 抗原的情况下，14d 后其对小鼠保护作用达到最高峰。后来，Watanabe 和 Yamori 的研究表明，小鼠对腹膜 HSV-1 感染的免疫保护反应，可能主要来自于 LC9018 抗原和所产生的干扰素共同对腹膜巨噬细胞的激活作用。

（一）建立和维持消化道优势种群

当肠道微生物区系达到平衡时，只有很少几种微生物的水平在每克（消化道内容物）5×10^8～5×10^{11} 个，其他都低于每克 5×10^8 个（图 3-1）。在不同个体间或同一个体的不同生命阶段，这些不占绝对优势的微生物亚群经常发生波动。如果微生物的量总是低于每克 10^7 个，由于肠道内容物的不断更新，这些微生物不会对微生态系统造成任何影响。有潜在毒性的梭菌或肠细菌的量低于每克 10^7 个，宿主能较好地耐受。

在正常微生物群和机体内环境所构成的微生态系统内，微生物种群中的优势种群对整个种群起决定作用，一旦优势种群发生更替，则会导致微生态失调。使用益生菌的目的之一在于恢复优势种群，重建微生态平衡。对正常微生物群进行定性、定量分析的结果表明：优势菌群为厌氧菌，占 99%以上；需氧菌和兼性厌氧菌不足 1%。厌氧菌中拟杆菌、双歧杆菌、乳杆菌、消化球菌等为主要的优势菌群，优势菌群发生更替时，拟杆菌、双歧杆菌等专性厌氧菌及乳杆菌显著减少（$p<0.01$），而兼性厌氧菌中大肠杆菌甚至是耗氧病原菌等显著增加（$p<0.01$）。给消化道补充双歧杆菌、乳杆菌等益生菌的目的在于维持或恢复优势菌群，以维持或恢复正常的微生态平衡。此外，对于初生动物而言，其胃肠道正常微生物区系尚未建立，给新生畜禽饲喂有益微生物有助于其建立正常的微生物区系，也能有效地排除和控制潜在的病原菌。

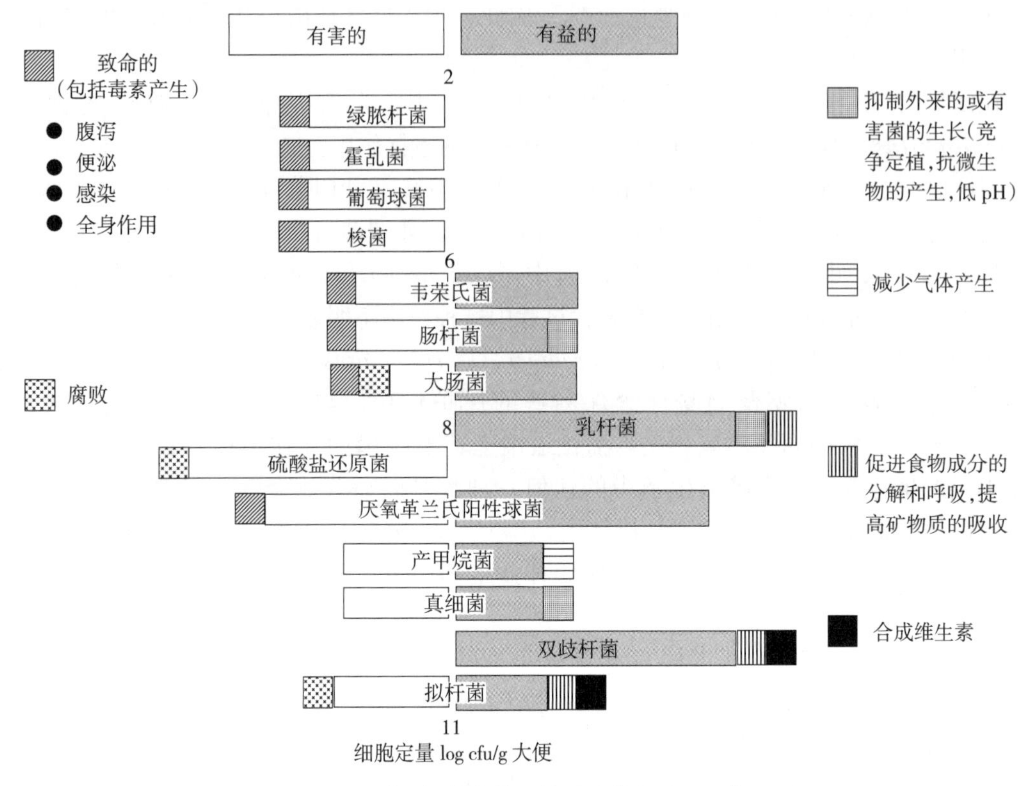

图 3-1　肠道已知优势菌群数量及其主要生理作用

（二）争夺病原菌的必需营养物质和相互颉颃繁殖

饲用微生物制剂中的需氧芽孢杆菌以芽孢或营养体的形式进入畜禽消化道后生长繁殖，消耗肠内氧气，使局部环境氧分压降低，造成厌氧环境，有利于专性厌氧菌和兼性厌氧菌的定植和生长，而不利于需氧菌的定植和生长。因此，通过微生物夺氧及有益菌在消化道内的定植和对有限的营养素的竞争，使消化道正常微生物间恢复平衡状态，抑制病原菌和有害菌的生长，达到调节微生态平衡的目的。

Haines 和 Harmon 发现乳酸菌对其他细菌的生长抑制作用来自于它们对生长所必需的维生素，如烟酰胺和生物素的竞争。体外试验结果表明，肠道微生物在体外对单体葡萄糖、N-乙酰葡萄糖胺和唾液酸等存在于肠内容物中的营养成分的竞争力比分支梭菌（*Clostridium difficile*）等致病菌要高得多。当有 Fe^{2+} 和 Fe^{3+} 同时存在时，短双歧杆菌（*Bifidobacterium breve*）更倾向于摄取以亚铁形式存在的铁离子。在短双歧杆菌中有两套铁离子运输体系，一种用于高铁离子浓度，另一种则在低铁离子浓度时发挥作用。双歧杆菌对铁离子的摄取有可能导致环境中铁离子浓度的降低，从而抑制肠道中多种细菌的生长。

通过地衣芽孢杆菌和大肠杆菌的体外培养发现，当单独培养时，两种菌在培养基中的数量都比较高，当两种菌在一起同时培养时，两种菌的数量均显著降低（图 3-2）。在肉仔鸡饲料中添加一定数量的地衣芽孢杆菌（10^7 cfu/g），同样可以观察到肠道中大肠杆菌的数量显著降低（表 3-1）。

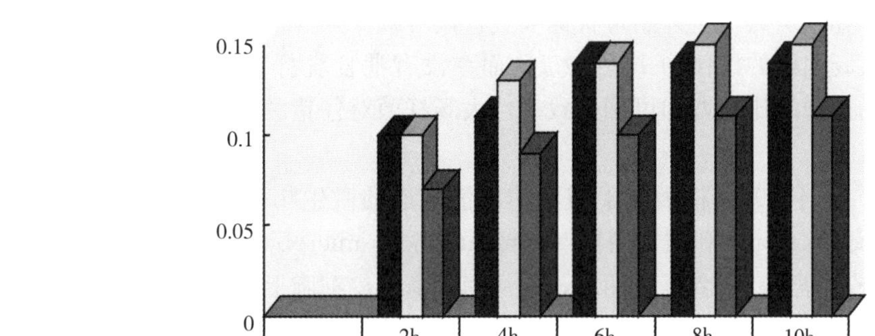

	2h	4h	6h	8h	10h
■地衣芽孢杆菌	0.1	0.11	0.14	0.14	0.14
□大肠杆菌	0.1	0.13	0.14	0.15	0.15
■地衣芽孢杆菌和大肠杆菌	0.07	0.09	0.1	0.11	0.11

图 3-2 地衣芽孢杆菌与大肠杆菌的颉颃作用（菌数用 OD 值表示）

表 3-1 地衣芽孢杆菌对肉仔鸡肠道中大肠杆菌的抑制作用（$\times 10^7$ cfu/g）

处理组	7 日龄	14 日龄	21 日龄	35 日龄
对照组	19	21	28	30
金霉素组	15	12	12	26
地衣芽孢杆菌组	14	10	4	14

（三）竞争排斥病原菌的黏附过程

一般认为，微生物在肠上皮的黏附和肠道内的定居有一定的相关性，而黏附对于病原菌的致病性是必需的。某些益生菌可以直接和有害微生物竞争肠壁的黏附位点，或产生的空间位及其分泌产物可阻碍有害微生物的黏附，从而防止了有害微生物在肠道内的定居，以实现其益生功能。

E. coli B41 能以扩散的方式黏附到 Hela-229 细胞上，热灭活的嗜酸乳杆菌（*L. acidophilus*）以剂量效应的方式抑制这种黏附作用。*L. acidophilus* 细胞裂解后，这种抑制作用消失，表明 *L. acidophilus* 对 *E. coli* B41 的抑制作用机理在于对 Hela-229 细胞上 *E. coli* B41 的黏附位点产生空间障碍。

在体外模型中，*L. acidophilus* LA1 可以抑制肠道致病菌如肠毒性大肠杆菌、肠道致病性大肠杆菌（EPEC）或鼠伤寒沙门菌（*S. typhimurium*）对上皮细胞或黏膜的吸附，以及 EPEC、*S. typhimurium* 或假结核耶尔森菌（*Yersinia pseudotuberculosis*）对上皮细胞的侵染，*L. rhamnosus* GG 等也有相似的作用。在免疫缺陷的小鼠中，单次给予具有益生作用的鼠李糖乳杆菌（*L. rhamnosus*）或双歧杆菌（*B. animalis*）就可以部分抑制白色念珠菌（*Candida albicans*）在这种免疫缺陷的小鼠肠道内定植，从而预防系统性真菌感染的发生。具有益生作用的乳杆菌还能减少小鼠体内沙门菌的数量，防止幽门螺杆菌（*H. pylori*）感染的发生。发生腹泻时，肠道菌群的组成出现明显的改变，双歧杆菌、乳杆菌和拟杆菌的数量明显减少，大肠菌群的数量明显上升。因此，当腹泻发生后向肠道菌群补充益生菌可促进腹泻的康复。例如，*L. rhamnosus* GG 可以促进多种腹泻的康复，包括抗生素治疗或轮状病毒引起的腹泻。益生菌对腹泻的预防或治疗作用主要来自于其能改变肠道菌群的组成，对于仔猪而言，如果从其出生开始每日饲喂乳杆菌可减少其粪便中大肠菌群的数量，在其粪便中乳杆菌和大肠菌群的比例为 1 280∶1；而在没有喂食乳杆菌的小猪中，这种比例为 2∶1。乳杆菌在肠道中的比例增加可抑制致病性大肠杆菌对仔猪肠道的侵染，从而降低了小猪的痢疾发病率。

Savage 等（1996）将栖居于哺乳动物消化道的微生物划分为过路菌群（allochthonous microbiol population）和固定菌群（autochthonous microbiol population）。前者能从消化道内容物中分离得到，后者是常住的，常从消化道上皮细胞上分离得到。固定菌群被认为是黏附在消化道黏膜上皮细胞上或上皮细胞分泌的黏液中，通过细菌表面的外源凝集素与黏膜上皮的受体相结合。固定菌群影响宿主的营养、免疫、生理功能、药效等。

细菌细胞和宿主肠上皮细胞结合的生理特性是长期进化的结果。近年，对细菌黏附到消化道上皮机制的研究取得了很大进展。这种黏附具有宿主特异性，因此，人工饲喂的细菌不一定能在动物体内定植。这种黏附还具有菌株特异性，同一种属，有的菌株可以黏附定植，而有的则不能（杨华，2000），如表 3-2 中不同菌株对不同细胞系的黏附能力不同，而且要实现这种黏附，一定的菌量是必需的。

表 3-2　不同菌株对不同细胞系的吸附情况（M E Sanders 等，2001）

菌　株	用于黏附试验的细胞系			黏附因子
	HITHs0074	Caco-2	HT29	
L. acidophilus NCFM	+	+	+	蛋白
L. acidophilus LA	+	+	+	蛋白
L. acidophilus LB	0	+	+	分泌蛋白
L. acidophilus LA1	0	+	+	分泌蛋白
L. crispatus BG2FO4	+	+	+	蛋白和碳水化合物
L. gasseri ADH	+	+	+	碳水化合物
L. rhamnosus GG	0	+	+	—
L. plantarum 299	0	0	+	甘露糖黏附素
L. delbrueckii 1489	+	+	0	—

注：+表示可以黏附；0 表示能否黏附尚不确定。

1. 致病菌的黏附　大肠杆菌是肠道的正常菌群，但也是条件致病菌，其中的某些种甚至是致病菌。如肠致病大肠杆菌（EPEC）能破坏微绒毛刷状缘，并引起腹泻；肠出血性大肠杆菌（EHEC，包括 O157∶H7 菌株）能导致出血性大肠炎，甚至诱发溶血性尿毒症综合征；其他致病性大肠杆菌还包括肠产毒素大肠杆菌（ETEC）、侵袭性大肠杆菌（EIEC）等。沙门菌、致贺菌等也是常见的致病菌。黏附于宿主细胞上对于有些致病菌感染宿主是必需的（Javier Pizarro-Cerda 和 Pascale Cossart，2006），参与致病菌黏附作用的既有单个蛋白，也有复杂的高分子聚合物。在细菌的表面有 Pili（性毛）或称 Fimbria（伞毛）参与细胞的黏附，除了性毛外，细菌表面还有大量黏附素，能被各种宿主细胞表面受体元件如胶原蛋白、板层蛋白、弹性蛋白、蛋白多糖等识别。在各种病原菌表面还有玻璃蛋白、纤维蛋白原等黏附分子，相对应地在宿主细胞表面有选择素、钙黏附蛋白、整合素等介导病原菌的黏附。如产脓链球菌（*S. pyogenes*）的主要黏附素 SfbI 及金黄色葡萄球菌（*S. aureus*）的

FnBP-A 能结合到宿主相应的纤维连接蛋白受体上，激发细胞内的信号传导（Ozeri 等，2001）。肠致病性大肠杆菌（EPEC）和肠出血性大肠杆菌（EHEC）进化形成了一套独特的黏附系统，用于黏附的受体和配体都由大肠杆菌分泌。EPEC 和 EHEC 能诱导黏附与脱落（attaching and effacing，A/E）的典型损伤，在以黏附素或成簇菌毛与小肠上皮细胞紧密接触后，能导致小肠微绒毛的局部损伤，并且能募集细胞骨架蛋白，在接合处形成台座样结构（图 3-3）。导致 A/E 损伤的分子由被称作致病岛 LEE（the locus of enterocyte effacement）的基因区编码，它能编码Ⅲ型分泌系统（type Ⅲ secretion system，TTSS）。TTSS 基因能编码穿透宿主细胞质膜的针状结构蛋白（图 3-4），通过针状复合物分泌到宿主细胞胞浆中影响细胞功能。Tir（易位紧密黏附素受体，translocated intimin receptor）是 TTSS 基因编码的一种效应分子，能被注入宿主细胞中，并能整合到宿主细胞膜上，而作为 EPEC 细胞表面另一种蛋白紧密黏附素（intimin）的受体（Kenny 等，1997），在 EPEC 中 Tir474 位的酪氨酸被胞内的激酶磷酸化，从而能募集宿主细胞的配体分子 Nck，通过传导信号（图 3-5），导致宿主细胞骨架的重排，而形成台座样结构。沙门菌、致贺菌等其他病原菌也有类似的黏附侵入机制。

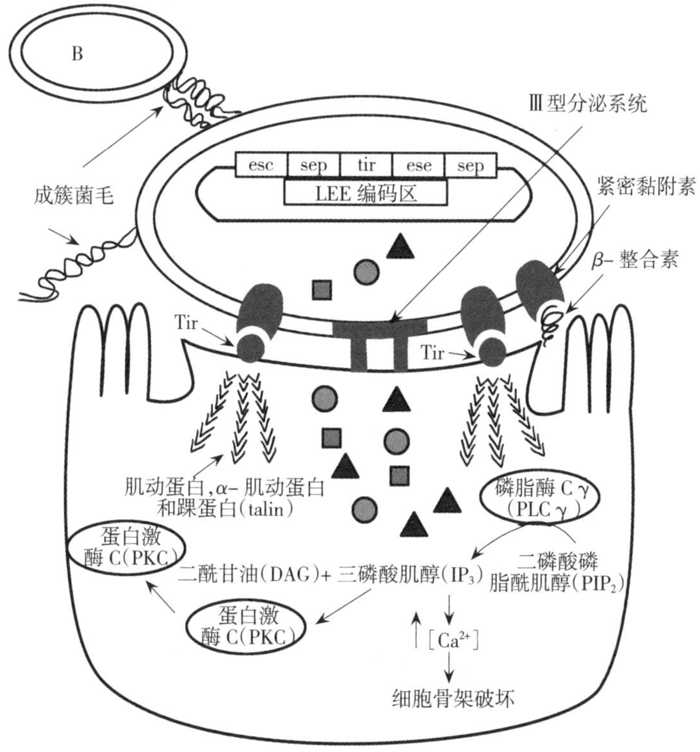

图 3-3 大肠杆菌和小肠上皮细胞结合形成台座样结构示意

在上述过程发生后，病原菌黏附处的刷状缘结构已被破坏，而且通过改变细胞内的信号转导而影响上皮细胞的功能，如上皮细胞基底处的紧密连接（tight junction）被破坏，细胞骨架结构改变而有利于病原菌的侵入。病原菌正是通过改变上皮细胞的功能来突破上皮屏障，从而有利于自身利用宿主的防御系统来繁殖自身，实现其破坏功能。肠道上皮能区分病原菌和内源微生物，对它们的黏附发生不同的反应。

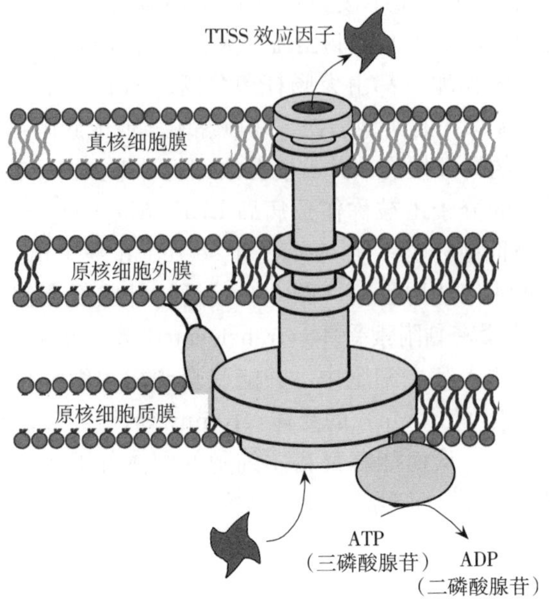

图 3-4　Ⅲ型分泌系统示意

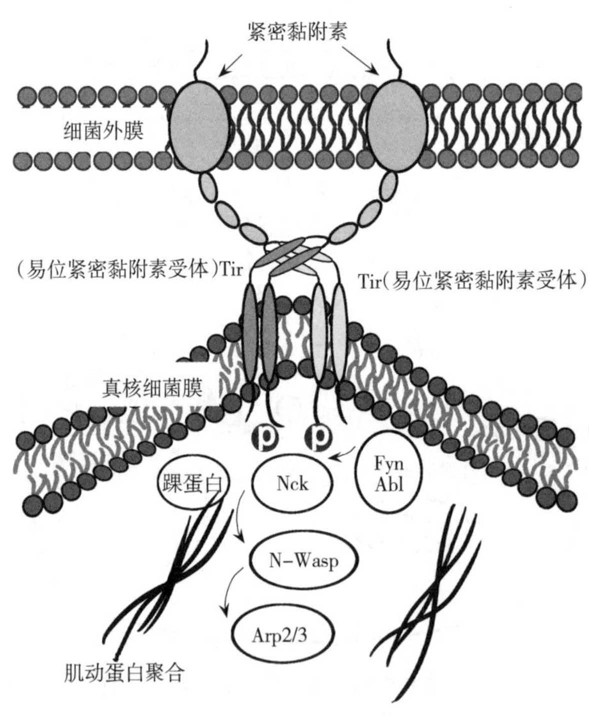

图 3-5　紧密黏附素（intimin）和易位紧密黏附素受体（Tir）结合后通过信号传导使细胞骨架重排

定植抗力是指正常菌群所具有的抵御外籍菌定植的能力。黏附对于很多菌来说是定植的必要条件。益生菌通过黏附素与肠黏膜受体结合，然后占位定植，以阻止病原菌与肠黏膜受体结合产生黏附（图 3-6）。有益菌所形成的保护层是机体生理屏障的重要组成部分，这个屏障一旦被破坏，宿主就容易丧失对外来菌的抵抗力。

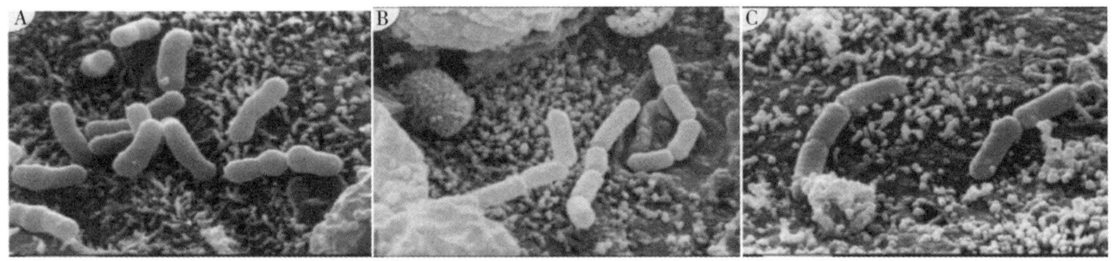

图 3-6 益生菌对小肠微绒毛刷状缘 HT-29 和 Caco-2 细胞的黏附（1 000×），(Gopal P K 等，2001)
A：*B. lactis* DR10 对 HT-29 单层细胞的黏附；B：*L. rhamnosus* DR20 对 Caco-2 单层细胞的黏附；
C：*L. acidophilus* HN017 对 HT-29 单层细胞的黏附

2. 益生菌的黏附 不同菌株细胞表面参与黏附的分子不同，黏附的具体机制不完全相同，这里主要介绍乳酸菌的黏附机制。

乳酸菌表面由脂磷壁酸（lipoteichoic acid，LTA）、完整的肽聚糖（whole piptidoglycan，WPG）、多糖（polysaccharide，PS）、表层蛋白（surface-layer protein，SLP）和其他一些蛋白组成，这些物质在黏附和定植过程中直接或间接地发挥作用。

磷壁酸分子是两性分子，能通过脂结构与细胞膜相连。碱能使磷壁酸脱脂，失去黏附能力。碱处理过的乳酸菌对 Caco-2 细胞株的黏附能力大大降低，说明脂磷壁酸在黏附中发挥一定的作用。而且脂磷壁酸对肠上皮细胞的黏附是特异的和可逆的，并且有时间和浓度的依赖性（郭兴华，2002)。邓一平等（2002）还证明完整的肽聚糖对胃黏膜糖蛋白有黏附作用。

S-层蛋白（surface layer protein）是细菌表面一层排列规则的蛋白分子，其中一些被糖基化或磷酸化。S-层蛋白可能有维持细胞形态、屏障防卫、提供酶的附着位点和黏附细胞等功能，在细胞总蛋白含量中所占比例较高，在有的乳酸菌中 S-层蛋白基因前可能有多个启动子，如短乳杆菌中，S-层蛋白基因前有 5 个启动子，有一个在指数生长期活跃，还有一个在整个生长期都活跃。S-层蛋白除了在细胞黏附中发挥作用外，还常常利用它的高效表达和分泌信号构建克隆载体，用于某些功能蛋白的表达和功能验证。

郑跃杰等（2002）用胰蛋白酶处理双歧杆菌或其耗尽营养物质的上清液，发现菌的黏附能力下降，说明蛋白起黏附作用。也有研究证明，乳杆菌的某些蛋白参与了对上皮细胞（Granato等，2004)、黏液素（Rojas 等，2002)、细胞外基质（extracellular matrix，ECM）蛋白（Styriak 等，2003）等的黏附。Hynonen 等（2002）报道了乳杆菌的表层蛋白 SlpA能黏附到上皮细胞和 ECM 成分。以报道过的黏附基因为基础，B Logan Buck 等 (2005)对嗜酸乳杆菌 *Lactobacillus acidophilus* NCFM 的全基因序列通过插入失活，研究参与黏附的蛋白基因的开放阅读框（open reading frame，ORF)。其中包括了 2 个化脓链球菌 *Streptococcus pyogene* 的黏附蛋白 R28 的同源区（LBA1633 和 LBA1634)、1 个纤维联结蛋白（fibronectin-binding protein，FbpA)(LBA1148)、1 个黏液素结合蛋白(mucin-bingding protein，Mub)(LBA1392)(图 3-7) 和 1 个表层蛋白（SlpA)。这些基因和 *Lactoacillus acidophilus* NCFM 的黏附功能密切相关，这些基因被插入突变后其黏附能力降低（图 3-8)。

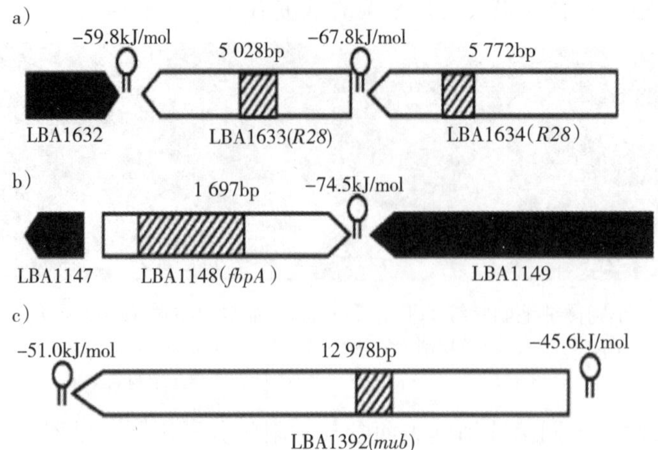

图 3-7　参与黏附的蛋白基因的开放阅读框

图中的白色箭头表示的是 *Lactobacillus acidophilus* NCFM 基因组中被认为与报道过的参与黏附的基因具有同源性的开放阅读框。白箭头中的阴影部分表示的是用于克隆到质粒载体 pORI28 进行同源重组的区域，和随后整合导致插入突变的区域，片段大小图中已给出（B Logan Buck 等，2004）

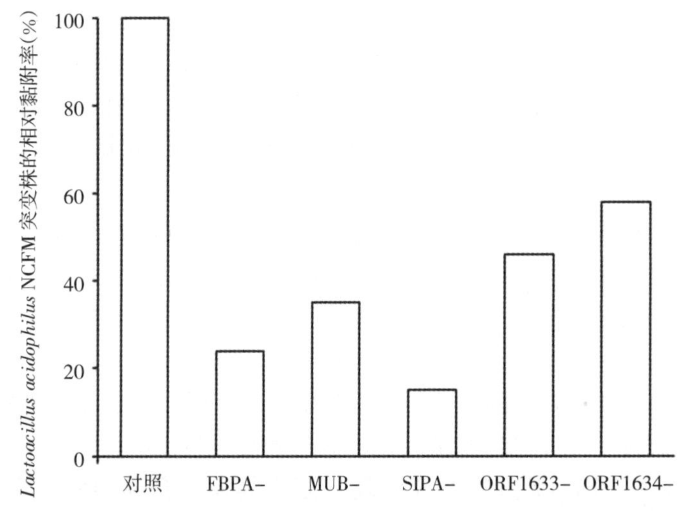

图 3-8　*Lactoacillus acidophilus* NCFM 突变株和野生型对照的黏附能力

（四）产生抗菌物质

益生菌产生抗菌物质的能力早就被人们用于保存食物。比如，以发酵乳制品来保存乳的方法，其历史可追溯到公元前 6000 年，肉制品的发酵技术早在公元前 15 世纪的古巴比伦和中国就出现了。

发酵能够产生一系列具有抗菌活性的有机小分子物质，常见的有乳酸、乙酸、丙酸（Blomand Mortvedt，1991）。除了这些具有抑菌作用的初级代谢产物外，不同种类的益生菌还有可能产生多种具有抗菌活性的次级代谢产物。

1. 有机酸　乳酸菌发酵已糖时，同型发酵可产生乳酸，异型发酵可产生等摩尔的乳酸、乙酸/乙醇和二氧化碳（Gottschalk，1986）。在乳酸和乙酸中，乙酸具有更强的抑菌活性，并且抑制的微生物范围较广，包括酵母、霉菌和细菌(Blomand Mortvedt,1991)。从乙酸的解离常数高于乳酸就可以得到部分验证。然而，乙酸和乳酸的混合物对鼠伤寒沙门菌(*Salmonella typhimurium*)的抑制作用比任何单独一种酸的效果都好，显示了一种综合效应(Rubin，1978)。

尽管解离的酸分子也能抑菌，但通常认为未发生解离的分子是弱酸产生抑菌作用的活性形式（Eklumd，1983）。由于未解离的有机酸分子是脂溶性的，因此它们可以穿透细胞膜进行扩散（Cramer 和 Prestegard，1977；Bearso 等，1977）。不过，也有人认为细胞摄取有些有机酸时，需要消耗能量（Cherrington 等，1981）。在进入细胞以后，由于细胞质 pH 通常接近中性，导致这些有机酸分子发生解离（Padan 等，1981；Slonczewski 等，1981）。有机酸解离释放的质子使细胞质酸化，导致细胞膜内外 pH 梯度消失，这是抑制细菌生长的主要原因（Salmond，1984；Blomand Mortvedt，1991）。另有观点认为，有机酸对细菌生长的抑制作用并非来自质子转移，而是胞内阴离子的积累，阴离子可引起大分子物质合成速度的降低（Cherringten，1991）。

短链挥发性脂肪酸 VFA 对革兰氏阳性细菌具有毒性作用。Meynell（1963）首次报道了 VFA 能帮助清除肠道内的病原，这可能是由于盲肠和结肠微生物发酵产生 VFA 时导致 pH 和 Eh 的降低所致。Maier 等（1972）研究了肠道微生物产生的 VFA 是否对小鼠肠道中弗氏志贺菌（*Shigella flexneri*）有抑制作用。以 10^7 个活体弗氏志贺菌（*Shigella flexneri*）感染正常小鼠，该菌在肠道中不能增值，肠道内容物中的量保持在每克 10^3 个，而以同样的剂量感染无菌动物，弗氏志贺菌迅速增殖到每克 10^{10} 个。通过比较无菌动物和普通动物盲肠内容物中 VFA 含量、pH 和 Eh，发现前者的 pH 和 Eh 比后者的高，而 VFA 含量较低。由此说明，微生物可能通过 VFA 降低肠道中的 pH 和 Eh 抑制了弗氏志贺菌。弗氏志贺菌能在无菌小鼠盲肠内容物中增殖，而在普通小鼠盲肠内容物中则不能。而将无菌小鼠盲肠内容物中 pH、Eh 和 VFA 按照普通动物加以调整，对弗氏志贺菌的抑制能力与普通小鼠类似（图 3-9）。

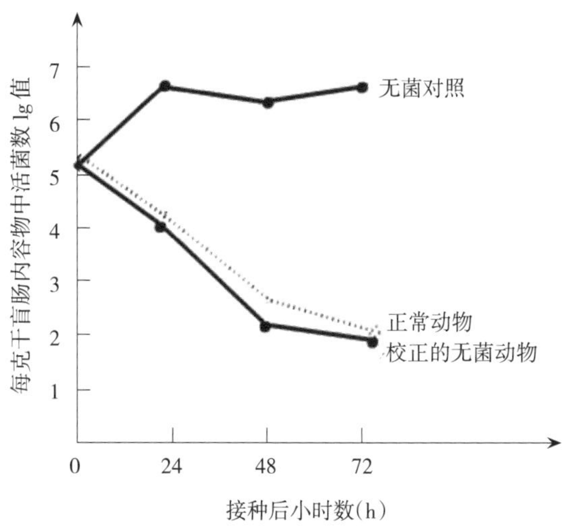

图 3-9 接种正常小鼠和无菌小鼠盲肠内容物后弗氏志贺菌的活菌数（Maier 等，1972）

2. 过氧化氢（H_2O_2） 在氧存在时，乳酸菌通过黄素蛋白氧化酶、NADH 氧化酶和超氧化物歧化酶的作用可以产生过氧化氢（H_2O_2）。

过氧化氢的杀菌作用主要归功于其对细菌细胞的强氧化作用，细胞蛋白质和细胞膜脂的巯基均可被氧化（Morris，1976；Schlegel，1985）。而且，过氧化氢的产生过程消耗大量氧气，造成局部的厌氧环境，使某些需氧细菌难以生存。但也有一些学者对过氧化氢在体内是否具有显著的杀菌效果提出质疑（Nagy，1991；Fontaine，1996）。

3. 低分子量的抗菌物质 益生性乳酸菌能产生多种具有抗菌作用的低分子量物质（Reddy，1984；Silva，1987）。除了分子量低以外，这些物质还有以下共同特征：①在低pH时活性较强；②热稳定；③抗菌谱广；④溶于丙酮（Axelsson，1990）。对这类物质的研究还存在不确定性，这里仅介绍两种研究的比较清楚的低分子量抗菌物质。

（1）罗氏乳杆菌素（Reuterin） 罗氏乳杆菌（*Lactobacillus reuteri*）是人和许多动物胃肠道中的正常微生物之一，在含有葡萄糖和甘油或甘油醛混合物的培养基上厌氧生长时，会产生一种低分子量的抗菌物质，即罗氏乳杆菌素（Axelsson，1989）。

罗氏乳杆菌素可以三种形式存在：主要是以单体和水化单体的形式存在，少量以环状二聚体存在。罗氏乳杆菌素具有广谱的抗菌活性。它能够抗细菌、抗真菌、抗原生动物、抗病毒（Axelssen，1989；Chung，1989；Dobrogosz，1989）。益生性乳酸菌，包括 *L. reuteri* 在内，也对罗氏乳杆菌素敏感，不过这些乳酸菌对罗氏乳杆菌素的抗性比其他微生物高得多（Chung，1989；Dobrogosz，1989）。

罗氏乳杆菌素的广谱抗菌活性归因于其作用机制。其主要作用于巯基酶，是核糖核酸还原酶底物结合亚基的抑制剂，因此，能干扰DNA合成（Dobrogosz，1989）。

（2）2-焦苄胺咯啶-5-羧基酸（PCA） 干酪乳杆菌干酪亚种（*Lactobacillus casei* subsp. *Casei*）、干酪乳杆菌假植物亚种（*L. casei* subsp. *Pseudoplantarum*）和牛链球菌（*Streptococcus bovis*）都可以产生焦谷氨酸，即PCA，后者对枯草芽孢杆菌（*Bacillus subtilis*）、阴沟肠杆菌（*Enterobacter cloacae*）和恶臭假单胞菌（*Pseudomonas putida*），具有抑菌作用（Huttunen等，1995）。

4. 细菌素 “Bacteriocin”（细菌素）一词是由Jacob等提出的（Jacob，1953），是指一类分子量相对较高的蛋白质类抗生素，通过吸附到与产生菌相同或相近的目标细胞的受体上，使其生长受到抑制。1992年，Klaenhammer等将乳酸菌产生的细菌素分为三类，一年后又将其分为四类，而且将第二类细分为三个亚类（表3-3）。

表3-3 细菌素的种类

类	亚类	描 述
第Ⅰ类		羊毛硫细菌素
第Ⅱ类		<10kD，耐中温至高温（100～121℃），不含羊毛硫氨基酸的肽，作用于细胞膜
	Ⅱa	氨基末端附近含有-Y-G-N-G-V-X-C
	Ⅱb	由两条肽组成
	Ⅱc	激活巯基的肽
第Ⅲ类		>30kD，不耐热的蛋白质
第Ⅳ类		复合体细菌素，含有脂链或糖链的蛋白质

部分细菌素可以在实际中应用，既可用于保鲜防腐（目前仅有乳链球菌素Nisin进入工业化生产阶段），也可以通过发酵剂的作用或益生菌在胃肠道内直接产生。某些细菌素可以

在产品中产生（Blomand Mortvedt，1991；Winkowski 等，1993；Ryan 等，1996），但能否在动物体内产生还不能确定。支持益生菌在体内产生细菌素的观点认为，在体内分布有多种可以产生细菌素的益生菌，产生细菌素或许是一种进化优势。自然界中约 1/3 的大肠杆菌可以产生细菌素（Vander Wal，1995）。另外，Jiméne-ia 等（1993）发现，在他们所研究的 26 株植物乳杆菌（*L. plantarum*）中仅有 4 株能产生细菌素。增强益生菌对肠道黏膜的黏附性，可以提高益生菌在原位产生抗菌物质的能力。然而，细菌素在肠道内的原位表达也存在潜在的风险，即部分肠道正常菌群中的有益细菌也可能会受到影响（Sanders，1993）。

（1）第Ⅰ类　这类细菌素由羊毛硫细菌素组成，这是一类罕见的脱水氨基酸和硫醚氨基酸的小肽，这些氨基酸都是由翻译后修饰形成的。这里以 Nisin 为例来讨论羊毛硫细菌素的作用机制。Nisin 对革兰氏阳性菌具有广谱抗菌作用，而大肠杆菌和其他革兰氏阴性菌仅在其细胞膜受到亚致死损害时才会受 Nisin 影响。在这种情况下（膜损伤），其他细菌素也可表现出对革兰氏阴性菌的抗菌活性（Ray ，1993；Sahl，1995；Venema，1995）。

Nisin 主要的作用目标是细胞膜。当 Nisin 与细胞膜发生作用时，并不像其他抗菌肽一样需要膜受体。然而，Nisin 的作用需要一定的膜电位（Sahl，1987；Bruno 和 Montville，1993）。Nisin 作用在细胞膜上，使细胞膜上产生小孔，从而促使膜电位的消失，最终导致细胞裂解（Jack，1994；deVos，1995；Sahl，1995）。用阳离子交换过程可以解释 Nisin 引发细胞裂解作用，因为具有强阳离子作用的羊毛硫细菌素可代替细胞自溶酶，这种酶的作用使细胞壁变得脆弱。羊毛硫细菌素干扰细胞的能量供给，阻止细胞壁的修复。羊毛硫细菌素在膜上形成的小孔并不能使高分子量的物质通过，因此，只能导致水净流入，从而引起渗透压增强和细胞裂解（Sahl，1995）。

产生这些细菌素的益生菌需要保护自身不受这些抗菌物质的干扰，有些靶细菌也可以对细菌素产生抗性：①产生菌可合成一种在细胞膜外部的免疫脂蛋白（Kuipers，1993），这种被称为 ABC 的外运蛋白参与羊毛硫细菌素（前体）的运输，同时也排斥羊毛硫细菌素使之不与细胞接触，从而使产生菌产生抗性（Siegers 和 Entian，1995；Venema，1995）。Nisin 操纵子编码的一种疏水蛋白，与大肠杆菌素（colicin）免疫蛋白有类似的作用机理，它可以与细菌素反应，然后关闭膜孔（Siegers 和 Entian，1995；Venema，1995）。②许多并不产生 Nisin 的革兰氏阳性菌可通过破坏 Nisin 的活性，对 Nisin 具有天然的抵抗力（Harris，1992）。蜡状芽孢杆菌（*Bacillus cereus*）可通过还原脱水氨基酸，从而使 Nisin 失活（Jarvis 和 Farr，1971；Venema，1995）。③Nisin 抗性可由亚致死浓度的 Nisin 浓度诱导而获得，产生这种抗性的机理因菌株而异（Harris，1992）。Klaenhammer（1993）认为某些基因的突变是产生对 Nisin 抗性的机理之一，这些基因负责编码直接或间接参与 Nisin 吸附或膜穿孔的细胞组分。正如前面所讲过的那样，由于 Nisin 的作用并不需要任何受体（Sahl，1987），所以该假说也受到一些挑战。

（2）第Ⅱ类　大多数第Ⅱ类细菌素的作用部位是细胞膜，它们可在细胞膜上形成膜孔，破坏膜的完整性。下面以乳球菌素（lactococcin）为例，加以说明。与 Nisin 相反，乳球菌素对靶细胞的作用与细胞的能量供应无关（Jack，1994）。由于乳球菌素 A 仅对敏感菌株的膜泡发生作用，因此，乳球菌素 A 需要一种特异性膜受体蛋白的存在才能发挥作用（vanBelkin，1991；1992；Venema，1995）。乳球菌素 A 可能形成跨膜的 α 螺旋结构，该螺旋结构具有两性特征。这些细菌素分子可像组成木桶的板一样围绕中间充满水的孔排列

(Klaenhammer，1993；Kok，1993；Venema，1995)，随着细菌素浓度的不同，所形成的孔的大小也不同（Venema，1995）。这些孔增加了膜的通透性，使某些小分子可以流入细胞，而使吸收紫外线的物质流出细胞（Aack，1994），并且使细胞膜两侧的质子驱动力消失(Bruno 和 Montville，1993)。在对其他第Ⅱ类细菌素的研究中发现，这些细菌素可抑制RNA、DNA 和蛋白质合成；还可抑制细胞内某些必需小分子前体的转输，使这些分子渗漏到细胞外（Venema，1995）。与羊毛硫细菌素的情况一样，第Ⅱ类细菌素产生菌可分泌免疫性蛋白保护自身不受伤害。

(3) 第Ⅲ类　目前仅从乳杆菌属的细菌中分离到第Ⅲ类细菌素（Klaenhammer，1993），对这些大分子细菌素的作用机理和产生菌的免疫机制还不太了解。

(4) 第Ⅳ类　第Ⅳ类包含一些复合型细菌素。脂链或糖链对细菌素生物活性的发挥是必需的。这一类细菌素并未得到广泛承认，因为其中可能包含部分经过非正常方法分离所得到的肽类细菌素（Venema，1995；Nes，1996）。与第Ⅲ类一样，这类细菌素的作用机理与产生菌的免疫机制还有待进一步研究。

二、调节宿主营养代谢

（一）产生多种消化酶

酶是一种生物催化剂，生物体内的各种生物化学反应，几乎全部都是在酶的催化作用下进行的。酶能够破坏植物饲料细胞的细胞壁，促使细胞的营养物质释放出来，并能消除饲料中的抗营养因子，减少抗营养因子对动物消化利用的障碍，还能补充动物内源酶的不足，激活内源酶的分泌，从而加快营养物质的消化和吸收，提高饲料消化利用率。许多饲用微生物可产生淀粉酶、脂肪酶和蛋白酶等消化酶，从而提高饲料转化率。如芽孢杆菌具有很强的蛋白酶、脂肪酶、淀粉酶的活性，还能降解植物性饲料中某些复杂的碳水化合物及其他难分解成分，释放出可被动物吸收的营养成分。保加利亚乳杆菌在肠道内可增强 β-半乳糖苷酶的活性。此外，饲用微生物还能诱导动物内源消化酶的分泌，它们在消化道中所产生的酶和动物体内的酶共同起作用，提高饲料转化率。Rythen 等研究发现，仔猪进食含饲用微生物添加剂的饲粮 3h 后，门静脉中葡萄糖、半乳糖、L-乳酸和氨基氮的含量显著提高。

瘤胃中存在一类纤维素和半纤维素分解菌，这类菌能产生纤维素酶，可分解纤维素和半纤维素。一部分纤毛虫也能分解纤维素、半纤维素和果胶，分解产物包括葡萄糖、木糖、阿拉伯糖和果胶酸等。这些微生物强大的分解作用使反刍动物能大量利用高纤维含量的粗饲料，据 Mc Bee（1970—1971）研究，反刍动物 80%以上纤维素的消化都靠瘤胃内的微生物。此外，许多纤维素和半纤维素分解菌以及淀粉分解菌都具有分解淀粉的能力。这些细菌主要通过其产生的 α 淀粉酶和 β 淀粉酶分解淀粉，产生麦芽糖、葡萄糖等。真菌类饲用微生物如米曲霉发挥益生功能的机制，可能在于其高产分解上述多糖分解酶的能力。

肠道微生物还可分解利用动物不能利用的低聚糖，比如果聚糖、甘露寡糖等。双歧杆菌和乳杆菌等对这些低聚糖的利用，可以产生挥发性脂肪酸并降低 pH，抑制大肠杆菌等腐败菌的增殖。在无菌小鼠中定植多形拟杆菌（*B. thetaiotaomicron*）后，一些参与碳水化合物加工和吸收的基因的表达发生改变。例如，回肠中 Na^+/葡萄糖转运载体的表达量明显增加(Lora V Hooper 等，2002)，这一载体在葡萄糖由肠腔被摄入的过程中发挥重要作用

(Hediger M A 等，1987)。

脂肪分解细菌在动物和人的消化道中均有发现。这类细菌的存在可能不利于动物吸收饱和与非饱和脂肪酸。试验证明，无菌大鼠比普通大鼠能更好地吸收脂肪酸。无菌鸡对脂肪的消化率也高于普通鸡。在研究抗生素的试验中发现，在卫生条件恶劣的环境中，在饲料中添加抗生素，可促进脂肪酸的吸收。如果给无菌鸡接种粪链球菌和魏氏梭菌则产生对高级饱和脂肪酸的吸收不良（郭兴华，2002）。也有人报道多形拟杆菌（*B. thetaiotaomicron*）的定植与无菌动物相比，胰脂肪酶、激活胰脂肪酶的共脂肪酶（co-lipase）、促进脂肪酸胞内转运的脂肪酸结合蛋白（L-FABP）和阿朴脂蛋白（apolipoprotein，A-Ⅳ）等蛋白基因的表达量增加，这些蛋白与宿主对脂质的吸收密切相关（Lora V Hooper 等，2002）。

短链脂肪酸（short chain fatty acid，SCFA），也常称作挥发性脂肪酸（volatile fatty acid，VFA），其中乙酸、丙酸和丁酸是主要成分。短链脂肪酸主要来自大肠内蛋白质和碳水化合物的代谢，是肠道细菌发酵的重要产物。除了淀粉和蔗糖外，肠道中细菌的基因组还富含编码代谢葡萄糖、半乳糖、果糖、阿拉伯糖的酶（Gill SR 等，2006）。

短链脂肪酸有着重要的生理功能，结肠上皮细胞中短链脂肪酸的代谢活动可能是肠道细菌与宿主相互作用最重要的体现。3 种主要的短链脂肪酸——乙酸、丙酸和丁酸在结肠上皮代谢中有重要意义，其中丁酸是这些细胞重要的能量来源，在细胞分化和生长中起着重要作用（Cummings，1981）。

结肠上皮细胞能量的 60%～70%来自细菌的发酵产物。通过对混合脂肪酸产生二氧化碳的研究，发现细胞的作用顺序是丁酸第一，丙酸次之，然后是乙酸。短链脂肪酸代谢生成二氧化碳和酮体，它们是黏膜脂类合成的前体。结肠细胞可代谢葡萄糖和谷氨酰胺，在分离到的结肠细胞中，70%以上消耗的氧是因为丁酸氧化。由丁酸产生的二氧化碳在前后结肠相同，而在后结肠产生的酮体较少，这意味着更多的丁酸在后肠进入了三羧酸循环。反之，谷氨酰胺的代谢和葡萄糖氧化一样，主要在前结肠进行。前结肠和小肠类似，而后结肠则依赖丁酸为主要能量来源。结肠上皮细胞的健康在很大程度上是依赖丁酸，丁酸可促进细胞分化，抑制结肠癌细胞的生长（Archer，1998）。

大量研究表明纤维可刺激小肠和大肠黏膜的生长和功能的发挥。上皮细胞的这种营养效应是通过短链脂肪酸介导的，Sakata 通过回肠管每日向结肠滴注混合短链脂肪酸，观察到隐窝细胞在两天内增殖速度增加。大肠或小肠内的短链脂肪酸的产量减少时，该部位上皮细胞的增殖就受到抑制。

除了作为结肠细胞的重要能源，丁酸还在不同细胞中表现出多种多样的特性。这些特性包括在消化道中早期对细胞生长的抑制，诱导分化，刺激细胞骨架形成及改变基因表达等。在多种细胞系中可见到丁酸对细胞生长的减缓或抑制作用，如鸡成纤维细胞、黑素瘤、乳腺细胞等。丁酸可改变多种基因的表达，如肝细胞表皮生长因子（EGF）的产生、内皮细胞血纤维蛋白溶酶原激活物的合成等。还有研究证明，丁酸盐能强烈抑制促炎症因子 IL-12 和 TNF 的产生，增加金黄色葡萄球菌诱导的抗炎因子 IL-10 的释放（Nancey 等，2002）。一般认为，丁酸盐可能通过影响 NF-κB 信号通道来介导上述功能作用。还有报道认为，当结肠中同时存在高浓度的丁酸盐和 LPS 时，能诱导热休克蛋白（heat shock proteins）HSP25 和 HSP72 的表达（Arvans D L 等，2005）。这些热休克蛋白对于维护上皮细胞屏障的完整性，保持细胞的活性和功能非常重要。

（二）产生有机酸、促进营养物质吸收和激活酶原

益生菌进入肠道后，尤其是乳酸杆菌和链球菌将产生乳酸。肠道的酸化，有利于铁、钙及维生素 D 等的吸收，激活胃蛋白酶，提高日粮养分的利用率，促进生长。这对新生家畜是十分重要的，它帮助维持新生家畜消化道的内环境，促进营养物质的消化吸收。对较成熟的家畜来讲，酸碱平衡体系较健全，肠道内 pH 较稳定，此时持续改变肠道 pH 的可能性和必要性还不能完全确定，有待进一步研究明确。

（三）菌体本身为动物提供营养

许多益生菌制品其菌体本身就含有大量的营养物质，如光合细菌富含蛋白质，粗蛋白可达 60%以上，还含有多种维生素、钙、磷和多种微量元素等，添加到饲料中可作为营养物质被动物直接摄取利用，从而促进动物生长。用光合细菌的活体投喂孵化后 2d 的鲤鱼苗，此时的鱼苗体长约 3mm，2 周后鱼体长可达 16～20mm，比对照组多增长 2 倍。

（四）合成维生素

大量研究表明，反刍动物、兔、马、猪、禽类肠道微生物群均可以合成维生素 K 和 B 族维生素、β-胡萝卜素。Coates 和 Fuller（1968）的试验结果证明，采食完全不含 B 族维生素的日粮时，普通鸡和无菌鸡盲肠中均检出 B 族维生素，并且普通鸡盲肠中的含量远高于无菌鸡。无菌鸡和普通鸡的生长比较试验也证明，日粮中缺乏维生素 B_2、维生素 B_6、叶酸、烟酸时，一些缺乏维生素症状可因肠道微生物合成的维生素而缓解。Miller 等比较了无菌鸡和肠道含大肠杆菌的鸡合成叶酸的能力，结果发现，带菌鸡的体重以及肝脏、肌肉、脑组织中叶酸含量都显著高于无菌鸡。Secltt 等（1982）指出，给鸡投喂磺胺或其他药物时，维生素 K 的需要量比正常情况下提高 10 倍。此外，猪和家兔通过食粪获取肠道合成维生素的观点也早已得到公认。一些学者还发现，大鼠即使不食粪，也可从肠道细菌获得足够的叶酸，并且能够完全防止明显的叶酸缺乏症状（Daft，1963）。即使日粮中不添加维生素 K 和 B 族维生素，成年马也很少发生相应的缺乏症。对于成年反刍动物，这种合成作用更为突出。传统营养学认为，成年反刍动物瘤胃合成的维生素完全可以满足其营养需要，除了高产期，饲料中一般不再补充维生素。因为饲用微生物在动物肠道中代谢所产生的多种维生素能直接被动物吸收，从而加强动物的营养代谢。

（五）降解毒素

自然界中的微生物可以产生危害动物的毒素，比如黄曲霉毒素。而有的微生物也可以产生降解毒素的物质，因此，在自然界中没有毒素的积累发生。黑曲霉、寄生曲霉、木霉等对黄曲霉毒素 B_1 具有较强的降解能力（Huynh 等，1984）。

三、调节宿主免疫机能

消化道相关淋巴组织（GALT）是机体最大的免疫器官，如人的消化道黏膜的表面积可达 $300m^2$，其中含有大量各种不同类型的免疫细胞。因而消化道不同部位的免疫细胞可激发多种

免疫反应，肠道中的益生菌对宿主免疫功能的调节作用可能正是通过此种途径而实现的。

尽管部分乳杆菌和双歧杆菌属细菌在不同程度上被认为是免疫刺激剂或“生物反应调节剂”，但对部分采用体外试验或非口腔途径获得的有关结论仍需谨慎对待。一些动物试验研究可看出，益生菌通过激活巨噬细胞可提高非特异性及特异性免疫反应、自然杀伤细胞活力，增强细胞因子表达水平，促进免疫球蛋白特别是分泌性的 IgA 的表达。而且益生菌的活细胞、死细胞或其发酵产物均具有调节免疫功能的作用，重要的是益生菌在表现出对免疫功能有正调节作用的同时，不会产生像病原菌那样诱导严重的炎症反应，这可能是与益生菌的抗原特异性有关。

Kato 等（1983）报道了腹膜腔注射干酪乳杆菌能激活腹膜腔巨噬细胞，提高参与吞噬过程的细胞吞噬能力和酶活性。并观察到了碳廓清速率指数增加所表征的单核巨噬细胞系统的激活，这意味着干酪乳杆菌具有免疫增强能力。

Saito 等报道了皮下注射干酪乳杆菌能引起抗绿脓杆菌和羊红血细胞（sheep red blood cells，SRBC）的循环抗体的增加，以及溶血空斑试验（plaque forming cell）中所形成的空斑数增加，表征了 IgM 量的增加。

NK 细胞在肿瘤清除过程中发挥重要作用，Kato 等（1984）报道了静脉或腹膜腔注射干酪乳杆菌能激活 NK 细胞（natural killer cells）。干酪乳杆菌和其他免疫调节剂如短棒杆菌和卡介苗相比，免疫调节剂效果相当，而且还有不产生肝、脾肿大的优点，而这在使用其他免疫调节剂时常常发生，只产生局部短时的细胞浸润（Yasutake 等，1984）。体外试验表明，库普弗细胞（Kupffer cell）、脾脏巨噬细胞、肺巨噬细胞和腹膜的巨噬细胞被干酪乳杆菌激活后产生细胞毒性因子（Hashimoto 等，1985）。但乳酸菌也不总是能对宿主产生有益功能，如嗜酸乳杆菌和植物乳杆菌的某些菌株在特定的条件下会对宿主产生不良影响。

尽管有很多研究表明我们可以选择某些益生菌作为免疫调节剂，但还有很多与其作用相关的因素有待阐明。例如，我们需要知道能发挥最大活性的菌株、最合适的使用剂量和使用时间。另外，我们不仅要考虑它们的经济价值，还要考虑它们对宿主的影响，如负面作用等。众所周知，口服抗原会诱导或是抑制免疫反应，发生哪种情况取决于抗原的特性和服用量。有关动物口服益生菌后，益生菌对动物产生的直接免疫刺激的报道目前还有争议，焦点之一是动物试验的科学性，如采用注射方式，把益生菌直接注入腹膜腔内，然后检测免疫学指标。这种方法虽然经典，但是试验中益生菌的生存位置与自然状态下的生存位置明显不同。另外，许多有关益生菌能调节免疫机能的依据来源于体外试验结果。比如，通过体外细胞培养，检测细胞分泌细胞因子能力、分泌细菌细胞壁分解酶能力和溶血空斑数量等与免疫反应相关指标的变化，分析处理因素对免疫机能的影响。上述体内外的试验及其结果，充分说明了益生菌可以对宿主的免疫系统产生一定程度的影响，然而，能否用这样的试验结果来说明或证明益生菌的有益作用呢？显然是不确定的。目前，针对益生菌对宿主免疫机能是否产生有益作用的评价技术还很不完善，这里，我们用 Fuller 等（1992）的试验结果举例说明益生菌对宿主免疫系统的刺激作用。

（一）对非特异性免疫的影响

宿主的非特异性免疫（non-specific immunity）又称天然免疫（innate immunity），是由

先天遗传而来，可以防御任何外界异物对机体的侵入，不需要特殊的刺激或诱导。非特异性免疫主要包括生理屏障（皮肤、黏膜及其附属物、共生微生物等）、抗菌物质（溶菌酶、补体、干扰素等）、吞噬作用（吞噬细胞和自然杀伤细胞等）、免疫系统的综合作用（炎症、发热等）。其中，微生物是动物机体生理屏障的重要组成部分。另外，研究表明，微生物还可以调节其他非特异性免疫功能。比如增强中性粒细胞、组织细胞和单核细胞等的吞噬作用，通过这种吞噬作用清除外来抗原。在这个系统中，巨噬细胞的作用非常重要。这些细胞的活性状态是衡量宿主非特异性免疫反应的一项指标，一般通过测定细胞激活后释放酶的能力或吞噬能力进行评价。

Fuller 等（1992）以 4 种乳杆菌（干酪乳杆菌 CRL431、嗜酸乳杆菌 ATCC4356、德氏乳杆菌保加利亚亚种 CRL423 和唾液链球菌嗜热亚种 CRL412）进行试验，通过口服和腹膜腔注射途径比较它们对小鼠免疫系统的刺激作用。所用细胞浓度为每只每天 1.2×10^9 个，两种方式实施的时间分别为连续的 2、5 和 7d。口服时，活体和灭活乳酸菌培养物以 10%的浓度悬浮于脱脂牛奶中，然后以 20% 的体积比加入饮水中，使小鼠自由采食。乳杆菌通过口服和腹膜腔内途径都可以增强巨噬细胞的功能，最佳剂量分别为 6×10^9 个细胞和 2.4×10^9 个细胞。对于这 4 株菌，使用活体菌或是灭活菌效果没有显著差异。通过对 β-葡萄糖醛酸苷酶和 β-半乳糖苷酶的活性分析，可以看到腹膜腔注射途径促进酶释放的效果更显著（表 3-4 和表 3-5）。体外对巨噬细胞吞噬能力的检测表明（表 3-6），当以腹膜腔途径使用乳酸菌时，具有吞噬能力的巨噬细胞百分数较高，嗜酸乳杆菌口服的效果最差，干酪乳杆菌两种方式都能中等程度激活巨噬细胞的吞噬作用。活菌和灭活菌的作用效果没有显著性差异。

以往的研究表明，微生物可以增强动物机体的非特异性免疫功能，主要的依据是增强吞噬细胞的吞噬能力。然而，微生物在增强非特异性免疫的同时，部分乳杆菌和双歧杆菌菌株还能增强小鼠外周血液中单核细胞以及组织培养巨噬细胞对 TNF-α、IL-4 和 IL-10 的表达。由此可见，微生物可能对机体细胞分泌炎症因子的能力也同时具有促进作用，而这种作用对于我们使用微生物的目的而言是不利的，因此，客观区分微生物的免疫增强作用和免疫刺激非常重要。

表 3-4　德氏乳杆菌保加利亚亚种和唾液链球菌嗜热亚种对小鼠腹膜腔巨噬细胞溶菌酶释放的影响（mg/L）

	平均酶活±SD					
	对照组	处理组				
		处理天数（d）	德氏乳杆菌保加利亚亚种		唾液链球菌嗜热亚种	
			口服	腹膜腔注射	口服	腹膜腔注射
β-葡萄糖醛酸苷酶	10.09±3.4	2	10.1±33.7	67.18±3.8	13.4±3.7	20.3±3.5
		5	46.61±7.5	43.18±5.5	10.33±3.2	29.9±4.2
		7	52.43±4.8	60.67±2.6	10.00±3.2	28.6±3.5
β-半乳糖苷酶	18.8±2.0	2	22.03±6.1	22.74±4.2	25.7±5.7	25.5±4.8
		5	64.28±4.0	56.4±4.2	21.3±2.0	36.8±3.7
		7	55.91±3.9	25.84±5.2	18.8±2.1	19.5±2.0

注：表中值代表的是 5 只小鼠的平均值±标准差，口服和腹膜腔注射的菌量为每只每天 1.2×10^9 个细胞。

表 3-5 干酪乳杆菌、嗜酸乳杆菌对小鼠腹膜腔巨噬细胞溶菌酶释放的影响（mg/L）

	平均酶活±SD					
	对照组	处理组				
		处理天数（d）	嗜酸乳杆菌		干酪乳杆菌	
			口服	腹膜腔注射	口服	腹膜腔注射
β-葡萄糖醛酸苷酶	10.09±3.4	2	9.8±2.46	23.6±2.5	49.55±6.8	43.31±1.0
		5	14.5±2.16	25.8±2.7	65.51±7.8	41.84±3.2
		7	10.5±3.20	28.5±3.2	65.83±6.8	33.37±1
β-半乳糖苷酶	18.8±2.0	2	51.3±7.95	55.7±2.9	37.91±2.67	35.75±2.30
		5	29.4±5.63	32.9±4.3	100.71±3.2	29.27±4.05
		7	18.8±2.01	35.9±3.2	121.83±4.8	26.90±1.2

注：表中值代表的是 5 只小鼠的平均值±标准差，口服和腹膜腔注射的菌量为每只每天 1.2×10^9 个细胞。

表 3-6 小鼠腹膜腔巨噬细胞吞噬作用百分数（%）

处理途径	处理天数（d）	德氏乳杆菌保加利亚亚种	唾液链球菌嗜热亚种	嗜酸乳杆菌	干酪乳杆菌
口服	2	45.0±5	49±2.5	36±5.2	61±6
	5	51.5±7.2	49±2.2	33±2.5	47±5.5
	7	44.0±6	45±3	35±3.2	43.5±2.5
腹膜腔注射	2	80±2	86±5.1	63±6.1	62.5±5
	5	76±1	64±3.5	75±5.2	62.0±5
	7	76±2.5	63±2	70±5	64.0±2

注：小鼠腹膜腔巨噬细胞吞噬作用百分数正常值为 33%，表中值代表的是 5 只小鼠的平均值±标准差。

为了确定对单核细胞系统的激活，进行的是胶体碳的清除试验，吞噬系数 K 和 $t_{1/2}$（图 3-10、图 3-11、图 3-12）证明了干酪乳杆菌、嗜酸乳杆菌和德氏乳杆菌保加利亚亚种的使用所导致的结果与对照相比有明显不同，这些菌的 $t_{1/2}$ 值都在 1～3min，而对照组为 10min。干酪乳杆菌和嗜酸乳杆菌口服的效果更好，可能是由于它们能在消化道中生存和定植。而唾液链球菌嗜热亚种激活单核吞噬细胞系统的能力不强，可能是由于其细胞壁的结构不同所致。

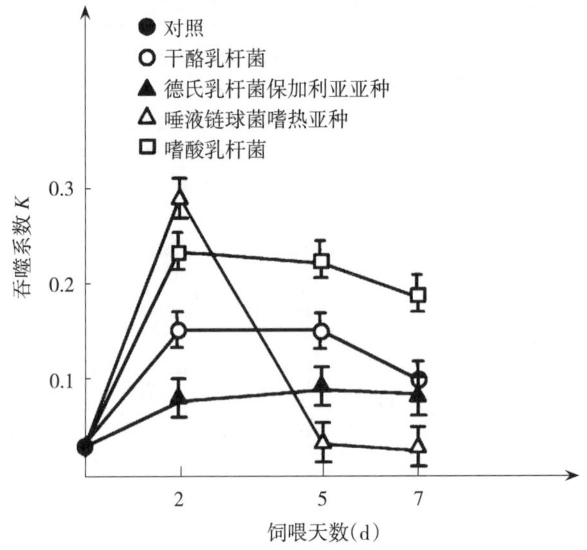

图 3-10 连续饲喂 2、5、7d 不同乳杆菌后小鼠巨噬细胞对胶体碳的吞噬动力学

饲喂量为每只每天 1.2×10^9 个细胞。K（吞噬系数）以方程计算：$K=(\log C_2-\log C_1)/(t_2-t_1)$（Tolone 等，1970）。这里的 C_1 和 C_2 分别代表在 t_1 和 t_2 时刻血液中碳的浓度，点和线分别代表 5 只小鼠的平均值±标准差，正常值为 0.025

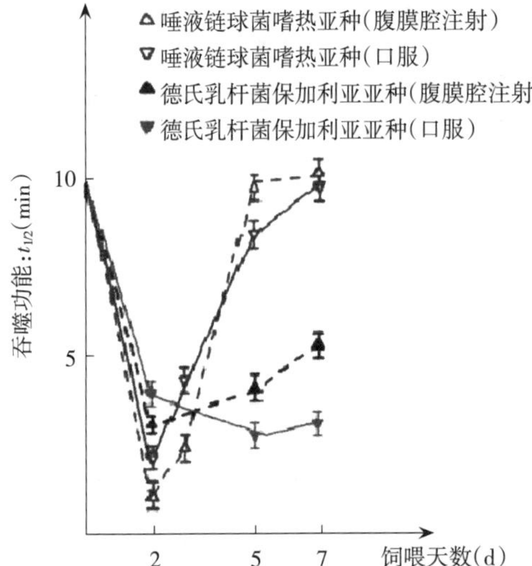

图 3-11 唾液链球菌嗜热亚种和德氏乳杆菌保加利亚亚种对小鼠网状内皮系统吞噬功能的影响

连续 2、5、7d 以每只每天 1.2×10^9 个细胞的乳杆菌剂量经口服或是腹膜腔注射处理小鼠，点和线分别代表 5 只小鼠的平均值±标准差。碳清除速率采用 Kato 等（1984）提出的公式计算。对照值 $t_{1/2}=10$min

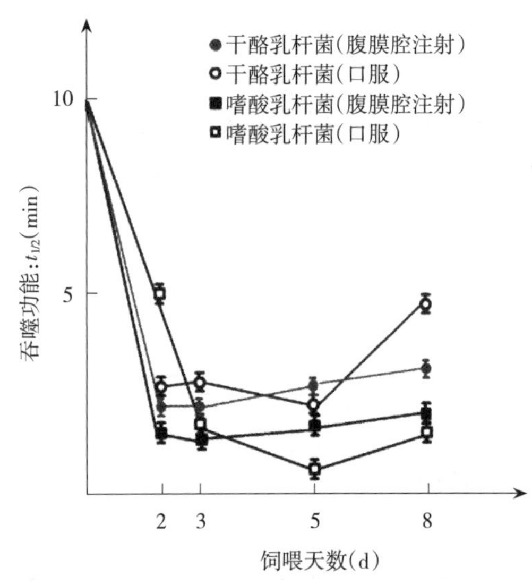

图 3-12 嗜酸乳杆菌和干酪乳杆菌对小鼠网状内皮系统吞噬功能的影响

连续 2、5、7d 以每只每天 1.2×10^9 个细胞的乳杆菌剂量经口服或是腹膜腔注射处理小鼠，点和线分别代表 5 只小鼠的平均值±标准差。碳清除速率采用 Kato 等（1984）提出的公式计算。对照值 $t_{1/2}=10$min

（二）对特异性免疫反应的作用

动物接受抗原刺激后，会导致 T 淋巴细胞和 B 淋巴细胞的增殖，后者分化成浆细胞，分泌免疫球蛋白分子。T 细胞释放的细胞因子对 B 细胞的增殖和分化有重要作用，随后即

能加强免疫反应。免疫系统的细胞间通过细胞因子进行交流，如白介素，某些作为免疫调节剂或是佐剂的物质的使用能诱导白介素的合成。为了确定 T、B 细胞的激活状态，需要测定由 T 细胞激活所增强的细胞免疫及 B 细胞激活所增强的体液免疫。

在口服乳杆菌后，以 PFC（plaque-forming cell）检测方法检测抗绵羊红细胞（sheep red blood cell，SRBC）抗体的浓度，结果如图 3-13。通过 PFC 方法检测到针对 SRBC 产生的 IgM。能在肠道中生存并定植的菌种，如干酪乳杆菌和嗜酸乳杆菌在 5d 时就能激活淋巴细胞使 PFC 值达到最大，而且在整个检测过程中都保持较强的免疫增强能力。德氏乳杆菌保加利亚亚种和唾液链球菌嗜热亚种可能由于肠道对其生存的抑制作用，要到 7d 时才能发挥效果。在这些菌株中，唾液链球菌嗜热亚种激活淋巴细胞的能力较弱，因为其 PFC 值在饲喂的第 10 天时降低到接近正常值。这表明较大剂量的使用唾液链球菌嗜热亚种可能不会增强激活淋巴细胞的能力，相反，可能还有副作用。因为这种微生物可能会在早期诱导针对自身抗原决定簇的口服耐受，而不能激活有免疫促进功能的细胞。

图 3-14 是连续饲喂 7d 后，观测到的抗 SRBC 循环抗体的浓度，血浆中的抗体浓度与对照组相比增加了 2～6 倍，然而唾液链球菌嗜热亚种的效果并不显著，这与前面的结果相一致。血浆中并没有抗乳杆菌的抗体，当将乳杆菌作为益生菌使用时，可以起到促进免疫功能的作用，但不会产生针对自身的抗体。这可能并不是由于这些微生物缺乏免疫原，而可能是这些细胞表面存在有胞壁酰二肽（muramyl dipeptide，MDP），

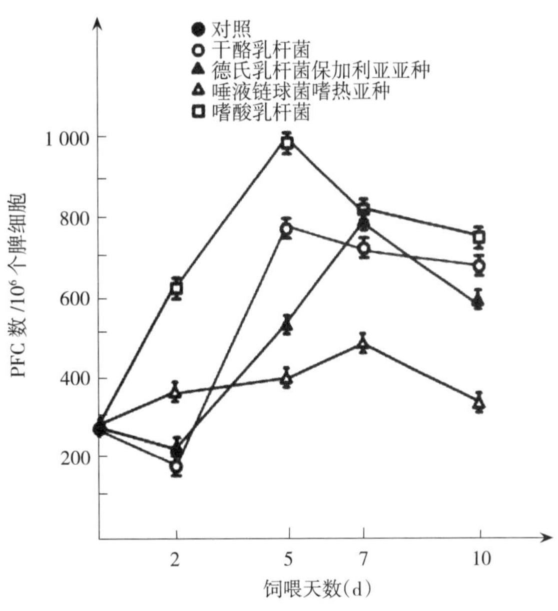

图 3-13　连续 2、5、7d 以每只每天 1.2×10^9 个细胞的乳杆菌饲喂后，小鼠对绵羊血红细胞（SRBC）的噬斑细胞数

点和线分别代表每组中 6 只小鼠的平均值±标准差，对照值=260PFC/10^6 个脾细胞

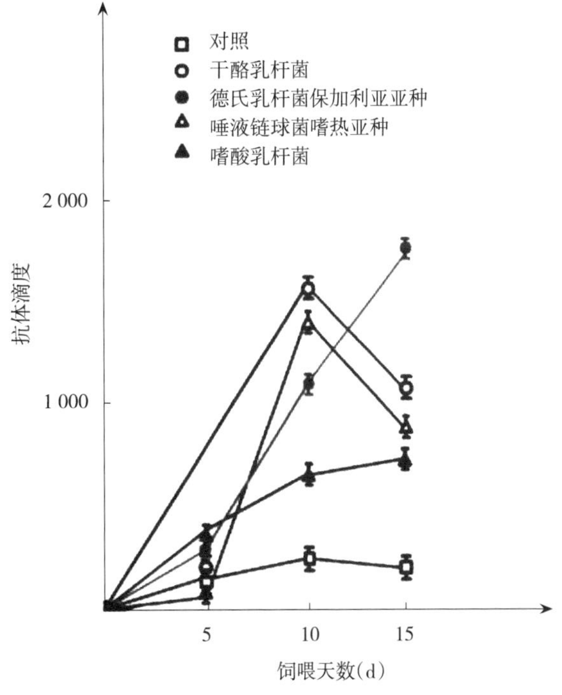

图 3-14　连续 7d 以每只每天 1.2×10^9 个细胞的不同乳杆菌饲喂后，小鼠血浆中抗绵羊血红细胞（SRBC）循环抗体的浓度

点和线分别代表每组中 6 只小鼠的平均值±标准差

这是一种普遍存在于革兰氏阳性菌的因子，能激活淋巴细胞，但并不激活免疫原反应。

图 3-15 是通过对 SRBC 和乳酸菌所作的迟发超敏反应（delayed hypersensitivity response，DTH）检测所获得的 T 淋巴细胞激活值。可以看到除了唾液链球菌嗜热亚种外，在饲喂其他乳杆菌 7d 后小鼠对 SRBC 抗原炎症反应百分数显著增加，对乳杆菌的 DTH 检测获得了类似的结果，尽管与 SRBC 相比，炎症反应百分数要低。

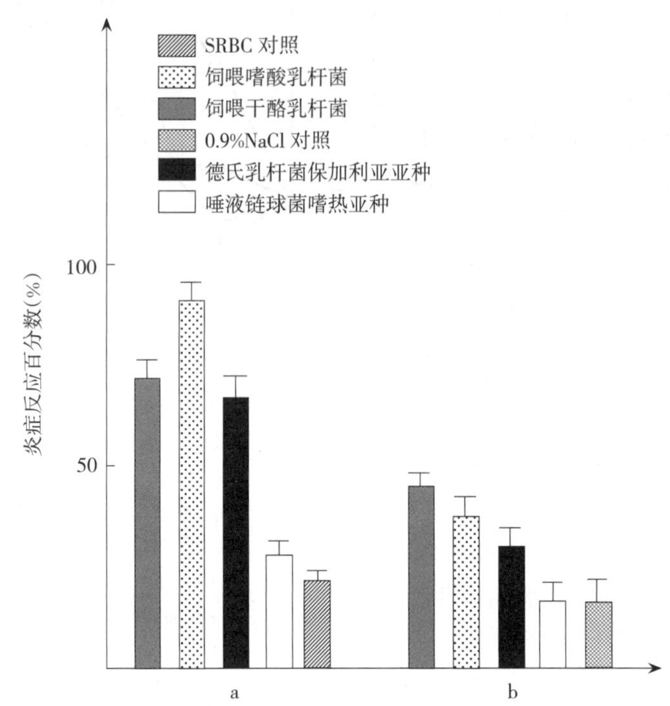

图 3-15　迟发超敏反应（Delayed hypersensitivity response，DTH）

（a）对 SRBC 和（b）对乳杆菌。给小鼠连续饲喂 7d 乳杆菌，在饲喂结束后，由腹膜腔注射 SRBC，接种 4d 后检测对 SRBC 的 DTH 反应。结果以（A－S）/S×100 表示，这里 A＝注射 SRBC 或乳杆菌后足垫的厚度，S＝注射 0.9%NaCl 足垫的厚度

一种成功的免疫调节剂不仅要能促进免疫功能，而且不会产生负面效应。通常负面效应发生在肝脏和脾脏。在我们的例子中主要需要考虑的是口服乳杆菌是否会导致肠道炎症反应的增加。而上述能有效刺激免疫反应的乳杆菌被证实不会对体重、肝重、脾重有负面影响。

哺乳动物的黏膜表面直接与环境接触，因而一直暴露在抗原中，这些表皮的分泌作用参与宿主的防御作用，而且有证据证明黏膜抗体不是血浆抗体的分泌，黏膜抗体与宿主的抗感染能力密切相关。分泌型 IgA 是分泌物中主要的免疫球蛋白类型，IgA 之所以重要在于它形成了抵御病毒、致病菌和其他外源抗原的第一道防线。

为了确定乳杆菌对黏膜免疫的作用，在饲喂乳杆菌后，检测肠液中免疫球蛋白浓度的变化。以放射免疫扩散法（radial immunodiffusion，RID）测定肠液中的免疫球蛋白总浓度及溶菌酶（β-葡萄糖醛酸苷酶和 β-半乳糖苷酶）的浓度，这是为了确定乳酸菌是否会增加炎症反应从而诱发负面影响。与此相关的物质还有前列腺素（prostaglandins，PG），它们在这一过程中非常重要。它们由参与炎症反应的免疫细胞释放。观察长期服用干酪乳杆菌的动物

小肠组织切片，来确定持续服用这一细菌肠道固有层和上皮可能发生的变化。选择干酪乳杆菌是因为它不仅能在肠道定植，而且能有效地激活系统免疫。

RID 分析结果显示饲喂 7d 后，不同的乳杆菌诱导了肠液中总免疫球蛋白量的增加。最高值是由嗜酸乳杆菌达到的，为正常值的 3 倍（图 3-16）。需要指出的是总免疫球蛋白的增加并不完全表示 IgA 的增加，因为其中检测到了 IgG 的存在，可能是由于炎症反应时，肠腔从血浆中获取 IgG 的量增加。

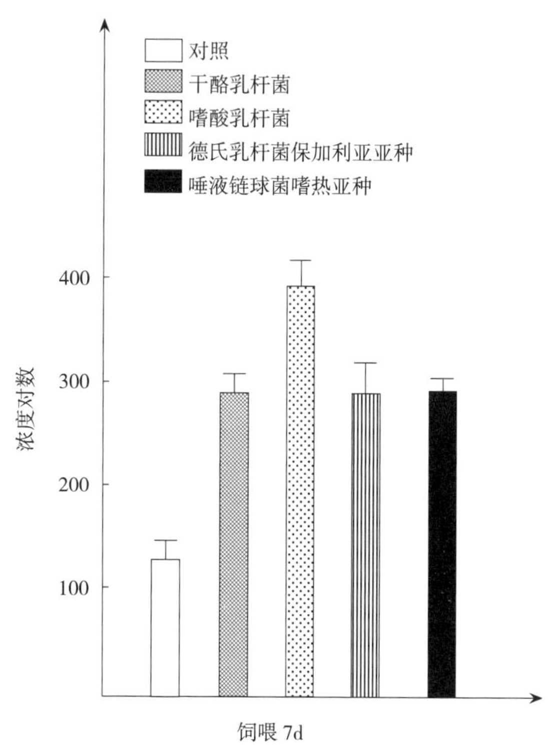

图 3-16 不同乳杆菌诱导肠液中总免疫球蛋白的增加

不同乳杆菌分别以每只每天 1.2×10^9 个细胞的量连续饲喂小鼠 7d，用山羊全抗小鼠免疫球蛋白以放射免疫扩散法测定肠液中免疫球蛋白的浓度，24h 后测定沉淀圈直径

β-半乳糖苷酶比 β-葡萄糖醛酸苷酶的水平要高，这可能是由于在肠道内容物中 β-半乳糖苷酶不仅仅由炎症细胞产生，而且肠道上皮细胞也能合成。

饲喂乳酸菌 5d 后，与对照组相比，β-葡萄糖醛酸苷酶的量显著增加（图 3-17）。同一饲喂期也观察到了 β-半乳糖苷酶水平的升高（图 3-18），这些结果表明可能某个剂量能诱发炎症反应，而干酪乳杆菌长期饲喂并不会增加，7d 后会回落到正常值。要理解这一结果，我们需要看酶活性与固有层淋巴细胞的数量是否一致。对饲喂干酪乳杆菌的动物在第 2 天、第 5 天和第 7 天时的组织切片观察，结果显示固有层淋巴细胞浸润的数量随着饲喂期的延长而增加，在第 5 天达到峰值，然后降低，肠道上皮也是这样。

在炎症发生时，会发生细胞的聚集，尤其是中性粒细胞、单核细胞和巨噬细胞，还有 T 细胞的参与。因而有假设认为在第 5 天时固有层的细胞是对 T 细胞有抑制作用的，通过免疫抑制减弱免疫反应，从而保护宿主。这个假设以及固有层中是什么类型的细胞起到了这种作用有待进一步研究证实。

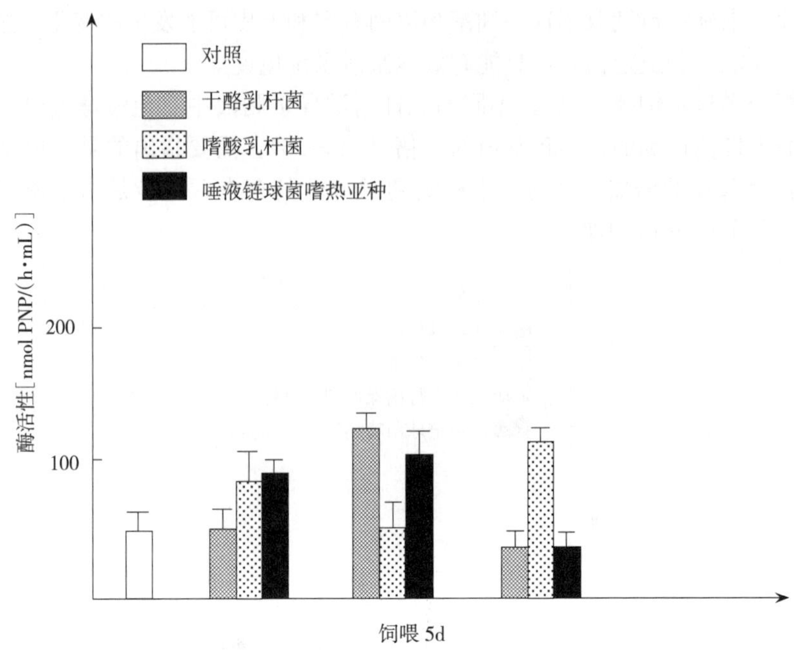

图 3-17 饲喂不同乳杆菌 5d 后肠液中 β-葡萄糖醛酸苷酶的活性

葡萄糖醛酸酶活性测定采用分光光度法。测定时所用的底物是对硝基苯酚基-葡萄糖醛酸苷（pNPG），在葡萄糖醛酸酶的作用下，从底物中能释放出对硝基苯酚（pNP）。通过比较单位体积和单位时间内所释放 pNP 的量［nmol PNP/（h·mL）］，可以判断葡萄糖醛酸酶的活性

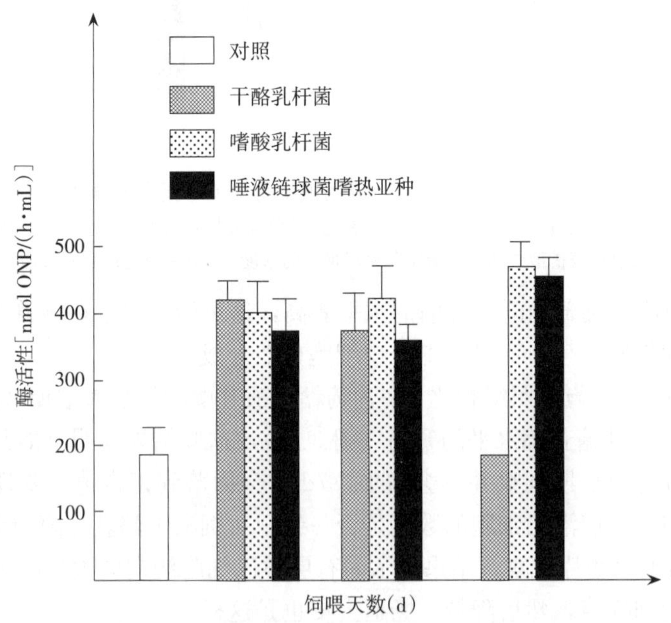

图 3-18 饲喂不同乳杆菌 5d 后肠液中 β-半乳糖苷酶的酶活性

β-半乳糖苷酶的酶活采用分光光度法。测定时所用底物为邻硝基苯 β-D-半乳吡喃糖苷（ONPG），ONPG 可被 β-半乳糖苷酶水解为半乳糖和黄色的邻-硝基苯酚（ONP）。通过比较单位体积和单位时间内所释放 ONP 的量［nmol ONP/（h·mL）］，可以判断 β-半乳糖苷酶的活性

这些研究说明乳杆菌的作用效果受其使用剂量的影响，剂量过大时可能对肠道产生不利的影响。这对我们使用益生菌治疗肠道感染非常重要，特别是微生物用作免疫佐剂时。尽管这种不利反应是短暂的，为了防止负面效应的发生，我们仍应考虑使用的剂量和使用的时间。

（三）防治感染

感染（infection），又称传染，是机体与病原体在一定条件下相互作用而引起的病理过程。二者力量的平衡结果决定着整个感染过程的发展和结局，而两者力量的强弱又是众多复杂因素的集成结果。就目前疾病概念而言，感染与疾病不是同义词，感染并不意味着发生显著的临床疾病症状，相反，大多数感染是亚临床的、不明显的，不产生任何显著的症状和体征，有的病原体与宿主也可建立起共生关系。针对病原激活有效的免疫反应是必要的，人们尝试过各种增强胃肠黏膜保护性免疫反应的策略。Metchnikoff（1907）报道了乳酸菌对防治肠道平衡紊乱有较好的效果。Hitchins 等（1985）报道饲喂酸乳酪能减少鼠伤寒沙门菌的感染。

增强新生动物黏膜免疫的措施非常重要，新生动物容易出现腹泻很重要的原因是在新生动物的上皮细胞上存在有大量的甘露聚糖受体，从而有利于肠道致病菌的黏附（Israel 和 Walker，1987）。在成年动物中这种受体减少，因而减少了病原菌的黏附机会。

（四）肠道微生物与肠道感染的关系

分析益生菌的保护能力，可以在攻毒前或与病原菌一起添加来分析具体情况。还需要研究益生菌所提供的保护能力与饲喂益生菌后分泌到肠道中的抗菌物质的关系。

常常通过检测病原菌在肝脏和脾脏中的定植值，以及 ELISA 检测肠液中 S-IgA 的水平，测定益生菌对病原菌入侵的保护能力，较少使用致死率来评价。因为动物可以通过免疫能力来抵抗，即使动物患病也可能自行恢复，在作益生菌功能评价的时候需要注意这一点。肠道激活良好的抵御病原的抗体反应，能有效地阻止病原菌的定植及向其他器官扩散并致病。能通过减少病原对上皮的黏附来破坏病原菌的入侵能力。而对于处于免疫抑制状态的动物，作益生菌评价的时候需要考虑动物的存活率，除了增强局部免疫外，还需增强系统免疫。

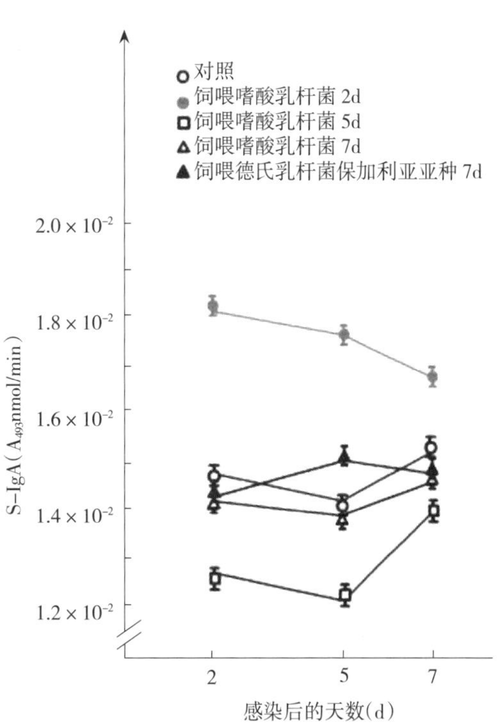

图 3-19 以 ELISA 检测在饲喂嗜酸乳杆菌和德氏乳杆菌保加利亚亚种后肠道分泌的抗沙门菌的 S-IgA 的水平

点和线分别代表组内平均值±标准差

在以 1.2×10^9 个细胞/（d・只）量的嗜酸乳杆菌、干酪乳杆菌和唾液链球菌嗜热亚种连续饲喂小鼠，以鼠伤寒沙门菌攻毒。攻毒后不同时间测定抗沙门菌的 S-IgA 水平。结果见图 3-19，从结果中可以看出，德氏乳杆菌保加利亚亚种饲喂 7d 后并不具有保护功能，产生的抗沙门菌的抗体与对照组类似。饲喂嗜酸乳杆菌也不具有保护功能，但饲喂 2d 的定植值显著低于对照组，第 5 天和第 7 天产生的 S-IgA 浓度低于对照组，而在饲喂 2d 所产生的抗体浓度较高。

饲喂嗜酸乳杆菌不能产生保护能力，可能是因为饲喂嗜酸乳杆菌能增加炎症反应，如前所述能产生较高水平的 β-半乳糖苷酶和 β-葡萄糖醛酸苷酶。高水平的炎症反应能增加病原和宿主间的互作，有利于病原的入侵。能检测到的 S-IgA 的水平也很低，可能是由于蛋白水解酶的活性增强。S-IgA 可能被改变，使其不能充分发挥中和抗原的生物学功能。尽管所选择的嗜酸乳杆菌和德氏乳杆菌保加利亚亚种不能发挥较好的保护功能，但我们并不确定其他菌株有较好的保护功能，原因是益生菌可能刺激宿主产生炎症反应，使其保护病原菌入侵和抗感染的能力降低。

提前饲喂唾液链球菌嗜热亚种 2d 和 5d 不能提供保护作用，但饲喂 7d 时具有保护作用。在饲喂 7d 时，仅在感染后的第 2 天能观测到病原菌在肝和脾的定植（图 3-20）。检测抗唾液链球菌嗜热亚种抗体的结果见图 3-21，病原特异性 S-IgA 的水平与对照组相比要低。

目前并不完全清楚为什么唾液链球菌嗜热亚种能抵抗鼠伤寒沙门菌的感染，原因可能有：①激活了固有层的淋巴细胞，通过细胞机制清除病原，特别是皮下淋巴细胞、巨噬细胞和肥大细胞；②产生的抗唾液链球菌嗜热亚种抗体能非特异性结合病原起到保护作用，尽管这种作用的效率较

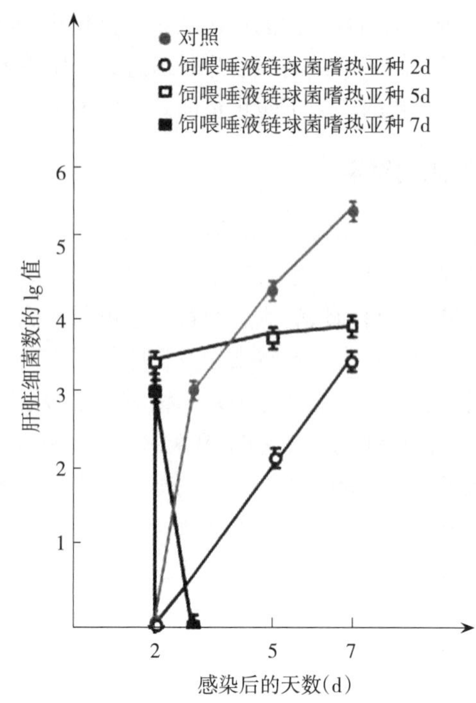

图 3-20　给小鼠连续 2、5、7d 饲喂唾液链球菌嗜热亚种后，以鼠伤寒沙门菌攻毒，感染后不同天数小鼠肝脏中沙门菌的数量

点和线分别代表组内平均值±标准差

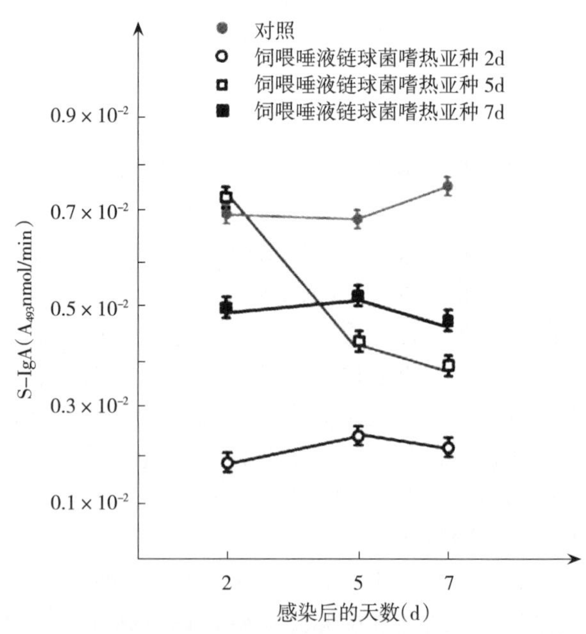

图 3-21　给小鼠连续 2、5、7d 饲喂唾液链球菌嗜热亚种后，以鼠伤寒沙门菌攻毒，感染后不同天数以 ELISA 测定的小鼠小肠分泌物中抗沙门菌的 S-IgA 含量

点和线分别代表组内平均值±标准差

特异性抗体的效率低；③黏液素的非特异性清除或唾液链球菌嗜热亚种产生的抗菌物质。

从表 3-7 的数据可以看出，干酪乳杆菌能预防鼠伤寒沙门菌和致病性大肠杆菌的侵袭。另外，只有当提前饲喂 2d 和 7d 时有效，饲喂 5d 与对照组相似。检测 S-IgA 的结果一定程度上解释了这一现象。小鼠连续饲喂干酪乳杆菌 2、5、7d 后攻毒鼠伤寒沙门菌，饲喂干酪乳杆菌 2、5d 后攻毒大肠杆菌。攻毒后 2、5、7d 时以 ELISA 检测 S-IgA 水平。连续饲喂 2d 和 7d 产生的抗伤寒沙门菌的 S-IgA 水平显著高于对照组，5d 时抗大肠杆菌和沙门菌 S-IgA 水平比对照组低或类似（图 3-22）。

表 3-7　干酪乳杆菌对鼠伤寒沙门菌和大肠杆菌感染肝脏的保护能力

感染菌	感染后天数 (d)	每个器官的菌数（cfu）			
		对照	饲喂干酪乳杆菌		
			2d	5d	7d
鼠伤寒沙门菌	2	11 300±500	0	12 589±1 300	12 685±1 200
	5	31 623±1 900	0	22 387±1 800	0
	7	316 228±3 200	0	25 119±2 100	0
大肠杆菌	2	14 780±1 300	0	51 000±2 000	0
	5	9 480±1 200	0	48 000±1 900	0
	7	0	0	0	0

如果要将上述结果和组织切片分析联系起来，可以得出结论：在饲喂干酪乳杆菌的第 5 天，在固有层中能观察到大量的淋巴细胞浸润，并导致较强的炎症反应。在饲喂 7d 时能产生较高的抗体浓度和较低的炎症反应，可能是由于 $CD4^+$ 辅助性 T 细胞的正常化。这意味着虽然服用干酪乳杆菌能对宿主保护病原菌的入侵发挥有益作用，但也会产生负面影响。大量的菌体抗原进入肠道会激活机体的炎症反应，这一效果可以被抑制性 T 细胞的出现所阻止，从而也会导致抗体合成的减少。

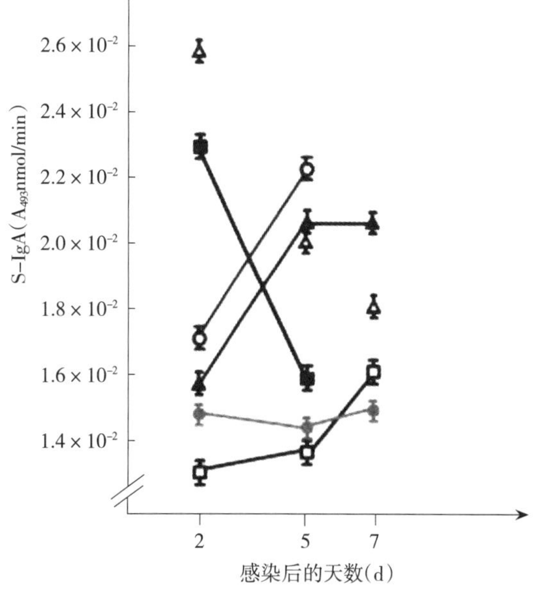

图 3-22　肠液中抗沙门菌和大肠杆菌的抗体水平

益生菌的服用剂量对于其抵御病原入侵的作用非常重要。在使用时要考虑宿主的免疫状态，宿主的免疫系统是否成熟。另外，非常重要的是需要确定发挥有益作用的最佳剂量。尽管上面所提到的嗜酸乳杆菌没有很好的保护功能，但其在保护新生仔猪免受大肠杆菌的侵害中发挥着重要的作用。对于新生仔猪和犊牛，出生时体内没有免疫球蛋白，因为免疫球蛋白不通过胎盘传递，对新生仔猪和犊牛使用益生菌有重要意义，即可形成对病原菌的定植抗性，其抗原性也可以刺激免疫系统的成熟，抵抗病原的感染。

如上所述，这些菌株中干酪乳杆菌的抗感染效果最好，还可以看一下当干酪乳杆菌和病原菌同时添加时的抗感染效果。如表 3-8 所示，分别饲养 2d、5d 和 7d，检测到的肝、脾中病原菌的定植量与对照组相似。ELISA 检测到的抗体浓度虽略有升高，但并不显著，这说明干酪乳杆菌要刺激抗感染的抗体的合成，只有在感染前施用有效。一种可能的解释是早期施给的益生菌能在病原菌的抗原影响前激活免疫细胞，充当佐剂的作用。激活的免疫细胞释放大量的细胞因子促进 B 细胞的增殖、分化和形成浆细胞。当动物同时接受益生菌与病原菌时，益生菌不能阻止病原菌的黏附，其原因可能是病原菌黏附后，S-IgA 的抗感染能力减弱了。

表 3-8　同时饲喂干酪乳杆菌对沙门菌感染肝脏的保护能力

感染沙门菌后的天数（d）	每个器官的细菌数（cfu）	
	对照	感染同时饲喂干酪乳杆菌
2	11 300±500	9 582±1 000
5	31 623±1 900	14 755±1 300
7	316 228±3 200	45 782±2 000

有的菌株在体外培养时能表现出抗菌活性，但这不能完全代表体内的情况，因为体内有更加复杂的微生物和营养状况。有些细菌所产生的抗菌物质通常为肽类物质，这类物质可能在经过消化道的过程中被蛋白水解酶降解。因此，在考察益生菌抵抗病原微生物入侵的作用机理时，不能简单依据体外的抑菌试验结果来确定。

（五）对细胞因子表达的影响

细胞因子（cytokine，CK）是指由活化免疫细胞或非免疫细胞（如骨髓或胸腺中基质细胞、血管内皮细胞、成纤维细胞等）合成并分泌的，能调节细胞生理功能、介导炎症反应、参与免疫应答和组织修复等多种生物学效应的小分子多肽，是除免疫球蛋白和补体之外的又一类分泌型生理活性分子。活化的免疫细胞、基质细胞和某些肿瘤细胞在接受某种物质如抗原或有丝分裂原的刺激后，一种细胞可分泌多种细胞因子，而几种不同类型的细胞也可产生一种或几种相同的细胞因子。

细胞因子的作用不是孤立的，它们可以通过合成和分泌的相互调节、受体表达的相互控制、生物学效应的相互影响而组成细胞因子网络（图 3-23）。细胞因子具有双重作用或是两面性：在生理条件下可发挥免疫调节，促进造血功能和抗感染、抗肿瘤等对机体有利的作用；在某些特定的条件下，还具有介导强烈炎症反应或是自身免疫病等对机体有害的病理作用（安云庆，1998）。

我们常会提到细胞因子与细胞的极化，如图 3-23 所示，炎症性 T 细胞（Th1）和辅助性 T 细胞（Th2）都由未成熟的 T 细胞（Th0）分化而来。正常情况下，体内的 Th1/ Th2 及它们分泌的细胞因子保持一种平衡，但在有病原出现时，针对不同的抗原类型会使某一类型介导的免疫反应占主导地位。通常 Th1 倾向于介导细胞免疫反应，常在清除胞内抗原中

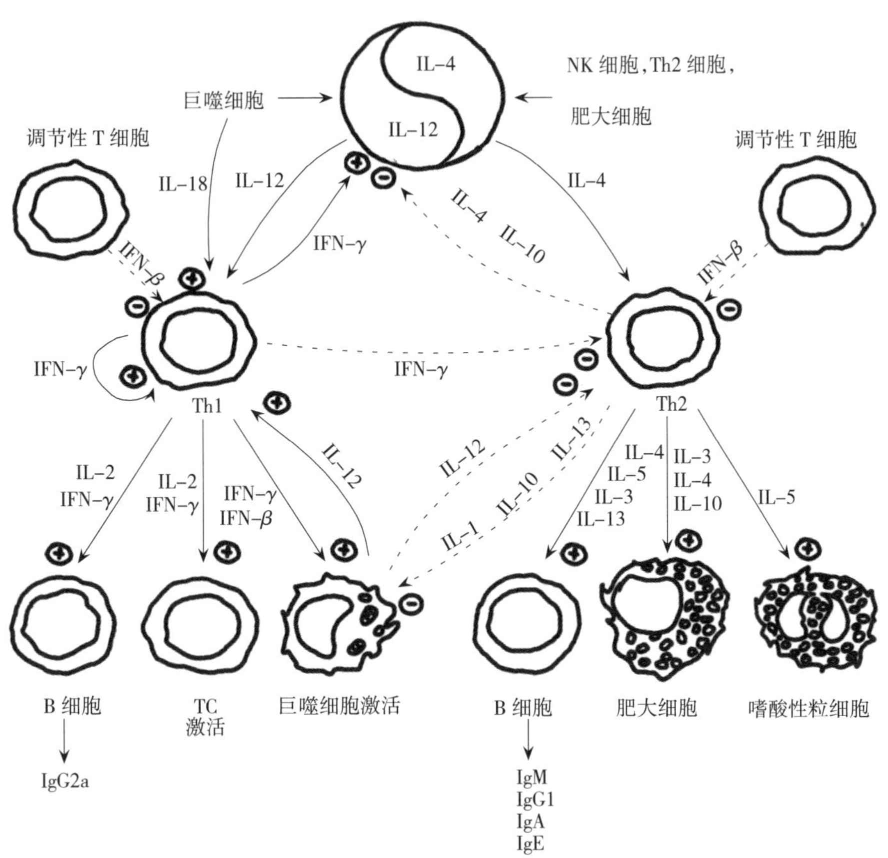

图 3-23 与 Th1、Th2 相关的细胞因子网络

发挥重要作用。Th1 型细胞因子包括 IFN-γ、IL-2、TNF。IFN-γ 可以致敏巨噬细胞，并在抗体型别转换时影响 B 细胞分泌 IgG_3 抗体。而 IgG_3 对于调理病毒和细菌及固定补体方面极为有益。TNF 可以激活致敏巨噬细胞和自然杀伤细胞。IL-2 则是刺激 CTL 和 NK 细胞增生的细胞因子。Th2 倾向于介导体液免疫反应，常在清除胞外抗原中发挥主要作用。IL-4 是 B 细胞生长因子，同样可以影响抗体类型转换，从而诱导其分泌 IgE 抗体。IL-5 可以诱导 B 细胞产生 IgA 抗体。Th2 型细胞因子在机体需要时可以促使产生大量的抗体抵抗寄生虫感染（IgE）或黏膜感染（IgA）。但若 Th1/Th2 的平衡完全被打破，出现过度极化也会导致机体出现不良反应，甚至是病理状况的发生。若 Th1 型细胞因子过量表达，通常会引起严重的炎症反应；若 Th2 型细胞因子过量表达，通常会引起过敏反应。

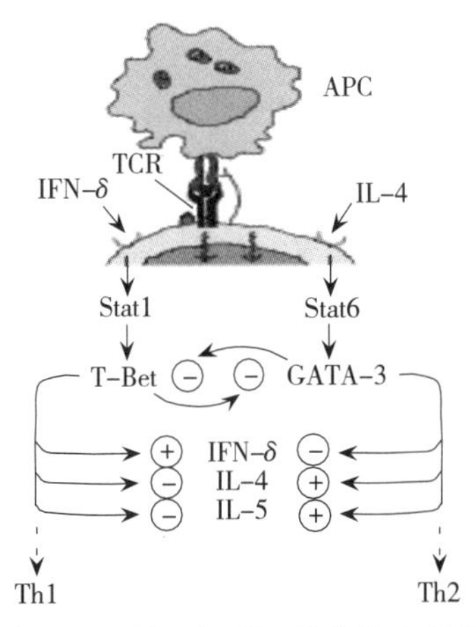

图 3-24 Th1 和 Th2 分化的主要调节因素（J Rengarajan 等，2000）

决定 T 细胞分化成 Th1 细胞还是 Th2 细胞的因素还不十分清楚，可能是感染性病原体和肽-MHC 配体的不同密度诱发的不同细胞因子起的作用。目前发现细胞内 TCR 和细胞因子受体产生的信号，决定了是产生促进 Th1 型转

录因子 T-Bet，还是产生促进 Th2 型转录因子 GATA-3（图 3-24）。

早已发现，细菌的脂多糖（LPS）是一种很强的细胞因子诱导剂，后来又发现细菌的其他成分和代谢产物也具有细胞因子诱导的功能，有的甚至比脂多糖的诱导能力还强，目前将这类物质统称为细菌调节素（bacterial modulins）（蒋虹，2000）。调节素对细胞因子有多方面的作用，如诱导细胞因子的合成和释放，抑制其合成和活性，通过诱导细胞因子受体的释放而发挥调节炎症反应的功能。

很多细菌在黏附和侵袭时也能诱导细胞因子的表达，如鼠伤寒沙门菌黏附于肠上皮细胞时能释放 IL-8，痢疾致贺氏菌和入侵性大肠杆菌在侵入成纤维细胞时可诱导 IFN-β 的释放。细菌对细胞因子的合成有双重作用，它不仅能促进宿主细胞产生细胞因子，还能合成某些蛋白或毒素直接或是间接抑制宿主细胞产生细胞因子。如霍乱弧菌通过合成霍乱毒素抑制鼠腹膜肥大细胞分泌 TNF-α。

益生菌对细胞因子的表达也有调节作用，但由于微生物自身抗原具有特异性，不同菌株对细胞因子表达的影响各不相同。Kitazawa 发现嗜酸乳杆菌（*L. acidophilus*）能诱导体外培养的鼠腹膜巨噬细胞产生干扰素。Shisa 等研究发现干酪乳杆菌（*L. casei*）能诱导脾细胞 IFN-γ 的分泌，但抑制 IL-4 和 IL-5 的分泌。Meng-Tsung 等报道了在以细菌或细胞因子刺激肠道上皮细胞前用干酪乳杆菌处理，能通过阻断蛋白酶体和抑制性 κB 降解阻止炎症因子基因表达的上调。Sandrine Menard 报道了短双歧杆菌（*Bifidobacterium breve*）释放一种穿透上皮细胞的小分子，能抑制由 LPS 诱导的单核细胞对 TNF-α 的分泌。

需要特别说明的是，我们在使用益生菌前，应对其影响细胞因子分泌的特点进行充分的了解，以便正确使用。当动物的免疫功能低下或免疫受到抑制时，需要使用益生菌适度激活相关细胞因子的表达，从而激活免疫细胞；而在某些情况下，如炎症性肠炎（IBD），动物体内 Th1 型细胞因子被过量激活表达，此时需要益生菌下调相关细胞因子的表达，从而缓解炎症反应。益生菌对细胞因子表达的影响常呈剂量效应。比如，鼠李糖乳杆菌（*Lactobacillus rhamnosus* GG）浓度较低时，对 IL-8 几乎没有诱导作用，此时主要是 TNF 在起诱导作用。当鼠李糖乳杆菌浓度达到 1×10^{10} cfu/L 时，其对 IL-8 的表达表现出较强的诱导作用（Liyan Zhang 等，2005）（图 3-25）。

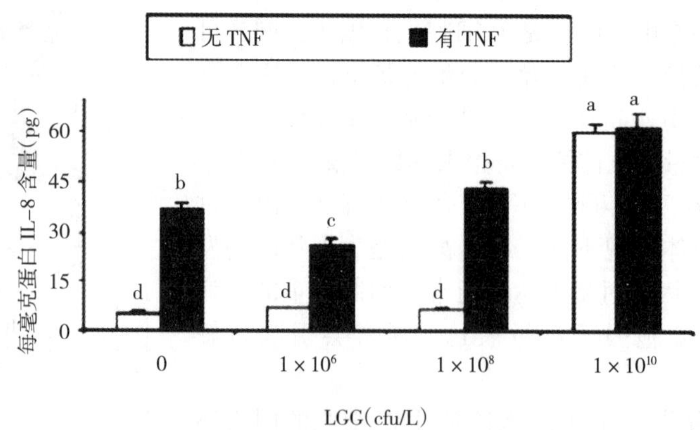

图 3-25　不同剂量鼠李糖乳杆菌 *Lactobacillus rhamnosus* GG 对 IL-8 表达的影响

（六）细菌对一氧化氮的调控

Robert F Furchgott 等因发现 NO 的重要生物学功能而荣获了 1998 年的诺贝尔生理医学奖。NO 既是气体，也是一种很强的自由基。它具有氧化还原性，在体内的半衰期为 3～5s。它利用其脂溶性能通过生物膜扩散，能在细胞内通过化学/自由基反应发挥作用并被灭活。它是机体内一种作用广泛、性质独特的信号分子，在细胞间信号的传递、血压稳定的维持、免疫系统的宿主防御反应等方面都起着十分重要的作用。NO 在不同器官、不同生理或病理状态下可发挥有利或有害的双重作用。在生理状态下，有 L-精氨酸生成低浓度的 NO，发挥信号传导、维持血管张力等作用；在病理状态下持续产生大量的 NO，对细胞有毒副作用（高峰，1999）。

内源性 NO 是由 NO 合成酶催化 L-精氨酸末端胍基中的一个氮原子氧化而生成胍氨酸和 NO。反应式如下：

$$\text{L-精氨酸} + \text{NADPH} + O_2 \xrightarrow{\text{NOS}} \text{NO} + \text{胍氨酸} + \text{NADP}$$

NO 的合成受多种因素的影响，NO 合成酶是合成 NO 的关键酶，有三种异构体：神经型（nNOS）、内皮型（eNOS）和诱导型（iNOS）。前两者为组成型，存在于内皮细胞和神经细胞内，合成和释放的 NO 较少。其中内皮型又称原生型，是 Ca^{2+} 依赖型，在细胞内 Ca^{2+} 浓度高时被激活，产生生理浓度的 NO，介导一系列生理功能。诱导型为 Ca^{2+} 非依赖型，其激活不需要细胞内 Ca^{2+} 浓度升高。NO 在体内的浓度不能过高也不能过低，过多或过少都会导致疾病的发生。

体内的内皮细胞和神经细胞都具有组成型 NO 合成酶，但 NO 的合成量不大；体内的某些微生物如乳杆菌具有 NO 合成酶（Bengmark，1999）；大量的 NO 来自免疫细胞和其他细胞，如巨噬细胞、T 细胞、B 细胞、肥大细胞和中性粒细胞等。这些细胞在收到抗原、脂多糖产生的细胞因子如 IFN-γ 和 IL-1 等刺激后能表达诱导型 NO 合成酶的 mRNA，生成较多的 NO，其活性远超过组成型 NO 合成酶催化生产的 NO。高金浩（2001）报道了双歧杆菌完整的肽聚糖能协同脂多糖激活巨噬细胞，使之分泌较多的 NO 合成酶、NO 及 cGMP，这些信号分子介导了完整肽聚糖的多种生理功能。

细胞因子对巨噬细胞产生的 NO 既可以诱导，也可以抑制。如许多炎症因子可以诱导表达 NO 合成酶，IFN-γ 是一个有力的诱导剂，TNF-γ、IL-1 和脂多糖可以增强刺激作用，而其他一些介质如 TGF-β、IL-4 和 IL-10 等则抑制 NO 合成酶的产生。

细菌、细胞因子、NO 和宿主细胞之间的关系是相互促进、相互制约和多方位立体式的调控（图 3-26）。

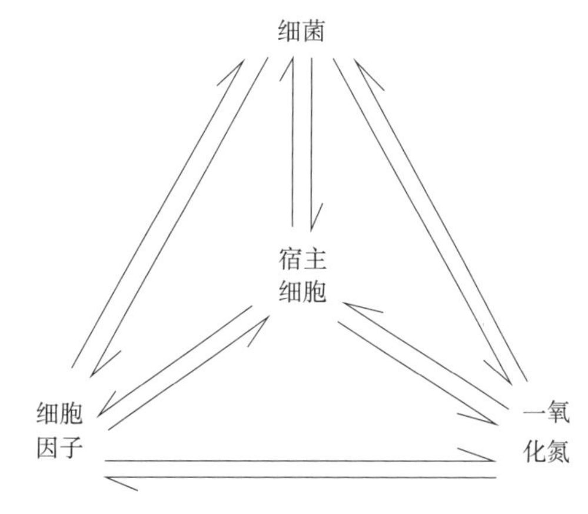

图 3-26　细菌、细胞因子、NO 和宿主细胞间的相互作用

（七）黏膜免疫

胃肠道最主要的功能是消化、吸收营养物质。另外，肠道黏膜是机体与外界环境接触面积最广（200～300m^2）的区域，还为宿主提供了针对肠道中各种抗原包括食物抗原和微生物抗原的保护性屏障。黏膜屏障是宿主保护自身免受病原微生物入侵的第一道屏障，也是一种非特异性免疫防御系统。通过胃酸（gastric acid）、胃肠蠕动（peristalsis）、黏液（mucus）、小肠蛋白水解酶（proteolysis）、肠道微生物区系（intestinal flora）、黏膜上皮细胞分泌黏液、防御素、IgA 等物理、化学和生物因子等多种方式的联合作用，保护宿主免受有害物质的侵袭。宿主消化道黏膜上皮的防御屏障如图 3-27 所示。

1. 紧密连接（tight junction） 紧密连接是细胞间的一种连接方式，使得相邻细胞能紧密结合，防止消化道内容物从细胞间隙穿透黏膜上皮。有多种蛋白参与紧密连接的形成，有趣的是这些蛋白的生物合成是可以被调节的，破坏紧密连接正是有的病原入侵机体的方式之一。

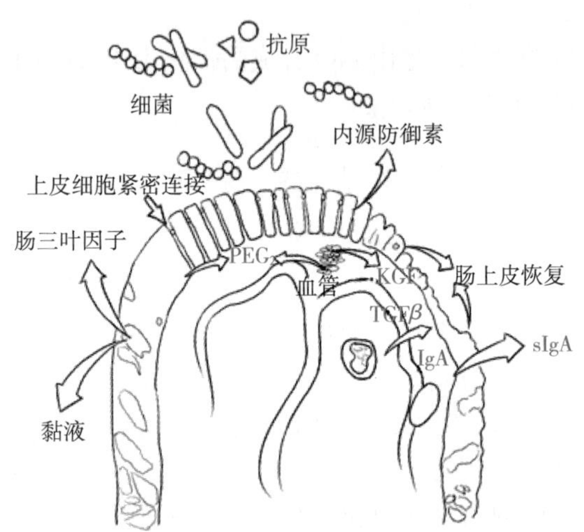

图 3-27 消化道上皮防御屏障

PEG$_2$：前列腺素 E$_2$；KGF：角质细胞生长因子；TGFβ：转化生长因子 β；IgA：免疫球蛋白 A；sIgA：分泌型免疫球蛋白 A

2. 黏液（mucus） 肠道黏膜表面有一黏液层，黏液由分化的杯状细胞（Goblet cell）分泌，也称作黏液素分泌细胞（mucin-secreting cell）。这些细胞分泌的黏液素（mucin）在上皮保护功能中也有重要作用。黏液素以分泌或与膜结合的形式存在，膜结合型有 MUC1、MUC3A、MUC3B、MUC4 等，分泌型有 MUC2、MUC5AC、MUC5B 和 MUC6 等。黏液素可以与肠腔内的很多物质结合，甚至可以发生和受体间的特异性结合。长期以来，人们一直认为黏液素只是在上皮表面起润滑和保护作用，但最近的研究表明它们还有其他重要功能。如为在黏液层中定居的微生物甚至是某些病原菌提供养分，有利于微生物黏附到上皮细胞以及微生物定植。小肠上皮覆盖有不连续、较薄的黏液层，大肠黏液层从结肠到直肠逐渐增厚，在派伊尔节（Peyer's patches）处没有黏液覆盖。有的病原菌如幽门螺杆菌能干扰黏液素的产生，从而易于穿过黏液层。

3. 防御素（defensin） 1966 年，美国科学家 Zeya 和 Spitznagel 首次在哺乳动物小鼠和豚鼠的多形核中性粒细胞中发现一类具有抗菌活性的碱性多肽，称之为“溶酶体阳离子蛋白”。这就是后来被人们称为防御素的物质。1985 年，美国加州大学 Robert Lehrer 博士首次用防御素（defensins）表示溶酶体阳离子蛋白。肠腔中的防御素是由一种位于小肠上皮的潘氏细胞（cellula panethensis）所分泌，这种细胞最早由奥地利医生约瑟夫·帕内特（Jose Paneth，1857—1890）发现，并以其名字命名。哺乳动物的防御素根据其分子内二硫键的位置不同分为 α-防御素和 β-防御素，它们都是富含阳离子的多肽，分子量为 3～4kD，分子内包含 6 个保守的半胱氨酸形成的 3 个二硫键。通过 3 个二硫键的连接形成片状结构。但是，α-和 β-防御素的二硫键的连接位置不同。防御素对革兰氏阴性菌、革兰氏阳性菌、分枝杆菌、真菌、病毒在不同程度上都有抑制作用。与抗生素相比，防御素的抗菌谱更广。同时防御素具有独特的抗菌机理，即带正电荷的防御素分子可以和带负电荷的靶细胞膜相接触，通过靶细胞膜产生的电动势将形成疏水面的防御素二聚体或单倍体注入细胞膜，最后多个二聚体或单倍体在靶细胞膜形成跨膜的离子通道，使膜通透化，从而扰乱了靶细胞膜的通透性及细胞的能量状态，这样导致细胞膜去极化，抑制细胞的呼吸作用以及细胞内能量物质严重下降，最终使靶细胞死亡。在防御素与靶细胞膜相互作用过程中，靶细胞的磷脂，特别是双磷脂酰甘油对防御素穿透有很大的影响。

4. sIgA 在黏膜表面存在有大量的免疫球蛋白 A（IgA），与血浆中的 IgA 不同的是，分泌型的免疫球蛋白（sIgA）是以二聚体的形式存在。IgA 合成的主要部位和合成位点是上皮表面。分泌 IgA 的浆细胞位于表面上皮的基底膜之下的固有层。IgA 由此转运穿越上皮到上皮外表面，如肠和呼吸道腔内。固有层合成的 IgA 以单一 J 链结合 IgA 二聚体的形式分泌，这种聚合形式特异性地与覆盖上皮细胞的基底侧面上表达的所谓聚合 IgA 受体（poly-Ig receptor）分子结合。如图 3-28，当聚合 IgA 受体结合了二聚体 IgA 分子时，复合物被内吞并在转运泡内经胞浆转移到上皮细胞的顶端表面。该过程称为转运吞噬作用（transcytosis）。在上皮细胞的游离面，聚合 IgA 受体被酶裂解，释放出的受体的细胞外蛋白质部分仍附着于二聚体 IgA 的 Fc 片断，这种分泌成分的受体片段有助于保护 IgA 免遭蛋白酶的溶解性裂解。

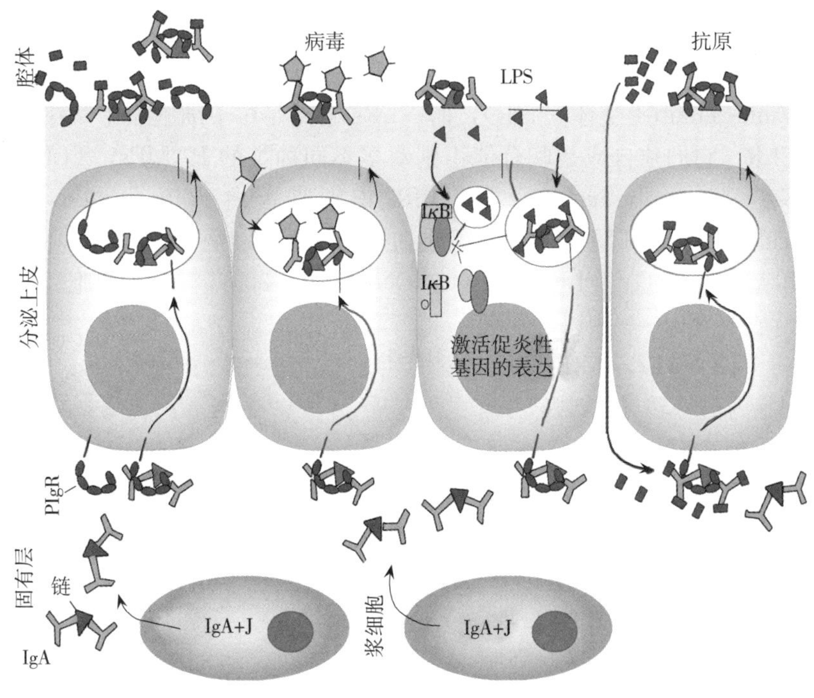

图 3-28 IgA 的分泌

IgA 的原始功能如同 IgG 抗体保护内环境细胞外腔那样保护上皮表面免遭感染。IgA 阻止细菌或毒素吸附于上皮细胞或是阻止外来物质的吸收，从而对病原体构成一道防线。新生动物易受感染，母乳中的IgA能保护动物免受感染，直至动物能自身合成抗体。

5. 其他因子 角化细胞生长因子（keratinocyte growth factor，KGF），是成纤维细胞生长因子（Fibroblast Growth Factor ，FGF）家族成员之一，即FGF-7，主要在间质成纤维细胞中表达，其受体仅分布于上皮细胞。它以旁分泌形式作用于上皮细胞，特异性地刺激上皮细胞增殖。花生四烯酸的代谢产物前列腺素（prostaglandins，PGs）是经典的炎症介质，可介导炎症反应，造成组织损伤；但某些PGs如PGE_2、PGI_2等是维持肠黏膜的完整性所不可缺少的。肠三叶因子（intestinal trefoil factor，ITF）是近年来发现的一种新型的生长因子，它可特异性地同黏液糖蛋白结合，稳定肠黏液层，防止有害物质对肠黏膜的损伤，并有很强的促进细胞增殖与转移的能力。

当细菌突破了糖蛋白、黏液素、IgA和抗菌肽等组成的防线后，就能和肠道上皮细胞接触。肠道上皮能通过先天免疫系统感知肠道中的共生微生物和病原菌。这种识别是由细胞所编码的模式识别受体（pattern recognition receptors，PRRs）担当，也被称作模式识别分子（pattern recognition moleculars，PRMs）。这些PRMs特异性识别微生物上某些在进化上很保守的必要成分，这些保守成分通常被称作病原分子相关模式（pathogen-associated molecular patterns ，PAMPs），或是微生物相关分子模式（microbe-associated molecular patterns ，MAMPs）。这些PRMs能将宿主成分和病毒、细菌、寄生虫和真菌等区分开。PRMs以分泌、膜融合的方式存在，或是存在于细胞质中。PRMS不同的识别结构域含有不同的蛋白家族，如C型凝集素的结构域、富含半胱氨酸的结构域和富含重复亮氨酸的结构域等。在肠道，黏膜免疫系统识别病原过程中发挥重要作用的PRMs是Toll-like receptors（TLRs）和Nod-like receptor（NLRs）。TLRs是膜锚定蛋白，表达于细胞膜表面或是与细胞内的细胞器膜相连（图3-29）。这些微生物感受器有面向腔面的富含亮氨酸的识别位点，在胞内有Toll/interleukin-1受体（TIR），而NLRs主要存在于细胞质中。在哺乳动物中存在10～12种TLR，它们独自或是联合能识别众多不同种类的PAMPs，TLR4识别革兰氏阴性菌的脂多糖（lipopolysaccharide）；TLR2识别脂蛋白（lipopeptides）和脂磷壁酸（lipoteichoic acid，LTA）；TLR5识别鞭毛蛋白；TLR3识别病毒的双链DNA（dsRNA）；TLR9识别非甲基化的CpG；TLR7识别单链DNA（图3-30）。在巨噬细胞、树突状细胞等免疫细胞表面存在有TLRs，用以识别细菌、真菌和病毒（图3-31），TLRs识别PAMPs后引起胞内信号转导的改变，调节各种免疫因子的表达和分泌（图3-32），从而影响免疫功能。

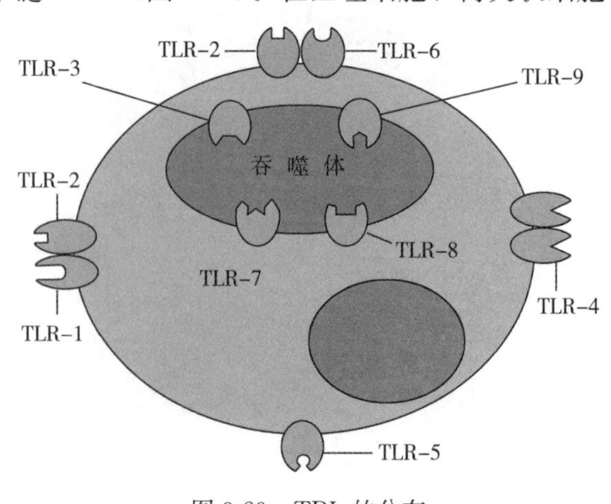

图3-29 TRL的分布

抗原呈递细胞中的PRMS识别PAMPs并激活T细胞的过程如图3-33所示。抗原呈递细胞将抗原吞噬处理，由MHC特异性呈递后与TCR（T细胞受体）结合的过程称为抗原识别，这是T细胞特异性激活的第一信号，引起细胞增殖及分化相关基因的转录；T细胞

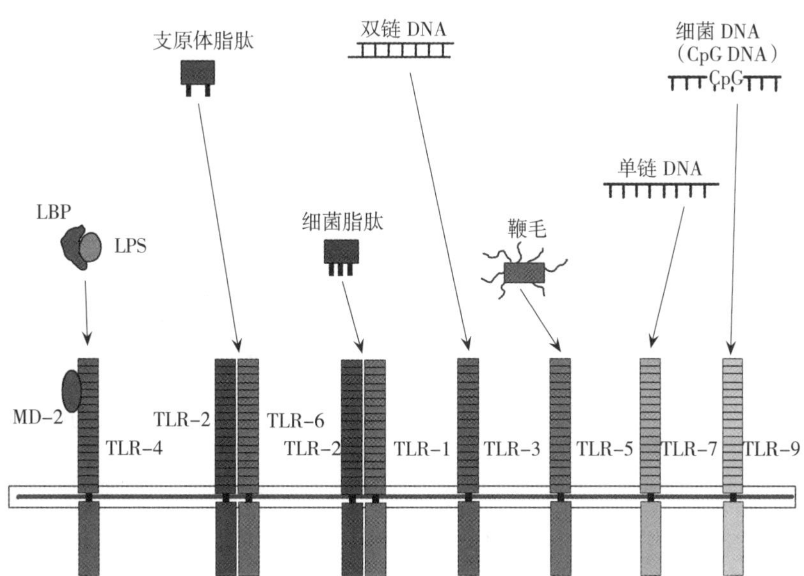

图 3-30　各种不同的 TLR 识别相应的 PAMPs

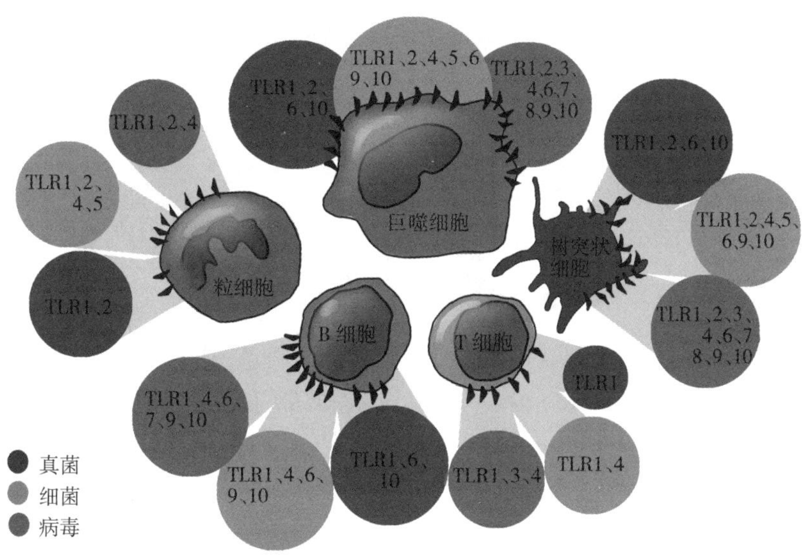

图 3-31　免疫细胞通过 TLRs 识别不同细菌、真菌和病毒

与抗原呈递细胞（APC）表面多对协同刺激分子相互作用产生 T 细胞活化的第二信号。其中 CD28 和 CD80 是重要的正性共刺激分子，如果缺乏共刺激信号，抗原识别介导的第一信号非但不能有效激活特异性 T 细胞，反而导致 T 细胞无能；除了上述双重信号，T 细胞的充分活化还需要细胞因子的参与，活化的抗原呈递细胞可分泌 IL 和 INF-γ 等多种细胞因子，它们在 T 细胞的激活中发挥重要作用。抗原是通过激活 NF-κB 来启动细胞因子的转录，在静息的细胞中，NF-κB 和其抑制单位 IκB 形成复合体，以无活性形式存在于胞浆中。IκB 通过其 C 末端特定的锚蛋白重复序列与 NF-κB 结合，并覆盖其核定位区域，阻止 NF-κB 向细胞核内转移。抗原的模式识别分子（pattern recognition moleculars，PRMS）作为 TLR 的受体与其结合后，IκB 激酶复合体（IκB kinase，IKK）活化将 IκB 磷酸化，使 NF-κB 暴

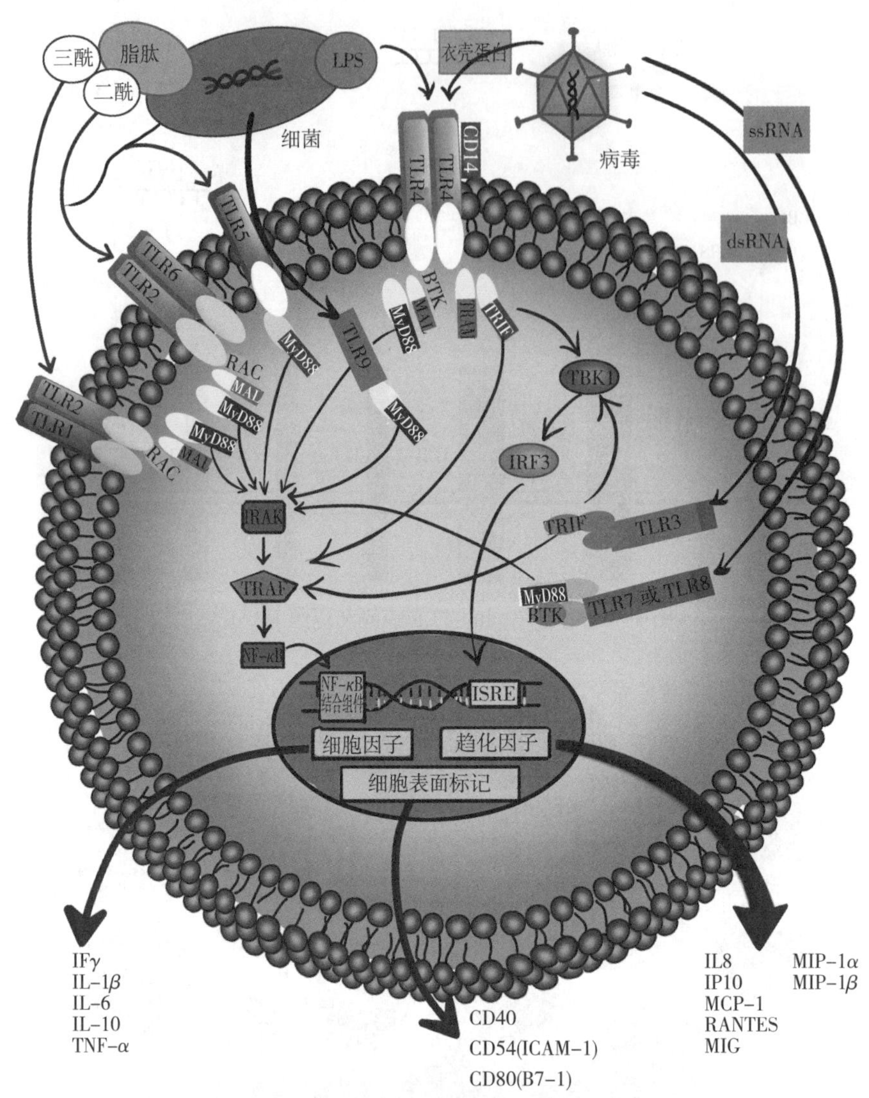

图 3-32　TLRs 识别 PAMPs 后对免疫因子基因表达的调节

露核定位位点。游离的 NF-κB 迅速移位到细胞核，与启动子上特异性 κB 序列结合，诱导相关基因如细胞因子的转录。细胞因子与 T 细胞表面的细胞因子受体结合，参与 T 细胞的激活；NODs 是胞浆识别受体，TLRs 是膜识别受体，两者识别的抗原有一定差异，NODs 主要识别细菌，TLRs 可识别细菌、病毒、真菌和原生动物等；NODs 也可激活 NF-κB，两者在信号转导上存在交互作用，在 TLRs 耐受的细胞中 NODs 可立即启动免疫应答，抵抗病原的入侵。

由上文可知 TLR 在宿主识别病原和防治感染的过程中发挥着关键的作用。但能被 TLR 识别的配体不仅只存在于病原微生物中，而且存在于共生的正常微生物中。Rakoff-Nahoum 等（2004）报道在稳定的生理状态下，肠道共生微生物能被肠道上皮 TLR2/4 识别，它们之间的互作在保持肠道上皮生态平衡中发挥着重要作用。而且正常共生微生物对 TLR 的激活在保护肠道损伤，减少相关致死方面发挥着关键作用。

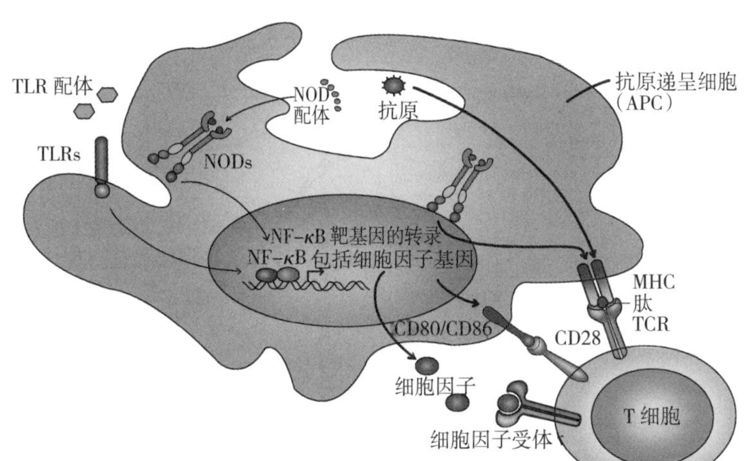

图 3-33 抗原呈递细胞中的 PRMS 识别 PAMPs 并激活 T 细胞的过程

肠道上皮细胞破损所导致的黏膜屏障的破坏会使共生微生物直接与表达 TLR 的细胞接触，特别是巨噬细胞，从而引起炎症反应。Rakoff-Nahoum 等为了研究共生环境破坏的影响，选择了以口服葡聚糖硫酸钠（dextran sulfate sodium，DSS）的小鼠来诱导肠道损伤和感染动物模型。DSS 是一种硫化多糖，对结肠上皮具有毒性。为了证明 TLR 在肠道感染中发挥的作用，他们选择了 MyD88 缺陷型小鼠及 TLR2 和 TLR4 缺陷型小鼠，MyD88 对于 TLR 所介导的炎症因子的诱导表达是必需的（Takeda 等，2003）。起初他们认为由于这些小鼠中不能产生 TLR 介导的针对共生微生物的炎症反应，因此会表现出较弱的病理反应，然而，试验结果却出人意料，与野生型（WT）小鼠相比，这些小鼠反而表现出较强的炎症反应和致死率（图 3-34、图 3-35、图 3-36）。

MyD88 缺陷型小鼠结肠出血是由于肠道上皮细胞的大面积严重脱落。结肠组织学病理学评分显示，与野生型相比，MyD88 缺陷型小鼠表现出更严重的溃疡和上皮损伤。这种情况的发生可能是由于共生微生物在肠道有损伤后过度繁殖、淋巴细胞过度浸润或是内部上皮抵抗损伤及修复功能（细胞因子、保护因子和生长修复因子等）的缺陷。在加入 DSS 前以广谱抗生素处理 2～4 周，并没有发现 $MyD88^{-/-}$ 小鼠死亡率的降低，从而否定了第一种假设，而且也没有发现野生型和 $MyD88^{-/-}$ 小鼠间的淋巴浸润有明显差异。而在 $MyD88^{-/-}$ 小鼠中发现了在损伤发生时隐窝的代偿性增殖和恢复功能表现出严重缺失。对于 IL-6、TNF 和 KC-1 等细胞保护

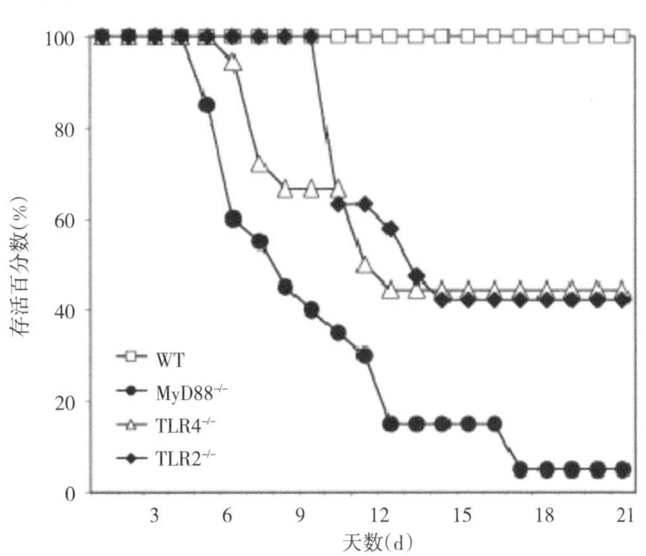

图 3-34 不同类型的小鼠在 DSS 处理后的存活率

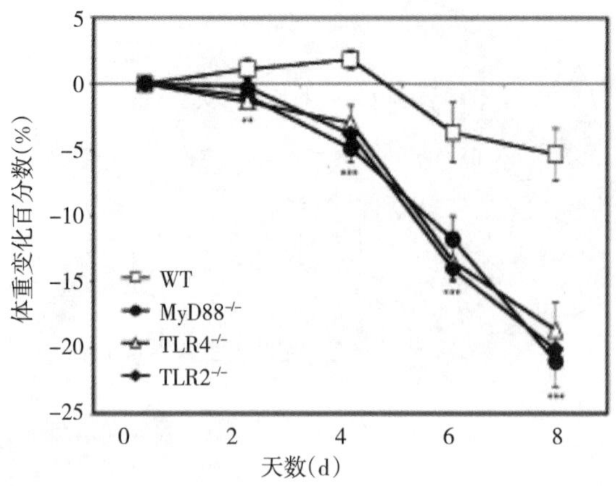

图 3-35　不同类型的小鼠在 DSS 处理后体重的变化

和修复因子，野生型小鼠的表达量均显著高于 MyD88 缺陷型和用广谱抗生素清除共生微生物（WT＋Abx）的小鼠。在加入 DSS 前，IL-6、TNF 和 KC-1 的表达量较低（图 3-37），加入 DSS 处理后，IL-6 和 KC-1 的表达显著上调（图 3-38）。在 $MyD88^{-/-}$ 小鼠中保护因子热休克蛋白（heat-shock protein，Hsp）Hsp25 和 Hsp72 的表达量降低，如图 3-39。

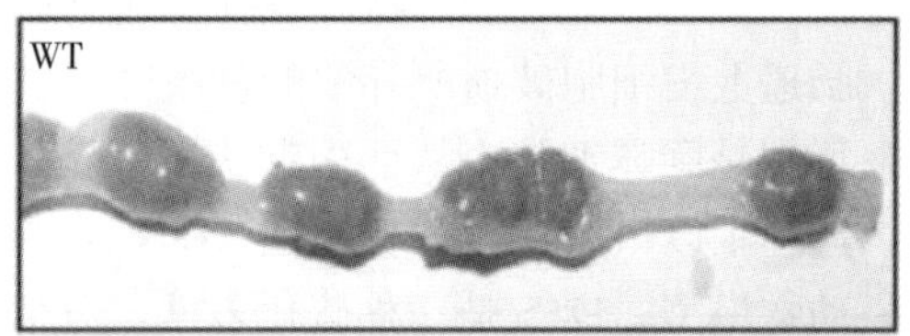

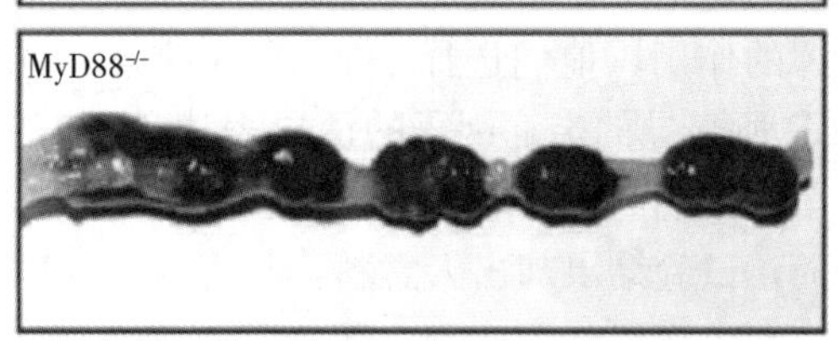

图 3-36　DSS 处理 5d 后 MyD88 缺陷型和野生型小鼠结肠照片

上述结果可以说明，由 MyD88 介导的 TLR 信号途径对损伤介质所导致的致死、结肠出血和小肠上皮损伤具有保护作用。图 3-37 中抗生素处理后检测不到 IL-6、TNF 和 KC-1 等保护因子的表达，说明微生物可能参与这一过程。为了进一步说明微生物的作用，以不同的抗生素组合处理来清除肠道微生物，结果如图 3-40 所示。其中，A：1g/L 的氨苄青霉素（ampicilin）；V ：500mg/L 的万古霉素（vancomycin）；N：1g/L 的硫酸新霉素（neomycin sulfate）；M：1g/L 的甲硝唑（metronidazole）。不用抗生素处理（NoAbx＋DSS）和硫酸新霉素＋甲硝唑处理（NM＋DSS）和万古霉素＋甲硝唑处理（VM＋DSS），以及用四种抗生素组合处理（AVNM＋DSS），只有四种抗生素组合处理（几乎完全杀灭了肠道中的微生物）后的 DSS 损伤小鼠，成活率明显降低，其他两组处理与不用抗生素处理组相同。这一结果与共生微生物通过 TLR 途径诱导保护因子表达的假设一致。而且通过这一结果还可以看出，肠道中的部分微生物存在时就可以对 DSS 损伤小鼠产生保护作用。

为了证明这种保护作用是由 TLR 对共生微生物的识别所介导，而非其代谢产物的作用，他们还进行了脂多糖和磷壁酸的替代试验。以脂多糖和磷壁酸分别模拟革兰氏阴性菌和革兰氏阳性菌，激活 TLR，口服脂多糖（LPS）（TLR4）和磷壁酸（LTA）（TLR2）能完全保护清除了共生微生物小鼠由 DSS 诱导的致死和结肠出血（图 3-41、图 3-42）。与抗生素清除了肠道微生物的小鼠相比，口服脂多糖的保护作用相同，Hsp25/72 的表达量也有相应

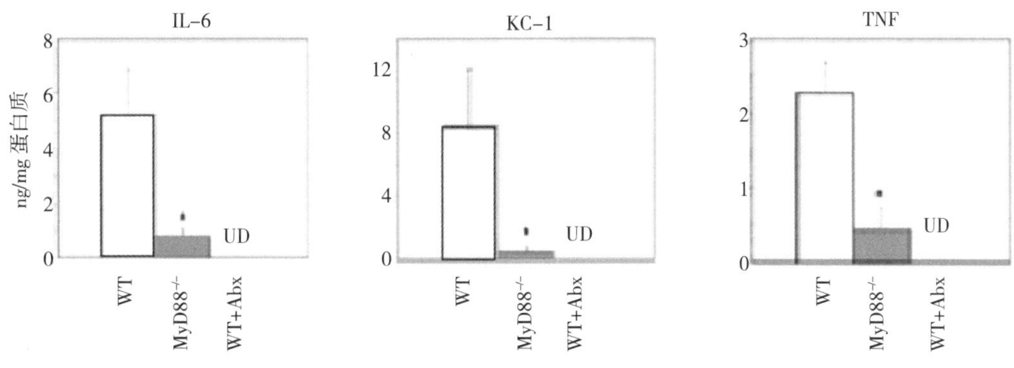

图 3-37　不同类型小鼠 IL-6、KC-1 和 TNF 的内源本底表达量（UD=未检测到）

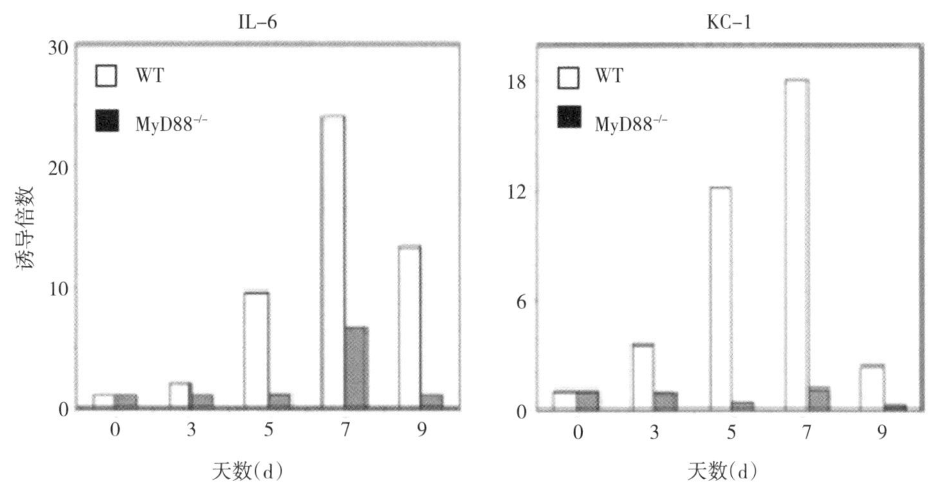

图 3-38　DSS 处理后对野生型（WT）、MyD88 缺陷型小鼠中 IL-6 和 KC-1 表达的诱导

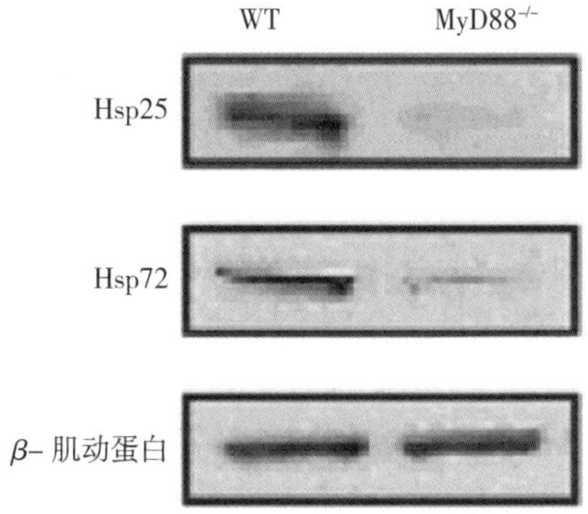

的上调，但这并不是脂多糖所诱导的保护作用的唯一机制。最后确定 LPS 介导的 TLR 依赖型保护途径的特异性，由于 LPS 主要通过 TLR4 发挥作用（图 3-43），那么 LPS 在 TLR4$^{-/-}$ 小鼠中不会诱导保护作用，而在 TLR2$^{-/-}$ 中则可以诱导针对 DSS 的保护作用（图 3-44）。

图 3-39　野生型（WT）、MyD88 缺陷型小鼠中热休克蛋白 Hsp25 和 Hsp72 的表达量

以 TLR 识别肠道共生微生物是宿主和内源微生物共生的重要方式，TLR 和内源微生物相互作用的失调会导致慢性感染和组织损伤，正如炎症性肠病（inflammatory bowel disease，IBD）发生时的那样（Barbara G 等，2005）。这种 TLR 介导的保护作用至少是通过两种互不排斥的机制：第一种是通过结肠上皮上表达的 TLR 对肠腔中微生物来源产物的检测，稳定诱导保护性因子的表达；第二种可能是当肠道上皮有损伤时，与内源微生物相关

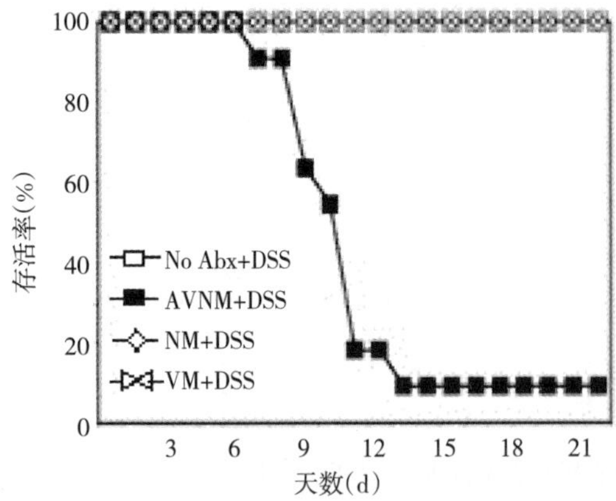

图 3-40　不同抗生素组合清除肠道微生物对小鼠以 DSS 处理后存活率的影响

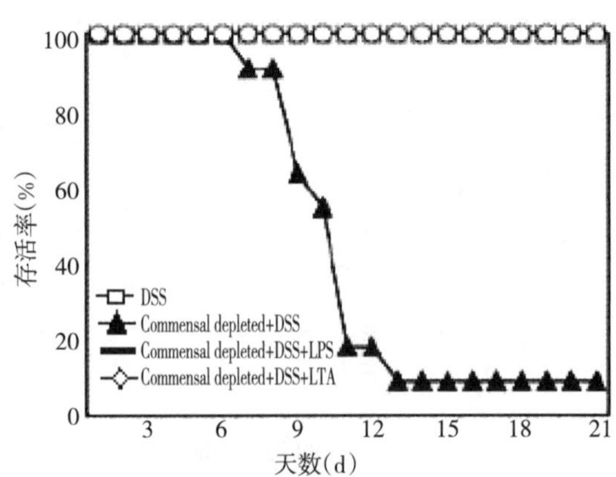

图 3-41　不同处理对小鼠存活率的影响（Commensal depleted＝清除肠道共生微生物）

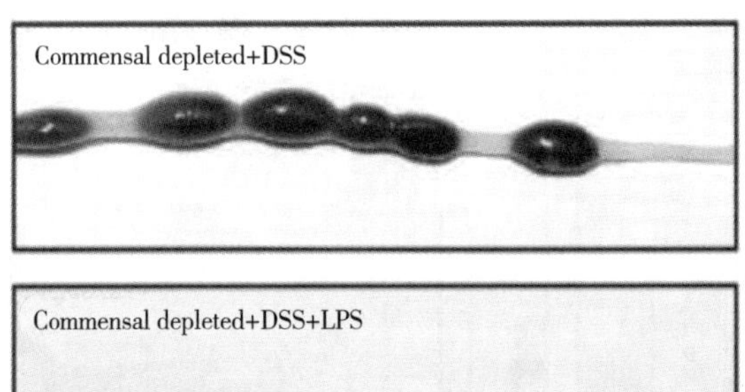

图 3-42　清除肠道共生微生物的小鼠以 DSS 处理后，口服和不口服 LPS 对结肠出血的影响

的 TLR 诱导保护性因子的表达（Rakoff-Nahoum 等，2004）。Rakoff-Nahoum 等（2006）还报道了 TLR 对宿主共生微生物诱导 IL-10 缺失小鼠发生肠炎中的重要作用。Watson J L 和 McKay D M（2006）报道了微生物以其 CpG 作用于 TLR9，调节肠道免疫生理并能发挥益生菌的功能。

非病原微生物通过不同的机制调节小肠的黏膜免疫反应。最近有证据显示，过氧化物酶增殖因子激活受体 γ（peroxisome proliferator-activated receptor γ，PPARγ），一个核激素受体家族成员，介导了这种反应。PPARγ 促进 NF-κB P65（RelA）由核转运到细胞质中，从而降低了转录因子 NF-κB 的转录活性。有趣的是肠道共生厌氧菌多型拟杆菌（*Bacteroides thetaiotaomicron*）能诱导 PPARγ 的表达，而且能诱导依赖 PPARγ 的核转录因子 NF-κB P65（RelA）由细胞核向细胞质的转运。这种 PPARγ 依赖的抗感染活性似乎是菌株特异性的，相关的普通拟杆菌（*B. vulgatus*）却不能诱导这种效应（Kelly 等，2004）。Dubuquly L 等（2003）认为肠道内源微生物通过 TLR4 依赖的 NF-κB 信号通道的激活来诱导 PPARγ 的表达，是一条调节 NF-κB 被肠道微生物过度激活的反馈途径。Neish 等（2000）报道了肠道微生物还能通过稳定 NF-κB 的抑制物 IκBα 来抑制 NF-κB 途径。

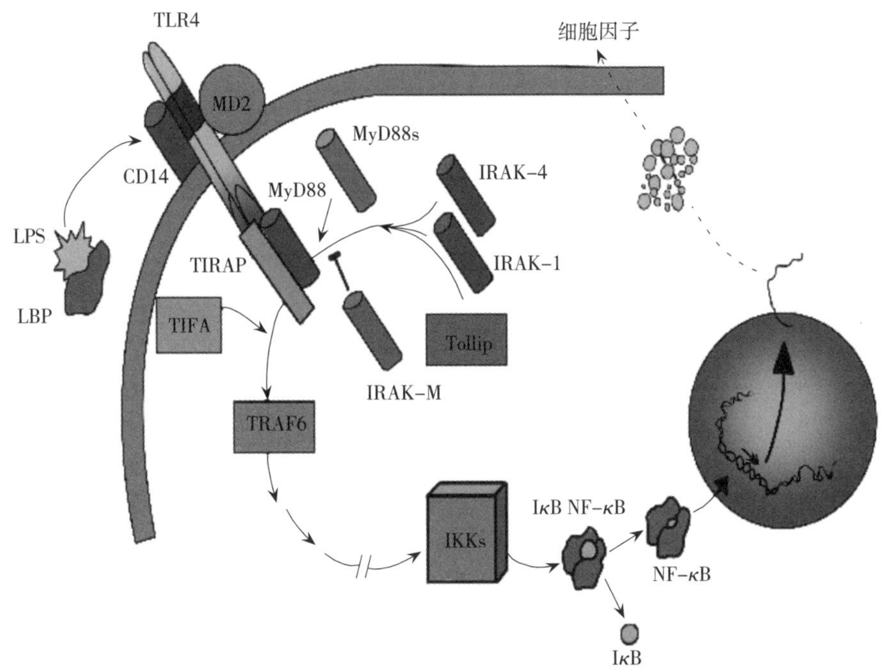

图 3-43 LPS 通过 TLR4 发挥作用的机制模式

LPS：脂多糖，革兰氏阴性细菌细胞壁成分；LBP：LPS 结合蛋白；IL-1：白介素-1；CD14：LPS 或 LBP 受体；TLR4：Toll 样受体之一，是免疫细胞表面识别病原相关分子模式的一个模式识别受体，是 LPS 的受体；MD-2：髓样分化蛋白 2（Myeloid differentiation 2），一种分泌型小分子糖蛋白，参与 LPS 激活 TLR4 的过程；MyD88s：MyD88 的剪切突变体，一种负向调信号蛋白；MyD88：依赖髓样分化因子；TIRAP：白介素 1 受体相关蛋白（Toll-interleukin 1 receptor domain containing adaptor protein），MyD88 接头蛋白类似物；TIFA：TRAF6 的聚合启动因子；TRAF6：肿瘤坏死因子受体相关因子 6（tumor necrosis factor receptor-associated factor 6）；IRAK-M：TLRs/IL-1R 途径负调节因子，是 NF-κB 和炎症调节过程中的关键调节因子；Tollip：一种连接蛋白（Toll-interactingprotein），一个编码 274 个氨基酸的蛋白；IRAK-1、IRAK-4：IL-1 受体相关激酶家族成员，传递来自 TLRs 和 T 细胞的信号；NF-κB：核转录因子，与免疫球蛋白κ轻链基因增强子κB 序列（GCGACTTTC）特异结合的核蛋白因子；IκK：IκB 激酶复合体；IκB：核转录因子抑制分子

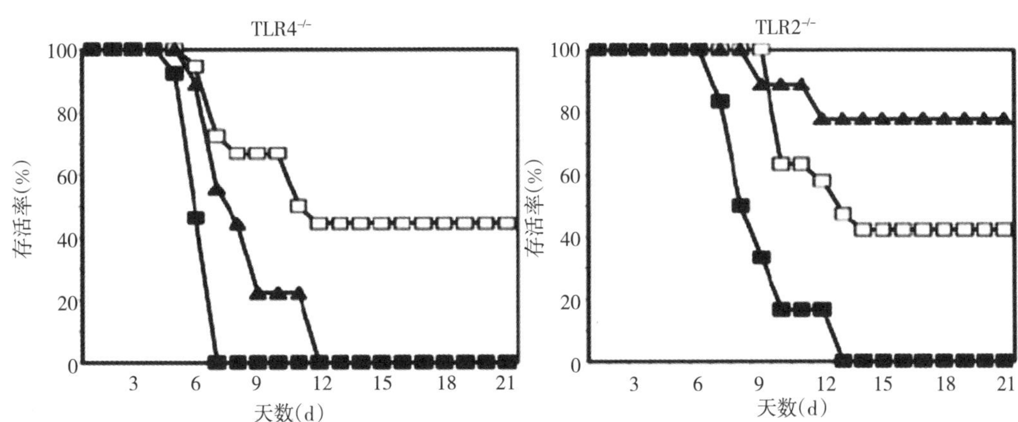

图 3-44 TLR4$^{-/-}$ 和 TLR2$^{-/-}$ 小鼠在不同处理条件下的存活率

DSS

commensal depleted+DSS

commensal depleted+DSS+LPS

（八）免疫耐受

肠道黏膜持续不断地和肠道内的共生微生物及各种各样的细菌、病毒和真菌接触，在这个充满抗原的环境中，肠道上皮单层细胞需要控制病原微生物在组织中的扩散，而且肠道黏膜免疫系统需要对与宿主共生的微生物、食物和自身抗原保持耐受。肠道内环境被宿主具有高度适应的免疫系统所监视，这些哨兵如树突状细胞（dendritic cell，DC）、巨噬细胞（macrophages）和黏膜上皮细胞，它们一起监视着肠道内环境，并对危险信号作出反应（Niess 和 Reineker，2005）。但机体的免疫系统是如何识别这些有害和无害的外来物质，并对其产生恰当的反应以维持机体的稳态，一直是困扰着免疫学家的问题。肠道免疫系统如图 3-45 所示。

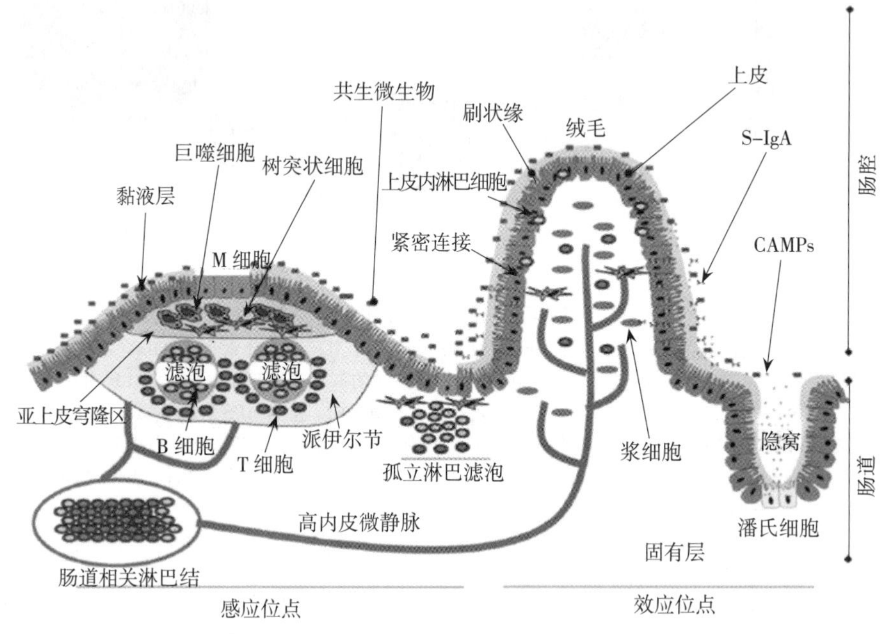

图 3-45　肠道免疫系统（Joao G Magalhaes 等，2007）

在肠腔中，由单层上皮细胞（epithelial cells）将肠道微生物和固有层（lamina propria，LP）分隔开。在上皮细胞表面覆盖由黏液（mucus）和多糖-蛋白复合物（glycocalyx）等组成的黏液层，以此保护上皮细胞。另外，保护上皮细胞的还有广谱阳离子抗菌肽（cationic antimicrobial peptides，CAMPs）和大量有抗原特异性的分泌型 IgA。为了保持有效的生理和生物学屏障功能，肠道上皮在诱导先天免疫和适应性免疫中也发挥着重要作用。肠道免疫系统分为两个功能部分：感应部位（inductor sites）和效应部位（effector sites）。感应部位包括派伊尔节（Peyer's patches，PP）、肠系膜淋巴结（mesenteric lymph node，MLN）和孤立淋巴滤泡（isolated lymphoid follicles）等。在滤泡相关上皮（follicle-associated epithelium，FAE），肠腔抗原通过微皱褶细胞（microfold cell，M Cell）转运至亚上皮穹隆区（sub-epithelial dome，SED），在此呈递给树突状细胞。树突状细胞在派伊尔节、肠系膜淋巴结和孤立淋巴滤泡中诱发免疫反应。效应部位在固有层和上皮（epithelial）。在上皮中，分散的上皮内淋巴细胞监视着上皮损伤，在固有层中有大量 T 细胞、产生 IgA 的浆细胞、巨噬细胞和 DCs。树突状细胞能将树突伸入肠腔摄取抗原，并迁移至肠系膜淋巴结，在此将抗原呈递给 T、B 细胞。激活的 T、B 细胞通过高内皮微静脉（high endothelial vessels，HEV）归巢至效应部位。这种归巢是由 T 细胞表面表达的整合素（integrin）$\alpha_4\beta_7$ 和 HEV 内壁所表达的黏膜地址素细胞黏附分子 1（mucosal addressin cell adhesion molecule 1，MAdCAM1）相互作用介导的。

抗原进入肠道淋巴相关组织（gut-associated lymphoid tissue，GALT）的方式有多种，派伊尔节是 GALT 中主要的免疫反应诱导位点。抗原通过与滤泡相关上皮处的 M 细胞结合，随后转运至派伊尔节亚上皮穹隆区处的抗原呈递细胞（APC），这是一种已经熟知的途径；也有报道称在小肠绒毛的非滤泡相关上皮区也有 M 细胞，能摄入肠道细菌；树突状细胞将树突伸入肠腔摄入病原或非病原微生物；还有抗体介导的抗原穿越肠腔进入 GALT，如分泌型 IgA（S-IgA）不仅有免疫排除作用，还能结合抗原有利于 M 细胞转运。

尽管我们经常提到宿主对组成肠道微生物区系的微生物产生耐受，实际上这种共存是一种动态的相互作用。肠道微生物区系对黏膜和系统淋巴组织的发育有重要影响。在无菌小鼠中，GALT 发育不完全，派伊尔节中产生 IgA 的浆细胞较少，小肠绒毛固有层缺少 CD_4^+ T 细胞。尽管检测不到对肠道微生物的系统反应，但有局部黏膜反应存在（Macpherson 等，2004）。尽管病原菌能进入全身免疫系统，但即使共生微生物能穿过上皮，大部分也会被黏膜巨噬细胞杀死，剩下的很小一部分会被限制在肠系膜淋巴结的树突状细胞中，而不能迁移到脾脏（Macpherson 和 T Uhr，2004）。DCs 在针对微生物的 IgA 的产生中有重要作用，携带抗原的树突状细胞能诱导产生 IgA^+ B 细胞，这有利于使微生物留在肠腔中。产生的 B 细胞为 B_1 B 细胞，IgA 的产生部分依赖于 T 细胞（Macpherson 等，2000）。有研究表明 TGF-β 对 IgM 向 IgA 的转变和 IgA 的分泌有一定作用（Borsutzky 等，2004），$CD11b^+$ PPDC 通过分泌 IL-6，对促进 B 细胞产生 IgA 有重要作用（Sato 等，2000）。无菌小鼠不能对口服绵羊红细胞（SRBC）产生耐受，但却能通过给小鼠饲喂 LPS 诱导耐受，这表明 TLR4 在耐受的形成中也可能发挥作用。

树突状细胞被认为是连接特异性免疫应答和非特异性免疫应答的桥梁，成熟的树突状细胞是功能强大的抗原递呈细胞，可决定机体特异性免疫应答的类型；不成熟的树突状细胞主要分布于皮肤黏膜等外周组织，可区分有害和无害物质，起“哨兵”作用，在黏膜稳态中扮演着极其重要的角色。

研究表明，各种具有不同特点的树突状细胞都在肠道的先天免疫和适应性免疫反应中发挥着重要的作用。人们的兴趣和研究重点在于这些不同 DC 细胞亚型是如何协作来调节复杂的肠道平衡和肠道不同区域的免疫反应。我们已经很清楚黏膜树突状细胞在转运并呈递抗原到派伊尔节和肠道相关淋巴结的过程中发挥重要作用。我们需要明确的是这些树突状细胞亚型是否都与这一途径有关，以及它们与区分内源微生物和病原的先天及适应性免疫反应的关系。肠道免疫调节最为重要的特点就是在 GALT 的大部分区域有各种不同的树突状细胞亚型（表 3-9）。

表 3-9 肠道和其他主要淋巴组织树突状细胞的主要亚型（Allan McI Mowat 等，2003）

淋巴组织	亚型比例（%）		
	$CD11c^+CD11b^+CD8\alpha^-$	$CD11c^+CD11b^-CD8\alpha^+$	$CD11c^+CD11b^+CD8\alpha^-$
派伊尔节	30～40	30～35	30～35
固有层	50～60	15～20	15～20

（续）

淋巴组织	亚型比例（%）		
	CD11c^{+}CD11b^{+}CD8α^{-}	CD11c^{+}CD11b^{-}CD8α^{+}	CD11c^{+}CD11b^{+}CD8α^{-}
肠道相关淋巴结	30～40	30～35	30～40
脾脏	60～75	20～30	<10

研究表明，肠黏膜处的树突状细胞在肠道维持对肠道食物或内源微生物的耐受中发挥着重要作用。在派伊尔节中也有大量的树突状细胞，并且有特殊的表型和功能。除了传统的CD8α^{-}CD11b^{+}和CD8α^{+}CD11b^{-}，还含有大量的CD8α^{-}CD11b^{-}，CD8α^{-}CD11b^{-}和CD8α^{-}CD11b^{+}存在于有组织的淋巴区外，主要存在于滤泡相关上皮（FAE）下的穹隆区（dome region）中。它们的存在依赖于局部上皮表达巨噬细胞炎性蛋白3α（macrophage inflammatory protein 3α，MIP3α）。派伊尔节中的各种树突状细胞亚型具有不同的特性，最显著的特点是主要亚型CD8α^{-}CD11b^{+}能产生IL-10。而且派伊尔节中的树突状细胞和外周中的树突状细胞亚型对共刺激分子激活核因子NF-κB配体（receptor activator of NF-κB ligand，RANKL）的反应不同。在某些条件下，脾脏树突状细胞产生的是IL-12，而在派伊尔节中，树突状细胞产生的是IL-10。派伊尔节中的树突状细胞倾向于使抗原特异性T细胞产生Th2型细胞因子和IL-10。在RANKL处理后倾向于诱导耐受，这种亚型与正常呼吸道中相对不成熟，与产生IL-10的树突状细胞类似（Allan McI Mowat等，2003）。

树突状细胞在小肠和大肠的固有层形成广泛的网络，在固有层中也有类似于派伊尔节中产生IL-10的DCs亚型和具有诱导耐受潜能的类群。在固有层中还有表达CX$_3$C家族趋化因子fractalkine/CX$_3$CL$_1$受体CX$_3$CR$_1$的树突状细胞对微生物的侵入起“哨兵”作用。固有层的CX$_3$CR$_1$树突状细胞亚型的发生部分是由于肠道微生物的存在，CX$_3$CR$_1$树突状细胞亚群通过伸长自身的穿膜树突不断地从肠腔摄取抗原，这一依赖CX$_3$CR$_1$的机制在回肠末端尤为普遍（Niess等，2005）。树突状细胞将获取的抗原转运到MLN处，并诱导B细胞产生抗体IgA，从而限制肠道抗原的穿透而进入组织，或是激活原始T细胞，这种转运速度在有炎症刺激时加快。树突状细胞的表型和特殊功能受到上皮细胞对正常微生物和病原反应所产生的组织特异性因子的影响，不同肠道免疫部位的树突状细胞表达不同的趋化因子受体，这一点尤为突出。例如，CX$_3$CL$_1$表达于固有层和派伊尔节的树突状细胞上，而CCR$_6$只表达于派伊尔节的树突状细胞上（图3-46）。

总之，黏膜处适应性免疫（adaptive immunity）反应的特点与该处DC细胞的特点密切相关，不同于外周DCs的特点（图3-47）。在介导适应性免疫反应中黏膜树突状细胞的特异化：(a)黏膜树突状细胞（Dendritic cells，DC）在有病原分子相关模式（pathogen-associated molecular patterns，PAMPs）或T细胞刺激时分泌的是抗炎细胞因子（如IL-10、TGF-β），而外周树突状细胞分泌的是促炎细胞因子（如IL-12、TNF-α）；（b）黏膜树突状细胞诱导的是Th2、Th3和调节性T细胞（Treg），而外周树突状细胞诱导的是Th1的分化；（c）黏膜树突状细胞能诱导B细胞转而分泌IgA；而外周树突状细胞诱导B细胞分泌IgG；（d）黏膜树突状细胞能通过诱导表达趋化因子受体（CCR9）和整合素（α4β7）使初始CD8 T细胞归巢至黏膜固有层（lamina propria，LP），这使得CD8 T细胞能有效地通过血管内皮细胞渗出；相反，外周树突状细胞使CD8 T细胞归巢至皮肤。

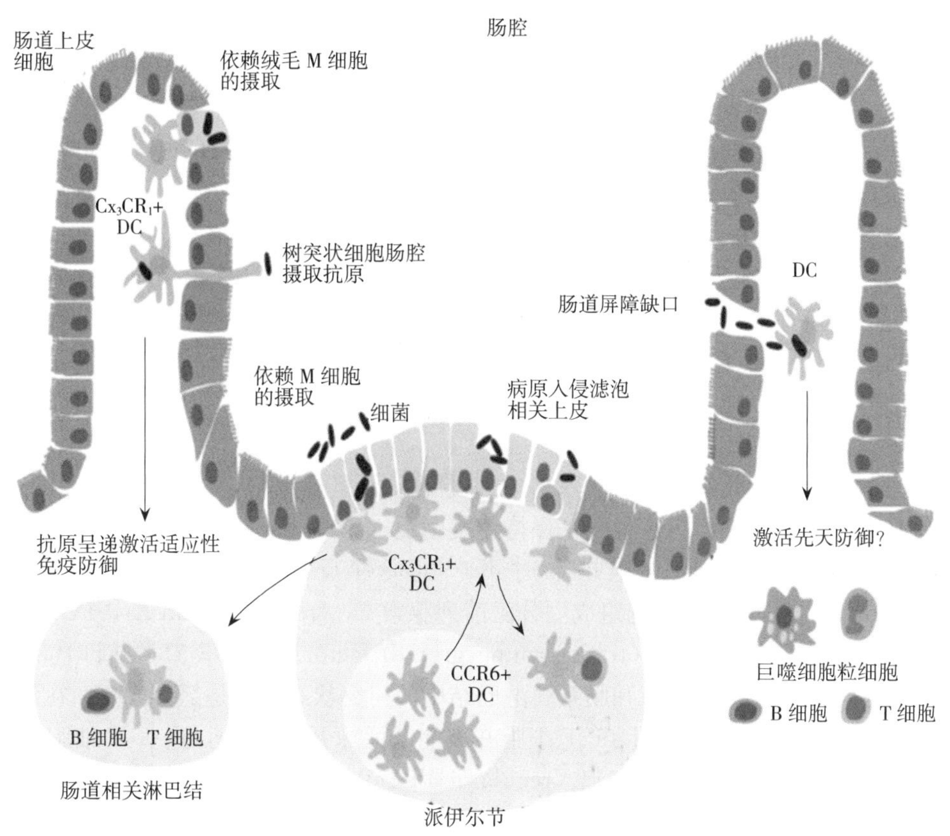

图 3-46 负责肠道抗原识别的树突状细胞亚型（Jan Hendrik Niess 和 Hans-Christian Reinecker，2006）

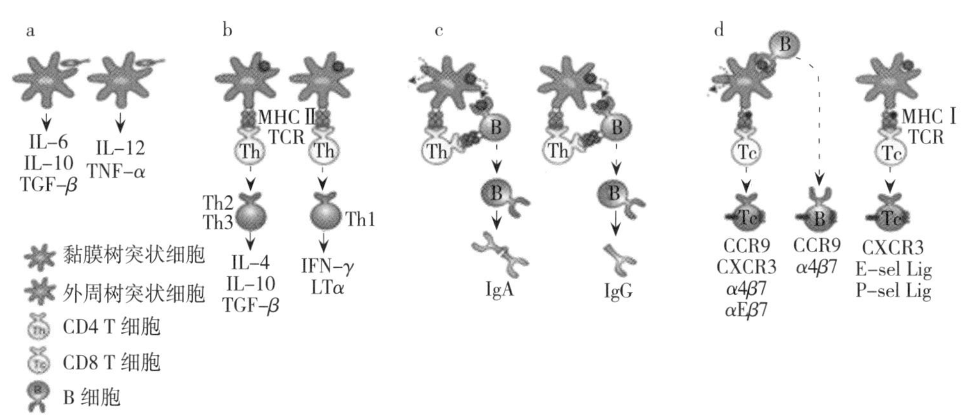

图 3-47 黏膜树突状细胞在介导适应性免疫时的特化作用（Akiko Iwasaki，2007）

IL-6、IL-10、IL-12：白介素 6、白介素 10、白介素 12；TGF-β：转化生长因子-β；TNF-α：肿瘤坏死因子-α；MHCⅠ、MHCⅡ：一主要组织相容性复合体、二型主要组织相容性复合体；TCR：T 细胞受体；Th：辅助性 T 细胞；CCR9：趋化因子受体 CCR9；CXCR3：趋化因子受体 CXCR3；αEβ7、α4β7：整合素 αEβ7、整合素 α4β7；E-sel lig：内皮细胞选择素配体；P-sel lig：血小板选择素配体

树突状细胞分布在各种病原入侵的位点，是最早通过模式识别受体（pattern recognition receptors，PRR）识别入侵病原的细胞之一。PRRs 能识别微生物细胞表面进化上保守的病原分子相关模式（pathogen-associated molecular patterns，PAMP），识别后产生信号转导激

活某些基因的表达促进树突状细胞的成熟。除了通过模式识别受体（PRRS），如 TLR 识别系统进化上保守的病原分子相关模式（PAMPs），树突状细胞的激活和成熟还需要炎症因子 TNF-α、IL-1 和一些干扰素等的参与，这些干扰素是在微生物或病毒感染后释放的。树突状细胞是唯一能激活原初 T 细胞以启动适应性免疫的细胞。病原通过识别 PRRs 激活树突状细胞增加趋化因子受体 7（chemokine receptor，CCR_7）的表达，使树突状细胞能迁移到感染处的二级淋巴组织，在此树突状细胞经历了成熟，上调共刺激分子（CD_{40}、CD_{80}、CD_{86}）及 MHCⅡ转移至细胞表面。在淋巴结中树突状细胞能呈递来自病原的抗原给原初 T 细胞，通过分泌合适的细胞因子促进 T 细胞的分化。对于 T 细胞的激活不仅需要抗原呈递细胞呈递抗原，还需要共刺激分子和细胞因子的存在，不成熟的树突状细胞不满足这些激活原初 T 细胞的条件，因此，会导致免疫耐受。不同类型的树突状细胞所发挥的生物学功能与其所处的微环境密切相关。

黏膜处树突状细胞是唯一能激活原初 T 细胞的抗原呈递细胞，以激活原初 T 细胞以发生适应性免疫反应来控制组织感染或是保持免疫耐受（Steinman 等，2003）。食物抗原或是共生微生物产物被树突状细胞摄取时不产生炎症反应，在黏膜上皮下间叶细胞（mesenchymal cells）和巨噬细胞组成型分泌前列腺素 E_2（prostaglandin E_2，PGE_2），黏膜上皮也能分泌生长转化因子 β（transforming growth factor-β，TGF-β），或许还有 IL-10，这种免疫抑制环境导致派伊尔节和肠系膜淋巴结中的树突状细胞只是部分成熟。在派伊尔节和肠系膜淋巴结中抗原呈递给 $CD4^+$ T 细胞并不能激活原初 T 细胞，这些 T 细胞分化成能产生 IL-10 和 IFN-γ 的调节性 T 细胞（regulatory T cells，Tregs/Tr），和/或是产生 TGF-β 的 Th3 细胞，免疫反应的结果是局部产生 IgA、系统免疫耐受和局部免疫平衡（Allan McI Mowat 等，2003）。

黏膜耐受还与各种调节性 T 细胞有关。调节性 T 细胞（regulatory T cells，Tregs/Tr）主要有两类，一类是通过细胞间的相互接触发挥抑制作用，另一类是通过分泌抑制性细胞因子。对于第一类，Treg 有两个显著特征，即具有 CD25 和叉状头转录因子 Foxp3，缺乏这类 Treg 的小鼠会导致自身免疫病（Hori 等，2003）。$CD4^+CD25^+$ T 细胞能阻止 $CD4^+CD25^+$ T 细胞对微生物的反应，因此，T 细胞对肠道微生物的反应是受到严格控制的（Gad 等，2003）。第二类调节性 T 细胞包括分泌 IL-10 的 Tr_1 和分泌 TGF-β 的 Th3。分泌 IL-10 的 Tr 在体外能抑制 T 细胞增殖，在体内能抑制 T 细胞介导的炎症反应（Tsuji 等，2001），TGF-β能抑制 T 细胞和 B 细胞的激活。

Rughetti 等（2005）报道了糖蛋白如黏液素能下调对于树突状细胞成熟所必需的共刺激分子。而且进一步的研究表明，肠道上皮细胞（IECs）释放的胸腺基质淋巴素（thymic stromal lymphopoietin，TSLP），对树突状细胞保持不成熟状态有重要作用。肠道调节性 T 细胞的存在对肠道维持耐受也有重要作用。

虽然随着研究的深入，长期困扰大家的肠道黏膜免疫耐受的机制得到了某种程度的解释，然而，树突状细胞究竟是如何识别与宿主共生的微生物和病原菌，并激发针对后者的免疫保护反应仍还是一个不十分清楚的问题。宿主肠道表面所栖居的各种微生物对宿主有多种有益功能（Hooper LV 等，2002）。尽管它们也含有与病原相关的进化上保守的分子模式成分，但宿主对它们并不发生反应而清除它们。也就是说，在体外以内源微生物和病原菌刺激分离的树突状细胞，能激活同样的 PRRs 类型，它们的下游信号同样能导致炎性细胞因子、共刺激分子、MHC 分子的表达，以及抗原呈递能力的激活（Hessle C 等，2000）。在上皮细胞表面同样存在能识别内源微生物的 TLR，而且来自内源微生物的抗原也能通过 M 细胞及肠细胞被摄入及被树突状细胞呈递，这些途径似乎对于病原和共生微生物没有什么区别。有人认为免疫系统对内源微生物的忽略是由于分泌了 IgA 这种重要的黏膜抗体。实际上宿主不但没有忽略内源微生物，而且宿主识别内源微生物对于保持肠道黏膜的完整性非常重要（Rakoff-Nahoum 等，2004）。这说明宿主不但没有忽略它们，而且还能对它们作出特异性反应。

那么会不会是宿主针对病原菌而诱导 Th1 型细胞免疫反应，大量证据显示黏膜处的树突状细胞并不能诱导针对病原的 Th1 型细胞免疫反应，而是体内对派伊尔节、肠道相关淋巴结和固有层树突状细胞的激活导致的是 IL-10、TGF-β 和 IL-6 的分泌。面对这些调节性细胞因子，宿主是否能诱导针对病原的 Th1 型细胞免疫反应呢？最近有证据表明，宿主上皮和树突状细胞对微生物的识别一起决定了宿主是否会发生 Th1 型免疫反应。

共生微生物和病原的 PAMPs 都能被树突状细胞识别（信号 1），识别的结果是非炎性细胞因子的产生及 Th2/Th3/Tregs 和 IgA 反应。但是只有病原微生物而非内源微生物，其基因组中有能编码多种毒力因子的基因，被称作致病岛（pathogenicity islands）。这些毒力因子包括黏附因子、毒素、侵袭素、感受器及Ⅲ和Ⅳ型分泌系统，这些毒力因子可以使得病原能侵入上皮细胞。这种黏附、入侵并进而在组织深层增殖的过程能被上皮细胞识别释放一系列的炎症因子和趋化因子（选择性信号 2），并募集单核细胞和嗜中性粒细胞到感染区，在双重信号的作用下树突状细胞被充分激活，并转移到肠道相关淋巴结，在那里激活 Th1 细胞，Th1 细胞能归巢至固有层，在那里分泌 IFN-γ 激活巨噬细胞，消灭病原（图 3-48）。换句话说，上皮细胞不像抗原呈递细胞，只能在病原入侵和感染时识别 PAMPs，对于不能感染和入侵上皮的共生微生物，对其 PAMPs 的识别只能是本底水平。

从某种意义上说，免疫系统对抗原的反应与抗原的本质和特点密切相关，共生微生物的抗原特异性是在和宿主共同进化中形成的，有的微生物如脆弱拟杆菌（*Bacteroides fragilis*）还能改变自身抗原而逃避宿主的免疫监视，从而在其生态位点定植。这种抗原特异性决定了它们在正常情况下难以激活有效的免疫反应，而病原微生物能激活免疫也是由其抗原特异性决定的。这些可能会给我们选择对免疫系统有影响的益生菌提供理论基础，如果我们选择完全来自宿主自身的微生物，我们可以认为它们和宿主正常微生物一样难以激活免疫系统，但或许有和这些内源微生物同种的不同菌株，或者是外源微生物，它们和内源微生物的抗原并不完全相同，我们可以认为它们的独特抗原性能激活免疫系统，从而提高机体的抗病能力。但是它们对免疫系统的刺激又不会像有入侵性的病原那么强烈，也就是我们选择有免疫增强功能的益生菌的时候首先要保证其安全性。我们并不是在任何时候都需要具有免疫刺激（immunity stimulation）的益生菌，我们还需有免疫调节（immunity regulation）功能的益生菌，它们能导致抑制性细胞因子的分泌，以调节和缓解以炎症为代表的过度免疫激活。

目前认为，在正常情况下肠道微生物能降低宿主的生长速率，无菌动物和口服过抗生素的动物的生长速率增加能够说明这一点，而且，肠道微生物影响宿主生长的作用与其调节宿主免疫机能有关。当抗生素以小剂量长时间添加于饲料中时，其对微生物的数量和种群只起调节作用或意志作用，并不能杀灭某种细菌。另外，无菌条件下，5 周龄的猪肠壁组织中几

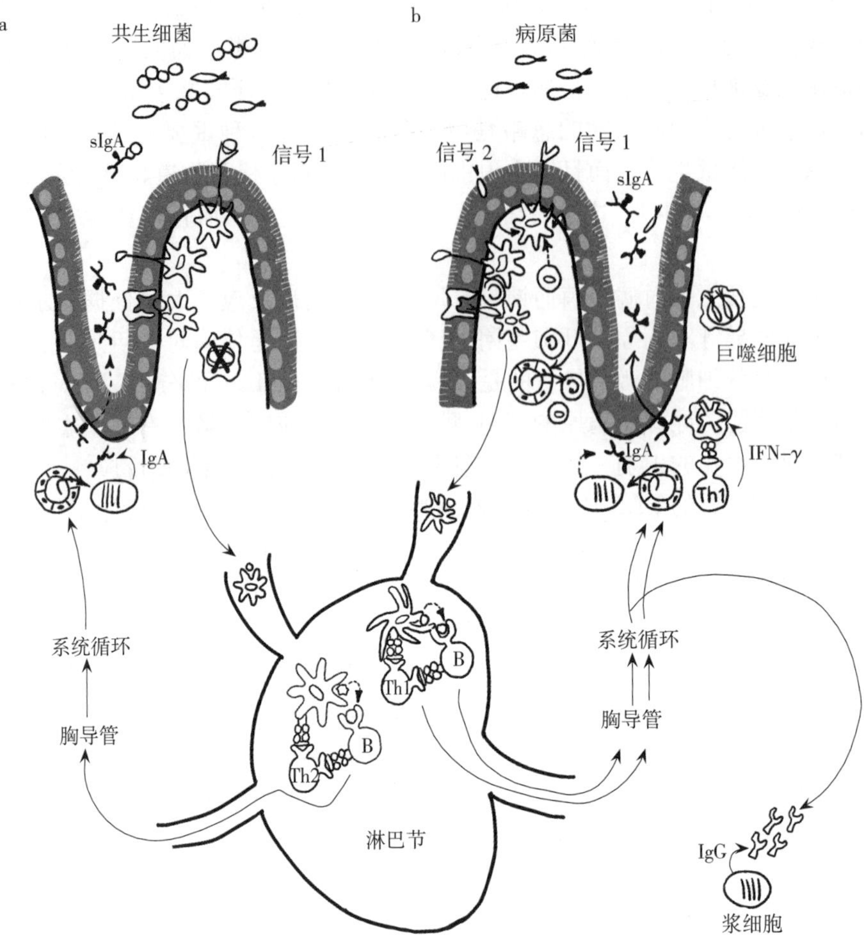

图 3-48　肠道对共生微生物和病原菌识别的结果

乎没有淋巴组织发现，当单独用大肠杆菌进行攻毒，10d 内肠壁组织结构就与常规猪的相同，由此说明，动物肠道中的微生物与宿主之间有相互适应的过程。自然条件下，动物可以依靠免疫系统的保护，使自身不受微生物的侵害。因此，微生物与宿主的适应过程实际上是与宿主免疫系统产生平衡的过程。

研究表明，饲用抗生素、免疫系统和微生物（以及其他抗原物质）通过一定时间的相互影响会逐渐建立一个三元平衡，而且这个三元平衡影响着动物机体的健康状况。三者之间建立平衡的过程可以分为两个时期：一是反应期，在这个时期，新生的畜禽受环境中微生物以及饲料中抗原物质的刺激，机体的免疫系统开始产生免疫反应，饲用抗生素对微生物产生一定的抑制作用，同时有的抗生素还可以对免疫系统起直接的抑制作用，两种作用之合形成免疫屏障作用，对动物机体的免疫反应产生减缓和降低的作用效果。饲用抗生素在此期间以此对动物产生相对明显的促生长作用。二是平衡期，这个时期，肠道微生物的数量增加到正常情况下的最高水平，抗生素与免疫系统联合作用使微生物的数量和免疫反应水平不再增加，三者的正反作用在此时形成相对平衡，饲用抗生素对动物不产生相对明显的促生长作用。三元平衡的存在和维持有利于畜禽保持最佳生长状态，而且对畜禽的生长具有重要意义。根据这一原理，我们可以通过筛选有利于建立微生物与机体免疫机能平衡的菌种，开发微生物饲料添加剂。

第二节 饲用微生物的应用

一、在养禽上的应用

（一）禽类消化道的微生态空间

禽类消化道的微生态空间结构与人和家畜有明显不同，如家禽无牙齿和结肠，但有发达的嗉囊、肌胃和两条盲肠。这些特殊生态区存活着不同的微生物群。禽消化道的生态空间结构包括以下方面（图 3-49）。

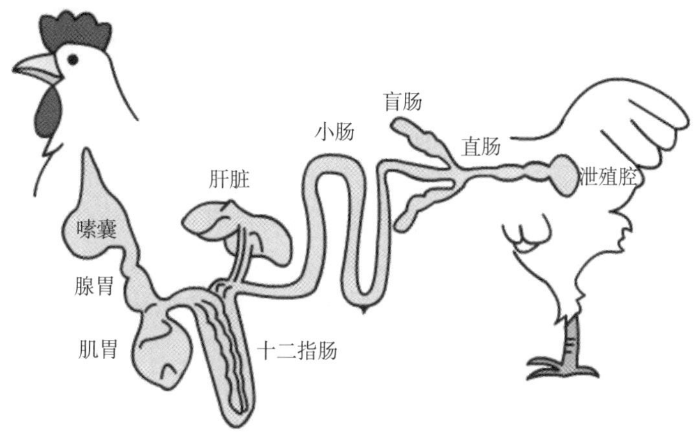

图 3-49 鸡的消化道空间示意

1. 喙与口腔 禽有坚硬的角质喙，分为上喙和下喙两部分，用于啄取食物。鸡喙短而尖，鸭、鹅的长而扁，末端钝圆。喙由骨质和皮肤组成，表皮的角质层很发达，形成角质套，表皮下为真皮，富有血管、神经和一些触觉小体。口腔无唇、牙齿、颊和软腭，上壁为硬腭，硬腭中部和两侧是唾液腺的开口处，每只鸡每天约分泌 12mL 唾液，呈弱酸性，pH6.7。口腔底大部分被舌占据，鸡舌黏膜没发现味蕾。食物啄入口腔后，未加咀嚼，经唾液滑润，加入淀粉酶，下行至咽。

2. 嗉囊 禽的食管长而粗宽，黏膜有许多纵褶，易于扩张，便于大量未经咀嚼的食物通过。食管在接近胸腔前形成一个膨大部，称为嗉囊，它的作用是储藏、湿润和软化食物。嗉囊内容物呈酸性反应，pH5.0。鸽的嗉囊腺分泌乳汁状液体，用来哺育幼鸽，称为“嗉囊乳”，内含大量蛋白质、脂肪，淀粉酶和蔗糖酶。

3. 胃 胃分为腺胃和肌胃，饲料经食管进入腺胃。腺胃呈纺锤形，壁较厚，黏膜表面有许多乳头，上有腺体开口，分泌含有胃蛋白酶与盐酸的胃液。腺胃较小，分泌的胃液迅速流入肌胃。肌胃是禽类特有的器官，主要功能是磨碎粗的食物，然后送入小肠。内容物比较干燥，水分只占 44.2%，呈酸性，pH4.0,但内压很高，鸡为 18 398Pa，鸭 23 731Pa，鹅 34 264Pa。

4. 肠 肠是主要的消化、吸收场所，分为小肠和大肠两部分，一般长度为体长的 3～5 倍，鸡较长，鸭、鹅较短。小肠分十二指肠、空肠和回肠三部分，起自肌胃，终止于盲肠的起始部，各部分几乎相等。胆汁和胰液开口于十二指肠和空肠的交界处，胃液使肠内容物呈弱酸性，食糜与胰液、胆汁和肠液混合后，进行充分的消化。由于肠壁黏膜有纵横皱襞和大量绒毛，所以食糜通过肠道比较缓慢，以利于营养的充分吸收。大肠分为盲肠和直肠，盲肠在小肠与直肠交接处分成两条，末端封闭呈酒瓶状，起始部细小，底部膨大，肠壁结构与小肠相似，进入盲肠的内容物，依靠细菌进行蛋白质、脂肪、糖类及纤维素的分解，其中的水分和含氮物质被盲肠吸收。

5. 泄殖腔 泄殖腔是肠管最后的膨大部，为消化、泌尿、生殖三通道的汇合处。前部与直肠末端连接，中部为输尿管、输精管和输卵管开口处，后部为肛道，其背侧壁有法氏囊的开口，肛道壁内有黏液腺和散在的淋巴组织。

（二）禽类的微生态组织与演替

同其他动物一样，饲用微生物在禽类应用的发展也是源自对消化道微生物的了解日渐增多。我们需要了解微生物在消化道内的存在方式，它们之间的相互作用以及它们和宿主间的相互作用。这些是我们开发相应的饲用微生物产品必不可少的信息。

食物被禽类吞食后贮藏在嗉囊中，在其中发生乳酸发酵。嗉囊中 Eh 较高，厌氧菌不能存活，其他肠道菌通常也不能生存，因此，与盲肠相比，微生物区系较为简单。嗉囊中主要是乳杆菌定植，包括植物乳杆菌、嗜酸乳杆菌、发酵乳杆菌等（Fuller，1973），能产生乳酸和乙酸，健康鸡嗉囊的 pH4～5，耐酸能力较差的微生物屎肠球菌、鸟肠球菌、鸡肠球菌等难以大量繁殖。Fuller 和 Turvey（1971）发现在嗉囊的角质化上皮黏附有大量的乳杆菌，这种黏附在孵化后 1d 内建立。

腺胃和肌胃的 pH 非常低（pH1～2），微生物的定植取决于它们的耐酸能力。很少有微生物能在十二指肠定植，因为此处肠道内容物的流动速度很快，但是在十二指肠定植的海氏肠球菌对禽生长有抑制作用。

盲肠有大量黏液，没有食物颗粒，这里有大量的微生物（每克内容物 10^{11} 个微生物），微生物区系最为复杂，被认为这与此处内容物的流速较慢有关。革兰氏阳性球菌占总活菌数的 30%。其他主要包括革兰氏阴性非芽孢杆菌，如拟杆菌，大约占 20%，这一重要类群还包括巨单胞菌属等。革兰氏阳性非芽孢杆菌，包括优杆菌的某些类群，占总量的 16%。芽生杆菌、吉米菌属、芽殖球菌约占总菌量的 10%，一般每克内容物有 10^{9}～10^{10} 个。梭状芽孢杆菌和双歧杆菌有相似的水平。兼性厌氧菌包括大肠杆菌、柠檬酸杆菌、沙门菌、克雷伯氏菌等数量很少。有时也能发现假单胞菌和酵母等。正常微生物区系中还包括病毒，从消化道内容物中可分离到呼肠孤病毒（Reoviridae）及其他病毒粒子，还有噬菌体等。

禽类和单胃哺乳动物相比，解剖结构和消化生理都有很大不同。特别是单胃哺乳动物的结肠要比禽类发达得多。对于禽类，微生物的主要活性位点是嗉囊和盲肠，其次是小肠。1986 年光冈知足报道，在鸡胚时期整个消化道是无菌的。出壳后随日龄的增加，盲肠内需氧菌大量增殖，随后则被厌氧菌所取代。

何昭阳等（2002）对 0～40 日龄雏鸡消化道六个部位（嗉囊、腺胃、十二指肠、空肠、盲肠、直肠）内容物的 8 种细菌（乳杆菌、双歧杆菌、肠球菌、消化球菌、类杆菌、真杆菌、梭菌及大肠杆菌）进行分离、培养、鉴定、计数。从而获得这些部位主要正常菌群的生理值及其定植过程：0 日龄时消化道检菌均为阴性。出壳后 1h，就在嗉囊、腺胃中检出少量的肠球菌及梭菌。6h 后可检到少量的大肠杆菌。2 日龄时才能检出乳杆菌和真杆菌。类杆菌则到 10 日龄才检出。同一种细菌在不同消化道部位中检出的时间不同。绝大部分细菌是从消化道前段向后逐渐进行定植的，但也有少部分细菌如类杆菌是先在后段消化道中检出，然后才在前段消化道中检出。类杆菌、消化球菌在前段消化道检出后至定植完成时又消失了。出壳后 5～6 日龄，已检测到的各种菌均开始大量增殖，至 20 日龄后趋于平缓。30 日龄才与对照成年鸡相一致，从而完成定植过程，即正常菌群在雏鸡消化道完成定制过程需 30d 左右。雏鸡消化道各主要部位在定植完成后的优势菌数量分别是（以 lg 对数值表示）：嗉囊、腺胃、十二指肠的优势菌为乳杆菌（9.05、10.84、10.94）和肠球菌（8.09、7.08、8.10），空肠为双歧杆菌（8.25）、乳杆菌（9.11）、真杆菌（8.27），盲肠为双歧杆菌（9.73）、真杆菌（8.93）、消化球菌（8.76）、大肠杆菌（8.77），直肠为双歧杆菌（9.50）。

对于鸡以外的禽类，关于其肠道中微生物系统的报道较少。何明清等（1991）报道了在鸭、麻鸭的小肠有卵形拟杆菌、发酵乳杆菌、两歧双歧杆菌、空肠弯曲杆菌 4 个种，大肠有卵形拟杆菌、多形拟杆菌、解脲拟杆菌、发酵乳杆菌、干酪乳杆菌、植物乳杆菌、短双歧杆菌、空肠弯曲杆菌和粪弯曲杆菌 9 个种。

传统用于确定动物肠道微生物种类和数量的方法通常是在培养基培养后进行鉴定和计数，但传统方法的主要缺点在于有的肠道微生物并不能在试验室的条件下获得纯培养。有人估计鸡盲肠中只有 10%～60%的微生物能通过纯培养的方式获得（Barnes E M，1972；Barnes E M，1979；Mead 和 G C，1989）。Jiangrang Lu 等（2003）以回肠和盲肠微生物 16s rDNA 的 PCR 产物建立文库，对其中的 1 230 个克隆（回肠，614；盲肠，616）进行测序，结果显示鸡肠道不同部位的微生物组成大有不同。比如回肠中，乳杆菌科菌占多数，而盲肠中梭菌科菌占多数，其他菌种的比例也有不同（图 3-50）。

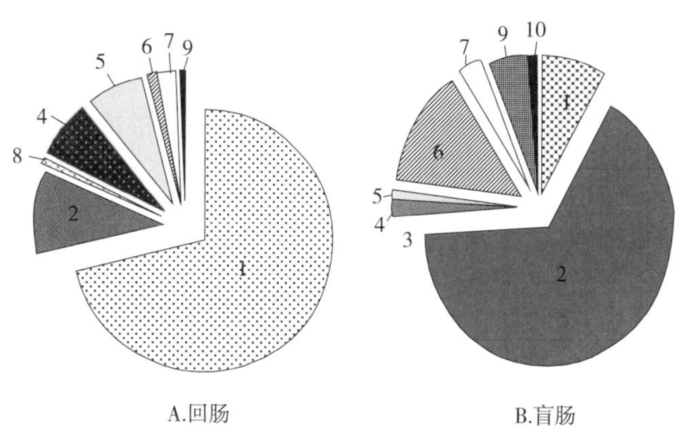

图 3-50 通过对 16S rDNA 文库中的 1 230 个克隆进行测序所确定的肉仔鸡回肠和盲肠微生物组成

雏鸡一出壳，微生物就开始在其消化道中定植。这种定植看起来盲目而又杂乱无章，但是在一定条件下却是有规律进行的。这种规律是机体与外界微生物在长期进化过程中形成的一种相互适应性；也就是在一定条件下，某一种动物一出生，就出现与这些动物相适应的微生物的定植，随着该动物生理生化的完善而达到某一恒定值，并维持在一种相对的动态平衡状态之中。将定植过程用以拟合某一数学模型，从而使其具有一定的普遍性和指导性。我们可以利用这种模型来指导生产实践。如某一动物的某一生理时期，必然有相应定植的正常菌群类型和数量；而一定量定植的正常菌群又反映出机体的健康状况。何昭阳等（2000）以 Logistic 数学模型对雏鸡肠道菌群的定植进行拟合，结果表明雏鸡消化道主要正常菌群的定植规律基本符合 Logistic 数学模型，至于有两种菌和个别菌的个别部位的定植过程不符合这一规律，它也许是该数学模型的覆盖面不宽或测试的误差造成的，尚需进一步研究。

肠道正常菌群的平衡是相对的，饲料的种类、抗菌药物、疾病如球虫感染、环境变化及日龄等因素，均可影响菌群的种类和数量的变化，同时这些因素也影响益生菌的使用效果。改变日粮对微生物区系的影响主要发生在消化道前段，而对盲肠的影响较小（Smith，1965）。碳水化合物增多时能刺激乳杆菌的增殖，然而高蛋白日粮抑制乳杆菌，嗉囊中大肠杆菌、梭菌、链球菌增多（Fuller，1992）。Marcelo R Souza 等（2007）报道了密集饲养和散养肉仔鸡盲肠微生物组成、抗生素敏感性、病原颉颃能力和乳杆菌分离物表面的亲水特性等方面都有所不同。比如，从密集饲养肉仔鸡盲肠中分离获得的肠球菌比散养肉仔鸡的耐药性明显提高。

（三）消化道微生物的营养作用

尽管现代商品禽类都饲喂营养丰富的日粮使得肠道微生物的营养作用受到质疑，但人们还是期望能寻找它们的某些营养功能。当禽类处于日粮营养浓度较低的自然环境时，肠道微生物在营养功能方面的作用体现的比较明显。嗉囊中的微生物产生的大量有机酸可被宿主利用，但它们是否被大量利用并不清楚，也可能通过有机酸影响消化酶的活性（Ford，1974）。乳杆菌合成的核苷也能被宿主利用（Eyssen 等，1965）。微生物合成的维生素 A 也能在营养缺乏时起补偿作用（Konyakhin，1973）。但由于嗉囊只是作为暂时食物贮藏的场所，其中微生物所起的营养作用可能也微不足道。尽管盲肠中含有大量、复杂的微生物，但手术切除盲肠对商品肉鸡也无明显影响。有的产品强调活菌的使用，这意味着益生菌的定植对产生有效作用的必要性。但对这么多的微生物是否都能在消化道中定植存在疑问，因为，要保证具有肠道定植能力需要满足几个条件，这些条件包括黏附到消化道上皮的能力、在肠道营养环境生存的能力以及对原有微生物抑制作用的抵抗能力。

（四）饲用微生物的应用

我们设计禽用益生菌是为了恢复能发挥有益功能却暂时不存在于消化道中的微生物，或是提供具有特殊功效的有益微生物。现代养禽业的管理方式阻止了幼雏和母体的接触，从而阻止了有益微生物的垂直转移，或是某些管理措施破坏了肠道微生物区系。目前，就益生菌产品研制而言，还缺乏明确的靶向功能，也正因此，目前的益生菌产品说明书中在功能的描述方面比较模糊。一般认为，以各种乳杆菌、芽孢杆菌的培养物和制剂为主要成分的产品，其主要在嗉囊和消化道前段发挥作用，主要功能在于调节宿主免疫机能和抑制病原微生物。

1. 对消化道酶的影响　L Z Jin 等（2000）报道了日粮中添加 0.1%的嗜酸乳杆菌和 12 株乳杆菌混合物对肉仔鸡消化道酶活性的影响。饲喂 40d 后，嗜酸乳杆菌或是 12 株乳杆菌混合物都能显著增加淀粉酶的活性（$p<0.05$），然而蛋白水解酶和脂肪酶活性并不受乳杆

菌添加的影响，如表 3-10。这与 Collington 等（1990）所报道的乳杆菌和屎肠球菌的混合物能增加猪小肠碳水化合物降解酶的活性相一致。乳杆菌能在小肠定植，并能分泌酶增加小肠酶的活性（Duke，1977；Sissons，1989）。

表 3-10 乳杆菌培养物对肉鸡小肠内容物中淀粉酶、蛋白水解酶和脂肪酶活性的影响

处理	酶活性		
	淀粉酶（Somogyi 单位）	蛋白酶（单位）	脂肪酶（Sigma-Tietz 单位）
对照	7.41[b]	73.98	18.27
嗜酸乳杆菌	10.54[a]	78.73	18.73
乳杆菌混合物	10.44[a]	74.60	22.82
SEM	0.88	3.64	3.52

注：栏中有不同肩标的数值间差异显著（$p<0.05$），每个平均值代表 5 个重复。

嗜酸乳杆菌的添加及乳杆菌的混合物能显著（$p<0.05$）降低小肠和粪中 β-葡萄糖醛酸酶活性，但粪中的 β-葡萄糖醛酸酶活性只有在添加嗜酸乳杆菌时能被降低（$p<0.05$），添加乳杆菌的混合物时却不能。这与 Cole 等（1984）报道的对肠道 β-葡萄糖醛酸酶活性的影响类似，在雏鸡日粮中添加酸乳酪时能显著降低 β-葡萄糖醛酸酶活性。添加嗜酸乳杆菌及乳杆菌的混合物能显著（$p<0.05$）降低粪中的 β-葡萄糖苷酶活性，但小肠中 β-葡萄糖苷酶活性并不受影响，如表 3-11。

表 3-11 乳杆菌培养物对肉鸡小肠内容物中 β-葡萄糖醛酸酶和 β-葡萄糖苷酶活性的影响

处理	β-葡萄糖醛酸酶活［μmol/（h·mg）］		β-葡萄糖苷酶活［μg/（h·mg）］	
	小肠内容物	粪	小肠内容物	粪
对照	3.42[a]	1.30[a]	6.50	5.86[a]
嗜酸乳杆菌	1.95[b]	0.67[b]	6.59	1.43[b]
乳杆菌混合物	1.55[b]	1.00[ab]	5.44	1.66[b]
SEM	0.41	0.17	0.51	0.33

注：栏中有不同肩标的数值间差异显著（$p<0.05$），每个平均值代表 5 个重复。

β-葡萄糖醛酸酶活［μmol/（h·mg）］：每小时每毫克肠道、粪蛋白从酚酞葡萄糖醛酸所释放的酚酞微摩尔数；

β-葡萄糖苷酶活［μg/（h·mg）］：每小时每毫克肠道、粪蛋白释放的硝基酚微克数。

潘木水等（2005）在 1 日龄肉鸡日粮中添加乳酸菌和芽孢杆菌的复合益生菌后，饲喂 7d，其小肠淀粉酶活性较对照组显著升高，并持续到 14 日龄。这与前人的研究结果即芽孢杆菌、乳酸杆菌可以提高猪小肠的淀粉酶活性相一致，说明添加乳酸杆菌和芽孢杆菌可以刺激胰腺淀粉酶的分泌。Jin 等（2000）认为，肉鸡日粮中添加单株或多株乳酸菌对小肠内容物中胰蛋白酶活性无显著影响，而潘木水等（2005）报道了给肉鸡饲喂含有乳酸菌和芽孢杆菌微生物的日粮后，与对照组相比，其小肠蛋白酶和肠糜蛋白酶的活性都较对照组显著升高，这与陈惠等（1994）试验研究的结果相一致，但关于益生菌如何促进胰腺酶分泌的作用机制的研究未作报道。

2. 影响消化道微生物区系 鸡消化道的微生物区系对于阻止潜在病原尤其是肠道病原

的定植有重要作用。嗉囊是消化道中第一个微生物的主要定植位点，盲肠是沙门菌、弯曲杆菌等病原菌的主要定植位点。实验表明这些位点定植的微生物对禽类健康有重要影响，这一点对于我们研发禽用益生菌有重要意义。

Fuller（1977）指出嗉囊乳杆菌对于保持嗉囊有益微生物的平衡有重要意义，并且能对小肠产生影响。乳杆菌能逐渐取代大肠杆菌和链球菌成为嗉囊优势菌群，这一效果能通过体外用鸡日粮悬浮液得以复制，日粮在接种大肠杆菌前先与不同种类的乳杆菌共培养几小时，在培养后的日粮悬浮液中大肠杆菌的生长受到抑制。

从健康禽类嗉囊获得的内容物具有杀菌效果，同型发酵菌株 74/1 在体外能获得同样的效果，它能将日粮悬浮液的 pH 降低至 4.15，另一株能降低 pH 至 4.4 的唾液乳杆菌却没有这样的效果，日粮悬浮液单独与大肠杆菌共培养时 pH 为 5.7。沙门菌、弯曲杆菌对低 pH 也很敏感。然而，这些菌株的抑菌功能并不仅仅是由于改变 pH 或是产生乳酸，可能还有其他的抗菌机制，如产生过氧化氢和细菌素。在孵化后的几小时内，使鸡体内定植高抗菌活性的乳杆菌来建立高抑菌性的乳杆菌区系似乎可行。

给悉生鸡接种大肠杆菌能阻止白色念珠菌转化成有毒的菌丝体的形式，这种形式存在于只注入白色念珠菌的无菌鸡中，而在普通鸡中它是以酵母的形式存在。（Balish 和 Phillips，1966）。嗉囊念珠菌病是一种严重的禽病，尤其是对于火鸡（Blaxland 和 Fincham，1950）。链球菌没有这种抑制白假丝酵母转化为有毒菌丝体的功效，表明大肠杆菌的某些菌株对于宿主来说是有益的。

乳杆菌体内对大肠杆菌（*E. coli*）的抑制作用可能不仅仅是由于对 pH 的影响。乳酸和乙酸等有机酸在低 pH 时表现出比无机酸更强的杀菌活性。它们被认为能影响膜结构和氧化代谢。乳酸在体外能抑制鼠伤寒沙门菌（*Salmonella typhimurium*）（Rubin 和 Vauhan，1979）。乳杆菌在体外还发现能产生其他一些抗菌物质，但它们在体内的产量和重要性并不清楚。过氧化氢的产生对抑制作用的产生也有贡献（Gilliand 和 Speak，1977）。另外，乳杆菌在体外还能产生大量抗生素和细菌素样物质，有时能表现出广谱抗菌活性。同型发酵乳杆菌能产生几种类型的细菌素，然而异型发酵乳杆菌产生的较少。乳杆菌比其他革兰氏阳性菌产生的细菌素的抗菌谱要宽，可能与其抑制其他种属微生物的活性有关。

竞争性排斥（competitive exclusion，CE），最初是用以作为说明减少肠道病原菌，如沙门菌和弯曲杆菌定植的机制，不认为其有提高生产性能的作用。CE 的观念在于向新生幼雏肠道引入成年禽的微生物区系，使其肠道中有微生物定植，从而阻止外源微生物的进入。CE 制剂和直接饲用微生物（DFM）或是益生菌（probiotics）有所区别，CE 成分不确定，是直接分离自健康动物的肠道内容物或是粪便的微生物混合物，而 DFM 或是 probiotics 通常组成成分确定。在美国，FDA 对 CE 和 DFM 是区别对待和分开管理的。CE 在发挥定植抗性的同时，有的还能激活肠道免疫系统（L Revolledo，2006）。新生幼雏由于其嗉囊和盲肠中抑制性微生物区系尚未形成，容易受到沙门菌的感染，由母体孵化或口服无沙门菌感染的家禽结肠内容物或粪便能使幼雏获得抗感染能力，但使用成年禽粪便时需要注意其他病原的污染。通过使幼禽尽早建立成熟的微生物区系，从而增加对沙门菌定植的抗性。

这种处理用于预防非常重要，对减少病原菌的感染有重要作用（表 3-12），哺乳动物的粪便的培养物不起作用。这种保护作用会受到很多因素的影响，如抗生素的使用，特别是用作生长促进剂，能增加正常禽粪便中沙门菌的排出量，影响竞争性排斥剂的作用效果。若同时感染艾美耳球虫、支原体或禽类病毒也会降低这种保护作用。竞争性排斥作用对于定植作用强、能产生毒素的沙门菌血清型效果较好，而对于定植能力较弱的鸡沙门菌效果不那么明显；对于亚利桑那沙门菌和病原性大肠杆菌有效，但对于属于肠道正常菌群的大肠杆菌则无效。

表 3-12 实际条件下 CE 处理对肉鸡盲肠沙门菌污染率的影响（Goren 等，1991）

处理	样本数	阳性数（阳性率）
对照	14 099	486（3.5%）
CE 处理	14 400	134（0.9%）

注：总共 284 群，8 000 000 只肉鸡。

使用成年禽粪便的主要问题在于可能向未受感染的禽类引入了其他病原。病毒和寄生虫可通过体外稀释的方法除去，无氧发酵可以除去李斯特菌和空肠弯曲杆菌。这些培养物中的病原可以通过将培养物注入 SPF 鸡，并且监视病原抗体的产生来检测。这一问题还可以通过将从成分不确定的粪便中分离的微生物菌株组成混合物来解决，混合物中含有 10～50 种菌株，这种混合物是凭经验生产的，因为我们没有这些保护性菌株特点的具体信息。尽管我们不知道哪些菌是必需的，但我们需要有严格厌氧菌和兼性厌氧菌。成分确定的培养物与成分并不确定的培养物相比有一些缺陷，要使混合物中的菌都能发挥一致的保护功能在现实中较困难，严格厌氧菌在储存中有时会失活，确定的混合物有较强的宿主特异性，但其抵抗高剂量沙门菌的能力要弱一些，而且这些混合物中可能不含有在粪便较少但却用重要功能的微生物。也有人尝试希望能获得保护性微生物的纯培养物（Impey 等，1982，1984），然后将这些微生物混合制成能抵抗沙门菌的 CE 制剂，但这一方法有很多问题，如缺乏合适的选择培养基能确切地分析盲肠微生物组成，无明确的方法能体外确定某一特定菌株的保护作用。

较少的菌混合甚至是单菌株与复杂的混合物相比具有优势。通常认为这种有效的单菌株必须具有沙门菌的抗性特点但却没有沙门菌的毒性。Barrow 等（1987）和 Berchieri（1990）报道了肠道鼠伤寒沙门菌或其他血清型的定植能被同源无毒力的突变株所抑制。这种抑制很强，可以持续几周，而且与免疫和杀菌活性无关。由于这种菌株来自沙门菌可能不为消费者所接受，我们可以通过适当的遗传操作，如通过转座子使得编码毒蛋白的基因突变而使其丧失毒力。这种方式对于其他微生物如梭菌或有生长抑制作用的海氏肠球菌是否有效还不清楚，因为在十二指肠定植微生物可能会对营养的吸收效率有影响。有报道认为这种方法还可以用于解决抗生素抗性大肠杆菌的问题（Linton 等，1978）。

Watkins 等（1979，1982）报道了嗜酸乳杆菌能增强肉仔鸡对大肠杆菌致病的抵抗力，嗜酸乳杆菌能使鸡的嗉囊、盲肠和结肠酸化，这种酸化似乎能增强嗜酸乳杆菌对其他肠道微生物的竞争力。Watkins and Miller（1983）指出嗜酸乳杆菌能增强肠道对有害微生物（鼠伤寒沙门菌、金黄色葡萄球菌、大肠杆菌）的竞争排斥力，但对嗉囊、盲肠和结肠的增强程度不同，对嗉囊的增强程度最大。

MÒNICA PASCUAL 等（1999）报道了 *Lactobacillus salivarius* CTC2197 能防止肠炎

性沙门菌 C-114 在鸡肠道中的定植。给 1 日龄的来航鸡强制饲喂混有肠炎性沙门菌的 *Lactobacillus salivarius* CTC2197 制剂，21 日龄时病原能被完全清除，通过饲料和饮水添加也能产生同样的效果。在 1 日龄时饲喂量为 10^5 cfu/g 时能保证 1 周后 *Lactobacillus salivarius* CTC2197 在肠道内的定植，但在 21～28 日龄的鸡中检测到 *Lactobacillus salivarius* CTC2197，这种状况并不会随 1 日龄的一次性添加量的增加有显著改变，由此，为了保证整个饲喂期 *Lactobacillus salivarius* CTC2197 的稳定定植，多次添加是有必要的。冷冻干燥或以甘油/脱脂牛奶作为防冻介质进行冷冻是保存该益生菌株的有效方法。

乳杆菌对病原菌的排斥作用可能与乳杆菌能产生细菌素有关，如罗氏乳杆菌（*L. reuteri*）产生的 reuterin，一种已得到清楚鉴定的抗菌物质。reuterin 有广谱抗菌活性，能至少抑制 25 种原核病原（革兰氏阳性和阴性）及 10 中不同的真核原虫病原（Chung 等，1989）。10～30mg/mL 的 reuterin 在 4 分钟内即可杀死沙门菌、大肠杆菌和弯曲杆菌。也有人认为以乳杆菌作为 CE 抑制沙门菌是因为罗氏乳杆菌和乳杆菌家族的其他成员能利用乳糖。Ofek 等（1978）的研究表明，在肠道上皮残余的各种糖能作为动物病原菌结合到黏膜上皮的受体。通过在孵化蛋表面使用 CE 或通过胚胎注射也是 CE 发挥作用的重要方式，F W EDENS 等（1997）报道了胚胎注射罗氏乳杆菌对肉仔鸡体重和致死率的影响。孵蛋的第 18 天通过胚胎注射罗氏乳杆菌和沙门菌，测定 6 日龄和 40 日龄肉仔鸡体重和死亡率。结果表明，同时注射罗氏乳杆菌和沙门菌组的肉仔鸡体重和成活率都明显高于单独注射沙门菌组（表 3-13）。

表 3-13　胚胎注射罗氏乳杆菌对肉仔鸡体重和致死率的影响

参　数	处　理	
	Salmonella	***L. reuteri*＋ *Salmonella***
6d 致死率（%）	34	6
40d 致死率（%）	41	9
6d 活体重（g）	72	107
40d 活体重（g）	1 728	1 934

ESTRADA（2001）报道了在肉仔鸡饮水中添加双歧杆菌，对盲肠道微生物区系中各菌群及双歧杆菌变异系数的影响。细菌的变异系数的计算公式：取样时被测菌在处理组中的 cfu 数值除以对照组中被测菌的 cfu 数值。起始 10d 双歧杆菌的添加量为 10^7 个/mL，之后 28d 的添加量为 10^6 个/mL。结果表明，双歧杆菌的变异系数不断增加，说明通过人为添加，显著增加了双歧杆菌在肠道中的数量。另外，双歧杆菌在肠道中的增加对需氧菌、大肠杆菌和梭状芽孢杆菌都有一定的抑制作用，特别是对梭状芽孢杆菌具有抑制作用（图 3-51）。

3. 对肠道结构和功能的影响　A Smirnov 等（2004）报道了饲喂益生菌（含嗜酸乳杆菌、干酪乳杆菌、双歧杆菌和肠球菌）对鸡肠道结构和功能的影响。与对照组相比，益生菌处理组空肠绒毛表面积增加了 17%，空肠杯状细胞密度增加了 25%，回肠为 13%，抗生素处理组分别为 28%和 27%、14%，如表 3-14。

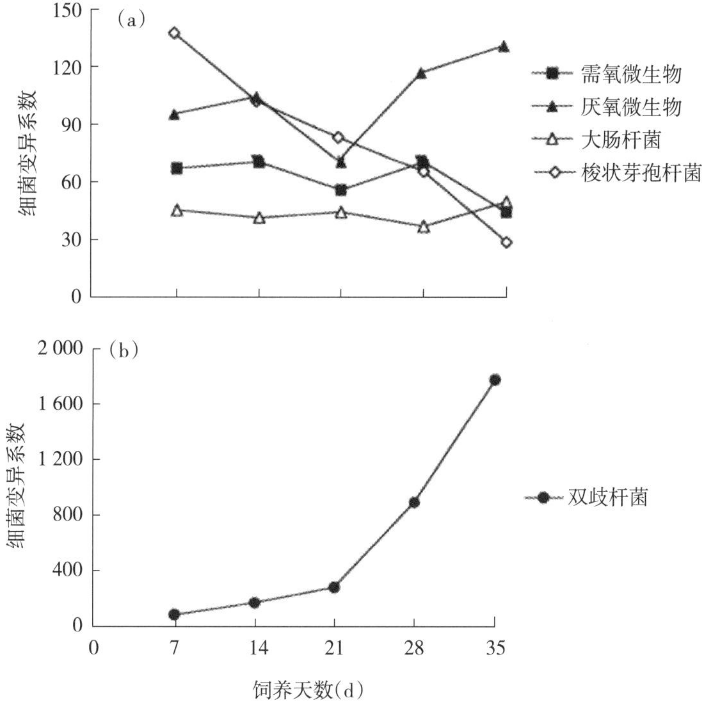

图 3-51 两歧双歧杆菌对盲肠几种微生物繁殖的影响

表 3-14 日粮中添加益生菌和抗生素对鸡小肠绒毛表面积和杯状细胞密度的影响

	肠段	益生菌	抗生素	对照
绒毛表面积（mm^2）	十二指肠	5 119.9±283.0	5 715.5±268.5	5 799.8±285.0
	空肠	6 611.9±300.2[b]	7 724.2±291.2[a]	6 096.0±260.5[b]
	回肠	8 088.5±262.0	8 893.8±245.1	7 344.5±296.2
杯状细胞密度（n/mm^2）	十二指肠	0.514±0.021	0.527±0.018	0.519±0.021
	空肠	0.282±0.022[b]	0.352±0.020[a]	0.274±0.020[b]
	回肠	0.193±0.019[b]	0.219±0.017[a]	0.192±0.017[b]

注：表中数值为平均值±SEM，重复数=8，同一肠段无相同字母的数值有差异性（$p<0.05$）。

从图 3-52 中可以看出，益生菌处理能增加杯状细胞的“杯”面积。与对照组相比，益生菌处理组十二指肠杯状细胞的“杯”面积增加了 18%，空肠为 82%，回肠为 40%。抗生素处理对小肠杯状细胞的“杯”面积没有显著影响（图 3-53）。

益生菌处理和抗生素处理对小肠黏液层厚度都没有显著影响。与对照组相比，益生菌处理能使空肠黏液素 mRNA 的表达量增加 160%，但对小肠其他区段黏液素 mRNA 的表达没有影响。抗生素处理组分别能使空肠和回肠黏液素 mRNA 的表达量增加 236%和 80%（图 3-54）。

W A Awad 等（2006）报道了镰刀菌（*Fusarium culmorum*）产生的霉菌毒素脱氧雪腐镰刀菌烯醇（deoxynivalenol，DON）和益生菌添加对肉仔鸡小肠形态学的影响。与对照组相比，DON 处理组中肉仔鸡十二指肠和空肠绒毛变短、变窄，而污染的日粮中添加益生菌

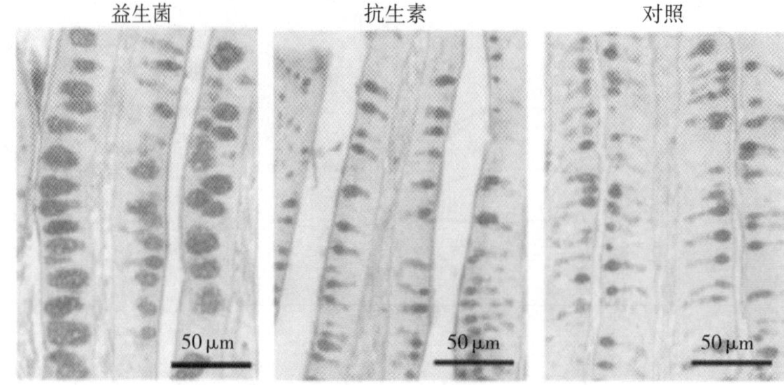

图 3-52　不同处理组代表性空肠光镜显微图片

以高碘酸希夫（periodic acid Schiff）染色，放大倍数：×400

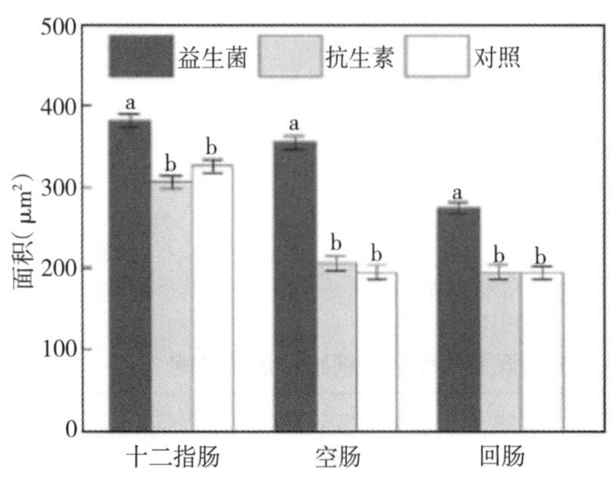

图 3-53　小肠纵向杯状细胞面积的变化

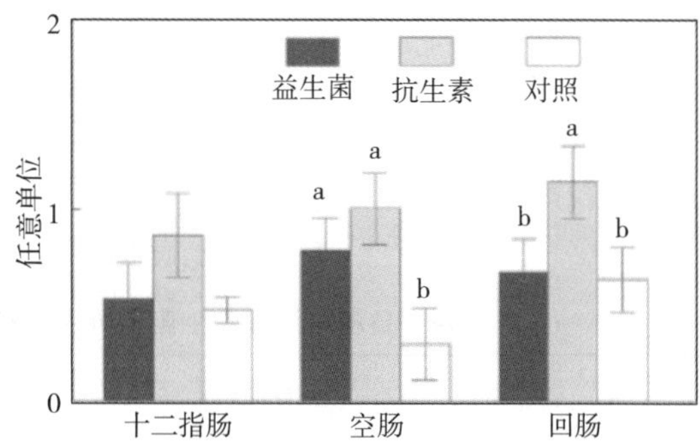

图 3-54　日粮中添加益生菌和抗生素对鸡小肠黏液素 mRNA 表达的影响

mRNA 的表达变化以 18SRNA 的表达为参比，通过 RT-PCR 测定

能显著（$p<0.05$）降低毒素对十二指肠和空肠绒毛高度的影响（表 3-15）。在整个试验过程中，DON 对饲料消耗、增重和饲料效率的影响并不显著（$p>0.05$），益生菌的添加对生长性能也只有轻微的改善作用。

表 3-15　在有/无益生菌（probiotics，PB）时 DON 对肉仔鸡小肠形态学的影响

	十二指肠			空　肠		
	对照 (n=15)	DON (n=15)	DON-PB (n=15)	对照 (n=10)	DON (n=10)	DON-PB (n=10)
绒毛高度（μm）	1 667[a]±4	1 237[c]±9	1 548[b]±7	1 064[a]±5	976[b]±5	1 050[a]±6
绒毛宽度（μm）	249[a]±3	190[b]±2	201[b]±3	175[a]±2	158[b]±1	158[b]±1

注：肩标不同小写字母者差异显著（$p<0.05$）。

Awad 等用添加乳酸杆菌的日粮（每千克日粮中含有 1×10^9 活菌单位）饲喂肉鸡后，其肠道黏膜绒毛高度增加，绒毛高度/隐窝深度值也增加，使肠道维持良好的结构形态，从而促进了对营养物质的消化吸收，改善了饲料转化率，提高了肉仔鸡的体增重。

4. 对免疫功能的影响 Hamid R Haghighi 等（2006）报道了以益生菌产品 Interbac（含 *Lactobacillus acidophilus*，*Bifidobacterium bifidum* 和 *Streptococcus faecalis*）饲喂刚孵化的幼雏，在 14 日龄时用 ELISA 检测其肠道和血清中天然抗体的含量。肠道中抗体总量并未发生变化。与对照组相比，益生菌处理组肠道中能对破伤风毒素（tetanus toxoid，TT）、牛血清白蛋白（bovine serum albumin，BSA）、产气荚膜梭菌的 α 毒素产生反应的 IgA 含量显著升高，而对于 IgG，则只有对破伤风毒素产生反应的 IgG 含量显著升高。在血清中能对破伤风毒素和 α 毒素产生反应的 IgG 含量显著升高，但对 BSA 反应的 IgG 抗体浓度无显著变化。血清中对破伤风毒素和 α 毒素产生反应的 IgM 含量显著升高，但对 BSA 反应的 IgM 抗体浓度无显著变化。

R A Dalloul 等（2003）报道了乳杆菌益生菌饲喂肉鸡对其免疫功能的影响。在 21 日龄时，以流式细胞仪检测肠道上皮内淋巴细胞亚型，结果如图 3-55。在 24 日龄时，随机选取 16 只鸡将其隔离，从食管灌注 1 万个艾美耳球虫卵囊孢子，在感染 6d 后开始收集产生脱落的卵囊孢子，连续收集 4d 计数。收集血清和肠道洗液样品，用 ELISA 检测其中 IFN-γ 和抗球虫抗体的含量，结果如图 3-56、图 3-57。

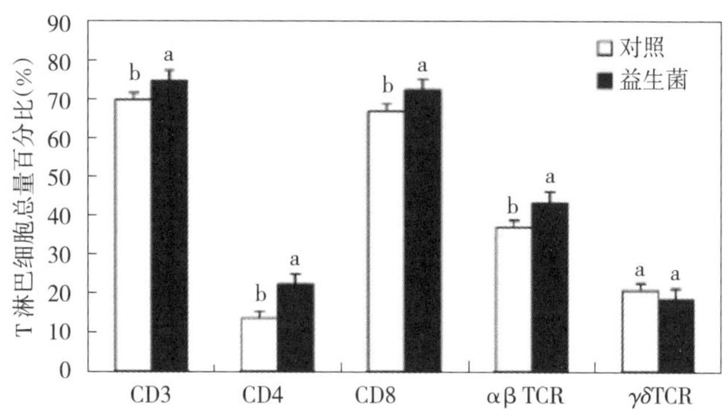

图 3-55 流式细胞仪对肠道上皮内 T 淋巴细胞的分析

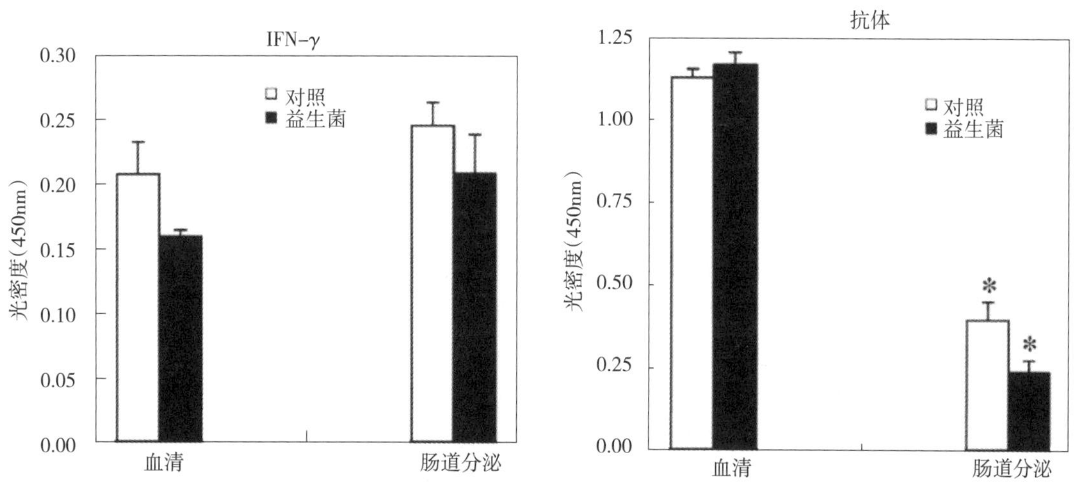

图 3-56 血清和肠道中分泌的 IFN-γ

图 3-57 血清和肠道中分泌的抗体

与对照组相比，除了表达 $\gamma\delta$TCR 的 T 细胞外，处理组中各种肠道上皮内淋巴细胞亚型的量都有轻微的升高，可能是益生菌的某些抗原对局部免疫系统产生非特异性刺激的结果。肠道内上皮内淋巴细胞在肠道感染中发挥重要作用，对于T细胞的参与及其在球虫感染中的重要作用有较多的报道。这种在球虫感染前益生菌对黏膜免疫的刺激，证明了其抵抗病原感染的有益作用。对照组粪中球虫卵囊量为 368×10^6/只，而益生菌处理组为 89×10^6/只，减少至对照组1/4左右，这可能是导致处理组的肠道分泌物中抗球虫抗体水平比对照组较低的原因。在对照组和处理组间检测到的IFN-γ 的产生量并没有差异，而且血清中球虫抗体水平也无明显差异。原因可能是IFN-γ 产生动力学是随时间而变化的，在刺激产生之后细胞因子很快产生并分泌，随后较短时间内就会凋亡。另外，免疫系统对抗原的刺激可能存在一种累计效应，当抗原水平的变化不足以产生明显不同的累积效果时，经过一定时间的有效刺激之后，免疫系统与抗原会达成一种平衡状态，在这种平衡状态下，不同处理组之间的抗体水平将不会表现明显差异。

益生菌对畜禽免疫机能的调节作用是所有益生菌研究者所关注的重要功能之一，从理论上讲，益生菌对畜禽免疫机能的调节作用是肯定的，然而，如何客观、量化评价益生菌调节免疫机能的有效性和有益性却是一个难题。

5. 对生产性能的影响 Tortuero（1973）证实了给肉仔鸡饲喂嗜酸乳杆菌能提高增重、饲料转化率、脂肪消化率和氮沉积。另外还能降低盲肠重，减少粪排泄量。并且观测到肠道微生物区系发生了显著变化，乳杆菌大量增加，肠球菌减少。一般认为，肠道中乳杆菌增加和肠球菌减少可以提高肉鸡对脂肪的消化率，从而促进肉仔鸡的生长。L Z JIN（1998）报道了日粮中添加乳杆菌制剂能显著提高体重，降低料重比，还具有降低血浆中胆固醇含量的作用。

H M Timmerman等（2006）报道了两种饲用微生物制剂MSPB（含有多株人源益生菌株）和CSPB（含有7株分离自鸡消化道的乳杆菌）对肉仔鸡致死率和生长性能的影响。MSPB使得生产性能有轻微的提高（1.84%），这种生产性能是基于增重、饲料效率和致死率的综合系数。CSPB使致死率降低了2.94%，生产性能提高了8.70%。

A Y L等（2006）报道了分离自健康鸡肠道的枯草芽孢杆菌 *B. subtilis* PB6（CloSTAT）对肉仔鸡生长性能的影响。在42日龄时，*B. subtilis* PB6处理组与对照组和抗生素处理组相比饲料转化率分别提高10%和8%。感染致病性大肠杆菌的肉仔鸡以 *B. subtilis* PB6处理，与未添加芽孢杆菌组相比，饲料转化率提高15%。在未感染大肠杆菌和感染大肠杆菌的肉仔鸡日粮中添加 *B. subtilis* PB6，使42日龄时的活体重分别提高97g和152g。另外，*B. subtilis* PB6可使大肠杆菌感染的肉仔鸡的致死率由14%降至8%，并且增加体内乳杆菌的量。

A Estrada（2001）报道了在肉仔鸡饮水中添加双歧杆菌的有益效果，显著降低了肉仔鸡蜂窝组织炎的发生率，也对死亡率有一定的降低作用（图3-58）。

6. 改善禽肉、禽蛋品质 随着社会发展与生活水平的提高，畜产品品质成为影响消费者行为的一个重要因素。提供安全健康并且具有良好口感的畜产品是畜牧业发展的必然趋势。鸡蛋中的胆固醇含量和脂肪酸组成是科学家们关注的焦点。微生物饲料添加剂可以调节畜产品中脂肪酸的组成和胆固醇含量，蛋鸡日粮中添加荚膜红细菌可以增加胆固醇和甘油三酯随粪便的排出量，并明显降低二者在蛋黄中的含量，并且提高了蛋黄中不饱和脂肪酸与饱和脂肪酸的比例（Salma，2011）。荚膜红细菌和酪酸梭状芽孢杆菌能显著改善鸡肉中脂肪

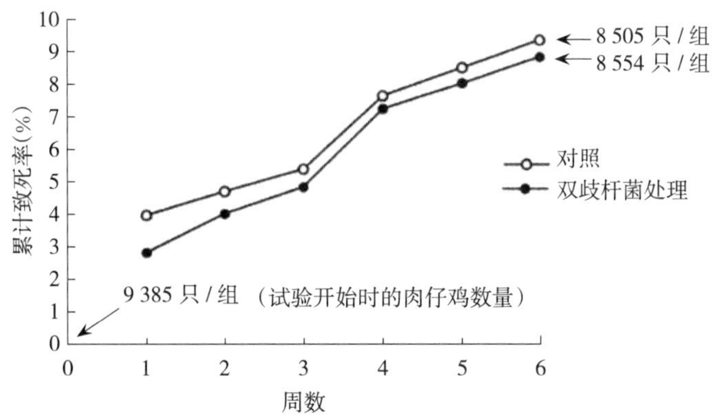

图 3-58 添加双歧杆菌对肉仔鸡致死率的影响

酸组成，增加胸肌 C20：5*n*－3 和总 *n*－3 多不饱和脂肪酸的含量，并且提高了胸肌肌内脂肪含量，降低了剪切力（Salma，2007；Yang，2010）。

日粮中添加枯草芽孢杆菌干培养物（dried *Bacillus subtilis* culture，DBSC）对罗曼褐蛋鸡生产性能具有一定的改善作用（C L Xu，2006）。当日粮中的添加量为 500mg/kg 时，鸡蛋产量、饲料消耗和饲料转化率显著提高，并且在这一添加量时还表现出其他一些特殊的有益功效，如增加蛋壳厚度、改善蛋黄颜色、提高哈氏单位、降低胆固醇含量等（表 3-16）。

表 3-16 日粮处理对鸡蛋质量的影响

组别	蛋壳强度(kg/cm^2)	蛋壳厚度（μm)	蛋壳颜色	哈氏单位	蛋黄胆固醇(mg/蛋黄)
对照	3.39±0.61	385.95±16.15	8.00±0.93	75.73±5.94	251.80±13.11
抗生素	3.68±0.70	378.57±18.19	8.00±0.53	78.06±4.78	257.11±23.75
DBSC	3.75±0.53	390.14±19.25	8.13±0.64	78.12±6.69	221.05±16.23

二、在养猪上的应用

仔猪腹泻是制约养猪生产的一个重大问题（表 3-17）。长期低剂量使用抗生素能有效解决这个问题，但是，抗生素的长期使用也会带来一些不良的后果，比如细菌抗药性、畜产品药物残留等威胁生态环境和食品安全的隐患。现在消费者和专家对有添加剂残留的畜产品所产生的健康风险以及不加选择的使用抗生素导致抗性因子的广泛扩散所产生的潜在危害越来越关注。瑞典于 1986 年禁止在饲料中使用抗生素，抗生素的使用对肠道健康的威胁，使得人们对其他能有效改善肠道健康的方式产生了兴趣，如给未怀孕母猪注射大肠杆菌疫苗曾有效减少了大肠杆菌 *E. coli* K88 导致新生仔猪腹泻的暴发，还有其他一些措施，包括：日粮酸化、改变日粮配方（如提供低蛋白日粮）、使用基因工程疫苗等，这些措施能缓解肠道的过量分泌，从而减少腹泻综合征。还有天然矿物质沸石能显著减少腹泻，提高饲料效率。当然使用益生菌也是其中的一种很好的选择。

表 3-17　导致猪舍内仔猪断奶前死亡的原因（Fahy 等，1987）

死因	致死百分率（%）
腹泻	41
积食	17
外翻腿	9
贫血	6
细菌性败血症	5
坏死性肠炎	3
受凉	3
天生缺陷	11
不明因素	5

腹泻常表现为大量分泌物穿过肠壁分泌到肠腔中。例如，肠致病性大肠杆菌能诱导宿主的这种反应。Hoefling（1989）报道，对送交美国典型性诊断试验室的样品分析（Hoefling，1989）发现，在26%的病例中导致腹泻的主要原因是肠毒性大肠杆菌感染，其他病例分析表明传染性胃肠炎占26%，梭菌性肠炎占18%，球虫病占14%和轮状病毒感染占8%，还有一些其他一些不明因素。

仔猪容易导致腹泻主要有三个阶段：①出生后第1周；②2～3周龄；③断奶期。出生早期，初乳中的免疫球蛋白能为仔猪提供保护。一个容易导致仔猪感染的漏洞是仔猪在寻找奶头的过程中与母猪皮肤的接触，如果环境受到严重污染，那新生仔猪就会暴露在微生物污染的环境中。新生仔猪腹泻主要发生在出生后48h内，主要是由携带K88、K99、987P伞毛抗原和经常产生ST肠毒素的肠毒性大肠杆菌菌株所致。疾病开始只发生在一两头猪中，随后传染整窝。2～3周龄时容易导致腹泻的原因很多，如原生孢子虫和轮状病毒的感染，导致这种感染敏感性的原因之一是乳中母源抗体水平显著降低。断奶期间的腹泻主要发生在断奶后4～10d内，主要是受到肠病原性大肠杆菌和猪痢疾密螺旋体的感染。

（一）猪消化道的生态空间

猪的消化道结构如图3-59所示。益生菌要能够在肠道生存并保持活性，必须适应胃肠道环境并能抵抗宿主的保护机制，如胃中的低pH和蛋白水解酶。另外，益生菌的停留时间及和消化物混合的程度也会影响到益生菌的存活。在小肠前段消化道内容物的流速快，能阻止微生物的过量增殖，除非是能黏附到上皮上。胆汁也会对益生菌的生存产生不利影响。在盲肠和大肠中，肠道内容物的流速较低，有利于微生物的定植，但必须和健康动物的内源微生物竞争。益生菌在消化道中的存活和定植程度影响益生菌的用量。猪消化道中的pH随部位不同和日龄不同而发生显著变化（表3-18）。

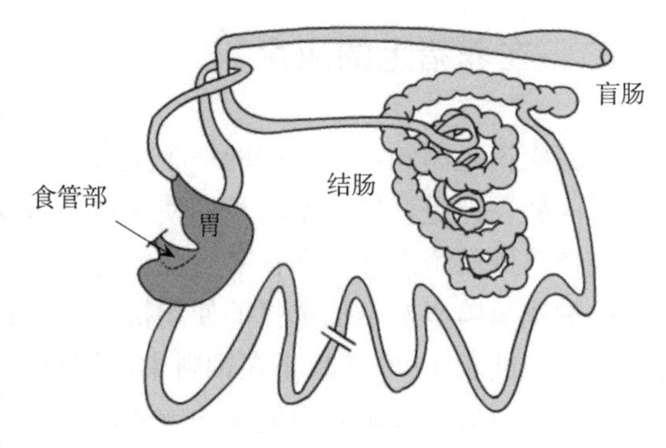

图 3-59　猪消化道结构

表 3-18 猪消化道 pH

日龄	胃	小肠前段	小肠后段	盲肠	结肠
初生仔猪	4.0～5.9	6.4～6.8	6.3～6.7	6.7～7.7	6.6～7.2
未断奶仔猪	3.0～4.4	6.0～6.9	6.0～6.8	6.8～7.5	6.5～7.4
断奶仔猪	2.6～4.9	4.7～7.3	6.3～7.9	6.1～7.7	6.6～7.7
成年猪	2.3～4.5	3.5～6.5	6.0～6.7	5.8～6.4	5.8～6.8

1. 胃 在胃的入口处有一区域被称作食管部，与食管一样有角质化的鳞状非分泌型上皮细胞，约占胃表面积的 5%（Noakes，1971）（图 3-60），是胃中微生物集中定居的区域。食管部的大小在初生仔猪中为 1～2cm^2，在成年猪中为 10～15cm^2，这一区域的鳞状细胞不断脱落，因此能释放覆盖有乳杆菌的细胞，新暴露的上皮细胞很快就会被乳杆菌定植（Lipkin，1987）（图 3-61）。被认为这种定植有乳杆菌的鳞状细胞有利于保证乳酸菌占优势而调节肠道微生物区系（Fuller 等，1978；Barrow 等，1980）。在胃中，分泌的胃液中还有 HCl、黏液和蛋白水解酶。胃液的组成受到很多因素的影响如日粮组成。胃液的 pH 受到猪的日龄、胃液和内容物的混合程度以及胃内容物通过胃的速率。消化物的混合取决于干物质的组成和颗粒大小。胃中的 pH 随位点的不同而改变，在接近小肠出口处的幽门窦 pH 最低，pH 最高的是食管部，这是由于胃液在胃底部分泌。初生仔猪幽门窦处的

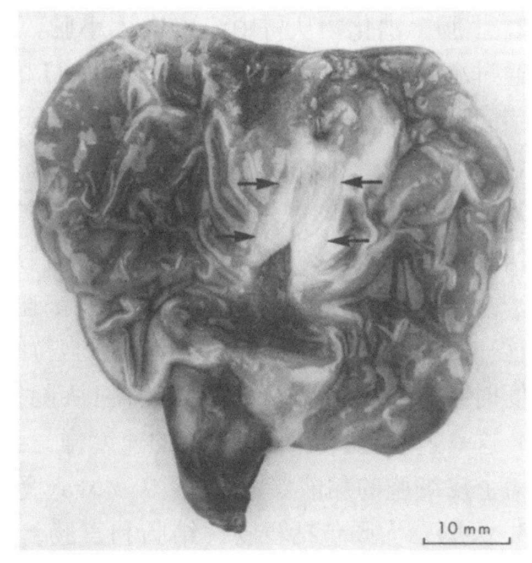

图 3-60 猪胃食管部非分泌鳞状上皮区（箭头）（×2.2）（R Fuller 等，1978）

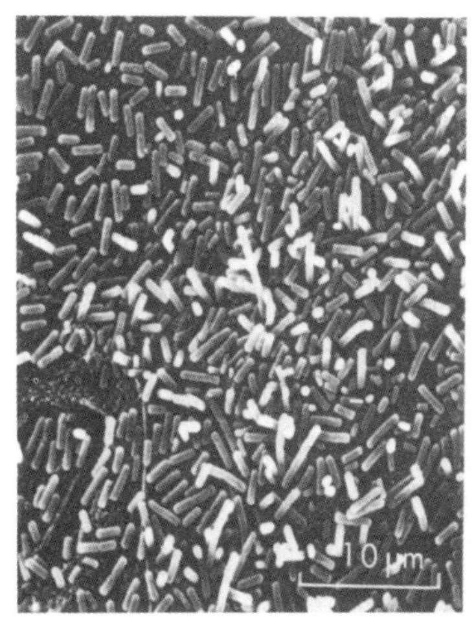

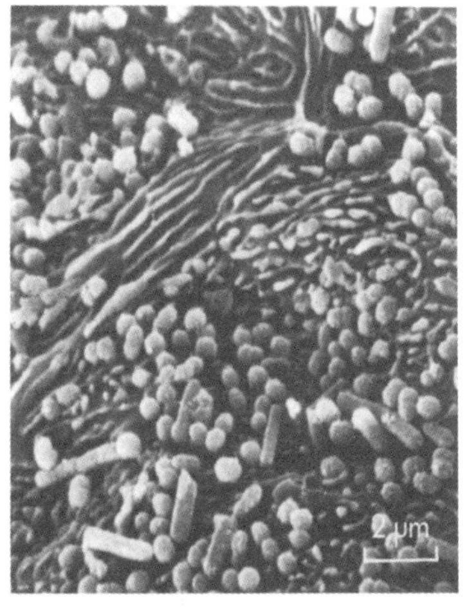

图 3-61 杆菌黏附于猪胃食管部的扫描电镜照片（左：×2 000；右：×5 300）（R Fuller 等，1978）

pH 为 5.2～5.9（Smith，1965），4～10 日龄时 pH 为 4.1～4.4（Barrow 等，1977），随日龄的增大不断下降。

胃的排空受幽门区至十二指肠的收缩影响，十二指肠的神经和激素反馈调节这种排空。诱导排空的因素包括胃内容物及其组成。低 pH、高含量的脂肪、脂肪酸、氨基酸和高渗透压会减缓胃的排空（Kidderhe 和 Manners，1978）。对于日龄较小的仔猪，胃内容物的滞留常常会导致腹泻（White 等，1969），胃内容物的滞留会使仔猪可利用的养分减少，而较易导致感染，而且胃内容物排空慢，减弱了宿主对病原定植的阻碍，病原被清除的速度减慢，从而较易增殖。

2. 小肠 消化物从胃中流出进入小肠，在小肠中和胆汁及含有酶和缓冲物质的胰液混合。通过小肠时 pH 不断升高。小肠中 pH 的变化没有胃中那么明显的变化，而且在仔猪和成年猪间也没那么显著（Kidderhe 和 Manners，1978）。在十二指肠的变化较大（pH 2.0～6.0），渐渐变小，到回肠的 pH 为 7.0～7.5。日粮组成对肠道 pH 有显著影响（Braude 等，1976）。在小肠末端的微生物区系能降低这一区域的 pH。肠道内容物在小肠前段的通行速度较快，在后段渐渐放缓，通常消化物颗粒通过小肠需 2.5h（Kidderhe 和 Manners，1978）。在这样的流速下，细菌很难有效快速增殖而不被冲走，黏附到上皮细胞实际是微生物在这一区域定居的必要条件。上皮细胞持续产生并不断脱落，细菌只有当增殖速度大于脱落速度时才能定植。对于小鼠，细胞从隐窝转移到绒毛顶端需要 2d 时间（Abrams 等，1963）这一速度比许多细菌增殖的速度慢。细菌除了能通过黏附素黏附到上皮细胞外，还能在覆盖上皮细胞的黏液层中增殖（Conway 等，1990）。

3. 大肠 大肠包括盲肠、结肠和直肠。盲肠和结肠中消化物的流动速度很慢，允许高密度、复杂的厌氧微生物的定植。大肠的 pH 约为 6.0，不像肠道前段波动那么剧烈，因为其中的内容物较一致，微生物发酵占优势（Kidderhe 和 Manners，1978）。

（二）内源乳酸菌

在猪消化道前端定植了较丰富的微生物，虽然不如反刍动物那么丰富，但胃中每克内容物仍含有 10^7～10^8个细菌。低 pH 并没有杀死太多细菌，小肠中每克肠道内容物仍有高达 10^7～10^9个细菌。

在猪消化道前端主要定植的是乳酸菌，大部分是乳杆菌和链球菌。它们既存在于肠腔也黏附于上皮。盲肠和结肠的微生物区系组成有区别，盲肠中革兰氏阴性菌占优势，而结肠中主要是革兰氏阳性菌。

乳酸菌能在消化道中占据优势有几个原因：①胃上部相对高的 pH，对胃内容物中乳酸菌的杀伤并不强烈；②进入胃中的消化物中混有内源乳酸菌，吸附有乳酸菌的食管部细胞不断脱落。

消化道前段的乳酸菌与其生理功能密切相关，通过发酵乳中的乳糖产生乳酸和其他有机酸降低胃中的 pH（Cranwell 等，1976）。幽门窦处较低的 pH 能减少进入小肠的细菌数量（Smith，1965），乳酸菌还能调节小肠的微生物区系，减少下部消化道的污染（Barrow 等，1980）。乳酸菌还能促进纤维中（1→3，1→4）β-D-葡聚糖的消化（Grmham 等，1986）。McSllister 等（1979）报道了乳杆菌、拟杆菌和梭菌是小肠的优势菌群。Fuller（1978）发现，发酵乳杆菌是分离自 2～10 日龄仔猪食管部的微食物中最常见的（93%）。

仔猪应该在正常环境出生，以使得它们能形成正常的微生物区系，当后期移入无内源微生物的环境时，正常微生物区系仍能继续形成。Ducluzeau（1985）指出母乳对猪消化道的微生物区系的影响并不是很大，因为在断奶时微生物区系的变化并不显著。但是初乳对于抵抗导致腹泻的大肠杆菌有重要意义。乳汁中的溶菌酶对未断奶仔猪肠道微生物区系有重要影响，其他因子如乳铁蛋白、转铁蛋白也能发挥重要作用。日粮的类型和量也能影响消化道中的乳酸菌。Brockett 和 Tannock（1981）指出日粮中的棕榈酸和油酸能影响小鼠胃中乳酸菌的数量。消化道中的乳酸菌比起其他细菌如大肠杆菌似乎更容易受到有限养分的影响，可能是这些细菌生长速度较快，也可能是它们对营养物质的种类和数量的需求不同的缘故，在养分不足时，有的微生物的生长会受到限制。

（三）仔猪免疫

对于健康的成年猪，可以通过分泌到肠道中的免疫球蛋白起抗感染作用，但这种免疫抵抗直到 3 周龄时才能发挥功能。在出生后的 1 周内，主要靠母源抗体和其他种类的抵抗因子发挥防御作用（Porter，1969）。在 3 周龄后，IgA 才开始分泌，母乳中的免疫球蛋白被证明能抑制大肠杆菌的生长（Wilson Svendsen，1971），还能黏附到肠细胞（Nagy 等，1979），并且能中和毒素（Brandenburg Wilson，1973）。母乳中还有一些非免疫性的宿主防御因子，如乳铁蛋白、转铁蛋白、维生素 B_{12}结合蛋白和双歧因子等。仔猪断奶时不仅失去了乳中的抗体，还有非抗体因子，尽管在断奶时免疫系统已能发挥作用，但仍需激活免疫系统以弥补失去其他保护因子的不足，益生菌在这时能够发挥刺激免疫系统发挥有益作用。仔猪的免疫系统还与肠道平衡破坏时日粮成分诱导的过敏反应有关（Newby 等，1984）。在断奶前食入少量某种蛋白，特别是大豆蛋白，使免疫系统致敏，当断奶后大量摄入时会诱发过敏反应。各种应激会对免疫系统产生负面影响，如极度高温和潮湿会对淋巴细胞向肠道中分泌保护性抗体造成不利影响。

（四）益生菌的使用

乳杆菌能产酸，并且几乎没有致病性。某些粪肠球菌和屎肠球菌菌株具有致病性（Hardie，1986），但链球菌对逆境的耐受能力更强，因此能产生更稳定的制剂产品。与乳杆菌相比，双歧杆菌对氧更加敏感，有的是严格厌氧的，因此，对于双歧杆菌来说，在有氧环境中生存的问题更加严重。

用于益生菌的微生物总体上可以分成两类，来自内源微生物区系的和外源的。通常来自猪内源微生物区系的种类有嗜酸乳杆菌、发酵乳杆菌、罗氏氏乳杆菌、粪肠球菌和屎肠球菌。曾有双歧杆菌、假长双歧杆菌和嗜热双歧杆菌等用于动物生产。其他用作益生菌的菌株还有芽孢杆菌和梭菌，例如枯草芽孢杆菌和地衣芽孢杆菌、东洋芽孢杆菌和丁酸梭菌（Han 等，1984；Tournut，1989）。还有某些酵母菌被使用过。Ozawa 等（1981）报道了芽孢能在消化道前段发芽，并能和肠毒性大肠杆菌竞争。它们还能增加乳杆菌（Roth 和 Kirchgessner，1988）或激活免疫系统抑制大肠杆菌（Pollman，1986）。地衣芽孢杆菌能在上消化道产生抗菌物质（Ducluzeau 等，1978），地衣芽孢杆菌和枯草芽孢杆菌的混合物能产生有效的协同作用。这些微生物产生益生作用的机制可能是通过产酶或者通过抑制产 NH_3或胺的病原菌（Landsudvalget，1989）。另外，可能是通过竞争相同的黏附位点。这种机制只要发生在相同的微生物之间，比如某些非致病性的大肠杆菌和梭菌可以通过竞争相同的致病性大肠杆菌和梭菌的黏附位点，从而防止这类菌引发的腹泻。

饲用微生物制剂可以在动物出生后不久，或是使用者认为可能发病的时候（预防或治疗）使用，也可混入饲料中持续使用。饲用微生物可以经口直接灌注或是通过饮水和饲料使用。采用何种方式使用何种形式的饲用微生物制剂的原则是安全、有效。如果要想微生物具有代谢活性，那制剂中必须含有活的微生物。饲料制粒时的高温、高压会导致很多微生物致死。某些链球菌和芽孢杆菌有较强的抗逆能力，能较好的存活，而乳杆菌较为敏感。

在冻干前的菌体收集方式及保护方式会影响细菌的存活，活菌制剂的储存稳定性与储存环境、储存期的长短以及在饲料中的应用方式有关。乳杆菌细胞对冰冻干燥和风干都很敏感，风干介质和其中残留的潮湿成分都会影响它们的存活。如果失水过多，也会导致其细胞壁的破坏，而且还会增加其细胞膜对胆汁和溶菌酶的敏感性。

1. 使用时间和方式 益生菌可以在不同的日龄阶段使用，取决于其需要发挥功能的机制。如果有某种原因能够确定猪难以建立健康的微生物区系，这时使用仅含乳酸菌的制剂被认为是最合适的，因为可以启动自然定植过程，这种情况通常发生在将新生仔猪直接转移到人为设计的非常清洁的环境中或是在使用抗生素治疗后。通常情况下，新生仔猪第一周和母猪保持紧密接触，因此能定植乳酸菌，有的乳酸菌菌株比其他菌株有更强的抑制病原的能力，例如能产生抗菌物质。对于腹泻发生频率较高的养殖场，尽早引入益生菌有利于消化道正常菌群的定植，产生抵抗病原的能力。如果使用益生菌是为了抵抗潜在致病菌如大肠杆菌，除非我们能保证有限的剂量能实现定植，否则我们应该在疾病风险发生前或存在时使用。

我们在使用益生菌时，常会碰到是阶段性使用还是持续使用的问题，这个问题决定于所使用的益生菌菌株的作用机制。如果所使用的菌株是通过代谢产物发挥作用，而没有在消化道定植的能力，那么需要持续使用；如果菌株能有效定植，使用较短时间即可，即采取阶段性使用，当因为应激或是其他因素导致益生菌损失时再补充使用。

2. 使用剂量 一般情况下，动物肠道中优势菌群的数量为每克内容物 $10^8 \sim 10^9$ cfu，当发生腹泻时，病原微生物的数量将超过优势菌群，比如大肠杆菌，其数量可达到 $10^{12} \sim 10^{13}$ cfu/g，此时益生菌的用量应为 $10^9 \sim 10^{12}$ cfu/g。平常作为预防使用时，益生菌的用为 $10^6 \sim 10^7$ cfu/g 即可。这里需要说明的是，在实际生产中益生菌的用量常常是随意的，因为益生菌的种类很多，加之安全使用剂量范围较宽，在较宽的范围内剂量高低一般不会引起宿主的不良反应。因此，如何正确使用益生菌应根据各自的实用经验，原则是所使用的量必须要足以诱发宿主的有效反应。可以根据内源微生物的量确定益生菌的使用剂量，也可根据益生菌在消化道中的繁殖情况确定其使用剂量。要使益生菌的量在作用位点达到特定水平，我们需要考虑其在消化道中的生存能力，因为胃酸、胰液和胆汁会影响它们的存活，当然对于能较好存活的菌株也需要考虑其增殖能力。为了获得科学的使用剂量，对所使用的益生菌株进行生存能力测试是必要的。

使用益生菌常常会得出不确定甚至是相悖的结论，这是正常的现象。目前对于这一现象还没有充分、明显的证据用来解释。用作益生菌的菌株特点各不相同，因此功能也不相同，例如并不是所有的嗜酸乳杆菌都有完全相同的特点，而且不同试验的试验动物的敏感性并不完全相同，体内条件的改变也会导致益生菌活性的改变。如果宿主状态良好，各种生长机能都达到最大限度发挥，此时使用益生菌发挥有益作用的空间较小。体内对益生菌功能评价的研究一般包括：①对消化道微生物区系及病原菌的影响；②对消化道形态和功能的影响；③生产性能和动物健康；④对各种动物模型效果的影响，如降低胆固醇、激活免疫等。

（五）益生菌对宿主的影响

1. 对消化道微生物的影响 要能发挥有益功效，微生物或其产生的活性物质必须能到达发挥作用的功能位点，为了实现这一点，首先益生菌要能被食入。也就是说这种制剂要能够促进食欲，至少不被厌食而遭排斥。猪对饲料的风味和口感很敏感。而且很重要的是益生菌制剂中必须含有足够量的活菌体。

我们使用乳酸菌作为益生菌是因为乳酸菌被认为能维持消化道的微生态平衡，能与病原菌竞争。原因可能在于乳酸菌能产酸，能减少进入小肠的微生物（Cranwell 等，1976）。实际上母乳中的半乳糖在胃中被用于产酸。一旦消化道复杂的微生物区系形成，该体系就相对稳定，如果其他条件不变，外源添加的微生物较难对原有的微生物区系产生影响。不过尽管微生物区系是一个相对稳定的系统，但它是动态平衡的，仍然能发生微生物间的相互替代，调整自身代谢以适应可利用的营养。目前一般认为微生物之间对有限的营养成分的竞争是相互调节的重要因素（Freter，1983）。

Olsson（1966）报道了给断奶仔猪饲喂嗜酸乳杆菌能减少粪便中大肠杆菌和溶血性大肠杆菌的水平；Pollmam 等（1980）报道了给仔猪饲喂益生菌除了能增加贲门区乳酸菌和大肠杆菌的数量外，对消化道的微生物区系没有影响。给 4 周龄的仔猪饲喂鼠李糖乳杆菌能获得较高的乳杆菌对大肠杆菌的比例（Conway 等，1981），给 3 周龄的仔猪提供嗜酸乳杆菌也能获得类似的结果（Premi 和 Bottazzi，1974）。Danek（1986）报道了使用屎肠球菌制剂减少粪中大肠杆菌并增加发酵乳杆菌和链球菌的量。Ozawa 等（1983）给断奶仔猪饲喂粪肠球菌，能稳定肠道中的双歧杆菌、链球菌和乳杆菌，并且该菌剂对沙门菌和酵母有抵抗能力。腹泻动物常常伴随有肠道微生物区系的破坏，双歧杆菌、乳杆菌数量的减少和大肠杆菌数量的增加，口服嗜热双歧杆菌和假长双歧杆菌可恢复肠道微生物区系，减轻腹泻症状，并对哺乳仔猪的腹泻有预防作用。Ozawa 等（1981）报道了使用枯草芽孢杆菌菌株能显著增加小肠近端链球菌和双歧杆菌的数量，降低了拟杆菌的水平和检出率。服用丁酸梭菌 3 周后，微生物区系发生显著变化，丁酸梭菌和乳杆菌的数量增加，葡糖球菌和大肠杆菌的数量减少。

Havenaar 等（1993）报道了给仔猪饲喂来自健康猪肠道的乳杆菌对肠道乳杆菌和大肠杆菌的影响。菌株的筛选基于体外试验，处理组所使用的是含有 3 株乳杆菌的混合物，乳杆菌的添加能稳定断奶前和断奶后小肠黏膜表面乳杆菌的数量，在外源添加乳杆菌后，大肠杆菌的数量降低，在断奶后保持类似的水平。E T Kornegay（1996）报道了 2 种芽孢杆菌产品 Biomate 2B 和 Pelletmate Livestock，其中 Biomate 2B 能增加粪中乳酸菌的含量（$p<0.05$），但不能减少大肠菌的含量（$p>0.1$）；而 Pelletmate Livestock 能减少大肠菌的含量（$p<0.05$），但不能增加粪中乳酸菌的含量（$p>0.1$）。R. B. Harvey 等（2005）报道了以连续培养的方式维持来自猪胃肠道的共生微生物，将其用作类似于控制禽类沙门菌的竞争排斥剂（competitive exclusion，CE）。对地理位置隔绝、有传统高致死性大肠杆菌 *E. coli* K-

88和*E. coli* F-18感染病史的6个猪场21 467头断奶仔猪使用竞争排斥剂，使用时间为整个保育期，与对照组相比，有5个猪场的死亡率平均下降了2.6%。在另一猪场，使用该竞争排斥剂虽然死亡率的变化并不明显，但使用该竞争排斥剂，显著降低了用于治疗的药物使用量。

2. 对消化的影响 Møllgaard（1946）饲喂小肠乳杆菌的脱脂牛奶发酵物能改变猪的骨骼形态，他认为是由于乳杆菌增加了酸的产生和降低pH而促进了钙的吸收；服用芽孢杆菌对pH、细菌代谢产物的浓度及蛋白和有机物质的表观消化率没有影响（Spriet等，1987）；Hale和Newton（1979）以发酵乳杆菌制品饲喂断奶仔猪，尽管能降低腹泻率，但对平均日增重没有显著影响，仅只提高了粗纤维的消化率。E T Kornegay（1996）报道了以芽孢杆菌饲喂提供玉米-豆粕型日粮的生长肥育猪，饲喂量约为3×10^{6}cfu/g，对干物质、酸性洗涤纤维、中型洗涤纤维、灰分和N沉积没有影响（$p=0.4$）。

3. 对消化道形态学的影响 无菌动物常常用于研究微生物对宿主的影响，微生物区系的存在对动物的生理和形态学有很大影响。无菌动物有较短的指状绒毛、较薄的肠壁和固有层、较长的细胞更新时间和较高活力的消化酶（Coates，1973）。Savage等（1981）发现只给无菌动物引入乳杆菌，不能改变肠道细胞的更新速度，通常要有多种微生物才能产生改变。Katja Reiter（2006）报道了肠球菌和蜡状芽孢杆菌对肠道形态学影响的研究，与对照组相比，小肠绒毛高度并没有显著变化。肠球菌处理组隐窝深度随日龄增大有所加深，但没有显著性差异。与对照组相比，肠球菌处理组小肠各段的小肠绒毛扩张系数没有显著性差异，在仔猪28日龄和56日龄时，对照组的扩张系数显著高于蜡状芽孢杆菌处理组（$p<0.05$）。然而，在28日龄时，肠球菌处理组和蜡状芽孢杆菌处理组回肠隐窝表面的扩张系数有显著差异（$p<0.01$）。仅在14日龄时，肠球菌处理组绒毛的杯状细胞数量显著高于对照组（$p<0.05$）。在14日龄和35日龄时，蜡状芽孢杆菌处理组空肠前段的杯状细胞数量显著高于肠球菌处理组，而在空肠后段，在14日龄、28日龄和35日龄时都能发现这种显著变化。

4. 对生产性能的影响

（1）乳杆菌 很多报道提到了乳杆菌能促进猪的健康，提高其生长性能，服用嗜酸乳杆菌后哺乳仔猪的慢性腹泻症状得到明显改善。同样，Olsson（1966）证实了嗜酸乳杆菌对断奶期仔猪有效，但Kornegay（1985）发现嗜酸乳杆菌并不能提高保育猪的生长速率。由此可以看出，乳杆菌对猪所谓的益生作用是有条件的，常在肠道平衡被破坏时更有效。

在有些试验中，给断奶仔猪饲喂嗜酸乳杆菌能提高增重和饲料转化率，但对生长肥育猪并没有影响（Pollman等，1980）。需要强调的是并不是所有的嗜酸乳杆菌都能产生相同的实验结果，不同菌株产生的结果不同。Conway等报道了给仔猪饲喂发酵乳杆菌能提高增重和降低腹泻率。但与之密切相关的罗氏乳杆菌却被报道显著减少增重，并有降低饲料转化率的趋势。Maria De Angelis（2007）年报道了2株曾被用作饲料添加剂的乳杆菌*L. plantarum*和*L. reuteri*，以选择培养基、系统生物学分析、16S测序和RAPD-PCR分型能将这2株菌和其他粪中的乳杆菌相区分，这2株菌在胃肠排空时能够存活，在粪中含量为6~8log cfu/g，使用6d后这2株菌就能在消化道内定植，而且能显著减少肠细菌的量（$p<0.05$），而且与对照组相比，能将葡萄糖苷酶的活性降低23%。Spyridon K Kritas和

Robert B Morrison（2007）报道了干酪乳杆菌对猪繁殖与呼吸综合征（PRRS）病毒感染猪的影响，该菌株对发病和病毒血症的持续时间没有影响；在发病猪中益生菌对病毒的平均滴度也无影响。但在感染期能提高猪的增重（表 3-19）。

表 3-19　不同处理对猪繁殖与呼吸综合征（PRRS）病毒攻毒猪生长性能的影响

	试验组[1]			
	对照（C）	益生菌（P）	疫苗（V）	P+V
体重（kg）±S. E.				
22 日龄（转窝时间）	5.38^{a}±0.25	5.48^{a}±0.28	5.67^{a}±0.25	5.56^{a}±0.25
56 日龄（攻毒时间）	18.63^{a}±1.24	17.90^{a}±1.11	20.40^{a}± 1.36	17.95^{a}±1.05
74 日龄（结束时间）	21.10^{b}±0.97	25.55^{a}±1.23	25.40^{a}±0.84	24.45^{a}±1.18
平均日增重（kg）±S. E.				
攻毒前（22～56 日龄）	0.39^{a}±0.03	0.37^{a}±0.03	0.43^{a}±0.04	0.36^{a}±0.03
攻毒后（22～74 日龄）	0.14^{c}±0.04	0.43^{a}±0.03	0.28^{b}±0.05	0.36^{ab}±0.03

注：同行不同字母（a、b、c）表示差异显著（$p<0.05$）。

[1]$n=9$。

（2）肠球菌　很多关于链球菌的报道中所使用的都是屎肠球菌，很多试验结果报道了屎肠球菌 *Ent. faecium* M74 对新生仔猪健康和生长有促进作用（Meon，1972；Danek，1986；Maeng 等，1989）。相反，Kluber（1985）报道了服用屎链球菌 *Ent. faecium* M74 有较高的死亡率。屎链球菌 *Ent. faecium* C68 的作用取决于饲养条件，在较差的条件下，与良好的饲养条件相比，能表现出促进生长性能和健康的作用。Maeng 报道了给 4 月龄的仔猪饲喂屎链球菌 *Ent. faecium* C68 能提高增重、饲料转化率并减少腹泻。Krarup（1987）报道了这一菌株能降低仔猪腹泻。Pollman 等报道了在仔猪饲料中同时添加 C68 菌株和抗生素能提高增重和饲料转化率，然而对于肥育猪效果不显著。对断奶仔猪，C68 菌株在提高生长性能方面没有效果（Kornegay，1983），但 Nurpert（1988）报道了在饲料中添加该菌株能提高饲料转化率、缩短育肥时间，且有提高瘦肉率的趋势。D Taras 等（2006）年报道了使用屎链球菌 *Ent. faecium* NCIMB10415 的泌乳母猪，与对照组相比，死亡率由 22.3%降低到 16.2%；益生菌处理组哺乳仔猪头 3 天的死亡损失显著降低；对于 28d 断奶的仔猪（n=153），活体重、采食量和饲料效率没有变化；断奶仔猪的腹泻率与对照组相比由 38%降低到 21%。M Pollmann 等（2005）报道了肠球菌益生菌株对支原体感染的影响，与对照组相比，处理组能将与支原体阳性母猪分离的仔猪中支原体的检出率由 85% 降至 60%，能显著降低回肠、结肠和粪中支原体的检出率。

（3）芽孢杆菌　芽孢杆菌的种类很多，目前比较常用的芽孢杆菌主要有地衣芽孢杆菌、枯草芽孢杆菌和蜡样芽孢杆菌。Jørgensen 报道了饲喂东洋芽孢杆菌的母猪表现出较少的乳房炎-子宫炎-无乳综合征，并且症状较为缓和。Roth 报道了东洋芽孢杆菌有提高日增重、饲料消耗、饲料转化率和降低致死率的趋势，并能减少抗生素的用量。Pollman（1986）总结了给猪饲喂芽孢杆菌的试验，妊娠前在母猪饲料中添加枯草芽孢杆菌能提高仔猪的存活率。若提前接种了大肠杆菌疫苗，则对母猪和仔猪的生长性能都无影响。对于断奶仔猪，在含有卡巴氧的日粮中添加芽孢杆菌，在没有明显的断奶应激性腹泻的情况下，效果并不明显。给未接种大肠杆菌疫苗的母猪饲喂枯草芽孢杆菌效果最明显，而对断奶仔猪没有什么效果。Xiaohua Guo 等（2006）报道了筛选到的枯草芽孢杆菌 *Bacillus subtilis* MA139 对 pH 2 和 0.3%的胆汁环境完全具有抗性。*Bacillus subtilis* MA139 体外抑菌试验表现出对 4 种病原菌的生长抑制作用（图 3-62）。将 *B. subtilis* MA139 以 2.2×10^5，2.2×10^6 或 2.2×10^7 cfu/g 的浓度添加到断奶仔猪日粮中，饲喂期为 28d。空白对照为基础日粮，阳性对照为 16g/t 的黄霉素添加。与空白对照相比，*B. subtilis* MA139 显著提高了日增重和饲料转化率。饲喂 *B. subtilis* MA139 的猪的生长性能与抗生素处理组类似。当 *B. subtilis* MA139 的饲喂量为 2.2×10^7 cfu/g 时，粪中的乳杆菌数量显著增加，大肠杆菌数量减少（$p=0.05$）（表 3-20，表 3-21）。

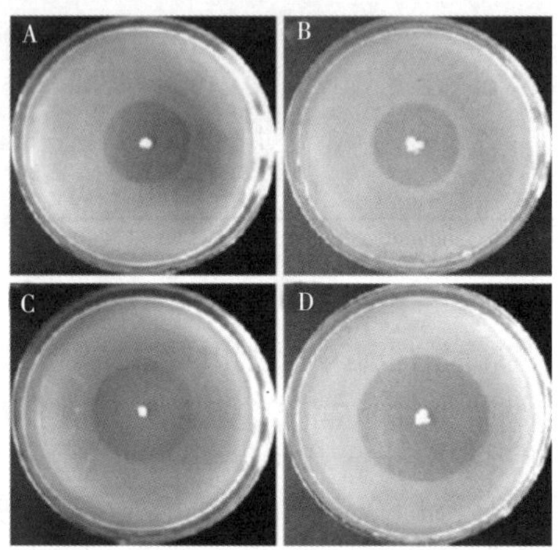

图 3-62　*Bacillus subtilis* MA139 对 4 种病原菌的抑制活性

A：对大肠杆菌 *E. coli* K88 的抑菌圈；B：对大肠杆菌 *E. coli* K99 的抑菌圈；
C：对鼠伤寒沙门菌的抑菌圈；D：对金黄色葡萄球菌的抑菌圈

表 3-20　*Bacillus subtilis* MA139 对断奶仔猪生长性能的影响

处　理	空白对照（C）	芽孢杆菌浓度（cfu/g）			阳性对照（A）	*p* 值		
		2.2×10^5	2.2×10^6	2.2×10^7		C/A	C/B	A/B
平均日增重（g/d）	458±56	512±66	505±64	505±35	485±82	0.46	0.10	0.45
平均采食量（g/d）	792±107	824±122	826±85	823±69	808±116	0.79	0.51	0.73
饲料转化率(食量/增重)(%)	1.74±0.13	1.61±0.11	1.64±0.06	1.63±0.11	1.68±0.10	0.32	0.03	0.32

表 3-21　饲喂 *B. subtilis* MA139 日粮断奶仔猪粪中脱落的乳杆菌和大肠杆菌的量（$n=3$）

		对照	*B. subtilis* MA139	*p* 值
乳杆菌（*Lactobacillus* spp.）	第 0 天	7.24±0.23	7.38±0.11	0.69
	第 14 天	6.77±0.57	7.02±0.32	0.37
	第 28 天	6.66±0.47	7.30±0.26	0.02
大肠杆菌（*E. coli*）	第 0 天	3.62±0.66	3.49±0.85	0.85
	第 14 天	3.82±0.87	3.02±0.23	0.05
	第 28 天	3.39±0.87	3.26±0.47	0.80

(4) 其他菌株　B Schroeder (2006) 等报道了大肠杆菌 *E. coli* Nissle1917 对防治感染模型猪发生急性分泌性腹泻的影响。在以肠毒性大肠杆菌 *E. coli* Abbotstown 攻毒前，提供益生菌的处理组与对照组相比，能完全消除腹泻症状，而且空肠上皮细胞没有对腺苷酸环化酶激活剂 forskolin 刺激表现出过度的电解质分泌。Nelson Pérez Guerra 等 (2007) 报道了嗜酸小球菌 NRRL B-5627、乳酸乳球菌乳酸亚种 CECT 539 和干酪乳杆菌干酪亚种 CECT 4043 的混合物用作饲料添加剂的效果。这 3 株菌体外在低 pH、胃蛋白酶、胰蛋白酶存在的条件下能很好地存活，而且在室温贮藏的饲料中存留 8d 没有失活。与对照组相比，能显著提高增重和活体重，和抗生素处理组一样能显著降低肠细菌的量。

(六) 菌株筛选

我们在猪上常用的益生菌菌株主要来源于健康猪肠道的微生物，我们把用于筛选有益微生物菌株的材料称为接种源，比如动物肠道的某个微生物区就是一个接种源。筛选目标菌是一项非常复杂而且繁琐的过程，我们首先应明确一个或若干个靶点，再以此为目标筛选目标菌，这个筛选过程称其为定靶筛选，抗生素产生菌的筛选一般采用定靶筛选。益生菌是在生态学理论指导下发现的，依据这一理论，益生菌的作用是在一个众多因素既相互衔接又相互制约的系统中实现的。因此，我们一般不采用定靶筛选的方法筛选益生菌，而是主要从健康动物体内筛选那些占优势地位的微生物，我们认为这些微生物是主导有益动物健康的关键微生物。

目前，还没有一项成功的技术用于筛选功能确切、靶点清楚的微生物菌株。比较通用的方法有两种，一种是通过已知病原微生物与拟定益生菌共培养，观察彼此是否有相互抑制的作用，常用的病原菌有致病性大肠杆菌和沙门菌。另一种是首先建立一个仔猪腹泻模型，然后通过这一模型筛选对腹泻症状有缓解或治疗作用的微生物菌株。两种方法都能筛选到相对有效的益生菌，然而其明显的缺陷是不能对益生菌功能的确切性做出明确的判断。另外，还有人采用增强免疫性能、黏膜上皮黏附性能、产酶性能、产抗菌物质性能等筛选益生菌。

(七) 菌株评价

益生菌制剂被认为能对猪产生有益作用，尽管具体作用方式还不清楚，但通常人们认为这些被用作益生菌的菌株应具有定植和抑制病原活性的能力。评价某个菌株是否有益生作用一般应经过三个评价过程：一是通过体外检测系统获得具有某种有益功能的菌株，比如是否具有定制能力、是否具有抑制病原微生物的能力、是否分泌某种有益营养代谢的物质；二是在人为控制的条件下在猪活体内得到确认；三是需要在大规模的生产中进一步进行试验验证。一种成功的益生菌制剂不仅只是在控制试验中表现出生物学活性，而且还应在大规模生产中能稳定表达其有益的功效。当我们以较大的规模扩繁目标菌株时，这些菌株需要保持原有的益生特性，而且不能导致成本过高。为了发挥有益效果，菌体或是活性物质必须能到达发挥功能的位点，为了实现这一点，益生菌必须要能被摄入，也就是说这些微生物制剂必须是不抑制食欲的，至少不被排斥。

1. 体内和体外评价　理想情况下，菌株的筛选应在体内的条件下进行，但由于难以操作，我们一般需要借助体外评价，某些菌株的益生特征介导了对动物生产和健康的有益影响，这些特征的参数可以通过体外来测定，如定植能力可通过体外的黏附能力来反映。对于如何设计体内或体外试验来检测益生菌的益生功能，目前还有许多疑难问题有待解决，比如，是选择普通动物还是选择悉生动物作为实验动物尚需讨论。另外，目前用体外试验检测益生菌功能的报道很多，但不是所有的报道都说明了体内和体外的比较情况。因此，对于体外试验和体内试验结果的相关性和相关程度也有待深入系统的研究。

2. 生存能力评价 菌株的生存能力包括体外存活能力和体内存活能力。由于人们可以通过多种技术措施保证菌株在体外存活，因此，人们更关注菌株对消化道中不利因素的抗性评价，比如消化酶、胆汁和 pH 等。Josson 等（1985）报道了分离自胃的乳杆菌在通过胃和小肠后能存活。另外，他们还报道了分离自食管部的菌株对胆汁的耐受能力在体内和体外并不一致。在筛选人用益生菌的研究中，有人认为以低 pH 缓冲液或胰液检测乳杆菌的存活能力，体内、体外的结果具有一致性，只是体内的生存力稍高于使用低 pH 缓冲液在体外评介的结果（Conway 等，1987）。有关胃和小肠内酶对菌株存活的研究较少，但并不排除这些酶会对益生菌菌株的存活产生影响。还可通过体外试验来模拟体内的情形，但这种模型的建立是一个复杂的研究过程，没有较好的相似性难以得出明确的结论。

3. 定植能力评价 体内的定植可以通过检测消化道内的菌株来确定，在超过食糜通过消化道的最短时间后开始检测，通常在施用后连续检测 7d 以上，就能获取定植信息。为了获得在消化道中的定植信息，需要在消化道各段取样以获取定植信息。

在体外研究菌株对上皮的黏附特性可以间接反映菌株的定植能力。研究菌株的黏附特性时需要区别各种不同的上皮，食管部含有角质化的鳞状非分泌细胞，而消化道的其他部位是覆盖有黏液的柱状细胞。Barrow（1980）研究报道了不同菌株对鳞状细胞和柱状细胞的黏附能力，发现类似菌株对不同上皮的黏附能力不同。

不同的细菌可能存在不同的黏附机制，细菌可以通过特异性或非特异性方式黏附到细胞表面。前者涉及黏附素和受体的相互作用，而后者与物理、化学作用有关，如氢键、表面电荷和表面的水化程度等。当黏附素与上皮细胞上的受体结合时，发生特异性黏附，常被描述成锁钥机制。Barrow 认为乳杆菌对鳞状细胞的黏附是由胞外多糖介导的，非特异性黏附在对上皮的黏附中可能不重要，但可能对在肠腔内容物中的定植很重要，例如非特异性吸附能促进底物的吸收、利用，从而有利于生长。但是乳酸菌对病原菌的竞争性抑制并不表明乳酸菌结合到同一位点，可能是通过在不同位点形成空间阻滞。在体内，对某一位点的定植可能涉及比黏附更复杂的机制。乳杆菌在定植位点的生长能与病原竞争利用养分，而且乳杆菌能产生抑制病原的代谢产物。

体外检测细菌的黏附能力，通常使用的是清除了黏液层的上皮细胞或黏膜片断，将细菌与上皮共培养后，通过直接显微镜检测观察细菌的黏附能力。由于很难获得符合真实情况的肠上皮细胞，比如，可能在冲洗过程中保留了黏附能力较弱的细胞，因此，利用这种方式在体外检测细菌黏附能力的结果并不能真实反映细菌在体内的黏附能力。Pederson（1989）测试了分离仔猪消化道的 8 株乳杆菌对收集的新生仔猪脱落的鳞状细胞的黏附作用。研究结果显示体外试验并不能预测体内的情况。尽管体外试验表明 8 株乳杆菌能黏附到食管部细胞，但体内试验却没有表现出对食管部的永久定植能力。在使用后 7d，无一菌株能在消化道内形成优势，一株异型发酵菌株在试验前 7d 内能从粪中检测到，19d 后就检测不到了。

造成体外和体内定植能力不一致的原因很多，比如细菌的存活能力和体内生长的潜能，以及一个细胞能够最多结合多少个细菌，这些因素导致我们很难通过体外试验结果对细菌在体内的黏附能力进行准确推断。如何通过体外试验对细菌的黏附能力进行评价，这是一个有待研究的问题。

4. 微生物间的互作 我们讨论益生菌同其他微生物间的相互作用，通常讨论的是益生菌对内源微生物区系和潜在致病菌的影响。对内源微生物区系的影响可以通过对代谢产物和内源微生物区系结构的变化监测来评价。Amutis（1985）将分离自小肠的微生物通过不同的选择培养基来扩繁，除了不同选择培养基的选择效应外，在不同基质中生长的菌落表现出颉颃 *E. coli* 的功能。体内，微生物间的相互作用，可以通过施用益生菌后对消化道某一位点的微生物的种类和数量的影响来判断。这种试验可用于攻毒试验或是给养殖场有已知病史的动物提供益生菌，但后者的结果较难判断，因为影响因素太多，难以控制。例如，需要对消化道的 *E. coli* 计数，没有简便的方法能将致病性 *E. coli* 和内源 *E. coli* 分开，因为内源 *E. coli* 量也并不稳定。如果在使用益生菌后，*E. coli* 的量减少，我们并不能肯定这是对病原微生物产生了影响。如果我们能获得益生菌抗菌代谢产物的特异性探针，我们可以制备特异性探针由于这种代谢产物的原位检测，否则就只能通过间接的方法来推断，如使用益生菌后腹泻率的降低可以间接反映益生菌对致腹泻病原菌产生了颉颃。

一株益生菌可以产生多种代谢产物，在体外可能抑制 *E. coli* K88 的生长和黏附，给仔猪施用益生菌能提高增重并降低仔猪的腹泻率。需要强调的是很多体外的试验结果并不能完全代表体内的状况，比如体外试验表明大肠杆菌可以抑制致贺菌，但在体内却可以共存。Freter（1974）研究表明，当以不同方式培养 2 种微生物，可由甲颉颃乙转变为乙颉颃甲。这一结果提示我们，如果试验条件得不到严格控制，体外的试验结果可能会导致错误的结论。

Jonsson 在较为苛刻的体内条件下试验了一株罗氏乳杆菌的饲喂效果，以在无菌仔猪体内定植开始，最终检测其在普通猪中的存活。该菌株能在无菌仔猪消化道上皮和内容物中定植，但在加入无特殊病原的粪源微生物区系 1 周后，该菌虽然也能在消化道中存在，但数量明显减少。若与粪源微生物区系同时加入，在该菌只能在消化道内容物中定植，而不能在上皮定植。另外，该菌在小肠中的数量逐渐减少，3d 后就检测不到。这表明微生物在肠道中的定植能力，除了微生物本身特性之外，微生物与微生物之间的相互关系也直接影响着某株菌的定植结果。

在研究乳杆菌在消化道中的存活时，要能复检到该菌株。这一点在悉生动物和已知微生物区系的非悉生动物中要比正常动物容易得多。Ushe 和 Nagy（1984）报道了屎肠球菌 M74 能减少未获初乳的仔猪回肠中肠毒性大肠杆菌的定植。Muralidhara 等（1987）报道了以抗生素处理的初生动物为模型，研究一株嗜酸乳杆菌对致病性大肠杆菌的颉颃作用。也可以通过制造微生物区系中只缺失某种细菌的动物模型来研究某种细菌在体内的作用。

使用抗生素后会导致内源微生物的改变。也有可能导致我们不期望的微生物甚至是病原微生物的直接生长。如使用链霉素后，在猪容易导致霍乱弧菌引起的肠道感染（Freter，1954）。曾经令人兴奋的发现是饲喂链霉素抗性的大肠杆菌能使链霉素处理过的动物完全抵抗各种病原的感染，这使得我们看到了抗生素的使用或是其他应激破坏内源微生物区系后，可以筛选具有某些特点的微生物在肠道内定植，发挥内源微生物的某些功能。

定植被描述为随着时间的推移，微生物的量能保持稳定，不需要多次反复添加。这表明微生物在肠道内至少在某一位点能以与生理清除速率相当的速度增殖。除了在鸡的嗉囊和猪及小鼠的胃中，在其他位点，乳杆菌都不是占有绝对优势的菌群。我们可以假想或许使用消化道最具优势的菌群作为益生菌效果最好。事实上并非这样，我们实际中选择那些菌株作为益生菌来生产益生菌制剂实际受到历史因素的影响及它们是否容易培养，还有个重要的考虑就是安全性问题。现在我们筛选用来作为益生菌的菌株被认为在内源微生物区系中是无害的。现在我们已经证实大肠杆菌和肠球菌会导致一系列的感染。但是最古老的乳杆菌也被报道能使有损伤的病人导致败血症。而且，乳杆菌被认为是肠道胆汁酸盐水解酶的主要来源，而且还能导致生长抑制，而这种效果常用在饲料中加入亚治疗剂量的抗生素来缓解。

目前，在益生菌生产和应用过程中，对于是单株菌使用好还是复合菌使用好还存在一定争议。有研究认为微生物在体内的抗性作用具有高度的特异性。比如，大肠杆菌可以使刚孵化的幼雏具有抵抗鼠伤寒沙门菌侵袭的能力，但对其他沙门菌毫无效果。另外，益生菌的定植抗力具有位点特异性。一株用作益生功能的乳杆菌在胃中能显著减少大肠杆菌的定植，但在大肠中却不显著。该乳杆菌在胃中能保持定植，但在大肠中却只能保持瞬时存在的状态。因此，特定菌株对其他菌株的定植抗性会随条件的改变而改变。对于单菌株作为益生菌，需要考虑其菌种特异性和可用性，可能还会受到其他已形成生长优势的菌株的干扰，而且还需要在特定位点上表现出其特定功能。有诸多因素影响着单菌株功能的发挥，因此，选择单菌株作为益生菌常常会受到质疑。但是，实际应用结果也表明，单株菌同样也可以发挥显著的益生作用，比如地衣芽孢杆菌。实用效果充分证明当口服单株地衣芽孢杆菌时，可以有效地抑制致病性大肠杆菌在肠道中的繁殖，从而对腹泻起到治疗作用。

胃肠道并不是一个完全一致的生境，因此，粪样并不能反映肠道微生物的全貌。如乳杆菌主要定植于鸡的嗉囊、小鼠胃和人的回肠下部。如若某一位点微生物的增殖速度赶不上生理清除速度，该微生物将无法定植。因此，消化道内容物的流速与微生物的定植密切相关。而且，在某些位点的定植可能仅有黏附还不够，还需要能够有效增殖，在某些内容物流速较低的位点可能只需要较低的增殖速度就能实现定植。有的螺旋状细菌如幽门螺杆菌，它们并不需要特异性的黏附到上皮，而是由某种趋化因子介导的向隐窝底部的趋化运动，能抵抗黏液流动所带来的生理清除（Lee，1985）。另一个重要的定植位点是黏液凝胶层（Mucus gel），很多内源微生物或是导致感染的病原菌能定植在这里。研究黏液凝胶层定植的困难在于难以通过固定和干燥来制作切片。Rozee 等（1982）报道了使用抗黏液抗体制作组织切片。细菌的趋化性能加快运动性细菌进入黏液层（Freter，1981）。有的厌氧菌在空气中会失去运动性，而且有的细菌如大肠杆菌和鼠伤寒沙门菌在实验室的培养基中具有运动性，但在肠道黏液中这种运动性会丧失。理论上，黏液层中有细菌黏附的受体会竞争性抑制细菌对上皮细胞同源受体的结合。Conway 等（1990）报道了黏液提取物能抑制细菌结合到肠道黏膜上皮细胞的刷状缘上。这种受体可能会阻止病原菌如鼠伤寒沙门菌通过黏液层进一步黏附到上皮细胞上。但同时也可能影响筛选用来作为益生菌菌株的效果。实际上，黏液层有时是阻止细菌定植的屏障，有时则成为细菌的栖息地。而且，应激造成黏液层空洞后，非运动性细菌也能通过。实际上，并非所有的内源微生物都参与对入侵微生物的定植抗性，Meyenll 和 Subbaiah（1963）报道了链霉素处理的小鼠易受沙门菌感染，在肠道内容物中缺乏短链脂肪酸，这些物质是内源严格厌氧微生物的产物，因此，严格厌氧微生物被认为发挥了定植屏障的作用。Vander（1971）报道了小鼠在抗生素处理后当盲肠中的梭菌占优势时，能表现出对大肠杆菌的抵抗力。而此时肠道中并不含拟杆菌和乳杆菌等菌群。Itoh 和 Freter

(1989) 证实了梭菌而非其他肠道微生物发挥了独特的抑制大肠杆菌的作用。有数据显示，梭菌影响入侵微生物的停滞期。如果入侵微生物较少，则在停滞期结束前就被清除而不能增殖；如果入侵的微生物量较大，则可能有的微生物在被清除前结束停滞期开始增殖实现定植。这样入侵微生物与内源微生物竞争后停滞期的长短被认为是衡量定植的重要参数。我们常常以定植所需的种群大小来描述微生物平衡的机制。在内源微生物平衡中，代谢竞争被认为是控制定植种群大小最为重要的因素，大肠中相对缺乏的营养支持厌氧菌的生长。停滞期的长短受黏附到肠壁的速率和抗性物质如短链脂肪酸等的影响。正常动物中大肠杆菌的增殖可以有效抑制致贺氏菌的增殖。然而，大肠杆菌的数量又被肠道中厌氧菌抑制，使之降至正常水平（Freter 和 Abrams，1972）。没有厌氧微生物，兼性厌氧菌也会大量增殖，从而正常微生物区系将被破坏。外源微生物实现定植和黏附到肠壁上的速度非常重要，甚至强于其增殖的速度。

微生物之间的相互作用是客观存在的，而且是相当复杂的，这为我们研究明确某个菌株的益生功能制造了严重障碍，如何越过这个障碍是目前所面临的一个问题。

三、在反刍动物上的应用

（一）反刍动物的微生态空间

1. 消化道的结构特点 反刍动物消化道的解剖结构和生理特点与单胃动物明显不同。反刍动物消化道结构的主要特点是复胃，复胃由瘤胃、网胃、瓣胃和皱胃组成（图 3-63）。前三个胃统称为前胃，没有胃腺，主要靠微生物的发酵作用消化饲料。瘤胃是一个大发酵腔，每毫升瘤胃内容物含有约 10^{10} 个细菌，10^5～10^6 个纤毛虫，还有少量的厌氧真菌。只有皱胃有胃腺，可分泌胃液，相当于单胃动物的胃，又称真胃。消化道的其他部分的结构和微生态情况与单胃动物相似。

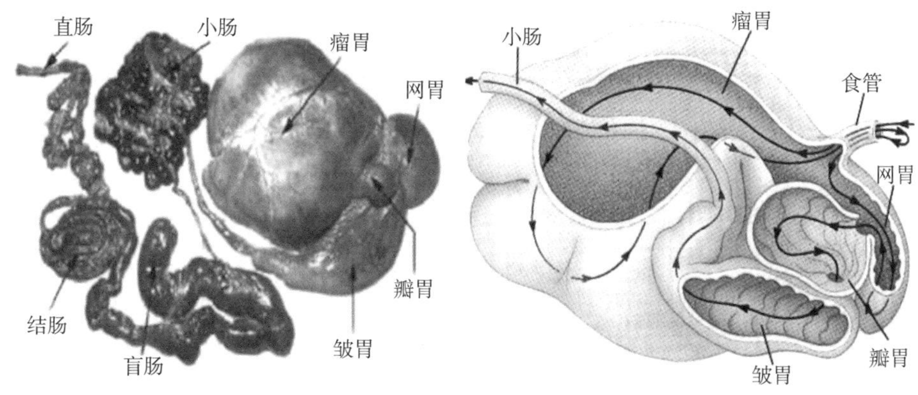

图 3-63 反刍动物消化道（左）（James B Russell 和 Jennifer L Rychlik，2002）和瘤胃食糜流向（右）

反刍动物的食管沟有很明显的年龄特点，犊牛的食管沟很发达，吮吸时可以反射性引起闭合，乳汁由贲门经食管沟、瓣胃直接进入皱胃。随着年龄的增长，食管沟的功能逐步退化，闭合不全。

2. 消化道的生理特点 牛羊采食粗料后，先进行咀嚼，混入大量碱性唾液，初步咀嚼湿润后，形成食团吞咽进入瘤胃，在瘤胃内浸泡。隔一定时间反刍到口腔中，再仔细反复咀嚼，将纤维进一步撕裂、磨碎，然后再吞入瘤胃内由微生物发酵分解。瘤胃以及与其紧密相连的网胃，不断地进行周期运动，将瘤胃食糜充分搅拌，有利于微生物对饲料的充分利用。进入瓣胃的物质来自于网胃，瓣胃的功能是将食糜进一步消化，随后食糜连续不断的进入皱胃。在皱胃中微生物及对饲料的处理与单胃动物相似，其生态特点相仿。

（1）消化道的微生态空间　瘤胃内的微生物主要分布于瘤胃液中，附着于进入瘤胃的饲料颗粒上和瘤胃壁上皮等部位。许多细菌依靠胞外多糖纤维固定于瘤胃的饲料颗粒上。有研究表明有一半瘤胃细菌与饲料颗粒结合。细菌对饲料的附着与其分解物质的特异性有关。例如能分解纤维素的白色瘤胃球菌、黄色瘤胃球菌、产琥珀酸拟杆菌附着于植物细胞的细胞壁上；分解淀粉的嗜淀粉类杆菌附着于淀粉颗粒上。由于纤维素酶、淀粉酶等与细菌的糖蛋白结合在一起，使酶不至于扩散而受损。附着于饲料颗粒上的细菌，当基质被分解完全时，又进入瘤胃液中。瘤胃内的细菌依靠糖蛋白附着于瘤胃复层上皮表面。附着于瘤胃表皮的细菌，除厌氧菌外，兼性厌氧菌约为20%～50%。附着的兼性厌氧菌不仅能在有氧的条件下生存，而且可以保护瘤胃壁和内容物中的严格厌氧菌免受氧的危害。在附着于瘤胃壁的菌系中，有10%～14%的脲酶产生菌，包括葡糖球菌、胃球菌、链球菌和棒状杆菌，它们能利用尿素，并分解产生氨。这些细菌对动物和需要氨生长的瘤胃细菌非常重要。葡糖球菌、胃球菌、链球菌和乳酸菌等，在犊牛哺乳期是瘤胃的优势菌，当犊牛逐渐长大采食草后，这些特有的菌系退缩至瘤胃壁，变成附着于瘤胃上皮的菌系。

（2）胃肠微生物区系　反刍动物肠道的微生物区系与单胃动物相似，但其瘤胃的微生物区系却有独特之处。瘤胃内的正常微生物的种类很多，主要是细菌和纤毛虫。瘤胃微生物的体积占瘤胃液的10%，其中细菌、纤毛虫各占50%，但就细菌的数量和代谢强度而言，远超过纤毛虫。除细菌、纤毛虫外，还有各种酵母、螺旋体等亦参与分解饲料，以及重要有机物的合成，但这些微生物的数量较少。瘤胃微生物都是异养型，大多数需要在厌氧的条件下生存。另外，瘤胃中的噬菌体也是瘤胃微生物活动过程中不可分割的组成部分。瘤胃微生物区系受动物种类、年龄、饲养条件等多种因素的影响。

瘤胃的消化作用在反刍动物整个消化过程中占有特别重要的地位，饲料中70%～80%可消化的干物质和粗纤维在这里被微生物分解。瘤胃微生物在反刍动物的糖类、蛋白质和脂肪代谢中起着非常重要的作用。反刍动物需要的能量主要来自于瘤胃内发酵产生的挥发性脂肪酸。饲料中的蛋白进入瘤胃后，大部分被微生物产生的蛋白酶分解，并合成菌体蛋白。同时，瘤胃中有很多微生物能利用尿素等含氮化合物合成菌体蛋白，这类菌体蛋白有较高的生物学价值。反刍动物所需要的B族维生素和维生素K亦由微生物合成。

（二）胃肠菌群构成及功能

1. 瘤胃内细菌的种类、特性及功能　细菌是瘤胃中数量最多的一种微生物，在1g瘤胃内容物中的细菌数为10^7～10^{12}。瘤胃内细菌的种类繁多，大多数菌种为不形成芽孢的厌氧菌，也存在着一些兼性厌氧菌，如牛链球菌，以及乳杆菌属中的一些菌种。Bryant（1959）曾记载了29个属和63个种。Hungate等（1966）提出根据微生物对底物的利用和发酵终产物情况，将瘤胃细菌进行分类。现根据细菌对底物利用情况，结合Hungate的分类和细菌的其他一些特性、功能，将瘤胃细菌归纳成如下几类：

（1）纤维素分解菌　纤维素发酵是瘤胃内细菌的一个重要功能。这类细菌能产生纤维素酶，还可能利用纤维二糖。室内纯培养菌消化纤维素的能力，与几种菌同时存在时相比，明显降低。参与纤维素分解的细菌主要有：产琥珀酸类杆菌（*Bacteroides succinogenes*）、黄色瘤胃球菌（*Ruminococcus flavefaciens*）、白色瘤胃球菌（*R. albus*）、小瘤胃杆菌（*R. parvum*）、溶纤维运动杆菌（*Cillobacterium cellutosslvens*）、溶纤梭菌（*Ctostyidium cellutosolvens*）。Hungate 等（1960）报道了在 1mL 瘤胃液中含分解纤维素细菌总数为 10^6～10^{10}。各种纤维素分解微生物，纤维素分解菌的某些菌株只作用于已经部分降解的纤维素，另一些菌株则能降解高结晶性的纤维素。

日粮中纤维素的水平对瘤胃中分解纤维素微生物群的生长发育和代谢活性有重要影响。当含纤维素 17%时，瘤胃中的微生物群对纤维素有最大的消化能力。纤维素水平低于 13%或高于 22%时，微生物群的消化能力降低。纤维素的消化性不仅取决于日粮中纤维素水平，而且与木质化程度有关。在日粮中可溶性糖类的水平和比例，对瘤胃微生物群分解纤维素活性亦有明显影响，氨基酸对瘤胃微生物分解纤维素活性亦有一定影响。纤维素分解菌的活性对 pH 的变化很敏感，可能是由于纤维素对微生物发酵碳水化合物的速率的影响导致瘤胃 pH 的变化，从而影响微生物分解纤维素的速率。

（2）半纤维素分解菌　水解纤维素的细菌通常能利用半纤维素，但许多能利用半纤维素的细菌不能分解纤维素。分解半纤维素的细菌主要包括：丁酸弧菌属（*Butyrivibrio*）、多对主螺菌（*Lachnospira multiparus*）、瘤胃类杆菌（*Bacteroides ruminicola*）、溶纤维丁酸弧菌（*Butyrivibrio fibrisolven*）等。

（3）淀粉分解菌　许多纤维素分解菌也具有分解淀粉的能力。分解淀粉的细菌主要有：嗜淀粉类杆菌（*Bacteroides amylophilus*）、反刍新月单胞菌（*Selenomonas ruminantium*）、溶淀粉琥珀酸单胞菌（*Succinimonas amylolytica*）、牛链球菌（*Streptococcus bovis*）等。如饲喂淀粉含量高的日粮时，瘤胃内淀粉分解菌的比例会较大。

淀粉的水解也是瘤胃微生物的重要功能之一，主要通过产 α 淀粉酶和 β 淀粉酶来完成。水解的最终产物主要为麦芽糖、葡萄糖等。如从乳牛瘤胃中分离到的反刍新月单胞菌，以及从北方鹿瘤胃中分离到的反刍新单胞菌变种（*Selenomonas ruminantium* var. *iactilytica*），两者形态特征有明显差异。

（4）蛋白分解细菌　瘤胃中分解蛋白质的细菌为 10^9 个/mL，约占瘤胃微生物总数的 38%。有学者指出，利用不同糖类作为能源的多种瘤胃细菌，均具有分解蛋白质的能力。瘤胃中的蛋白质被细菌蛋白酶水解，主要形成肽及氨基酸。细菌蛋白酶主要存在于细菌细胞内或连接于细胞表面。参与分解蛋白质的细菌主要有：丁酸弧菌属、琥珀酸弧菌属（*Succinovibri*）、反刍新月单胞菌及其变种、普通类杆菌（*Bacteroides vulgatus*）、展开消化链球菌（*Peptostreptococcus evolutus*）以及螺旋体属（*Borrelia*）等。

（5）氨基酸分解菌　瘤胃细菌通过脱氨基和脱羧基作用对大多数氨基酸进行分解，分解的主要终产物为二氧化碳、氨和挥发性脂肪酸，亦即乙酸、丙酸、丁酸和正戊酸。分解氨基酸的细菌主要有：瘤胃类杆菌、反刍新月单胞菌、溶纤维丁酸弧菌牛链球菌、埃及消化链球菌（*Peptostreptococcus elsdenni*）、嗜淀粉类杆菌。细菌对氨基酸的分解有着明显的特异性，如反刍新月单胞菌的大部分菌株和瘤胃类杆菌的某些菌株，对半胱氨酸具有较强的分解能力。埃氏消化链球菌能有力地分解丝氨酸、苏氨酸和半胱氨酸。通常情况下，在成年瘤胃中占优势的细菌种间，仅少数种别与分解氨酸有关，以瘤胃类杆菌最为活跃，其他如新月单胞菌和丁酸弧菌属的某些菌株亦较活跃。研究证实，混合瘤胃微生物对不同氨基酸的脱氨基速度有一定差异，据此将氨基酸分为三类：在瘤胃内容物中的丝氨酸、半胱氨酸、天门冬氨酸、苏氨酸、精氨酸分解最快和最彻底，而丙氨酸、缬氨酸、异亮氨酸、鸟氨酸、色氨酸、δ-氨基缬氨酸、蛋氨酸、组氨酸、甘氨酸、脯氨酸和氢氧化脯氨酸分解缓慢，谷氨酸，苯丙氨酸和赖氨酸属于中间类型。

(6) 脂肪分解菌　解脂细菌在动物和人的消化道、水、土壤及动物源产品中均可发现。这些细菌有多种形态，为革兰氏阴性能运动的杆菌，严格厌氧，适宜生长温度为38℃。在含有甘油的固体培养基上形成有光泽，边缘整齐的褐色菌落，产生 H_2S，不形成吲哚，不还原硝酸盐。每毫升菌液中含菌数为 $4.3\times10^7\sim6.7\times10^7$。Pifniac 等人将瘤胃液稀释到 $10^{-8}\sim10^{-5}$，分离到属于丙酸杆菌属的解脂细菌。参与分解脂肪的细菌主要有：解脂菌属中梭形梭杆菌（*Fusobacterium fusiforme*）、多态梭杆菌（*F. polymorphum*）、具核梭杆菌（*F. nucleafurn*）、小梭杆菌（*F. vescum*）、甚尖梭杆菌（*F. praeacutum*），以及反多新月单胞菌变种等。

(7) 利用有机酸的瘤胃细菌　大多数利用多糖的细菌，能利用双糖和单糖。糖发酵的产物十分复杂，各种有机酸是其主要产物。糖被分解后产生的有机酸主要包括乳酸、乙酸、琥珀酸、苹果酸或延胡索酸、甲酸、丙酸等，这些酸被不同的细菌所利用。在瘤胃中能够利用有机酸的细菌主要有：分解乳酸的反刍新月单胞菌（*Selenomonas ruminantium* subsp. *lactilytica*）、产碱费氏球菌（*Veillonella alacalescens*）、产气费氏球菌（*V. gazogenes*）、埃氏消化链球菌、埃及巨球菌（*Megasphaera elsdenii*）、琥珀酸弧菌（*Vibrio succinogenes*）、丙酸杆菌属（*Propionii*）等。

(8) 产甲烷菌　瘤胃中的甲烷，主要由瘤胃中产生的二氧化碳或甲酸和氢发生反应而生成。产甲烷细菌对氧气极为敏感，需用特殊的厌氧培养装置和方法进行培养。从瘤胃分离的产甲烷细菌主要有：反刍甲烷杆菌（*Methanobacterium ruminantium*）、运动甲烷杆菌（*M. mobile*）、甲酸甲烷杆菌（*M. formicicum*）、索氏甲烷杆菌（*M. soehngenii*）、甲烷单胞菌（*Methanomonas*）、甲烷八叠球菌属（*Methanosarcina*）和厌氧甲烷杆菌（*M. suboxydans*）等。混合的瘤胃细菌亦能产生甲烷。在瘤胃中的气体，甲烷占25%左右。然而，在瘤胃中气体数量和成分的变化受多种因素的影响。

(9) 合成维生素的细菌　合成B族维生素是胃肠道微生物的主要功能之一。胃肠道微生物合成的B族维生素，可以满足动物的需要。有人分析了一些关于反刍动物胃肠道微生物合成B族维生素的研究资料，2周龄内的幼畜会出现维生素的不足，3～4月龄时出现维生素生物合成的转换期，成年动物胃肠道微生物合成B族维生素的能力很强。由瘤胃到肠道，微生物合成B族维生素的能力逐渐加强。在盲肠部位维生素 B_{12} 的含量最高。在胃肠道中合成的B族维生素主要包括：维生素 B_1、维生素 B_2、维生素 B_6、维生素 B_{12}、叶酸、泛酸、生物素及维生素K。胃肠道中微生物合成的这些维生素数量足以保证动物的需要。

胃肠中合成B族维生素的微生物主要有大肠杆菌、丙酸杆菌、牛链球菌等；瘤胃中合成维生素 B_{12} 的微生物主要有反刍新月单胞菌、消化链球菌等。在动物胃肠道正常微生物区系中，丙酸杆菌是一个具有代表性的菌种，其形态特征为较小的短杆菌，两端钝圆，革兰氏阳性，无芽孢，不能运动，适宜生长温度为37～38℃，适宜的pH6.8～7.0，兼性厌氧，固体培养的深部菌落表面形成荞麦粒样颗粒，是其典型特征。这些菌发酵葡萄糖、麦芽糖、甘油、乳酸盐，不分解乳糖、不凝固牛乳，不液化明胶，过氧化物酶阳性。糖被发酵后形成丙酸、乙酸和甲酸，合成维生素 B_1 和其他 B 族维生素。其代表种为疮疱丙酸杆菌（*Pro-P. acnes*）。

合成胡萝卜素微生物，在绵羊瘤胃和肠道存在合成甜萝卜素微生物。有人检查 190 株形成黄色素的细菌，其中 126 株具有合成胡萝卜素的活性，对其中 108 个菌株鉴定表明，62%为黄杆菌属（*Flavobacterium*），28.8%为链球菌属（*Streptococcus*），少数为微球菌（*Micrococcus*）。另有研究绵羊和牛消化道微生物群中，分离到 85 株合成胡萝卜素细菌，分别属于黄杆菌属、短杆菌属（*Brevibacterium*）和微球菌属，还有一些其他菌。

综上所述，合成胡萝卜素的细菌主要有形成黄色素的球菌和杆菌。球菌包括链球菌、微球菌，主要来自瘤胃，其次为小肠和盲肠，而在结肠和直肠含量较少。杆菌包括嗜海水黄杆菌（*Flavobacterium halmephilum*）、湿润黄杆菌（*F. uliginosum*）、深黄短杆菌（*Brevibacterium fulrum*），暗褐短杆菌（*B. fuscum*）等，这些菌的形状不一，有球杆状和细长杆状，大小亦差异较大，长 0.3～4.0μm，宽 0.3～0.8μm。革兰氏阴性，不能运动，不形成芽孢，菌落常带有深浅不一的黄色色素。这类菌为厌氧菌，对糖多不能利用，大多数来自小肠和盲肠。

一种瘤胃细菌可参与几种物质的分解。多数细菌能利用反刍动物日粮中主要糖类的一种或多种作为生长的能量来源。在不同细菌种别之间（包括细菌和原虫），有一定的功能重叠，例如某些不同的菌种，都能产生一些重要的发酵产物，如挥发性脂肪酸等。

2. 肠道细菌的种类、特征与功能 反刍动物肠道微生物区系，以及细菌的种类、特征和功能同单胃动物类似。肠道中也存在有乳酸菌、双歧杆菌和肠杆菌，能合成 B 族维生素和胡萝卜素。

消化道的乳酸菌具有广谱抗菌作用，常见的有：乳香链球菌（*Stre. lactis*）、嗜酸乳杆菌（*Lactobacillus acidiphilus*）、保加利亚乳杆菌（*Lactobacillus bulgaricus*）、干酪乳杆菌（*Lactobacillus casei*）等。它们可以抑制多种病原，如溶血链球菌、肺炎球菌、沙门菌、结核杆菌、葡萄球菌、致病性大肠杆菌等。乳酸菌的抑菌作用可能是由于产生的乳酸使 pH 降低或是能产生抑菌物质，如乳酸菌素、乳酸链球菌素等。

双歧杆菌同样也是肠道微生物的代表，除了能合成 B 族维生素外，并且能产生抗菌物质。双歧杆菌的产酸特征及其与乳杆菌的区别在于双歧杆菌产生的乙酸多于乳酸；同时双歧杆菌的蛋白水解活性低于乳杆菌。双歧杆菌还能改善肠道蠕动，促进 Ca^{2+} 和铁的吸收。

（三）益生菌的应用

1. 用于幼年反刍动物

（1）用于消化功能的形成 新生反刍动物消化道功能性微生物区系的形成，不仅有利于纤维的消化，而且能保护宿主避免病原微生物的感染。同其他哺乳动物一样，新生的反刍动物的肠道也是无菌的（Savage，1977），但是细菌的定植很迅速。出生后 8h 就能在羔羊和犊牛的消化道内检测到大肠杆菌，24h 后可以检测到乳杆菌和链球菌（Smith，1965），在健康动物中乳杆菌迅速定植于肠道中，并迅速取代大肠杆菌，并在 1 周龄时达到 10^7～10^9/g。幼年反刍动物食入固体饲料开始了肠道微生物定植的第二阶段，即瘤胃发酵的形成。反刍动物出生后不久，很快微生物就在瘤胃中定植，48h 后在瘤胃中就会有大量厌氧菌存在。在生命阶段的早期，瘤胃并没有完全发挥其功能。随着幼年反刍动物开始摄入固体饲料，其瘤胃微生物开始变得与成年反刍动物类似（Fonty 等，1987）。微生物发酵的终产物促进了瘤胃的发育和体积的扩大。大约到断奶时，瘤胃充分发育成一个消化和吸收器官（Thivend 等，1979）。瘤胃的迅速发育对由液体奶向固体饲料的过渡非常重要，对于现代放牧养殖方式的收益也很重要，既能减少劳力又能节约饲料成本，因为断奶后比起哺乳时发生肠道功能紊乱的频率较低。

（2）防止腹泻　定植于肠道的肠毒性大肠杆菌导致的腹泻对于幼年动物的危害很大，常造成严重的经济损失。Massip 和 Pondant（1975）报道高达 6.5%的比利时犊牛在出生后的 1 个月内死于肠道功能紊乱，较轻微的症状也会导致养分的吸收减少和动物生长性能的降低。患有腹泻的犊牛肠道内大肠杆菌的量增加。Guar（1986）指出大肠杆菌主要倾向于在幼年动物中诱发腹泻，但在断奶时也需引起注意。益生菌的功能在于或是直接替代肠壁的肠毒性大肠杆菌，或是促进有益微生物的定植，从而能在肠道中排斥大肠杆菌。

嗜酸乳杆菌被报道能减少犊牛肠道的大肠杆菌（Elliinger 等，1978）。Gilland 等（1980）指出分离自牛的嗜酸乳杆菌比分离自猪的效果更好。单独的酸杆菌或是与其他菌株一起作用被报道能减少腹泻和增加犊牛的活体重（Bechman 等，1977；Beeman，1985），但并不在所有的试验中都有效（Jonsson，1985）。乳杆菌的混合物还能减少断奶应激羔羊的致死率（Pond 和 Goode，1985）。屎肠球菌被报道能在出生到断奶期间减少腹泻，提高增重（Hefel，1980；Maeng 等，1987；Tournut，1989）。嗜酸乳杆菌和东洋芽孢杆菌也被报道能减少犊牛腹泻（Hatch 等，19730）。

尽管上述结果表明乳酸菌和肠球菌能减少幼年反刍动物的腹泻，但作用方式并不完全清楚。这些作用可能是由于能抑制大肠杆菌的增殖，或是能产生中和肠毒素的某些代谢产物。乳杆菌被认为能产生有机酸和乳酸能降低肠道 pH，能抑制大肠杆菌的增殖，产生的过氧化氢有杀菌效果。如酸乳杆菌能激活犊牛肠道内的乳过氧化氢酶-硫氰酸盐系统（Reiter 等，1978），能降低肠道内大肠杆菌的增殖（Reiter 等，1980）。

（3）促进瘤胃发酵　除了能防治腹泻外，细菌和真菌益生菌还能促进瘤胃发酵的形成，并稳定瘤胃发酵。乳杆菌和屎肠球菌能提高幼年育肥牛的采食量和活体增重，Umberger 等（1989）也报道了对羊类似的作用。Ozawa 等（1983）发现在给犊牛使用抗生素以后，粪肠球菌能稳定肠道微生物区系，提高活体增重。

含有瘤胃微生物的益生菌制剂也是有效的，Theodorou 等（1990）报道了以瘤胃厌氧微生物组成的益生菌制剂能提高犊牛断奶后的采食量和活体增重。Ziolecka 等（1984）报道了一种稳定的瘤胃提取物能提高活体增重及断奶期促进瘤胃的发育。

以酵母和厌氧真菌开发的产品对幼年和成年反刍动物都有效。酿酒酵母能提高犊牛（Hughes，1988）和羔羊（Wells 和 Mason，1976）断奶后的采食量和活体增重。Phillips 等（1985）研究认为酿酒酵母能改善牛运输应激后采食量和体增重。Beharka 等（1990）发现米曲霉发酵提取物能提高犊牛干物质采食量，并能促进提前断奶。米曲霉和较高含量的具有淀粉糖化、果胶分解、纤维素和半纤维素降解能力的细菌能促进 2 周龄后犊牛瘤胃的发育。

2. 真菌饲料添加剂　以酵母和含有酵母的副产物在反刍动物日粮中用作蛋白和能量来源已有很多年的历史。20 世纪 80 年代由酵母和丝状真菌衍生的产品被发现有类似益生菌促进肠道功能的作用，从而引起了大家的广泛兴趣。给成年反刍动物饲喂酵母或/和真菌能产生与防治腹泻无关的生产反应。真菌在作为反刍动物饲料添加剂使用时只需少量添加，其最大的问题在于最终的使用效果。真菌饲料添加剂的效果在于对瘤胃发酵的影响，因此，常被作为瘤胃发酵调节剂使用。要确定它们的具体作用机制和方式，需要对瘤胃的微生态区系做更深入的了解。

真菌饲料添加剂既可用于肉牛饲养也可用于奶牛饲养，需要指出的是并非所有的酵母或是米曲霉产品都能对瘤胃发酵产生同样的影响。酵母产品通常是酵母活细胞、死细胞及酵母培养基的混合物，由于被认为培养基成分对产品活性有重要影响，因此，这种酵母添加剂常被称作“酵母培养物”（yeast culture，YC），而并非简单的酵母。酵母培养物的定义为：“一种含有酵母和其生长培养基的干产品，以能保证酵母发酵活性的方式干燥，标签上需标明所用培养基”（AAFCO，1986）。米曲霉（*A. oryzae*）发酵产物的提取物（AO），含有真菌孢子和菌丝体及其基质小麦麸。

（1）*对奶品质和肉品质的影响* 人们接受真菌饲料添加剂，是因为它们被认为能促进肉和奶的生产。Williams 和 Newbold（1990）用米曲霉发酵产物的提取物做了 8 次试验，发现其能平均提高奶产量 4.3%。还有实验证明酵母培养物能平均提高奶产量 5.1%。Adams 等（1981）发现使用酵母培养物的公牛日增重为 1.39kg，而对照组为 1.34kg。Wiedmeier（1989）报道了对饲喂劣质牧草的肉牛和小牛，使用米曲霉（*A. oryzae*）发酵产物的提取物，可使增重提高 0.57～0.80kg。

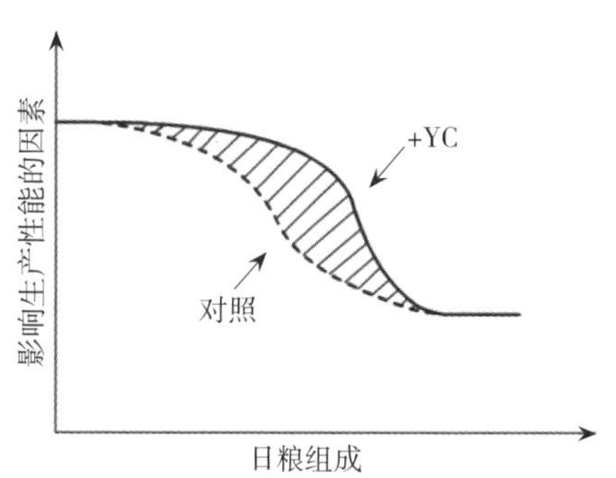

图 3-64 日粮组成对酵母培养物（YC）添加效果的影响

酵母培养物和米曲霉发酵产物的提取物发挥作用的关键在于日粮组成。Williams 等（1991）指出酵母培养物的效果对日粮组成的细微变化非常敏感，当日粮的粗精比为 40∶60 时，酵母培养物的添加可使产奶量提高 4.1kg，当比例为 50∶50 时，作用效果消失。Gomez-Alarcon（1988）和 Huber 等（1985）发现日粮的粗精比对米曲霉发酵产物的提取物的作用效果有显著影响。发现米曲霉发酵产物的提取物添加剂能促进采食。如图 3-64，酵母培养物（YC）可以使那些重要属性的曲线发生移动，图中 YC 和对照曲线分离区可以代表添加酵母培养物对纤维消化率的影响。当日粮组成超出这一范围，真菌饲料添加剂的添加将不会产生有益作用。不同的添加剂会以不同方式影响该曲线的形状，而且该曲线也取决于具体的日粮组成。例如，产奶量对干草作为粗料有反应，但对氨化秸秆并非如此。正如 Chase（1989）指出的那样，这种对真菌饲料添加剂的反应与其他任何饲料添加剂类似，如蛋白添加物，受营养需求和动物管理的影响。奶牛早期泌乳对酵母培养物的反应比后期要好（Harris 和 Lobo，1988）。对于米曲霉发酵产物的提取物也类似，与中后期相比，早期效果最显著。

（2）*对采食量和消化的影响* 许多研究表明真菌饲料添加剂能提高采食量，但并不能提高饲料转化率（Adams 等，1981；VanHorn 等，1984；Williams 等，1991）。影响食欲的因素很多，如纤维的消化率、内容物的流速及蛋白的状态。酵母提取物和米曲霉发酵产物用作人食品中的风味促进剂已很常见，酵母培养物和米曲霉发酵产物的提取物通常被认为能提供较好的风味。这些产品中可能含有某些动物喜欢的风味物质。Lyons 和 Rose（1987）认为酵母产生的谷氨酸能够改善饲料的口感。风味促进剂并不会产生危害，而且真菌饲料添加剂能对代谢产生显著影响。Wiedmeier 等（1987）发现饲喂全混合日粮的奶牛，使用米曲霉发酵产物的提取物和酵母培养物或是两者的混合物能提高消化道中 DM、ADF 和半纤维素的消化率。Gomez-Alarcon 等（1990）发现，除了饲喂粗料（63%紫花苜蓿干草）含量高的日粮，米曲霉发酵产物的提取物能提高整个消化道中 DM、ADF 和 NDF 的消化率。Arambel 和 Kent（1988）观察到饲喂米曲霉发酵产物的提取物的小母牛的消化率并无变化，Judkins 和 Stobart 也发现饲喂米曲霉发酵产物的提取物后阉羊的消化率并没有变化。

整个消化道的消化率与瘤胃中纤维的降解密切相关，如果瘤胃中纤维的降解被激活，会减少需要在后肠破碎的残渣。Gomez-Alarcon（1988）发现米曲霉发酵产物的提取物和酵母培养物能激活瘤胃中纤维的降解，能有效地将后肠的消化转移到瘤胃中。Fondevila 观察到米曲霉发酵产物的提取物能激活悬挂于瘤胃尼龙袋中的秸秆的降解，但并不影响最终的消化量。

另一个影响采食量的因素是瘤胃内容物的外流速率，但这一指标对真菌饲料添加剂的反应并不一致。Wiedmeier 等（1987）发现饲喂米曲霉发酵产物的提取物可以使液体和饲料颗粒的外流速率减缓，然而饲喂酵母培养物后会增加。饲喂真菌饲料添加剂后能提高采食量从而影响生产性能，很有可能是由于提高了瘤胃中饲料的降解速率。刺激消化特别是纤维的消化，可能并不影响瘤胃的降解能力和整个消化道的消化率。

（3）*对瘤胃发酵产物及 pH 的影响* 反刍动物营养研究常常评价一些瘤胃液体中较易测定的参数，如 pH、挥发脂肪酸 VFA 浓度和氨浓度等。它们能帮助解释不同的日粮调节对宿主营养的影响。酵母培养物和米曲霉发酵产物的提取物对 VFA 的影响并不一致。两者都有增加 VFA 浓度的趋势，但是对于 VFA 的比例而言，酵母培养物能增加丙酸的比例，而米曲霉发酵产物的提取物能增加乙酸的产生（Adams 等，1981；Harrison 等，1988；Newbold 等，1990）。真菌饲料添加剂对瘤胃发酵产生的影响中，VFA 浓度变化所产生的作用似乎并不显著，而体外刺激 VFA 产生速率增加的效果要显著得多，但并不是很清楚这是通过促进单位数量微生物的产量，还是影响微生物的数量产生的。

甲烷的产生对于反刍动物是一种能量损失（Hungate，1966），甲烷的产生与挥发性脂肪酸的相对含量及氨基酸的脱氨密切相关。在两个体外实验中，被观察到分批发酵系统中加入酵母培养物后甲烷的产量增加（Martin 等，1989；Matin 和 Nisbet，1990），但奇怪的是氢的含量也增加。当米曲霉发酵产物的提取物加入到半连续的瘤胃发酵器中，观察到顶部甲烷气体的减少（Rusitec 等，1989）。Williams（1988）发现犊牛饲料中添加酵母培养物后产生的甲烷气体减少。显然，还需要作更多的体内研究来确定真菌饲料添加剂对甲烷产生的确切影响。

通常真菌饲料添加剂能减少瘤胃氨浓度（Adams 等，1981；Harrison 等，1988；Newbold 等，1990），但有时米曲霉发酵产物的提取物也能使其浓度增加（Wiedmeier 等，1987；Gomez-Alarcon 等，1988）。氨池是由于蛋白质降解，尿素的分解及微生物利用产生的净结果。Arambel（1987）认为米曲霉发酵产物的提取物能激活蛋白酶促进蛋白的水解。米曲霉发酵产物的提取物和酵母培养物还能提高粗蛋白的消化率（Campos 等，1990；

Wiedmeier 等，1987)，但这并不是总能发生（Oellermann 等，1990)，并且直接测定酶活性时，发现饲喂米曲霉发酵产物的提取物后蛋白酶活性降低，氨基酸的脱氨增加（McKain 等，1991)。

反刍动物瘤胃的 pH 对瘤胃的发酵尤为关键，特别是纤维素降解菌，当 pH 低于 6.0 时不能生长。瘤胃 pH 随日粮中精饲料的增加而降低。当日粮中的精料比例超过某一特定值，就会抑制纤维素分解菌的生长，从而抑制纤维的分解，导致消化问题。尽管结果并不总是一致，但通常认为真菌饲料添加剂能轻微提高瘤胃 pH（Oellermann 等，1990)。试验所报道的真菌饲料添加剂对瘤胃发酵的影响，关键在于对挥发性脂肪酸、氨浓度和 pH 的影响。Harrison 等（1980）总结认为酵母培养物能促进瘤胃发酵的稳定，以饲喂大麦-干草幼年阉公牛的试验证明了这一点。饲喂酵母培养物的动物，在采食后 pH 波动减小，最低值上升，乳酸浓度的峰值显著降低。米曲霉发酵产物的提取物和酵母培养物都能增加牛瘤胃中支链脂肪酸的浓度。母牛饲喂酵母培养物后，异戊酸的摩尔百分数降低，戊酸的含量增加。

(4) 对微生物的影响　真菌饲料添加剂对微生物产量的影响并不一致。Wanderley 等（1987）发现米曲霉发酵产物的提取物对微生物的产量没有影响，但 Gomez-Alarcon 等却观察到了微生物产量的增加。Williams 等（1990）报道了酵母培养物能增加羊十二指肠蛋白流量，增加非蛋白氮的吸收。Wiedmeier 等（1987）报道了真菌饲料添加剂显著增加了厌氧菌的总活菌数。活菌总量的增加并不一定能反映菌体总蛋白量的增加，因为微生物产量没有变化或变化不大，可能影响的只是细菌的活性。但是真菌饲料添加剂的使用导致总活菌数的巨大改变，特别是在并不完善的体外条件下，说明真菌饲料添加剂确实能以某种方式促进瘤胃微生物的生长。Wiedmeier 等（1987）报道了真菌饲料添加剂能促进纤维分解菌的生长，但结果并不总是一致（Fondevila 等，1990)。纤毛虫占到瘤胃微生物总量的一半，主要用于菌体蛋白的降解和蛋白的重新合成，它们也参与纤维素的降解。尽管纤毛虫的作用重要，但有关证明真菌饲料添加剂对纤毛虫的量有显著影响的报道并不多。Frumholtz 等（1989）报道了人工瘤胃发酵系统中添加米曲霉发酵产物的提取物后，纤毛虫的数量减少 45%，但在母牛中却有增加（Oellermann 等，1990)。另一种重要的瘤胃微生物是厌氧真菌，厌氧真菌具有较强的纤维素降解活性，但对其的关注也较少。很多可用证据所表明的是真菌饲料添加剂对瘤胃中厌氧真菌量的影响并不大。

(5) 其他作用　Huber 等（1987）报道了在环境温度较高时，米曲霉发酵产物的提取物能降低牛的直肠温度和热应激。酵母培养物还可能影响矿质元素的代谢，可能是由于细胞壁的离子结合活性（Rose，1987)。活体酵母通过消化道后能存活，并导致羊十二指肠和回肠中酵母数量增加。牛饲用米曲霉发酵产物的提取物后，十二指肠中有真菌孢子的存在，或许这正是真菌饲料添加剂发挥重要作用的第二个位点。

(6) 可能的机制　尽管有的制剂宣称有某种功能，但对其作用机制并不清楚，而且生产者不愿描述该产品是如何筛选得到的。从更深层次上阐明真菌饲料添加剂的作用机制，重要作用在于建立对该产品的信心，并为以后的发展奠定基础。我们必须解决的是建立关键的试验模型来检测这些功能，而且要弄清是否这些效果与剂量相关，或是依赖酵母和曲霉在体内的生长。

酵母和霉菌虽然在瘤胃微生物区系中自然存在（Lund，1980)，但酵母只是过路微生物，它们随饲料进入，其中 9 种得到了鉴定，但没有一株是酿酒酵母。以粗饲料饲喂阉割公牛，检测不到自然存在的酵母，在体外连续发酵瘤胃液也检测不到。因此，酵母特别是酿酒酵母不是瘤胃正常微生物区系的组成成员。39℃的温度及瘤胃液的化学组成在体外能抑制酿酒酵母的生长（Arabel 和 Tung，1987）。牛在饲喂酵母培养物后瘤胃液酵母量由每毫升 2.5×10^5 个增加到 4.7×10^5 个（Harrison 等，1988）；对羊来说，1h 后瘤胃液酵母数量由每毫升 1.5×10^3 个增加到 3.34×10^5 个，但随后细胞数量开始减少，并且超过因稀释所导致的减少速度，这表明了酵母在瘤胃中的净增殖并不明显，而且已经发生了细胞死亡。体外连续培养试验也证明酵母难以在瘤胃液中增殖。但酵母的生存能力并不能与其代谢活性完全混淆，Ingledew 和 Jones（1982）发现酿酒酵母在瘤胃的代谢活性能维持 6h。Jouany（2001）提出了“微生物联盟”模型来解释酵母和其他微生物间的相互作用。酵母利用刚摄入固体饲料颗粒周围氧，促进厌氧菌生长（图 3-65）。

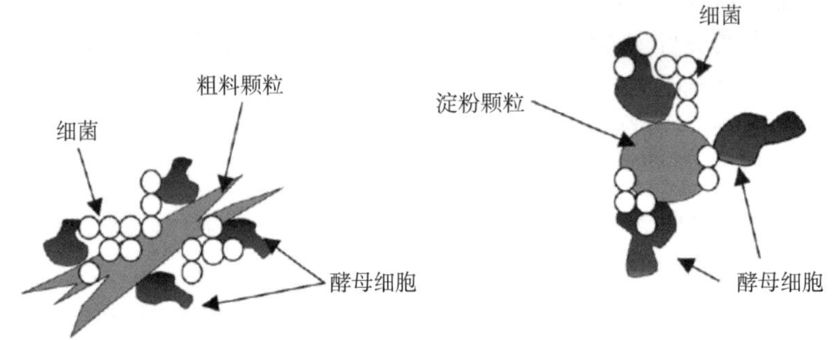

图 3-65　微生物联盟示意（Jouany，2001）

酵母是耗氧菌，能消耗刚摄入的固体饲料周围环境中的痕量氧，酵母利用氧代谢饲料颗粒周围溶解的糖或较小的寡糖，产生乙醇、甘油、肽和氨基酸等终产物，被其他微生物所利用。对固体饲料周围微环境氧的移除能促进厌氧纤维素分解菌的生长（Roger 等，1990）。酵母在胞内能积累苹果酸盐，并释放到微环境中，能促进反刍月形单胞菌（*Selenomonas ruminantium*）对乳酸的利用。而且酵母能自溶，胞内的蛋白质、矿质元素和维生素等能被释放，细胞壁中的 β-葡聚糖等成分也可被其他微生物所利用。酵母的各种作用综合在一起可以对瘤胃环境产生有益影响，进而影响动物的生长性能（图 3-66）。

如同酿酒酵母一样，不含活细胞的酵母提取物在体外不能刺激纤维素分解菌的增殖（Dawson，1990）；同样对酵母培养物和米曲霉发酵产物的提取物以高压灭菌处理，同样会使其丧失刺激增加细菌数量的活性；而米曲霉发酵产物的提取物以 γ 射线处理而非高压灭菌能保留其刺激活性（Newbold 等，1991），可能是由于分泌的热敏感养分被破坏或是米曲霉发酵产物的提取物的某种代谢活性能被热而不能被射线所损伤。

真菌饲料添加剂会通过一个或多个位点发挥作用来实现其生理功能，对功能影响的因素和程度很难确定，要完全明确其作用效果，还需要对其作用机理作进一步的研究。

对于益生菌株的筛选，我们可用效率更高、功能更多为筛选目标，当然扩大适用菌株的使用范围也是我们的目的。需要强调的是，真菌饲料添加剂在反刍动物中发挥作用时通常有一定的适应期，体外筛选时需要考虑这一点，在体外，以连续或是半连续培养方式筛选能增加总活菌数的益生菌株，是一种较合适的办法。当然我们还可以通过基因工程的方法来改造菌株，以产生我们期望获得的活性产物，如 Je-Ruei Liu 等（2005）报道的以益生菌罗氏乳

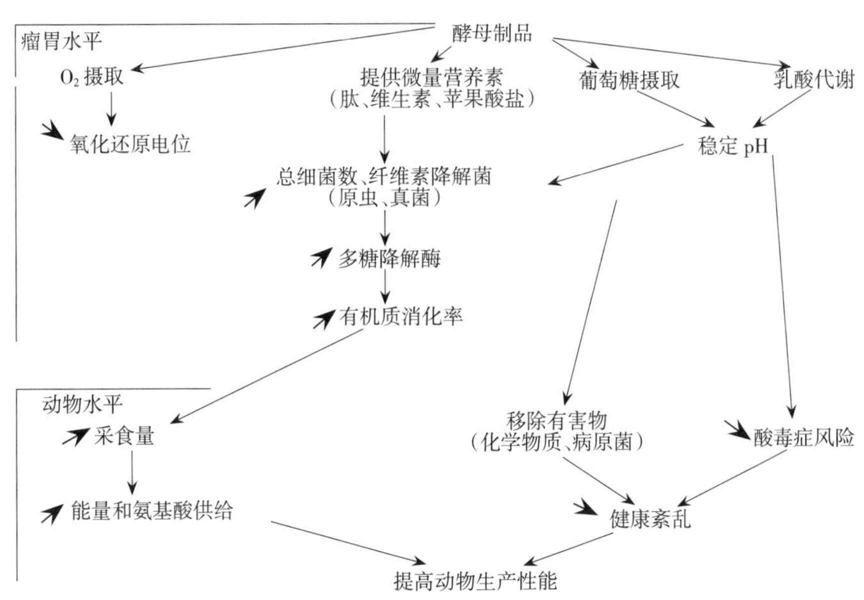

图 3-66 酵母对瘤胃和动物生长性能产生有益影响的模型(J P Jouany,2006)

↗:表示增加或增强;↘:表示减少或减弱

杆菌表达瘤胃的纤维素降解酶。但是,对基因工程菌要进行安全性评价后才能投入使用。

3. 细菌性微生物饲料添加剂

(1)新生反刍动物 对于细菌性微生物饲料添加剂在反刍动物生产系统中的应用,研究的最多的是新生乳牛。例如,乳杆菌、肠球菌、链球菌和双歧杆菌等被用于犊牛研究。总体上,对新生或是应激犊牛使用细菌性微生物饲料添加剂(主要是乳杆菌)的重要作用在于建立和维持其正常的肠道微生物区系,而非刺激生长。对于产奶犊牛,通过快速建立瘤胃和肠道微生物,避免容易导致腹泻的病原微生物的定植,从而快速适应固体饲料是主要目的。对于新生或是处于应激状态的犊牛,微生物区系出于变化的过程中,并且极为敏感,日粮或是环境的突然变化会导致胃肠道微生物区系的变化(Savage,1977)。例如,Tannock(1983)报道了应激常常会导致新生动物腹泻的增加,而这与肠道中乳杆菌的减少有关。Sandine(1979)报道了在正常动物粪中乳杆菌的量高于大肠杆菌,而腹泻时两种菌的份额正好相反。

据报道,给犊牛饲喂各种乳杆菌和链球菌的培养物能减少腹泻(Bechman 等,1991)。Abu-Tarboush 等(1996)报道了饲喂乳杆菌 27SC 的犊牛在第 5 周龄、第 7 周龄和第 8 周龄时,与对照组相比,腹泻率明显降低。证实了以前关于乳杆菌能减少犊牛腹泻的报道。腹泻的减少可能与乳杆菌的增加和大肠菌的减少有关,关于乳杆菌的增加有一致的报道,但大肠杆菌的减少报道并不完全一致。

新生犊牛对固体饲料的适应取决于瘤胃上皮的发育和瘤胃容积及反刍功能发育成熟。Nakanishi 等(1993)报道了给保育料中加入乳酸菌能影响新生犊牛的反刍功能。给荷斯坦犊牛提供含有嗜酸乳杆菌的酸奶酪,在 30 日龄时,与对照组相比有更多的犊牛倾向于能发生反刍,表明嗜酸乳杆菌或许能促进反刍功能的形成,但并没有生长性能和其他微生物组成的变化。

关于饲喂细菌性微生物饲料添加剂对新生犊牛生长性能的影响的报道并不一致。Abu-

Tarboush 等（1996）报道了饲喂乳杆菌对日增重并没有影响。Bechman 等（1977）报道了在奶或是替代品中加入 2.5×10^{11} cfu/d 的嗜酸乳杆菌能将增重速率提高 17%。饲喂细菌性微生物饲料添加剂通常不会改变犊牛的饲料效率（Jenny 等，1991；Abu-Tarboush 等，1996）。Beeman 使用 52 头公荷斯坦奶牛进行试验，这些牛有腹泻病史，并用抗生素治疗后，通过饲喂乳杆菌来研究对增重的影响。在研究开始前，每头牛用抗生素处理 3d。在 2 周后测定增重，使用乳杆菌组平均增重为 8.0kg，而对照组为 3.5kg。56d 时处理组体重增加为 47.3kg，对照组为 37.8kg，上述有益影响可能是乳杆菌改善了肠道环境的结果。对新生犊牛来讲，使用细菌性微生物饲料添加剂的主要目的是减少腹泻的发生率和降低腹泻的程度。

（2）*对奶牛产奶量和奶成分的影响*　关于细菌性微生物饲料添加剂对泌乳奶牛影响的研究较少。如表 3-22 总结了细菌性微生物饲料添加剂或与其他细菌和真菌细菌性微生物饲料添加剂联合使用，对泌乳奶牛的影响。总体上，对增加产奶量有一致的报道，而对乳成分的影响报道不完全一致。Jaquette 等（1988）报道了每天日粮中添加 2.0×10^{9} cfu 的嗜酸乳杆菌 BT1386，与对照组相比，能使产奶量提高 1.8kg/d。干物质采食量、乳脂率和乳蛋白率并不受影响。Gomez-Basauri 等（2001）估算了含有嗜酸乳杆菌、干酪乳杆菌、屎肠球菌（总乳酸菌量＝10^{9} cfu/g）和甘露寡糖的添加剂，对干物质采食量、产奶量和乳组成的影响，与对照组相比，干物质消耗减少 0.42kg/d，产奶量提高 0.73kg/d。其他还有乳酸菌和真菌培养物联合使用的报道（Komari 等，1999；Block 等，2000），产奶量分别提高 1.08kg/d 和 0.90kg/d。

表 3-22　细菌性微生物饲料添加剂对奶牛干物质采食量、泌乳量和乳成分的影响

处理	数量	采食量 (kg/d)	泌乳量 (kg/d)	乳脂 (%)	乳蛋白 (%)	参考
对照	16	—	29.1^{a}	3.81	3.34	Jaquette 等 (1988)
嗜酸乳杆菌	16	—	30.9^{b}	3.75	3.36	
对照	550	21.2	31.8^{a}	3.64	—	Ware 等 (1988)
嗜酸乳杆菌	550	21.4	33.6^{b}	3.63	—	
对照	6	—	8.20^{a}	3.30	3.09	Komari 等 (1999)
酿酒酵母	6	—	9.34^{b}	3.96	3.15	
酿酒酵母和嗜酸乳杆菌的组合	6	—	9.28^{b}	3.57	3.13	
对照	32	24.6	48.2^{c}	—	3.01^{a}	Block 等 (2000)
酵母、植物乳杆菌和粪肠球菌的组合	32	25.1	49.1^{d}	—	3.27^{b}	
对照	100	25.0^{a}	38.8^{c}	4.24^{c}	3.02	Gomez-Basauri 等 (2001)
嗜酸乳杆菌、干酪乳杆菌、粪肠球菌和甘露聚糖	100	24.6^{b}	39.6^{d}	4.34^{d}	3.04	

注：同列肩标 ab 表示差异显著（$p<0.05$），cd 表示差异极显著（$p<0.01$）。

J E Nocek 和 W P Kautz（2006）研究认为饲喂屎肠球菌和酵母菌对奶牛的采食量有增加作用（图 3-67），图 3-67 中第 3 周采食量下降的原因是此时为奶牛的分娩期；对产奶量也

有增加的效果，但增加效果在产奶后期消失（图 3-68）；对乳脂率有降低作用，由此可以看出使用微生物饲料添加剂对奶牛脂肪代谢没有显著的影响，因此随着产奶量的增加乳脂率随之下降（图 3-69）。

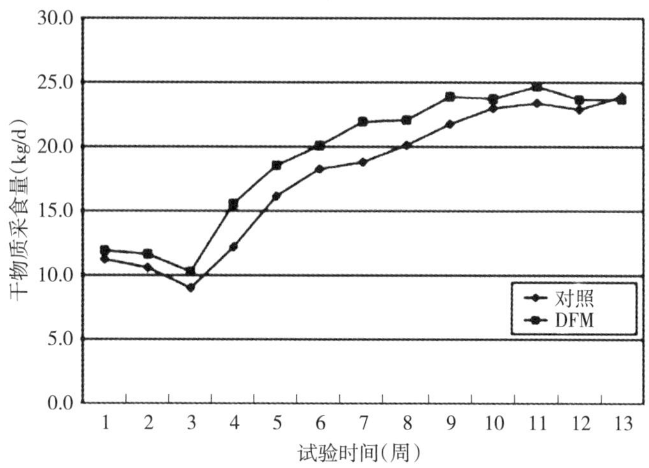

图 3-67 细菌性微生物饲料添加剂对奶牛产前、产后干物质采食量（DMI）的影响

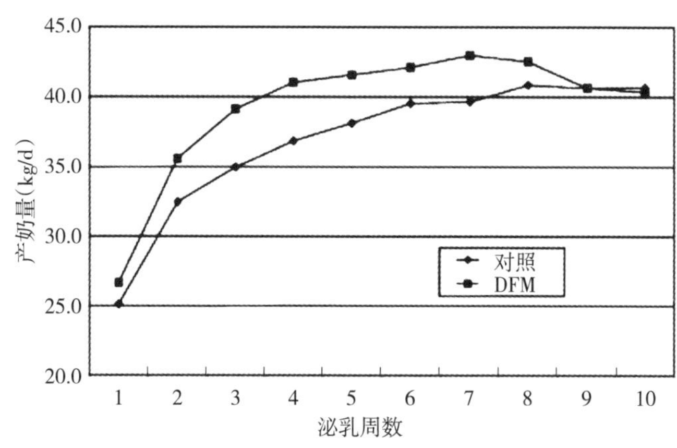

图 3-68 细菌性微生物饲料添加剂对奶牛产奶量的影响

Colenbrander 等（1988）报道了以嗜酸乳杆菌处理的紫花苜蓿青贮料对奶牛的干物质采食量、奶产量和奶成分并无影响。这种乳杆菌在青贮后可能无法生存，这样就没有或只有较少的活体乳杆菌被利用。综合分析以往的研究结果，表明细菌性微生物饲料添加剂单独使用或是与真菌培养物联合使用有可能提高泌乳奶牛的产奶量，但这种试验仍然较少，还需要作进一步的研究。

（3）对育肥牛生产性能的影响　牛在育肥过程中会经历各种应激，例如转运、禁食、集结、疫苗注射及阉割等。这些应激会改变瘤胃和肠道微生物，导致生长性能的降低和死亡率的增加。使用细菌性微生物饲料添加剂能重新恢复肠道微生物区系，减少微生物的应激变化。Crawford 等（1980）报道了饲喂嗜酸乳杆、植物乳杆菌、干酪乳杆菌和屎链球菌的混合培养物能使日增重提高 13.2%（试验期平均为 30d），饲料消耗增加 2.5%，对细菌性微

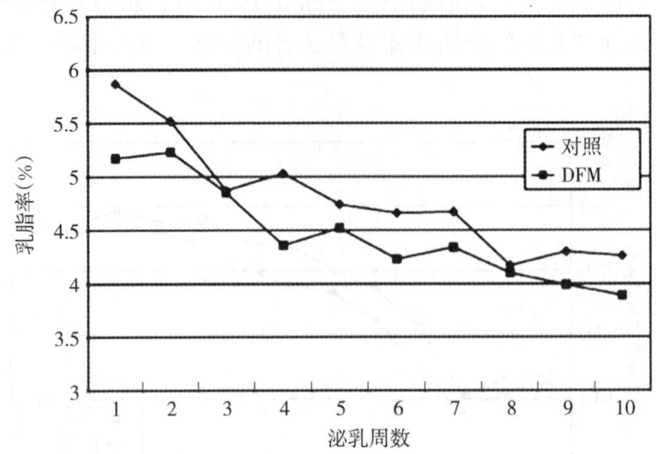

图 3-69　细菌性微生物饲料添加剂对乳脂率的影响

生物饲料添加剂的最佳生长性能反应发生在最初的 14d 内。与对照组相比，致死率减少了 27.7%。但也有报道称细菌性微生物饲料添加剂对刚断奶（Kercher 等，1985）或是刚开始育肥的牛（Krehbiel 等，2001）的生长性能没有影响。Krehbiel 等（2001）报道了使用 5×10^9 的乳酸菌（屎肠球菌、嗜酸乳杆菌、嗜热双歧杆菌和长双歧杆菌）对犊牛生长性能和健康的影响，与对照组相比，日增重并没有改变，但可减少抗生素的使用，说明细菌性微生物饲料添加剂的使用能提高动物的健康水平。

对剂量效应的研究较少，Orr 等（1988）报道了不同剂量对体重较轻的犊牛（185kg）日增重的影响。饲喂嗜酸乳杆菌的量分别为 0、2.2×10^6、2.2×10^8、2.2×10^{10} cfu/g 饲料，饲喂量为 2.2×10^6 和 2.2×10^8 cfu/g 时日增重显著高于另外两组，采食量和饲料效率没有显著差异。上述研究结果表明，日粮中添加细菌性微生物饲料添加剂，能提高应激肥育小牛的健康和生长性能。和新生犊牛一样，在初断奶和新入栏时期，使用细菌性微生物饲料添加剂的效果较好。Gill 等（1987）等研究认为对于完全健康和处于严重疾病状态的犊牛，细菌性微生物饲料添加剂处理不会有明显效果。

在基础日粮中添加乳酸菌或能利用乳酸的细菌，可以提高育肥牛的饲料效率和日增重（Rust 等，2000）。Ware（1988）报道了饲喂嗜酸乳杆菌 BT1386 能提高 1 岁肉牛的日增重和饲料效率，但对干物质采食量、牛肉质量等级、屠宰率、大理石评分和肝脓疡并无影响。Swinney-Floyd 等（1999）报道了给育肥牛联合饲喂嗜酸乳杆菌 53545 和丙酸杆菌 P-63 能提高饲料效率。在开始高浓度饲喂的 10d 内，对照组、仅添加费氏丙酸杆菌及联合添加费氏丙酸杆菌和嗜酸乳杆菌的日增重分别为 0.93kg/d、1.11kg/d 和 1.63kd/d，饲料效率分别为 5.17、5.32 和 4.50（千克干物质采食量/千克平均日增重）。120d 的试验期内，饲料效率分别为 5.17、5.32 和 4.97（千克干物质采食量/千克平均日增重），每个处理的肝脓疡指数分别为 8、8 和 0。总的来说，给育肥肉牛饲喂细菌性微生物饲料添加剂能提高日增重 2.5%～5%，饲料效率大约能提高 2%，然而对干物质采食量的报道并不一致，胴体重通常能增加 6～7kg。

人们已经意识到育肥牛是大肠杆菌 O157：H7 的宿主。Tong Zhao 等（1997）报道了筛选的益生菌在牛接触大肠杆菌 O157：H7 前使用，能有效减少对大肠杆菌 O157：H7 的携带。Ohya等（2000）研究了饲喂含有分离自成年牛乳酸链球菌LCB6和鸡乳杆菌LCB12DFM对感染的荷斯坦牛体内*E. coli* O157：H7的影响，*E. coli* O157：H7的减少与挥发性脂肪酸（VFA），特别是乙酸的增加有关。Zhao等（1998）认为颉颃*E. coli* O157：H7的微生物可以从健康牛粪或是肠组织样品中分离。M Galyean报道了在实验中的第14天、第28天和第42天时，同时服用嗜酸乳杆菌（NPC747和NPC750）组的*E. coli* O157：H7携带率较对照组显著降低。在屠宰时使用NPC747菌株最有效。

（4）*对瘤胃发酵的影响* 以前的观点认为细菌性微生物饲料添加剂主要是在过瘤胃后发挥有益作用，近来有证据显示，某些细菌性微生物饲料添加剂在瘤胃中也能发挥作用，尤其是防止瘤胃酸中毒。瘤胃酸中毒以低pH（低于5.6）及高浓度的总挥发性脂肪酸（亚急性）或乙酸（急性）为特点。乳酸产生菌（乳杆菌和肠球菌）或许能帮助防治奶牛酸中毒（Nocek等，2002），可能是这些微生物的存在能使瘤胃中的微生物适应乳酸的存在。当使用极易发酵基质时，接种乳酸盐利用菌——埃氏巨球形菌（*Megasphaera elsdenii*）进行体外发酵试验，证实能减少乳酸的积累。无论是体内还是体外，当由低精料转为高精料时，埃氏巨球形菌被认为能改变瘤胃发酵，防止乳酸的积累。在Kung和Hession（1995）的研究中，接种埃氏巨球形菌4h后，pH降至5.5以下，发酵24h，仍能保持在5.3左右，对照组为4.8。对照组乳酸浓度的峰值在8h高于40mmol/L，而处理组低于5mmol/L，处理组总VFA浓度高出对照组2倍多。

Kung和Hession（1995）讨论了选择埃氏巨球形菌来接种尚未完全适应易降解碳水化合物发酵的瘤胃。埃氏巨球形菌似乎是瘤胃中主要的乳酸利用菌，因为反刍月形单胞菌（*S. ruminantium*）正经历着代谢抑制。而且埃氏巨球形菌能同时利用乳糖、葡萄糖和麦芽糖，并且能和乳酸产生菌竞争底物。尽管丙酸杆菌也是一种乳酸利用菌，但它作为细菌性微生物饲料添加剂，我们常关注的是它的丙酸发酵，而非乳酸发酵。丙酸是挥发性脂肪酸中合成葡萄糖最重要的前体物，因此对激素的释放和组织养分的分布有重要影响。在育肥牛和泌乳牛中，丙酸对葡萄糖的贡献率为61%～67%。在早期泌乳时，养分的摄取滞后于养分的需求，因此丙酸的提供不足。降低乙酸与丙酸的比值能减少甲烷的产生，理论上，此时能量在牛体内的沉积增加。挥发性脂肪酸的比例取决于微生物的种类和营养条件，丙酸杆菌产生丙酸时常伴随着乙酸和CO_2的产生。Kim等（2000）研究了产酸丙酸杆菌（*P. acidipropionici*）不同剂量的影响（0、10^7、10^8、10^9、10^{10}），丙酸的产生有随产酸丙酸杆菌剂量增加而增加的趋势。似乎产酸丙酸杆菌改变了瘤胃的发酵，导致乙酸的减少和丙酸的增加。随着产酸丙酸杆菌的增加，丁酸浓度下降，但产酸丙酸杆菌撤除后，又迅速恢复到测试前的水平。这表明产酸丙酸杆菌能有效降低瘤胃内丁酸浓度，但对pH、乳酸或是支链脂肪酸没有影响。Ghorbani等（2002）报道了丙酸杆菌或是丙酸杆菌和屎肠球菌的结合对瘤胃各挥发脂肪酸组分并没有影响。Ghorbani等（2002）报道了饲喂丙酸杆菌和屎肠球菌的阉牛血液中倾向于有较低浓度的CO_2和乳酸脱氢酶（LDH），认为较低的血液CO_2和乳酸脱氢酶表明同时饲喂乳酸产生菌和乳酸利用菌有利于减少代谢酸中毒的风险。

（5）*应用细菌性微生物饲料添加剂时应注意的问题* 可用作细菌性微生物饲料添加剂的菌种很多，应根据反刍动物消化道特点选用适当的细菌性微生物饲料添加剂菌种，这样才能最大限度地发挥作用；初生反刍动物由于肠道菌群未建立或处于不断变化状态，在这期间用益生菌比生长后期用效果明显；细菌性微生物饲料添加剂的预防效果优于治疗，由于细菌性微生物饲料添加剂的作用发挥较慢，因此，应长时间连续饲喂，才能达到预期效果；所选菌株必须具有较好的稳定性，保证菌种顺利达到动物胃肠道内并以较强的活性发挥作用。

近几年，细菌性微生物饲料添加剂在反刍动物上的应用逐渐增多，并在抑制疾病和提高效益等方面取得了良好的效果。对细菌性微生物饲料添加剂的应用，目前绝大部分研究停留在使用效果上，对细菌性微生物饲料添加剂的作用机理还局限于假设与推理上。另外，对使用单一菌株还是复合菌株，没有统一的定论，应依据研究的结果而定。

四、在水产养殖中的应用

水产养殖包括鱼、甲壳动物、软体动物、藻类植物等多种养殖内容，是一个使用对象更为复杂的行业。同畜牧生产一样，疾病的暴发常降低水产养殖产量，抑制水产贸易的发展，甚至影响了一些国家水产行业的正常发展。如世界各地的虾类养殖业，就面临着疾病的严重困扰，减产和亏损现象时有发生。就目前来讲，生产中常用的办法是使用消毒剂和抗生素来预防和治疗水产疾病，但效果并不理想（Subasinghe R，1997）。另外，由于大量用药，导致养殖环境和水产品中药残经常超标，细菌抗药性普遍发生并日趋严重，这已经引起人们的广泛关注。很多专家都在不停地呼吁尽快停止滥用抗生素，以避免抗药性对人体健康造成危害（Witte W，1999）。

世界卫生组织（WHO）号召应当在减少过量和不适当使用抗生素方面有所作为。疾病控制的关键在于预防，这可能要比治愈更划算。只有这样才能减少对抗生素、消毒剂和杀虫剂的依赖（Planas M 和 I Cunha，1999）。

在疾病控制方面，有人提出了许多替代抗生素的方法，并已开始应用于水产养业中。在主要的水产国家，如挪威，抗菌药的使用量已由 1987 年的大约 50t 下降到 1997 年的 7t 多。同时，养殖鱼类的产量由 5×10^4 t 增加到 3.5×10^5 t。抗生素消耗量的急速下降主要是因为开发出了有效的疫苗（Lunestad B T，1998；Subasinghe R，1997），这很好地说明了这一方法的潜在有效性。通过免疫刺激剂单独或与疫苗联合使用，增强宿主的非特异性防御机制是一个有前途的方法（Raa. J，1996；Sakat. M，1999）。20 世纪 80 年代以后，有关水产养殖生物控制方面的文章不断增多。益生菌能促进养分循环，并且在生产实践中，益生菌也常被作为预防剂应用于饲料或添加到池塘中，用于防治水产品不被病原微生物污染。在水产养殖业中，作为生物控制剂的益生菌分属乳酸细菌、弧菌属、杆菌属或假单胞菌属，也包括其他种属细菌。自 1992 年起，溶藻弧菌（*Vibrio alginolyticus*）在厄瓜多尔就被用作虾孵化时的益生菌，结果不仅缩短了孵化时间，而且产量提高了 35％，1991—1994 年间抗生素的使用量减少了 94％。在墨西哥，在商品虾孵化过程中添加益生菌的做法已经很普遍。在布隆迪，因疾病控制而发展起来的一项重要技术就是益生菌的使用。联合国粮农组织根据最近成功经验确定了在水产养殖业中以发展经济实用疫苗、使用免疫刺激剂和非特异性免疫增强因子、使用益生菌提高水生环境质量作为深入研究的主要领域。这些研究的结果必将减少水产养殖过程中化学物质的使用，从而保障水产品的安全质量。

（一）水产养殖中的益生菌

Fuller（1998）将益生菌定义为：能够促进肠内菌群平衡，对宿主起有益作用的活的微生物制剂。我们关注陆生生物时，益生菌一词指的是与乳杆菌（*Lactobacillus*）等相关的革兰氏阳性菌株。在水产养殖业中，关注益生菌还应考虑其他方面。与人类和其他陆生动物相似，水生生物肠内菌群并不是单一存在，它们与环境和宿主不断地发生相互作用。许多学者已经研究了肠内菌群与水生生境或食物之间的相互关系。Cahill（1990）总结了在鱼类研究方面的结果，证明在水生环境中细菌的存在影响了内脏菌群的组成，反之亦然，在肠道中出现的细菌通常是那些从环境或食物中获得并能在肠道中存活和繁殖的（Cahill M M，1990）。有一点需要指出，与陆生生物或人类相比，在水生生态系统中，周围水环境对水生生物健康状态有更大影响。实际上，宿主与微生物之间的相互作用常因水生和陆生物种的不同而在数量和质量上存在差异。在水生环境中，宿主与微生物共享生态系。而对于陆生动物，除了肠道是代表性的有水环境，其他生境含水量很有限。从某种意义上说，水生环境中的微生物具有生长于潜在宿主相关的肠道、鳃或皮肤上的选择性，也可与宿主无关；而在陆生环境下，微生物的活动则局限于宿主内脏提供的水生态位（Harris J M ，1993）。水环境中病原体可以独立于动物宿主而存活在水中，因而在动物周围病原体可以达到很高浓度（Moriarty D，1998）。当宿主进食或饮水时，周围的细菌不断地被吸入，特别是在有过滤器的情况下，过滤器能够从养殖水中高速吸入细菌，从而引起周围环境的菌群与活体饵料之间的相互作用。水产养殖业有关益生菌的研究最初集中在幼鱼，近来则多集中在幼鱼、贝类和活体生物。陆生动物（哺乳动物）从母体继承来的重要部分就是通过与母体的接触同时获得了最初定植体内的细菌；而水生物种不与双亲接触，通常在水中产下无菌的卵，周围生境的细菌就可定植于卵表面，此时，新孵化出的幼体或新生动物的肠系统还未完全发育，因而在肠道、鳃、皮肤还没有微生物群落。对于水生幼体在最初阶段，它的原始菌群部分取决于幼体所生存的水生环境（Cahill M M，1990），因而周围水域中细菌的性质就更为重要（O Vadstein 等，1997）。

如前所述，菌群间的相互作用，包括益生菌与宿主之间的相互作用不仅局限于肠道。益生菌在宿主鳃、皮肤和周围环境中依然十分活跃。养殖环境与宿主之间强烈的相互作用意味着大量的益生菌是从养殖环境中获得，而非 Fuller 定义所指的由饲料而得。因此，对该定义提出修改，允许扩大该词的适用范围和对象。益生菌的定义为：能够改善宿主相关或周围微生物群落、能够提高饲料营养值、能够增强宿主对疾病抵抗力或提高周围生境质量的活的微生物补充物。

根据这一定义，益生菌应包括能够抑制在肠道、体表结构或养殖品种所处的养殖环境中病原增殖的微生物添加物，能够辅助消化，有利于饲料中养分的吸收，从而提高水质或刺激宿主免疫系统发生反应。本定义中不包括仅给宿主输送养分的细菌，而没有活性或不与其他微生物作用的细菌，比如单细胞蛋白。理论上，益生菌可能具有多种有益作用，在水产养殖中应用时，很难辨明益生菌是作为水生生物饲料，还是作为环境控制剂，这一问题是水产用益生菌的特殊问题。辨明这一问题对使用者来讲意义不大，但对研究开发人员意义明显，原因是这一问题的辨明与否决定着益生菌的产品定位。

（二）水体微生物群落

在水产养殖中，一些操作对于建立稳定的微生物群落都是不利的，比如养殖系统中非连续循环、养殖前使用消毒剂、饲料投放而引起水生环境中养分的突然增加等。因此，在变化的养殖环境中，微生物群落很难达到稳定（Skjermo J 和 D Vadstein，1999）。在微生物群落的形成过程中，应该把确定的和不确定的因素都考虑在内（Moriarty D J W 和 A G C Bedv，1995；Verschuere L，1997）。确定性因素具有与剂量确定的关系，而对于不确定因素，在可能范围内的变化都可能发生。在水生系统内影响微生物形成、发展的因素包括盐度、温度、氧气浓度、饲料数量和质量。这些环境因子的综合作用形成了特定范围的经过选择的微生物能够增殖的生境（环境选择原理）。水生系统中微生物群落的形成经常受到不确定因素的影响，因为所有适宜水生系统的生物都有可能在适宜的条件下进入水生生境并增殖（Moriarty D J W，1995）。

环境条件和机会都会影响微生物群落出现的想法，为探讨益生菌作为生物调节和防治剂开辟了思路。我们可以在养殖水体中添加益生菌使其得到优先定植，通过优先定殖可扩展预先定植者的定植范围。当宿主或其环境已具有稳定的微生物群落，益生菌则必须经常性添加，以达到或维持这种定植优势。

能否通过外部一次或少次添加益生菌来确立或改变微生物群落组成呢？这对于益生菌的使用很重要。回答这个问题并不容易，因为少有文献提供有关这一水产养殖实践问题的有力证据。但是从对产乳酸细菌所做工作中可以得出一些推论（Ringo E 和 F J Gatesoupe，1998）。虽然在幼体或生长鱼的肠道中乳酸细菌并不占优势，但是对鱼苗已进行了诱发乳酸细菌形成优势的试验（Gatesoupe F J，1994；Gildberg A，1999）。在已形成微生物群落的幼鱼中添加高剂量产乳酸细菌，可引起微生物群落组成的暂时变化。在添加结束后的几天内，添加的菌株显著减少，甚至在许多鱼的肠道内完全消失。过去许多报道指出，细菌紧密地黏附于肠黏膜（Sakata T，1990）。现在则更多地认为鱼体内存在特定的在幼体变态时期就已形成的肠内菌群。除非是宿主在发育过程中只接触过有限的几种微生物，否则只是外源添加单一的益生菌制剂，而使其在已经稳定的微生物群落中形成长期的定植优势是几乎不可能的。对于使用不属于宿主肠道微生物菌群或不适合于特定生长阶段的菌株更是这样。如果要想达到高浓度的连续定植，则需不断补充益生菌。

（三）水产动物中益生菌的应用效果

1. 鱼卵和幼体 通常认为，在孵化过程中，若不对微生物群落进行控制将会出现意外的各种结果，如果在卵上保持适宜浓度的非病原性微生物，将会有效阻止病原体在鱼卵上形成定植（Harisen G H，1991；Dlafsen J A，1998），因此，利用益生菌作为微生物控制剂对孵化有利。对鳕鱼卵所做的试验验证了这一原理。Hansen 和 Olalsen（1989）曾对无菌卵接种有特定抑制作用的菌株，以此试图对鳕鱼卵上的微生物菌群进行控制，结果人为接种的菌株不能阻止孵化器中固有的微生物对卵的定植。这一结果表面上看与 Harisen G H（1991）和 Dlafsen J A（1998）的试验结果不一致。然而，这个试验也提示我们，对人为接种菌株的选择非常重要，而且对于我们期望能发挥特定潜在功能的菌株的筛选应基于大量体内试验的基础。这样看来，Hansen 和 Olafsen 所设计的试验方法可以作为对微生物进行初步筛选的方法。

肠道正常微生物群的建立对于消化系统功能的形成不可或缺，在正常条件下，它们充当抵抗病原体入侵的屏障，大量黏附于悬浊颗粒和卵碎屑上的细菌被鱼幼体摄食，卵上的微生物将会对鱼幼体微生物的最初定植产生影响。用从鱼体分离出来的鱼所固有的细菌接种孵化的大比目鱼，在孵化后的前 2 周内会对鱼的成活率有影响（Olafsen J A，1998）。在类鲑弧菌（*Vibrio salmonicida*）和植物乳杆菌（*Lactobacdlus plantarum*）存在时孵化的成活率达 95%，而鱼肠道弧菌（*Vibrio iliopiscarius*）将存活率降至 63%，对照组则为 81%。在最初养殖阶段，向水体或活体饲料培养物中加入某种菌株，可在鱼相关微生物群落中人工诱导形成某些菌群的定植优势（Gatesoupe F J，1994）。Gatesoupe（1997）通过每天添加乳杆菌以丰富轮虫培养基，轮虫作为大菱鲆的活体饵料，大大提高了鱼的成活率。已观察到，在 9 日龄时，当病原性弧菌侵袭幼体时，添加的乳杆菌能够大大降低幼体的死亡率，因此，认为乳杆菌可以防御病原性弧菌入侵大菱鲆的幼体。同样，Garcla de la Banda 等（1992）也在大比目鱼幼体的饲料中添加乳酸链球菌（*Streptococcus lactis*）和保加利亚乳杆菌（*Lactobacillus bulgaricus*），17d 后，添加了活体乳杆菌的鱼的存活率为 55%，添加失活的乳杆菌的存活率为 66%，而对照组的存活率仅为 34%。显然，无论活菌还是灭活菌都能提高大比目鱼幼体的成活率。

在轮虫培养基中使用芽孢杆菌 *Bacillus* IP 5832 菌株，结果观察到轮虫中孤菌属（*Vibrionaceae*）的组成下降，用含芽孢杆菌培养的轮虫喂养的大比目鱼的幼体，在 10d 时其平均重量显著增加。用弧菌 *Vibrio* sp. 侵染轮虫，各组比目鱼幼体均出现死亡现象，但用含芽孢杆菌培养的轮虫喂养的大比目鱼在 10d 时的平均存活率为 31%，明显高于对照组的 10%的存活率。尽管作者认为最可能的原因是产生了抗生素，但对于营养水平的提高是否会增强幼体对感染的抵抗力的问题目前还不清楚。目前人们还关注含铁细胞的产生和 E 型弧菌益生菌对大比目鱼幼体的影响的问题（Gatesoupe F J，1997）。用这种菌种培养的轮虫能够提高经病原体 P 型弧菌侵染 48h 后比目鱼幼体的存活率。

2. 鱼的幼体和成体 Gildberg 等（1995）用添加了产乳酸细菌的饲料喂养大西洋鲑，将它们与经腹膜内感染了气单胞菌（*Aeromonas salmonicida*）的鱼苗一起养殖，在以后的 4 周时间内记录鱼的死亡率。结果表明，产乳酸细菌作为鱼苗饵料的添加成分可以促进肠微生物的定植，但未出现防止氧单胞菌感染的现象。与预想相反，在饲料中添加了产乳酸细菌的鱼苗的死亡率最高。

用致病性强的北美鳗弧菌（*Vibrio anguillarum*）菌株侵染，用产乳酸细菌广布肉毒杆菌（*Carnobacterium divergens*）喂养的大西洋鳕鱼苗，鱼苗的抗病性增强，并且在 3 周后存活下来的鱼肠道微生物群中产乳酸细菌占优势（Gildberg 等，1997）。同样，将分别从大西洋鳕和鲑肠道中分离出的 2 株广布肉毒杆菌菌株加入商品鱼苗饲料中，并对鳕鱼苗连续监管 3 周，以同样具有致病性的北美鳗弧菌菌株侵染 12d 后，鱼苗总的死亡率下降，但 4 周后，各组中的总死亡率相同，说明在侵染试验中，益生菌仅对北美鳗弧菌的感染过程有缓解的作用，不能完全预防其感染疾病的发生，更不具备治疗效果。

Joborn 等（1997）对肉杆菌 K_1 菌株在鳟肠道内的定植力进行了研究，同时也对其抑制北美鳗弧菌和气单胞菌的能力进行了研究。北美鳗弧菌和气单胞菌是存在于鱼黏液和粪便提取物中的两种鱼类常见病原体。肉杆菌细胞在肠道内可以存活，饲喂 4d 后其在肠道内的数量能达到 10^5 cfu/g，停喂 3d 后，其数量会下降到 10^3 cfu/g。Olsson 等（1998）观察到，大菱鲆幼体粪便提取物中的北美鳗弧菌（*V. anguillarum*）的生长受到肉杆菌（*Carnobacterium*）细胞的抑制。使用对弧菌具有抑制作用的肠道细菌，可减少孵化过程中病原体弧菌的含量。许多产生含铁细胞的荧光假单胞菌株已被用作生物控制剂，它们能防止应激诱导的疖疮感染，同时防止大西洋鲑体内的气单胞菌（*A. salmonicida*）的侵染（Smith P 和 S Davey，1993），并能降低已被北美鳗弧菌感染的鳟的死亡率。将鱼短期浸入益生菌的细菌悬浮液或将益生菌长期加入到养殖水体中，或是将两种方法相结合，能够显著降低侵染试验后鱼的死亡率。在研究中发现，在含铁细胞的产生与荧光假单胞菌抑制作用之间存在相互关系，说明了在作用方式中涉及对自由铁的竞争利用。Smith 和 Davey（1993）认为，荧光假单胞菌在宿主外部发挥其作用，因为在浸入益生菌悬浮液的试验中发现这种菌并不进入鱼体。

Austin. B（1995）把溶藻弧菌（*V. alginolgtitus*）用于淡水养殖的大西洋鲑的浸入试验中。结果表明，在使用溶藻弧菌的 21d 后，肠道内出现了该菌。这一结果表明，在大西洋鲑养殖过程中，溶藻弧菌的使用可能减少了气单胞菌（*A. salmonicida*）、北美鳗弧菌（*V. anguillarum*）和奥氏弧菌（*Vibrio ordalii*）所造成的死亡率。

3. 甲壳动物

（1）对虾　在对虾孵化过程中早已广泛应用益生菌，与之相比研究工作相对滞后。Maeda 和 Liao（1992）报道了应用一种土壤细菌 PM-4 菌株促进了斑节对虾（*Penaeus monodon*）无节幼体的生长，这种细菌可能充当一种饵料源。在体外这种菌株还具有抑制北美鳗弧菌的作用。向接种了硅藻和轮虫的储水池中添加这种菌株，13d 后鱼幼体存活率为 57%，而对照组幼体在 5d 后就已全部死亡（Maeda M，1994）。Maeda 和 Liao（1994）用 NS-110 菌株所做的另外试验也得到了相似的结果。

用无致病性弧菌（*V. alginolyticus*）菌株接种于 25t、60t 的含有凡纳滨对虾（*Litopenaeus vannmei*）后期幼体的养殖水中，经接种的虾平均存活率和湿重分别高于用土霉素进行预防组和对照组。接种了细菌的对虾养殖水箱，对微生物群落进行采样分析，结果未发现副溶血弧菌（*V. Parahaemolyticus*）。Rengpipat 和 Rukpartanporn 报道，用芽孢杆菌 S11 菌株喂养黑虎虾（*Penaeus monodon*）的幼体，发现幼体的生长期显著缩短，与对照的幼体相比病害减少，饲喂芽孢杆菌 S11 菌株 100d，然后对处于后幼体期的虾以病原体哈维氏弧菌（*V. harveyi*）菌株进行侵染，10d 后，所有经芽孢杆菌 S11 菌株喂养的虾全部成活，而对照组的成活率则仅有 26%（Rengpipat S W 和 Phianphak，1998）。Moriarty（1998）根据他在印度尼西亚所做的研究指出，在虾类养殖水中用芽孢杆菌喂养的虾在 160 多天内无异常状况，而未用芽孢杆菌喂养的养殖场，所有池塘中的虾在 80d 左右全部死亡。

（2）蟹　硅藻和轮虫接种后，连续 7d 向 $200m^3$ 养殖蟹幼体的池中添加 PM-4 菌株，并且也用硅藻和轮虫接种蟹（Maeda M，1994）。结果发现，在 PM-4 菌株与弧菌（*Vibrio* SPP.）浓度之间存在负相关。在 7 项试验中，添加 PM-4 的幼体蟹的平均存活率为 27.2%，在没有 PM-4 的 9 个试验中，有 6 个试验中的幼体没长成，存活率只有 6.8%。

4. 双壳类动物　从智利扇贝生殖腺分离一株嗜冷菌（*Alteromonas haloplankis*），在体外试验中该菌对病原副溶血弧菌（*V. Parahaemolyticus*）、奥氏弧菌（*V. ordalii*）、北美鳗弧菌（*V. angulllarum*）、溶藻弧菌（*V. algionolyticus*）及嗜水气单胞菌（*Aeromonas hydrophila*）具有抑制作用（Riquelme 等，1996）。嗜冷菌（*Alteromonas haloplankis*）和弧菌 11 菌株可提高扇贝幼体对北美鳗弧菌（*V. angulllarum*）感染的抵抗力。在体外试验中，中间气单胞菌（*Aeromona media*）A199 可抑制 89 株气单胞菌和弧菌的生长。在体内试验中，被塔氏弧菌（*V. tuhiashii*）侵染时，中间气单胞菌可降低太平洋牡蛎

（*Crassostrea gigas*）幼体的死亡率（A George，1998）。在以海藻为食的幼体中加入益生菌株可显著降低病原体的浓度（与只用塔氏弧菌处理的幼体相比）。经益生菌处理4d后，体内检测不到塔氏弧菌，说明如果要取得较长期的保护效果应定期添加益生菌。

5. 活体饵料

（1）单细胞藻类 单细胞藻类通常作为水产养殖中轮虫和丰年虾（*Artemia*）的首选饵料。细菌可促进藻类的生长，提高其产量（F K Hirayama，1997），细菌也可抑制藻类生长，因此，在幼体养殖过程将其用作益生菌需经严格筛选。Ricomora等（1998）筛选到的SK-05菌株，它在缺乏有机质的底物中生长良好。将其接种到骨条藻（*Skeletonema cosatum*）培养物中，当培养物进入到指数生长后期，接种典型病原菌溶藻弧菌（*Vibrio alginolyticus*），48h后，SK-05菌株抑制了溶藻弧菌（*V. alginolyticus*）的增殖。但其在体外试验中未出现对溶藻弧菌（*V. alginolyticus*）抑制作用。这说明抑制效果的产生是由于竞争的排斥性，因为只有SK-05菌株能够利用骨条藻的分泌物。

（2）轮虫 许多论文已经报道了产乳酸细菌和其他细菌对褶皱臂尾轮虫（*Brachionus plicatilis*）生长的促进作用。过去我们对轮虫培养物中菌群控制这一问题未加重视。在最适条件下，日粮中添加了乳杆菌AR21的轮虫的生长速度未发生改变。当人为制造不利条件，比如喂食量下降55%，在所做的3个试验中，乳杆菌AR21表现出能消除北美鳗弧菌所引起的轮虫生长抑制作用。轮虫之类的活体饲料通常被认为是已被感染的带菌体，当被捕食时，也能感染捕食者。令人感到遗憾的是，在轮虫培养过程中，对幼体阶段病原菌增殖方面所做的研究很少。只有Gatesoupe（1991）曾报道在试验用的轮虫培养物中，由于乳杆菌的出现，气单胞菌的增殖受到了抑制。

Gomez-Gill等（1998）报道了接种溶藻弧菌C14菌株能降低丰年虾无节幼体的死亡率。在感染副溶血弧菌（*V. Parahaemolyticus*）HL 58后死亡率下降，但HL58菌株仍能在幼体中定植。Gomez-Gill等（1998）和Verschuere等（1999）筛选出了9种对幼体盐水虾的生长、存活有促进作用的菌株。9种菌株都能延长感染病原性解蛋白弧菌（*V. proteolyticus*）CW 8T2的丰年虾的存活时间。尽管不同菌株间存在着很大差异，无菌丰年虾在感染病原菌后的2d内死亡，而提前以LVS8或9株菌的混合物处理，4d后的存活率高出80%（Verschuere L，2000）。在LVS8菌株存在时，丰年虾养殖水中解蛋白弧菌（*V. proteolyticus*）CW8T2的生长放缓。

6. 微生物熟化水 尽管这不是严格意义上的益生菌处理方法，但人们已尝试着用被称作微生物熟化的方法来优化几种水产养殖品种的幼体养殖水体。通过将海水在内置有生物过滤器的熟化水箱中作短暂贮存，实现海水的微生物熟化，这与膜过滤相比能显著提高大菱鲆的生长速率，对大比目鱼幼体阶段的存活率也有明显提高。在大菱鲆鱼卵孵化后，在微生物熟化水中出现机会致病细菌的概率较小。

7. 营养效果与防病效果 前面提到，有时很难辨别益生菌是作为水生生物食物还是作为环境控制制剂，如向养殖水中添加细菌，可以促进轮虫、双壳类动物的幼体或成体、甲壳类幼体等对这些细菌的吸收，这时的细菌可能是作为食物源或促进对食物的消化和吸收的因子；即使应用益生菌的主要目的是抑制水体中病原菌的生长，也很难区分益生菌作用是直接的还是间接的。这个问题在水产养殖中比较明显，在畜牧养殖中也同样存在。

已经有不少研究人员对益生菌的主要功能进行大量研究，比如Ringø等（1998）和

Verschuere 等（1999，2000）曾先后研究益生菌的主要作用方式问题，并认为难以分辨益生菌的营养作用和防病作用。Riquelme 等（1997）也曾通过体外抑菌筛选和体内攻毒试验研究益生菌的防病效果，结果也是难以明确。虽然目前我们仍然不能明确说明益生菌的主要作用，但是，除了个别益生菌外，其主要起预防作用已逐渐明确。因此，在研究筛选益生菌株时应结合营养作用和防病作用同时进行。

（四）作用机制

尽管在过去不断有关于水产养殖过程中应用益生菌的报道出现，绝大部分是经验的积累，对于具体作用机制的说明几乎没有系统和完整的。Prieur（1981）曾对双壳动物紫贻贝（*Mytilus edulis*）对微生物的选择吸收与消化进行研究。此外，F O'Gara（1992）观察到荧光假单胞菌对植物根系病原菌的抑制作用。在人医与农业的应用上，有关益生菌的研究已引起人们的广泛重视，并且通过比较严格的试验积累了大量的科学数据。总体来讲，不论是猪、牛、禽，还是鱼、虾、蟹，相同的微生物在不同养殖动物之间的作用机制是相似的，由于研究的对象不同也时常出现不同的着眼点。很明显，通过对陆地生物研究所获得的经验已用于水产养殖业中，特别是对于产乳酸细菌的使用。

1. 抑制性物质的产生 许多微生物菌群能产生杀灭或抑制其他菌群微生物的化学物质，通过化学物质分泌改变菌群间的相互关系，一般认为这些杀菌或抑菌物质的产生能抑制病原菌的增殖。这种认识是正确的，最典型的证据就是抗生素。抗生素的发现正是源于这种认识。

大体上某些细菌的抗菌活性可能是由于以下几种因素单独或是共同作用，如抗生素、细菌素、含铁细胞、溶菌酶、蛋白水解酶、过氧化氢的产生或是有机酸的产生能改变 pH 等。通常乳酸菌被认为能产生细菌素等能抑制其他微生物增殖的物质。乳酸菌这种由细菌素介导的抑菌作用大部分但并非完全是作用于革兰氏阳性菌，但在水产养殖中的主要病原菌是革兰氏阴性菌。因此，乳酸菌在水产动物中保健作用机制还有待深入研究。

在植物疾病抑制方面已进行过类似的研究，一些荧光假单胞菌产生的抑制物现已被认为是这些菌株具有疾病抑制力的一种重要因素（O'Sullivan，D J，1992）。显然，益生菌在体外对病原菌的抑制作用与体内对水生养殖动物的保护之间存在联系，但到目前为止还没有这方面的报道明确证明在体内所观测到的对菌株的抑制作用是由于抑制物的产生。因此，在这方面的研究还需要不断深入。

2. 对可利用养分的争夺 对化学物质或可利用养分的争夺，可能决定在相同的生态系统中哪些不同的微生物种群能够共存（Fredriekson A G，1981）。理论上，在哺乳动物的肠道中可能会出现对养分的争夺，但在人和陆生动物肠道中出现的证据并不充分（Fuller，1989）。理论上，对养分的争夺对水生物种肠道内菌群的组成或周围环境起重要作用，但是目前还没有关于这方面的广泛研究（Ringo E，1998）。因此，成功地应用竞争原理对于微生态学家将是一项主要任务。水产养殖环境中的微生态系统中主要是异养型微生物占据优势，它们之间需要竞争有机质作为碳源和能源，如果我们需要调节微生态组成，我们需要知道能影响这种组成的因素。但是这种知识往往难以获得，而通常是通过经验。然而，Ricomora 等（1998）筛选了一株能在缺乏有机质的底物上快速生长的菌株，将其接种到硅藻培养物中，它能防止引入的溶藻弧菌的定植，但它在体外并不表现出对溶藻弧菌的抑制活性，可能是由于它能有效地利用硅藻的分泌物从而竞争性抑制了溶藻弧菌。

3. 对铁的争夺 事实上所有微生物的生长都离不开铁（Reid R T，1993）。含铁细胞是三价铁的小分子量的螯合剂，它能溶解铁沉淀使之成为微生物生长可利用的铁。含铁细菌的生态重要性在于它们具有从环境中吸取养分并剥夺竞争者对养分吸收的能力，比如病原菌能在宿主富含铁的组织和体液中成功地夺取铁（Woodridge K G 和 P H Williams，1993）；抑制植物根系病原菌的含铁细菌具有捕获铁的功能（O'Sullivan，1992）。土壤中含铁细菌的生态重要性在于，它是微生物和植物捕获铁的重要工具。另外，它还参与了对植物根系病原菌的抑制作用。

含铁细菌作为微生物和植物获取铁的重要工具具有重要的生态作用。许多病原菌如北美鳗弧菌等对铁离子的需求量要高一些。在用北美鳗所作的攻毒试验中，北美鳗的致死率随日粮中铁离子的浓度增加而增加。许多研究都表明三价铁离子对于水产品种相关菌群的建立具有重要的生物学功能，而且可产生明显的调节作用。

能够富集铁的细菌能被用作益生菌，通过竞争铁离子来抑制甚至清除病原菌。Gatesoupe（1997）等报道了在活体饲料轮虫中加入能富集铁的细菌，结果显示能抑制病原菌弧菌P菌株的侵染。Pybus 等（1994）检测了30株鳗弧菌作为益生菌抑制鲑鱼病原奥氏弧菌的能力，只有菌株4335在体外表现出对奥氏弧菌的抑制效果，但当培养基中加入铁离子时，这种抑制效果会被阻断。这表明这种生长抑制作用与铁离子的缺乏相关。Smith 和 Davey（1993）表明在培养基中荧光假单胞菌F19/3能抑制气单胞菌的生长，这种抑制作用是由于对游离铁离子的竞争。

4. 对黏附位点的争夺 阻止病原菌定植的机理可能是对于内脏或其他组织表面黏附位点的争夺。众所周知，细菌必须具有黏附于肠黏膜和壁表面的能力才能完成在鱼肠内的定植（Olsson，1992；Onafheim A M，1999）。因为病原菌侵染宿主的重要步骤是首先黏附于宿主的组织表面（Krovacek K，1987），因此，益生菌与病原菌争夺黏附受体就成为最重要的益生作用机制（Mimes A J 和 D G Pugh，1993）。基于理化因素的结合可能是非特异的，也可能是特异的，其中涉及黏附细菌表面的黏附分子和受体的上皮细胞分子。许多学者已对益生菌阻止病原菌黏附于哺乳动物细胞的问题做过讨论（Bernet M F，1994；Blomherg L，1993）。在盲肠壁上因抢先定植而产生了竞争排斥，即使盲肠用缓冲盐水冲洗4遍之后，这种排斥依然存在（T M Gleeson，1987）。据目前所知，类似的研究方法还没有应用于水生物种当中，而将对黏附位点的争夺作为益生菌的一种作用方式也仍然只是一种推论。

有一项研究对体外菌株在大菱鲆肠黏液中的黏附力和生长进行了测定，目的是研究它们定植于养殖的大菱鲆的潜力，从而作为预防宿主感染北美鳗弧菌（*V. angulllarum*）的一种方法（Olsson，1992）。肠分离菌一般比北美鳗弧菌（*V. angulllarum*）更易于黏附于大菱鲆肠黏膜、皮肤黏液、牛血清白蛋白，这说明了分离菌在肠黏膜表面可与病原菌有效地争夺黏附位点。

5. 增强免疫反应 鱼的幼体、虾和其他无脊椎动物的免疫系统没有成体鱼那样完善，因而它们主要依靠非特异性免疫反应来抵抗感染（Cerenius，1998）。益生菌是良好的免疫激活剂，能有效提高干扰素和巨噬细胞的活性。通过产生非特异性免疫调节因子激发机体免疫功能，增强机体免疫力和抗病性。Sakai M 等指出虹鳟口服酪酸梭菌可以增强体内的白细胞的吞噬活性，进而提高自身免疫力。芽孢杆菌S11可以通过激活斑节对虾的细胞和体液免疫，提高其抗病能力（Rengpipa 等，2000）。研究表明，芽孢杆菌和弧菌的混合菌体可以提高南美白对虾幼体的成活率和增长速度，同时也可以增强其对哈维弧菌和白斑综合征的抗病性。这是由于混合菌体增强了宿主体内吞噬细胞和抗菌肽的活性，进而刺激了宿主的免疫系统（Bachere，2003）。

6. 改善水质 乳杆菌是一种革兰氏阳性菌，在将有机物质转化为 CO_2 方面比革兰阴性菌更为有效。它们能将更大部分的有机碳转化为细菌的生物量或黏液（Stanier，1963）。因此推论，在水产养殖池中保持革兰阳性菌的高含量，不仅可降低经营者在养殖循环中所投放的溶解性颗粒有机碳的量，而且增加的 CO_2 的产量还可促进浮游植物的繁茂（Scura E D，1995）。但在养殖虾或斑点叉尾鮰过程中用一种或更多细菌如芽孢杆菌、硝化细菌、假单胞菌、肠杆菌、纤维单胞菌和红假单胞菌所做的研究结果却不能证明这一假说（Lin C K，1995；Queriroz J，1998）。有关益生菌的改善水质作用还有待进一步研究。

硝化细菌能将氨氧化成亚硝酸盐，最后成为硝酸盐。将硝化细菌接种于生物过滤器中将有效缩短新生物过滤器的活化时间（Carmignani G M 和 Bennett，1977）。Perlettini 和 Bianchi（1990）用含有冷冻细胞的接种物加速新封闭的海水养殖系统的改善，硝化作用建立的时间缩短 30%。在半封闭的循环系统中，接种一种活跃的硝化细菌的液体培养物后，硝化的生物过滤器的建立时间从 3～4 周缩短至 10d，当发现池塘或储水池中氨或亚硝酸盐的含量增加，也可向水中添加硝化细菌（Tucker C S，1989）。

7. 对浮游植物的作用 最近研究证明，许多细菌对几种微藻类具显著的杀藻作用，尤其对赤潮浮游植物（Fukami K，1997）。在试验过的 41 种菌株中，有 23 种不同程度地抑制了单细胞藻类的生长（Munro P D，1995）。在添加单细胞藻类的幼体养殖水中，不希望细菌与藻类之间存在颉颃作用，但当养殖池中存在有害藻类时，这种颉颃作用是有益的。

除了颉颃作用之外，有试验表明，细菌对微藻也有促进作用（Fukam，1997；Rlcomora，1998）。细菌可能通过它们对微藻的促进作用，进而为水产动物提供丰富的食物，间接地影响水产动物的健康和产量。益生菌对藻类的影响应该是分析益生菌的作用机制和正确选择益生菌产品时的重要依据。

（五）筛选和开发水产用益生菌

1. 体外颉颃试验 对候选益生菌进行筛选的通常做法是进行体外颉颃试验，这时病原菌暴露在候选益生菌细胞或在液体、固体培养基中的胞外产物中（Gildberg，1995；Gram L，1999）。通过周密的试验设计，可以根据抑制物或含铁细胞的产生，或对养分的竞争而将候选益生菌筛选出来（Dopazo C P，1988）。对体外颉颃试验结果的解释应谨慎。Olsson 等（1992）研究发现，细菌的颉颃能力在不同培养基中的表现存在显著差异，比如在海水培养基或海洋琼脂培养基上，益生菌所产生的代谢抑制作用要小于在胰酶大豆液体培养基中所产生的代谢抑制作用。这与 Mayer-Hatting 等（1972）的发现相吻合。他们注意到培养基的组成可以影响细菌产细菌素的量或释放于培养基的量。

细菌产生抗菌物质是抵抗其他细菌的明显机制，但是产生这类物质并不是唯一的机制。细菌共培养时，最初的代谢作用或 pH 的变化也可产生相互抑制作用（Bergh，1995）。目前，对通过体外颉颃试验筛选益生菌的方法还存在争议，有人认为是一种有效的方法，也有人反对，比如 Ringo 和 Gatesoupe（1998）认为体外试验的阴性或阳性结果，并不能完全代表其在体内实际效果。科学的方法是综合体内外的试验结果筛选益生菌，当体内外的试验结果一致时，才能初步确定该菌为益生菌。

2. 定植和黏附 前已谈到，一种候选益生菌或者需要不断地予以补充，或者能够定植并保持在宿主或其周围环境中。菌株定植于宿主肠道或外表面、黏附于黏液的能力是从可能的益生菌株中预选目标菌株的一个标准。它涉及益生菌在宿主和/或其生长环境的生活力，对宿主表面的吸附和抑制潜在致病性细菌形成的能力。用肠细胞考察黏附特性已成为筛选人医用益生菌株的标准步骤（Salntinen S，1996），但在水产领域应用很少（Joborn，1997；Olsson，1992）。

3. 候选菌株致病性的评估 一种培养物在被用作益生菌之前，应首先确定其对宿主有没有致病性。因此，应在正常或应激条件下用候选菌株刺激目标宿主（包括侵染刺激），将宿主浸入候选益生菌的悬浮液中或向培养基中添加益生菌。比如，Austin 等（1997）将含有候选益生菌的悬浮液经肌内注射或腹膜内注射入大西洋鲑体内，监控 7d 后对存活下来的鱼进行试验，通过检查肾、脾和肌肉，验证疾病症状。筛选益生菌的这一阶段可以与前一步骤的小规模体内试验相结合，最好应在单栖寄生，即已消除了所有与已建立生物群的相互作用条件下进行。在此过程中，还应考虑到培养的目标生物体所涉及营养水平问题，当益生菌发展到能进行生物控制和/或增加活体食物的产量时，就应考虑到对幼体宿主的致病性问题。为验证这一问题，Vetschuere 等对 125 日龄的凡纳滨对虾（*Litopenaeus vannamei*）幼体注入了用于丰年虾幼体的 9 种益生菌株的混合物，注射后 1d，记录存活率，将血淋巴涂于海水琼脂平板，观察虾的防御系统是否对入侵产生发应。单细胞藻类可能受到抑制，甚至受到从大菱鲆幼体分离出的细菌的刺激（Munro，1995）。

4. 水产益生菌应用效果的评价 如果认为益生菌的作用是营养性的，应向水体培养物中添加候选益生菌，对其生长和/或存活参数进行检测。如果希望益生菌发挥其生物控制作用，评价候选益生菌对宿主的潜在效果的适合做法，应该是在体内侵染试验中建立模型。另外，评价益生菌的益生效果还要充分考虑使用方式的影响，比如加入配合饲料中、投入水中、浸渍和通过活体饲料使用。

参考文献

郭本恒，2003. 益生菌［M］. 北京：化学工业出版社.

郭新华，2002. 益生菌基础和应用［M］. 北京：北京科学技术出版社.

Abee T，Klaenhammer T-R，Letellier L，1994. Kinetic studies of the action of lactacin F，a bacteriocin produced by *Lactobacillus johnsonii* that forms poration complexes in the cytoplasmic membrane［J］. Appl. Environ. Microbiol，60：1006-1013.

Abu-Tarboush H M，M Y Al-Saiady，and A H Keir El-Din，1996. Evaluation of diet containing *lactobacilli* on performance，fecal coliform，and lactobacilli of young dairy calves［J］. Anim. Feed Sci. Technol.，57：39-49.

Akiko Iwasaki，2007. Mucosal Dendritic Cells［J］. Annu. Rev. Immunol.，25：381-418.

Allan McI Mowat，2003. Anatomical basis of tolerance and immunity to intestinal antigens［J］. Nature Reviews Immunology，3：331-341.

Awad W A, Ghareeb K, Abdel-Raheem S, et al., 2009. Effects of dietary inclusion of probiotic and synbiotic on growth performance, organ weights, and intestinal histomorphology of broiler chickens [J]. Poult Sci., 88 (1): 49-56.

A. Smirnov, et al., 2005. Mucin Dynamics and Microbial Populations in Chicken Small Intestine Are Changed by Dietary Probiotic and Antibiotic Growth Promoter Supplementation [J]. J. Nutr., 135: 187-192.

A Y-L Teo and H-M Tan, 2006. Effect of *Bacillus subtilis* PB6 (CloSTAT) on Broilers Infected with a Pathogenic Strain of *Escherichia coli* [J]. J. Appl. Poult. Res., 15: 229-235.

Balcázar, et al., 2004. Probiotics: a tool for the future of fish and shellfish health management [J]. J. Aqua. Trop., 19: 239-242.

Balcázar, et al., 2006. The roll of probiotics in aquaculture [J]. Veter. Microbiol., 114: 173-186.

Banchereau J, and Steinman R M, 1998. Dendritic cells and the control of immunity [J]. Nature, 392: 245-252.

Backhed F, et al., 2005. Host-bacterial mutualism in the human intestine [J]. Science, 307: 1915-1920.

B Logan Buck, et al., 2005. Functional Analysis of Putative Adhesion Factors in *Lactobacillus acidophilus* NCFM [J]. Applied and Environmental Microbiology, 12: 8344-8351.

Breukink E, van Kraaaij C, Demel R A, Siezen R J, Kuipers O P & de Kruijff B, 1997. The C-terminal region of nisin is responsible for the initial interaction of nisin with the target membrane [J]. Biochemistry, 36: 6968-6976.

Breukink E, van Kraaij C, Demel R A, Siezen R J, de Kruijff B & Kuipers O P, 1998. The orientation of nisin in membranes [J]. Biochemistry, 37: 8153-8162.

Bruno MEC & Montville T J, 1993. Common mechanistic action of bacteriocins form lactic acid bacteria [J]. Appl. Environ. Microbiol., 59: 3003-3010.

C-L Xu, et al., 2006. Effects of a Dried *Bacillus subtilis* Culture on Egg Quality [J]. Poultry Science, 85: 364-368.

C R Krehbiel, et al., 2003. Bacterial direct-fed microbials in ruminant diets: Performance response and mode of action [J]. J. Anim. Sci., 81: 120-132.

Delves-Broughton J, Blackburn P, Evans R J & Hugenholtz J, 1996. Applications of the bacteriocin, nisin [J]. Antonie van Leeuwenhoek, 69: 193-202.

D M Hooge, H Ishimaru, and M D Sims, 2004. Influence of Dietary *Bacillus subtilis* C-3102 Spores on Live Performance of Broiler Chickens in Four Controlled Pen Trials [J]. J. Appl. Poult. Res., 13: 222-228.

Donald W Smith and Cathryn Nagler-Anderson, 2005. Preventing Intolerance: The Induction of Nonresponsiveness to Dietary and Microbial Antigens in the Intestinal Mucosa [J]. The Journal of Immunology, 174: 3851-3857.

E T Kornegay and C R Risley, 1996. Nutrient Digestibilities of a Corn-Soybean Meal Diet as Influenced by Bacillus Products Fed to Finishing Swine [J]. J. Anim. Sci., 74: 799-805.

Ghorbani G R, D P Morgavi, K A Beauchemin, and J A Z Leedle, 2002. Effects of bacterial direct-fed microbials on ruminal fermentation, blood variables, and the microbial populations of feedlot cattle [J]. J. Anim. Sci., 80: 1977-1986.

Gill H S, K J Rutherfurd, J Prasad, and P K Gopal, 2000. Enhancement of natural and acquired immunity by *Lactobacillus rhamnosus* (HN001), *Lactobacillus acidophilus* (HN017) and *Bifidobacterium lactis* (HN019) [J]. Br. J. Nutr., 83: 167-176.

Gill H S, K J Rutherfurd, M L Cross, and P K Gopal, 2001. Enhancement of immunity in the elderly by dietary supplementation with the probiotic *Bifidobacterium lactis* HN019 [J]. Am. J. Clin. Nutr., 74: 833-839.

Gilliland S E, and M L Speck, 1977. Antagonistic action of *Lactobacillus acidophilus* toward intestinal and food borne pathogens in associative cultures [J]. J. Food Prot., 40: 820-823.

Gilliland S E, B B Bruce, L J Bush, and T E Staley, 1980. Comparison of two strains of *Lactobacillus acidophilus* as dietary adjuncts for young calves [J]. J. Dairy Sci., 63: 964-972.

Hamid R Haghighi, et al., 2006. Probiotics Stimulate Production of Natural Antibodies in Chickens [J]. Clinical and Vaccine Immunology, 9: 975-980.

Hooper L V, Gordon J I, 2001. Commensal host-bacterial relationships in the gut [J]. Science, 292: 1115-1118.

Hooper L V, 2004. Bacterial contributions to mammalian gut de- infection? [J] Nat. Rev. Immunol., 4: 841-855.

Huynh V L, Gerdes R G, Lloyd A B, 1984. Synthesis and degradation of aflatoxins by Aspergillus parasiticus. Ⅱ. Comparative toxicity and mutagenicity of aflatoxin B1 and its autolytic breakdown products [J]. Aust J Biol Sci., 37 (3): 123-129.

Jack R W, Tagg J R & Ray B, 1995. Bacteriocins of Gram-positive bacteria [J]. Microbiol. Rev., 59: 171-200.

Jan Hendrik Niess and Hans-Christian Reinecker, 2006. Dendritic cells in the recognition of intestinal Microbiota [J]. Cellular Microbiology, 8 (4), 558-564.

Janine L Coombes, et al., 2005. Regulatory T cells and intestinal homeostasis [J]. Immunological Reviews, 204: 184-194.

Javier Pizarro-Cerdá and Pascale Cossart, 2006. Bacterial Adhesion and Entry into Host Cells [J]. Cell, 124: 715-727.

Joao G Magalhaes, Ivan Tattoli and Stephen E Girardin, 2007. The intestinal epithelial barrier: How to distinguish between the microbial flora and pathogens [J]. Seminars in Immunology, 19: 106-115.

Laurent verschuere, 2000. Probiotic Bacteria as Biological Control Agents in Aquaculture [J]. Microbiology and Molecular Biology Reviews, 9: 655-671.

Liyan Zhang, et al., 2005. Alive and Dead *Lactobacillus rhamnosus* GG Decrease Tumor Necrosis Factor-γ-Induced Interleukin-8 Production in Caco-2 Cells [J]. J. Nutr., 135: 1752-1756.

L Revolledo, A J P Ferreira, and G C Mead, 2006. Prospects in Salmonella Control: Competitive Exclusion, Probiotics, and Enhancement of Avian Intestinal Immunity [J]. J. Appl. Poult. Res., 15: 341-351.

L Z Jin, R R Marquardt and X Zhao, 2000. A Strain of *Enterococcus faecium* (18C23) Inhibits Adhesion of Enterotoxigenic *Escherichia coli* K88 to Porcine Small Intestine Mucus [J]. Applied and Environmental Microbiology, 10: 4200-4204.

L Z Jin, et al., 2000. Digestive and Bacterial Enzyme Activities in Broilers Fed Diets Supplemented with Lactobacillus Cultures [J]. Poultry Science, 79: 886-891.

Marcelo R Souza, Joāo L Moreira, Flávio H F Barbosa, Mōnica M O P Cerqueira, Àlvaro C Nunes, Jacques R Nicoli, 2007. Influence of intensive and extensive breeding on lactic acid bacteria isolated from *Gallus domesticus* ceca [J]. Veterinary microbiology, 120: 142-150.

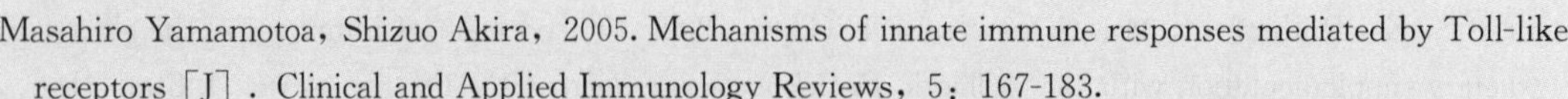

Masahiro Yamamotoa, Shizuo Akira, 2005. Mechanisms of innate immune responses mediated by Toll-like receptors [J] . Clinical and Applied Immunology Reviews, 5: 167-183.

Maurilia Rojas, Felipe Ascencio, and Patricia L Conway. 2002. Purification and Characterization of a Surface Protein from *Lactobacillus fermentum* 104R That Binds to Porcine Small Intestinal Mucus and Gastric Mucin [J] . Applied &Environment Microbiology, 5: 2330-2336.

M E Koenen, et al. , 2004. Immunomodulation by probiotic lactobacilli in layer-and meat-type chickens [J] . British Poultry Science, 45: 355-366.

M Pollmann, et al. , 2005. Effects of a Probiotic Strain of Enterococcus faecium on the Rate of Natural Chlamydia Infection in Swine [J] . Infection and Immunity, 7: 4346-4353.

Myoung Ho Janga, 2004. Intestinal villous M cells: An antigen entry site in the mucosal epithelium [J] . PNAS, 101: 6110-6115.

Nelson Pérez Guerra, et al. , 2007. Production of four potentially probiotic lactic acid bacteria and their evaluation as feed additives for weaned piglets [J] . Animal Feed Science and Technology, 134: 89-107.

Ouellette A J, 1997. Paneth cells and innate immunity in the crypt microenvironment [J] . Gastroenterology, 113: 1779-1784.

R A Dalloul, et al. , 2003. Enhanced Mucosal Immunity Against *Eimeria acervulina* in Broilers Fed a *Lactobacillus*-Based Probiotic [J] . Poultry Science, 82: 62-66.

R B Harvey, et al. , 2005. Use of competitive exclusion to control enterotoxigenic strains of *Escherichia coli* in weaned pigs [J] . J. Anim. Sci. , 83 (E. Suppl.): 44-47.

R Fuller, 1992. Probiotics: the scientific basis [M] . London: Chapman & Hall.

R Fuller, 1997. Probiotics 2: applications and practical aspects [M] . London: Chapman & Hall.

Riquelme C, Hayashida G, Araya R, Uchida A, Satomi M, Ishida Y, 1996. Isolation of a native bacterial strain from the scallop *Argopecten purpueatus* with inhibitory effects against pathogenic vibrios [J] . J. Shellfish Res. , 15: 369-374.

Salma U, Miah A G, Tsujii H, et al. , 2012. Effect of dietary Rhodobacter capsulatus on lipid fractions and egg-yolk fatty acid composition in laying hens [J] . J Anim Physiol Anim Nutr. , 96 (6): 1091-1100.

Salma U, Miah A G, Tareq K M, et al. , 2007. Effect of dietary Rhodobacter capsulatus on egg-yolk cholesterol and laying hen performance [J] . Poult Sci. , 86 (4): 714-719.

Sanders M E, 2001. Probiotics: New Strains and Strain Specific Research [C] . Nutricon 2001, San Diego, CA.

Sarkis K, 2005. Mazmanian, An Immunomodulatory Molecule of Symbiotic Bacteria Directs Maturation of the Host Immune System [J] . Cell, 122: 107-118.

Satu Vesterlund, et al. , 2006. Staphylococcus aureus adheres to human intestinal mucus but can be displaced by certain lactic acid bacteria [J] . Microbiology, 152: 1819-1826.

Seth Rakoff-Nahoum, et al. , 2004. Recognition of Commensal Microflora by Toll-Like Receptors Is Required for Intestinal Homeostasis [J] . Cell, 118: 229-241.

Sonnenburg J L, Angenent L T, Gordon J I. , 2004. Getting a grip on things: how do communities of bacterial symbionts become established in our intestine? [J] Nat Immunol. , 5: 569-573.

Spyridon K Kritas and Robert B Morrison, 2007. Effect of orally administered *Lactobacillus casei* on porcine reproductive and respiratory syndrome (PRRS) virus vaccination in pigs [J] . Veterinary Microbiology, 119: 248-255.

Stephanie Blum and Eduardo J Schiffrin，2003. Intestinal Microflora and Homeostasis of the Mucosal Immune Response：Implications for Probiotic Bacteria? [J] Curr. Issues Intest. Microbiol，4：53-60.

Štyriak，et al.，2003. Binding of extracellular matrix molecules by probiotic bacteria [J]. Letters in Applied Microbiology，37：329-333.

Vanessa Liévin -Le Moal and Alain L Servin，2006. The Front Line of Enteric Host Defense against Unwelcome Intrusion of Harmful Microorganisms：Mucins，Antimicrobial Peptides，and Microbiota [J]. Clinical Microbiology Reviews，4：315-337.

W A Awad，et al.，2006. Effect of Addition of a Probiotic Microorganism to Broiler Diets Contaminated with Deoxynivalenol on Performance and Histological Alterations of Intestinal Villi of Broiler Chickens [J]. Poultry Science，85：974-979.

Yang X，Zhang B，Guo Y，et al.，2010. Effects of dietary lipids and Clostridium butyricum on fat deposition and meat quality of broiler chickens [J]. Poult Sci.，89 (2)：254-260.

Y K LEE，et al.，2000. Quantitative Approach in the Study of Adhesion of Lactic Acid Bacteria to Intestinal Cells and Their Competition with Enterobacteria [J]. Applied and Environmental Microbiology，9：3692-3697.

第四章 饲用微生物的研究方法

随着科学技术的进步及近代微生物学和微生态方法学的不断发展，微生态学的研究领域不断拓展，特别是分子生物学方法的引入，使得微生态学研究能够更加深入和精确。微生态学方法与经典的微生物学方法密切相关，但也有其独特之处。这些方法主要包括对正常微生物的观察、菌群在微生态环境中的定性、定量和定位、微生物的培养、实验动物模型、筛选及评价方法等。

第一节　观察方法

一、光镜和电镜观察

绝大多数微生物的大小都远远超出了肉眼所能观察到的范围，因此一般需要借助于显微镜放大系统的作用才可能观察到其个体结果或是内部结构。除了放大作用，决定显微镜观察效果的还有两个重要因素，即分辨率和反差。分辨率是指能分辨的两点之间的最小距离的能力，反差指样品区别于背景的程度，它们与显微镜的特点有关，但也取决于对显微镜的正确使用及良好的标本制作和观察技术。现代的显微技术，不仅仅是观察物体的形态、结构，而且还发展到对物体组成成分的定性和定量。

（一）显微镜的种类和原理

1. 普通光学显微镜　现代普通光学显微镜（图 4-1）是利用物镜和目镜两组透镜系统来放大成像，由机械装置和光学系统两大部分组成。机械装置包括底座、支架、载物台和调焦螺旋等部件，主要保证显微镜光学系统的准确配置和灵活调控，在一般情况下是不变的。而光学系统由物镜、目镜和聚光器等组成，直接影响显微镜的性能，是显微镜的核心。一般显微镜都可配置多种

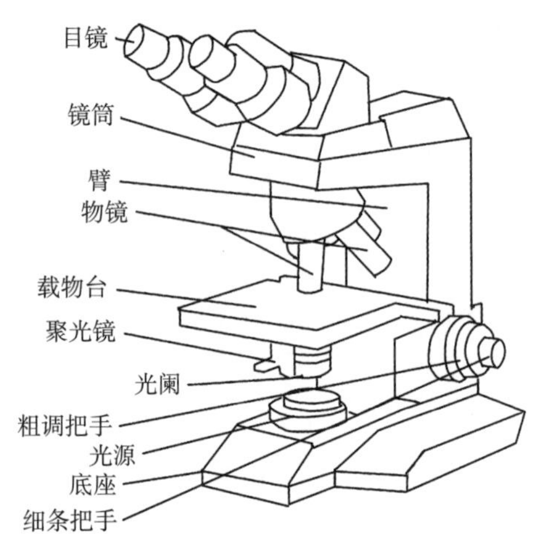

图 4-1　普通光学显微镜结构示意

可换的光学组件，通过组件的变换可改变纤维镜的功能，如明视野、暗视野、相差等。对于任何显微镜来说，分辨率是决定其观察效果最重要的指标，可表示为：

$$分辨率=0.5\lambda/n\sin\theta$$

式中，λ 为光源所用波长；n 为玻片与物镜间介质的折射率（表 4-1）；θ 为物镜镜口角的半数，取决于物镜的直径和工作距离。

表 4-1　介质折射率表

介质	空气	水	香柏油	α-溴萘
折射率	1	1.33	1.515	1.66

制作光学镜头所用的玻璃折射率为1.65～1.78，所用介质的折射率越接近玻璃的越好。由于肉眼的正常分辨率能力一般为 0.25mm 左右，因此光学显微镜的有效最大放大倍数只能达到 1 000～1 500 倍，在此基础上进一步提高显微镜的放大能力对观察效果的改善并无帮助。

2. 暗视野显微镜　明视野显微镜的照明光线直接进入视野，属透射照明。生活的细菌在明视野显微镜下观察是透明的，不易看清。在日常生活中，室内飞扬的微粒灰尘是不易被看见的，但在暗的房间中若有一束光线从门缝斜射进来，灰尘便粒粒可见了，这是光学上的丁达尔现象。暗视野显微镜就是利用此原理设计的。它的结构（图 4-2）特点主要是使用中央遮光板或暗视野聚光器，常用的是抛物面聚光器，使光源的中央光束被阻挡，不能由下而上地通过标本进入物镜。从而使光线改变途径，倾斜地照射在观察的标本上，标本遇光发生反射或散射，散射的光线投入物镜内，因而整个视野是黑暗的。在暗视野中所观察到的是被检物体的衍射光图像，并非物体的本身，所以只能看到物体的存在和运动，不能辨清物体的细微结构。但被检物体为非均质时，并大于 1/2 波长，则各级衍射光线同时进入物镜，在某种程度上可观察物体的构造。一般暗视野显微镜虽看不清物体的细微结构，但却可分辨 0.004μm 以上的微粒的存在和运动，这是普通显微镜（最大的分辨力为 0.2μm）所不具有的特性，可用以观察活细胞的结构和细胞内微粒的运动等。

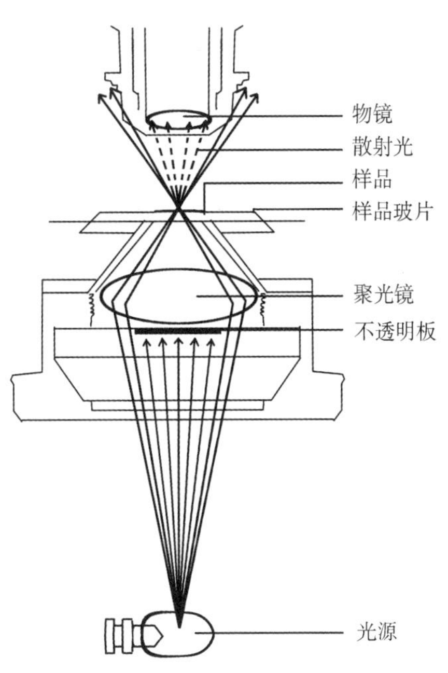

图 4-2　暗视野显微镜的照明原理示意

3. 相差显微镜　光线通过比较透明的样品时，光的波长（颜色）和振幅（量度）都没有明显的变化，因此用普通显微镜观察未经染色的样本时，其形态和内部结构往往难以分辨。然而，由于细胞各部分的折射率和厚度的不同，光线通过这种标本时，折射光和衍射光的光程差就会有区别。相差显微镜的基本原理是，把透过标本的可见光的光程差变成振幅差，从而提高了各种结构间的对比度，使各种结构变得清晰可见。光线透过标本后发生折射，偏离了原来的光路，同时被延迟了 $1/4\lambda$（波长），如果再增加或减少 $1/4\lambda$，则光程差变为 $1/2\lambda$，两束光合轴后干涉加强，振幅增大或减下，提高反差。利用光的干涉现象，将光的相位差转变为肉眼可见的振幅差（明暗差），从而使原来透明的物体表现出明显的明暗差异，对比度增强。由于这种反差是以不同部位的密度差别为基础形成的，因此，相差显微镜使人们能在不染色的情况下比较清楚地观察到在普通光学显微镜和暗视野显微镜下都看不到或看不清的活细胞及细胞内的某些细微结构。P Zernike 于 1932 年发明了相差显微镜，这是显微技术的一大突破，因此，其获得了 1953 年诺贝尔物理奖。

在构造上，相差显微镜（图 4-3）有不同于普通光学显微镜两个特殊之处：

①环形光阑（annular diaphragm） 位于光源与聚光器之间，作用是使透过聚光器的光线形成空心光锥，聚焦到标本上。

②相位板（annular phaseplate） 在物镜中加了涂有氟化镁的相位板，可将直射光或衍射光的相位推迟 1/4λ。分为两种：A^+ 相板：将直射光推迟 1/4λ，两组光波合轴后光波相加，振幅加大，标本结构比周围介质更加变亮，形成亮反差（或称负反差）。B^+ 相板：将衍射光推迟 1/4λ，两组光波合轴后光波相减，振幅变小，形成暗反差（或称正反差），结构比周围介质更加变暗。

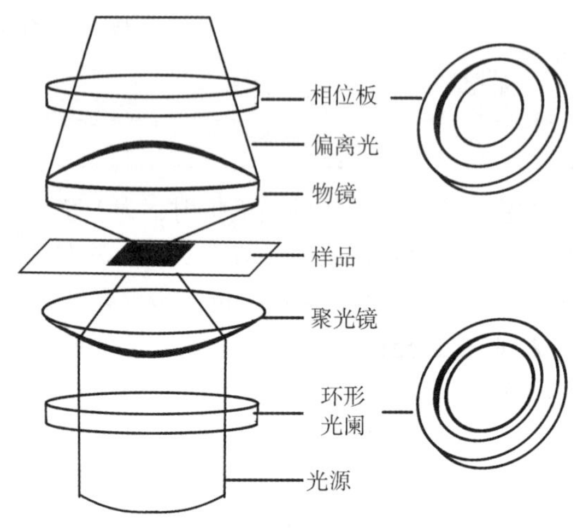

图 4-3 相差显微镜的光路示意

4. 荧光显微镜 有些化学物质如叶绿素等可以吸收紫外线并转放出一部分波长较长的可见光，这种现象称为荧光。另有一些物质本身虽不能发荧光，但如果用荧光染料或荧光抗体染色后，经紫外线照射亦可发荧光，荧光显微镜就是对这类物质进行定性和定量研究的工具之一。由于不同荧光素的激发波长范围不同，因此同一样品可以同时用两种以上的荧光素标记，它们在荧光显微镜下经过一定波长的光激发发射出不同颜色的光。荧光显微技术在免疫学、环境生物学和分子生物学中的应用十分普遍。

荧光显微镜（图 4-4）和普通显微镜有以下的区别：①照明方式通常为落射式，即光源通过物镜投射于样品上；②光源为紫外光，波长较短，分辨力高于普通显微镜；③有两个特殊的滤光片，光源前的用以滤除可见光，目镜和物镜之间的用于滤除紫外线，用以保护人眼。

5. 透射电子显微镜 由于显微镜的分辨率取决于所用的波长，人们从 20 世纪初就开始尝试用波长更短的电磁波取代可见光来放大成像，以制造分辨率更高的显微镜。在光学显微镜下无法看清小于 0.2μm 的细微结构，这些结构称为

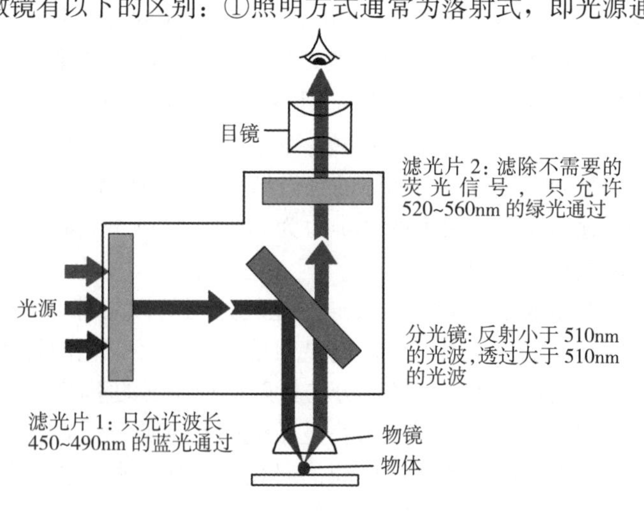

图 4-4 荧光显微镜照明原理示意

亚显微结构或超微结构。要想看清这些结构，就必须选择波长更短的光源，以提高显微镜的分辨率。1932 年 Ruska 发明了以电子束为光源的透射电子显微镜（transmission electron microscope，TEM），电子束的波长要比可见光和紫外光短得多，并且电子束的波长与发射电子束的电压平方根成反比，也就是说电压越高波长越短。目前 TEM 的分辨力可达 0.2nm。电子显微镜与光学显微镜的成像原理基本一样，所不同的是电子显微镜用电子束作光源，用电磁场作透镜。另外，由于电子束的穿透力很弱，因此，用于电镜的标本须制成厚度约 50nm 的超薄切片，这种切片需要用超薄切片机制作。电子显微镜的放大倍数最高可达近百万倍，由电子照明系统、电磁透镜成像系统、真空系统、记录系统、电源系统 5 部分构成。

6. 扫描电子显微镜 扫描电子显微镜（scanning electron microscope，SEM）与光学显微镜和透射电镜不同（图 4-5），它的工作原理类似于电视或是电传真照片。电子枪发出的电子束被磁透镜汇聚成极细的电子“探针”，在样品表面进行扫描，电子束扫到的地方就可激发样品表面放出次级电子，次级电子产生的多少与电子入射角有关，也即是与样品表面的立体形貌有关。次级电子由探测体收集，并在那里被闪烁器转变为光信号，再经光电倍增管和放大器转变为电信号来控制荧光屏上电子束的强度，显示出与电子束同步的扫描图像。图像为立体形象，反映了标本的表面结构。为了使标本表面发射出次级电子，标本在固定、脱水后，要喷涂上一层重金属微粒，重金属在电子束的轰击下发出次级电子信号。目前扫描电镜的分辨力为 10nm，人眼能够区别荧光屏上两个相距 0.2mm 的光点，则扫描电镜的最大有效放大倍率为 0.2mm/10nm=20 000X。

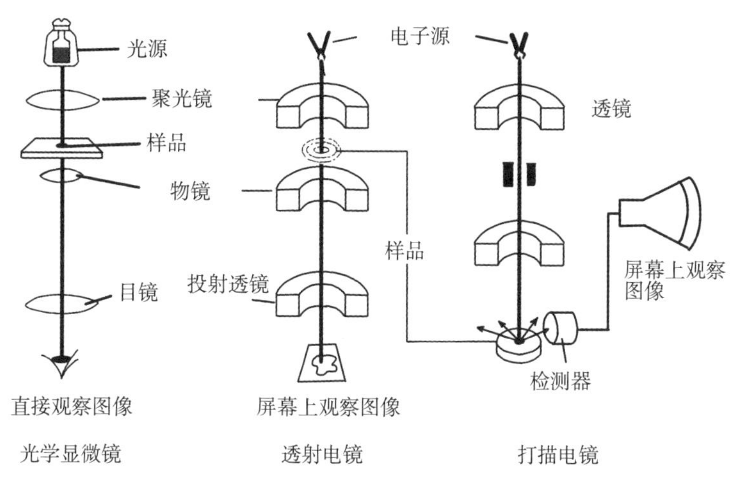

图 4-5 光学显微镜、透射电镜、扫描电镜成像原理比较

（二）样品制备

样品制备是显微技术的一个重要环节，直接影响着显微观察效果的好坏。在利用显微镜观察研究生物样品时，除需要根据所使用的显微镜的特点采用合适的制样方法外，还应考虑生物样品的特点，尽可能使研究的样品的生理结构保持稳定，并通过各种手段提高其反差。

1. 光学显微镜制样

（1）光学显微镜的制样可采用压滴法、悬滴法及菌丝包埋法等在明视野、暗视野或相差显微镜下对活体微生物进行直接观察。可以避免一般制样时的固定作用对细胞结构的破坏，还可用于研究微生物的运动、分裂和芽孢萌发等动态过程。

（2）一般微生物菌体小而无色透明，在光学显微镜下，细胞体液及结构的折射率与其背景相差很小，若要在光学显微镜下观察其细致形态和主要结构，一般需要对它们进行染色，从而借助颜色的反衬作用提高样品的反差。染色前通常需要将样品在载玻片上固定，其目的是杀死微生物使其固定在玻片上和增加其对染料的亲和力，常用酒精灯加热和化学方法固定。固定时需要尽量保持细胞原有的形态，防止细胞膨胀和收缩。染色根据方法和染料等的不同可分为多种，细菌的染色可概括如下。

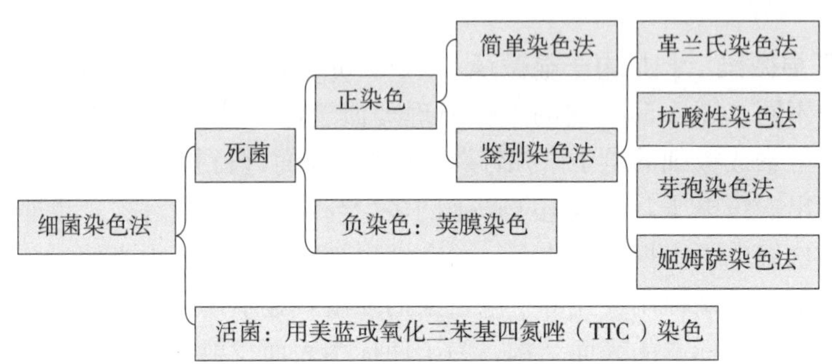

2. 电子显微镜的制样 生物样品在进行电镜观察前需要进行固定和干燥，否则镜筒内的高真空会导致其严重失水而变形。此外，构成生物样品的主要元素对电子的散射和吸收能力都较弱，在制样时一般需要采用重金属盐染色或喷镀，以提高其在电镜下的反差，形成清晰的电子图像。

（1）*透射电镜的样品制备* 由于电子的穿透能力有限，因此透射电镜常采用覆盖有支持膜的载网来承载样品，最常用的载网是铜网，支持膜可用塑料膜也可用金属膜。

①负染技术 与将样品本身染色来提高反差相反，负染色技术使用电子密度高、本身不显示结构且与样品不反应的物质如磷钨酸，对铺展在载网上的样品进行染色；吸去染料，样品干燥后，样品凹陷处铺了一薄层重金属盐，而凸的出地方则没有染料沉积，从而通过散射电子能力的差异把样品的外形和表面结构清楚地衬托出来，即负染效果，分辨力可达1.5nm左右。

②投影技术 在真空设备中将铂或铬等对电子散射能力较强的金属原子，由样品的斜上方进行喷涂，提高样品的反差。样品上喷涂上金属的一面散射电子的能力较强，表现为暗区，而没有喷涂上的一面由于散射电子的能力较弱，表现为亮区，这使得我们能了解样品的高度和立体形状。

③超薄切片技术 尽管生物体非常微小，但除病毒外，微弱的电子束仍无法通过一般微生物如细菌的整体标本。通常以锇酸和戊二醛固定样品，以环氧树脂包埋，以热膨胀或螺旋推进的方式推进样品切片，切片厚度20～50nm，切片采用重金属盐染色，以增大反差。

（2）*扫描电镜样品的制备* 扫描电镜的结构特点是利用电子束作光栅状扫描以取得样品的形貌信息。因此制备样品的要求较透射电镜简单，它主要要求样品干燥，表面能导电。对大多数生物材料来说，细胞含有大量的水分，表面不导电，所以观察前必须进行处理，去除水分，对表面喷镀金属导电层。在这个过程中必须始终保持样品不变形，这样才能反映样本本来面目。保持样品形状的关键是样品干燥过程。干燥方法有自然干燥、真空干燥、冷冻干燥和临界点干燥等。其中，临界点干燥的效果最好，其原理是：许多物质，如液态 CO_2，在一个密闭容器中达到一定的温度和压力后，气液相面消失，即所谓的临界点状态，此时样品没有了表面张力，在这种条件下干燥样品能够很好地保持样品的原来状态。在干燥样品上喷镀金属层后便可用于扫描电镜观察。

二、显微镜下的微生物

（一）细菌（bacteria）

在显微镜下不同细菌的形态，单就个机体而言，其基本形状可分为球状（图 4-6A）、杆状（图 4-6B）和螺旋状 3 种（图 4-6C）。尽管是单细胞生物，许多细菌常以成对、成链、成簇的形式生长，如链球菌（图 4-7）。支原体由于只有细胞膜没有细胞壁，故细胞柔软，形态多变。即使在同一培养基中，细胞也常出现不同大小的球状、长短不一的丝状、杆状及不规则的形态。

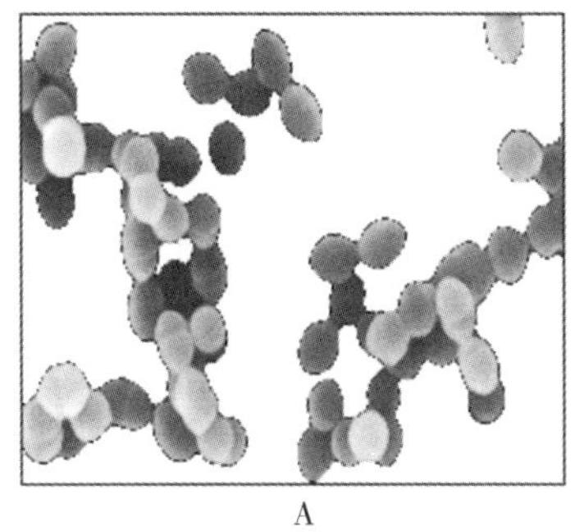

A

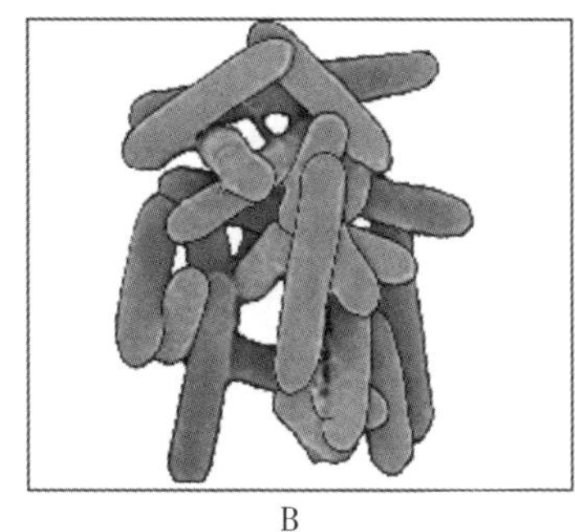

B

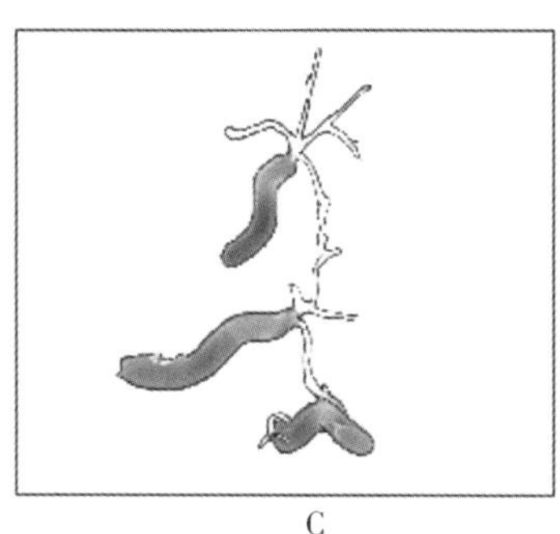

C

图 4-6　细菌的 3 种基本形态

A：球状；B：杆状；C：螺旋状

有些细菌有特定的生活周期，在不同的生长阶段有不同的形态（图 4-8），例如放线菌。放线菌是产生抗生素的重要微生物，大多由发达的分枝菌丝组成。根据菌丝的形态和功能又可分为营养菌丝、气生菌丝和孢子丝三种，其中孢子丝（图 4-9）的形态特征是放线菌的重要鉴定指标。

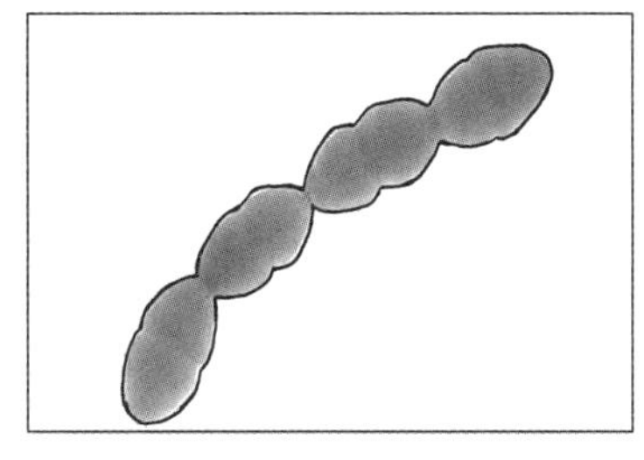

图 4-7　链球菌（*Streptococcus* sp.）

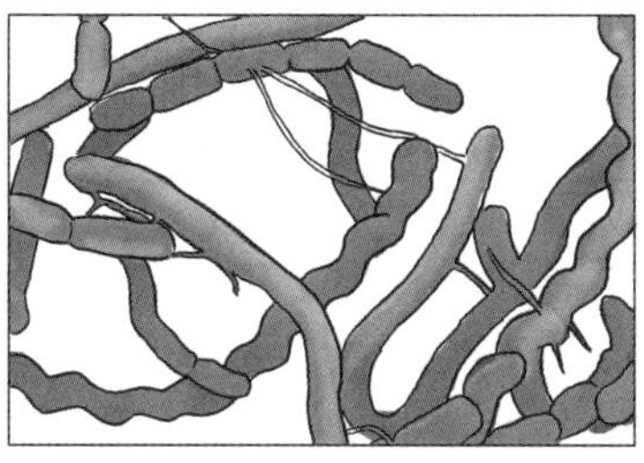

图 4-8　不同形态的链霉菌

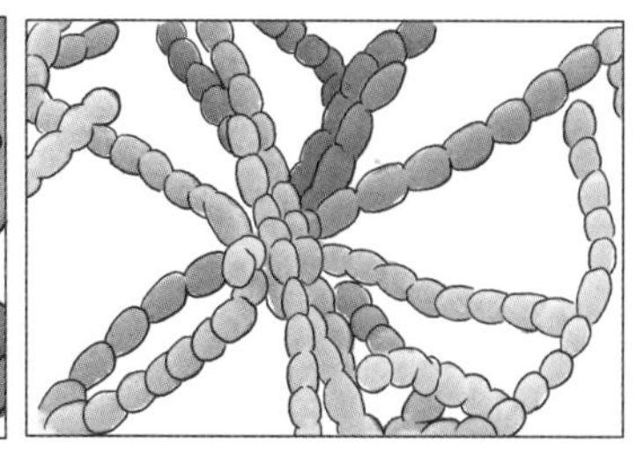

图 4-9　链霉菌的孢子丝

细菌的形态还会受到环境因素影响，如培养时间、培养温度及培养基组成和浓度等。通常在幼龄阶段和生长条件适宜时，细菌形态正常、整齐，表现出稳定的形态。而在较老的培养物中或是不正常的条件下，细菌常出现不正常形态。尤其是杆菌，有的细胞膨大，有的出现梨形，若将它们转移到新鲜培养基或是适宜的条件下又可恢复原来的形状。

原核生物的细胞大小随种类不同差异很大，有的甚至比病毒粒子还小，如纳米细菌大小仅为 50nm，在光学显微镜下很难看见。有的则较大，如巨大芽孢杆菌，有的甚至比藻类细胞还大，肉眼就可辨认，但多数居于两者之间。需要指出的是，在显微镜下观察到的细菌的大小与所用的固定染色方法有关，经固定干燥后的菌体一般会缩短，一般幼龄菌比成熟或老龄菌要大得多，例如枯草芽孢杆菌，培养 4h 比 24h 的细胞长 5～7 倍。

（二）真菌（fungi）

霉菌、酵母以及大型真菌如蘑菇等皆为真菌，均属真核生物。它们种类繁多，形态各异，大小悬殊，细胞形态多样。

1. 霉菌（mold）　霉菌是一些“丝状真菌”的统称，不是分类学上的名词。霉菌菌体有分枝或是不分枝的菌丝构成，许多菌丝交织在一起，成为菌丝体，如图 4-10 为黑曲霉。

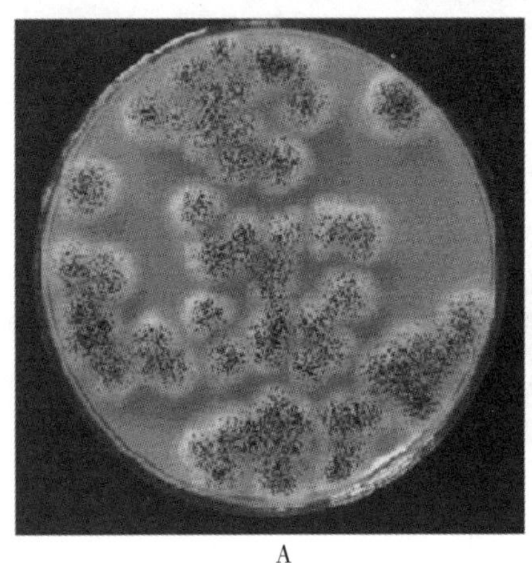
A

B

图 4-10　黑曲霉（*Aspergillus niger*）

A：平板菌落；B：分生孢子梗

2. 酵母（yeast）　酵母是一种真菌，是一群单细胞的真核生物，通常以芽殖或裂殖方式进行无性繁殖，这一点也是与霉菌的主要区别之处，极少数酵母可以产生子囊孢子进行有性繁殖。在光学显微镜下，大多数酵母为单细胞，一般呈卵圆形、圆形或是柠檬形，大小为（1～5）μm×（5～30）μm，最长可达 100μm。各种酵母有一定的大小和形态，但也随菌龄和环境条件的变化而异。即使是纯培物，各个细胞的形状、大小亦有区别。有些酵母和子代细胞连在一起成为链状，称为假丝酵母，如病原菌白假丝酵母（*Candida albicans*）（图 4-11），又称白色念珠菌。常用作饲用微生物的有酿酒酵母（*Saccharomyces cerevisiae*）（图 4-12）。

3. 藻类（algae）　藻类是一大类真核生物，基本上都有叶绿素，可进行光合作用，并伴随放出氧气。藻类的大小和形态有很大差别，许多是单细胞的，有些藻类则是单细胞的聚合体，如图 4-13 中的鱼腥藻，细胞间的膨大部分为异型胞。藻类与水产养殖关系较为密切，有的可作为水产饲料，但藻类大量繁殖时会导致环境污染，比如赤潮就是藻类大量繁殖的结果。

4. 原生动物（prokaryote）　原生动物是一类缺少真正细胞壁、细胞通常为无色、具有运动能力、并进行吞噬营养的单细胞真核生物。如图 4-14 中的纤毛虫和图 4-15 中的鞭毛虫。

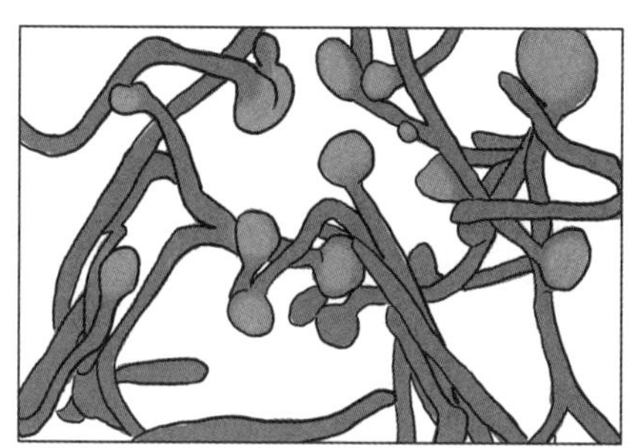
图 4-11 白假丝酵母（*Candida albicans*）

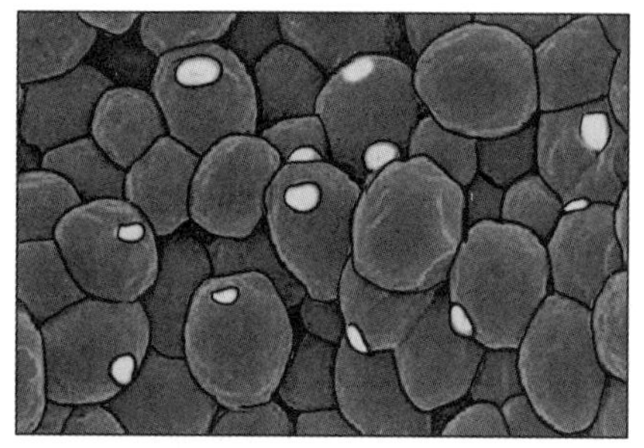
图 4-12 酿酒酵母（*Saccharomyces cerevisiae*）

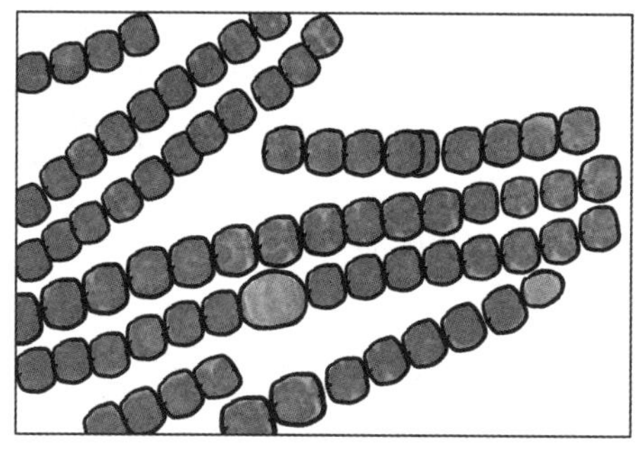
图 4-13 鱼腥藻（*Anabae*）

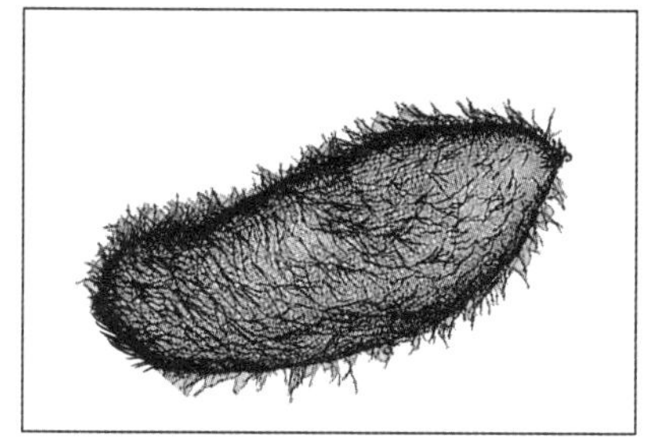
图 4-14 纤毛虫（Paramecium）

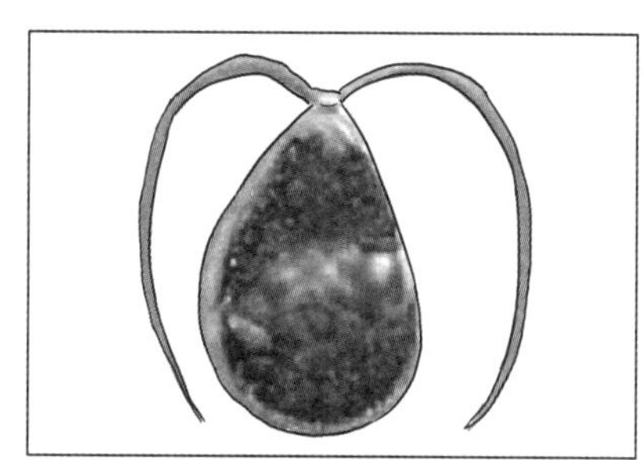
图 4-15 鞭毛虫（Dunaliella）

第二节 生物量的测定

生物量（biomass），是生态学术语，其测定结果是衡量生态变化的重要指标之一。是指某一时刻单位面积内存在的活的有机物质（干重）（包括生物体内所存食物的重量）总量，通常用 kg/m^2 或 t/hm^2 表示。生物量有广义生物量和狭义生物量之说，广义生物量是指生物在某一特定时刻单位空间的个体数、重量或其含能量，可用于指某种群、某类群生物的（如浮游动物）或整个生物群落的生物量。狭义生物量仅指以重量表示的生物数量，可以是鲜重或干重。微生态学中所测定的生物量主要是指微生物的生物量，包括细胞个体数目和细胞物质的含量，这两方面从不同侧面反映了微生物的生物量。微生物生物量的测定是微生态学研究的主要指标，测定结果可以作为判断微生态失调或平衡的一项重要指标。

一、细菌数的测定方法

(一) 总菌数的测定

总菌数包括活菌和死菌的数量，显示了一定生境内微生物的量，可以反映一定的微生态学规律信息。同时，总菌数的测定结果可作为核定活菌数测定可靠性的依据，如果某一样本活菌数测定的结果大于总菌数，说明活菌数的测定有误差。

1. 计数器测定法 利用血球计数板在显微镜下直接计数，是一种常用的微生物计数方法。此法的优点是直观、快速。将经过适当稀释的菌悬液（或孢子悬液）放在血球计数板载玻片与盖玻片之间的计数室中，在显微镜下进行计数。由于计数室的容积是一定的（$0.1mm^2$），因此，可以根据在显微镜下观察到的微生物数目，换算单位体积内的微生物总数目。由于利用此法获得的数据是活菌体和死菌体的总和，故又称其为总菌计数法。

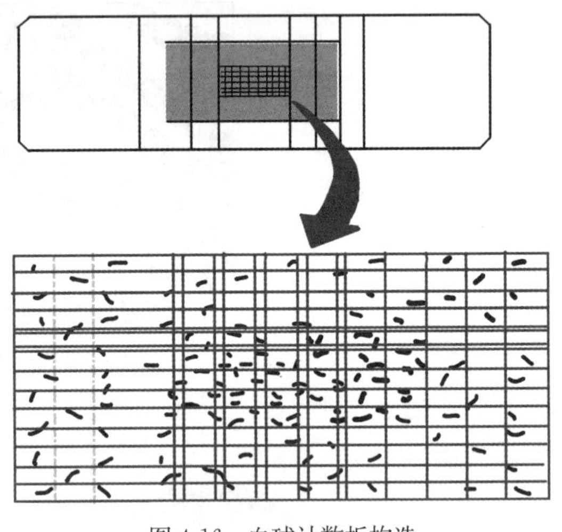

图 4-16 血球计数板构造

血球计数板，通常是一块特制的载玻片，其上由四条槽构成三个平台。中间的平台又被一短横槽隔成两半，每一边的平台上各刻有一个方格网，每个方格网共分九个大方格，中间的大方格即为计数室，微生物的计数就在计数室中进行。血球计数板构造如图 4-16。

计数室的刻度一般有两种规格（图 4-17），一种是一个大方格分成 16 个中方格，而每个中方格又分成 25 个小方格；另一种是一个大方格分成 25 个中方格，而每个中方格又分成 16 个小方格。但无论是哪种规格的计数板，每一个大方格中的小方格数都是相同的，即16×25＝400 小方格。

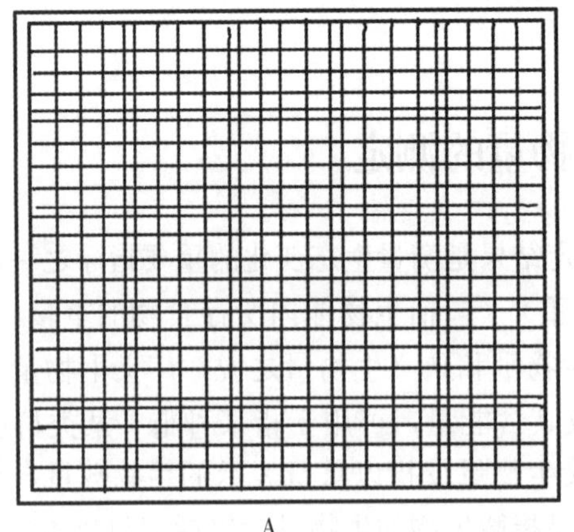

A

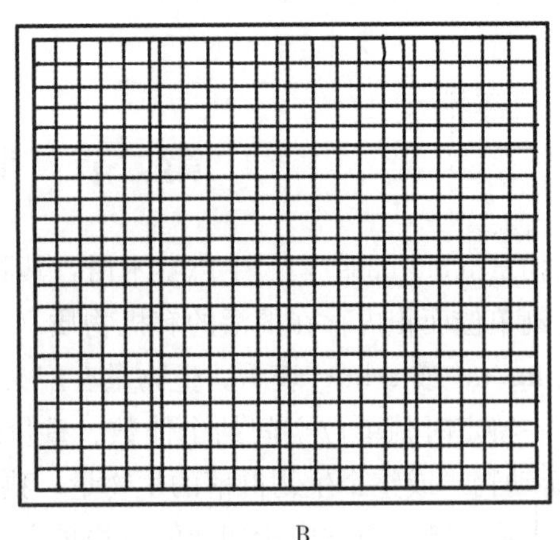

B

图 4-17 两种不同规格的血球计数板

A：25 大格×16 小格型计数板； B：16 大格×25 小格型计数板

每一个大方格边长为 1mm，则每一大方格的面积为 $1mm^2$，盖上盖玻片后，载玻片与盖玻片之间的高度为 0.1mm，所以计数室的容积为 $0.1mm^3$。

在计数时，通常数五个中方格的总菌数，然后求得每个中方格的平均值，再乘上 16 或 25，就得出一个大方格中的总菌数，然后再换算成 1mL 菌液中的总菌数。

下面以一个大方格有 25 个中方格的计数板为例进行计算：设五个中方格中总菌数为 A，菌液稀释倍数为 B，因 $1mL=1cm^3=1\ 000mm^3$，则 1mL 菌液中的总菌数为：

$$A/5\times25\times10\times1\ 000\times B=50\ 000\times A\times B$$

本法不仅适于细菌计数，也适用于酵母菌及霉菌孢子计数。

2. 电子计数器计数法 电子计数器的工作原理是测定小孔中液体的电阻变化，小孔仅能通过一个细胞，当一个细胞通过这个小孔时，电阻明显增加，形成一个脉冲，自动记录在电子记录装置上。该法测定结果较准确，但它只识别颗粒大小，而不能区分是否为细菌。因此，要求菌悬液中不含任何碎片。

3. 比浊法 比浊法是根据菌悬液的透光量间接地测定细菌的数量。细菌悬浮液的浓度在一定范围内与透光度成反比，与光密度成正比，因此，可用光电比色计测定菌液，用光密度（OD 值）表示样品菌液浓度。此法简便快捷，但只能检测含有大量细菌的悬浮液，得出相对的细菌数目，对颜色太深的样品，不能用此法测定。

4. 生物发光法 三磷酸腺苷 ATP 在细菌、真菌、藻类、原生动物均存在，而且同种微生物每个细胞中 ATP 浓度相同，可用做定量依据。测定 ATP 含量采用生物发光法。生物发光法原理：荧光素酶以荧光素、三磷酸腺苷和氧气为底物，在 Mg^{2+} 存在时，氧化荧光素，同时散发出光，光量与 ATP 浓度成比例。提取细菌的 ATP，利用生物发光法测出 ATP 含量，即可推算出样品中的含菌量，整个过程仅为十几分钟。由于生物发光法无需培养过程，操作简便、灵敏度高，在短时间内即可得到检测结果，因此，具有其他微生物检测方法无可比拟的优势。

（二）活菌数的测定

总菌数虽可反映生物量，但是活菌数的测定结果则反映的是微生物的内部结构。微生物群落的多样性和演替只有靠活菌数的测定才能确定。活菌数的测定常可作为微生物与宿主、微生物与微生物之间生态平衡和生态失衡的重要指标。

1. 平板菌落计数法 平板菌落计数法（图 4-18）是最为广泛使用的测定活菌数的方法，基本原理是当稀释度足够时，一个细菌细胞能在培养基平板上生长繁殖形成一个独立可见菌落，此时一个菌落代表的也是一个细胞。计数时，根据其稀释倍数和取样接种量即可换算出样品中的含菌数。但是因为样品往往不容易分散成单个的细胞，形成的单菌落可能来自样品的多个细胞，所以平板计数的结果往往偏低。为了清楚地阐述平板菌落计数的结果，现在已经倾向于使用菌落形成单位（colony forming unit，cfu），而不是绝对菌落数来表示样品的活菌含量。这种计数法的优点是能测出样品中的活菌数，但平板菌落计数法的手续较繁，而且测定值常受各种因素的影响。

（1）*倾注平板法* 将如图 4-18 稀释好的各浓度梯度的菌液，以吸管取 0.2mL 加入到对应编好号的无菌平皿中，尽快倒入溶化后冷却至 45℃的牛肉膏蛋白胨培养基，每个平皿约 15mL，置于水平位置，迅速旋转平皿，而又不使培养基荡出平皿，或是溅到皿盖

上。对于大肠杆菌，待培养基凝固后，将培养基倒置于 37℃恒温培养箱中培养。培养 48h 后，取出培养平板，算出同一稀释度 3 个平板上的菌落平均数，并按下列公式进行计算：

每毫升样品中的 cfu 数＝同一稀释度 3 次重复的菌落数的平均值×稀释倍数×5

一般选择每个平板上长有 30～300 个菌落的稀释度计算每毫升的含菌量比较合适，同一稀释度的 3 个重复对照的菌落数不应相差很大，否则表示试验不精确。实际工作中同一稀释度重复对照的平板数不能少于 3 个，这样便于统计，减少误差。

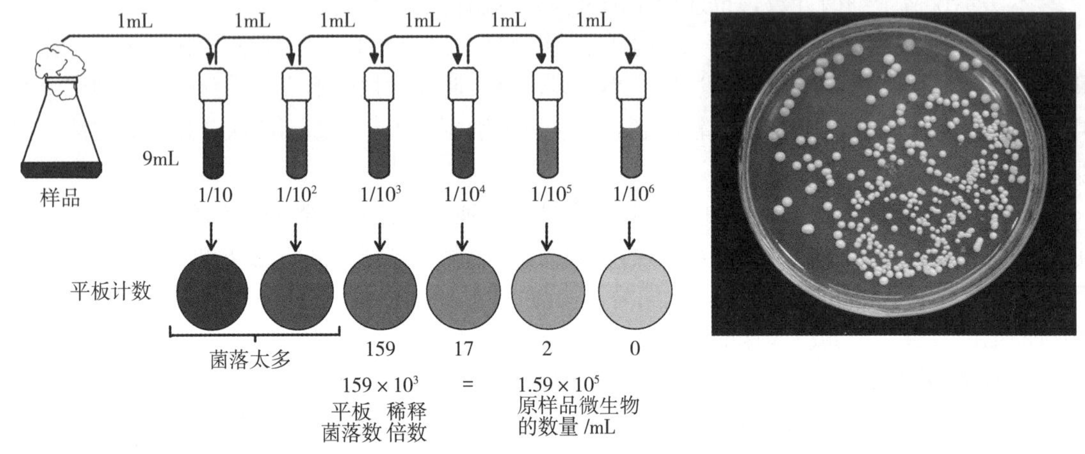

图 4-18　平板菌落计数法和平板上的菌落

（2）*涂布平板法*　此法与倾注平板法基本相同，所不同的是这种方法是先将培养基溶化后倒平板，待凝固后编号，置于温箱中烘烤或是在超净台上吹干，然后以无菌吸管吸取稀释好的菌液对号接种于不同稀释度编号的平板中，并尽快用无菌玻璃棒将菌液在平板上涂布均匀，平放于实验台上 20～30min，使菌液渗入培养基表层内，然后倒置培养。涂布平板所使用的菌悬液一般以 0.1mL 为宜，过少菌液不宜涂布开，过多则不易形成单菌落。

2. 最大或然数（most probable number，MPN）　MPN 计数又称稀释培养计数，适用于测定在一个混杂的微生物群落中虽不占优势，但却具有特殊生理功能的类群。其特点是利用待测微生物的特殊生理功能的选择性，来摆脱其他微生物类群的干扰，并通过该生理功能的表现来判断该类群微生物的存在和丰度。缺点是只适于进行特殊生理类群的测定，结果也较粗放，只有在因某种原因不能使用平板计数时才采用。MPN 计数是将待测样品作一系列稀释，一直稀释到将少量（如 1mL）的稀释液接种到新鲜培养基中没有或极少出现生长繁殖。根据没有生长的最低稀释度与出现生长的最高稀释度，采用“最大或然数”方法，可以计算出样品单位体积中细菌数的近似值。具体地说，菌液经多次 10 倍稀释后，一定量菌液中细菌可以极少或无菌，然后每个稀释度取 3～5 次重复接种于适宜的液体培养基中。培养后，将有菌液生长的最后 3 个稀释度（即临界级数）中出现细菌生长的管数作为数量指标，由最大或然数表上查出近似值，再乘以数量指标第一位数的稀释倍数，即为原菌液中的含菌数。如某一细菌在稀释法中的生长情况如表 4-2。

表 4-2 某细菌在稀释法中的生长情况

稀释度	10^{-3}	10^{-4}	10^{-5}	10^{-6}	10^{-7}	10^{-8}
重复数	5	5	5	5	5	5
出现生长的管数	5	5	5	4	1	0

根据表 4-2 结果，在接种 10^{-5}～10^{-3}稀释液的试管中 5 个重复都有生长，在接种 10^{-6}稀释液的试管中有 4 个重复生长，在接种 10^{-7}稀释液的试管中只有 1 个生长，而接种 10^{-8}稀释液的试管全无生长。由此可得出其数量指标为“541”，查最大或然数表得近似值 17，然后乘以第一位数的稀释倍数（10^{-5}的稀释倍数为 100 000）。那么，1mL 原菌液中的活菌数=17×100 000=17×10^5。即每毫升原菌液含活菌数为 1 700 000 个。

在确定数量指标时，不管重复次数如何，都是 3 位数字，第一位数字必须是所有试管都生长微生物的某一稀释度的培养试管，后两位数字依次为以下两个稀释度的生长管数，如果再往下的稀释仍有生长管数，则可将此数加到前面相邻的第三位数上即可。如某一微生物生理群稀释培养记录如表 4-3。

表 4-3 某微生物生理群稀释培养记录

稀释度	10^{-1}	10^{-2}	10^{-3}	10^{-4}	10^{-5}	10^{-6}
重复数	4	4	4	4	4	4
出现生长的管数	4	4	3	2	1	0

以上情况，可将最后一个数字加到前一个数字上，即数量指标为“433”，查表得近似值为 30，则每毫升原菌液中含活菌 30×10^2个。按照重复次数的不同，最大或然数表又分为三管最大或然数表、四管最大或然数表和五管最大或然数表。

应用 MPN 计数，应注意两点，一是菌液稀释度的选择要合适，其原则是最低稀释度的所有重复都应有菌生长，而最高稀释度的所有重复无菌生长；二是每个接种稀释度必须有重复，重复次数可根据需要和条件而定，一般 2～5 个重复，个别也有采用 2 个重复的，但重复次数越多，误差就会越小，相对地说结果就会越正确。不同的重复次数应按其相应的最大或然数表计算结果。

3. 颜色改变单位法 颜色改变单位法（color change unit，简称 CCU 法），通常用于很小，用一般的比浊法无法计数的微生物，比如支原体等。因为支原体的液体培养物是完全透明的，呈现为清亮透明红色，因此无法用比浊法来计数；由于支原体固体培养很困难，用 CFU 法（菌落形成单位）也不容易计数，因此需要用特殊的计数方法，即 CCU 法。这种方法是以微生物在培养基中的代谢活力为指标来计数微生物的相对含量的。以分离的 6 株牛支原体菌液浓度测定为例（Freundt，1983），其具体操作步骤如下：

①配制液体培养基，称取 30g PPLO broth 粉（PPLO 肉汤粉，用于培养支原体的基础培养基）溶于 1 000mL ddH_2O（双蒸水，经过二次蒸馏所得到的水）制成溶液 A；马血清 100mL、5%葡萄糖 100mL、20%酵母浸出物 100mL，混合后制成溶液 B。分别灭菌，无菌条件下混合 A+B。最后，加入 4 000U/mL 青霉素以及 0.5%酚红指示剂，用灭菌 NaOH（1mol/L）调节 pH 至 7.8±0.2，定容至 1L。PPLO 是类胸膜肺炎生物（pleuropneumnia like organism）的英文缩写，是支原体（*Mycoplasma*）早先的叫法，1967年正式命名为支原体。

②培养基无菌检查，每批液体培养基应于细菌培养箱中放置48h左右，以检测是否无菌。按每批次10%的比例进行抽检。如果培养基上有微生物污染，那么该批次培养基应立即丢弃，重新制备。

③测定，将6个分离株培养物各稀释成12个浓度梯度：先在12支无菌试管中加入1 800μL液体培养基；再向第一管加入200μL待测牛支原体菌液，充分混匀，然后从第一管吸取200μL加入第二管，依次类推，10倍梯度稀释，一直到最末一管。于37℃ CO_2 培养箱中培养3d，观察每管液体培养基颜色变化情况，以培养基由红色变为黄色时的最高稀释度作为待测菌液的颜色改变单位，也就是支原体的最大代谢活力，菌液浓度以CCU/mL计。

二、细胞物质的测定方法

细胞数目多指微生物增殖量，细胞物质一般反映微生物生长量，细胞物质的测定方法有直接法和间接法两种。

（一）直接法

直接法测量细胞物质可分为重量法和容量法。

1. 重量法

（1）湿重法　将一定容量菌液经离心洗涤或过滤，菌体用水洗净，并用滤纸等把水分充分吸去后，即可称得湿重，其重量就是细胞物质的量。

（2）干重法　细胞物质的干重通常是湿重的20%～25%。它比湿重与细胞总量更能说明细胞物质的量，因为细胞可能吸收和释放水分。因此，为了消除水分造成的误差，不用湿重，而是把洗净的菌体细胞干燥后再称重（干重），作为用其他方法测定菌量的标准。

2. 容量法　在液体培养时把菌悬液加到有刻度的毛细沉淀管里，在一定条件下离心沉淀，用得到沉淀的容量表示细菌细胞物质的含量。可用干重法测定出与菌体重量相对应的容量值。对细菌4 000r/min离心10min，对酵母3 000r/min离心10min，可得到稳定的沉淀容量数值。

此外，有些生长速度很快的丝状真菌，除用上述方法测定生长量外，有时还常通过对菌落的直径或面积的测量来表示它们的生长量。

（二）间接法

细胞物质的测定还可用间接法，如测定细胞的蛋白质、DNA的含量和代谢活动的强度等。

1. 含氮量的测定　一般微生物细胞含蛋白质的量比较稳定，所以常作为测定细胞物质量的指标。如细菌的含氮量为干重的12%～14%，酵母约为7.5%，霉菌约为6%。与测干重比较，测定细胞的总氮含量或蛋白质含量是在测定原生质总量的生化活性物质方面更为直接的方法。因为测干重包括了细胞壁，它在许多微生物的干重中占有很大部分，并且细胞壁占干重的比例是可变的。测定微生物含氮量时，切勿把培养基等其他含氮物质混入，也可通过设置对照而减去培养基等因素的干扰。常用微生物含氮量测定的方法有：

(1) 微量凯氏定氮法　其原理是微生物中所含的氮与浓硫酸共热时，被氧化成二氧化碳和水，而氮转变为氨，氨与硫酸结合生成硫酸铵，再加入强碱使硫酸铵分解，放出氨，将氨蒸入过量标准无机酸溶液中，然后用标准碱溶液进行滴定。根据所测得的氨量，计算样品的含氮量。本法适用范围为氮 0.2～1.0mg，相对误差应小于±2%。

(2) Folin-酚试剂法（Lowry 法）　此法在蛋白质含量的测定中灵敏度较高。较紫外吸收法灵敏 10～20 倍，而较双缩脲法灵敏 100 倍左右，而且操作简单，不需要特殊设备，适合一般实验室采用。此法的原理是：蛋白质分子中的酪氨酸含有酚基，在碱性溶液中能使磷钨酸与磷钼酸的不稳定混合物（即 Folin-酚试剂）还原而分解为蓝色化合物，即钼蓝与钨蓝的混合物。然后根据光电比色计所显示的颜色强弱，计算出蛋白质的含量。该法可测得10～50μg 的蛋白质。

2. DNA 测定法　在有些情况下，用含氮量表示细胞物质量也会带来很大误差。如有的芽孢杆菌在生长过程中会形成聚谷氨酸荚膜，这时就需要用测定它们的 DNA 或磷的含量来避免误差。常用二苯胺法，利用二苯胺对 DNA 中与嘌呤结合的脱氧核糖的显色反应，以光电比色计测定 DNA 的含量。也可以利用 DNA 与 DABA-HCl［即新鲜配制的 20%（*W*/*V*）3,5-二氨基苯甲酸-盐酸溶液］特殊的荧光反应强度，来测定 DNA 的含量。

3. 测定代谢活性生理指标法　这是间接测定细胞物质量的一种方法。原理是微生物细胞的生理和代谢活性，如呼吸时的耗氧量或产生的乳酸、二氧化碳等代谢产物，在一定的条件下与菌体细胞物质（生长量）相关。

对好氧微生物，测定氧气的摄取量或二氧化碳的产生量，可用华勃（Warburg）检压计测定，因为氧气的摄取速率常同细胞量成正比，从而可间接反映细胞物质量。

对厌氧微生物，可以二氧化碳的产生量或某些发酵产物如乳酸的产生量作为指标。产生的乳酸量可用稀碱溶液来滴定（用溴麝酚蓝作指示剂），也可用纸层析或薄层层析等方法测定乳酸含量。

现在气相色谱、液相色谱法已广泛用于测定微生物各细胞组分、发酵和代谢产物的分析，以确定细胞物质的含量。此类方法灵敏、高效、快速，对于微生物的分类、鉴定及微生态学机理的研究将有很大推动作用。以上各种方法，用于微生态学的研究，需要在实践中摸索、改进、完善和创新，以适应微生态学研究工作的深入发展。

第三节　纯培养技术

一、无菌技术

微生物通常是肉眼看不到的微小生物，而且无处不在。因此，在微生物的研究及应用中，不仅需要通过分离纯化技术从混杂的天然微生物群中分离出特定的微生物，而且还必须随时注意保持微生物纯培养物的“纯洁”，防止其他微生物的混入，所操作的微生物培养物也不应对环境造成污染。在分离、转接及培养纯培养物时防止其被其他微生物污染，其自身也不污染操作环境的技术被称为无菌技术（aseptic technique），它是保证微生物学研究正常进行的关键。

（一）微生物培养的常用器具及其灭菌

试管、玻璃烧瓶、培养皿等是最为常用的培养微生物的器具，在使用前必须先行灭菌，使容器中不含任何生物。培养微生物的营养物质称为培养基（culture medium），可以加到器皿中后一起灭菌，也可在单独灭菌后加到无菌的器具中。最常用的灭菌方法是高压蒸汽灭菌，它可以杀灭所有的微生物，包括最耐热的某些微生物的休眠体，同时可以基本保持培养基的营养成分不被破坏。有些玻璃器皿也可采用高温干热灭菌。为了防止杂菌，特别是空气中的杂菌污染，试管及玻璃烧瓶都需采用适宜的塞子塞口，通常采用棉花塞，也可采用各种金属、塑料及硅胶帽，它们只可让空气通过，而空气中的其他微生物不能通过。培养皿是由正反两平面板互扣而成，这种器具是专为防止空气中微生物的污染而设计的。

（二）接种操作

在无菌条件下，用接种环或接种针挑取微生物，把它由一个培养器皿转接到另一个培养器皿中进行培养，是微生物学研究中最常用的基本操作。由于打开器皿就可能引起器皿内部被环境中的其他微生物污染，因此，微生物学实验的所有操作均应在无菌条件下进行，其要点是在火焰附近进行熟练的无菌操作（图 4-19），或在无菌操作箱或操作室内进行操作。操作箱或操作室内的空气可在使用前一段时间内用紫外灯或化学药剂灭菌。有的无菌室可通无菌空气维持无菌状态。

用以挑取和转接微生物材料的接种环及接种针，一般采用易于迅速加热和冷却的镍铬合金等金属制备，使用时用火焰灼烧灭菌。移取液体培养物可采用无菌吸管或移液枪。

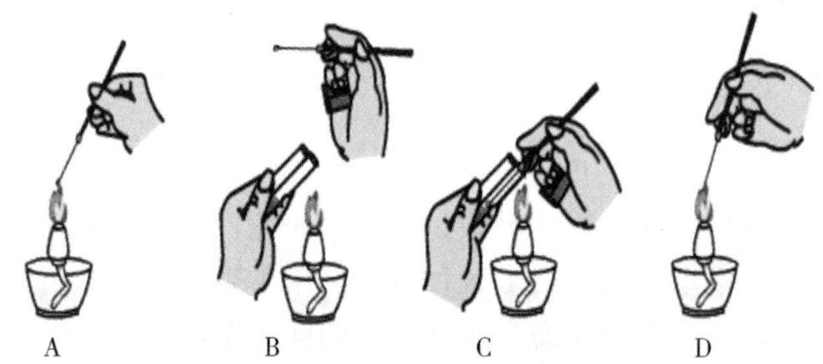

图 4-19　无菌操作转接培养物

A：接种环在火焰上灼烧灭菌；
B：烧红的接种环在空气中冷却，同时打开装有培养物的试管；
C：用接种环蘸取一环培养物转移到旁边一支装有无菌培养基的试管中，并将试管重新盖好；
D：接种环在火焰上灼烧，杀灭残留的培养物

二、纯培养技术

（一）用固体培养基获得纯培养

固体培养基是用琼脂或其他凝胶物质固化的培养基。分散的微生物在适宜的固体培养基表面或内部生长、繁殖到一定程度可以形成肉眼可见的、有一定形态结构的子细胞生长群体，称为菌落（colony）。当固体培养基表面众多菌落连成一片时，便成为菌苔（lawn）。不

同微生物在特定培养基上生长形成的菌落或菌苔一般都具有稳定的特征，可以成为对该微生物进行分类、鉴定的重要依据（图 4-20）。由于采用合适的分离方法可将单个微生物分离和固定在固体培养基表面或里面，因此，每个孤立的菌落很可能就是由单个微生物活体细胞生长、繁殖形成的纯培养，便于观察和移植。培养平板（culture plate）是被用于获得微生物纯培养的最常用的固体培养基形式，它是冷却凝固后的固体培养基在无菌培养皿中形成的培养基固体平面，常被简称为平板。大多数细菌、酵母菌以及许多真菌和单细胞藻类都能很方便地通过平板分离法获得纯培养。

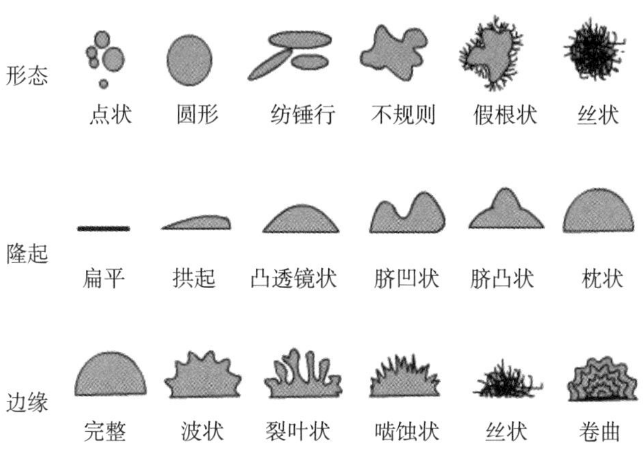

图 4-20 各种微生物形成的菌落特征

下面列出的是目前实验室用固体培养基获得微生物纯培养的几种常用方法。

1. 涂布平板法（spread plate method） 由于将含菌材料先加到还较烫的培养基中再倒平板易造成某些热敏感菌的死亡，而且采用稀释倒平板法也会使一些严格好氧菌因被固定在琼脂中间缺乏氧气而影响其生长，因此，在微生物学研究中更常用的纯种分离方法是涂布平板法。其做法是先将已熔化的培养基倒入无菌培养皿，制成无菌平板，冷却凝固后，将一定量的某一稀释度的样品悬液滴加在平板表面，再用无菌涂布棒将菌液均匀分散至整个平板表面，经培养后挑取单个菌落（图 4-21a）。

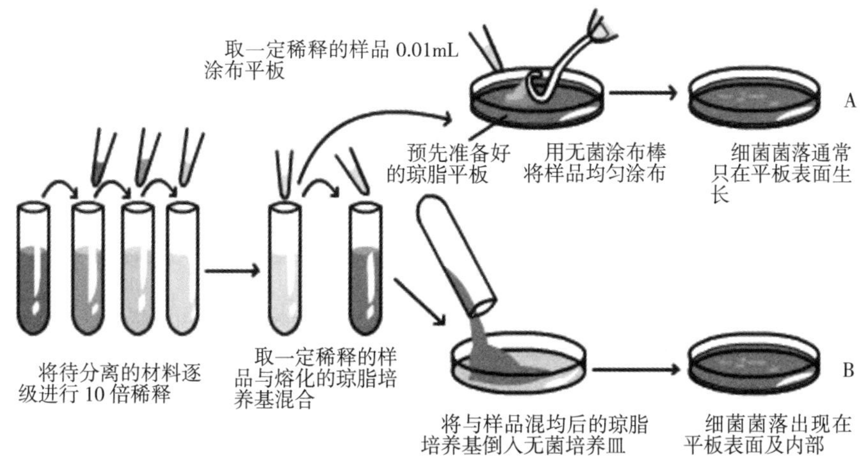

图 4-21 稀释后用平板分离细菌单菌落

A：涂布倒平板法；B：稀释倒平板法

2. 稀释倒平板法（pour plate method） 先将待分离的材料用无菌水作一系列的稀释（如1∶10、1∶100、1∶1 000、1∶10 000……），然后分别取不同稀释液少许，与已熔化并冷却至50℃左右的琼脂培养基混合，摇匀后，倾入灭过菌的培养皿中，待琼脂凝固后，制成可能含菌的琼脂平板，保温培养一定时间即可出现菌落。如果稀释得当，在平板表面或琼脂培养基中就可出现分散的单个菌落，这个菌落可能就是由一个微生物细胞繁殖形成的（图4-21b）。随后挑取该单个菌落，或重复以上操作数次，便可得到纯培养菌株。

3. 平板划线法（streak plate method） 用接种环以无菌操作蘸取少许待分离的材料，在无菌平板表面进行平行划线、扇形划线或其他形式的连续划线，微生物细胞数量将随着划线次数的增加而减少，并逐步分散开来，如果划线适宜的话，微生物能一一分散，经培养后，可在平板表面得到单菌落。

4. 稀释摇管法（shake tube method） 用固体培养基分离严格厌氧菌有它特殊的地方。如果该微生物暴露于空气中不立即死亡，可以采用通常的方法制备平板，然后放置在封闭的容器中培养，容器中的氧气可采用化学、物理或生物的方法清除。对于那些对氧气更为敏感的厌氧性微生物，纯培养分离时可采用稀释摇管培养法进行，它是稀释倒平板法的一种变通形式。先将一系列盛无菌琼脂培养基的试管加热，使琼脂熔化后冷却并保持在50℃左右，将待分离的材料用这些试管进行梯度稀释，试管迅速摇动均匀，冷凝后，在琼脂柱表面倾倒一层灭菌液体石蜡和固体石蜡的混合物，将培养基和空气隔开。培养后，菌落形成在琼脂柱内中间。进行单菌落的挑取和移植，需先用一只灭菌针将液体石蜡-固体石蜡盖取出，再用一只毛细管插入琼脂和管壁之间，吹入无菌无氧气体，将琼脂柱吸出，置放在培养皿中，用无菌刀将琼脂柱切成薄片进行观察和菌落的移植。

（二）用液体培养基获得纯培养

对于大多数细菌和真菌，用平板法分离通常是满意的，因为它们的大多数种类在固体培养基上长得很好。然而并不是所有的微生物都能在固体培养基上生长，例如，一些个体大的细菌、许多原生动物和藻类等，这些微生物仍需要用液体培养基分离来获得纯培养。

通常采用的液体培养基分离纯化法是稀释法。接种物在液体培养基中进行顺序稀释，以得到高度稀释的效果，使一支试管中分配不到一个微生物。如果经稀释后的大多数试管中没有微生物生长，那么有微生物生长的试管得到的培养物可能就是纯培养物。如果经稀释后的试管中有微生物生长的比例提高了，得到纯培养物的概率就会急剧下降。因此，采用液体培养基稀释法，同一个稀释度应有较多的平行试管，而有可能获得纯培养的那个稀释度的大多数试管（一般应超过95%）应表现为没有细菌生长。

（三）单细胞（孢子）分离

稀释法有一个明显缺陷，它只能分离出混杂微生物群体中占数量优势的种类，而在自然界，很多微生物在混杂群体中都是少数。这时，可以采取显微分离法从混杂群体中直接分离单个细胞或单个个体进行培养以获得纯培养，称为单细胞（或单孢子）分离法。单细胞分离法的难度与细胞或个体的大小成反比，较大的微生物如藻类、原生动物较容易，个体很小的细菌则较难。

对于较大的微生物，可采用毛细管提取单个个体，并在大量的灭菌培养基中转移清洗几次，除去较小微生物的污染。这项操作可在低倍显微镜，如解剖显微镜下进行。对于个体相对较小的微生物，需采用显微操作仪，在显微镜下进行。目前，市场上有售的显微操作仪种类很多，一般是通过机械空气或油压传动装置来减小手动操作幅度，在显微镜下用毛细管或显微针、钩、环等挑取单个微生物细胞或孢子以获得纯培养。在没有显微操作仪时，也可采用一些变通的方法在显微镜下进行单细胞分离，例如，将经适当稀释后的样品制备成小液滴在显微镜下观察，选取只含一个细胞的液滴进行培养以获得纯培养。单细胞分离法对操作技术有比较高的要求，多限于高度专业化的科学研究中采用。

三、选择纯培养

没有一种培养基或一种培养条件能够满足自然界中一切生物生长的要求，在一定程度上所有的培养基都是选择性的。在一种培养基上接种多种微生物，只有能生长的才生长，其他被抑制。如果某种微生物的生长需要是已知的，也可以设计一套特定环境使之特别适合这种微生物的生长，因而能够从自然界混杂的微生物群体中把这种微生物选择培养出来，尽管在混杂的微生物群体中这种微生物可能只占少数。这种通过选择培养进行微生物纯培养分离的技术称为选择培养分离，这种技术对于从自然界中分离、寻找有用的微生物是十分重要的。在自然界中，除了极特殊的情况外，在大多数场合下微生物群落是由多种微生物组成的，因此，要从中分离出所需的特定微生物是十分困难的，尤其当某一种微生物所存在的数量与其他微生物相比非常少时，单采用一般的平板稀释方法几乎不可能分离到该种微生物。例如，若某处土壤中的微生物数量为每克 10^8 个时，必须稀释到 10^{-6} 才有可能在平板上分离到单菌落，而如果所需微生物的数量仅为每克 10^2～10^3 个，显然不可能在一般通用的平板上得到该微生物的单菌落。因此，要分离这种微生物，必须根据该微生物的特点，包括营养、生理、生长条件等，采用选择培养分离的方法，或抑制大多数其他微生物生长，或造成有利于该菌生长的环境，经过一定时间培养后使该菌在群落中的数量上升，再通过平板稀释等方法对它进行纯培养分离。

1. 选择平板培养 根据待分离微生物的特点选择不同的培养条件，有多种方法可以采用。例如，在从土壤中筛选蛋白酶产生菌时，可以在培养基中添加牛奶或酪素制备培养基平板，微生物生长时若产生蛋白酶则会水解牛奶或酪素，在平板上形成透明的蛋白质水解圈。通过菌株培养时产生的蛋白质水解圈对产酶菌株进行筛选，可以减少工作量，将那些大量的非产蛋白酶菌株淘汰；再比如，要分离耐高温菌，可在高温条件进行培养；要分离某种抗生素抗性菌株，可在加有抗生素的平板上进行分离；有些微生物如螺旋体黏细菌、蓝细菌等能在琼脂平板表面或里面滑行，可以利用它们的滑动特点进行分离纯化，因为滑行能使它们自己和其他不能移动的微生物分开。可将微生物群落点种到平板上，让微生物滑行，从滑行前挑取培养物接种，如此反复操作，得到纯培养物。

2. 富集培养 富集培养主要是指利用不同微生物间生命活动特点的不同，制订特定的环境条件，使仅适应于该条件的微生物旺盛生长，从而使其在群落中的数量大大增加，使人们能够更容易地从自然界分离到这种所需的特定微生物。富集条件可根据所需分离的微生物的特点，从物理、化学、生物及综合多个方面进行选择，如温度、pH、紫外线、高压、光照、氧气、营养等方面。图 4-22 描述了采用富集方法从土壤中分离能降解酚类化合物对羟基苯甲酸（P-hydroxybenzyl acid）的微生物的实验过程。首先配制以对羟基苯甲酸为唯一

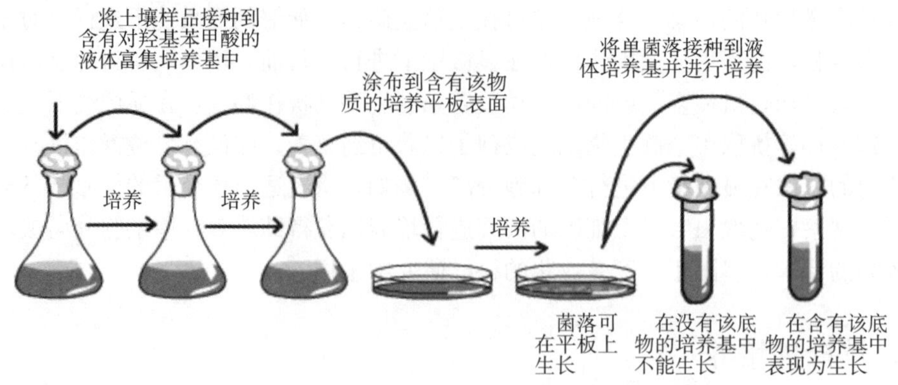

图 4-22　利用富集培养技术从土壤中分离能降解对羟基苯甲酸的微生物

碳源的液体培养基并分装于烧瓶中，灭菌后将少量的土壤样品接种于该液体培养基中，培养一定时间，原来透明的培养液会变得浑浊，说明已有大量微生物生长。取少量上述培养液转移至新鲜培液中重新培养，该过程经数次重复后能利用对羟基苯甲酸的微生物的比例在培养物中将大大提高，将培养液涂布于以对羟基苯甲酸为唯一碳源的琼脂平板，得到的微生物菌落中的大部分都是能降解对羟基苯甲酸的微生物。挑取一部分单菌落分别接种到含有及缺乏对羟基苯甲酸的液体培养基中进行培养，其中大部分在含有对羟基苯甲酸的培养基中生长，而在没有对羟基苯甲酸的培养集中表现为不生长，说明通过该富集过程的确获得了欲分离的目标微生物。通过富集培养使原本在自然环境中占少数的微生物的数量大大提高后，可以再通过稀释倒平板或平板划线等操作得到纯培养物。

富集培养是微生物学研究中的重要技术手段之一。营养和生理条件的各种组合形式可满足从自然界选择出特定微生物的需要。富集培养方法提供了按照意愿从自然界分理出特定已知微生物种类的有力手段。

第四节　肠道菌群的分析方法

尽管学者们在动物肠道微生态学方面的研究取得了长足的进步，但是，到目前为止对组成肠道菌群的微生物构成仍不十分清楚，仍需要不断开展研究，特别是方法学的研究。动物的肠道生境是极为复杂的微生态体系，集中了各种组成繁杂的微生物。此外，年龄或生理阶段等因素的变化增加了该系统的复杂性。由于缺乏合适的分析方法，人们对组成肠道菌群的范围以及某一种微生物在肠道中的作用还无法全面了解。近年人们在分子生物学方面所取得的进展，极大地提高了人们对肠道菌群的分析能力，这些方法的进一步完善和扩展，将使人们对这些微生物在肠道生境中生存情况及其作用的认识变得丰富而全面。

一、肠道菌群的分离和培养技术

（一）厌氧分离培养技术

在胃肠道环境中极低的氧化还原条件占优势，尽管其中不全是专性厌氧菌，也有部分兼性厌氧菌，但胃肠道中主要的细菌类群是厌氧菌。为了了解肠道菌群组成，需要采用厌氧培养技术，对于肠道内容物样品的分离、培养和转移过程都要求不暴露于空气中，而且需要使用预还原的培养基，培养期间也要维持在一种低的氧化还原电位状态。

1. 厌氧培养方法 从方法学角度，厌氧培养与微需氧培养，有一个从烦琐到简单、从有一定危险性到安全、效果上从不稳定到稳定可靠、经济上从费用高到费用低、制备上从实验室制备到市场商品化的发展过程。建立厌氧、微氧环境与提供适量的 CO_2 的方法，归纳起来有化学方法、物理方法、生物方法和使用还原剂等，而在实际应用时往往是几种方法联用的，也常常是联用才能取得最为理想的气体环境和最好的培养效果。

（1）化学方法

①加氢除氧法 这是厌氧培养与微氧培养中很常用的方法，提供的氢气在钯或铂等催化剂的催化下，与密封的容器或小室内的氧气结合成水，从而去除了容器或小室内的氧气，达到了厌氧或微氧环境。

②抗坏血酸吸氧产 CO_2 法 吸氧产 CO_2 袋的内袋为软质纸的密封袋，内装抗坏血酸等物质，外为铝箔密封袋。使用这种以抗坏血酸为主要成分的吸氧产气袋十分简单，只需先将要培养的平皿、试管、生化反应条等放在厌氧罐（盒）或厌氧袋中，然后用相应规格的吸氧产气袋，按铝箔袋上印有撕开的标记点撕开铝箔外袋，取出纸质内袋，在 1min 内迅速放入厌氧罐（盒）或厌氧袋中，然后关闭厌氧罐（盒），或用专用封口夹将厌氧袋封口夹好。抗坏血酸吸氧产气袋的铝箔被撕开后，内袋的物质接触到空气，随即发生化学反应而吸氧并产生 CO_2，此过程会产生热，在用厌氧袋时，厌氧袋外面可摸到有些微热，半小时内即可使厌氧罐（盒）或厌氧袋内基本达到所需要的厌氧、微氧和 CO_2 的三种气体环境。

③焦性没食子酸法 焦性没食子酸加 NaOH 能迅速吸收大量氧气，生成深棕色的焦性没食子橙，从而达到厌氧环境，这是传统常用的化学除氧法。用于培养单个平皿的方法是用一块比平皿大的干净玻璃片，在上面铺一小块 4 层纱布，加 1g 焦性没食子酸粉于其上，再加 10% NaOH 1mL。接种好的平皿，拿去皿盖，取培养皿的皿底扣于其上（注意：焦性没食子酸及纱布不可接触培养基表面），立即用已熔化的凡士林、石蜡混合物封闭平皿与玻璃交界处。本法也可用于试管的厌氧培养，在一较大试管管底加支架、焦性没食子酸与 NaOH，然后将要培养的小试管放入大试管内，大试管用橡皮塞塞紧。焦性没食子酸法与目前采用的 GasPak 法或抗坏血酸吸氧产 CO_2 法等比较，相对较麻烦，厌氧环境差一些，有时小环境中的 CO_2 还会被反应过程吸收，因此，当前少用。此外，还有连二亚硫酸钠-碳酸氢钠法、黄磷燃烧法、烛缸法等。

（2）物理方法

①加热驱气与密封法 在试管等容器内的液体培养基置水浴锅中煮沸 10min 以上，就能驱出溶解其中的空气，迅速水浴冷却，立即接种细菌，培养基上部加液体石蜡和凡士林的等量混合液 5mm 厚（也可以用凡士林和固体石蜡等量混合液），以隔绝空气进入。

②深部接种法 液体培养基中加入少量琼脂（含 0.05%～0.2%琼脂），可以阻止培养基表面的氧进入培养基深部。同样，固体培养基放在试管中，其近管底的深部也是相对的厌氧或微氧环境，不过这种管装的培养基高度不要少于管长的 2/3。

③置换-抽气换气法 用真空泵将容器中的空气抽出，然后充入氮气或氮气与 CO_2 的混

合气体。如为配合吸收容器中残存的氧气，还可充入少量氢气（通过催化剂作用与氧化合成水），或充入80%氮气、10%CO_2和10%H_2的混合气体。如为了做厌氧菌培养，需要抽气-换气3次，这是因为抽去容器内的空气不可能达到完全的真空，而且管道中存在着相当容积的死腔。抽气-换气过程应该有真空压力表指示，常用U形水银压力表。抽气时一般水银压力表不要低于76mmHg（10 132Pa）。压力过低会造成液体培养基从试管或瓶中冲出，平皿内的培养基也会在平皿内跳动脱落，而且过低真空有可能使细菌死亡。对于微需氧菌的培养，抽气后可换入氮气与CO_2的混合气体，也可用以上两种单种气体换入。至于抽气-换气次数、真空压力表压力等的确定，需要通过实验室的实践确定，从而确保容器内达到一个理想的气体环境，使微需氧菌生长旺盛即可。

（3）*生物方法* 生物方法主要是利用需氧菌的生长，新鲜动物、植物组织的呼吸作用来消耗培养基中与环境中的O_2和产生少量CO_2。此外，动物组织中的某些物质（如不饱和脂肪酸、谷胱甘肽）有耗氧与降低氧化还原电势的作用。

①同时接种需氧菌耗氧法 本法常用的需氧菌有大肠埃希氏菌和枯草芽孢杆菌等。方法是选取两个直径相等的平皿底或盖，分别注入培养基，其中一个接种需氧菌，另一个接种厌氧菌或微需氧菌，将两者合拢，在接缝处用玻璃胶带缠绕密封，置温箱培养，待需氧菌生长后就能消耗微环境中的氧气及产生少量CO_2，厌氧菌或微需氧菌便可生长。由于需氧菌生长需要一定时间，某些对氧高度敏感的厌氧菌可能在此期间死亡，但常见的对氧中度敏感的厌氧菌或微需氧菌仍可能生长，因此，本法仍然有实用价值。有的学者建议对需氧菌的平皿用无菌玻璃L棒密集涂布接种，并在37℃培养3h，使需氧菌提前生长，然后再将接种厌氧菌或微需氧菌的平皿，与需氧菌平皿相合，密封培养，以使两平皿间的空间环境尽快达到厌氧或微氧条件。本法的重要缺陷是需氧菌容易污染厌氧菌或微需氧菌平皿。

②动、植物组织耗氧法 培养基中加入植物组织（如马铃薯、燕麦、发芽谷物等）或动物组织（如新鲜无菌的组织小片或加热杀菌的肌肉、心、脑组织等），新鲜组织的呼吸作用以及组织中可氧化物质（如肌肉或脑组织中的不饱和脂肪酸）的氧化（氯化血红素的催化）都能消耗氧。厌氧菌培养常用的庖肉培养基就是根据这个原理。组织中含有的还原性化合物（如谷胱甘肽）也可使氧化还原电势下降，有利于厌氧菌、微需氧菌生长。

（4）*加入还原剂法* 氧化还原电势（Eh）是一种物质能接受电子（被还原）或释放电子（被氧化）的势能（潜能）。微环境（如在培养基或在机体组织）中的Eh高低与其微环境中含氧浓度成正比关系。如正常动物组织中含氧量高，其Eh约为+150mV，在此Eh环境中厌氧菌不易生长；而在结肠中含氧量极低，Eh为−250mV，厌氧菌有可能大量生长。在有氧环境中的培养基表面Eh约为+300mV，因此厌氧菌难以生长。厌氧菌一般要在Eh为−200mV才能生长。总之，微环境中氧浓度与Eh虽然是两个不同的概念，但二者密切相关，厌氧菌或者微需氧菌的生长繁殖正是需要氧浓度与Eh的同时降低。降低氧化还原电势的物质，也就是还原剂，一般是直接加到培养基，所以要求还原剂本身对厌氧菌无毒性，如果还具有对厌氧菌的营养作用则更好。常用的还原剂有葡萄糖、抗坏血酸、半胱氨酸和半胱氨酸盐酸盐、硫乙醇酸盐、谷胱甘肽等。

2. 厌氧培养技术和装置 厌氧菌、微需氧菌最重要的生物学特性为厌氧性与微需氧性，所以创建相应的气体环境是厌氧菌与微需氧菌微生物学检查的关键。一个理想的厌氧菌与微需氧菌培养法，不但要在培养过程中保持环境无氧或微氧，而且在标本采取、运送和接种时，应尽量少接触氧。在培养基的制作和贮存过程中，也尽量使它不形成对厌氧菌、微需氧菌有害的过氧化物。已经接触氧的培养基，应在使用前 24h 进行还原。因此，成功的厌氧、微氧培养法应包括培养基的制作和贮藏、标本的采取和运送及实验室操作，直至放入无氧或微氧环境的全过程。任何一个环节的失误都可导致整个厌氧菌与微需氧菌培养的失败。迄今已报道使用的厌氧分离培养技术和设备装置有以下几种。

(1) 亨盖特厌氧技术　亨盖特（Hungate）于 1950 年首先应用此技术研究反刍动物的厌氧微生物。自此以后亨盖特厌氧技术又经历了不断的改进和完善，使得这种技术发展成为研究严格、专性厌氧微生物的一套常用技术（Hungate，1958；Batch，1979）。亨盖特厌氧技术包括气体除氧系统、预还原培养基的制备、滚管分离纯化等厌氧操作分离技术。对分离培养的肠道菌群，不仅是其中的一般厌氧菌，即使对于要求在－330mV 以下的氧化电位生长的产甲烷细菌，如果采用这套亨盖特厌氧技术，配合在预还原培养基中加适宜的还原剂都能获得满意的效果。但对于肠道内复杂菌群的分离纯化，应用这套技术时操作比较繁琐。

(2) 厌氧罐　厌氧罐（anaerobic jar）或称厌氧缸（图 4-23），具有设备简单、不需要大量投资、占空间小、操作方便等优点。

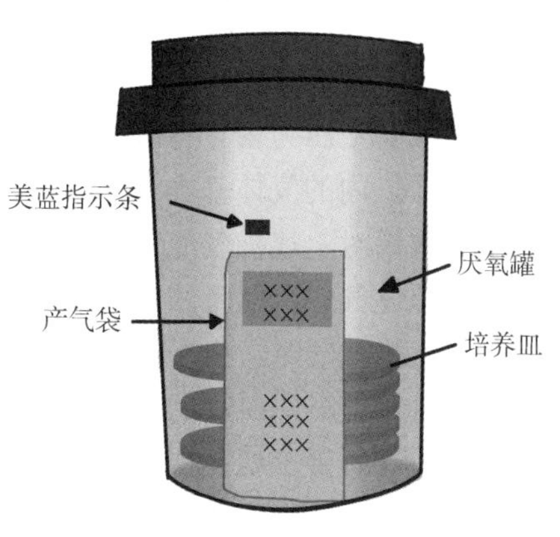

图 4-23　厌氧罐（缸）

厌氧罐自从 Mclrltosh 和 Fildes（1916）开始用于培养厌氧菌以来，经过多次改进。早先是用钢制罐体、热式催化剂和外源性 H_2 和 CO_2，逐步改为用玻璃或透明的聚碳酸酯罐体、冷式催化剂和内源性 H_2 和 CO_2。近年来，内源性厌氧与微需氧发生袋，又改为不需要用催化剂、不产生 H_2 和不加水的类型，这样也使厌氧罐的结构相应地改为更简单。目前，国内外制造的厌氧罐的类型多样，但归纳起来可分为外源性气体厌氧罐和内源性气体厌氧罐两大类。用外源性气体的厌氧罐在罐盖上有个罐内外相通孔，孔的罐外侧有可被套上耐压橡皮管的突出结构。外源性气体的厌氧罐需要配置一套完整的抽气-换气系统，这一系统包括真空泵、水银压力表（也可用其他真空表替代）、三个分别配有减压阀与流量表的气体钢瓶（H_2、CO_2 与纯 N_2）、连接用的耐压橡皮管、三通管、旋转开关阀等。此装置的模式图可见图 4-24。

当这套装置用作培养厌氧菌时，其具体操作程序为：①将已接种好的平皿、试管等放入厌氧缸内，同时将已复苏的催化剂钯粒和厌氧指示剂放入缸内适当位置；②紧闭厌氧缸盖；③启动真空泵抽气，注视真空压力表，显示抽去缸内的 90% 的空气；④关闭真空泵，充入 N_2，如此反复抽气充气两次；⑤第三次抽气后，充入 N_2 80%、H_2 10%、CO_2 10%。以上操作法称为抽气-换气法。充入的 N_2 是惰性气体，用它来替代空气。经 3 次的抽气-换气还不能保证厌氧缸中完全没有残留的氧气，因此，充入 10% H_2。H_2 可与残留的氧气在钯的催化下结合成水。10% CO_2 是厌氧菌生长所需要的气体。经过以上处理后，美蓝厌氧指示剂如能保持无色或从蓝色转为白色，表示厌氧缸内已处于无氧状态，即可将厌氧缸送入 35℃或 37℃温箱内培养。

当这套外源性供气装置用于微需氧菌培养时，其具体操作为：①将已接种好的平皿、试

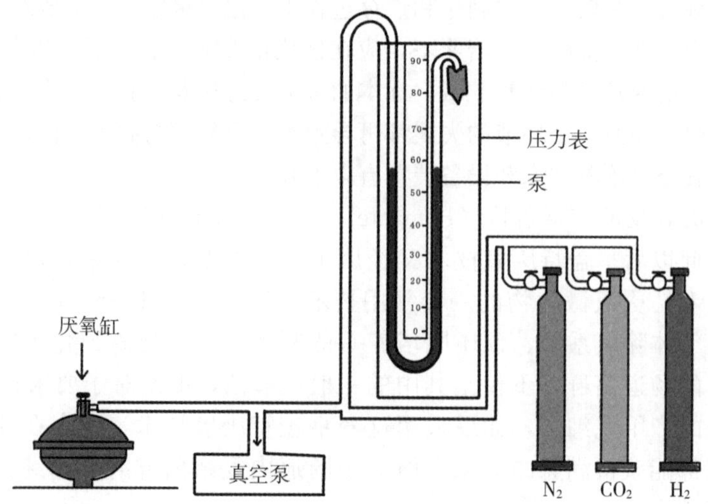

图 4-24 使用外源性气体厌氧罐的气路示意

管等物品放入厌氧缸内，但不需要放催化剂和厌氧指示剂；②紧闭厌氧缸盖；③启动真空泵抽气，注视真空压力表，将缸内的空气抽出 80%；④关真空泵，充入 N_2 85%，再充入 CO_2 15%。这样缸内的气体基本上达到 N_2 85%、O_2 5%、CO_2 10%的微氧环境。实验人员也可根据培养效果对上述抽气充气比例加以调整。

用外源性气体厌氧罐培养厌氧菌或微需氧菌的优点是厌氧或微氧环境建立迅速，经济成本低。缺点是抽气时，由于缸内压力低，试管或烧瓶中的培养液或液态的美蓝指示剂会沸腾喷出。平皿倒置时，皿底的琼脂培养基会脱落掉下至皿盖内。因此抽气时，缸内压力不能抽得太低，抽气时要密切注视压力表的变化。放置平皿时，宜正放，即皿盖在上、皿底（有培养基处）在下，这与一般传统的平皿放置方式不同。

用内源性气体的厌氧罐可以仍然采用外源性气体的厌氧罐（只要关闭罐盖上与外界的相通口，卸下与抽气-换气系统的连接管），但是有的生产商制造的厌氧罐，有专供用内源性气体的厌氧罐盖，也就是这种罐盖上没有与外界相通口，可保证不容易漏气，但罐盖内面仍有可装卸放置催化剂钯粒的网室。

用内源性气体的厌氧罐培养厌氧菌时，一般事先要购买好一定规格的厌氧气体发生袋、催化剂钯粒与厌氧指示剂条。具体操作过程为：①将需培养的平皿、试管等物品放入厌氧罐体内，再把催化剂钯粒与厌氧指示剂放入罐内；②用剪刀剪去厌氧发生袋的上角（有明确标志），再用刻度吸管将 10mL 水加入剪去一角的袋内；③迅速将发生袋放入罐体内支架的一边，紧密盖好罐盖；④待厌氧指示剂从蓝色转为无色或保持无色，就可将厌氧罐放入35～37℃环境孵育。

近年来，英国、法国等都生产了不加水、不用催化剂、不产氢气的厌氧、微需氧和增加 CO_2浓度的吸氧产 CO_2的发生袋。这种袋的成分有抗坏血酸、活性炭、铁粉等试剂，但详细成分与配方均未公布。使用以上发生袋时，只需按铝箔上印有该撕开的标记点，撕开铝箔外袋，取出盛有抗坏血酸等试剂的密封纸质内袋，将内袋在 1min 内迅速放入厌氧罐内，盖好厌氧罐盖即可。在培养厌氧菌时，在撕开铝箔外袋前，先将厌氧指示剂放入罐内，以监视罐内厌氧环境是否达到与保持持久。

由于新型的发生袋在打开铝箔外袋后，内袋中的化学试剂接触空气后即自行发生化学反应，不需要用催化剂与加水，又不会产生有危险性的 H_2，所以有可能使原来结构较为复杂的厌氧罐的结构更简单。

（3）厌氧袋　厌氧袋是透明而不透气的塑膜袋，配上密封夹而作为容器来培养厌氧菌、微需氧菌或需增加 CO_2 浓度的需氧菌。使用时，只需事先购买一盒厌氧、微需氧或增加 CO_2 浓度的培养袋，盒内有不透气塑膜袋 10～20 个，塑料夹 2 套左右，气体发生袋 10～20 个。具体操作时只需将要培养的平皿、试管若干个放入塑膜袋中，然后撕开发生袋铝箔外袋，取出内袋，放入塑膜袋内，用塑膜袋夹密封袋口则可。如培养厌氧菌，在撕开发生袋铝箔前，将厌氧指示剂放入袋中，以监视塑膜袋内是否达到厌氧环境和持久状况。厌氧袋法创造厌氧、微需氧或增加 CO_2 浓度环境是否成功的关键是发生袋本身的质量和密封夹的质量。厌氧袋一次培养的容量为直径 9cm 的平皿 4 个。厌氧培养、微氧培养或需增加 CO_2 浓度的需氧菌培养都可按不同规格发生袋达到相应的要求。塑料袋及塑料夹很轻便，所以厌氧袋培养很适合少量标本的培养要求，也适合于现场采样、现场接种的要求。厌氧袋也适合现场采样后作为标本运送的临时厌氧或微氧环境的容器。因为用于厌氧袋中的发生袋，其需化学试剂量较少，所以价格相对便宜。

（4）厌氧手套箱　厌氧手套箱（图 4-25）是目前国际上公认的培养厌氧菌的最佳仪器之一。各国有不同类型的产品，但目前生产的厌氧手套箱多为一个密封的大型金属箱，一般该箱的左侧为一个大室，可称为操作室。操作室前面为透明不透气的厚塑膜或者有机玻璃。塑膜或有机玻璃上安装两只长袖的橡皮手套，操作者的两只手伸在橡皮手套内，在操作箱内进行操作，厌氧手套箱也就由此得名。操作室前大半部分为操作空间区，内还存放专用接种棒、电热灭菌器（接种棒灭菌用）、钯粒与硅胶盒（内有吸入式电扇协助气流流通）、厌氧美蓝指示剂（监视厌氧状态）。操作室后部空间安放小型恒温培养箱一台和放物支架，在厌氧手套箱右下方为交换室（或称过道室）。交换室为耐压不透钢板焊成。该室有两扇门：一扇内门与操作室相通；一扇外门通向箱外。手套箱的右上方有显示交换室的真空表、恒温培养箱温度显示表及各种开关等。手套箱的厌氧环境是靠电脑控制的，可间隙性地向操作室内输入混合气体，再由催化剂钯粒催化，将室内残存 O_2 与混合气中 H_2 结合成水，而达到除氧的

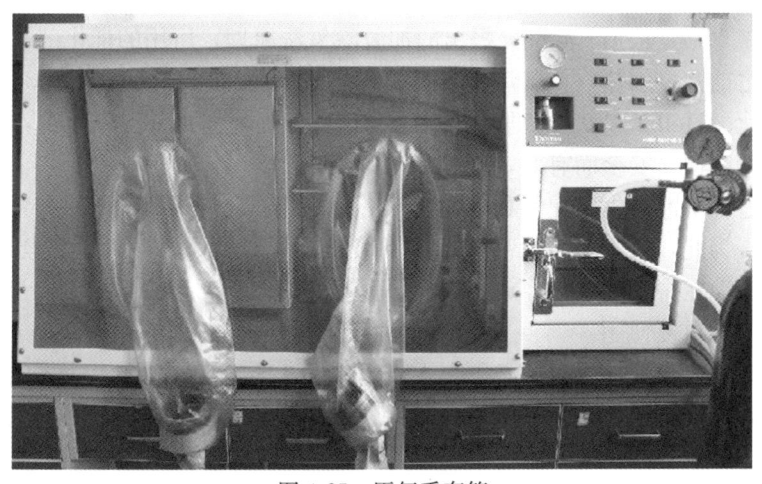

图 4-25　厌氧手套箱

目的。交换室的厌氧环境是靠对该室空间进行抽气-换气实现的，即第 1、2 次抽气达 6.67kPa（50 mmHg）左右后换入 N_2，第 3 次抽气后换入混合气体。

要操作手套箱，首先要使操作室内达到厌氧状态（美蓝指示剂变白色），然后将培养皿、样品等物品放入交换室，关闭其内门（从操作室关闭）及外门，经 3 次抽气-换气后，从操作室打开内门，取出物品至操作室，关闭内门后进行实验操作。接种好的平皿、试管等放到恒温培养箱内培养。手套箱的优点是从标本的接种、培养、观察（有的手套箱内还安放显微镜及观察窗）和鉴定的整个过程都可以在厌氧环境下进行，这样不会像厌氧罐等方法一样，培养后观察仍会使严格厌氧菌因接触氧而死亡。厌氧手套箱还可用于培养基的分装、厌氧标本采集瓶的分装等所谓预还原厌氧灭菌培养基（prereduced anaerobic sterilized medium，PRAS）的制备。厌氧手套箱的优点较多，但是价格昂贵，占的空间较大，操作室初次达到厌氧环境消耗混合气较多，维持该室的持久厌氧状况，每天也都要消耗一定量的混合气。

（5）*旋转管* 旋转管（roll tube）装置为 1950 年 Hungate 首创，主要用于对氧极端敏感的厌氧菌的培养，如某些能够产生沼气的厌氧菌。这类细菌对氧极端敏感，用一般厌氧培养与操作方法很难分离出。旋转管法的无氧要求非常严格，因此，操作比较麻烦，实验人员必须经过专业训练才能掌握。本法有以下三个特点：

①所用的 N_2、H_2、CO_2必须绝对无氧，除氧过程是将上述气体通过一个直立式的缠以铜丝的高温炉，气体中的氧立即被铜丝氧化成为氧化铜。气体经此处理后完全不含氧。厌氧菌培养的全部操作都在用无氧的 CO_2气体喷射中进行，以免接触氧气。

②培养基的制备、分装和灭菌过程也完全不能接触氧，以免形成过氧化物，对厌氧菌生长不利。

③施转管的制备与接种。将琼脂高层溶解，凝固前使盛琼脂的试管水平放置，在水平板上沿着长轴滚动，琼脂即在试管壁上凝成一薄层，就成为旋转管。接种方式有两种：一种是倾注培养，在琼脂未凝固前，将接种物混入琼脂，做成旋转管；另一种是划线接种，将试管竖直，放在能转动的平台上（70r/min）。接种时将标本加到管底。当平台转动时，接种针从下向上移动，带着标本在管壁划出一条螺旋形接种线。以上所有这种操作都在无氧气体不断喷射下进行，接种完后，立即用灭菌的丁基橡皮塞盖紧，放在 35～37℃环境培养。

3. 厌氧催化剂和氧化还原指示剂

（1）*厌氧催化剂* 根据 Laidlaw 提出的加氢除氧法原理，所用的催化剂是钯或铂。过去在使用催化剂之前都要加热，使其活化，因而称热式催化剂。Eggerth（1933）发现催化剂不加热也能催化。Heller（1954）进一步用钯粉包裹小铝丸作为常温催化剂，又称冷式催化剂。此种催化剂简便、安全而有效，现已广泛应用。

细菌培养过程中能产生硫化氢和砷化物，密封的培养环境又有大量水分，这些因素都可使钯或铂失活。为此，每次使用后都应干热，160～170℃烘烤 2h，使其复苏。复苏后的钯粒或铂粒需放玻璃瓶中密封备用。放在厌氧手套箱中的钯粒，至少每周更换一次，换下来的钯粒，干烤复苏后重复使用。

（2）*氧化还原指示剂* 厌氧菌必须在无氧条件下才能生长和繁殖，为了随时了解培养环境及培养基是否已达到或保持无氧状态，需用厌氧检测系统进行监测。目前最常用的检测方法是利用氧化还原剂，如美蓝和刃天青。

①美蓝指示剂 美蓝又称甲基蓝，它是一种碱性盐。美蓝在有氧环境，即氧分压在

5.06kPa（0.05 大气压），氧化还原电势（Eh）在 11mV 以上时，为氧化型结构而呈蓝色。美蓝在无氧环境（即 5.06kPa、Eh11mV 以下），为还原型结构而呈白色（有人称为美白）。正因为有以上变化，可作为氧化还原指示剂。美蓝多用作厌氧环境的指示剂。一般，将其配成溶液、半固体溶液放入小试管或浸泡纸片等，单独放在环境中，根据蓝色或白色来指示环境无氧状态，但也有配入培养基中（浓度 0.000 2%）以指示培养基的溶解氧与 Eh。

②刃天青指示剂　刃天青又名树脂天青，是一种蓝色染料，还原后先变成试卤灵（resorufin），呈粉红色，然后变成无色的二氢试卤灵（dihydroresorufin）。刃天青在 Eh －43mV以上成粉红色，在 Eh－43mV 以下则为无色，比美蓝敏感，常将其加入液体培养基中作氧化还原指示剂。

（二）非选择性培养方法

培养技术的本质是将新鲜粪便或肠组织中的微生物在选择性或非选择性培养基上进行平板分离和培养。样本首先需要在无菌液体中（如 0.1%蛋白胨水）进行匀浆。非选择性培养基通常用于获得样本中好氧与厌氧微生物的总数，常用的非选择性培养基有肠液-葡萄糖-纤维二糖培养基（RGCA）、改良 10 号培养基、标准平板计数琼脂、布鲁氏血琼脂（0.5%羊血、1mg/mL 维生素 K_1 和 5mg/mL 血晶素）、心脑浸出液培养基（BHI）等。需要强调的是，尽管这些培养基中没有添加特定的选择性物质，但这些培养基对肠道的部分微生物具有天然的选择性，尤其是那些具有特殊营养需要或者那些在生理状态下能在这些培养基上生长，但不能直接从粪便或肠组织培养的微生物。

（三）选择性培养方法

对某一类特定细菌的计数通常是在特定的培养基上进行的。从数量上来讲，拟杆菌（*Bacteroides*）是肠道中最主要的细菌，因此，培养基中不需要添加选择性物质就能分离到它们。然而，在实际操作中，经常使用一些选择性物质，如胆盐、七叶灵或抗生素等，使拟杆菌被选择性富集。由于上述选择性物质对肠道细菌具有一定的抑制作用，因此，在它们存在时所获得的肠道拟杆菌的数量可能比实际值偏低。采用在非选择性培养基上培养后再通过特定的方法进行鉴定后所获得的结果更准确。双歧杆菌（*Bifidobacterium*）是肠道中另一种主要的细菌，到目前已设计出多种选择性培养基，常用来分析肠道中双歧杆菌数量组成的选择性培养基有 YN-6、BSI 等。在这些培养基中所用的双歧杆菌选择性试剂主要包括抗生素（卡拉霉素、萘啶酮酸等）和/或丙酸。然而，对常用的双歧杆菌选择性培养基进行分析后发现，没有一种培养基对双歧杆菌具有完全的选择性，它们通常都含有对部分双歧杆菌具有毒性的物质。对肠道另外一些常见的细菌如乳杆菌，则通常可以采用 Rogosa（Difco）、酸性 MRS（Difco）或 LAMV-AB 培养基，从新鲜的粪便或肠组织标本中分离到。肠球菌和粪链球菌则可以采用 Stanetz-Bartley（SB）培养基或噁喹酸（oxolinic acid）-七叶灵-叠氮化物（OAA）培养基分离；而大肠菌科的细菌则可以采用麦康凯琼脂（MarConkey agar，Difco）分离。所有这些选择性培养基对于分析肠道菌群的组成非常有用，然而，它们都存在不具备绝对的选择性或对同一属（或种）内部分菌株具有毒性等内在性不足。此外，所有的培养基都不能将那些在生理状态下存活、但不能生长的细菌培养出来，即有部分肠道细菌是处于“不可培养”状态的。

二、肠道菌群组成的分析技术

（一）分析肠道菌群的经典方法

用来分析肠道菌群的经典方法包括依赖于培养过程和不依赖于培养过程的技术。这两种途径对于了解肠道菌群的性质都具有重大的意义，但都存在准确性差以及分析过程烦琐等缺点。目前尚缺乏准确测定肠道微生物的技术。

1. 依赖于培养过程的经典技术　前面所讲的培养方法可以用来从粪便或肠道样品中分离那些可培养的细菌。在获得相关的菌落后，首先需要将其鉴定到属，然后鉴定到种（或菌株）的水平。这一鉴定过程需要采用一系列形态学和生物化学试验，其中所涉及的绝大多数试验都可以依照《伯杰氏细菌鉴定手册》上所列出的方法进行。对所获得种的鉴定结果的可靠性与所进行的试验的多少及试验的准确性有关。近年来，随着微电子和计算机等先进技术向微生物的渗透，人们在开发快速、准确和自动化的微生物鉴定和检测技术方面取得了突破性进展，如微量多项试验鉴定系统。根据判定表判定试验结果，用此结果进行编码，将编码输入计算机即可获得鉴定结果。但这些方法的基本原理仍然是根据所分离的微生物的生理生化反应特征来获得鉴定结果，只是所进行试验项目更多，自动化程度更高，从而提高了鉴定的速度和准确性。上述方法无法对从不同特异性个体体内所获得的亲缘关系接近的种进行比较。这一点非常重要，因为某一特定菌株能否在宿主体内发挥益生作用，与该菌在不同个体肠道内的稳定性密切相关。如果要从进化的角度研究这些肠道菌群，则需要采用比形态学和生化鉴定试验更准确的分析方法。

2. 不需要培养过程的鉴定方法　在分析某种微生态系统的微生物组成时，如果完全依赖于培养方法，由于无法了解所使用的培养方法对其中各种微生物生长的有效性，从而使所获得的结果并不可靠。在传统方法中有些技术可以对微生物菌群的真实数量提供直接的依据。但是，这些技术对了解微生物菌群组成来讲无法提供更多的帮助。

（1）直接显微分析　光学显微镜是直接分析样品中细菌数量的一种非常有效的工具，然而显微计数方法也存在缺陷，所获得的结果可能严重低于实际值。由于这些方法通常涉及加热固定和染色等过程，因此，很有可能出现部分细胞脱落，尤其是在水洗过程中。而且，很可能出现不是所有的细胞都着色的情况。尽管存在这些不足，显微直接计数法还是一种很好的用来观察样品中细菌总数的技术，而且对于评估某种培养方法的有效性非常有帮助。

（2）酶/代谢产物分析　测定粪便样品中某种特定酶或代谢产物的含量可以间接反映其中某一类微生物的数量，或者更准确地讲，可以反应其中某一类微生物的代谢活性。这些间接方法非常快捷，因此，可以同时分析大量的不同样品。此外，这些方法对于了解样品中菌群的代谢活性具有重要的作用。短链脂肪酸，尤其是乙酸、丙酸和丁酸是厌氧细菌发酵的主要代谢产物，测定粪便中这些短链脂肪酸的含量可以反映肠道中某些特定细菌的代谢活性。肠道中短链脂肪酸含量增加被认为是一种有益的指标，而这些脂肪酸含量的增加主要与乳酸菌等有益菌代谢活性的增强相关。

粪便中某种酶活性的升高或降低同样也可以指示某一类细菌代谢活性的改变。例如，受试者在服用 *Lactobacillus rhamnosus* GG 后，粪便中 β-葡糖醛苷酶的活性明显降低，而后者被认为与大肠的癌变有关；同样，粪便中 β-半乳糖苷酶活性与大肠内双歧杆菌的数量之间也存在非常显著的关系。不过，到目前为止，通常还难于将某种特定的酶活性与肠道中某一类特定的微生物类群联系在一起。粪便中多种酶，例如叠氮还原酶和硝酸盐还原酶，可以在肠道中产生有毒的代谢产物，而拟杆菌（*Bacteriodes*）、真杆菌（*Eubacterium*）和梭菌（*Clostridium*）属中的部分种可能与肠道中这些酶的产生有关，但还需要进行更多的研究以便在某种特定的酶活性与肠道中某一类特定的微生物类群之间建立对应关系。

（二）对肠道菌群进行鉴定的分子生物学方法

细菌鉴定是饲用微生物的首要条件之一，鉴定一株未知菌，就是通过对其各种特征的分析比较，鉴别它属于细菌分类体系中的哪一类、哪一种菌，按国际通用名称予以定名。以何种方法进行最快、最优、最准确的细菌分类鉴定一直是该学科内研究热点。传统的菌株分类鉴定方法是依据菌体的表型特征，包括培养、形态、生理、生化特征、抑制物试验、化学分类性状等，来对细菌进行分类鉴定，即表型分类法。具体过程是：首先需要将目的菌落鉴定到属，然后鉴定到种的水平。这一过程需要采用一系列的形态学和生物化学试验，对目的菌种鉴定的可靠性与进行的试验次数多少有关，因此，经典鉴定方法的缺陷不仅是工作量大，需时长，而且很可能出现鉴定结果的不确定性。更重要的是，该方法无法对亲缘关系接近的种进行比较，无法从进化和遗传的角度研究菌群的亲缘关系。

随着分子生物学技术的飞速发展，特别是随着作为生物技术里程碑的聚合酶链式反应（polymerase chain reaction，PCR）技术的出现，一种新的分类系统：遗传型分类法产生了。它主要是对细胞 DNA 或者 RNA 分子进行分析，包括 DNA 的（G+C）mol%、核酸分子杂交、ARDRA、RAPD、AFLP 和系统发育分子标记如 16S rDNA 序列分析、ITS 序列分析以及 DGGE 等一系列分子生物学技术。

分子生物学技术对细菌分类学的渗入，使细菌分类学逐渐提高到了一个新的水平。从 20 世纪 60 年代起细菌分类学步入分子生物学时代。对细菌的辨认已不限于一般表型特征的鉴别，而且深入到基因型形状的鉴定（表 4-4），并使细菌分类工作在研究自然界各类群细菌种类及其相互间亲缘关系、探索建立自然分类系统方面加速了前进的步伐。

表 4-4 一般细菌的分类鉴定特征类别

特征类型		举　例
表型特征	培养	菌落形态、色素
	形态	革兰氏染色细胞形态、芽孢、运动性
	生理	生长条件：温度、pH、厌氧、营养
	生化	代谢产物和生成的酶、碳水化合物
	抑制物试验	抗生素抗性、药物敏感性
化学分类形状		细胞壁组分、乳酸的旋光性
基因型特征		DNA 或 rRNA 基因限制性片段多态性
系统发育型特征		16S rRNA 序列、DNA 序列

1. 细菌染色体 DNA 的 G+C 含量测定 Chargaff 等在 20 世纪 50 年代发现，DNA 碱基组成具有种特异性且不受菌龄和外界环境因素影响。据此，Lee 和 Belozersky 等首先把（G+C）mol%作为细菌鉴定的一个重要遗传指标。在 20 世纪 60～70 年代初，国外对细菌

的（G+C）mol%进行了大量研究和报道，Storck 系统测定了真菌 DNA（G+C）mol%，确定（G+C）mol%作为真菌分类鉴定的遗传学参考标准之一。国内主要从 20 世纪 70 年代开始对细菌、真菌等微生物的 DNA（G+C）mol%进行了测定，80 年代中期至 90 年代初人们又分别对衣原体、立克次氏体和蚤类等的 DNA（G+C）mol%进行了研究。目前 DNA（G+C）mol%含量测定已广泛用于微生物鉴定中。

2. 核酸分子杂交技术 核酸分子杂交技术是近 20 年来迅速发展起来的研究手段。它不仅作为细菌分类鉴定的一个方法被采用，而且已广泛应用于基因工程、分子遗传学和病毒学等方面的研究。目前细菌的基因型虽不能直接由它的 DNA 来解读，但可通过它们 DNA 核苷酸顺序互补程度来估计不同细菌基因型之间的全部相似性，并以此推定细菌亲缘关系。核酸探针所选择的靶序列通常是某一属、种或菌株所特有的核酸序列。

目前有多种杂交方法，有液相与固相之分。最常用的方法是将反应物固定在载体上，另一反应物仍以液相与其杂交。固相载体有硝酸纤维素膜、尼龙膜、乳胶和微量滴定板等。

膜杂交法是常用的杂交检测方法。将待测菌的双链核酸解成单链固定在硝酸纤维素滤膜等固相支持物上，置入含有经过酶或荧光或同位素标记的探针液中复性，形成新的双链核酸，测定杂合双链的信号强度来确定菌株间的同源性程度。Denis Roy 等用此法对 73 株乳酸菌进行了分类鉴定，并说明它们之间的亲缘关系。

荧光原位杂交（fluorescence in situ hybridization，FISH）是将带有荧光标记的寡核苷酸探针直接与固定在载玻片上的细胞进行杂交。固定过程中要使短的探针渗透到细胞内的核酸。杂交在载玻片上进行，带有杂交荧光标记探针的细胞随即用荧光显微镜可观察到，可显示与探针互补序列在细胞内的位置，并估算出特异序列的相对数量。Poulsen 和 Lan 等（1994）的报道中表明，有可能利用此方法原位地测定自然区系中菌类生长的速率，并有助于我们了解特异微生物类群在生物群体中的空间分布。

3. 16S rDNA 寡核苷酸序列分析技术 20 世纪 70 年代初期 Woese 等以 Sanger 的寡核苷酸序列分析方法为基础，设计了 16S rDNA 寡核苷酸序列分析法，用以研究原核生物的进化关系。16S rDNA 之所以被选作研究对象是由于它普遍存在于各种生物中，而且在生物细胞中占有极为重要的地位。

细胞的核糖体是遗传信息表达成蛋白质的场所，作为其主要组成部分之一的 rRNA 具有种系发生所必不可少的指示信息。在微生物长期的进化过程中，rRNA 分子的功能几乎保持恒定，其分子内的核苷酸序列信息的变化也非常缓慢，甚至保留了很古老的祖先的一些序列，因此，根据 rRNA 分子的核苷酸序列信息可以推测出种系发生上的深远关系。然而还有些部位的序列变化大，这就可以用来研究亲缘关系比较近的属种间的关系。原核细胞的 rRNA 有三种类型：23S rRNA、16S rRNA 和 5S rRNA，它们分别含有的核苷酸约 2 900、1 540 和 120 个（图 4-26）。5S rRNA 虽然容易分析，但核苷酸数太少，不能为我们提供足够的遗传信息用于分类鉴定；而 23S rRNA 含有的核苷酸数几乎是 16S rRNA 的两倍，突变较为复杂，不易于全长测序，因此分析起来也较为困难；只有 16S rRNA 的核苷酸数适中，作为研究对象最为理想。

在基因组 DNA 中，指导 16S rRNA 合成的操纵元是 16S rDNA，又称为 16S rRNA 基因。

PCR 技术的问世使得 16S rDNA 寡核苷酸序列分析技术具有了更好的可行性，利用 PCR 的方法，采用针对 16S rRNA 基因两端通用保守区的引物直接从所分离到的菌株进行

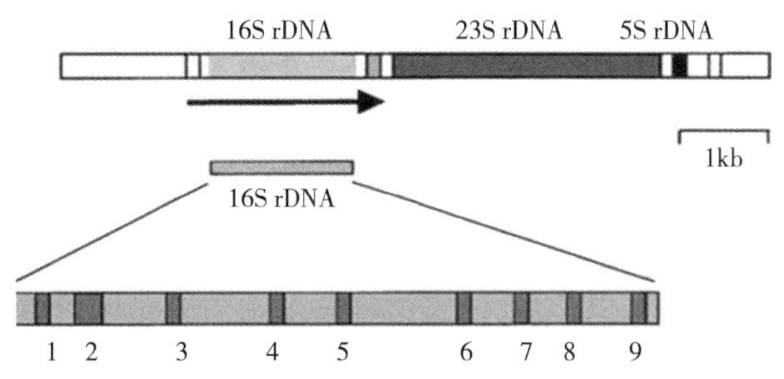

图 4-26 细菌 16S rDNA，23S rDNA 和 5S rDNA 结构

该菌株 16S rRNA 基因的扩增，然后通过克隆和测序反应，测定整个 PCR 复制子的序列组成，再在核酸数据库中进行分析比较。

16S rDNA 寡核苷酸序列分析并不能鉴定所有的菌种，例如用这种方法很难区分加德纳氏菌属和双歧杆菌属，但是由于双歧杆菌属是具有高（G+C）mol%的革兰氏阳性细菌，因此，有人曾用前面提到的测定（G+C）mol%的方法来区分阴道加德纳氏菌（G+C 含量为 42mol%）和双歧杆菌（G+C 含量为 55～65mol%）。从这个例子可以看出，每种方法都不是绝对准确的，每种方法都有自己的长处和缺陷，它们可以互相作为补充。在实际研究中我们要找出最适合的鉴定方法，很可能是多种鉴定方法一起使用。

在 20 世纪 70 年代，美国学者伍斯（Carl Woese）等对 400 多株原核生物和真核生物的 16S rRNA（18S rRNA）进行了测定，通过比较各类生物 16S rRNA（18S rRNA）的基因序列，从序列差异计算它们之间的进化距离。绘制了一张生命系统发育树（图 4-27）。这是一棵有根的树，根部的结构代表地球上最先出现的生命，他是现有生物的共同祖先，生物的进化从这里开始。rRNA 序列分析表明，最初先成两支：一支发展成为今天的细菌（真细菌），另一支是古细菌（古生菌），这一支进一步分化形成古细菌和真核生物。后来人们把古

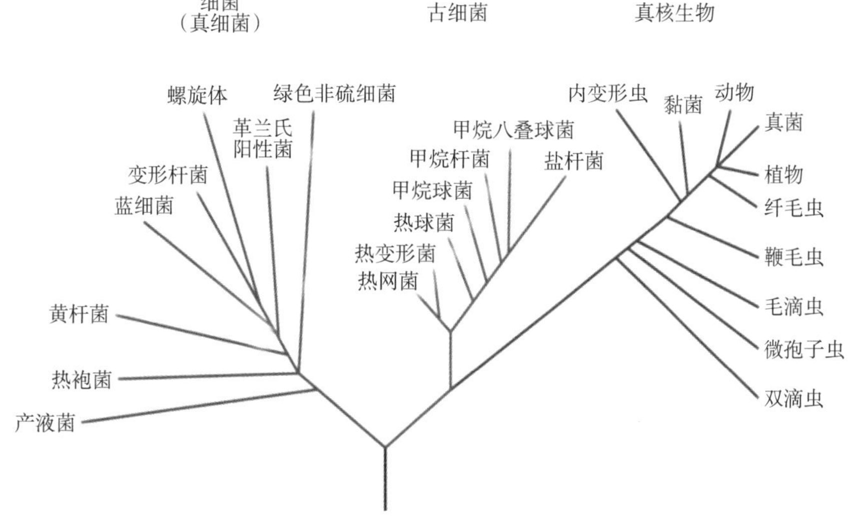

图 4-27 基于 16S rRNA 序列的生命系统发育树

细菌视为生命的第三种形式，改变了原来细胞生物分为真核生物和原核生物的两界学说，取而代之的是三界学说，细菌（真细菌）、古细菌（古生菌）和真核生物。

4. 内部转录间隔区序列分析（ITS 序列分析） ITS 序列是指编码 RNA 基因（rDNA）上的一个非编码区域。在真核生物中，这个区域包括 ITS-1（位于 18S rDNA 和 5.8S rDNA 之间）和 ITS-2（位于 5.8S rDNA 和 28S rDNA 之间）区。高等植物中的 rDNA 是高度重复的串联序列单位，它的 ITS 序列是 18S rDNA-5.8S rDNA-26S rDNA 的间隔区序列，所受的选择压力较小，进化速度较快，在物种间表现出较高的差异。原核生物的 ITS 序列是 16S rDNA 和 23S rDNA 内转录间隔序列，它在原核生物中普遍存在，在环境条件改变时相对稳定。由于不同原核生物 16S rDNA 和 23S rDNA 内转录间隔区所含的 tRNA 的数目、类型不同，具有长度和序列上的多态性，因此可用于菌种的分类和鉴定。其基本步骤包括：提取微生物样品 DNA、扩增出 ITS 区序列和 DNA 测序。然后，将样品序列与 GenBank 中已知序列进行比对，判定微生物种类，可将微生物划分到属或种。Anu Tilsala-Timisjärvi 等首先利用这种方法，分别设计出针对干酪乳杆菌（*Lactobacillus casei*）、鼠李糖乳杆菌（*Lactobacillus rhamnosus*）、德氏乳杆菌（*Lactobacillus delbrueckii*）、嗜酸乳杆菌（*Lactobacillus acidophilus*）、瑞士乳杆菌（*Lactobacillus helveticus*）和嗜热链球菌（*Streptococcus thermophilus*）的特异性引物，以用于这些菌株的鉴定。

5. 扩增核糖体 DNA 限制性分析（ARDRA） 扩增核糖体 DNA 限制性分析（amplified ribosomal DNA restriction analysis，ARDRA）技术是一种利用限制性酶切片段长度多态性（restriction fragment length polymorphism，RFLP）来检测生物个体之间差异的分子标记技术。在用于细菌种群分析时，该技术主要以细菌的 16S rRNA 基因为酶切分析目标，如需要展现更多的多态性，也可以选取 23S rRNA 基因和它们之间的 ITS 作为分析目标。

ARDRA 是一项快速技术。通过 PCR 扩增 rDNA，将扩增产物经适当限制性内切酶消化，对消化的样品进行琼脂糖凝胶或丙烯酰胺凝胶电泳分离，不同种群其酶切片段的数量或大小不同，于是电泳图谱呈现出特征性的指纹图谱。所选取的限制性酶取决于被分析的微生物的类型，为了更好地区分近缘种，多个限制性指纹图谱是很有必要的。这个技术由于 16S rRNA 基因的保守性，可能会导致鉴别力相对低一些，然而，它却是所有以 PCR 为基础的指纹技术中重复性最高的一种技术。目前该技术已经被广泛应用在各类细菌的分子鉴别研究中，包括双歧杆菌（*Bifidobacterium*）、乳杆菌（*Lactobacillus*）、芽孢杆菌（*Bacillus*）等益生菌，也包括链球菌（*Streptococci*）、分枝杆菌（*Mycobacteria*）、霉浆菌（*Mycoplasma*）等医学致病菌。

6. 随机扩增多态性 DNA（RAPD） 随机扩增多态性 DNA（random amplified polymorphic DNA，RAPD）技术与常规的聚合酶链式反应不同之处在于，使用了仅有的单个短引物（通常 10～12 个碱基），其序列是随机选择的。用很低的退火温度来降低 PCR 反应的严格性，使短引物能够结合到最接近同源性的区域，完成 PCR 扩增，并经过电泳显示出多态性（图 4-28）。RAPD 作为一项快速技术，是具有一定的鉴别力的，应用于那些缺乏序列信息的菌类。它的优点是不需要了解任何研究对象的序列信息，操作简单，结果直观，而且能够代表整个基因组的特性，多态性很好，可区分 ARDRA 技术无法区分的同一种内的各个菌株。主要缺陷是重复性较差，操作程序上的任何一个细微变化就能改变最终的电泳带型，因此，不同实验室之间的实验结果常常难以比较。RAPD技术的分辨力取决于所选用的引物，而选择理想的RAPD引物具有很大的偶然性，这也加大了筛选引物的工作量。

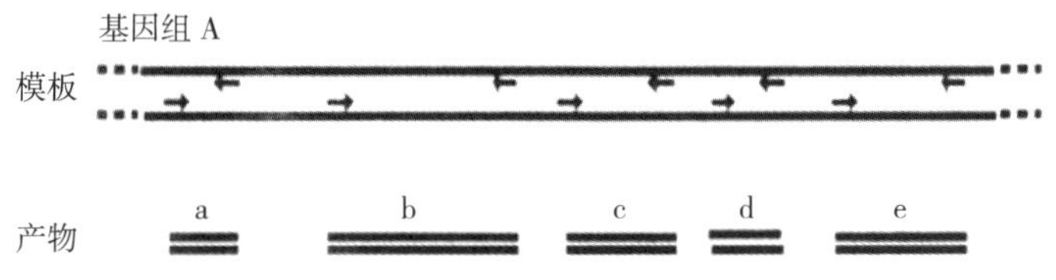

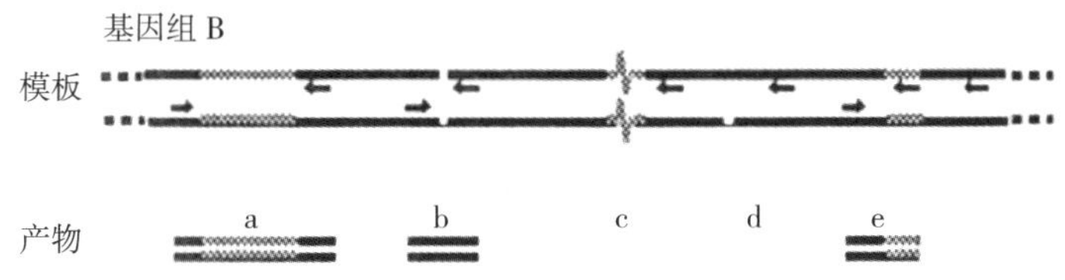

图 4-28　RAPD原理示意

7. 扩增片段长度多态性（AFLP）

扩增片段长度多态性（amplified fragment length polymorphism，AFLP）技术是RFLP和RAPD两种技术的结合，主要是通过对基因组DNA的限制性酶切片段进行选择性扩增而揭示其多态性。其基本原理（图4-29）是：基因组DNA先用限制性酶酶切，然后使用双链寡核苷酸人工接头与基因组酶切片段末端相连作为扩增反应的模板，接头序列和相邻的限制性酶切位点序列是引物结合的位点，引物由三个部分组成：①核心序列，该序列与人工接头互补；②限制性酶识别序列；③3′端的选择性碱基（一般不超过3个）。简单说包括5个步骤：DNA的限制性酶切、酶切片段与寡核苷酸人工接头的连接、预扩增、选择性扩增、利用聚丙烯酰胺凝胶电泳分离扩增的DNA片段。

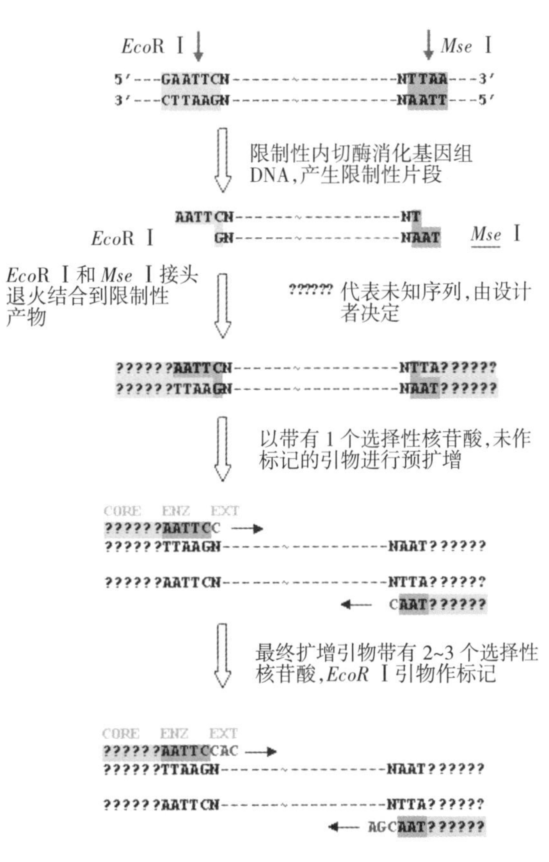

图 4-29　AFLP原理示意

AFLP采用的双酶切和选择性扩增的策略使得该技术具有非凡的灵活性，并且该技术分析的对象是来自整个基因组的各种片段（图4-30），因而是分子遗传标记技术中最为有效、多态性最好的技术。Janssen等（1996）通过比较AFLP、基因型分类和化学分类三种分类方法的试验结果，充分证明了AFLP技术在细菌分类学上的可行性。应用AFLP技术可以对细菌亚种及菌株进行鉴定。AFLP技术的缺陷是对操作的要求很高，试验程序繁琐，成本也较高，不适合应用于大量菌群的快速遗传分析。

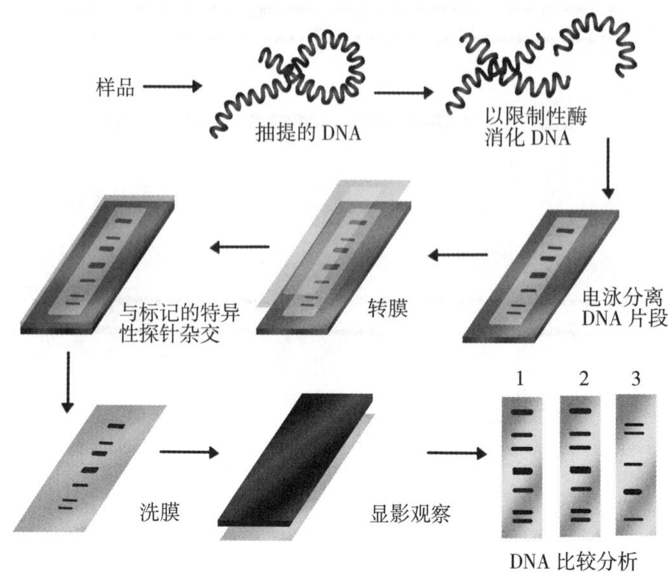

图4-30　AFLP分析示意

8. 变形梯度凝胶电泳（DGGE）　变性梯度凝胶电泳技术（denaturing gradient gel electrophoresis，DGGE），最早由Fischer和Lerman发明并用于检测DNA突变。1993年Muyzer首次将该技术用于微生态的研究。该技术的依据是：①DNA双链末端一旦解链，其在凝胶中的电泳速度将会急剧的下降；②同长的DNA序列中一个碱基的差异都会导致整个片段的解链行为的差异。其技术原理和操作流程示意图见4-31和图4-32。

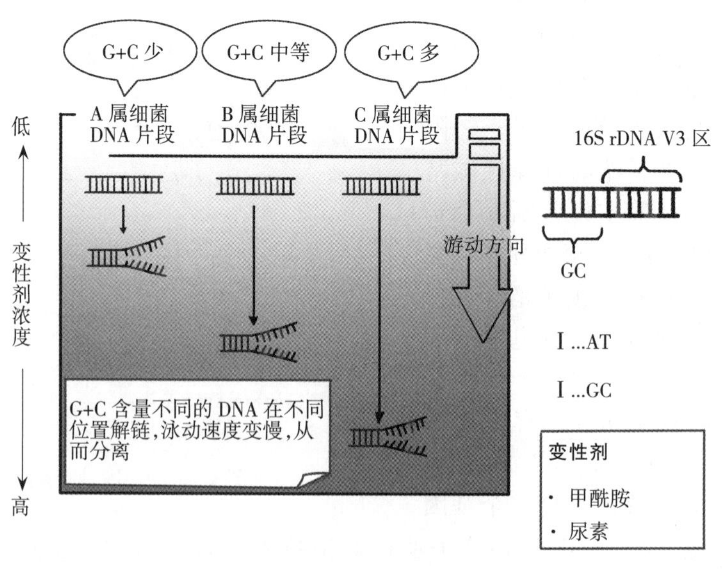

图4-31　DGGE原理示意

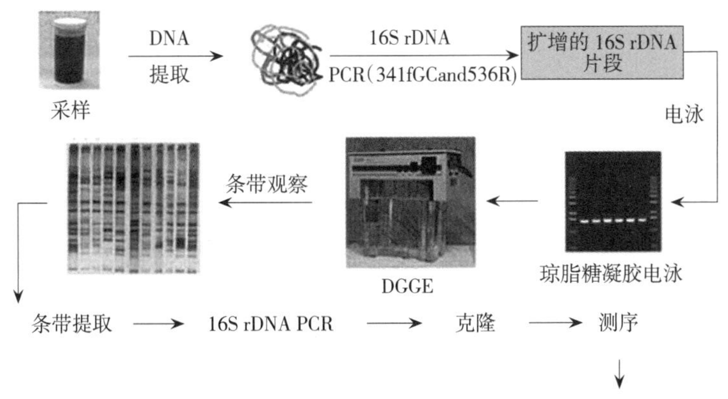

图 4-32 DGGE操作流程示意

该方法主要适合于1kb以下小片段的分离，以揭示微生物生态的多样性。近两年在益生菌剂的乳酸菌鉴定中也有较多报道，其理论依据是Klijn N（1991）研究发现，在乳酸菌16S rRNA基因内部存在着3个可变区域V1、V2、V3，其中，V1区的可变程度最高（约200bp），两端是高度保守的区域。通过PCR扩增V1区，由于不同菌株的rRNA基因的碱基组成不同，即使相同的DNA片段，经过DGGE后，也会被分开。根据V1片段出现的位置，可鉴定样品中含有的优势乳酸菌的种类。I G Maria等（1996）利用该技术对仔猪益生菌剂中的3个菌株*Lb. plantarum*、*Lb. rhamnosus*和*Lb. fermentum*进行了检测，所得结果与依赖培养过程的鉴定结论一致。DGGE在肠道乳酸杆菌、双歧杆菌及其他益生菌剂的优势菌群的检验及鉴定中都有成功报道（Temmerman R，2003；Christian B等，2003；Walter J等，2000）。与依赖培养的菌株鉴定过程相比，原来需要几周完成的菌株鉴定工作，PCR-DGGE在30h内即可结束，并且直接反映菌群间的进化关系，是一个简单、快速的检测手段。近几年，在环境微生物、益生菌剂的微生物鉴定中报道较多。

用于研究微生物群落的16S rDNA指纹技术还有单链构象多态性（single strand conformation polymorphism，SSCP）和末段限制性长度多态性（terminal-restriction fragment length polymorphism，T-RFLP）。这些研究微生物多样性的指纹技术均是基于PCR技术，特异性的扩增产物代表着微生态系统中的微生物多样性。在电泳胶上形成指纹的主要原理是：DGGE、TGGE主要根据扩增产物不同的解链特性；SSCP主要根据单链DNA的二级结构；而T-RFLP主要根据限制酶的特异作用位点。基于16S rDNA的分子生物学技术不依赖于传统的培养方法，其发展克服了一些传统方法的弊端，给胃肠道微生态研究展示出了革命性的前景，然而分子生物学技术也不是完美的，各种方法都还或多或少存在一些缺陷，如PCR扩增偏好性、16S rRNA的拷贝数不同、提取的微生物总DNA不具完全代表性、16S rDNA序列所包含信息的有限性等，因此，传统的微生物分类鉴定法仍然不能完全被替代。从发展趋势来看，将不同的研究技术手段相互结合来研究微生态系统，这有助于我们更进一步了解胃肠道微生态系统中的秘密。

9. rep-PCR技术 rep-PCR技术也是一种可以生成DNA指纹图谱的方法。它主要是利用和短重复序列相匹配的引物来对基因组DNA进行PCR扩增，不同菌株中的重复序列在

DNA 上的距离不同会导致最后 PCR 片段大小的不同，因此会在电泳结果中展现出多态性。目前主要使用的 3 种不同的引物是 BOX（源自 *Streptococcus pneumoniae*）、ERIC（源自 *Salmonella typhimurium*）、REP（源自 *Escherichia coli*）。

10. 脉冲场凝胶电泳（PFGE）　因为普通的单向恒定电场使 DNA 分子的泳动方向恒定，所以严重影响凝胶电泳分离大分子量 DNA 片段的效果。在这种情况下，可以用脉冲场凝胶电泳（pulsed-field gel electrophoresis，PFGE）来分离这些大分子量的 DNA 片段。

PFGE 的基本原理是利用电脉冲系统使非常大的 DNA 片段在琼脂糖凝胶中进行移动。在将某种分离物的 DNA 消化成少数（5～50）长度相对比较大的片段以后，可以应用该技术对这种分离物进行指纹图谱分析。某种分离物的 DNA 片段可以通过酶切位点比较罕见的限制性酶对分离物的 DNA 进行消化而制备，这类限制性酶通常需要 8bp 的识别位点，或者需要比较罕见的 6bp 识别位点。由于所获得的 DNA 片段非常大，整个操作不能在水溶液中进行，否则这些片段会受到机械作用被进一步剪切。因此，所有的操作，包括 DNA 分离和限制性酶切过程，都是在被包埋在琼脂糖凝胶团的细胞中进行。然后，将含有限制性酶切 DNA 片段的琼脂糖凝胶团放入琼脂糖凝胶的加样孔中，在 PFGE 中根据片段的大小被分离，所获得的 DNA 片段的组成方式被称为限制性片段长度的多型性（RFLP），对某种细菌而言具有高度的特异性。该方法具有高度的重复性，其缺点是需要对菌落进行培养，以获得足够的细胞，而且操作过程的技术要求高、过程烦琐。

11. 核糖体核酸分型　从本质而言，某种菌株的核糖体核酸分型（ribotyping，RP）就是其含有 rRNA 基因的 RFLP 组成方式。为了获得某种生物的核糖体核酸分型，首先需要对该菌株进行培养，以获得足量可供分析的细胞；然后分离总的 DNA，利用一种限制性酶切位点比较常见的限制酶将其限制性酶切成多个片段，使其片段的长度从小于 1kb 到大于 20kb，这类限制性酶的识别位点通常为 6bp。获得的限制性片段在采用琼脂糖凝胶电泳分离后，与针对 16S rRNA、5S rRNA 或 23S rRNA 的探针进行杂交。在实际操作中应用最多的是针对 16S rRNA 的探针。杂交过程可以采用凝胶杂交技术，在胶体中直接进行或通过 Southern blotting 技术将胶中的 DNA 转移到尼龙或硝酸纤维素膜上以后再进行杂交。经过探针检测以后，含有 rRNA 基因的片段被成像，其电泳带的排列方式就是一种具有特征性的指纹图谱。该方法的机理是细菌的染色体上各种 rRNA 基因具有多份拷贝，因此，在限制性酶切时可以获得多种长度的限制性片段（RFLP）。然而，在部分细菌中，其染色体上 rRNA 基因的拷贝数可能仅有 1 份，从而限制了利用这种方法对这类细菌进行核糖体核酸分型的效果。

核糖体核酸分型的优点在于只需要单一的 rRNA 基因探针就可以对所有的细菌进行检测。该技术的高度重复性和有效性已经在分析肠道菌群组成的过程中得到证实，另外，Staats JJ 等（1998）还用该技术对猪链球菌的毒力检测进行了尝试。经 DNA 提取、酶切、电泳分离和 Southern blot 后，再用地高辛标记的 16S rRNA 和 23S rRNA 反转录 cDNA 作探针杂交。结果发现，强毒株和弱毒株、无毒株之间的杂交图谱明显不同。因此，有研究者认为，利用这个技术可以对某一毒性微生物的毒力进行鉴定。这种指纹法的缺点在于分辨率不如 PFGE，需要对所鉴定的细菌进行培养，而且分析过程比较烦琐。然而，随着自动核糖体核酸分型仪的出现，极大地提高了该方法对大量分离物分析的用途。

12. 肠道菌群组成原位分析（In Situ）　能直接获得某种细菌在粪便或肠道样本中分布

情况的方法非常具有诱惑力。这一想法随着敏感性极高的荧光标记的出现已变为现实，经过荧光标记的探针可以用荧光显微镜观察到。对特定菌株单细胞水平的原位观察可以通过原核细胞原位 PCR（PI-PCR）或荧光素原位杂交法（FISH）。

①原核细胞原位 PCR 原位 PCR 技术是采用带有荧光标志的引物在完整细胞内直接进行特定基因的扩增。该方法大多数情况下用在真核细胞中，不过在原核细胞中也有应用。Hodson 等（1995）发明 PI-PCR 技术的目的最初是为了原位观察某一种细菌细胞在自然环境中的分布情况，在此方法中，引物是根据被研究细菌细胞内特定的基因而设计的，经过荧光素标记的引物被加入到载玻片上含有被研究细菌细胞的 PCR 系统中。经过扩增以后，含有目标基因的细胞可以在荧光显微镜下观察到。最近，Tani（1998）等采用一种经过改进的荧光标记后，证明这种方法对于从单细胞水平上观察特定细菌在自然环境中的分布非常有效。

②荧光素原位杂交法 荧光原位杂交技术（florescence In-Situ hybridization，FISH）是一种利用非放射性的荧光信号对原位杂交样本进行检测的技术。它将荧光信号的高灵敏度、安全性，荧光信号的直观性和原位杂交的高准确性结合起来。FISH 是使用经过荧光素标记的寡核苷酸探针与固定在载玻片上的细胞进行杂交，细胞经过固定以后，允许短的探针进入细胞，接触细胞内的核酸。整个杂交过程可以在载玻片上进行，与荧光素标记的寡核苷酸探针发生杂交的细胞可以在荧光显微镜下观察到。Langendijk（1995）等已经采用该技术来研究双歧杆菌在粪便样品中的分布情况。此外，对该技术在检测特定 mRNA 中的作用也进行了研究。该技术与 PI-PCR 的发明，将有助于最终揭示微生物菌群在肠道内究竟表达的是哪些特定的基因。

迄今为止，人们对肠道菌群的全部知识大部分来自于将粪便或肠道标本来源的微生物分离、培养及分析所得到的结果，这种技术现在仍然是研究肠道微生态系统的主要方法。然而，采用培养的手段作为分析自然生境中菌群组成的方法存在非常明显的缺陷，因为很多存在于这些生境中的微生物在标准培养方法的条件下无法培养出来，可培养的细菌占总细菌的比例只是少数，其原因有很多，主要有很多细菌生长的需要还是未知的，因此，无法人为配制各种细菌的培养基；体外培养过程是对微生物的应激过程，有些微生物可能因此而死亡；严格厌氧技术是难以实现的，人为无法模拟肠道中的真实环境条件；微生物之间以及与宿主细胞间的相互作用是非常复杂的，在人为的条件下可能丢失微生物的关键生存条件。人们一直没有停止对研究方法的完善，目前，为了更全面了解肠道微生态系统，可采用培养技术与分子生物学技术相结合的方法。

总之，各种鉴定检测方法均有其优点和缺陷。常规鉴定法常出现表型表达不稳定、敏感性不高、测试项目多、费时费力等问题；免疫诊断技术若无相应抗体则无法鉴定；细菌自动化鉴定适于快速鉴定，但目前数据库中模式菌种数量有限，部分细菌只能鉴定至属，对革兰氏阳性菌和厌氧菌的鉴定效果较差；分子遗传学鉴定是从本质上阐明细菌间的亲缘关系，但所需试剂和仪器昂贵，专业性强。因此，细菌分类鉴定必须同时使用几种方法鉴定，表型鉴定和分子遗传学鉴定结合可对未知菌进行准确合理定位。目前应充分利用和完善现有鉴定技术，继续积累核酸数据库资源，研究和推广新的分子遗传学鉴定法，使其在敏感性、特异性和实用性上更适合细菌快速准确鉴定的需要，使其发挥应有的和更大的作用。

第五节　饲用微生物的筛选和设计

一、饲用微生物的筛选

饲用微生物的筛选是饲用微生物研究的重要内容，是我们获得理想目标微生物的实质性步骤。在这一过程中，恰当的样品来源、合适的筛选方法和模型对最终有效菌株的获得有重要影响。简而言之，要获得目标菌株包括两步：一是获得候选菌株；二是从候选菌株中以相应的评价方法和筛选模型获得目标菌株。

（一）获得候选菌株

要获得候选菌株，我们可以从原始样品中分离也可通过育种手段获得。

1. 候选菌株的分离　各种候选益生菌株可以通过在适当的富集培养基或是选择培养基上反复培养，或是设定适当的选择条件，从动物肠道内容物、粪便或是自然界中的其他来源中分离得到。对于样品来源，有人认为样品应来自动物内源微生物区系，即来自肠道内容物或是粪便，理由是这样的微生物具有安全性和宿主特异性，有利于在宿主体内定植。但并没有充分的理由排除外源菌株一定不具有对宿主产生益生作用的可能性。我们对目标菌株应有一定的要求和限制，不应该是盲目的。以我们期望发挥的益生功能为目的，根据现有的知识基础、文献报道和试验经验选择合适的菌株种类作为筛选目标，这样可以减少筛选的盲目性和后续筛选评价的工作量。如要分离乳杆菌可选用 SL 选择性培养基；分离双歧杆菌时常使用 TPY 培养基，并加入抗生素抑制其他微生物的生长；分离肠球菌时选用卡拉霉素七叶灵培养基；要获得芽孢杆菌，常将样品置于 80℃恒温水浴 20min 杀死营养体细胞。

对于获得的微生物要进行准确地分类学鉴定，若将其作为益生菌，我们应该选择那些公认为安全的微生物，各国认为安全并批准使用的菌种目录并不完全一致。对于不具备生物安全性有案可查的新菌种，需要进行严格的安全性评价，并向有关审批部门提出申报，在获得相关许可后才可用于生产应用。

2. 诱变育种　在生物进化过程中，微生物体内形成了越来越完善的生物学机制，使细胞内复杂的生化反应能高度有序地进行和对外界环境条件迅速作出反应。处于平衡生长、代谢正常的微生物不会有大量代谢产物的积累。而微生物育种的目的就是要人为地使某种代谢产物过量积累，把生物合成的代谢途径朝人们所希望的方向加以引导，或者促使细胞内发生基因的重新组合优化遗传性状，实现人为控制微生物，获得我们所需要的相应性状。为了实现这一目的必须设法解除或突破微生物的调节控制，进行优良性状组合，或者利用基因工程的方法人为改造或构建我们所需要的菌株。

（1）诱变育种　诱变育种是指利用各种诱变剂处理微生物细胞，提高基因的随机突变频率，通过一定的筛选方法获得所需要的高产或具有优良性状的菌株。常用诱变的方法是使用紫外线和 5-溴尿嘧啶，分别代表物理和化学方法。

①紫外线　这是一种使用方便、诱变效果很好的常用诱变剂。在诱变处理前，先开紫外灯预热 20min，使光波稳定。然后，将 3～5mL 细胞悬浮液置 6cm 培养皿中，置于诱变箱内

的电磁搅拌器上，照射3～5min进行表面杀菌。打开培养皿盖，开启电磁搅拌器，边照射边搅拌。处理一定时间后，在红光灯下，吸取一定量菌液经稀释后，取0.2mL涂平板，或经暗培养一段时间后再涂平板。

②5-溴尿嘧啶　配制浓度为2mg/mL的5-溴尿嘧啶溶液，将细胞培养至对数期并重悬浮于缓冲液或生理盐水中过夜，使其尽量耗尽自身营养物质。将5-溴尿嘧啶加入培养基内，使其终浓度一般为10～20μg/mL，混匀后倒平板，涂布菌液，使其在生长过程中诱变，然后挑单菌落进行测定。

其他化学诱变剂的处理方式大体相同，但在浓度、时间、缓冲液等方面随不同的诱变剂有所不同，可参阅有关的实验手册和资料。

为了提高诱变效率，常用物理、化学两种诱变剂交替使用，待诱变的菌株或孢子悬液一定要混匀，使其能均匀接触诱变剂。此外，菌株的生长状态及对诱变剂的敏感性也是重要的参数。一般选用对数生长期的菌株效果较好。

(2) 代谢工程育种　诱变育种虽然是一种行之有效的微生物育种手段，但由于其非定向性、随机性、低效性，使其应用受到一定的限制。

随着基因工程技术的应用和发展，一种称之为代谢工程（metabolic engineering）的新育种技术应运而生，这是一种利用基因工程技术对微生物代谢网络中特定代谢途径进行有精确目标的基因操作，改变微生物原有的调节系统，使目的代谢产物的活性或产量得到大幅度提高的一种育种技术。根据微生物不同代谢特征，一般采用改变代谢途径、扩展代谢途径以及构建新的代谢途径等方法来达到目的。

（二）安全性评价

安全性是对饲用微生物的基本要求。饲用微生物筛选的首要工作就是确定其安全性。为确保所使用益生菌株的安全性，通常需进行下列试验：①对其耐药性进行评价；②评估某些代谢活性；③对动物试验中出现的副作用进行评估；④如果所使用菌株隶属于已知的产毒素菌种或具有潜在的溶血活性，则对被评价的菌株需进行产毒试验和溶血性试验；⑤评价益生菌株对免疫低下的模型动物是否有感染性。

益生菌安全性评价从试验项目上分类，一般包括病原性、毒性检测、代谢活性检测和菌株内在特性检测；从受试对象上分类，一般包括体外试验和动物试验。

1. 体外试验　安全性体外试验主要是关于益生菌代谢活性和细胞特性的研究。代谢活性研究主要是确定益生菌是否产生氨、胺、吲哚及降解黏膜的酶类，通过对益生菌发酵液的检测，可以获得相关数据。

氨是一种碱性物质，它对接触的皮肤组织都有腐蚀和刺激作用。氨可以吸收皮肤组织中的水分，使组织蛋白变性，并使组织脂肪皂化，破坏细胞膜结构。氨对上呼吸道有刺激和腐蚀作用，可麻痹呼吸道纤毛和损害黏膜上皮组织，使病原微生物易于侵入，减弱动物体对疾病的抵抗力。氨进入血液后，与血红蛋白结合，破坏运氧功能。

胺是氨分子中的氢被烃基取代而生成的化合物。胺可以看作氨分子中的H被羟基取代的衍生物。按照氢被取代的数目，依次分为一级胺（伯胺）RNH_2、二级胺（仲胺）R_2NH、三级胺（叔胺）R_3N、四级铵盐（季铵盐）R_4N+X^-，例如甲胺CH_3NH_2、苯胺$C_6H_5NH_2$、乙二胺$H_2NCH_2CH_2NH_2$、二异丙胺$[(CH_3)_2CH]_2NH$、三乙醇胺

$(HOCH_2CH_2)_3N$、溴化四丁基铵 $(CH_3CH_2CH_2CH_2)_4N^+Br^-$。根据胺分子中与氮原子相连的羟基种类的不同，胺可以分为脂肪胺和芳香胺。根据胺分子中与氮原子相连的羟基的数目，可以分为一级胺（伯胺，primary amine）、二级胺（仲胺，secondary amine）和三级胺（叔胺，tertiary amine）。如果胺分子中含有两个或两个以上的氨基（$—NH_2$），则根据氨基数目的多少，可以分为二元胺、三元胺。氢氧化胺或铵盐的四羟基取代物，称为季胺碱（quaternary ammonium hydroxide）或季铵盐（quaternary ammonium salt）。

胺类广泛存在于生物界，具有极重要的生理活性和生物活性，如蛋白质、核酸、许多激素、抗生素和生物碱等都是胺的复杂衍生物，临床上使用的大多数药物也是胺或者胺的衍生物。胺的毒性作用主要表现在与亚硝酸盐结合生成亚硝胺。亚硝胺（N-nitrosamine），具有通式 R2N-NO，被公认为是致癌物质。亚胺化合物引起科学家注意始自 20 世纪 60 年代，最早因实验动物摄入高含量亚硝酸钠的鱼粉而发生肝衰竭现象，才开始被关注。由于亚硝酸盐可与胺结合成亚硝胺，因此，认为 N-亚硝基二甲胺（N-nitrosodimethylamine）为引起肝衰竭的物质。

亚硝胺类（nitrosamine）化合物是很强的致癌、致畸和致突变物。亚硝胺的形成即仲胺的 N-亚硝化作用，它的母体化合物是仲胺和亚硝酸盐。仲胺既是常见的工业合成产品，又是生物合成的天然产物。仲胺类产品在工业上大量应用，在洗涤剂和一些农药中含有，在植物体、鱼体、腐败的物质等天然产物中也会含有，有时含量相当高。因此，它们在河水中、废水中和土壤中普遍存在。植物残体腐败后也可形成仲胺，污水中的肌酸酐、胆碱和磷脂酰胆碱也可以形成仲胺。某些杀虫剂在土壤中也可以转化为仲胺；在土壤、污水和微生物培养液中叔胺经过脱烷基作用，也可以转化为仲胺。在微生物的作用下，三甲胺可以转化为二甲胺。在海鱼组织中，二甲胺仲胺含量多在 100mg/kg 以上，三甲胺和氧化三甲胺含量更高，通常为 1 000mg/kg。鱼体内的氧化三甲胺在加热时可转变为二甲胺。

食物霉变后，仲胺可增高数十到数百倍。中国肿瘤工作者发现污染食品的霉菌（如串珠镰刀菌）可把亚硝酸盐转化成二甲基亚硝胺 DMNA、二乙基亚硝胺 DENA、甲基苄基亚硝胺 MBNA 和一种新的 N-3-甲基丁基-N-1-甲基丙酮基亚硝胺等。植物和鱼体内都含有仲胺和叔胺，而且鱼是三甲基胺和三甲基胺 N-氧化物的重要来源。在消化道内微生物的转化使叔胺转化为仲胺，亚硝胺可以由微生物作用或在低 pH 的胃中经非生物作用形成。研究已经证明，玉米中的串珠镰刀菌、圆弧青霉在加入亚硝酸盐后会有多种亚硝胺生成。

吲哚是吡咯与苯并联的化合物，又称苯并吡咯。有两种并联方式，分别称为吲哚和异吲哚。吲哚及其同系物和衍生物广泛存在于自然界，主要存在于天然花油，如茉莉花、苦橙花、水仙花、香罗兰等中。例如，吲哚最早是由靛蓝降解而得；吲哚及其同系物也存在于煤焦油内；精油（如茉莉精油等）中也含有吲哚。

粪便中含有 3-甲基吲哚，也叫粪臭素，动物的一个必需氨基酸色氨酸是吲哚的衍生物；某些生理活性很强的天然物质，如生物碱、植物生长素等，都是吲哚的衍生物。吲哚是一种亚胺，具有弱碱性；杂环的双键一般不发生加成反应；在强酸的作用下可发生二聚合和三聚合作用；在特殊的条件下，能进行芳香亲电取代反应，3 位上的氢优先被取代，如用磺酰氯反应，可以得到 3-氯吲哚。3 位上还可发生多种反应，如形成格氏试剂，与醛缩合，以及发生曼尼希反应等。有些微生物能够产生色氨酸酶，分解色氨酸产生吲哚和丙酸。比如，在猪大肠菌群作用下 L-色氨酸既能直接降解形成吲哚，又能经吲哚-3-乙酸再形成粪臭素。

水解黏膜的酶，幽门螺杆菌引起胃黏膜损伤的确切机制尚不清楚，但有几种假说已被提出。病原菌产生的尿素酶可分解尿素生成氨，后者可使病原菌在胃的酸性环境中生存，也可能破坏胃黏膜屏障，导致上皮损伤。幽门螺杆菌产生的细胞毒素也与宿主的上皮损伤有关。黏膜水解酶（如细菌蛋白酶，脂酶）可能参与黏膜层的降解，使得上皮对酸的损伤更加敏感。最后由炎症引起的细胞因子产生也可能在黏膜损伤及其随后的溃疡形成中发挥作用。

对细胞特性方面研究较多的是细胞凝集活性和菌株耐药性。细胞凝集活性是从细菌表面特性方面来评价安全性的一个重要指标，各种微生物的凝集反应强度不同，与它们表面蛋白的结构和性质有关。这些蛋白质分子很可能与机体组织的细胞或血细胞结合，而对机体产生毒害作用。因此，凝集反应可以反映细菌细胞特性。同时，所选用的益生菌株应该没有耐药性，研究结果表明很多自然性有益菌，如乳酸杆菌、肠球菌和双歧杆菌的一些菌株，都有产生耐药性甚至复合耐药性的特性（Maskell，1992）。为了避免源于益生菌制剂的菌株耐药性在机体中的传递及对内源菌产生不良的诱导，所用益生菌株应该没有可传递的耐药因子。我国法规中就明确规定，用于保健食品的菌株必须提供不含耐药因子的证明。

除上述试验外，通过动物组织培养技术和电子显微镜观察，还可以在体外进行黏膜伤害试验，如将益生菌在体外和动物肠道黏膜组织共培养，然后通过电子显微镜观察黏膜结构，来确定吸附至肠道细胞的益生菌是否会对肠道上绒毛结构造成损伤。

2. 动物试验 动物试验是确定益生菌安全性的重要手段，现在多采用无特定病原动物或无菌动物来研究菌株的病原性及毒性。前者由于有微生物定居，可能更能反映正常动物的情况。例如，Yamazaki（1991）将长双歧杆菌 BB536 给无菌小鼠口服，在 1～2 周后发现该菌已经由肠壁转移到肝、肾等组织，但并没有导致这些组织衰竭和小鼠死亡，并且 4 周后这些菌在组织中消失。而用大肠杆菌攻击无菌小鼠，几周后发现大肠杆菌转移到很多组织，小鼠死亡。这一结果在一定程度上证明了该双歧杆菌在小鼠体内不具有病原性。

我国对人用益生菌的菌种毒力检测，采用的是对健康成年昆明种小鼠的腹腔注射法和经口灌胃法。灌胃试验是将待检菌株在 LBs 液体培养基中纯培养 48h 后，将培养液常温下浓缩至原来的 20%，分别用培养液原液和浓缩液以 20mL/kg 体重的剂量给小鼠灌胃，同时设置对照组（培养基空白对照组、培养基 5 倍浓缩液空白对照组），灌服 3d，连续观察 7d，观察中毒表现和死亡情况。腹腔注射法是刮取平板上纯培养的菌苔，以无菌生理盐水制成浓度为 5.0×10^{9} cfu/mL 的菌悬液。每只小鼠一次性腹腔注射 0.3mL，连续观察 7d。记录观察期间小鼠中毒表现及死亡情况。如与对照组相比未观察到受试小鼠有毒性反应及引起死亡，则判定待检菌株无毒性。专门针对饲用微生物的毒性评价试验标准还未见报道。

在观察毒性反应和致死情况的基础上，进一步的检测还可包括检测小鼠肝脏、脾脏重量及肠道绒毛、上皮细胞高度及黏膜厚度等特征是否改变。肠道黏膜检测上，还可采用生化检测手段，因肠道中的糖蛋白（glycoproteins）具有保护肠道黏膜的功能，故检测肠道中糖与蛋白质之比例及血中抗原值可评估肠黏膜是否受破坏。

（三）功能性试验

功能试验是在功能性益生菌筛选过程中最重要也是最复杂的步骤。目前的研究普遍认为，筛选功能性益生菌，除安全性必须符合要求外，从功能角度应符合以下几个标准：

（1）能在肠道环境中很好的生存，在与低 pH 和高浓度胆汁接触时能很好地生长。

（2）能刺激宿主自身固有的有益菌生长，本身及其代谢产物能够为宿主提供营养，或是能调节宿主免疫功能，提高抗病、治病能力，至少要能对宿主产生某方面的有益影响。

（3）要有较强的活力和足够的浓度，在使用和贮备期间，有较好的稳定性。

1. 体外试验 体外试验因其具有操作简便、周期短、成本低的优点，成为益生菌功能试验的首选，一般是在体外试验初步确认检测对象的有益功能后，再开始动物试验。在体外试验时，就要对上述标准的符合性进行试验。

（1）生长动力学和稳定性试验 良好的生长能力和稳定性能保证后续开发产品的品质，是功能性益生菌研究中的必做项目。

生长动力学研究主要是制作不同营养和培养条件下的生长曲线，一般在接种之后每隔2h取样进行计数，以此来制作生长曲线。计数方法主要是比浊法和平板菌落计数法。不同的营养条件包括碳源、氮源以及添加一些特殊的促生长物质（如低聚糖），不同的培养条件包括温度、溶氧率、pH等。这类研究方法均为发酵试验的经典方法。

稳定性试验包括对菌体存活稳定性和功能性产物稳定性两方面的研究，最常见的是热稳定性，其他还有酸稳定性、湿度稳定性、氧稳定性等的研究，因为这直接关系到益生菌产品在销售环节的保存条件和产品的货架期。

（2）环境模拟的生存试验 饲用微生物通常是通过在动物消化道中发挥作用，因此，主要是模拟胃肠道环境来研究其体内的生存能力。胃肠道环境的主要特征是高胆汁浓度和强酸值，这是益生菌体内发挥功能需要耐受的条件。在这种条件下检测益生菌的存活情况，即耐酸试验和耐胆酸盐试验，有助于确认其是否能在胃肠道真正发挥作用。

常见的耐胆酸盐试验方法是：在MRS液体培养基中加入牛胆汁酸盐，使其质量分数分别为0.1%～2%的一系列数值，分装于三角瓶中，将待检菌接种（接种量一般为2%～5%）到含不同浓度牛胆汁酸盐的培养基中，37℃恒温培养，定时取样。测活菌数，以0h的活菌数为对照，计算存活率。其中基础培养基可依据需要进行更换，并可采用固体培养基平板培养的方法。耐酸试验的方法与耐胆酸盐试验方法基本相同，一般pH取值范围为1.5～5。

除上述试验外，模拟环境试验还有耐渗透压试验、耐氧试验、光敏性试验等，其基本操作和上述试验相类似，其中渗透压梯度一般用0.8%～10%的NaCl形成，不同溶氧率主要通过调整摇瓶速度和抗氧化剂用量来形成。

（3）黏附能力试验 乳酸菌的许多保健功能需要通过黏附到宿主黏膜上才能得以实现，黏附也是很多病原菌入侵的第一步，因此，对通常认为益生菌对黏膜的黏附能力是益生菌发挥功能的重要指标，也是其功能测定的必检项目之一。但也有人对将益生菌对肠道上皮的黏附能力作为一项必需的筛选指标是否合适存有疑问，有的益生菌可能通过在消化道中的暂时存在来发挥功能，如产生抗菌物质，提供消化酶等，有的外源性芽孢杆菌和酵母可能正是如此。对肠道上皮细胞的黏附能力可能在竞争性颉颃病原菌时显得较为重要，而且对上皮细胞的黏附能力有利于益生菌在消化道内的定植。

常见的体外黏附能力试验主要包括被黏附细胞培养、与待检菌共混合温育、洗脱、固定和显微镜观察计数（也有采用荧光测定的）等步骤。如对肠道上皮细胞Lovo株的黏附试验：

①细胞培养 肠上皮细胞Lovo细胞在常规37℃、5%CO_2条件下传代培养于10%小牛血清RPMI1640培养液中，培养细胞接种于带盖玻片的培养皿中，待在盖玻片上形成单细

胞后，进行黏附试验。

②温育 取出细胞玻片，经 pH 7.14 PBS 清洗一次后，加入细菌悬液。37℃湿盒温育 2h。pH 7.14 PBS 离心洗涤数次（1 000r/min，5min），除去未黏附的菌体，自然干燥。

③检测

A. 甲醇固定，革兰氏染色，高倍镜下计数 50 个细胞黏附的细菌数，计算平均数及标准差。

B. 用戊二醛固定，PBS 漂洗，锇酸再固定，丙酮脱水渗透，树脂包埋，进行超薄切片，铅铀染色后电镜观察。

C. 菌株事先用荧光素标记（如异硫氰酸荧光素，FITC），黏附后采用荧光检测仪分析细胞荧光值，加以换算成黏附菌数。

常用于黏附试验的细胞系除 Lovo 外，还有上皮细胞 Caco-2 和 Ht-29 细胞。有研究表明，与 Caco-2 和 Ht-29 细胞直接接触是乳酸菌对于免疫系统的功能性作用，如增强白细胞和吞噬细胞对肠杆菌的吞噬能力的先决条件。

有时为了研究特定物质（如黏液素、磷壁酸）对黏附能力的影响，往往在温育体系中加入这些特定物质消化酶或失活剂来加以研究。如对黏液素的研究就可采用胰蛋白酶（37℃，10min）。

在研究益生菌保护黏膜功能时，还常在温育体系中加入致病菌，以研究益生菌竞争黏附的情况。

（4）*抑菌试验* 抑菌试验是一个体外研究益生菌功能的经典试验，研究较多的对象有致病性大肠杆菌、金黄色葡萄球菌、霍乱弧菌、志贺氏菌、沙门菌、白色念珠菌、空肠弯曲菌等。最常用方法为牛津杯法，基本过程是将被抑制菌经营养肉汤 37℃培养 18～24h，取 1mL 菌液加入到 100mL 的营养琼脂中，摇匀后倒平板，待培养基凝固后，对称放入 4 个无菌的牛津杯，在 3 个牛津杯中分别加入待检的益生菌培养液，另 1 个牛津杯中加入等量的空白培养液作对照，于 37℃下恒温培养 18～24h。观察抑菌情况，并测量各抑菌圈直径，依据抑菌圈的直径大小来判断待检菌的抑菌能力强弱。除牛津杯法外，平板交叉划线法也比较常见，即将待检菌株在营养平板中央划 1cm 左右的线，37℃培养 24h 后，再将被抑菌横向接种于待检菌株两侧，成十字交叉培养 24h，测定抑菌宽度来确定抑菌效果。这种方法可同时测定待检菌株对多个菌的抑制效果，但要求有一个合适的培养基，保证各试验菌都能在其上面生长。

（5）*代谢产物检测* 益生菌的许多代谢产物都有益生功效或营养作用，如短链脂肪酸、氨基酸、维生素、H_2O_2等，对代谢产物的分析也是在体外试验益生菌功能的简便方法。目前的很多产物分析可通过色谱方法完成。

（6）*功能性产物表达* 目前，一些益生菌如乳酸菌的基因组序列的测定和功能基因研究取得了新的进展，为研究某些益生菌表达的细菌素、黏液素、结合蛋白和一些代谢酶类等与其益生功能密切相关的物质提供了新的途径。

对于功能基因序列已清楚的物质，可通过设计适当的引物，对待检菌的 DNA 进行 PCR 扩增，检测扩增产物与已知的序列是否相符，这是近期迅速发展起来的一种快速、高通量的研究筛选方法。除了借助分子生物学手段，传统的酶活性测定方法也大量用在研究酶类表达工作中，如在乳酸菌研究中常对其蛋白水解系统中的酶进行活性分析。

(7) 降低胆固醇能力试验　目前这方面的试验主要是测定益生菌降低培养基中胆固醇的能力。具体方法如下：

将新鲜鸡蛋黄（鸡蛋黄作为胆固醇来源）添加到灭菌的液体培养基中（约 4%），混匀后分装在三角瓶中，接种活化好的菌液（5%），37℃恒温培养，定时取样。发酵样液离心（4 000r/min，20min），沉淀菌体。取上清液 0.1mL，加入 0.4mL 无水乙醇，摇匀，再加 2mL 无水乙醇，静置 10min，离心（3 000r/min，5min），沉淀蛋白质。取离心后的上清液 1mL 于干净试管中，加 1mL 磷硫铁显色剂，立即混匀，静置 10min，在 560nm 波长下比色测定吸光度值，以未接种的培养基蛋黄液为空白对照，计算胆固醇的降解率。

上述方法中，也可用其他来源的胆固醇源替代蛋黄。胆固醇测定方法还包括直接皂化-比色法、气相色谱法等。

(8) 抗氧化能力试验　抗氧化能力的体外试验一般包括如下几个方面：

①益生菌在氧化剂中的生存试验，如检验在 H_2O_2 溶液（1mol/L）中的存活时间。

②对还原剂自动氧化的抑制作用试验，这类还原剂有抗坏血酸（维生素 C）、谷胱甘肽等。

③清除氧自由基能力试验。

④抗脂质氧化试验，包括对亚油酸、造骨细胞膜脂质过氧化反应抑制能力试验等。

⑤清除过氧化反应产物能力试验，过氧化反应产物如丙二醛（MDA）、叔丁基过氧化氢（DPPH）等。

⑥菌体超氧化物歧化酶（SOD）活性测定。

(9) 免疫刺激能力试验　这方面的体外试验，主要是将待检菌株和免疫细胞（T 细胞、B 细胞、NK 细胞、巨噬细胞、粒细胞等）在体外共育，测定细胞产生免疫因子的量和自然杀伤能力（NK）或吞噬能力是否提高，以初步确定待检菌株的免疫刺激能力。常用的研究材料有肠黏膜上皮细胞、肠上皮间淋巴细胞、脾细胞等。

上述试验的技术主要包括细胞提取、体外培养和免疫活性测定。①从小鼠腹腔提取和培养巨噬细胞：于试验的第 7 天处死小鼠，常规消毒腹部皮肤，以冷的 D2Hank's（一种平衡盐溶液）液灌洗腹腔。收集洗出液，以 1 000r/min 离心 10min，去上清，沉淀以无血清 RPMI1640 培养液重悬 2 次，调整细胞数为 1×10^9 个/L。②体外培养：吸取 100μL 细胞悬液，加至 96 孔细胞培养板中，置 37℃、5%CO_2 孵育箱中培养 2h。洗去未贴壁的细胞，加入含 100mL/L 小牛血清的 RPMI1640 培养液及 LSP（终质量浓度为 10μg/L）继续培养，诱导 24h 后，收集孔内上清液，置－30℃保存。③免疫活性测定：免疫活性测定包括免疫因子活性测定和细胞杀伤活性测定。免疫因子包括白细胞介素、干扰素、肿瘤坏死因子等，目前常用的测定方法有 ELISA 法、MTT 法、细胞体外杀伤法、细胞增殖法等。细胞杀伤活性测定方法有 MTT 间接显色法、LDH 释放法等。

2. 动物试验　对于饲用微生物的益生功能，体外试验可以为我们提供初步的经验和信息，但最终需要靠活体动物来验证。

动物试验的关键是建立针对性的动物模型，即获得与研究功能相关的特殊的生理和病理模型，以形成有效的评价手段。

(1) 调节宿主微生态系菌群　调节宿主微生态被认为是益生菌的重要功能之一，这方面的研究发展出了微生态学。有关微生态学研究的动物试验常会提到无菌动物和悉生动物的概念。按对微生物的控制的程度，可以将实验动物分为4类：无菌（germ free，GF）动物、悉生（gnotobiotics，GN）动物或已知菌动物、无特定病原体（specific pathogen free，SPF）动物、普通（conventional，CV）动物。

所谓无菌动物是指从无菌屏障系统中剖腹取出胎儿，饲养繁育在无菌隔离器中，饲料、饮水经过消毒，定期检验，证明动物体内外均无一切微生物和寄生虫（包括大部分病毒）的动物。从微生物学的观点看，通常实验动物的体内和体外带有寄生虫，体内还常带有细菌和病毒，而且还都难于排除某些潜在的传染病。此外，普通实验动物的血清中含有抗体。因此，用普通动物进行科学研究，将会存在各种各样的干扰，试验结果往往不确切。使用无菌动物做试验就可以克服普通试验所存在缺点，使试验结果正确可靠。

悉生动物也称已知菌动物（animal with known bacterial flora），是指用与无菌动物相同的方法取得（剖腹取胎）、饲养（在隔离器内饲养），但明确体内所给予的已知微生物的动物，即凡含有已知的单菌（monoxenie）、双菌（dixenie）、三菌（trixenie）或多菌（polyxenie）的动物。一般是将1～3种已知的微生物人工接种于无菌动物，使其在体内定居，无菌动物接种一种已知菌就是单菌动物，接种两种已知菌就是双菌动物，以此类推。由于此种动物和无菌动物一样是放在无菌隔离器内饲养的，因此，选用此种动物做实验准确性是很高的，可排除动物体内带有的各种不明确的微生物对实验结果的干扰，常用于研究微生物和宿主动物之间的关系，并可按研究目的来选择某种微生物。但使用无菌动物无法反映在正常情况下，消化道共生的微生物区系对待测菌株的影响和它们的互作，这是使用无菌动物的缺陷。

对无菌动物制备和饲养，有着严格的技术要求。制备无菌动物需要无菌取胎，即在无菌操作条件下从母体中取出胚胎，有较高的操作难度，不过由于目前全球已经建立了大量的无菌动物系，可通过购买获得，多数研究者无需自己制备。就饲养而言，关键是适合的设备和饲料。

无菌隔离器是饲养无菌动物的常规设备，其必须满足以下条件：

①必须是一个对微生物密闭的容器，其内部空间和内容物能接受高压蒸汽或化学药品灭菌处理。

②隔离器的空间以及内容物可随时被观察。

③通过手套或其他装置，在视野下能在隔离器内部进行操作，但不破坏内部的无菌环境。

④必须装置一个有内外门的无菌通道，动物或食物以及其他物品可以从外部无菌地输送到隔离器内部去，而不破坏内部的无菌环境，送出时也如此。

⑤必须装置一个无菌进出气系统，内部保持适度的高气压。

无菌动物的饲料和饮用水必须符合下列要求：

①没有活的微生物和寄生虫或虫卵，因此，必须经过充分的灭菌，一般多用高压灭菌。有条件可用^{60}Co照射灭菌。

②必须补充因灭菌而破坏的营养成分，如维生素B_1、维生素C、泛酸等。补充的营养成分用滤菌器过滤后加入饲料或饮水中饲喂。

③无菌动物没有肠道正常菌群，饲料中还须补充这些细菌合成的营养成分。

④饲料的组成、形态和气味等应尽可能适合动物的习性和嗜好。悉生动物可通过购买或自行感染无菌动物获得，其饲养要求与无菌动物相同。

在调节菌群的研究中，常选用悉生动物作为实验动物。以调节肠道菌群的试验为例，通常事先对无菌动物人工感染肠道细菌，大致为大肠杆菌（*Escherichia coli*）、粪链球菌（*S. faecalis*）、脆弱拟杆菌（*Bacteroides fragilis*）和数种乳杆菌等。然后，饲喂待检菌株一段时间，通过检测粪便或肠道菌群来确定上述菌群的变化情况。这种模型还可用于研究益生菌对病原菌的颉颃作用，在无菌动物感染肠道细菌后，可在接种病原菌前、同时、后接种益生菌待测菌株，检测肠道内容物或是粪样中微生物区系及病原菌量的变化。

当然，很多时候调整肠道菌群的试验是以普通动物为试验对象的。

检测粪便和肠道菌群，除传统的生化培养计数方法外，目前还开发了大量分子生物学手段，如：16S rRNA 分析、扩增核糖体 DNA 限制性片段多态性分析、PCR-DGGE、荧光原位杂交法（FISH）等。

（2）调节免疫功能　为了研究益生菌的免疫调节功能，可以使用普通动物，也可试用免疫低下动物。免疫低下动物模型可通过切除免疫器官或辐射的方法获得，也可通过使用免疫抑制剂来构建。

对免疫水平的检测，试验项目包括体重、脏器/体重比值测定（胸腺/体重比值和脾脏/体重比值）、细胞免疫功能测定（小鼠脾淋巴细胞转化试验和/或迟发型变态反应试验）、体液免疫功能测定（抗体生成细胞检测、血清溶血素测定）、单核-巨噬细胞功能测定（小鼠碳廓清实验，小鼠腹腔巨噬细胞吞噬鸡红细胞实验）及 NK 细胞活性测定。在细胞免疫功能、体液免疫功能、单核-巨噬细胞功能、NK 细胞活性四个方面中，任何两个方面结果阳性，可判定该受试样品具有增强免疫力功能作用。其中，细胞免疫功能测定项目中的两个试验结果均为阳性，或任何一个试验的两个剂量组结果阳性，可判定细胞免疫功能测定结果阳性。体液免疫功能测定项目中的两个试验结果均为阳性，或任何一个试验的两个剂量组结果阳性，可判定体液免疫功能测定结果阳性。单核-巨噬细胞功能测定项目中的两个试验结果均为阳性，或任何一个试验的两个剂量组结果阳性，可判定单核-巨噬细胞功能结果阳性。NK 细胞活性测定试验的一个以上剂量组结果阳性，可判定 NK 细胞活性结果阳性。

（3）抗氧化功能　研究益生菌抗氧化功能，可使用老龄动物和过氧化损伤模型。过氧化损伤模型通常有 D-半乳糖模型、辐照模型和溴代苯模型。D-半乳糖模型的制作方法为：选择体重 25～30g 健康成年小鼠，用 D-半乳糖颈背部皮下注射或腹腔注射建模。检测项目包括测定模型肝组织和血液中的过氧化脂质含量和抗氧化酶活力。

（4）降血脂功能　动物试验采用脂代谢紊乱模型，目标为预防性或治疗性。检测指标有体重、血清总胆固醇、甘油三酯和高密度脂蛋白胆固醇。

血清总胆固醇和甘油三酯两项指标阳性，可判定受试样品降血脂功能动物试验结果阳性。当甘油三酯两个剂量组结果阳性；甘油三酯一个剂量组结果阳性，同时高密度脂蛋白胆固醇结果阳性，可判定受试样品降低甘油三酯动物试验结果阳性。当血清总胆固醇两个剂量组结果阳性，血清总胆固醇一个剂量组结果阳性，同时高密度脂蛋白胆固醇结果阳性，可判定受试样品降低血清总胆固醇动物试验结果阳性。

二、饲用微生物的设计

在动物细胞表面有大量寡糖，作为细胞表面糖脂和糖蛋白的成分。微生物病原（细菌、酵母、病毒、原虫）常利用这些结构作为黏附素和毒素的受体，有利于病原菌在黏膜中的定植以及病原菌自身或毒素进入宿主细胞。不同动物种属、不同组织细胞及不同发育阶段细胞表面表达的寡糖种类不同。因此，寡糖的种类和分布是决定病原菌宿主特异性的重要因素。

肠道感染依然是导致畜禽疾病和死亡的主要因素，给畜牧业造成了严重的损失。还没有能有效治疗腹泻性疾病的疫苗，传统的抗生素疗法会导致抗药性的产生。我们对发病机制中微生物体及其受体间相互作用有了深入认识，在此基础上产生了基于干扰受体结合的抗感染策略。有些关键毒素和黏附素结合的受体已经得到了鉴定（表 4-5）。阻断黏附，能阻止感染的发生，而只有当微生物体在局部免疫反应中被清除时，对毒素的中和作用才能阻止症状的发展。

表 4-5　一些细菌毒力因子的糖结合受体

毒素或定植因子	自然受体	糖结构
Stx1/Stx2	Gb_3	Gal（α1，4）Gal（β1，4）Glcβ1-
Stx2e	Gb_4	GalNAc（β1，3）Gal（α1，4）Gal（β1，4）Glcβ1-
Ctx	GM_1	Gal（β1，3）GalNAc（β1，4）（NeuAcα2，3）Gal（β1，4）Glcβ1-
LT	GM_1	Gal（β1，3）GalNAc（β1，4）（NeuAcα2，3）Gal（β1，4）Glcβ1-
	nLc4	Gal（β1，4）GlcNAc（β1，3）Gal（β1，4）Glcβ1-
产气荚膜梭菌 δ 毒素	GM_2	GalNAc（β1，4）（NeuAcα2，3）Gal（β1，4）Glcβ1-
TcdA	LewisX	Gal（β1，4）（Fucα1，3）GlcNAcβ1-
	LewisY	Fuc（α1，2）Gal（β1，4）（Fucα1，3）GlcNAcβ1-
大肠杆菌 K88 伞毛	nLc4	Gal（β1，4）GlcNAc（β1，3）Gal（β1，4）Glcβ1-
大肠杆菌 P 性毛	Gb_3	Gal（α1，4）Gal（β1，4）Glcβ1-
	Gb_4	GalNAc（β1，3）Gal（α1，4）Gal（β1，4）Glcβ1-

注：Ctx，霍乱毒素；Fuc，海藻糖；Gal，半乳糖；GalNAc，N-乙酰半乳糖胺；Gb_3，球丙糖酰基鞘氮醇；Gb_4，球丁糖酰基鞘氮醇；Glc，葡萄糖；GlcNAc，N-乙酰氨基葡萄糖；LT，大肠杆菌热不稳定肠毒素；NeuAc，N-乙酰神经氨酸；Stx1/Stx2，致贺毒素 1/2；Stx2e，致贺毒素 2e；TcdA，分支梭菌毒素 A。

外源合成能和特定受体发生特异性结合的寡糖竞争性结合受体可能是一种新的抗感染策略。最早的例子是利用甘露糖类似物阻止 *E. coli* 对小鼠尿道上皮细胞的吸附（Aronson M 等，1979）。配体和受体间的作用往往很复杂，常常要求寡糖有特定的空间结构，并且是多价的。例如，一些肠道病原菌产生被称作 AB_5 的毒素，其通过 B 的五聚体亚单位与宿主细胞表面的糖脂受体结合。每个单体与至少一个宿主的同源糖脂单位结合（Mulvey 等，2001）。这导致了毒素和宿主细胞表面间多价、高亲和力的互作，诱导全毒素的入胞。该毒素的催化亚单位 A 通过改变细胞内的靶物质而发挥作用。霍乱毒素（Ctx）的神经节苷脂受体为 GM_1，它的游离寡糖成分对 Ctx-受体间的阻断作用没有神经节苷脂本身或是 GM_1 寡糖-多聚 L-赖氨酸复合物强（Schengrund C L 和 Ringler，1989）。这种情况在黏附素-受体和病毒-受体间的作用中也存在（Simon 等，1997）。游离寡糖没有多价配体的竞争阻断作用强（Schengrund C L，2003）。而且游离的寡糖易被肠道中的酶降解，降低它们在肠道末端治疗感染的效果。人们设计了一系列抗肠道感染物，它们含有无活性的硅胶颗粒，这些颗粒以一些空间基团连接到合成的寡糖抗原表位上。抗感染物 Synsorb-Pk 中含有寡糖 Gal（α1，4）Gal（β1，4）Glc，它模拟志贺毒素（Stx）的肠壁细胞糖脂受体球丙糖酰基鞘氨醇（Gb_3），

Stx是毒力很强的AB_5型毒素，由1型志贺氏痢疾杆菌（*Shigella dysenteriae*）和产生志贺毒素的大肠杆菌（STEC）产生（Armstrong等，1991）。在肠腔内以Synsorb-Pk结合并中和Stx毒素被寄予了治疗疾病的希望。尽管在体外Synsorb-Pk能中和Stx，然而在体内Synsorb-Pk并没有改变临床症状。对这种令人失望的结果的解释是，毒素结合物在感染过程中释放得太晚，而在这段时间内大量的毒素已被吸收进入体循环。也有可能是紧密结合的病原所释放的毒素与上皮细胞受体的距离太近，对大的受体模拟物颗粒产生了空间位阻。

对几类AB_5型毒素晶体结构的解析，使得我们能够设计出能以更高亲和力结合特定毒素的多价、可溶性结合物（Fan等，2000）。例如，Merrit等研究了结合毒素Ctx和大肠杆菌热不稳定肠毒素（LT）的抑制物，含有一五角形四氮杂环十二烷核心，有五条有柔韧性的臂，每个含有m-硝基-α-D-半乳糖苷（神经节苷受体GM_1中寡糖的类似物），这种化合物结合Ctx的能力比相应的单体抑制物高出200倍。另一种化合物在其每条臂的顶端含有星状放射对称性碳水化合物和几对Gb_3结合，留有与Stx五价结合的空间（Kitov P I等，2000）。这种化合物被称作“海星”，与Synsorb-Pk相比，结合Stx的能力得到了显著提高。在共培养试验中，“海星”能有效地保护细胞而不被毒素损伤，表明它能够有效地与Gb_3受体竞争结合Stx。然而，当将其注射入小鼠时，它只能阻止两种主要Stx中的一种Stx1。改变碳架和寡糖间连接物的性质和长度（以增加作用的范围）对于阻止另一种毒素型Stx2是必需的。有趣的是，有人发明了以相应的空间基团连接相同三糖的丙烯酰胺多聚物。含有多簇三糖的高分子量多聚体能以较高的亲和力结合Stx1和Stx2（Mulvey G L等，2003）。

在病原的主要表面抗原脂多糖（LPS）和脂寡糖（LOS）核心区中含有特异性的宿主抗原表位，很多参与表达宿主抗原表位的基因已经从功能上得到了鉴定。我们意识到通过基因工程的方法在非病原菌的表面表达宿主抗原表位受体是一种开发阻断病原的益生菌的机会。在肠道感染时，摄取这样设计的益生菌，被认为能在肠腔中结合并中和毒素，或者能阻止病原黏附到肠道上皮细胞（图4-33）。要确定给定受体的空间结构类似物就必须确定合成该受体的糖基转移酶，并且要把编码基因插入异源宿主中以产生适当在细胞表面表达的受体分子。与化学合成相比，通过细菌来表达受体结构类似物有相当大的成本优势，因为细菌的生长可以通过大规模发酵来降低成本。

大肠杆菌CWG308是由*E. coli* R1 *waaO*基因突变而得到的无害菌株，它的LPS核心被缩短而以Glc为末端。在质粒中插入奈瑟菌半乳糖苷转移酶基因（*lgtC*和*lgtE*），能指导两个Gal残基结合到Glc上，产生以Gal（α1，4）Gal（β1，4）Glc为末端的LPS，即为Stx受体（Paton A W，Morona R和Paton J C，2000）。这种LPS以通常的方式组装，在大肠杆菌表面作为紧密结合Stx1和Stx2的受体高密度表达（每个细胞5×10^5个分子）。荧光标记的Stx直接、特异性地结合到细菌表面是明显的证据。以纯化的Stx1和Stx2所作的试验表明，干重1mg的重组菌能够中和大于100μg的Stx1和Stx2。这种特异性的结合能力超过了Synsorb-Pk的10 000倍，而与上面提到的合成的多价毒素结合物类似。这种高结合能力可能与受体类似物在细胞表面的高密度表达有关。

STEC株的一些亚群能导致水肿病，一种在断奶仔猪中常见的致死病。这些菌株能产生一种不同的毒素Stx2e，它与Stx家族的其他成员有着不同的受体。Stx2e对于Gb_3优先识别红细胞糖苷脂［Gb4；GalNAc（β1，3）Gal（α1，4）Gal（β1，4）-Glc-ceramide］。这种特异性的改变影响毒素作用的组织特异性，导致水肿病的特定临床表征。通过引入一个

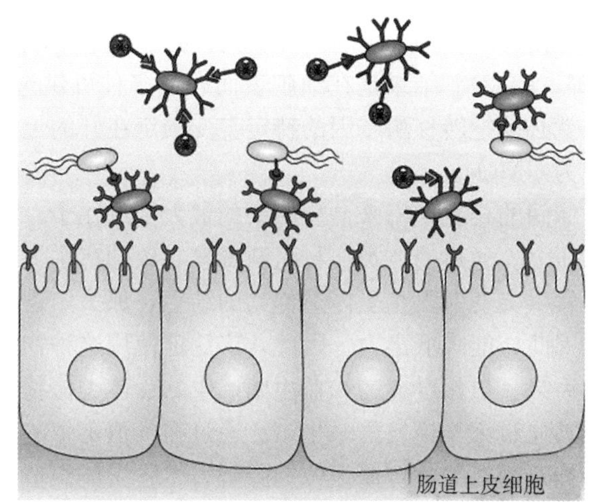

图 4-33 受体模拟益生菌设计示意
(Adrienne W Paton，Renato Morona 和 James C Paton，2006)

N-乙酰半糖胺转移酶基因（*lgtD* 来自 *N. gonorrhoeae*）和 UDP-N-乙酰氨基葡萄糖-4-差相异构酶基因（*gne* 来自 *E. coli* O113）来改变原来表达球丙糖的大肠杆菌菌株 *E. coli* CWG308，使之表达球丁糖。后一个基因对于 *E. coli* CWG308 是必需的，因为 *E. coli* CWG308 不能产生有活性的糖前体物 UDP-N-乙酰氨基葡萄糖。Gb_4模拟菌体外中和 Stx1 和 Stx2 的能力降低，但却能中和 Stx2e 粗提物中 98.4%的毒素（Paton A W，Morona R 和 Paton J C，2001）。

ETEC 株的主要毒力因子是 LT，一种与 Ctx 相关的 AB_5 型毒素，并且有相类似的作用方式。不过受体的特异性并不是绝对的，LT 的 B 亚单位可以和其他的寡糖抗原表位结合（Angstrom J，Teneberg S 和 Karlsson K A，1994）。通过构建了能表达 LNT 类似物的 CWG308，LNT 是 LT 的受体，表达这种物质的菌能中和 93.8%的来自人和猪的各种 ETEC 菌株的溶解产物。当以纯化的 LT 做试验时，菌株能吸附自身重 5%的 LT。提前或与饲料同时加入 LNT 类似物，体内试验能显著减少 LT 诱导的兔结扎回肠的液体分泌（Paton A W 等，2005）。

一个引入受体模拟物产生菌的潜在的阻碍是这些菌是经过遗传改造的生物体（genetically modified organisms，GMOs），在有些国家这些菌的环境释放受到严格控制。也有相当的公众对任何 GMOs 存有疑虑，这阻碍了这些产品的商业化。有研究表明，Gb_3类似物在停服几天后从胃肠道中被自动清除（Paton A W，Morona R 和 Paton J C，2000）。这从生物污染的角度看是鼓舞人心的，对于存留时间长些的，可以采取降低服用剂量和频率的方法。以前有研究表明，尽管需要增加服用的频率以保证较好的防治效果，这与胃肠道能更快地清除灭活的模拟物有关。甲醛杀灭的 Gb_3 类似物能够阻止致命性 STEC 的侵染（Paton J C，Rogers T J，Morona R 和 Paton A W，2001）。甲醛处理过的结构是稳定的，并能在 4℃时以液体状态保持毒素结合活力一年以上。灭活的重组菌不被列入 GMOs 中，被认为能较易通过法规审批和易于被消费者接受。

如果灭活的益生菌能被使用的话，就会有一个选择使用能表达宿主受体类似物的活体微生物的过程。如在重组 *E. coli*. *C. jejuni* NCTC11168 中表达模拟物，在体外能结合 Ctx 的 GM_1。然而，在这些病原菌中，关键的糖基转移酶容易发生构象变异，导致表达开和关的随意转变（Gilbert M 等，2002）。结果是在细胞表面表达多种可供选择的 LOS 结构。要想稳定地表达特定的酶，就必须把转移酶基因的特定突变锁定在开的位置，但这些稳定的衍生物在某些国家未被划定为 GMOs。

通过阻断病原和受体间的相互作用来治疗感染的最大优点在于，它不会给病原的进化和抗性的产生施加选择性压力。通过受体类似物阻断毒素导致的宿主损伤并不影响病原生存和繁殖的能力。如果毒素发生突变能阻止受体类似物的结合，那么，逻辑上也可以阻止毒素和天然靶点的相互作用，因此，能降低毒力。因此，广泛地使用这种物质用于预防，从长远来看，并不会导致有害的后果。虽然合成的和益生菌产生的受体类似物都有效，但后者有巨大的成本优势，因为它能够通过大规模发酵来生产。通过在肠道定植的益生菌来合成受体类似物，还能避免肠道中的糖苷酶对关键抗原表位的降解。尽管受体类似物在体外试验和动物模型中都被证明是有效的，但体内仍需对产生受体类似物的益生菌作进一步完善。比如，筛选对胃酸具有抗性，或在肠道中易生存和定植的益生菌，这样就能显著降低我们使用微生物的剂量，以产生更好的经济效益。

参考文献

郭本恒，2003. 益生菌［M］. 北京：化学工业出版社.

沈萍，2002. 微生物学［M］. 北京：高等教育出版社.

沈萍，等，1999. 微生物学实验［M］. 3 版. 北京：高等教育出版社.

张刚，2007. 乳酸细菌——基础、技术和应用［M］. 北京：化学工业出版社.

Adrienne W Paton，Renato Morona and James C Paton，2006. Designer probiotics for prevention of enteric infections［J］. Nature Reviews/Microbiology，4：193-200.

Amann R I，et al.，1990. Combination of 16S rRNA-targeted oligonucleotide probes with flow cytometry for analyzing mixed microbial populations［J］. Appl. Environ. Microbiol.，56：1919，1925.

Amann R I，W Ludwig，and K H Schleifer，1995. Phylogenetic identification and in situ detection of individual microbial cells without cultivation［J］. Microbiol. Rev.，59：143-169.

C T Collier，et al.，2003. Molecular ecological analysis of porcine ileal microbiota responses to antimicrobial growth promoters［J］. J. Anim. Sci.，81：3035-3045.

E Amit-Romach，D Sklan，and Z Uni，2004. Microflora Ecology of the Chicken Intestine Using 16S Ribosomal DNA Primers［J］. Poultry Science，83：1093-1098.

Freundt E A，1983. Culture media for classic mycoplasmas In Methods in mycoplasmology. Vo Ⅱ：Mycoplasma characterization（S Razin & J G Tully，eds）［M］. Academic Press，London，1：127-135.

Klijn N，Weerkamp A H，de Vos W M，1991. Identification of mesophilic lactic acid bacteria by using polymerase chain reaction-amplified variable regions of 16S rRNA and specific DNA probes［J］. Applied and Environmental Microbiology，57（11）：3390-3393.

Meroth，Christiane B，Jens Walter，Christian Hertel，Markus J Brandt，and Walter P Hammes，2003. Monitoring the Bacterial Population Dynamics in Sourdough Fermentation Processes by Using PCR-Denaturing Gradient Gel Electrophoresis［J］. Applied and Environmental Microbiology，69（1）：475-482.

Liu W L, T L Marsh, H Cheng, and L J Forney, 1997. Characterization of microbial diversity by determining terminal restriction fragment length polymorphisms of genes encoding 16S rRNA [J]. Appl. Environ. Microbiol., 63: 4516-4522.

Sogin M L, and J H Gunderson, 1987. Structural diversity of eukaryotic small subunit ribosomal RNAs [J]. Ann. N. Y. Acad. Sci., 503: 125-139.

Suzuki M T, M S Rappé, and S J Giovannoni, 1998. Kinetic bias in estimates of coastal picoplankton community structure obtained by measurements of small-subunit rRNA gene PCR amplicon length heterogeneity [J]. Appl. Environ. Microbiol., 64: 4522-4529.

Temmerman, Robin, Ilse Scheirlinck, Geert Huys, and Jean Swings, 2003. Culture-Independent Analysis of Probiotic Products by Denaturing Gradient Gel Electrophoresis [J]. Applied and Environmental Microbiology, 69 (1): 220-226.

Thomas D Leser, et al., 2002. Culture-Independent Analysis of Gut Bacteria: the Pig Gastrointestinal Tract Microbiota Revisited [J]. Applied and Environmental Microbiology, 2: 673-690.

Vance J McCracken, et al., 2001. Molecular Ecological Analysis of Dietary and Antibiotic-Induced Alterations of the Mouse Intestinal Microbiota [J]. J. Nutr., 131: 1862-1870.

Von Wintzingerode F, U B Goebel, and E Stackebrandt, 1997. Determination of microbial diversity in environmental samples: pitfalls of PCR-based rRNA analysis [J]. FEMS Microbiol. Rev., 21: 213-229.

Walter J, G W Tannock, A Tilsala-Timisjarvi, S Rodtong, D M Loach, K Munro, and T Alatossava, 2000. Detection and Identification of Gastrointestinallactobacillus Species by Using Denaturing Gradient Gel Electrophoresis and Species-Specific Pcr Primers [J]. Applied and Environmental Microbiology, 69 (1): 297-303.

X Y Zhu and R D Joerger, 2003. Composition of Microbiota in Content and Mucus from Cecae of Broiler Chickens as Measured by Fluorescent In Situ Hybridization with Group-Specific, 16S rRNA-Targeted Oligonucleotide Probes [J]. Poultry Science, 82: 1242-1249.

Yusuke Nakanishi, et al., 2006. Increase in Terminal Restriction Fragments of Bacteroidetes-Derived 16S rRNA Genes after Administration of Short-Chain Fructooligosaccharides [J]. Applied and Environmental Microbiology, 9: 6271-6276.

第五章 饲用微生物制品与生产

第一节 饲用微生物制品

一、乳酸菌制品

乳酸菌（LAB，lactic acid bacteria）是一个统称，而且是一种习惯叫法，并非分类学上的概念，指能够发酵碳水化合物（主要指葡萄糖）产生大量乳酸的细菌。细菌分类有数百个属（genus），很难把能否产生乳酸作为细菌的分类标准。但是，乳酸菌的习惯提法已被广大学者和民众所接受。乳酸菌的细胞形态有球形、类球形、短杆或杆状；乳酸菌细胞染色呈革兰氏阳性、阴性，也有具有阳性细胞壁的阴性菌；乳酸菌细胞内有芽孢或无芽孢；乳酸菌的生理要求有好氧、厌氧或兼性厌氧；乳酸菌的发酵类型有同性发酵或异型发酵；乳酸菌的发酵产物有以乳酸为唯一产物或主要产物，也有乳酸、琥珀酸、乙酸等的混合物；乳酸菌的DNA G+C含量为32～67mol%。

对乳酸菌研究与应用的发展大致可分为三个阶段：第一阶段，19世纪以前。古人在四五千年前就已经开始饮用酸奶，当时是无目的、无意识的。乳酸菌的应用是被偶然发现的，《圣经·创世纪》和《齐民要术》中有制作酸奶的记载。第二阶段，19世纪。1857年，35岁的巴斯德在研究乳酸发酵时，发现了乳酸菌，同年发表了著名的论文《关于乳酸发酵的纪录》。巴斯德的发现加快了人类研究和利用乳酸菌的过程。1978年，利斯特（Lister）首先从酸败的牛奶中分离出乳酸菌的纯培养菌株——乳链球菌（*Streptococcus lactis*）。1884年，胡普（Hueppe）把使牛奶发酸的细菌以“lactic acid bacteria”命名，首次将“酸奶细菌”命名为“乳酸菌”。1899年，蒂塞（Tisser）发现双歧杆菌（*Bacillus bifidus*）。第三阶段，20世纪以来。1900年，俄国微生物学家梅契尼科夫发现高加索地区居民长寿者较多的原因是由于食用了大量含有乳酸菌的酸奶。梅契尼科夫从发酵酸奶中分离出一种细菌，并命名为“保加利亚乳杆菌”。他认为，大肠内的大肠杆菌是有害的，而饮用酸奶可以抑制大肠杆菌，从而延年益寿。同时，他认为乳酸菌能定植于肠道，能抑制腐败菌的增殖，降低腐败毒素的产生，从而延长人的寿命。1900年，奥拉·詹森（Orla-Jensen）对乳酸菌进行了首次分类。1905年梅契尼科夫撰写的《长寿说》（The prolongation of life）英译本出版。书中论述了乳酸菌具有的生理功能，阐明酸奶能使人长寿的缘由，并提出“为了延长人类的生命，应当饮用乳酸菌发酵过的酸奶”。第二次世界大战爆发后，西班牙人卡拉索推销的酸奶在美国打开销路，并迅速风靡世界。可能乳酸菌成为益生菌制剂中最早、最广泛、品种最繁多的成员与这种历史缘由不无关系。当然，长久以来使用的有效性和安全性也是很重要的原因。1960—1970 年，初步建立了乳酸菌的分类系统。进入 21 世纪后，生命科学的飞速发展也加快了乳酸菌研究的发展。2001 年，法国的 Bolotin 等公布了第一个完整的乳酸菌乳酸乳球菌 IL1403 的 DNA 序列。目前已经公布的测序完成的乳酸菌包括：乳酸乳球菌 IL1403、长双歧杆菌 NCC 2705、植物乳杆菌 WCSF1、约氏乳杆菌 NCC 533 及嗜酸乳杆菌 NCFM/ATCC 700396。

（一）乳酸菌的分类

自从 1857 年巴斯德发现乳酸菌以来，蒂策勒（R P Tittsler）、罗高沙（Rogosa）、胡普（Hueppe）及光岗知足等许多研究人员把对乳酸菌的分类作为研究乳酸菌的重要课题。他们根据乳酸菌的形态学、生理生化特征、血清学、抑制物试验、化学分类、基因型和菌体细胞壁组成等方面进行分类。此项工作直至 20 世纪 60 年代才趋于确立。乳酸菌的分类是在不断发展的，在发展过程中不断有新的种属被提出，或是划分结果被修改。60 年代前的分类方式主要是依靠菌株的形态学、生理特性等；60 年代后，增加了乳酸菌细胞 DNA 中（G+C）mol%测定；当前的细菌学分类在传统方法的基础上还引入了分子生物学的方法，如 16SrDNA 序列分析和基因探针、聚合酶链式反应（PCR）和核酸分子探针杂交等现代分类和鉴定手段。到目前，乳酸菌在细菌分类学上包括乳酸杆菌属（*Lactobacillus*）、双歧杆菌属（*Bifidobacterium*）、链球菌属（*Streptococcus*）、明串珠球菌属（*Leuconostoc*）、肠球菌属（*Enterococcus*）、乳球菌属（*Lactococcus*）等 43 个属（张刚等，2007）。在乳酸菌中乳杆菌是最大的一个属。乳杆菌属内种间的差异也比较大，由一系列在表型形状、生化反应和生理特征方面具有明显差异的种组成。该属内不同种的（G+C）mol%就可反映出种与种之间的亲缘关系比较远。该属细菌 DNA G+C 含量为 32～53mol%，几乎超过了作为单一属可接受范围的 2 倍。

中华人民共和国农业部公告第 1126 号公布的 16 种微生物添加剂中属于乳酸菌的有：两歧双歧杆菌、粪肠球菌、屎肠球菌、乳酸肠球菌、嗜酸乳杆菌、干酪乳杆菌、乳酸乳杆菌、植物乳杆菌、乳酸片球菌、戊糖片球菌、保加利亚乳杆菌。美国 FDA（2009）认为安全、允许饲喂的微生物中有 28 种是乳酸菌（乳杆菌 12 种、双歧杆菌 6 种、链球菌 6 种、片球菌 3 种、明串珠菌 1 种）。

（二）乳酸菌的分布

乳酸菌绝大多数都是厌氧菌或兼性厌氧菌，革兰氏阳性菌。生长繁殖于缺或微缺氧的矿物质和有机营养物丰富的微酸性环境中。污水、发酵生产（如青贮饲料、果酒啤酒、泡菜、酱油、酸奶、干酪）培养物、动物消化道等乳酸菌含量较高。Smith（1965）、Contrepois 和 Gouet（1973）证实了在小牛胃和上部肠道中乳酸菌占优势。从牛乳喂养的小牛胃液中可分离出乳酸乳杆菌（*L. cactis*）和发酵乳杆菌（*L. fermentum*）。新生仔猪的胃黏膜上（包括十二指肠）有嗜酸乳杆菌（*L. acidophilus*）、发酵乳杆菌（*L. fermentum*）、唾液乳杆菌（*L. salivarium*）等。1989 年，Tannock 利用标定生物素的质粒探针发现，猪小肠内有嗜酸乳杆菌（*L. acidophilus*）和罗氏乳杆菌（*L. reuteri*）。鸡的嗉囊中和猪胃食管部的角质化鳞状上皮主要存在的是乳杆菌（Fuller，1992）。家禽出壳后数小时内就可在其肠道内发现散在的粪链球菌、肠细菌（*Enterobacteria*）和梭状芽孢杆菌（*Clostridia*），在以后数天内乳酸杆菌便开始在消化道内定居。乳杆菌是禽嗉囊菌群的主要菌属，与大肠杆菌、链球菌（*streptococci*）相比占据优势。乳酸杆菌黏附于禽嗉囊上皮，这种黏附有种属特异性。禽嗉囊乳杆菌是家禽维持小肠细菌平衡的乳杆菌来源，猪胃食管部的乳杆菌与此类似，乳杆菌在维持消化道的正常微生物群系的稳定方面起着重要作用。

（三）乳酸菌的生物学特性和功能

1. 改善胃肠道功能 乳酸菌通过自身及其代谢产物和其他细菌之间的相互作用，调整菌群之间的相互关系，维持和保证菌群之间的最佳组合及这种组合的稳定。乳酸菌必须具有某种特殊特性，如黏附、竞争排斥和产生抑制物等，才能在微环境中保持优势。据McCormick和Savage报道，乳酸菌除黏附外，抑制物的产生具有非常重要的意义。乳酸菌也可通过产酸、产生过氧化氢、产酶类、产生细菌素、合成维生素、分解胆盐来改善胃肠道功能。

（1）乳酸菌的黏附和定植 为了发挥其对宿主健康的促进作用，益生性乳酸菌在胃肠消化道中需保持一定的数量，以防止其因为消化道的排空而被快速排出。乳酸菌对黏膜表面的黏附能力可为其提供竞争优势，这一点对于维持消化道菌群平衡非常重要。否则，这些细菌在消化道的滞留时间将非常短。显然，对黏膜的黏附能力是细菌在消化道长期定植的必要条件。乳酸菌的定植有利于乳酸菌群的扩大，而“定居”下来的乳酸菌也因其占位效应减少有害菌“定居”的可能性。由于大量乳酸菌的存在，形成的生物膜屏障有利于阻止病原菌对肠黏膜的接触和黏附。

动物肠黏膜细胞上黏附着大量的乳酸菌，其在黏附位置进行不断的繁殖，从而发挥一定的生理功能。这些菌的黏附过程可分为两个阶段：①第一阶段是物理接触的过程，是不稳定的，是非特性的，是可逆的。这一过程主要借助趋化作用，细菌与宿主肠黏膜细胞接近和定位，然后，通过细菌细胞膜上的相关成分与宿主细胞形成静电荷和疏水性结合。②第二阶段是受体结合的过程，是特异性的，一般情况下是稳定的。这一过程主要借助的是细菌细胞表面上的特定成分（配体）与宿主肠黏膜细胞上的特异性受体相结合。黏附以后，细菌开始不断的繁殖，进而形成乳酸菌集落。

关于乳酸菌的黏附机制，人们已经开展了大量研究，而且还在开展不断深入的研究。已有的研究结果证实，乳酸菌通过存在于细胞表面的黏附素（adhesin）实现黏附，黏附素的主要成分包括：脂磷壁酸（lipoteichoic acid，LTA）、多糖（polysaccharides，PS）、完整肽聚糖（whole peptidoglycans，WPG）和表面蛋白（surface-layer protein，SP）。LTA是两性（亲水性和亲脂性）分子，亲脂性一端结合在胞浆膜上，亲水性一端穿过细胞壁到达细胞表面。LTA的游离类脂构成了乳酸菌细胞表面的配体。另外，LTA具有低等电点特性，使细菌表面形成了大量负电荷分布，这些负电荷也促成了乳酸菌通过静电连接方式黏附在宿主黏膜细胞上。PS是一种黏附配体，与宿主细胞的受体结合形成特异性的黏附。另外，可以影响乳酸菌细胞表面物理化学特性，在非特异性黏附过程中起到关键作用；也可屏蔽其他细胞表面的黏附因子，从而间接影响其他细胞的黏附作用；通过多种作用从而调节乳酸菌特异性黏附和凝集。WPG和SP同样也是乳酸菌细胞表面的黏附配体，通过与宿主细胞膜上的受体结合，在乳酸菌的特异性黏附过程中发挥重要作用。

部分暂时性的肠道细菌在对机体施加有益作用时，并不需要黏附到小肠黏膜上，如酸奶菌种在体内帮助乳糖消化时正是如此，但这样的例子似乎并不具有广泛的代表性。在停止食用微生物制剂以后的数天甚至数周后，仍然可以从摄食者的粪便中分离到这些乳酸菌。由此可以看出，尽管它们不可能永久性的存在于体内，但其滞留时间能足以保证它们在体内发挥相应的功能。

(2) *产生抑菌物质* 胃肠道中的各种微生物的种类、数量和生态位都是相对稳定的，它们相互协调、相互制约，共同形成一个平衡的生态系统。它们的数量取决于它们的活性，它们都分泌特殊的物质来抑制其他菌株的生长。乳酸菌正是其中的佼佼者，一部分乳酸菌有着自我的平衡系统，最终成为肠道中的优势菌。有害菌会产生腐败代谢产物，如氨、硫化氢、硫胺、酚、吲哚等物质，这些物质能造成胃肠功能异常。而优势的乳酸菌可产生多种抗菌物质或是竞争必需的物质和生态位，抑制有害菌的定植，这就是所谓的定植抗性(colonization resistance)。

①产酸 乳酸菌（如双歧杆菌和乳杆菌）在体内发酵糖类，产生大量的乙酸和乳酸，使肠道内的 pH 和 Eh 下降，肠道处于酸性环境，对病原菌如致贺氏菌（*Shigella*）、沙门菌（*Salmonella*）、金黄色葡萄球菌（*Staphylococcus aureus*）、白色念珠菌（*Candida albicans*）、空肠弯曲菌（*Campylobacter jejuni*）、致病性大肠杆菌（Pathogenic *E. coli*）等有颉颃作用。低 pH 和 Eh 能维持正常的生理功能，防止病原菌定植，调整肠道菌群，改善微生态环境，对肠炎、痢疾、急慢性腹泻等肠道疾病有预防和治疗作用。

②产生过氧化氢（H_2O_2） 众所周知，过氧化氢具有良好的杀菌效果，而一些乳酸菌（如嗜酸乳杆菌、保加利亚乳杆菌）在代谢过程中可以产生 H_2O_2，能抑制大肠杆菌等病原菌的增殖。H_2O_2的杀菌作用和环境的 pH 有关，酸性较弱的乳酸能使 H_2O_2的杀菌能力增强，乳酸菌在代谢过程中产生的乳酸能加强这种作用。

③产生酶类 双歧杆菌和某些乳杆菌能产生胞外糖苷酶，可降解肠道黏膜上的多糖。这些多糖是致病菌和细菌毒素的潜在受体，通过酶的作用，可以阻止病原菌和毒素对上皮细胞的黏附和入侵。

④产生细菌素 许多肠道乳酸菌能产生细菌素，有的甚至能产生多种。Olasupo 等（1998）从植物乳杆菌中分离得到它的细菌素——植物乳杆菌素，试验证实该细菌素能有效抑制李斯特菌，引起李斯特菌的自溶。对李斯特菌的生长抑制能力与细菌素的浓度有关，杀菌效率则因需要杀灭的菌株不同而有差异。乳链球菌产生的乳链菌肽，又称乳球菌素，对许多革兰氏阳性菌，包括葡萄球菌、链球菌、微球菌、棒杆菌和李斯特菌等有抑制作用。乳链菌肽是一种高效、天然的食品防腐剂，已被欧美、东南亚等国家和地区广泛应用于乳制品、罐头食品、高蛋白食品等的保鲜防腐。

⑤分解胆盐 双歧杆菌还能将结合的胆盐分解成游离的胆酸，而游离胆酸较前者对细菌的抑制作用要强。Tnnnock（1989）在小鼠上发现，乳杆菌缺乏时小肠内胆盐水解酶的活性降低 86%。

(3) *改善宿主代谢* 双歧杆菌能防止致病菌对氨基酸的脱羧作用，减少肠内容物内氨的浓度，有效减少毒性胺的合成，改善肠道环境。与未饲喂发酵乳的对照组相比，饲喂用嗜酸乳杆菌（*L. acidophilus*）制备的发酵乳的猪肠道内胺的产生减少。

摄入的乳酸菌可以产生和释放水解酶，从而帮助家畜的消化。比如半乳糖苷酶是消化乳汁中乳糖的关键酶。尤其是处于生长初期的犊牛和仔猪，由于此时幼畜肠道中的消化能力还不完善，更缺乏半乳糖苷酶，适量补充乳酸菌，通过细菌分泌半乳糖苷酶，将有助于幼畜消化乳汁中的乳糖。

乳杆菌还可消化比乳糖更为复杂的碳水化合物。Champ 等（1983）从鸡嗉囊中分离的三株乳杆菌具有淀粉水解活性，其中淀粉水解活性最强的一株乳杆菌类似于嗜酸乳杆菌，它可分解淀粉产生麦芽糖、麦芽三糖和少量葡萄糖，其淀粉酶的最适 pH 为 5.5，最适温度为 55℃。Jonsson 等（1991）从饲喂含有 2% β-葡聚糖的玉米糖浆，年龄分别为 3 日龄和 35 日龄的仔猪粪便中分离到具有 β-葡聚糖降解活性的乳杆菌。在给畜禽饲喂含麸皮和燕麦饲料时，具有葡聚糖水解活性的微生物非常有用，因为这些动物体内的酶通常不能降解 β-葡聚糖，而后者对淀粉的代谢具有干扰作用。

益生性乳酸菌还可影响宿主小肠微绒毛刷状缘的酶活性。Collington 等（1990）的研究表明，给仔猪饲喂抗生素或益生性乳酸菌后，小肠绒毛刷状缘乳糖酶和蔗糖酶的活性增强。这两种作用方式可能都不是直接的，而是通过减少有害细菌代谢产物的产生，后者会干扰黏膜，影响肠细胞寿命。

乳酸菌还可为宿主提供可利用的必需氨基酸（如赖氨酸和蛋氨酸等）和各种维生素（维生素 B、维生素 K、维生素 H 等），还可提高矿物元素的生物活性，进而达到为宿主提供必需营养物质，增强动物的营养代谢，促其生长的作用。Hamad（1979）证明小麦、稻米及玉米等谷物进行乳酸发酵后，营养价值大大提高。毕德成等（1988）用保加利亚乳杆菌和嗜热链球菌发酵玉米和小麦粉，发现赖氨酸含量分别增加 72%和 85%，蛋氨酸分别增加 40%和 46%，硫胺素（维生素 B_1）和核黄素（维生素 B_2）均有所增加，游离氮增加 1.6 倍和 1.4 倍，游离铁分别增加 1.3 倍和 0.9 倍，游离钙增加 1.5 倍和 1.2 倍，总体营养价值有明显提高。此外，乳酸菌产生的酸性代谢产物使肠道环境偏酸性，而一般消化酶的最适 pH 为偏酸性（淀粉酶 6.5、糖化酶 4.4），这样就有利于营养素的消化吸收，有机酸的产生还可加强肠道的蠕动和分泌，也可促进消化吸收养分（张力等，2000）。

2. 调节免疫系统功能 微生物与免疫系统的相互作用的证据部分来自于拥有完整土著菌群的普通动物，与同类的无菌动物相比，这些动物体内具有较高的免疫球蛋白水平和细胞吞噬能力。有报道表明，乳酸菌制剂能够增强免疫力，主要表现在两方面：一是影响非特异性免疫应答，增强单核细胞（单核细胞和巨噬细胞）的吞噬能力、多形核白细胞的活力，刺激活性氧、溶酶体酶和单核因子的分泌；二是刺激特异性免疫应答，如加强黏膜表面和血清中 IgA、IgM 和 IgG 水平，促进 T、B 淋巴细胞的增殖，加强细胞免疫。Perdigon（1986）发现通过给小鼠饲喂嗜酸乳杆菌（*L. acidophilus*）和干酪乳杆菌（*L. casei*），小鼠巨噬细胞的吞噬能力增强。Saito（1988）也观察到了干酪乳杆菌（*L. casei*）对小鼠巨噬细胞的激活作用。Schiffrin 等（1994）发现乳酸双歧杆菌（*B. lactis*）Bb12 能在体外增强吞噬细胞对大肠杆菌的吞噬作用。对小鼠静脉注射沙门菌引发脾脏感染的试验表明，给无菌小鼠饲喂屎肠球菌（*E. faecium*）能引起小鼠系统性的免疫反应，并起到一定的预防作用。Perdigon（1990）报道了口服干酪乳杆菌（*L. casei*）可增加小鼠肠腔内的 IgA 的分泌，从而增强黏膜对鼠伤寒沙门菌（*Salmonella typhimurium*）的抵抗能力。当然，也有无效的试验结果，比如 Kluber（1985）等发现，给人工饲养的仔猪饲喂屎肠球菌不引起任何细胞介导的免疫应答。

有关乳酸菌能激活免疫系统的报道很多，但是其中通过口服激活免疫系统并且清楚说明其作用机制的报道很少。大多引用的是体外试验，或者即使是体内试验有效果，也不能确切地阐述这种激活免疫系统的机制，较多的是对作用机制的假设，这与免疫系统的复杂性有关。因此，完全阐明微生物与免疫系统的相互作用关系还有待继续开展深入研究。

新生动物的免疫系统和微生物区系都尚未成熟，这时益生菌对免疫系统的作用与益生菌对无菌动物或悉生动物免疫系统的作用类似，可通过无菌动物的试验来比较和说明。对于健康的成年动物，它们有完整的微生物区系和健全的免疫系统，经口途径使用益生菌对免疫系统发挥作用，要穿越多道屏障。该益生菌要能抵抗已有微生物区系的排斥作用，而且要激活免疫系统，该益生菌或其组分至少要能和肠道黏膜上皮相接触，除非是该菌的分泌产物具有激活免疫系统的功能。正常动物分泌到肠腔的 IgA、黏液素等多种因子对黏膜上皮有保护作用，益生菌若能穿透这些屏障黏附到黏膜上皮细胞上，通过上皮细胞上的受体作用，改变上皮细胞细胞因子的分泌，从而引起免疫系统的变化可能是一种解释。但这需要解释益生菌与受体结合的病原分子相关模式与肠道共生微生物的差异性，因为肠道共生微生物在长期进化过程中形成的对宿主免疫系统的激活只保持在较低的本底水平，保持一种耐受状态。如果该益生菌不是通过与上皮细胞互作激活免疫，则只有在黏膜上皮下发挥作用。在动物健康状态下，肠腔抗原通过上皮主要是通过微皱细胞（M Cell）吞噬呈递给黏膜上皮下的巨噬细胞和树突状细胞；树突状细胞伸入肠腔的树突摄取抗原；上皮细胞胞吞抗原后释放。由于益生菌不具有病原菌那样破坏上皮细胞的能力，因此，不能提供病原细胞那样激活免疫系统的信号，但又不同于正常微生物的耐受状态。对于先天免疫（innate immunity）系统，以巨噬细胞为例，因为共生菌与巨噬细胞之间早已形成互容关系，其不会引起免疫反应。因此，如果益生菌能激活先天免疫，那么可以推断该益生菌在菌体或其组成的抗原特异性上与共生微生物应有不同。若能激活适应性免疫（adaptive immunity），则与树突状细胞（DC）的成熟密切相关。树突状细胞是连接先天免疫和适应性免疫的桥梁，只有成熟的 DC 能有效地激活 Th 细胞，从而有效地激活适应性免疫。由于病原菌有能使树突状细胞成熟的特殊信号，而共生微生物则表现为未活化的不成熟状态，益生菌若能激活适应性免疫则需激活树突状细胞，这可能是由于其抗原的特异性。在与巨噬细胞等的作用过程中，益生菌释放的细胞因子并不完全和共生的正常微生物相同，后者能产生导致树突状细胞成熟的信号。

乳酸菌的细胞壁主要是由肽聚糖（占细胞壁的 30%～70%）、多糖和磷壁酸组成。关于肽聚糖能促进免疫的功能早有报道，对溶菌酶消化敏感的乳酸菌能在消化道内释放肽聚糖。胞壁酰二肽（MDP）是乳酸菌细胞壁肽聚糖的一种主要成分。有报道 MDP 能刺激巨噬细胞释放白介素 1（IL-1），并能诱导淋巴细胞产生 γ-干扰素（IFN-γ）。其他细胞壁成分如磷壁酸体外试验也有免疫刺激活性，乳酸菌体内表现出的免疫刺激活性可能正是与细胞成分的抗原特异性有关，也有灭活的乳酸菌能刺激免疫的报道。乳酸菌的分泌物或是所产酶对底物的作用，也被认为可能与增强免疫机能相关。

3. 降低血清胆固醇和血脂 嗜酸乳杆菌（*L. acidophilus*）被认为有多种健康促进作用，包括颉颃病原菌、抗瘤变和降低血液胆固醇等。*L. acidophilus* 能在不良的环境中存活并且能在胃肠道复杂的微生态环境中定植，因此，比不能在消化道定植的微生物发挥的作用更持久。降血液胆固醇的作用可能来源于：①对 3-羟基-3-甲基戊二酰 CoA 还原酶的抑制作用，该酶是体内胆固醇生物合成的限速酶；②通过胆盐水解酶的作用，将小肠内的胆盐水解，水解后的胆盐能与食物中胆固醇发生共沉淀作用，从而促进食源的胆固醇向粪便中转移；③菌体对胆固醇的同化作用。嗜酸乳杆菌的作用效果可能有一种或多种机理同时作用。

Gilliland 发现，*L. acidophilus* RP32 在体外在胆盐存在时可以生长，具有同化胆固醇能力。当给猪喂食后，尽管猪的饲料中富含胆固醇，但 *L. acidophilus* RP32 能显著地抑制猪血清胆固醇水平的上升（$p<0.05$）。而如果给猪喂食另一株 *L. acidophilus* P47 却没有发现类似的作用，该菌尽管也能耐受胆汁进行生长，但却不能除去培养基中的胆固醇。

Danielson 研究了含有 *L. acidophilus* 的酸奶在成年公猪体内的降胆固醇血症作用。在该研究中，以添加了含有 *L. acidophilus* 活菌的酸奶作为猪饲料的一种添加剂，该 *L. acidophilus* 菌株具有较高降胆固醇血症的能力。对 18 头公猪，每头按 2.3kg/d 的剂量喂食富含胆固醇的饲料，以达到胆固醇的摄入量为 6.7g/d。以这种方式饲养 56d 后，对 9 头公猪饲喂含嗜酸乳杆菌的酸奶，其余的 9 头则仍给予原配方的饲料。在两种饲养方案中，公猪每日摄入的胆固醇的量是相同的。每周从肘关节部位抽取血样，分析其中脂类的含量。结果表明，嗜酸乳杆菌酸奶能显著降低血清胆固醇水平（$p<0.01$）以及低密度脂蛋白的浓度（LDL，$p<0.08$），但对血清甘油三酯（$p>0.23$）或高密度脂蛋白（$p>0.11$）无作用。

De Smet 研究了给猪喂食具有胆盐水解酶（BSH）活性的罗氏乳杆菌（*L. reuteri*）对猪血清胆固醇的作用，*L. reuteri* 可以暂时性地改变肠道内源性乳杆菌的组成，但不能在体内永久定植。与对照组相比，这种益生菌能显著地降低试验组猪体内的总胆固醇水平和低密度脂蛋白胆固醇水平（$p<0.05$），而未观察到对高密度脂蛋白胆固醇水平的影响。尽管从这两组猪粪便中排出的中性甾醇和胆盐的数据波动较大，仍然可以看出喂食 *L. reuteri* 的猪粪便中中性甾醇和胆盐的排出量较高。虽然在喂食 *L. reuteri* 3 周后，两组猪体内血液中胆固醇水平都出现上升的情况，但喂食 *L. reuteri* 的猪体内血清胆固醇及低密度脂蛋白胆固醇水平与对照组相比明显偏低。在最后恢复正常饮食的 3 周中，两组猪体内胆固醇浓度均显著降低，两组之间在总胆固醇浓度和 LDL 胆固醇水平之间的差异基本消失。

（四）乳酸菌在养殖业中的应用

1. 在养猪生产中的应用 作为猪的益生乳酸菌使用的较多的是乳杆菌，包括嗜酸乳杆菌（*L. acidophilus*）、发酵乳杆菌等。另外，关于屎肠球菌（*E. faecium*）应用的报道也很多。Baird（1977）用乳杆菌饲喂断奶仔猪和生长育肥猪，试验证明均能增加日增重和提高饲料转化率。Siuta（2000）报道，双歧杆菌、乳酸菌、链球菌可显著提高仔猪增重，降低死亡率。王平等（2000）在仔猪饲料中添加一株从牛粪中分离到的芽孢乳酸杆菌，可显著降低仔猪腹泻发生率（$p<0.01$）。Vassalo 等（1997）报道乳酸菌益生素可以提高仔猪对干物质和能量的利用率，降低腹泻率。Toit（1998）用乳酸菌制剂对仔猪进行试验，每头每天饲喂 2×10^{12}cfu，试验期为 5 周。发现试验组 3 周后血浆胆固醇的浓度降低，粪中水分含量和乳酸菌细胞增多，但对粪中甘油三酯、pH 无显著影响。Nonsiainen 等应用宿主专一性菌株（*L. acidophilus*）和屎肠球菌（*E. faecium*）单独或混合或与乳果糖、乳糖醇结合饲喂仔猪，乳酸菌的摄入对仔猪产生有益影响，日增重明显增加，总体改进达 5.5%；死亡率稍有下降，处理组和对照组分别为 7.7%和 9.9%；混合菌株的效果要优于单一菌株；寡糖的添

加效果并不一致，但从平均值看，能产生有益影响。成年猪能较好地消化饲料，免疫功能较为完善，比幼猪有更强的抗肠道紊乱和抵抗病原入侵的能力，因此，在成年猪上判断益生菌产品的作用效果较为困难。

2. 在家禽生产中的应用 罗氏乳杆菌（*L. reuteri*）在家禽中有成功应用的报道。*L. reuteri* 具有独特的性质，它在体内能产生和分泌具有抗菌活性物质的肠道菌株，这种物质对周围环境具有潜在的抗菌活性，被称为 reuterin。*L. reuteri* 在动物胃肠道中广泛存在，其定植具有宿主专一性。*L. reuteri* 能有效改善禽类在蛋白质缺乏时的生长障碍，在蛋白质充足时影响较小；能有效降低外界环境不良应激对鸡生长的抑制作用，降低雏鸡的死亡率；*L. reuteri* 能在雏鸡盲肠有效定植，减少沙门菌感染。Pietras 和 Skraba（2000）发现添加嗜酸乳杆菌和粪链球菌，与不添加或添加黄霉素相比，可显著降低肉鸡死亡率，提高饲料转化率。Panda-AK 等（2000）在白来航蛋鸡饲料中添加含有嗜酸乳酸菌、酵母、双歧杆菌等微生物添加剂，产蛋率和蛋壳重量显著增加，但对日采食量、饲料转化率、蛋重、蛋黄和蛋清的浓度无影响。Pedroso 等（1999）报道，在母鸡育成期间，饲喂乳酸菌类微生物制剂，可提高耗料量和饲料转化率，但不影响增重。在产蛋期，蛋重受蛋白和微生物水平的影响，使用益生菌可提高蛋壳厚度。赵艳兵等（1999）在雏鸡日粮中添加鸡源乳杆菌，结果平均日增重提高 24%。人工感染鸡白痢沙门菌后，添加乳杆菌组的雏鸡比对照组的死亡率降低 20%。张日俊等（1998）用乳酸菌、酵母菌和芽孢杆菌的混合物饲喂肉鸡，血清中的总胆固醇和甘油三酯含量及腹脂率显著降低（$p<0.05$），免疫功能和体重明显提高。

3. 在反刍动物的应用 乳酸菌类饲用微生物添加剂，一般对瘤胃微生物区系尚未完全建立的新生反刍动物效果较好，它可以提高幼畜增重，降低腹泻发生率等。Raman（1998）用乳酸菌、酵母菌等比例混合添加在饲料中，饲喂犊牛 14 周，可以显著（$p<0.05$）提高犊牛增重和总干物质进食量，腹泻发生率比对照组降低 36%。Abe 等（1995）报道嗜酸乳杆菌或双歧杆菌可以提高哺乳期和断乳期犊牛的增重和饲料转化率，降低腹泻发生率，两菌种的效果无显著差异，但是在哺乳期的效果要优于断乳期的效果。Cerna（1991）和 Mancin 等（2001）也报道乳酸菌类益生素可显著提高犊牛增重，粪 pH 比对照组显著降低，但差异不显著。Mojzisova（1996）用乳酸菌、粪链球菌青贮的饲料饲喂肉牛，可以显著增强牛体内吞噬细胞的活性（$p<0.01$）。Bomba（1997）报道干酪乳杆菌可以降低犊牛血浆脂蛋白的水平，显著提高干酪乳杆菌的数量。Cruywagen 等（1996）认为在代乳料中添加嗜酸乳杆菌，对小于 2 周龄的犊牛有效，而对于成年牛没有作用效果。复杂的瘤胃微生物能形成对益生菌的障碍，对瘤胃发酵的影响呈多样性，研究阐明确切的作用机制比较困难。

在实际应用中，乳酸菌所产生效果差异很大，以至于人们怀疑乳酸菌是否真正有效。这可能与环境和动物机体肠道微生物区系的复杂性有关，比如在肠道内已形成了完整的微生物区系或已定植了具有益生功能的乳酸菌时，人为添加乳酸菌的改进效果可能就不明显。然而，当环境因素，如管理或是日粮改变引起动物肠道菌群失衡时，人为添加乳酸菌又可能产生改善动物的生理状态，如增加体重和降低死亡率。另外，乳酸菌的功效与其性质、剂量和靶动物种类与日龄密切相关，如应用乳酸菌的剂量太低，无法克服天然存在微生物的影响，或者未应用合适的乳酸菌类型。分离自肠道的微生物对于工业化生产和复合饲料加工的敏感性也是一个影响效果的因素。再有，在长时间的应用过程中，乳酸菌也有可能丧失某些益生特性，菌种出现退化，这可能是由于自身质粒的消失，因此，应考虑乳酸菌的稳定性和存活性。

（五）乳酸菌制剂的安全性

对活的微生物应用于饲料和食品中，其潜在的致病性、抗药基因转移可能性及繁殖和变异的不可控制性都是需要注意的。Adams（1999）报道了可能由乳酸菌引起的机体感染症：心内膜炎、菌血症及其他的一些胸部和消化道感染，这些乳酸菌的潜在危险我们应当注意。但这些情况大多是在特殊的生理情况下发生。有证据表明除肠球菌外，由乳酸菌引起的人类感染是相对少的。因此，科学家们认为只要在有效监督控制下，对乳酸菌进行严格安全性评价才可判定其是否安全。所需检测的项目主要有：固有特性、代谢产物、毒性、对黏膜的影响、剂量效应、临床评估、流行病学研究等。Dunne 等（1999）还提醒研究者在进行评估时还应当注意，每一株菌都必须做检验，不能以相近株进行推测，即使同种内相似的菌株也有不同特性，使用前必须对菌株和产品进行严格鉴定，其结果则由独立研究机构确证。

随着对乳酸菌代谢和遗传特性了解的深入以及对其机理的认识，还有大量临床试验的结果证明将其作为饲料添加剂的可行性，人们已经广泛接受了乳酸菌这类制品。菌株的筛选和活性的保持是益生菌研究的关键问题，其决定着微生态制剂的使用效果。作为乳酸菌制剂选择的菌种应适合产品的加工工艺，在很多乳酸菌的制剂的加工过程中，常常会需要通过冷冻干燥或其他方法处理，以期得到该菌的活菌粉。如果选用的乳酸菌菌种有合适的加工特性，将有利于其成为乳酸菌制剂的生产用菌；发酵方面，该乳酸菌如果能发酵得到更多的菌数，也将有利于乳酸菌制剂的后续加工。

在如何保证乳酸菌制剂的应用效果方面，广大科研工作者进行了多方有益的探索，主要有以下几个方面：①多菌株配伍使用。有试验表明，乳酸杆菌和双歧杆菌配合使用能够增加其效果。严格厌氧的菌株与非严格厌氧菌株进行共培养，可以提高厌氧菌的产量和存活率，利于各菌株发挥效用；②提高成品中乳酸菌的数量。添加微量元素（Fe、Cu、Zn、Se、Mo等），菌体生长需要的氨基酸（Arg、Tyr、Pro、Phe 等）和 B 族维生素等物质于培养基中，促进菌株生长，可延长其在成品中的存活时间（唐涌濂等，1996）；③利用合适的载体，为使益生素菌株成功到达预期位置发生作用。有人证实，酸奶就是乳酸杆菌和双歧杆菌的有效载体，使其进入肠道的过程中存活率提高（Kailasapathy 等，2000）；④益生菌与酶制剂、有机酸、多肽、中草药等物质的复合使用。有研究表明，将加酶益生菌应用于育肥猪、羊、肉兔、牛、鸡等，有明显的促生长作用，并且降低了喂养成本，取得了明显的经济效益。从研究结果来看，乳酸菌类益生素与其他饲料添加剂联合使用通常能取得较好的应用效果。

乳酸菌类微生态制剂为饲料和畜禽养殖业提供了一条动物保健技术的新选择，其产生和发展顺应了当前高新技术产业化和注重环保的主流。随着对微生态理论研究的深入和微生物产品加工技术的进步，相继有一些乳酸菌类微生态制剂面世，但其中效果确切且能大规模应用于饲料工业和实际养殖生产的产品并不多，常存在稳定性差、效果不确切、不能用于饲料制粒的问题。另外，目前用于改善上述问题的技术成本较高。我国相关基础研究薄弱，对产品作用机理开展深入研究的报道并不多。在产品的宣传上，主要强调的还是活菌数量，还没有广泛关注益生菌在肠道的有效释放、菌体代谢产物功能、活菌的安全性等方面。

二、双歧杆菌制品

在巴斯德发现乳酸菌的33年后，另一种重要的肠道有益菌——双歧杆菌（*Bifidobacterium bifidum*）被发现。双歧杆菌作为乳酸菌的重要一员，其生理功能也被不断揭示。1890年蒂赛（H Tisser）在Grauche教授的指导下，开展了“对婴儿消化不良病因的研究”，在Zuber和Veillon的帮助下，进行了10年艰苦的研究，终于在1899年从母乳喂养的婴儿粪便中发现了双歧杆菌。

1899年12月2日在法国巴斯德研究所工作的蒂赛，在巴黎生物学会学术会议上发表了《肠内菌群——乳喂幼儿的正常与病态》的论文。蒂赛指出母乳喂养儿和人工营养儿大便内有一种杆菌，呈革兰氏阳性的多形态。母乳喂养儿体内的双歧杆菌占优势，并处于纯种状态。这种细菌难以存活，它的形状大多像字母Y或V那样分叉，故命名为双歧杆菌。双歧杆菌在婴幼儿肠道中占绝对优势，出生后2～3d开始增殖，5～7d达高峰。蒂赛发现无论以哪种方式喂养的婴幼儿，当他们腹泻时，这种分叉形的杆菌就会减少。1900年，奥地利医生莫罗（Moro E）还发现，婴幼儿在断乳后，这种杆菌会逐步减少，并趋于成人状态。此后关于双歧杆菌的生长促进因子，培养基的筛选，双歧杆菌的营养功能及与健康的关系均被广泛研究。在母乳喂养的婴儿粪便中双歧杆菌占优势是由于母乳的双歧增殖性质。1950年确定了双歧杆菌的专一性生长因子——乳果糖具有双歧增殖效果。Tisser（1900）认为双歧杆菌仅存在于母乳喂养婴儿肠道的观点在很长一段时间内被广泛接受，但后来这种菌在成人和代乳品婴儿肠道也被发现，只是他们肠道中的双歧杆菌的数量相对较少，数量随年龄的增加迅速下降。

（一）双歧杆菌的种类

至今科学家从人、动物、蜜蜂和废水中已分离出30余种双歧杆菌。分离自人的菌种，如青春双歧杆菌、两歧双歧杆菌、短双歧杆菌等；分离自动物的有动物双歧杆菌、牛双歧杆菌、小猪双歧杆菌和鸡双歧杆菌等；分离自蜜蜂的有棒状双歧杆菌、蜜蜂双歧杆菌和星状双歧杆菌；分离自废水的有嗜热双歧杆菌和嗜酸嗜热双歧杆菌。双歧杆菌主要栖居于人和动物的肠道，小肠上部几乎检测不到，小肠下部数量可达10^3～10^5 cfu/g，大肠中可达10^8～10^{12} cfu/g。

美国FDA认为安全的饲用微生物种双歧杆菌有：动物双歧杆菌（*Bifidobacterium animals*）、婴儿双歧杆菌（*Bifidobacterium infantis*）、嗜热双歧杆菌（*Bifidobacterium thermophilum*）、青春双歧杆菌（*Bifidobacterium adolescentis*）、两歧双歧杆菌（*Bifidobacterium bifidum*）、长双歧杆菌（*Bifidobacterium longum*）。中华人民共和国农业部公告第1126号——饲料添加剂品种目录（2008）中只有两歧双歧杆菌。

（二）双歧杆菌的生物学功能

1. 双歧杆菌的黏附和定植 通常认为益生菌在肠道中的黏附和定植对其功能的发挥起重要作用。Camp等（1985）发现双歧杆菌可特异性黏附于人肠上皮细胞上。进一步研究表明，双歧杆菌的脂磷壁酸（lipoteiehoic acid，LTA）可充当黏附素，而肠道上皮细胞膜上具有脂肪酸结合位点的蛋白质，或糖脂充当黏附素受体，当LTA经碱脱脂后丧失黏附力，提示LTA中脂肪酸部分是双歧杆菌黏附于肠上皮细胞的主要介质。

郑跃杰等（1997）发现双歧杆菌黏附素是一种蛋白质，由细菌分泌至培养液中，当用过碘酸钠或胰蛋白酶处理Lovo细胞（一种试验用细胞）后，对Lovo细胞的黏附力降低，D-甘露糖能抑制两者黏附，提示双歧杆菌黏附素受体是一种糖蛋白，可能与甘露糖有关。当用胰蛋白酶处理耗尽培养上清液（spent culture supertant，SCS）可完全抑制其黏附，高温也能降低其黏附能力，而白蛋白对黏附无影响，表明黏附素可能是一种不耐热的蛋白质，主要存在于SCS中。当双歧杆菌黏附于Lovo细胞后，能完全抑制肠致病性大肠杆菌（entempathogenie *Escherchia coli*，EPEC）和肠产毒性大肠杆菌（entemtoxigenie *escherchia coil*，ETEC）对Lovo细胞的黏附。

邓一平（2000）等用ELISA阻断法研究了双歧杆菌表面分子完整肽聚糖（WPG）、多糖（Ps）对猪胃黏膜糖蛋白的黏附作用。结果表明，黏附作用与双歧杆菌的菌液浓度有关，并且加入游离的WPG会对全菌黏附起抑制作用，说明在双歧杆菌对猪胃黏膜糖蛋白黏附过程中，菌体表面的WPG起着介导作用。

双歧杆菌对肠道细胞的黏附机理较为复杂，不同学者对黏附机理持不同观点。造成这种结果的原因是多方面的，不同种属的双歧杆菌对肠道细胞的黏附机理可能存在有特异性，也可能有几种机理同时出现。

双歧杆菌在肠道内黏附只是定植的第一步，要能稳定存在于肠道内才能发挥其各种生理作用，多种因素影响双歧杆菌的定植。pH可影响双歧杆菌的定植，双歧杆菌分泌的酶能将葡萄糖分解为乙酸和乳酸，降低了肠道的pH，从而抑制了肠道中有害菌和致病菌的生长。双歧杆菌产生的双歧菌素能抑制病原菌或是病原菌对肠黏膜的黏附。双歧杆菌产生的胞外糖苷酶，可降解肠黏膜上皮细胞上的杂多糖。由于杂多糖既是潜在致病菌感染肠道的受体，也是细菌毒素与肠道结合的受体，故这种酶防止了致病菌和细菌毒素在肠黏膜上皮细胞的黏附。

Ruseler等（1995）将双歧杆菌进行体外培养，培养基中含有猪胃糖蛋白和小肠糖蛋白，检测发现双歧杆菌并不降解这些糖类，提示双歧杆菌并不损伤小肠黏液中的糖蛋白。Kozakova等发现双歧杆菌定居于小肠的肠上皮细胞后，刷状缘乳糖酶、碱性磷酸酶、谷氨酰基转移酶、蔗糖酶和葡萄糖淀粉酶活性明显升高，表明双歧杆菌可促进小肠细胞的成熟。双歧杆菌可特异地黏附于人大肠癌Lovo细胞株的刷状缘，但不破坏被黏附细胞的表面结构，而不像肺炎球菌黏附于血管内皮细胞或胃幽门螺杆菌黏附于胃黏膜上皮细胞那样，使被黏附的细胞发生显著的形态学变化。叶桂安等（1997）用钙荧光探针染色法发现双歧杆菌1 027株引起Lovo细胞内Ca^{2+}内流，导致胞内Ca^{2+}升高，而EPEC引起细胞Ca^{2+}储池的释放，造成胞内Ca^{2+}增加。双歧杆菌1 027株黏附Lovo细胞后，Lovo细胞释放的乳酸脱氢酶远远低于EPEC黏附所造成的后果，表明双歧杆菌几乎不影响Lovo细胞膜的通透性，而EPEC可损伤Lovo细胞膜而增加其通透性。

2. 生物颉颃作用　双歧杆菌作为肠道中的优势菌，与其他正常菌群一起构成了阻止外来菌入侵的定植阻力。关于双歧杆菌对肠道病原体生物颉颃作用的机理，目前认为有以下几种可能：①在肠黏膜表面形成一层生物菌膜，抑制致病菌黏附到肠黏膜上，起占位保护作用；②在代谢过程中双歧杆菌产生有机酸，如乙酸、乳酸和甲酸等，降低肠道pH和氧化还原电势，抑制致病菌繁殖；③调节和协调其他肠道菌群，促进肠蠕动，使致病菌黏附到肠黏膜上皮的机会减少；④产生抗菌物质，直接杀伤致病菌；⑤减少或弱化肠黏膜上皮细胞上致病菌和细菌毒素受体，使致病作用受阻。

Falk（1990）研究发现双歧杆菌能够产生细胞外 α-糖苷酶和 β-糖苷酶，这些酶可以降解肠道黏蛋白低聚糖和乳酸系列Ⅰ型糖鞘脂，阻止细菌侵袭。Grill（1994）报道双歧杆菌能产生结合胆酸水解酶，使结合胆酸游离，更有效地抑制致病菌的生长，但缺乏胆酸 7α-脱羟基酶，因而避免二级胆汁酸生成，而后者是病原体生长繁殖所需要的。Fulivara 等研究表明，双歧杆菌产生的蛋白因子可以阻止产毒性大肠杆菌与神经节-四聚体-顺式神经酰胺结合，保护肠黏膜，抗感染。Oyarzabal（1995）将双歧杆菌与鼠伤寒沙门菌（*Salmonella typhimurium*）在体外混合培养，发现双歧杆菌可抑制 *S. typhimurium* 的生长。Silva（1999）用 10^9 cfu 双歧杆菌灌胃免疫小鼠，免疫后 10d 用 10^2 cfu *S. typhimurium* 毒株进行攻毒，发现免疫组小鼠发病率显著低于对照组，表明双歧杆菌免疫可对抗 *S. typhimurium* 毒株攻击。国外学者报道，动物双歧杆菌虽然不能完全阻止白色念珠菌病的发生，但是能够明显降低念珠菌病的发病率和缓解病情。双歧杆菌在肠道原生环境中迅速生长和繁殖，保持数量上的优势地位，对于维持菌群平衡、防止潜在致病菌的入侵和定位转移具有重要作用。双歧杆菌定植在肠道黏膜上皮表面，形成生物膜，具有预防和保健的作用。

3. 营养作用 双歧杆菌体内含有大量的消化酶，能帮助机体消化一些难以消化的营养物质，促进体内营养物质的吸收。同时，双歧杆菌直接或间接的参与维生素 B_1、维生素 B_6、维生素 B_{12}、烟酸、叶酸以及水溶性维生素（除泛酸和维生素 K 之外）的合成、吸收和利用，并能以氨为氮源在肠道内合成氨基酸和尿素，从而有效降低血氨浓度，提高体内蛋白沉积。另外，双歧杆菌通过抑制某些维生素分解菌来保障体内维生素的供应，如抑制分解维生素 B_1 的芽孢杆菌，通过改变肠道内微生物构成，保证机体对维生素的需要。双歧杆菌在肠道中产生的乳酸和乙酸可降低环境 pH，亦有利于二价铁、钙及维生素 D 的吸收。双歧杆菌可分泌磷蛋白磷酸酶，能分解 α-酪蛋白，提高蛋白质消化吸收率。

4. 免疫作用 有人认为双歧杆菌细胞壁中的某些成分，如脂磷壁酸酸（LTA）、细胞壁肽聚糖（WPG）等具有刺激机体免疫系统、非特异性地提高动物免疫细胞功能的作用。其发挥免疫作用，可能有两种途径：①激活巨噬细胞及 NK 细胞等多种免疫活性细胞，从而激活机体吞噬细胞的吞噬活性，提高抗感染能力；②诱导肠道内具有免疫活性的内源性介质如细胞因子，然后再诱导整个机体的免疫功能，激活淋巴母细胞的分化、繁殖，使血液中的淋巴细胞增多。

双歧杆菌对动物免疫系统具有促进作用已有较多报道。康白以巨噬细胞吞噬鸡红细胞试验发现，青春双歧杆菌可增加吞噬率和吞噬指数，说明青春双歧杆菌对巨噬细胞有明显的激活作用。Rangavajhyala 等（1997）证实，活的或热处理杀死的两歧双歧杆菌可刺激小鼠巨噬细胞 Raw 264 株产生 IL-1 和 TNF-α。Matin 等（1998）发现两歧双歧杆菌和青春型双歧杆菌均可刺激小鼠巨噬细胞 Raw264 株产生高水平 TNF-α 和 IL-6。王立生等用青春型双歧杆菌腹腔注射裸鼠可诱导腹腔巨噬细胞产生高水平 IL-1、IL-6、IL-12、TNF-α 和 NO，巨噬细胞吞噬功能增强，巨噬细胞内蛋白激酶 C 活性增加，细胞内 Ca^{2+} 水平升高。RUIZ 等将乳酸双歧杆菌单联定植于 Fisher F344 小鼠，在第 5 天时能短暂地诱导肠内上皮细胞中 NF-κB 转录活性亚单位 RelA 和蛋白激酶 P_{38} 的活化，细胞因子 IL-6 的基因表达也明显增高。

刘克琳等在益生菌对鲤免疫功能影响的研究中指出，益生菌能促进免疫器官生长发育，使T、B淋巴细胞增多，胸腺淋巴细胞免疫球蛋白含量增多，增强免疫功能。Yasui等用含短双歧杆菌奶饲喂小鼠发现，短双歧杆菌能促进小肠淋巴组织集合B细胞增生，诱导淋巴细胞集合的浆细胞产生大量的分泌免疫型球蛋白sIgA，进而增强机体的免疫功能。HAGHIGHI等用嗜乳酸杆菌、两歧双歧杆菌、粪链球菌的混合菌液灌喂小鸡，然后分别用绵羊红细胞和牛血清白蛋白对其进行免疫，以评估血清中的抗体产生情况。免疫1周后即可检测到抗体，雏鸡血清中抗绵羊红细胞抗体（主要是IgM）明显高于那些没喂益生菌的雏鸡，而抗牛血清白蛋白抗体产量无差异。说明益生菌能针对某些抗原增强机体的抗体反应。Silva等给悉生小鼠和常规小鼠口服长双歧杆菌Bb46，第10天时用鼠伤寒沙门菌感染小鼠，然后继续给小鼠服用双歧杆菌，通过检测悉生小鼠粪便中的沙门菌数发现处理组与对照组无差别，而常规小鼠的生存率、IFN-γ和IgG2α在处理组明显高于对照组，组织病理学和细胞形态学数据也证明了双歧杆菌在病原菌感染的情况下对宿主的保护作用。但这种保护作用不是通过对病原菌数量的颉颃，而是通过益生菌的介导，减少宿主的炎症反应实现的。

当前的研究显示原核细胞DNA包含未甲基化CpG的寡核苷酸片段（CpG oligonucleotides，CpG ODN）可以激活和调节免疫反应。Li等将双歧杆菌的DNA提纯，对其CpG基序的甲基化程度进行测定，同时用流式细胞仪检测鼠巨噬细胞J774A.1的吞噬能力。然后，将DNA与巨噬细胞共培养，与PBS和DNA对照组相比，双歧杆菌DNA能够明显增加培养上清液中IL-1β、IL-6、IL-12和TNF-α的水平，还可增强巨噬细胞的吞噬能力。TAKAHASHI等研究发现来自于长双歧杆菌BB536基因组DNA的寡聚脱氧核苷酸（ODN）BL07能刺激B淋巴细胞增殖和诱导巨噬细胞产生IL-12；ODN BL07和BL07S（被磷硫酰修饰）能够明显抑制预先用卵白蛋白致敏的小鼠脾细胞产生IgE，刺激IFN-γ和IL-12的产生；在IL4和抗CD40存在的情况下这些ODNs也能明显抑制纯化的小鼠B细胞产生IgE。

双歧杆菌可溶性分泌物的免疫调节作用。HOARAU等将从人单核细胞中分离出来的树突状细胞与IL4和GM-CSF培养5d后，再分别与短双歧杆菌C50培养上清液（BbC50SN）和LPS共培养，发现BbC50SN可增加CD83、CD86和HLA-DR表达，诱导树突状细胞成熟；通过与LPS处理组比较，BbC50SN还可增高IL-10，降低IL-12，延长树突状细胞的存活时间。进一步用BbC50SN与Toll-样受体2（TLR2）-、TLR4-、TLR7-、TLR9-转染细胞培养，发现BbC50SN只能诱导TLR2转染细胞的活化。说明短双歧杆菌C50的培养上清液是通过TLR2途径来诱导树突状细胞的成熟和延长其存活时间。

（三）双歧因子

双歧杆菌是严格厌氧菌，培养条件苛刻，生长十分缓慢，在肠道内或活菌制剂中存活率和生长速率较低。为此，人们采取各种手段希望能克服双歧杆菌的这些弊端。利用益生元是有效手段之一，双歧因子是益生元的最重要类型。已经发现许多的物质对双歧杆菌具有促生作用，这类物质被称为双歧因子（bifidus factor，BF），纯寡聚糖类物质、蛋白质水解产物多糖类物质、短链脂肪酸类物质、天然植物提取物等。其中寡聚糖及糖基化类物质是研究开发的重点内容。

许多低聚糖（如低聚果糖、水苏糖等）对双歧杆菌具有明显的促生长作用，与双歧杆菌分泌糖苷酶有关。可能是这些物质的化学结构与双歧杆菌的细胞表面上肽聚糖结构类似，至于低聚糖类的促生长因子与双歧杆菌的空间作用机理，以及双歧杆菌优先利用低聚糖促进其生长的内在机制还有待深入研究。Petshowbw 等（1990）研究表明，人乳清和人乳酪蛋白均有促双歧杆菌生长作用，牛乳清的促双歧杆菌作用类似于人乳清，牛乳酪蛋白无此作用，这种促生长作用与这些物质中含有 N-乙酰-D-葡萄糖胺有关，而它是双歧杆菌合成细胞壁所必须物质。许多学者已报道，双歧杆菌生长促进物质如乳清蛋白、酵母提取液、牛肉浸液、大豆胰蛋白酶水解物、通过蛋白酶消化后的 *E. coli* 生长基质等都是极好的双歧杆菌促生长物质（Salan A L 等，1994）。而上述这些物质均有含硫的肽，如果所含的二硫键被还原或烷基化，则失去促双歧杆菌的生长活性。这说明对双歧杆菌的生长促进活性与这些物质含二硫键密切相关。但也有例外，如谷胱甘肽含二硫键却无此活性。因此这方面的研究仍需深入。一些特定的物质，如 2-氨基-3-羧基-1,4-萘醌、乳铁蛋白、TRECREZAN 等先后被发现具有促双歧杆菌生长作用。铁、镁、锌、锰等微量元素对双歧杆菌的生长也发挥着关键作用，这些离子是双歧杆菌酶的激活剂或辅助因子。

（四）双歧杆菌制品在畜牧业的应用

近年来，人们对抗生素饲料添加剂的弊端有了越来越多的认识，如破坏肠道正常菌群的生态平衡、产生耐药菌株、药物残留、直接危害人类健康、破坏生态环境引起生态污染等，许多发达国家因此已禁止或限制使用某些抗生素和化学类生长促进剂。许多学者纷纷投入到能够克服这些弊端的微生态制剂的研究开发中，大大推动了微生态制剂的发展。

双歧杆菌作为一种优良的生态菌种，是研究比较早、研究较多的一种菌剂，也是当今国内外研究的热点。各先进国家几乎都有工业生产并有多种剂型上市，如粉剂、片剂、水剂、冻干剂和微胶囊化菌剂等。常制成制剂的双歧杆菌有两双歧杆菌、婴儿双歧杆菌、长双歧杆菌、短双歧杆菌、青春双歧杆菌和猪双歧杆菌等。目前，双歧杆菌制剂已经广泛应用于猪、鸡、鸭、牛、羊、兔以及水产养殖等各个方面，作为微生态饲料添加剂或兽用微生态制剂药品，其在畜牧业生产中已显现出越来越重要的作用。双歧杆菌饲用微生物添加剂在畜牧业中得到了广泛的应用，国内外有关其使用效果的报道很多，虽然结论有很大差异，有时甚至起负的作用，但是总体上饲用微生物添加剂都有提高增重、饲料转化率、畜禽免疫功能，有防止疾病发生、治疗已发疾病及降低死亡率等效果。

双歧杆菌进入肠道后发挥生物夺氧和竞争吸附作用，产生有机酸，改善和维持肠道微生态平衡，降低致病菌含量，减少有害气体的排放，保证动物的健康。它不仅具有无副作用、无残留污染和不产生抗药性等特点，并且还能防病治病，促进畜禽的生长发育，提高生产性能。朗仲武在蛋雏鸡日粮中添加产酸型活菌制剂，结果成活率提高 4.45%～8.75%，肉料比提高 8.73%～11.23%，日增重提高 0.06%～2.54%。肖振铎试验证明，产酸型活菌制剂较抗生素对照组相比，提高仔猪增重 14.3%，降低料肉比 4.6%，腹泻治愈率达 98.62%；蛋鸡产蛋率提高 4.38%，死亡率降低 3.81%；肉仔鸡生长速度提高 5.35%，饲料消耗降低 5.34%。

（五）双歧杆菌应用存在的问题

饲用双歧杆菌在畜牧业生产中应用已有几十年的历史，但由于影响其作用的因素太多，使人们深感对它的研究还不够深入，对双歧杆菌的作用机理，只是提出了一些假设，还缺乏一定的体内试验证据。为进一步的应用好饲用双歧杆菌，应对以下问题进行广泛深入的研究：①双歧杆菌抗菌、促生长的机理；②双歧杆菌与肠道菌群的互作效应；③双歧杆菌激活动物免疫系统的机理；④双歧杆菌的应用对象、范围。

由于双歧杆菌属于严格厌氧菌，遇氧易失活，且不耐高温，因此在实际应用中也出现了一些问题，如菌种易失活，生产、运输和保存比较困难，易造成生物活性降低，在肠道内繁殖速度较慢等。这样就导致双歧杆菌制剂的质量较差，活菌数较，在使用时用量较大，增加了成本。随着微生态理论的发展和生物工程技术的进步，双歧杆菌制剂将会在以下几个方面取得进展：①改进剂型、制剂的组成和制备技术如通过有效的包被来提高制剂的稳定性和疗效，延长保存期。如将双歧杆菌活菌液用真空冷冻技术制成活菌干粉，然后制成肠溶片。②加强双歧因子制剂的研制与开发，克服活菌制剂生产困难和保存期短、失活等方面的弊端，开辟新的有效途径。③采用生物工程技术，改造生理菌种遗传基因，构建出黏附定植力强、稳定、耐氧、耐酸、耐抗生素的优良菌株。上述研究领域的突破将会有效规避双歧杆菌在使用中的存在的问题和缺陷，使得双歧杆菌的效果和优势得以凸现，使得双歧杆菌的应用具有广阔的前景。

三、芽孢杆菌制品

能产生芽孢的细菌主要是属于革兰氏阳性细菌的好氧性芽孢杆菌属（*Bacillus*）和厌氧性梭菌属（*Clostridium*）。芽孢（endospore）是产芽孢菌在生长发育后期在细胞内形成的圆形或椭圆形、厚壁含水量低、抗逆性强的休眠构造。芽孢没有新陈代谢，能经受多种恶劣环境，包括热、紫外线、酸、碱、酚类、醛、酶和烷基化试剂的处理。形成芽孢是杆菌对营养限制的响应，以保证存活到能获得新的底物。梭状芽孢杆菌用形成芽孢的方式来逃避因发酵形成的有机酸产生的恶劣生存条件，梭状芽孢杆菌可在母细胞中形成多个芽孢。为了得到最高的菌体浓度和芽孢形成率，需要优化培养条件。其中，遗传性、接种量、培养温度、pH、无机盐、淀粉、菌体浓度、营养因子的限量添加都与芽孢的形成有重要关系。

作为微生态制剂中的微生物，在制剂过程中要经过干燥、制粒等处理过程；口服制剂需耐胃酸、胆盐；在贮存期内需保持其活性；由于芽孢菌的芽孢对上述不良物理、化学刺激具有极强的抗性及其他益生菌不具备的生物学功能，已成为益生菌剂中的研究热点。

Tsunekan 等（1972）最早研究芽孢杆菌对动物机体的作用。从 20 世纪 80 年代起，一些学者开始研究用芽孢杆菌作为微生态制剂。Hattori（1981），Peo（1984），Wheeler（1986），Ahress（1987）和英国 Rowett 研究所的研究人员等对芽孢杆菌在动物中的应用及其作用机理做了许多研究工作。在国内，康白于 1984 年首先以蜡样芽孢杆菌 DM423 研制成新型制剂“促菌生”，开创了国内用芽孢杆菌研制微生态制剂的先例，此后，产生了一系列的芽孢杆菌制剂产品，如何明清的“调痢生”、吴铁林的“救肠生”等。

（一）饲用芽孢杆菌的种类

美国食品与药品管理局与美国饲料工业协会公布的认为是安全的饲用芽孢杆菌有：地衣芽孢杆菌、短小芽孢杆菌、枯草芽孢杆菌（不产抗生素区系）、迟缓芽孢杆菌、凝结芽孢杆菌（能产乳酸）。目前，我国农业部批准使用的饲用芽孢杆菌有地衣芽孢杆菌、枯草芽孢杆菌和丁酸梭菌。

对于饲用芽孢杆菌，由于各国研究水平不一，其允许使用菌种有所不同。随着研究的不断深入，不断有新菌种应用于饲料工业，国内外文献报道用于畜禽生产中的芽孢杆菌种类主要有枯草芽孢菌（*Bacillus subtilis*）、凝结芽孢杆菌（*B. coaglans*）、缓慢芽孢杆菌（*B. lentus*）、地衣芽孢杆菌（*B. licheniformis*）、短小芽孢杆菌（*B. pumilus*）、蜡样芽孢杆菌（*B. cereus*）、环状芽孢杆菌（*B. circulans*）、巨大芽孢杆菌（*B. megeterium*）、坚强芽孢杆菌（*B. firmus*）、东洋芽孢杆菌（*B. toyoi*）、纳豆芽孢杆菌（*B. natto*）、芽孢乳杆菌（*Lactobacillus sporogens*）和丁酸梭菌（*Clostridium butyicum*）等。纳豆芽孢杆菌最早是1905年从日本传统食品纳豆中发现的，后来很多专业人员在研究了纳豆芽孢杆菌的生理生化特征后，认为其生理学性质及其他性质与枯草杆菌相同，所以《伯杰氏细菌系统分类学手册》仍将纳豆芽孢杆菌包括在枯草杆菌属内。我国农业部1999年公布的12种可直接饲喂的饲料级微生物添加剂中曾将纳豆芽孢杆菌单列。

（二）芽孢杆菌的功能

1. 芽孢菌在动物消化道中生存 在土壤中能很容易分离到芽孢杆菌。也有文献报道，从动物和昆虫粪便中也能比较容易分离到芽孢杆菌。在鱼、甲壳动物、虾体内也能分离到芽孢杆菌（Gatesoupe和F J，1999），Huynh A Hong等曾从斑节对虾（*Penaeus monodon*）体内分离到12种芽孢杆菌。现在有理论认为宿主体内的芽孢杆菌能和宿主形成体内共生的关系，能在宿主胃肠道中暂时性的生存和增殖。在某些情况下，这种共生体会演变成病原，将肠道作为入侵宿主的门户，如炭疽芽孢杆菌（*B. anthracis*）；也可作为分泌肠毒素的位点，如蜡状芽孢杆菌和苏云金芽孢杆菌（Czerucka等，2000）。

产品中大部分芽孢菌是以芽孢形式存在，首先需要关心的问题是这些芽孢杆菌被动物摄入后在胃肠道中的生存问题。Lee等（2001）等报道了芽孢杆菌在宿主体内可短暂定植，即摄入的芽孢杆菌不会立刻被排出体外，这可能是芽孢能特异性黏附到肠壁内层以抵抗胃肠排空，或是能发生短暂的增殖。若要增殖，芽孢则必须萌发成营养体进行复制。但也有芽孢杆菌不能在体内增殖的报道，摄入芽孢杆菌后24h能从粪中检测到芽孢和营养体，但3d后就检测不到了（Biourge等，1998）。

进入胃肠道的芽孢杆菌是继续以芽孢形式存在还是萌发成营养体？能对宿主发挥有益功能的是芽孢还是营养体？或是两种形式都可？这些问题十分复杂，现在还没有直接的证据能确切反映芽孢杆菌在进入消化道后的存在形式，以及变化和发挥有益功效的形式。一些间接的证据可以提供一些线索，Hisanga（1980）首先通过回肠结扎术证实了芽孢杆菌能在兔胃肠道中萌发，Youngman（1984）和Hoa等（2001）证明了枯草芽孢杆菌PY97菌株在小鼠胃肠道中的萌发，他们从粪中收集到的排出的芽孢菌数要多于饲喂的芽孢菌数。Jadamus等（2001）和（2002）证实了东洋芽孢杆菌在肉仔鸡和猪消化道中的增殖。那么芽孢杆菌作为严格好氧菌为何能在厌氧的胃肠道中增殖？有研究报道好氧的枯草芽孢杆菌能利用硝酸盐或是亚硝酸盐作为电子受体，或是在无电子受体的情况下进行发酵而在厌氧条件下生长（Nakano等，1998），这在某种意义上为芽孢杆菌在胃肠道中的增殖提供了依据。但也可能胃肠道，特别是小肠并非是绝对厌氧的环境，一些微好氧菌如一些螺旋杆菌和弯曲杆菌很容易在胃肠道中生长。

对于各种菌株对胃液酸性环境和肠道胆汁的耐受能力并无一致性结论，因为各种菌株有不同的特性，因此在耐受力上也有不同的表现。体外试验表明凝结芽孢杆菌细胞对 pH2～3 的模拟胃液敏感，但能耐受 3%的胆汁酸盐（Hyronimus 等，2000），枯草芽孢杆菌对模拟胃液和 0.2%的胆汁酸盐非常敏感，但能耐受 4%的胆汁酸盐，两种益生菌株蜡状芽孢菌株 IP5832 和克劳氏芽孢杆菌（*Bacillus clausii*）对胆汁酸盐的耐受限度分别为 0.2%和<0.05%（Spinosa 等，2000）。相反，枯草芽孢杆菌芽孢对模拟胃液和胆汁完全耐受（Duc 等，2003），但也并非所有芽孢杆菌芽孢都能耐受模拟胃液和胆汁酸盐（Duc 等，2004）。芽孢杆菌的营养体对肠道环境较为敏感，如果芽孢确实在胃肠道中萌发并增殖，那这些营养体需要寻求保护自身的机制，如食糜的保护作用，或是通过丛生提供某种程度的保护，或是黏附到肠壁和其他微生物一起形成生物膜能提供暂时的栖身之所。

2. 预防和治疗疾病 动物体存在有百种以上的微生物群，它们对机体的健康具有重要的作用。在正常情况下，动物肠道微生物种群及其数量处于一个动态的微生态平衡，当机体受到某些应激因素的影响，这种平衡可能被打破，导致体内菌群比例失调，需氧菌如大肠杆菌增加，并使蛋白质分解产生胺、氨等有害物质，动物表现出病理状态，生产性能下降。大量的研究表明，饲用芽孢菌具有颉颃肠道病原细菌，维护和调节肠道微生态平衡的作用。

根据国内外有关报道，芽孢杆菌用于防治畜禽腹泻，具有明显效果。Zanl 等（1998）将 2 个水平的蜡样芽孢杆菌添加于饲料中饲喂仔猪发现，与对照组的腹泻率 36.2%相比，处理组分别为 18%和 17.4%，差异显著。给 1 日龄雏鸡提前饲喂枯草芽孢杆菌芽孢（2.5×10^8），能对致病性大肠杆菌 *E. coli* O78∶K80 产生颉颃作用（La Ragione 等，2001）。La Ragione 等（2003）还证实了芽孢杆菌对肠炎性沙门菌和产气荚膜梭菌在鸡中的定植和生存产生抗性。曹国文（2001）从植物中筛选到的无毒蜡状芽孢杆菌 FS 株用于治疗断奶仔猪应激性腹泻，治愈率达到 96.08%，明显优于诺氟沙星（80.38%）。贺民顺等（2002）研究，使用芽孢杆菌活菌制剂对雏鸡白痢病进行预防性和治疗性试验，预防后的 0～35 日龄雏鸡发病率仅为 0.20%，成活率达 99%，对 3～15 日龄发病雏鸡治愈率可达 84%。在水产中芽孢杆菌也可用作生物防治剂（Bio-control），用于对水产病原菌产生颉颃效果（Gatesoupe 和 F J，1999）。含有东洋芽孢杆菌的产品 Toyocerin 被用作益生饲料用于日本鳗鲡，并能减少爱德华氏菌的感染和致死率（Kozasa 和 M，1986）。Queiroz 等（1998）报道了芽孢杆菌能增加鲇的存活率。有虾体内分离到的枯鲇芽孢杆菌 BT23 在体内和体外都表现出抑制虾病原菌哈维氏弧菌（*V. harveyi*）的活性（Vaseeharan，2003）。由养虾池底淤泥中分离到的芽孢杆菌 S11 营养体能使黑虎虾的存活率有对照组的 26%提高至 100%。进一步研究表明该菌株能激活虾的免疫系统，在以哈维氏弧菌攻毒时能降低致死率，这对基围虾更有效。

3. 提高生长性能 Peo（1987）枯草杆菌对肥育猪进行饲喂试验，日增重提高 6%～7%，饲料转化率提高 3%～4%。詹志春（1993）芽孢杆菌制剂分别对断奶仔猪和 AA 商品代肉鸡进行饲喂试验，结果断奶仔猪日增重提高 25%，饲料转化率提高 7.6%；肉鸡日增重提高 14.1%，饲料转化率提高 7%。Cavzzoni 等（1998）发现凝结芽孢杆菌可提高仔鸡的生长速度及饲料转化率。刘延贺等（1999）在 385 日龄蛋鸡饲料中添加 0.5%芽孢杆菌，结果试验组产蛋率提高的幅度（13.09%）高于对照组（8.42%），提高饲料转化率 9.69%，每枚蛋重平均增加 0.26g。Samanya 等（2002）发现纳豆芽孢杆菌（*B. subtilis* var. *natto*）能提高饲料转化率和减少肉仔鸡腹脂。薛德林等（2003）在11周龄蛋鸡饲料中添加0.2%的地衣芽孢杆菌生物制剂，结果表明，该菌株安全可靠，能使蛋鸡产蛋率提高2%，死亡率降低1.8%，料蛋比降低6%。陈兵等（2003）在仔猪日粮中添加纳豆芽孢杆菌进行连续饲喂，研究不同添加水平对仔猪日增重、料重比等的影响。结果表明，前期试验组仔猪日增重分别较对照组提高12%和13%，料重比下降8.6%和6.3%，后期试验组仔猪日增重比对照组分别提高11.4%和9.1%，料重比下降8.7%和5.9%，尤以低剂量添加组效果较好。

4. 其他方面 Santoso等（1998）的研究表明猪饲料中添加枯草芽孢杆菌不仅可以提高饲料转化率和氮利用率，而且可以减少氨的产生。饲喂芽孢杆菌可抑制肠道内腐败菌生长，减少腐败物质产生，降低粪便中氨和硫化氢含量。Wheeler报道，在猪日粮中添加芽孢杆菌后，肠道内可产生氨基氧化酶及分解硫化氢的酶类，减少蛋白质的无效降解，降低血液和肠道中氨的浓度，且粪便中大肠杆菌数减少到原来的2%，减少向外界排泄量，改善生态环境。Scheuermann（1993）用蜡样芽孢杆菌饲喂猪，发现血氨浓度降低13.5%～20.1%，尿氨浓度降低5.5%～17.0%。Mongkol等（2002）研究表明在肉仔鸡饲料中添加0.5%的纳豆枯草芽孢杆菌28d后，其血氨浓度显著降低。肠道内氨浓度的降低能激活肠道功能，如增加绒毛高度和肠细胞面积，通过增加肠腔表面积能增加营养素的吸收，并有报道低浓度氨能刺激地衣芽孢杆菌的萌发（Prston等，1984）。

（三）芽孢杆菌的作用机理

1. 生物夺氧 研究表明幼龄畜禽出生时，其消化道内通常是无菌的，出生后3h在胃肠道中可发现入侵的细菌，12h后可在大肠中检测到。按照需氧菌、兼性厌氧菌、严格厌氧菌的演替顺序，最终形成以双歧杆菌等厌氧菌为优势菌群的肠道微生物区系。芽孢杆菌为需氧菌，进入动物肠道内消耗大量的游离氧，降低了肠内氧浓度和氧化还原电势，有利于厌氧菌的生存，保持肠道微生态系统的稳定。同时使肠道中原本存在的需氧菌肠杆菌等的生长因缺氧受到抑制，提高动物机体抗病能力，减少胃肠道疾病发生几率。Manito K等（1996）研究发现猪采食含10^7cfu/g枯草芽孢杆菌的饲粮3周后，粪中双歧杆菌数量显著上升，而链球菌和梭菌的数量显著下降，并且这种趋势在仔猪较母猪更明显。

2. 产生抑菌物质，颉颃病原菌 动物饲喂芽孢杆菌后，能显著降低肠道大肠杆菌、产气荚膜梭菌沙门菌的数量，使机体内的有益菌增加，潜在的致病菌减少，因而排泄物、分泌物中有益菌数量增多，致病性微生物减少，从而净化了体内外环境，减少疾病的发生。程安春等（1994）不同的研究证实饲用芽孢杆菌在体外能颉颃多种动物致病菌。Hattori等（1981）在断奶仔猪日粮中添加芽孢杆菌，可显著减少大肠杆菌数量，同时增加十二指肠的乳酸杆菌含量。向贵友等（1994）用芽孢杆菌培养物及滤液饲喂小鼠和雏鸡发现，均对肠道致病菌有明显的颉颃作用。

芽孢杆菌颉颃病原细菌和维护调节微生态平衡的作用机理不少学者进行了研究和探讨。Goodlow等（1947）研究发现蜡样芽孢杆菌能产生细菌素并可以颉颃致病菌。随后。Murray等（1949）亦发现环状芽孢杆菌能产生细菌素。Ducluzean（1976）报道在悉生小鼠体内地衣芽孢杆菌可产生抗生素类物质以颉颃产气荚膜梭菌。Kats等（1977）认为芽孢杆菌能使pH和NH_3含量下降，挥发性脂肪酸上升了18%，丙酸和乙酸的产量也上升。淳泽

等（1994）的研究证明，芽孢杆菌能产生脂肪酸和蛋白多肽类颉颃物质。但脂肪酸的含量极少，不足以颉颃致病病菌。有机酸物质的产生，有利于乳酸菌等优势菌群的生长繁殖，维护微生态平衡。由于肠道微环境极为复杂，容易受到日粮和各种生理因素的影响，从而影响肠道上皮生物膜的形成。摄入的益生菌对肠道微生物区系的影响也受很多因素制约，从而影响自身生存和分泌抗菌物质的能力。

3. 增强动物体的免疫功能 促进动物免疫功能是微生物添加剂作用机能的理论之一，乳酸菌类微生物添加剂促进动物免疫功能报道较多，而芽孢杆菌的作用报道较少。近年的研究表明，芽孢杆菌能促进免疫器官发育，激活先天免疫系统，刺激 T、B 淋巴细胞增殖，提高动物体液和细胞免疫水平。口服芽孢杆菌芽孢后，部分芽孢杆菌能散布到肠道主要的淋巴组织派伊尔节和肠系膜淋巴结中（Duc 等，2003）。刘克琳等（1994）报道雏鸡饲喂芽孢杆菌后，发现试验组鸡的免疫器官生长发育较对照组迅速。潘康成（1996）利用地衣芽孢杆菌饲喂仔兔并对其免疫功能进行研究，发现该菌具有促进家兔免疫功能的作用。Rengpipat 等（1986）研究发现芽孢杆菌 S11 能有效激活和增强虾淋巴吞噬细胞、酚氧化酶、抗菌物活性和吞噬细胞指数（PI），且 PI 值从 0.6±0.3 增加到 2.7±0.8。Inooka 等（1983）试验表明在来航母仔鸡饲料中添加 10^6cfu/g 或 10^7cfu/g 的纳豆芽孢杆菌 15d 或 30d 后，均能增强雏鸡对抗绵羊红细胞的凝集抗体产生，提高雏鸡免疫应答反应。Inooka（1986）在白来航仔公鸡基础日粮中添加 10cfu/g 纳豆芽孢杆菌，试验期为 27d，结果发现添加纳豆芽孢杆菌组与对照组相比，可显著提高脾脏中 T、B 淋巴细胞百分率，表明纳豆芽孢杆菌可以显著提高细胞免疫水平。芽孢杆菌能促进 B 细胞增殖，产生分泌型抗体（Prokesova 等，2003）口服芽孢杆菌后，能检测到抗芽孢的 IgG 抗体，进一步的亚型分析显示产生的主要是 IgG2a 亚型，表明激活的是 Th1 型反应（Isaka 和 M，2001）。给小鼠饲喂枯草芽孢杆菌和短小芽孢杆菌芽孢后，可观察到肠道相关淋巴组织和次级淋巴组织中 IFN-γ 和 TNF-α 的合成，这支持了 Th1 型反应。IFN-γ 是重要的细胞免疫效应因子，饲喂枯草芽孢杆菌后能诱导外周血液中单核细胞大量产生 IFN-γ，IFN-γ 能激活 NK 细胞和巨噬细胞。

4. 产生多种酶类，促进动物的消化酶活性 目前研究表明，芽孢杆菌能产生多种酶类，促进动物对营养物的消化吸收。Sagarrd（1990）报道枯草芽孢杆菌和地衣芽孢杆菌具有较强的产蛋白酶、淀粉酶和脂肪酶活性。同时还能降解植物性饲料中复杂碳水化合物（如果胶、葡聚糖、纤维素），其中很多酶是动物体内不能合成的酶。Kerovuo 等（1998，2000）成功地从枯草芽孢杆菌中分离出植酸酶基因，并将其在植物乳杆菌中进行表达。陈惠等（1994）研究表明，在给肥育猪饲喂芽孢杆菌后，猪肠道 α-淀粉酶活性比对照组提高 6.9 个糊精活化单位。王子彦等（1994）也表明芽孢杆菌饲喂鲤后，试验组比对照组提高肠道淀粉酶和蛋白酶活性 3.82 倍和 2.76 倍。

5. 产生多种营养物质 芽孢杆菌在动物肠道内生长繁殖，能产生多种营养物质如氨基酸、维生素、有机酸、促生长因子等，参与动物机体新陈代谢，为机体提供营养物质。何瑞国等（1994）实验报道在适宜营养条件下，添加芽孢杆菌比添加赖氨酸制剂的猪日增重提高 3.4%。据试验，给育肥猪投喂芽孢杆菌而不服多种维生素与投服多种维生素不服芽孢杆菌进行比较，结果两组增重无明显差别，而投服芽孢杆菌猪增重略高。Savage（1979）估计在动物盲肠中的微生物可为动物提供维生素是需要量的 25%～30%。Ozois 等（1996）对从肠道中分离的 106 株菌研究后认为，芽孢杆菌是动物体内维生素 B_1、维生素 B_6的主要生产者。

凝结芽孢杆菌、芽孢乳杆菌等菌株能产生乳酸，可提高动物对钙、磷、铁的利用，促进维生素 D 的吸收。

（四）芽孢杆菌的安全性

在人和动物中使用益生菌除了有效性外还涉及安全性的问题，对于人用产品而言，这要关心的是所用菌种是否安全，生产条件是否符合 GMP 要求；对于动物用产品，抗生素抗性转移问题常常是关注的焦点。尽管芽孢杆菌用于产酶已被授予“一般认为是安全的（generally regarded as safe，GRAS）”资格，但还没有一种益生菌产品被授予 GRAS 资格。

在芽孢杆菌中，炭疽杆菌和蜡状芽孢杆菌是已知的病原菌。炭疽杆菌没有讨论的必要，因为没有菌株用作人或动物益生菌，而有蜡状芽孢杆菌菌株用作益生菌。蜡状芽孢杆菌能引起腹泻型和呕吐型疾病。腹泻型疾病是由于摄入的芽孢杆菌在肠道中萌发，并分泌肠毒素［溶血素 BL（Hbl）、非溶血性肠毒素（Nhe）、肠毒素 T（BceT）、肠毒素 FM（EntFM）和 Enterotoxin K（EntK）］所致。呕吐综合征是由于摄入了呕吐型毒素 Cereulide 的前体所致。腹泻综合征可能与毒素产生的量有关，但并非所有的菌株都携带所有的毒素基因，有的菌株并不携带任何毒素基因（Rowan，2001）。对于 Hbl 和 Nhe 的活性形式都含有 3 个亚单位，分别由不同的基因编码，有的菌株携带其中一个或多个，但不是全部。如产品 Bactisubtil 中的蜡状芽孢杆菌携带有 nheB 和 nheA，但无 nheC，故不能产生 Nhe 毒素（Duc 等，2004）。也有地衣芽孢杆菌导致食物源腹泻的报道，以及能产生毒素和导致婴儿死亡（Mikkola，2000）。枯草芽孢杆菌也能导致食物源性疾病，呕吐是常见症状（Kramer 等，2000），有的枯草芽孢杆菌还携带编码 Hbl 的全部基因（Rowan 等，2001）。因此，这些曾有致病性菌株报道的菌种中若有菌株用作益生菌则需要经过严格的安全性检查。

抗生素抗性菌株在动物中的使用可能导致向人类转移的菌株具有抗药性，从而诱发人类的健康问题。在动物中抗生素抗性的转移会导致抗生素抗性的扩散和多重耐药性的出现，对于用作饲料添加剂的益生菌产品抗药性检测的要求常常更高。结合是抗生素抗性质粒转移最常见的形式，这也能出现在芽孢杆菌中。另外，还有其他如转化、转导及转座插入等形式。也有多重抗药性的益生菌株用作抗生素辅助治疗，但这需要保证这种抗性不会转移。益生菌产品 Esporafeed Plus 在欧洲被撤销用作饲料添加剂，因为证实产品中的蜡状芽孢杆菌携带有 *tetB* 基因，该基因常为转座子或为质粒所携带。

（五）芽孢杆菌制剂的使用

芽孢杆菌制剂一般为粉状、颗粒状或包埋成微胶囊，主要以芽孢的形式直接添加到饲料或饮水中饲喂。要根据动物的种类、年龄、环境、生理状态和使用菌种的不同而选择不同的饲用方式和剂量。为保证芽孢杆菌能够充分发挥其生理功能，制剂中必须确实含有足够的活菌（1989），其用量不宜过低，亦不宜过高。对芽孢杆菌类，猪每头每天能采食到菌数在$2\times10^8\sim6\times10^8$个较合适，鸡、鸭类每只每天采食$1\times10^8\sim4\times10^8$个较合适，牛、羊类每头每天采食$1\times10^8\sim5\times10^8$个较合适，考虑到饲料加工过程中的损失，可以按此标准添加剂量上浮 50%～100%。对各种芽孢杆菌的适宜使用剂量均有一些报道，但由于影响因素颇多，试验结果都不太一致，均有细微差别，一般为每克$5\times10^8\sim1\times10^9$个。

与乳酸菌、双歧杆菌等相比，芽孢杆菌的优点在于它对外界不良环境有很强的抵抗力，能耐 60℃以上高温，保存时间长（常温下 1 年以上），培养容易，便于加工制成各种制剂，效果稳定。但是，目前还存在许多问题，如芽孢杆菌的应用对象、范围，激活免疫系统的机理、抗菌、促生长机理等问题仍有待进一步研究，随着这些问题的解决，将会使得芽孢杆菌的优势更加突出，成为饲用微生物候选菌株中的佼佼者。

四、真菌制品

（一）酵母制品

1. 酵母制品的发展简史 公元前 2300 年，人类就开始利用含酵母的“老酵”制作面包。从埃及塞倍斯（Thebes）地区出土的面包房和酿酒房的残余模型看，早在公元前 2000 年人类就已较好地利用酵母制作发酵食品和酿酒。公元前 13 世纪，面包焙烤的技术从埃及传到地中海和其他地区。1680 年安东尼·列文虎克用显微镜从一滴啤酒中发现酵母细胞，不久，人类就开始有意识地利用酵母（啤酒酵母泥）发面。酵母的重要性逐渐引起工业界的注意。

19 世纪中期，欧洲工业革命产生了大量人口密集地区，要求工业界大规模的生产面包酵母以满足生产面包的需要。1846 年，奥地利人马克霍夫在维也纳建立世界上第一个酵母厂。该厂以粮食为原料，采用温和的通风培养法同时得到酵母和酒精，此法被称为“维也纳法”。因为是采用压榨机将酵母从培养液中分离出来，所以产品称为“压榨酵母”。1876 年，法国人巴斯德发表了关于空气中的氧能促进酵母繁殖的文章，为大规模通风培养生产酵母奠定了理论基础。20 世纪初期，由于酵母离心机的问世，丹麦和德国开始采用楚劳夫（Zulauf）法生产酵母，即将糖液缓慢地流入通风的发酵液内，俗称“流加培养法”“批式培养法”。楚劳夫法产品得率高，原料消耗低，过程易于控制，一直沿用至今，并不断得到改进和完善。20 世纪 20 年代起，酵母生产用原料扩大到使用糖蜜、木材水解液、亚硫酸纸浆废液和糖蜜酒精槽液等。60 年代，以石油、煤炭和天然气等碳氢化合物及其二次加工产品（如醋酸、乙醇和甲醇等）为原料的工厂相继建立，改变了长期以来人们利用碳水化合物为原料的传统。

第一次世界大战爆发不久，德国开始研究用现代化方法生产酵母，以解决粮食缺乏和生产成本高的问题。至此，生产的实践和科学的发展为活性干酵母的生产提供了条件。第二次世界大战的爆发客观上推动了酵母生产的发展。由于压榨酵母含水量高，易于腐败，需要冷藏车运输等因素，不能满足战时特殊环境的要求，导致活性干酵母的大规模生产。1945 年，美国和欧洲一些军事机构、工厂共生产 180 多万千克活性干酵母供战时急需。活性干酵母除主要供应面包和糕点等焙烤行业外，已扩大到在酿酒主要是葡萄酒和其他果酒酿造中应用。由于遗传工程和干燥技术的发展，一种新型的、高发酵力的、可直接与面粉混合使用制成面团的快速活性干酵母在 20 世纪 60 年代末问世，由荷兰古斯特公司首先开发和生产。中国的酵母生产始于 1922 年。

世界酵母生产正向大型化和自动化方向发展，生产过程已由计算机控制，劳动生产率高，如丹麦酒精公司酵母厂平均每人每年生产 200t 压榨酵母。面包酵母产量较大的有荷兰吉斯特公司，年产量为 200kt，其中一半加工成快速活性干酵母出口；法国勒沙夫公司为 150kt；美国环球食品公司为 120kt。

2. 酵母的特点 酵母（*yeasts*）是单细胞真菌，圆形、卵圆形或圆柱形。酵母细胞含有丰富的蛋白质、B族维生素、脂肪、糖、酶等多种营养成分和某些功能因子。酵母易于培养，代谢产物丰富；可以调节动物体内微生态平衡，促进肠胃有益菌群的生长，提高动物的免疫力；而且具有无毒、无残留等特点；另外，酵母还可以作为一种外源蛋白的高效表达系统，进行动物需要的消化酶和抗体的生产。目前，国内外有多种酶蛋白和抗体在该系统中获得了高效表达，如植酸酶、木聚糖酶、抗菌肽等。将酵母添加到饲料中不仅提高了饲料的营养价值，而且能提高饲料中其他营养物质的利用率，从而使其在饲料工业中得到了广泛的研究与应用。

3. 酵母制品的种类 酵母产品有不同的分类方法。本书以人类食用和动物饲用为界限，将酵母分成食用酵母和饲料酵母。食用酵母中又分成面包酵母、益生酵母、药用酵母等；饲料酵母分为酵母益生菌和酵母蛋白饲料等。

（1）面包酵母 又分压榨酵母、活性干酵母和快速活性干酵母。①压榨酵母：采用酿酒酵母生产的含水分70%～73%的块状产品，呈淡黄色，具有紧密的结构且易粉碎，有强的发酵能力。在4℃可保藏1个月左右，在0℃能保藏2～3个月。产品最初是用板框压滤机将离心后的酵母乳压榨脱水得到的，因而被称为压榨酵母，俗称鲜酵母。②活性干酵母：采用酿酒酵母生产的含水分8%左右、颗粒状、具有发酵能力的干酵母产品。采用具有耐干燥能力、发酵力稳定的酵母经培养得到鲜酵母，再经挤压成型和干燥而制成。发酵效果与压榨酵母相近，使用前应先活化（俗称“水化”），即将活性干酵母用温开水溶解，并放置适当时间后再掺和到面粉中。产品用真空或充惰性气体（如氮气或二氧化碳）的铝箔袋或金属罐包装，货架寿命为半年至1年。与压榨酵母相比，它具有保藏期长，不需低温保藏，运输和使用方便等优点。③快速活性干酵母：一种新型的具有快速高效发酵力的细小颗粒状（直径小于1mm）产品。水分含量为4%～6%。它是在活性干酵母的基础上，采用遗传工程技术获得高度耐干燥的酿酒酵母菌株，经特殊的营养配比和严格的增殖培养条件以及采用流化床干燥设备干燥而得。与活性干酵母相同，采用真空或充惰性气体保藏，货架寿命为1年以上。与活性干酵母相比，颗粒较小，发酵力高，使用时不需先水化而可直接与面粉混合加水制成面团发酵，在短时间内发酵完毕即可焙烤成食品。

（2）食品酵母 不具有发酵力，供人类食用的干酵母粉或颗粒状产品。它可通过回收啤酒厂的酵母泥制成产品，或为了人类营养需要专门培养、干燥而得。美国、日本及欧洲一些国家和地区常在普通的食品中，如面包、蛋糕、饼干和烤饼中掺入5%左右的食用酵母粉以提高食品的营养价值。酵母自溶物可作为肉类、果酱、汤类、乳酪、面包类食品、蔬菜及调味料的添加剂；在婴儿食品、健康食品中作为食品营养强化剂。由酵母自溶浸出物制得的5′-核苷酸与味精配合可作为强化食品风味的添加剂。从酵母中提取的浓缩转化酶可用作夹心巧克力的液化剂。从以乳清为原料生产的酵母中提取的乳糖酶，可用于牛奶加工以增加甜度，防止乳清浓缩液中乳糖的结晶，满足不耐乳糖症的消费者的需要。

（3）药用酵母 制造方法和性质与食品酵母相同。由于它含有丰富的蛋白质、维生素和酶等生理活性物质，医药上将其制成酵母片，如食母生片，用于治疗消化不良症和改善新陈代谢机能。在酵母培养过程中，如添加一些特殊的元素制成含硒、铬等微量元素的酵母，对一些营养缺乏病具有一定的疗效。如含硒酵母可用于治疗克山病和大骨节病，并有一定防止细胞衰老的作用，含铬酵母可用于治疗糖尿病。

（4）饲料酵母 通常用假丝酵母或脆壁克鲁维酵母经培养、干燥制成，不具有发酵力，细胞呈死亡状态的粉末状或颗粒状产品，也有直接使用活酵母菌作为饲料添加剂使用。它含有丰富的蛋白质（30%～40%）、B族维生素、氨基酸等物质，广泛用于动物饲料生产，目的是补充蛋白质和未知营养因子。普遍认为它能促进动物的生长发育，缩短饲养期，改善动物的生产性能，改善肉蛋奶的营养成分和风味，改善皮毛的光泽度，还具有增强幼畜禽抗病能力的效果。

可以用作饲料的酵母菌种很多，但不是所有的酵母菌都能用于家畜饲料添加，有些酵母菌是具有生理毒性的。例如红酵母属（*Rhodotorula*），该属酵母具有积聚脂肪的能力，细胞内的脂肪含量可高达干重的60%，故又称脂肪酵母。其中红酵母菌是一种在人医方面所熟悉的病原体，它已经被单独地或与其他微生物体一起从多种病症中分离出来。在以色列，已有胶红酵母菌（*Rhodotorula mucilaginosa*）引起鸡坏死性皮肤病的报道。另外，白色念珠菌（*Candida albicans*），又称白色假丝酵母，是正常人消化道、上呼吸道及阴道黏膜上的正常菌群，当人的免疫功能下降或出现菌群失调时，容易引起皮肤、黏膜和内脏的念珠菌病。

应用时应注意菌种的选择，理想的酵母菌株应该具备如下特征：具有安全性，对动物和人的健康无害；有较强的适应外界环境条件的能力，能抵抗饲料加工过程中的加热、干燥和挤压、振动；在体温范围内具有理想的活性，具有促进消化道中某种有益微生物活性的作用，具有抗酸能力；可以用于大规模生产。常用的饲用酵母有啤酒酵母、石油酵母、产朊假丝酵母、巴氏酵母等。

4. 酵母的作用机理　酵母类产品在单胃动物体内的作用主要在胃、十二指肠、小肠、盲肠内完成，而反刍动物主要在瘤胃内完成。目前，酵母类产品的作用机理尚不十分清楚，通常认为通过以下几个途径发挥作用。

（1）调节动物消化道的微生态平衡　由于酵母及其产品富含氨基酸、葡萄糖、B族维生素（特别是硫胺素）、有机酸（乳酸、苹果酸、甲酸、琥珀酸）等，可以通过向动物体内的微生物菌群提供这些底物来改善胃肠道环境和菌群结构，使厌氧菌和纤维分解菌的浓度增加。促进乳酸菌、纤维素分解菌等有益菌群繁殖，增加有益菌的有效浓度，促进胃肠对饲料营养物质的消化、吸收和利用，从而增加采食量，改善动物对饲料的利用率，促进生长，提高生产性能。

（2）增强动物免疫力机制　病原菌导致感染的初期阶段会黏附到上皮，比如大肠杆菌和沙门菌的某些菌株有能结合到上皮细胞甘露糖残基上的伞毛（Ofek等，1977）。酵母细胞壁中含有甘露寡糖（MOS），可以吸附胃肠道病原菌，调节非特异性免疫防御机制，防止毒素的吸收，排斥病原微生物在胃肠黏膜表面的附着。甘露糖（Oyofo等，1989）和酵母（Line等，1998）的添加可显著降低肉仔鸡体内沙门菌的定植，尽管酵母的添加对弯曲杆菌没有影响。Rodrigues等（1996）报道了酿酒酵母对小鼠中鼠伤寒沙门氏杆菌（*Salmonella typhimurium*）和福氏志贺菌（*Shigella flexneri*）定植的影响，但这种减少并非由于减少了肠道中病原菌的数量。这种保护作用主要与竞争性抑制病原菌的黏附有关。另外，对病原菌毒素产生也有抑制作用，如分支梭菌（*Clostridium difficile*）（Corthier等，1986）、霍乱弧菌（*Vibrio cholera*）（Vidon等，1986）、大肠杆菌（*E. coli*）（Massot等，1982）。还有，Castagliulo等（1996）证明了有的酿酒酵母菌株能分泌丝氨酸蛋白酶，能抑制毒素结合到刷状缘的糖蛋白受体上。

酵母可刺激机体免疫系统，诱导调节免疫防御机能。很早就有酵母细胞壁成分能激活补体系统的报道（Pillemer 等，1954）。酵母细胞壁中的大分子葡聚糖能刺激哺乳动物的免疫系统，特别是诱发炎症反应和刺激网状内皮系统（RES）。酵母能刺激免疫系统可能是由于在外周血液淋巴细胞和血管外巨噬细胞的上有特殊的葡聚糖受体（Czop，1986）。对这些受体的激活，葡聚糖能刺激加强宿主的防御系统和对巨噬细胞激活的链式反应和巨噬细胞产生的细胞因子有关。Lianes（1982）报道了消化道中的活性酵母能对腹膜腔内注射白色念珠菌（*Candida albicans*）的感染有保护作用。Buts 等（1990）还报道了口服酿酒酵母的小鼠 IgA 和其他免疫球蛋白的分泌增加。

（3）分泌多种消化酶和生长因子　酵母本身不仅含有较强的蛋白酶、淀粉酶和脂肪酶，参与饲料的降解、消化，提高动物对营养物质的利用率，而且还有降解饲料中复杂碳水化合物（如果胶、葡聚糖、纤维素等）的酶，其中很多是动物本身不具有的酶。Buts 等（1986）报道了断奶小鼠口服酿酒酵母能增加刷状缘双糖酶包括蔗糖酶、乳糖酶和麦芽糖酶的总活性，这一点很有意义，因为有的腹泻与这些双糖酶的活性降低有关。Girard（1996）报道了在不同酵母成分中存在有热稳定性（可能是脂类）和热不稳定（可能是短肽）的刺激生长因子（stimulation factor）。

5. 酵母在饲料工业中的应用

（1）酵母类饲料

①饲料酵母　随着畜牧业生产的发展，畜禽必需的蛋白质饲料越来越缺乏。1980 年全世界的畜牧业所需蛋白质为 4.3 亿 t，而到 1990 年这个数字超过 5.24 亿 t，到 2000 年这个数字已超过 9 亿 t。因此，许多国家都已建立起单细胞蛋白的新产业。饲料酵母，又称单细胞蛋白（single cell protein，SCP），酵母菌体蛋白的营养价值很高，饲料酵母干物质中蛋白质含量可高达 50%，其赖氨酸含量比大豆还高，接近动物蛋白，色氨酸含量比大豆高 7 倍以上（张力，2000），还含有 B 族维生素、矿物质以及其他生理活性物质，是一种多维高蛋白活性酵母饲料。一直用作饲料的酵母单细胞蛋白，可作为优质蛋白源，能部分代替饲料中的鱼粉和肉骨粉。生产单细胞蛋白应选择生长速度快、产量高、适宜生长的 pH 和温度范围、遗传性状稳定、营养要求简单、细胞本身蛋白质含量高的酵母。目前多用假丝酵母、得巴利酵母、球拟酵母来生产单细胞蛋白。生产工艺分为深层发酵法（液体发酵）和固体发酵法。

②活性干酵母　与单细胞蛋白酵母饲料不同的是，活性干酵母（active dry yeast，ADY）是作为益生菌应用于饲料的。ADY 中的酵母是含有少量乳化剂的“活酵母”，因为酵母菌的水分控制在 4%～6%，所以菌体处于“休眠状态”，加之产品采用真空包装，与空气及水分隔绝，因此，在储运过程中，酵母可以长期保持其活性，一般可达 2 年以上。当这种酵母通过饲料进入动物体以后，接触到消化道的水分，即可复活，并发挥其生物功效。酵母兼性厌氧，在进入动物胃肠道后，消耗胃肠道的氧气，造成厌氧环境，从而促进有益菌群的繁殖（绝大多数有益菌群属于厌氧菌），改善动物消化道微生态平衡，提高动物生产性能。酵母不仅具有较宽的 pH 适应范围，对胃酸具有良好的耐受性，而且，在发酵过程中产酸，可促进饲料的消化，并进一步抑制有害菌群的繁殖。

③酵母培养物　酵母培养物（yeast culture，YC），是指在一种含有酵母菌赖以生长的培养基中利用酵母菌的新陈代物和繁殖菌体，经过发酵和干燥等特殊工艺制成的含有活菌和

酵母细胞代谢产物的安全、无污染、无残留的优质饲料。它营养丰富，含有维生素、矿物质、消化酶、促生长因子和较齐全的氨基酸，适口性极好，是集营养、保健为一体的生物活性添加剂。酵母培养物最早用于反刍动物的蛋白质补充料。另外，还可以提高反刍动物对饲料干物质、纤维素、半纤维素、蛋白质等有机物和磷的消化率，以提高阉牛增重量和奶牛产奶量。现在在其他动物上也有应用。

④酵母细胞壁　酵母细胞壁是一种全新、天然、绿色添加剂，其产品淡黄色，粉末状，无苦味。它是生产啤酒酵母过程中由可溶性物质提取的一种特殊的副产品，占整个细胞干重的20%～30%。它在维持细胞形态和细胞与细胞间的识别中起重要作用。酵母细胞壁活性成分主要由葡聚糖（57%）、甘露寡糖（6.6%）、糖蛋白（22%）、几丁质等组成。酵母细胞壁物质在酸解过程中较稳定，其碎片能完好无损地通过瘤胃或皱胃，作为一种免疫促进剂，通过激发和增强机体免疫力，改善动物健康来提高生产性能，尤其是能充分发挥幼龄动物的生长潜力，其功能主要由甘露寡糖（MOS）和β-葡聚糖来发挥。有研究证明，甘露低聚糖可以提高断奶仔猪的体液免疫力，可使火鸡黏膜IgA和全身IgG水平提高。

⑤酵母水解物　酵母水解物（yeast autolysate）即酵母细胞的水解产物。可通过自溶（用细胞内的自溶酶）或通过外加酶水解得到。其中含有大量的氨基酸、小肽，丰富的B族维生素、矿物质及核苷酸类物质。酵母水解物在饲料工业中应用具有良好的前景。

首先，酵母水解物具有丰富的营养，所以可以作为氨基酸、多肽及B族维生素的补充剂；其次，酵母水解物中的核苷酸物质对动物尤其是幼年动物具有重要的营养作用。研究表明，核酸具有增强机体免疫力、促进细胞再生与修复、抗氧化及维持肠道正常菌群的作用；另外，水解物中的肌苷酸和鸟苷酸可作为鲜味剂，在促进动物采食方面具有一定应用前景。

（2）利用酵母富集微量元素　在酵母培养过程中加入无机盐，使金属离子以有机离子的形式在酵母中富集。有研究表明，单胃和复胃动物对酵母菌体蛋白质结合的矿物质元素，比无机盐元素更易吸收，利用的也更好。利用工业微生物，尤其以酵母为载体富集微量元素，使之由无机态转为有机态，提高生物利用率，已成为国内外研究重点。目前饲料业上用酵母生产的有机微量元素主要有铬、硒、铁、锌等。

①铬酵母　富铬酵母是将酵母细胞培养在含三价铬的培养基中，通过生物转化的方式，将无机铬转化成有机铬，从而提高铬在机体内吸收利用率，降低其毒副作用。铬酵母在畜禽及水产上的应用试验表明，铬酵母在抗动物应激、提高动物机体免疫力、提高饲料利用率和畜禽产品瘦肉率方面效果显著。用铬酵母饲喂肉鸡，试验组肉鸡的平均日增重提高，死亡率显著降低（Bogdan Debski和Wojciec，2004）。

②硒酵母　在适宜的条件下酿酒酵母（*Saccharomyces cerevisiae*）能够富集大量的硒，并将其整合到细胞内，形成有机硒。酵母内有机硒的主要存在形式是蛋氨酸硒（selenomethionine）、半胱氨酸硒（selenocysteine）和胱氨酸硒（selenocystine），还有少部分硒与多糖或其他有机小分子结合。研究表明，硒酵母具有毒性低和利用好的特点，且营养丰富，含有各种氨基酸和B族维生素（Bronzetti G，2001）。目前，硒酵母的应用效果已经得到国际学术界的广泛认可。Mahan在1995年研究表明，在瘦肉猪中，硒酵母是亚硒酸钠生物利用率的2倍；Mahan等1999年的研究显示，有机硒饲喂的猪，其肌肉的滴水损失低，颜色更红；而Mahan 1996年的研究则证实，与亚硒酸钠相比，硒酵母可使常乳中的硒含量提高80%；Torrent 1996年研究显示，生长肥育猪饲喂相同剂量的硒酵母和亚硒酸钠，

前者可减少 PSE 的发生，猪肉味道更好。

Chavez 1985 年的研究显示，以硒酵母的形式对妊娠母猪补硒时，母猪胎盘转运至胚胎的硒水平上升，并具有添加水平依赖性，初生仔猪硒水平增加；Wolter 等 1999 年的研究表明，硒酵母可降低最后腰椎背膘厚，增大眼肌面积；Janyk 等 1998 年的研究显示，采用添加有机硒的日粮饲喂母猪，可明显地提高仔猪的初生重，降低死亡率，同时仔猪还可充分利用奶中的硒源，从而增强其对疾病的抵抗力。

③铁酵母　高铁营养酵母中，铁、蛋白质、必需氨基酸、维生素含量较高，利用这种酵母不仅可以提高饲料的营养价值，同时可以防治缺铁性贫血。一些研究显示，高铁营养酵母铁的吸收率达 38.7%，其中铁以蛋白铁的有机形式存在，生物利用率高，是较好的饲料添加剂。

④锌酵母　锌是动物体必需的微量元素，现在发现多种酶的活性与锌有关，锌是这些酶的必需组成部分或是激活剂，具有重要的生理功能。以酵母为载体生产高锌产品，作为缺锌动物的补剂已受到重视，在吸收时，也能够增加氨基酸、维生素等营养成分。王伟利等（2001）采用同一菌株同时富集微量元素铁和锌的方法，所富集的微量元素的含量都比较高，经过原子吸收分光光度仪测定，所富集的酵母菌铁含量为 6～8mg/g，锌含量为 4～5mg/g。

（3）*利用酵母作为表达系统*　酵母作为表达外源重组蛋白的宿主，长期备受人们的青睐。这是因为作为一种真核生物，酵母对所表达的外源蛋白进行翻译后加工、分泌，使表达产物与它们的天然蛋白形式相似或相同；而作为一种菌类，酵母又能像细菌一样可以在廉价的培养基上大量繁殖。经过十多年的发展，酵母已经成为比较完善的外源蛋白表达系统。一些酶、抗菌肽、激素等在酵母中的成功表达，显示了酵母在饲料添加剂的开发上具有广阔的应用前景。

酶制剂：酵母细胞壁裂解后可产生多种酶类，活的酵母细胞也可以胞外分泌多种酶，如淀粉酶、蛋白酶、纤维素酶等，因而可以利用生物技术提取其中的酶类，生产助消化的“绿色”饲料添加剂。由于重组 DNA 技术的发展，分子生物学工作者已将很多种其他来源的酶基因导入酵母，并在酵母基因调控系统的控制下，合成和分泌外源基因的产物。在酵母中获得高效表达的促消化的酶类有 α-淀粉酶、乳糖酶、脂肪酶等，一些能提高饲料利用率的酶如不同来源的纤维素酶、植酸酶、木聚糖酶等也已经在酵母细胞中表达成功。吴晓萍等（1999）将黑曲霉糖化酶 GAIcDNA 与大麦 α-淀粉酶基因导入酿酒酵母 GRF18，获得酵母基因工程菌，使 α-淀粉酶、糖化酶基因得到高效表达。姚斌等（2000）发现重组甲醇酵母中表达的 *A. niger* 963 的植酸酶具有与天然植酸酶相同的生物学活性，其表达量却大大提高。

目前这些酶的基因改造正在广泛开展，经基因改造后的酶将不仅具有良好的热稳定性，在饲料高温制粒中的损失小，而且在动物的消化道中不易被降解。酵母作为基因工程菌具有生长繁殖快、营养要求低、培养基廉价、能高密度发酵生长等优点，为廉价有效地生产优质饲料酶制剂提供了新的思路。

（4）*其他*　目前，研究表明还可以利用酵母菌来生产其他生理活性物质和一些饲料中应用的特殊物质，如维生素、色素、增味剂等。阿氏假囊酵母（*Eremotheciuma shbyu*）用于维生素 B_2 的工业生产；卡尔斯伯酵母则是维生素 D 最好的产生菌。酵母产生的色素可以从黄色到红色，常见的产色酵母有菲氏酵母、红酵母、隐球酵母和掷孢酵母等。红橙菲氏酵母每克菌体可产类胡萝卜素 500g，其中 40%～95%是虾青素。在饲养虾鱼类时，通常需要在饲料中添加色素。而合成的虾青素价格比较昂贵，所以红橙菲氏酵母是可以取代合成虾青素的一种天然色素产物。酵母提取物和酵母自溶物均含有能增强味觉的5-核苷酸和谷氨酸，用从完整的酵母细胞（去苦味酿酒酵母或原焙面包酵母）中获得的酵母提取物和自溶产物可以作为增味剂。在以石油原料发酵生产柠檬酸主要使用酵母菌，特别是解脂假丝酵母（*Candida lipolytica*）。另外，研究发现酵母核酸对肉鸡肉质有影响，可提高肉鸡胸肌粗蛋白含量，其中必需氨基酸总量、氨基酸总量都有显著的提高。

6. 酵母在养殖动物中的应用 酵母培养物最初是用作反刍动物的补充料，用于反刍动物的报道较多，但近年随着对酵母功能的认识逐步加深，在其他养殖动物中应用的报道也逐渐增多。

（1）反刍动物

①酵母培养物对瘤胃微生物区系的影响 许多研究者认为酵母培养物的作用在于其能改变瘤胃发酵和微生物区系（Williams 和 Newbold，1990；Dowson，1992；Newbold，1996；Wallace，1996）、增加瘤胃中细菌数（Wallace 和 Newbold，1992）、提高菌体蛋白合成、改善菌体 AA 组成（Beharka 和 Nagaraja，1991；Dawson 和 Hopkins，1991；Erasmus 等，1992）。虽然 Doreau 等（1998）认为，酵母培养物并不影响细菌间的平衡。但很多学者认为酵母培养物能选择性刺激瘤胃特定微生物，从而改变微生物区系。其中，最一致的报道是提高厌氧菌和纤维分解菌数量（Wiedmeier 等，1987；Harrison 等，1988；Newbold 和 Wallace，1992）。也有研究表明酵母培养物能提高乳酸利用菌数量（Edwards，1990；Girard 等，1993）。酵母培养物含有大量的氨基酸、葡萄糖、B 族维生素、有机酸（苹果酸、甲酸、琥珀酸、天冬氨酸）等，而某些瘤胃微生物生长、代谢也需要这些营养物质，如乳酸利用菌（*S. ruminatium* 和 *M. elsdenii*）。Girard（1993）报道，在高精料水平时，添加酵母培养物不但能增加乳酸利用菌浓度，也增加乳酸利用速率。酵母培养物还能提高蛋白分解菌（Yoon 和 Stem，1996）及噬氢产乙酸菌（Chaucheyras 等，1995）的浓度。另外，酵母培养物还可提高瘤胃内消化纤维的真菌（Chaucheyras 等，1995）及原虫（Plata，1994）的活性。瘤胃内有益微生物菌群浓度的增加及微生物活性的提高，有利于粗纤维及其他营养物质的消化，以及破坏、降解能导致瘤胃失衡的代谢中间产物。酵母培养物能刺激特定菌群生长的能力与许多对瘤胃内生理代谢的影响报道一致，也解释了其可提高蛋白合成、改善瘤胃稳定性及改善微生物蛋白合成等。

②酵母培养物对瘤胃发酵的影响

A. 酵母培养物对瘤胃 VFA 的影响 瘤胃 VFA 产量常作为评定酵母培养物刺激瘤胃发酵的指标（Gray 和 Ryan，1988；Martin 等，1989）。大量研究表明酵母培养物能改变瘤胃发酵方式。Williams（1991）报道，添加酵母培养物对瘤胃总 VFA 浓度没有影响，而乙酸∶丙酸从 3.3∶1 降到 2.8∶1，对戊酸或支链 VFA 比例没有影响。添加酵母培养物使乙酸∶丙酸降低的报道较多（Harrison 等，1988；Williams，1989，1991；Erasmus 等，1992；Besong 等，1996）。相反，YC 添加使乙酸、丙酸比例升高的报道也有许多（Wiedmeier 等，1987；Gomez-Alaecon 等，1990；蒿迈道，1993；Piva，1993）。酵母培养物对瘤胃 VFA 的影响明显随添加时间和日粮类型而变化。Kumar 等（1997）向水牛犊牛高粗料日粮中添加酵母培养物发现，采食后 4h 总 VFA 显著增加（124.6mmol/L vs 111.5mmol/L），乙酸显著增加（81.3mmol/L vs 70.8mmol/L），乙酸、丙酸比例增加（3.73mmol/L vs

3.25mmol/L)，丁酸及异丁酸增加（17.8mmol/L vs 15.1mmol/L)，戊酸减少（1.65mmol/L vs 1.93mmol/L)，异戊酸减少（1.50mmol/L vs 1.81 mmol/L)。Sullivan 和 Martin（1999）报道，向人工瘤胃中添加酵母培养物，当底物为玉米碎粒时，对 VFA 产量及其比例没有影响；底物为苜蓿干草时，乙酸、丙酸比例增加；底物为海岸狗牙根时，乙酸、丙酸、丁酸、戊酸、异戊酸及 CH_4 产量增加，VFA 产量增加，乙酸、丙酸比例降低。但也有一些体内、体外试验表明，酵母培养物对总 VFA 浓度及各种 VFA 的比例没有影响（Harrison 等，1988；Williams 等，1991；Caton，1993；Higginbotham 等，1994；Yoon 和 Stern，1996)。

B. 酵母培养物对瘤胃乳酸及 pH 的影响　快速发酵碳水化合物在瘤胃内的迅速发酵所产生的大量有机酸导致 pH 下降，抑制纤维分解菌活动，从而抑制动物对营养物质特别是对粗纤维的消化利用，严重时导致瘤胃功能失调。所以，促进微生物对乳酸的利用，增加瘤胃 pH 具有重要意义。当动物采食高能量日粮时，低水平的乳酸浓度常表明较高的瘤胃液 pH，也表明瘤胃发酵十分稳定。研究发现酵母培养物对稳定瘤胃发酵和调整瘤胃失衡具有重要作用。酵母培养物可通过减少乳酸产生、增加瘤胃微生物对乳酸利用而防止 pH 下降（Chaucheyras 等，1996；Martin 等，1992；Michalet-Doreau 等，1996)。Williams 等（1991）发现，给采食大麦的奶牛补饲酵母培养物后 4h 的 pH 增加，这种增加可能是由于 YC 添加组瘤胃液 L-乳酸浓度下降的缘故；而对照组瘤胃液中 L-乳酸的最大浓度刚好与最低 pH 吻合。Kumar 等（1997）向采食干草（每头 2.12kg/d）和精料（每头 0.45kg/d）的犊牛饲料中添加 YC（每头 5g/d）发现，在第 4 周时，添加酵母培养物组饲喂后 6h 瘤胃液 pH 显著高于对照组，而停用酵母培养物 2 周后，二者没有差异。Erasmus（1992）发现，YC 对瘤胃 pH 没有影响，但能将乳酸浓度峰值降低。但 Doreau 等（1998）给采食 60%玉米青贮、40%精料的泌乳早期奶牛补饲酵母培养物，并不影响瘤胃 pH。Williams 等（1991）认为，当日粮富含高能量饲料时，酵母培养物可能减少一定时间内 pH 的差异。YC 添加对瘤胃 pH 的影响变化不大的原因可能是，酵母培养物刺激乳酸利用菌生长，使乳酸浓度下降，同时刺激别的菌种对 NH_3 的利用，使 NH_3 浓度下降，由于乳酸和 NH_3 浓度同时下降，使 pH 变化不大。而二者浓度下降的幅度相差异及时间相差异，也就可以解释瘤胃 pH 各种变化的原因了。酵母培养物防止乳酸在瘤胃内积累的能力也表明，其对克服高产奶牛、快速生长肉牛因采食高能量日粮而带来的不利影响有切实可行的作用。

C. 酵母培养物对瘤胃 NH_3-N 的影响　大量研究表明酵母培养物可显著降低瘤胃内 NH_3-N 浓度（Dawson，1987；Williams 和 Newbold，1990；Harrison 等 1988；Henics 和 Gombos，1991；Piva，1993；Kumar 等，1994)、改善瘤胃氮代谢。Yoon 和 Stern（1996）发现，添加酵母培养物可使粗蛋白在瘤胃降解率升高，使十二指肠 N 及 AAN 流量增加。酵母培养物刺激微生物生长，常表示瘤胃微生物 NH_3 利用增加。NH_3 水平降低，并不是由蛋白质降解或脱氨作用降低引起的（Williams 和 Newbold，1990)，而是由于酵母培养物刺激瘤胃微生物菌群摄取 NH_3 并合成蛋白引起的。这反映在添加酵母培养物后，瘤胃内氨态氮浓度较低，同时，瘤胃细菌浓度增加。另外，这些变化反映在小肠细菌氮流量增加（Erasmus 等，1992)。氮流量变化也就意味着氨基酸流向的变化，其中蛋氨酸、胱氨酸、丝氨酸、苏氨酸的含量明显提高。瘤胃微生物菌体蛋白流量的增加，意味着酵母培养物能刺激瘤胃微生物生长，提高 NH_3-N 转化为微生物菌体蛋白的效率。但也研究表明，添加酵母培

养物后瘤胃 NH_3 浓度并不降低（Wiedmeier 等，1987；Carro 等，1992；Hession 等，1992)，甚至提高瘤胃 NH_3 浓度（Arambel 等，1987；Martin 等，1989)，对微生物菌体蛋白合成及流量也没有影响（Carro 等，1992；Doreau 等，1998)。

③酵母培养物对消化和采食量的影响

A. 酵母培养物对瘤胃消化的影响　许多研究者一致认为添加酵母培养物对瘤胃发酵有显著影响，对消化也有许多益处。有研究表明添加酵母培养物可影响瘤胃内消化途径(Williams 和 Newbold，1990；Dawson，1992；Newbold 等，1996；Wallace，1996)，提高DM、NDF、ADF、纤维素、半纤维素、粗蛋白的瘤胃消化率（Campos 等，1990）及全消化道消化率（Ayala 等，1992；Eramus 等，1992)，这种消化率的改善与酵母培养物刺激瘤胃微生物生长及其活性直接相关（Wiedmeier 等，1987；Edwards 等，1991)。瘤胃中纤维的消化主要依赖纤维分解菌的生物活性。当瘤胃中 pH 维持在大于或等于 6.0 的水平时，这些微生物能够摄取纤维里的大部分能量。酵母培养物通过滋养一个拥有丰富的纤维分解活性微生物的瘤胃，从而帮助奶牛提高对纤维的消化率。为提高产奶量，通常都会在日粮中添加谷物。但是迅速发酵的谷物为瘤胃微生物提供底物，会产生乳酸并降低瘤胃 pH。当 pH 低于 6.0 时，纤维分解菌的生长就会受到抑制。研究表明，通过添加酵母培养物有助于促进瘤胃中乳酸分解菌的生长，从而降低乳酸在瘤胃中的积累。由于瘤胃中乳酸分解菌对乳酸的分解能力增强，从而使得 pH 高于 6.0，因此，纤维的消化率也提高。

B. 酵母培养物对小肠营养流量的影响　酵母培养物影响纤维消化速率和菌体蛋白合成，从而影响小肠食糜营养成分。Williams 等（1989）报道，补饲酵母培养物使十二指肠与回肠末端的 DM 及 NAN 表观吸收率分别提高 35％和 23％，增加 DM 和 NAN 十二指肠流量，而对回肠末端流量没有影响。他们认为 NAN 流量及吸收率增加主要是由于可利用菌体蛋白小肠流量增加的缘故。Carro 等（1992）发现，奶牛添加酵母培养物，使非降解 N 十二指肠流量增加，而 NAN 和微生物菌体 N 十二指肠流量并不显著增加。十二指肠食糜氨基酸组成在很大程度上影响决定奶牛产奶量及蛋白产量的各种可利用氨基酸（Yoon 和 Stern，1995)。关于限制产奶量的限制性氨基酸，还未统一意见，但是非降解蛋白源组成已用来调控十二指肠食糜氨基酸组成。当饲喂推荐量的非降解蛋白时，瘤胃中菌体蛋白氨基酸组成相对稳定。Yoon 和 Stern（1995）认为酵母培养物刺激瘤胃微生物生长，并提高菌体蛋白合成，并能给高产动物提供所需的特定的限制性氨基酸。Erasmus 等（1992）报道，添加酵母培养物使奶牛菌体蛋白合成有增加趋势，十二指肠的 17 种氨基酸中 4 种氨基酸（Met、Cys、Thr 和 Ser）浓度显著增加。其中，Met 增加 41～58g/d，而 Glu 浓度降低，表明添加酵母培养物可影响流出瘤胃的细菌蛋白的氨基酸组成，这可能是酵母培养物选择性刺激某些厌氧菌生长的缘故（Dawson 等，1990；Erasmns 等，1992)。由于数据有限，还不能解释细菌组成变化与十二指肠氨基酸组成变化的相关性方向。

C. 酵母培养物对采食量的影响　奶牛摄入的饲料越多，能够得到的能量就越多，产奶量也就越多。由于采食量是促进产奶的直接动力，因此，营养学家和养牛户都千方百计提高牛的干物质采食量。在较高的干物质进食水平下，通过促进瘤胃的发酵或微生物的活动，使得奶牛能够最大限度地利用饲料中所含的养分。微生物菌群能消化饲草、纤维和淀粉，正是它们才使得奶牛能够利用饲料中的养分。一些独立的研究机构、大学和供应商所进行的研究结果都证实，在奶牛日粮中添加酵母培养物产品是非常有益的，主要表现在干物质采食量提高和产奶量增加。通过对过去41组试验统计来看，YC添加使DMI变化范围为−4.4%～27.3%，使DMI平均增加2.65%；其中19组产生负效应，使DMI平均减少2.53%；22组产生正效应，使DMI平均增加7.1%。

④酵母培养物对奶牛生产性能的影响　1995年Shaver和Garrett对美国威斯康星州的11个商品奶牛场作了一个应用试验，研究酵母培养物对产奶量、牛奶成分组成和组分产量的影响。试验结果显示将酵母培养物添加到泌乳高峰期后的奶牛日粮中会影响产奶量。但所产生的经济效应会因原料成本和牛奶价格的差异而有所不同。研究表明添加酵母培养物会有1∶（2～3）的投资回报（假设干物质的采食量提高了相当于产奶增加量的35%）。整个试验用了大约1 500头牛，其中1 200头正处于泌乳期，每头牛的年平均产奶量为10 000～12 700kg。

饲养健康的奶牛和提高产奶量是养殖者所追求的最大经济目标。通过科技的进步和长期的生产实践，越来越多的奶牛养殖者意识到养好奶牛的关键在于调理好奶牛的瘤胃。只有具备良好瘤胃功能的奶牛，才能够最大限度地发挥出它作为高效转换动物的生产天性。事实上，奶牛瘤胃本身并不能够直接对饲料进行转换合成（消化吸收）。真正参与分解消化食物的是瘤胃内的微生物菌群，这些微生物能够利用粗饲料并通过其自身的繁殖，生成大量且便于奶牛利用的微生物蛋白，甚至将一些氮素转化成必需氨基酸，合成许多必需的维生素，其中包括B族维生素，它们还能够将纤维素和戊聚糖分解成乙酸、丙酸和丁酸，使得这些短链的脂肪酸通过胃壁吸收为奶牛提供约75%的能量。由于瘤胃中大量的微生物菌群参与对饲料的消化过程，因此，如果微生物在瘤胃中能够得到恰当的培养，不仅能够提高饲料报酬，还能够保障奶牛的营养需要和体质健壮。换句话说，饲养奶牛的关键在于养好瘤胃中的有益微生物菌群。酵母培养物中的代谢产物具有明显刺激牛瘤胃中纤维素菌和乳酸利用菌的繁殖、改变瘤胃发酵方式、降低瘤胃氨浓度、提高瘤胃微生物蛋白产量和改善饲料消化率等的作用，从而能够利用饲料中更多的养分来满足奶牛生长和生产的需要，达到提高生产性能和改善动物健康状况的作用。

（2）猪　Mathew、Chattin和Robbins等试验结果表明，在断奶仔猪日粮中添加酵母培养物对采食量及生产性能有影响，但不影响肠道发酵物的净含量。Rhein、Welker和Lindemann等试验表明，在玉米-豆粕型基础日粮中（蛋白含量18%）添加8%大豆皮及酵母培养物，能显著提高仔猪的日采食量。Pera、Dfinceanu和Luca等试验表明，活酵母菌培养物能提高仔猪的采食量、体重及饲料转化率。在猪饲粮中添加酵母培养物，可促进饲料消化吸收，能较显著地提高其生长速度，降低饲养成本。

接种面包酵母经专利发酵工艺而制成的酵母培养物，可改善饲料的适口性，从而增加饲料的采食量，使断奶仔猪更快地适应变更的饲料，促进饲料的消化，从而显著地提高仔猪的增重，减少仔猪拉稀，促进仔猪生长。但是Reynoso、Cervantes和Figueroa（2004）等试验表明，在18～21d仔猪日粮中，在正常水平的蛋白中添加酵母培养物和在低蛋白水平+合成氨基酸的基础上添加酵母培养物相对于不添加酵母培养物的含正常水平的蛋白饲粮效果无差异，表明了酵母培养物的添加没有提高饲喂低蛋白水平仔猪的生产性能，没有明显降低仔猪的腹泻率。

Gombos、Tossenberger和Szabo等试验表明，在育肥猪日粮中添加11kg/t酵母培养物能显著提高平均日增重及饲料转化率。Park、Lim和Na等试验表明，在生长育肥猪的整个试验期（121d）添加酵母培养物对体重及饲料报酬无明显影响，0.1%、0.2%的添加量对蛋白和粗纤维的消化有明显提高。但对脂肪及灰分的消化无明显影响。对背最长肌进行肉品质测定，对其pH、滴水损失、熟化率、颜色均无影响，但剪切力以0.2%的添加量最低。其他的物理化学指标也无差异，总饱和脂肪酸及不饱和脂肪酸的含量，总胆固醇含量均差异不显著。

（3）家禽　酵母培养物可以改善肉仔鸡的生长性能。曾正清等（2001）发现，在日粮中添加2%的酵母饲料能提高肉仔鸡的增重，含1%、2%的酵母培养物的饲料能够降低粪便中、盲肠食糜中大肠杆菌的数量，增加乳酸杆菌的数量。这可能与酵母能提供丰富养分的同时，还能利用氧，而控制氧浓度。周淑芹等（2004）报道，在肉仔鸡日粮中添加0.3%的酵母培养物可以改善肉仔鸡生长性能；并且还可显著提高肉仔鸡肠道双歧杆菌数量，降低生长前期（1～4周）盲肠大肠杆菌数量，减少腹泻，降低肠道氨浓度，改善肠黏膜结构，肠壁微绒毛变长，更有利于营养物质的吸收（周淑芹等，2003）。Stanley等（2004）报道，在使用球虫感染的垫料时，酵母培养物残渣（YCR）与拉沙里菌素和杆菌肽相比，在提高肉仔鸡体增重方面更为有效。Goh和Hwang（1999）报道，米曲霉发酵的酵母培养物在添加量≤1%时可显著提高肉仔鸡的饲料效率，并且1%的添加量效果最优。

Gary（1998）饲喂公鸡酵母饲料后，其回肠绒毛杯状细胞减少、腺窝深度减小，并认为这是由于饲喂酵母饲料后肠道细菌产生的有毒物质减少的结果。Bradley等（1995）报道，补饲酵母培养物后提高了火鸡的日增重，料重比下降；对肠道形态结构的分析表明，补饲酵母培养物降低了回肠内每毫米肠绒毛上杯状细胞的数量，隐窝深度下降。隐窝深度降低表明上皮细胞更新率下降，而更新率的下降是肠道微生物所产毒素浓度下降的结果。

但是，酵母培养物对雏鸡生长速度和饲料利用率的改善并不与添加量变化趋势完全一致。有研究认为，随着活酵母饲料水平在雏鸡日粮中升高，其生长速度和饲料利用率有降低的趋势。酵母培养物添加量过大也可影响家禽的生长，因为酵母培养物中含有一定量的甘露寡糖。当动物摄入过多的寡糖时，消化道后部寄生的微生物发酵过度，食物通过消化道加快，产生软粪，可能引起动物消化不良性腹泻，使畜禽生长发育受阻（Kohmoto T，1991）。

酵母培养物可以提高蛋鸡和种鸡的饲料效率，降低鸡蛋的破损率，显著减少蛋鸡的死亡，延长产蛋高峰期，明显提高生产性能和经济效益（Huthail Najib，1996；Budi Tangendjaja和Iikyu Yoon，2002）。刘质彬等（2002）向20周龄产蛋鸡日粮中添加酵母培养物，产蛋鸡的生产性能得到明显的改善，酵母培养物对日粮中营养物质的吸收代谢产生显著的促进作用。美国亚利桑那州大学的Reid（1988）在55周龄蛋鸡日粮中添加0.25%～1%的酵母培养物，发现产蛋率、蛋重量和蛋产量均得到改善，同时酵母培养物也提高了蛋鸡体内蛋氨酸的存留率。

酵母细胞壁中的甘露寡糖，可以与有害菌细胞壁的凝集素结合，从而减少有害菌定植于肠壁细胞的机会。酵母细胞壁的甘露糖能吸附有毒物质和病原菌，具有减少动物肠道疾病的功能。Devedowda等发现，酵母培养物添加于黄曲霉毒素污染的肉鸡日粮中可以促进鸡只生长，改善免疫功能。免疫功能的改善主要体现在法氏囊重量增加，提高血清总蛋白、白蛋白的含量，增加免疫球蛋白的数量。但也有不同的报道，如Prasada Rao等报道尽管酵母培养物在体外条件下可以吸附68%的赭曲霉毒素A，但0.1%的酵母培养物对采食含2mg/kg赭曲霉毒素A饲料的肉鸡并无显著解毒作用，而0.3%水合铝硅酸钠钙可显著降低2mg/kg

赭曲霉毒素 A 的毒副作用。

(4) 水产动物 酵母添加剂在水产养殖中同样有应用，一方面，以其富含的营养物质弥补了常规饵料的不足，可以作为活饵料或者培育饵料生物，对鱼、虾、蟹早期幼体和贝类、参类等浮游期幼体起到重要作用；另一方面，具有代谢活力的酵母在水体中还可以降解利用水体中的有机物和有害物质以及抑制和排斥其他有害微生物，达到改善养殖池塘内环境，促进水产动物健康生长的目的。

饵料中添加酵母添加剂的池塘饲养鲤，在养殖后期，鲤平均体重和平均增重分别比对照组提高 8.87%和 12.48%，而饵料系数从 2.12 下降到了 1.75；同时水体的氨氮和活性磷酸盐浓度也有显著下降，为鲤的生长提供了良好的水质环境（黄权等，2004）。吴新民等（1998）利用酵母菌将配合饵料中的部分糖类物质转化为蛋白质、脂类、维生素等有效成分，并通过饲养试验验证了经酵母菌发酵的饵料具有促进对虾的消化吸收和生长发育的作用，尤其对超过 6cm 虾效果最明显。王兴春等（2002）在对虾育苗生产中试验了啤酒酵母饲料添加剂对育苗效果和防治发光细菌的作用，结果表明，无论是作为对虾幼体饵料添加剂还是作为水质改良剂，啤酒酵母饲料添加剂都具有抑制病菌生长繁殖，提高对虾育苗存活率的作用。

7. 酵母制剂的使用问题 饲用酵母在使用过程中也存在一些问题，如酵母细胞壁多糖产品具有免疫促进作用，而什么阶段使用效果最好，该阶段使用的剂量多大，连续使用还是阶段性使用效果更好等问题都需要进一步的研究探讨。性价比是市场最为关注的问题之一，以硒酵母为例，其价格远高于无机硒，那么如何让其发挥最优效果就显得十分重要。有些厂家采取硒酵母部分替代无机硒取得了较好的应用效果。另外，有些猪场，在母猪料及公猪配种期饲料中使用有机硒，改善了动物的生产繁殖性能。而在试验研究中，国内相关的可参考的数据较少。理论上分析，酵母水解物的应用前景广阔，但目前的市场仍相对较小，所以亟待加强相关的应用及开发研究。产品的复合使用往往比单一使用具有更好的效果，起到协同增效作用。酵母源生物饲料间可以复合使用，如 ADY 与酵母细胞壁多糖复合使用，以期获得促生长和增强免疫的协同效果；酵母源生物饲料也可与其他同类产品复合使用，如 ADY 与芽孢杆菌或乳酸菌复合使用，制备复合微生态制剂，以期获得微生态调节的综合效果。在研究开发实践中，选择好实验动物一直是十分关键和困难的，对于开发复合制剂产品更是如此。ADY 属于活性益生菌产品，而酵母细胞壁多糖属于免疫增强剂，研究上述两种制剂单独、复合或与其他产品复合使用替代抗生素的可行性也很有意义。

（二）其他真菌

1989 年美国 FDA 认为安全并批准能直接用于饲用的真菌中除了酵母外还有米曲霉（*Aspergillus oryzae*）和黑曲霉（*Aspergillus niger*），但现在我国批准使用的微生物添加剂中还不包括这两种霉菌。

1. 米曲霉（*Aspergillus oryzae*） 米曲霉菌为半知菌纲曲霉属的一种丝状真菌，好氧。在土壤、粮食和腐败的有机质中分布广泛。米曲霉的用途很广泛，可用于生产多种酶制剂和药物等。另外，米曲霉是一种理想的重组酶表达载体，可以用于表达大肠杆菌不能表达的真核蛋白。2005 年，英国专家牵头对米曲霉的全部基因序列进行了成功测定，发现该菌共有 8 条染色体，约有 3 760 万个碱基对，包含 12 074 个基因。目前，从该菌培养物中发现了许多胞外酶，比如蛋白酶、淀粉酶、脂肪酶、果胶酶、植酸酶和糖化酶等；也发现了一些具有药理活性的成分，比如抗菌成分、改善心血管系统的活性成分等；还有一些有害的真菌毒素成分，比如圆弧偶氮酸（cyclopiazonic acid，CPA）、3-硝基丙酸（3-nitropropionic acid）和麦芽米曲霉素（maltoryzine）。

（1）*圆弧偶氮酸* 是一种五环的吲哚生物碱，最早从圆弧青霉菌中分离获得。1977 年，Orth 从米曲霉菌中也分离出了该毒素。1981 年，Yokota 和 Sakurai 等研究证明了圆弧偶氮酸是一种引发蚕白僵化病的毒素。1985 年，Lalitha 和 Husain 报道圆弧偶氮酸可以引起人的毒素中毒。1986 年，Hill 和 Lomax 等研究证明圆弧偶氮酸可引起大鼠的肝、肾和免疫系统的损伤。1985 年，Nishiea 和 Coleb 等报道了圆弧偶氮酸对小鼠的 LD_{50} 为 13mg/kg。

（2）*3-硝基丙酸（也称β-硝基丙酸）* 是一中非竞争性抑制琥珀酸脱氢酶的成分，主要引起大脑纹状体的病理变化，从而导致一系列中枢神经系统的中毒症状，比如呕吐、眩晕、阵发性抽搐等，严重时可导致死亡。3-硝基丙酸对小鼠和大鼠的 LD_{50} 分别为 60mg/kg 和 120mg/kg。联合国粮农组织（FAO）和世界卫生组织（WHO），在 1987 年召开的第 31 次会议上明确规定，用米曲霉发酵生产酶制剂时，应检测产品中的 3-硝基丙酸含量。

（3）*麦芽米曲霉素* Lizuka 等，1962 年在用含有麦芽的察氏培养基培养米曲霉时，在发酵液中分离得到了这个成分，并研究证明了这一成分对小鼠具有肌肉麻痹作用，腹膜下给药时，其半抑制率（IC_{50}）为 3mg/kg。

2. 黑曲霉（*Aspergillus niger*） 半知菌亚门，丝孢纲，丝孢目，丛梗孢科，一种常见的曲霉属真菌。广泛分布于粮食、植物性产品和土壤中。是一种发酵工业菌种，可用于生产淀粉酶、酸性蛋白酶、纤维素酶、果胶酶、葡萄糖氧化酶、柠檬酸、葡糖酸和没食子酸等。有的菌株还可将羟基孕甾酮转化为雄烯。

黑曲霉菌生长速度较快，在高温、高湿环境下，黑曲霉容易大量生长繁殖并产酶生热，能使水分较高的饲料发生霉变。关于黑曲霉的安全性研究较少，对其在饲料中是否有危害作用还未见公开报道。在我国《消毒技术规范》中，从 2002 年开始已将该菌作为有害菌加以控制。

瘤胃真菌释放降解纤维内部连接键的关键酶，并同时产生脂肪酶，并且是唯一能产生降解木质素（半纤维素化学键）酶的微生物，对维护瘤胃功能起着重要作用。米曲霉提取物同时改善了瘤胃真菌的形态和生理功能。试验表明，它能够使提高真菌纤维素酶的分泌量，这在纤维降解的起始阶段起着异常重要的作用，可以使更多的底物和纤维表面被二级宿主菌（细菌）接触、利用，同时纤维被细菌黏附使其在消化道中的流通速度降低，进而导致纤维的消化利用率明显提高。米曲霉提取物通过直接提供刺激生长因子从而提高真菌的活性，使植物成分释放出更多可以被细菌利用的底物来达到提高细菌数量的结果。

五、光合细菌制品

光合细菌（photosynthetic bacteria）是具有原始光能合成体系的原核生物的总称，它广泛存在于自然界的水田、湖泊、江河、海洋、活性污泥及土壤中，是一类以光作为能源、能在厌氧光照或好氧黑暗条件下利用自然界中的有机物、硫化物、氨等作为供氢体及碳源进行光合作用的微生物。

有关光合细菌的研究始于1836年，直到1931年由美国微生物学家完成了近代光合细菌的基础研究。1836年Ehrenberg最早记录了2种使沼泽、湖泊变红的光合微生物，这类细菌的生长与光的存在有关。1883年Engelmann根据“光合细菌”聚集生长的波长一致的现象，认为此类细菌能进行光合作用。1931年VanNiel提出光合作用的共同反应式，用生物化学统一性观点解释生物的光合成现象，并对光合细菌进行了科学分类及生理研究，从而奠定了现代光合细菌研究工作的基础。1960年日本学者开始光合细菌培养技术的研究，基本完成了规模培养的生产工艺，从而使广泛应用成为现实（IMHOFF J F，1998）。此后研究表明，光合细菌营养价值高、净化水质能力强，且具有增强动物抗病力的功能，为此，亚洲的一些水产养殖地区和国家，纷纷把光合细菌作为提高养殖水平的一种新的手段加以应用（STALEY J T，1989）我国20世纪80年代也开始了研究应用光合细菌，但我国针对光合细菌资源的研究较少，大部分集中在表型特征的研究上。

PSB在分类学上属细菌门，真菌纲，红螺菌目，根据《伯杰氏细菌鉴定手册》记载，光合细菌现有6个类群：着色菌科（Chromatiaceae）9个属；外硫红螺菌科（Ectothiochodospirilaceae）1个属；红色非硫细菌（*Purple nonsulfur bacteria*，PNB）6个属；绿硫细菌（*Green sulfur bacteria*）5个属；多细胞绿丝菌（*Multicellular filamentous green bacteria*）4个属；盐杆菌（*Heliobacterium*）2个属，共计27个属66个种。近年来，光合细菌的分类地位发生了较大变化，不断有新种和新属的报道。

光合细菌包括产氧光合细菌（蓝细菌）和不产氧光合细菌两大部分，在实际中应用的大部分是不产氧光合细菌。不产氧光合细菌包括紫细菌、绿细菌和日光杆菌属、红色杆菌属等。

（一）光合细菌在水产养殖中的应用

1. 改善水体 在水产养殖过程中，由于高密度养殖导致养殖水体的老化，失去自我调节能力。过剩的饵料、鱼虾排泄物以及动植物尸体等，经微生物分解，不仅消耗水中大量的O_2，同时产生很多有害物质，如氨态氮、硫化氢、亚硝酸盐等。以往改善养殖水体主要是通过更换养殖用水，但污染物的90%主要来源于池底所沉积的有机物质，更换水体往往只能在短时间内改善养殖水体，大量有机物质仍然存留池底，经过一段时间又会被分解产生有毒有害物质继续污染水体。某些微生物大量繁殖又导致了水产疾病的暴发流行，给水产养殖业带来巨大的威胁。因此，如何有效地调节养殖水质成为水产养殖业中一个关键的问题。生物处理技术是一种环保、节能的方法，其中微生物起到重要作用，尤以光合细菌备受青睐。光合细菌利用水体中有机物、硫化氢、氨等作为供氢体而进行光合作用，起到净化水质的作用。

（1）调节水体单循环 氮是水生生态系统中浮游植物的基础营养元素，其存在形式和数量决定了水体的初级生产力，与水生生物的生命循环有着密切的关系。适量的氮素有效形式维护着水体的生态平衡，但高浓度的无机氮，比如氨态氮或亚硝态氮会严重危害养殖生物，同时也是暴发病害的直接或间接因素。氨态氮不仅在高浓度时有致死作用，即使在安全浓度范围内对养殖生物的生理功能也有显著影响，如增加氧耗、阻碍氨排泄、降低ATPase活性、破坏渗透调节能力，更重要的是在氨态氮的胁迫作用下，养殖生物抗病力下降，对病原体的易感性增加，从而易发生疾病。亚硝酸盐对鱼类及其他水生生物危害也很大，不仅具有直接毒害作用，也是引起鱼、虾等疾病（如草鱼出血热病）的重要“诱发因子”。因此，控制水体中氨态氮、亚硝基氮含量一直是渔业环境科研工作者研究和探索的问题。这一问题可通过微生物的氮循环来解决。氮循环包括生物固氮、氨化、硝化和反硝化等过程，是微生物所特有的生物过程，光合细菌在其中起到重要作用。大量研究表明光合细菌能促进养殖水体氮素循环，有效降低氨态氮和亚硝态氮的水平。

（2）降解水体中的有机物　水体中有机物的增加导致水体富营养化，造成藻类和各种微生物大量滋生，使水产生物缺氧或感染发病，严重时造成大批死亡。光合细菌能吸收利用有机物，通过氧化磷酸化获取能量，有效降低化学耗氧量（COD）和生物耗氧量（BOD），增加溶氧，形成优势群落后还能抑制其他病原菌的生长，从而达到净化水质、利于鱼类健康生长的目的。邱宏端等（2002）进行的耐盐红螺菌科光合细菌应用于淡水斑点叉尾鮰；彭泽鲫的养殖试验证明，光合细菌养殖池与对照池的COD差异显著（$p<0.05$）；崔竞进等（1997）将光合细菌应用于对虾育苗中，水中COD去除率在90%以上；刘双江等利用光合细菌控制水体中亚硝酸盐，溶氧增加15%，COD降低46.1%。

磷为控制水体中各生物生长丰度的限制因子，磷量的增加是水体富营养化的重要表现，因而如何去除水体中的磷越来越受到重视。近来人们对光合细菌一些类型的生理特性和除磷作用进行了研究，其中以对活性污泥优势菌——假单胞菌属的磷代谢生理特性研究较为深入。

2. 营养功能

（1）作为饵料添加剂　光合细菌本身是活蛋白，营养丰富，其成分含量为：粗蛋白含量为65.45%、粗脂肪7.18%、可溶性糖类20.31%、粗纤维2.78%、灰分4.28%，同时富含B族维生素、生物素、活性促生长因子、辅酶Q等，易于消化，对水产动物的生长发育有促进作用。其粗蛋白质含量要远高于玉米、大豆、蚕豆、蚕蛹、豆饼、豆渣、花生饼、菜籽饼等，甚至高于国产鱼粉的粗蛋白含量，而且其他营养成分含量也较高。

在饲料中少量添加光合细菌，可以提高饲料效率、增加脂肪含量、提高鱼类繁殖率和抗病力、改善水产品色泽。日本静冈和高知的养鳗场，将光合细菌投入鳗池，使成鳗的体色变得接近于天然鳗，而且起捕率和增重效率较高。我国的水产工作者在研究光合细菌时，大多数也是将其作为饵料添加剂使用，在对虾、扇贝、鱼类养殖中起到了明显的促长和增重作用。在斑节对虾育苗中应用光合细菌可促进变态，缩短变态时间；对罗氏沼虾的养成可提高产量21.5%（李勤生，1995）。作为添加剂，在饲料中添加5%的光合细菌后进行投喂，月鳢鱼种的平均增重比对照组提高9.31%，饲料系数下降9.96%，饲养成本下降8.55（黄钧，2000）。以1%～3%的添加量投喂光合细菌给其他水产动物时，也同样能收到良好的促长和增重等效果，可使大面积家鱼养殖成鱼产量提高11.78%～20.83%，饲料系数降低10.57%～16.83%，产值提高20.83%（叶惠恩，1993）；家鱼鱼种的饲料系数可下降18.71%～23.34%（俞吉安，1991）；在养殖水体中泼洒1～2mg/L的光合细菌，可使对虾产量增加11.65%～21.35%（王育峰，1990）。此外，光合细菌还可用于培育轮虫等多种饵料生物，通过食物链关系。将光合细菌中所含的营养物质间接供给水产养殖动物，特别是作为鱼类的开口饲料资源效果更好。

（2）水产动物幼体培育　光合细菌可直接或间接用于鱼虾蟹类育苗中的初期饵料，鱼苗培育成败的关键在于充足的开口饵料。在育苗池中施放光合细菌可被浮游动物捕食，而浮游动物又作为各种鱼类的开口饵料，被鱼苗摄食，从而能大幅度提高鱼苗的成活率。王绪峨（1994）分别在对虾、扇贝育苗中，利用光合细菌和单细胞藻混合投喂，明显地提高了幼体成活率。用光合细菌和单细胞藻混合投喂扇贝亲贝，能提高亲贝的性腺指数，促进性腺发育。

光合细菌对幼体的生长、变态和提高成活率也有明显效果。比如，李光友等（1993）用光合细菌投喂虾苗，苗种存活率提高 30%，变态率提高 10%；郭庆文（1993）在大棚虾苗培育中应用光合细菌 1 个月，虾苗存活率提高 11%，体长提高 18.2%；刘中等（1995）用光合细菌投喂鲢鳙鱼苗，存活率提高 13.5%，体长提高 24%。据王育锋（1993）报道，用光合细菌培养鲢等夏花鱼种，鱼种产量提高了 90.9%。丁美丽等（1993）报道从栉孔扇贝幼体开始的 12d 补充光合细菌，幼体平均增长量为 5.91～6.6μm，对照组为 4.8μm，发育成稚贝数比对照组增加 43.2%～62.0%。庞金钊等（1994）应用光合细菌进行生产性河蟹育苗试验，变态率提高了 11.6%。

（3）*用于饲养动物性饵料* 轮虫、枝角类、丰年虫等动物性浮游动物是养殖业中常用的动物性饵料。由于光合细菌营养非常丰富且个体较小，因此，其是枝角类和轮虫等饵料生物最适宜的饵料之一。朱厉华等（1997）用光合细菌混以藻类培养轮虫，轮虫的增殖率明显高于单一的藻类、酵母培养组；小林正泰（1981）将光合细菌与酵母、小球藻三者对枝角类、轮虫的增殖效果进行比较，结果光合细菌为最好。王金秋等（1999）报道，养殖水体因投喂光合细菌，水体中的枝角类和昆虫生长繁殖速度加快，数量增加。张明等（1999）证明，用光合细菌培养的枝角类数量是酵母和小球藻培养的 2 倍；培养的蚤和轮虫的氨基酸含量明显提高。品质也更加接近天然生长的浮游动物。光合细菌混以其他培养会得到更好的效果，比如，许兵（1992）用球型红细菌的新鲜培养物，混以青岛大扁藻喂养轮虫，轮虫的增殖率明显高于单用光合细菌、扁藻和海洋酵母。

（4）*光合细菌色素* 光合细菌细胞内存在有以细胞膜内折形成的囊状载色体，其中包含细胞色素和色素。色素主要有细菌叶绿素和多种类胡萝卜素。类胡萝卜素具有广泛用途，在水产、畜牧业中除能用作水产品、畜产品增色剂外，它还可与蛋白质结合，在机体免疫和健康方面表现出明显的作用。最近研究发现，β-胡萝卜素和番茄红素是天然抗氧化性营养素。番茄红素抗氧化性是维生素 E 的 100 倍，是 β-胡萝卜素的 2 倍。俞吉安等人（2000）的试验表明，光合细菌菌体悬浊液对小鼠脑匀浆的脂质过氧化具有明显的抑制作用。这主要是因为光合细菌中一些活性成分如类胡萝卜素、泛醌类化合物（合成色素的前体）、泛酸（电子传递链重要成员）等有机化合物中均含有共轭双键等特殊结构，对氧自由基具有淬灭和稳定作用。光合细菌抗氧化活性不仅是菌体内的抗氧化活性剂（如类胡萝卜素等），对脂质过氧化有直接抑制作用，而且具有促进抗氧化酶活性的功能。两者协同作用下，增强其抗氧化活性。

3. 防治疾病 养殖水体中存在着各种微生物，有些为有益微生物，有些为有害病原微生物，还有一些处于中间状态的条件性致病微生物。在水质正常情况下，病原微生物并不引起动物发病，病原微生物只有达到一定浓度才能危害养殖对象。当水体中有机物大量累积，水体环境恶化，病原微生物将以这些有机物作为营养源大量繁殖，当病原微生物浓度超过一定浓度时，即可危及养殖对象。在养殖生产中，控制病原微生物的浓度，是养殖成败的关键。长期以来，人们采用抗生素、消毒剂等化学药物来控制病害，但由于施用的频率和数量过多，使病原微生物产生了抗药性，水产动物也出现了药物残留的问题，危害人类的健康。光合细菌利用水中有机物为营养素与病原微生物争夺营养源，同时自身的繁殖在水中形成优势菌群又占据了病原微生物生存空间，通过微生物的颉颃作用，控制微生物的繁殖，使其达不到发病的浓度，从而达到防治病害的目的。另外，有的光合细菌菌体自身是一种免疫促进因子，可提高水产动物的免疫机能，增强抗病能力，其原因可能与光合细菌菌体成分有关。光合细菌菌体营养丰富，蛋白质含量高达60%以上，且富含生物素维生素 B_{12} 和辅酶 Q_{10} 等，光合细菌中生物素和维生素 B_{12} 的含量比酵母等单细胞蛋白高出约百倍，辅酶 Q_{10} 等的含量比一般饲料高得多。近年国外报道发现辅酶 Q_{10} 具有多种生理功能，包括可明显提高动物的免疫能力。

光合细菌在苗种培育过程中对疾病的防治作用，除了能有效地改善育苗池的微生态环境，净化水质，使致病菌不具有生长条件，还竞争性地抑制其他致病菌的生长和释放活性物质。在其他管理条件相同的情况下，中国对虾育苗中添加光合细菌，单位水体出苗量可提高5.1%，蚤状幼体可提高存活率20%，糠虾幼体可提高存活率22%；在斑节对虾、日本对虾育苗中添加光合细菌 5×10^{6} 个/L，可提高存活率76.40%；脊尾白虾育苗中每天添加光合细菌，存活率可提高19.3%～19.5%；罗氏沼虾育苗中添加光合细菌（1～1.5）$\times10^{6}$ 个/L，可提高存活率24%～26.8%（倪纯志，1997）。对鱼虾无害的光合细菌投入养殖池后，占优势的光合细菌竞争性抑制并代替了病原菌，从而减少或阻止了病原体的感染（王梦亮，2001）研究结果表明，作为微生态制剂，光合细菌除了能改善养殖生态环境外，对弧菌有一定的抑制作用，通过抑制和降低虾池中弧菌的数量，起到预防细菌性疾病发生的作用。光合细菌中的球形红假单胞菌用于对虾养殖试验，与对照组相比可使水体和底泥中的弧菌分别降低3个数量级和2个数量级（战培龙，1997）。张道南等也在实验室内采用了5株光合细菌对3株对虾的致病弧菌进行抑制作用的研究结果，也证实了部分光合细菌菌株对致病弧菌确有明显的抑制作用；另据崔竞进等报道，投喂光合细菌的中国对虾幼体肠道内致病菌少；“以菌治菌”，还可以避免抗生素对养殖生态环境造成的一系列负面影响，光合细菌在水中繁殖时可释放具有抗病能力的酶，对水中可引起细菌性疾病的病原体如嗜水气单胞菌、爱德华氏菌、霉菌等均具有一定抑制作用（王绪峨，1994）；光合细菌菌体中的色素有抑制生物体 Fe^{2+} 诱导的活性氧产生人工膜脂质过氧化反应，因而降低死亡率。

在日本、东南亚和我国的大部分地区养鱼、虾的池塘中普遍投放光合细菌作为水体净化剂和动物防病剂。日本小林正泰鲤烂鳃病的防治实验显示：未投入光合细菌的20尾病鲤经3d试验全部死亡，而投入光合细菌的20尾病鲤经3d均无死亡。有数据显示光合细菌在防治鱼的打印病、水霉病、擦伤病等也均有良好的效果。按5mL/kg混合饲料使用光合细菌就能抑制病原菌，预防鱼、虾疾病发生，如抑制鱼、虾类霉菌，预防烂鳃病、烂口病等。日本学者小林正泰将患有烂鳃病、穿孔病、鲤水霉病、赤鳍病的病鲤首先在10倍的光合细菌液中浸浴10～15min，再投放于施放适量光合细菌的池中饲养，15d后，病鱼便能恢复健康，可见光合细菌对防治鱼病具有良好的效果，但光合细菌在治病方面的作用机理还并不清楚。

4. 光合细菌制剂的应用 光合细菌为活菌制剂，使用时水温宜在20℃以上，低温及阴雨天气不宜使用。药物对光合细菌有杀灭作用，不可以与消毒剂同时使用，水体消毒经1周后方可使用。使用光合细菌可促进有机污染物转化，避免有害物质积累。水瘦时应先施肥再使用光合细菌，这样有利于保持光合细菌的活力和种群优势。酸性水体不利于光合细菌生长，此时，应先施用适量的生石灰，当水体的 pH 达标后方可使用。光合细菌应室温见光保存，每天最好光照 2h 以上，以保持光合细菌的活力。保存不使用金属器皿，菌液分层或少量沉淀属正常，使用前摇匀即可，不影响使用效果。

光合细菌在水中的固定和增殖一直是令研究者头痛的问题，目前有人采用固定化微生物技术进行固定，有较好效果，因此成为研究的热点（Hisashi N，1999）。但是固定化微生物技术在养殖水体中的应用主要还处在室内模拟阶段，把固定化微生物技术应用于生产中还有待时日，而且被固定的微生物是否能增殖、是否具有持久活力等，都有待进一步研究。因此发展固定化微生物技术的一个重要内容是研究固定条件，不仅使微生物固定，而且微生物能正常增殖，保持活力。

使用单一光合细菌制剂效果往往不够理想，复合菌剂的使用是提高处理效果的有效手段（王武，1999）或是生物处理结合其他技术。周太嫣等（1998）用臭氧配合复合光合细菌处理育苗池水质，结果表明臭氧明显提高了光合细菌的处理效果。因此，采用复合菌株或是生物处理和其他处理方式相结合是光合细菌推广应用的一个发展方向。但复合菌剂并不是几个菌株的简单混合，应考虑各菌的代谢特征，尽可能应用天然的菌群组成。

光合细菌在水产养殖方面的应用中还有一些不足之处，需进一步深入研究。如光合细菌使用的剂量、浓度、周期等还没有明确，过度使用是否会有一定负面影响；针对不同的养殖生物品种、不同的生长时期，光合细菌的使用方法应有所不同，以使光合细菌的作用得到充分发挥；目前光合细菌制剂多为菌体和培养基的混合液，不利于运输和保存。目前光合细菌还不能完全替代化学药物，利用光合细菌改良水质作为水产养殖中的一项新兴技术，还有许多路要走，需要在实践中不断完善，但绿色生态养殖是养殖业健康发展的必然趋势。随着研究的深入，我们有充足的理由相信，光合细菌在我国水产养殖中的应用前景必然是十分广阔的。

（二）光合细菌在畜禽中的应用

对于光合细菌在畜禽中应用的报道不像在水产养殖中的应用那样多，所见报道主要是利用光合细菌的以下几种机制：

1. 增加营养物质 光合细菌制剂可产生蛋白酶、淀粉酶、脂肪酶、纤维素分解酶、果胶酶、植酸酶等，和胃肠道固有的酶一起共同促进饲料的消化吸收，提高其利用率；合成 B 族维生素、维生素 K、类胡萝卜素、氨基酸、生物活性物质辅酶 Q 及某些未知促生长因子而参与物质代谢，促进饲养动物生长。这不仅能起到很好的营养作用，而且可预防矿物质、维生素、蛋白质代谢障碍等营养代谢病的发生，提高畜产品的产量和品质。高登文等（1996）通过蛋鸡饮用光合细菌观察对蛋的影响，经测定，其中蛋形指数、蛋黄颜色等级、蛋壳厚度基本一致，在蛋白度、哈氏单位、蛋壳强度方向，试验组分别为 5.98、74.27 和 2.98，对照组分别为 5.73、72.17 和 3.13，其中前两项试验组较优，而蛋壳强度略低，可能由产蛋率提高，蛋重增加所致，因而认为，喂给光合细菌的试验组鸡蛋损率为 0.7%，而对照组为 1.7%，破损率降低 59%，蛋壳、蛋黄色泽明显改善。

2. 调节微生态环境，去除圈舍臭味 正常情况下，动物胃肠道大量有益菌群作为一个整体存在，既起着消化营养的生理作用，又能抑制病原菌的侵入和繁殖。在动物应激状态下，正常菌群被破坏，有报道称随饲料进入消化道的光合细菌能在体内定居繁殖，帮助有益菌群建立优势，有效抑制了有害微生物的侵入和繁殖。但是有关光合细菌在畜禽体内定植的数据非常有限，光合细菌自身对于畜禽来说并非原籍正常菌群，因此，这方面的作用还有待进一步研究。

圈舍里的臭味主要是由大肠杆菌等引起蛋白质腐败分解所产生的氨、硫化氢、吲哚、尸胺、腐胺、组胺和酚等有害物质引起，光合细菌抑制大肠杆菌等有害微生物，并将肠道中的非蛋白氮合成氨基酸和菌体蛋白，同时还可产生分解硫化氢的酶类，降低粪便中的氨和硫化氢等有害气体浓度，起到保护养殖环境、减少动物呼吸道疾病和眼病发生的作用。

第二节　饲用微生物制品的生产

一、种子培养

（一）生产菌种

在生产和选用饲用微生物制剂时，要注意不能引入有毒、有害菌株，产品必须安全、稳定，含有一定量的活菌，且对胃酸和胆汁等抑制因素的存在有较强的抵抗力，能对宿主产生有益效果。通常认为饲用微生物制剂菌种的选择应具备以下几个基本条件。

1. 安全性好　在自然界，人和动物体内存在有大量微生物，这些微生物与不同宿主的关系并不一致。有些只能使动物致病，有些只能使人致病。有些只能进入体内后才致病，有些在体表即可致病。即便是同种细菌，不同菌株的安全性也不同。比如蜡样芽孢杆菌，有的菌株能引起人类食物中毒，有的引起动物红细胞溶解，有的对人和动物无任何不良反应。由此，对选用的菌株，尤其是新分离得到的，必须进行严格的安全性评价。在此基础上还应开展靶动物的安全性评价。

2. 存活能力强　饲料加工过程中不利于微生物生长的因素较多，比如干燥、高温、高压、金属元素等。原则上讲，用于微生物制剂的活菌应能耐受这些不利因素。另外，益生菌的主要作用位置在消化道的后段，需要微生物能够活着到达这些位置，因此，微生物还要有能力克服动物消化道前段中的酸、碱、盐和消化酶的不利因素。从理论上讲，人为可以辅助微生物克服上述不利因素。然而，在实际生产中，从实用出发，受成本和性价比的制约，最有效的途径还是筛选既有益又自身具有抵抗上述不利因素能力的菌株。

3. 能产生多种有益活性物质　微生物的益生作用与其分泌有益活性物质紧密相关。迄今为止，许多有益动物生长和健康的物质已经明确，比如维生素、消化酶、免疫因子等。而且，这些物质中绝大部分是微生物合成分泌的，因此，在筛选微生物时最好先明确有益物质的目标，这样可避免盲目筛选的过程。当然，有些微生物是偶然发现的，起初我们并不知道这些微生物能够分泌什么有益物质，只观察到了有益作用。对于这些微生物应针对其有益作用效果，通过动物生理、生化和营养代谢等多种生物学途径研究揭示其作用机制，这样将有利于该菌的科学应用。

4. 不携带耐药性基因　长期使用抗生素的危害之一是细菌产生耐药性，从而导致抗生素失效。20 世纪 60 年代，人们就研究发现，细菌的耐药性可以通过质粒从甲株菌传递到乙株菌中，并通过遗传方式在乙株菌中表达，从而加速细菌耐药性的发生。因此，在筛选微生物菌种时，要求目标菌不应携带耐药基因质粒。证明菌体内绝对无耐药性质粒是一件不可能的事，实际操作中，一般通过对常用抗生素的敏感性检测证明菌体内是否存在耐药性质粒，如果某株菌对常用的抗生素都敏感，则说明该菌在耐药性方面是安全的。

5. 能在肠道内定植 微生物的功能是否表达与其在肠道中能否定植紧密相关，一般认为，能在肠道上皮黏附的细菌一定能在肠道中定植。因此，在研究筛选微生物菌种时，其在上皮细胞的黏附能力是筛选菌种的重要指标之一。从这点考虑，有人认为用作微生态制剂的菌种最好来自同类动物体内所分离的菌种，因为这样获得的菌株对其宿主肠道有较强的适应性，也有较强的存活力，更有较高的安全系数。另外，还有研究表明，微生物的益生作用与其分泌物功能和颉颃其他菌的能力有关，至于是否定植可以通过饲喂技术解决。比如通过多次添加或连续饲喂就可以有效解决非定植菌在肠道中稳定存活的问题。

（二）种子培养基

培养基是按照微生物生长发育的需要，由不同营养物质按合理比例配制而成的营养基质。不同的微生物对营养的要求不同，因而培养基的组成也因菌种不同而有差异。除了考虑对碳源、氮源、无机盐和微量元素等的要求外，还要考虑培养基酸碱度（pH）、缓冲性、氧化还原电位以及渗透压等。培养基的组成和配比是否恰当直接影响微生物的生长繁殖、生产工艺、产品的产量和质量。

益生菌生产菌株绝大部分是异养型微生物，它们需要糖类、蛋白质或其水解产物、矿物元素、生长素及微量元素等。此外，像双歧杆菌，还需要一定的促生长因子，即通常所说的双歧因子（bifidus factors）。

益生菌种子培养基分为天然培养基、半合成培养基和人工合成培养基。现阶段饲用微生物的主要菌种是乳酸菌，包括乳杆菌（*Lactobacillus*）、乳球菌（*Lactococcus*）、双歧杆菌（*Bifidobacterium*）和肠球菌（*Enterococcus*）等，以及一些芽孢杆菌（*Bacillus*）的菌株。

1. 常用的合成培养基 乳酸细菌种子培养基常用的合成培养基有：MRS 培养基、TPY 培养基、TPYG 培养基、M 17 培养基和普通营养培养基等。

①MRS 培养基 MRS 培养基是用得最广的乳酸菌培养基，它不仅适于乳杆菌生长，而且乳球菌、双歧杆菌、明串珠菌等也都可以生长，常用于制作乳酸菌斜面或液体种子。其配方如下：蛋白胨 10g，乙酸钠 5g，牛肉浸膏 10g，K_2HPO_4 2g，酵母粉 5g，$MgSO_4 \cdot 7H_2O$ 0.58g，柠檬酸二铵 2g，$MnSO_4 \cdot 4H_2O$ 0.25g，葡萄糖，20g，吐温-80 1mL，调 pH 至 6.2～6.4，121℃灭菌 15min。如做固体斜面，加琼脂 15～18g。

②TPY 培养基和 TPYG 培养基 这两种培养基均广泛用于双歧杆菌的培养。后者也用于乳杆菌、乳球菌、肠球菌等乳酸菌的分离培养。

TPY 培养基组分如下：胰酶水解酪素 10g，K_2HPO_4 2g，蛋白胨 5g，酵母提取物 2.5g，葡萄糖 15g，L-半胱氨酸盐酸盐 0.5g，K_2HPO_4 2.0g，$MgCl_2 \cdot 6H_2O$ 0.5g，$ZnSO_4 \cdot 7H_2O$ 0.25g，$CaCl_2$ 0.15g，$FeCl_3$微量，吐温-80 1mL，蒸馏水 1 000mL，调 pH 至 6.5 左右，121℃灭菌 15min。

TPYG 培养基组分如下：胰蛋白胨 0.5g，大豆蛋白胨 0.5g，酵母提取物 10g，葡萄糖 10g，L-半胱氨酸盐酸盐 0.5g，盐溶液 40mL，吐温-80 1mL，0.1%刃天青 1mL，蒸馏水 1 000mL，调 pH 至 6.5～6.8，115℃灭菌 30min。

盐溶液的配制方法：先将无水 $CaCl_2$ 0.2g 和 $MgSO_4 \cdot 7H_2O$ 0.48g 溶解在 300mL 蒸馏水中，混匀。再加入 500mL 蒸馏水，边搅拌边缓缓加入 K_2HPO_4 1.0g，KH_2PO_4 1.0g，$NaHCO_3$ 10g，NaCl 2.0g，直到完全溶解后，再加入 200mL 蒸馏水，混匀，4℃保存。

③M17 培养基　M 17 培养基常用于乳球菌的分离培养。其组分如下：植质蛋白胨 5.0g，牛肉浸膏 2.5g，酵母提取物 5.0g，维生素 C 0.5g，β-甘油磷酸二钠 19g，$MgSO_4 \cdot 7H_2O$（1mol/L）1mL，蒸馏水 1 000mL，调 pH 至 7.1，121℃灭菌 15min。固体培养基含琼脂 15g/L。

④卡那霉素七叶灵培养基　肠球菌的培养可用卡那霉素七叶灵培养基和普通营养培养基。卡那霉素七叶灵培养基具有选择性，故也可用于肠球菌的分离。其组分如下：胰蛋白胨 20g，柠檬酸钠 1g，酵母提取物 5g，柠檬酸铁铵 0.5g，NaCl 5g，七叶灵 1g，卡那霉素硫酸盐 0.02g，叠氮化钠 0.15g，蒸馏水 1 000mL。

2. 半合成培养基　多数培养基配制是采用一部分天然有机物作碳源、氮源和生长因子的来源，再适当加入一些化学药品以补充无机盐成分，使其更能充分满足微生物对营养的需要，这样的培养基成为半合成培养基，大多数微生物都能在半合成培养基上生长。

半合成培养基也可用于双歧杆菌和其他乳酸菌的培养，其组分如下：番茄汁 200mL，蛋白胨 15g，酵母浸膏 6g，葡萄糖 20g，可溶性淀粉 0.5g，吐温-80 1mL，NaCl 5g，蒸馏水 800mL。调至 pH 至 6.8，115℃灭菌 20min。

3. 天然培养基　天然培养基是一种完全以动植物为原料制作的培养基，其营养完全能满足菌体生长繁殖的需要。其特点是来源广、价廉、配制方便，但成分不完全清楚。

（三）种子培育工艺

用于饲用微生物制品的微生物有好气菌、兼性厌氧菌和厌氧菌。因此，相应的培养方式基本上分为好气性培养和厌氧培养两种类型。

1. 好气性培养　好气性培养主要用于芽孢杆菌，如枯草芽孢杆菌（*Bacillus subtilis*）等。它们在生长过程中需要有足够的氧，一般采用摇瓶振荡培养和种子罐搅拌通气培养，其工艺流程为：保藏菌种→斜面菌种→摇瓶培养→种子罐培养→种子。

将保藏菌种接种至琼脂斜面上，在适宜温度下培养 24h 左右，再转接 1～2 次，以充分活化菌种。当生长至对数期时，加入适量无菌水或生理盐水洗下菌苔，制成菌悬液，接入摇瓶。接种量一般控制在 10^5～10^6 cfu/mL。摇瓶培养基装量、摇床转速是根据生产菌株需氧量而定，通常经过预试而获得优化参数。摇瓶培养达到对数期时，接种至种子罐。如生产规模不大，摇瓶种子也可不通过种子罐培养而直接使用。

2. 厌氧培养　兼性厌氧菌和厌氧菌需在无氧条件下培养，其工艺流程为：保藏菌种→厌氧试管（固体或液体）菌种→厌氧管→厌氧瓶→厌氧种子罐→种子。

厌氧试管可采用特制的螺口试管，管口用硅橡胶塞塞住，再用具孔胶木螺帽固定。这种试管封口严密，既可用于固体滚管培养，又可用于液体菌种培养。用厌氧试管制作培养基时，需边充惰性气体（氮气或氮、二氧化碳和氢的混合气体）边加培养基，以造成管内厌氧状态（可通过培养基中所含的刃天青等指示剂观察厌氧状况）。加完培养基后，立即塞上胶塞，拧紧螺帽。接种时采用灭菌注射器，操作十分方便。在用菌落或固体菌粉接种时，可将两个试管打开，插入长封头，在通入氮或混合气体条件下进行操作。如在厌氧手套箱内操作，则无须通入惰性气体。厌氧管菌种培养至对数期即可接种至厌氧瓶，操作同前。厌氧瓶可以用具螺口、硅橡胶塞和胶木帽的专用瓶，也可以用500mL或1 000mL容积的注射用生理盐水瓶或葡萄糖瓶。其操作同厌氧管和厌氧瓶，但由于无胶帽固定胶塞，故需在培养基尚未冷却时即进行灭菌，并采取措施固定胶塞，以免灭菌时由于压力差而造成胶塞绷掉和培养基外喷。厌氧瓶一般是静置培养，也可在培养过程中适当摇动，以保持培养物的均匀度。如生产量大，需要种子罐培养时可用厌氧种子罐扩大培养。

兼性厌氧菌的培养较为简单，类似厌氧菌操作，只是在培养基制作及培养过程中，无需通入惰性气体。

（四）种子质量指标及其控制

种子质量指标最终是通过种子在发酵罐中表现出来的生产能力进行考察的。故首先必须

保证所用菌种性能的稳定；提供种子培养的适宜环境，无杂菌污染，菌种生长健壮，达到较高的菌数，处于对数生长期。因此，对种子应进行菌种的稳定性和无杂菌污染的检查。

1. 菌种的稳定性检查 菌种在保藏过程中，虽然处于休眠状态，但并不能完全避免出现变异和退化，因此，需对生产菌种做定期检查。一般是将保藏菌种做稀释培养，挑选形态典型的菌落进行培养试验，对其生长速度、生长周期、菌体量、代谢产物、冷冻干燥的成活率等进行观察，以不低于原有的生产活力为准。

2. 无杂菌检查 种子的纯度是保证生产顺利进行和最终产品质量的重要环节。在种子制备过程中，每移接一步都要进行无杂菌检查，证明无污染时，才能接种至下一级培养基。这种检查除在每级培养结束时进行外，尚需在培养过程中定期取样检查。其方法，一是镜检，二是培养观察菌落形态，三是生化分析。镜检是快速和直接的检查方法，但在杂菌较少或杂菌细胞形态与生产菌株毫无明显区别时，则难以判断，这就要通过培养和生化分析做进一步的检查。生化检查内容有营养消耗速度、pH变化、色泽、气味等，如是好气菌还可通过溶氧利用情况进行判断。

在微生物制品的生产中，菌种是生产的关键，必须有专人负责和建立一套严密的操作程序及标准检验方法，并要有翔实的记录。

（五）生产菌种的保藏

菌种质量关系到产品的产量和质量，而菌种质量除了和制备工艺有关外，还与保藏有密切的关系。只有良好的菌种保藏条件才能保持菌种生产性能的稳定与活力。而且具有优良性能的菌种也是一种极为宝贵的资源，如果这些菌株保藏不当，就可能丧失了原有的活性，会产生不良后果和造成巨大损失。

影响菌种保藏的因素有内部因素和外部因素。内部因素是指菌种原有的遗传特性。一般情况下，天然野生菌种的遗传特性相对稳定，而采用物理化学手段诱变而获得的菌株容易变异。外部因素是指菌种的保藏制备技术和制备后的存放条件，包括培养基、pH、菌龄和存放条件等。

菌种保藏方法（表5-1）有：低温定期移植保藏法、液体石蜡保藏法、冷冻干燥粉保藏法、液氮超低温保藏法、载体保藏法、悬液保藏法、常压干燥保藏法、明胶片干燥保藏法等。

表 5-1　常见菌种保藏法

保藏方法	保藏条件	保藏时间
低温定期移植保藏法	4℃ −20℃ −80～−50℃	1～3 个月 3～9 个月 1 年以上
液体石蜡保藏法	<0℃ 4℃ 室温	数月～数年
冷冻干燥粉保藏法	常温、4℃	10～20 年
液氮超低温保藏法	−196～−150℃	>10 年

1. 定期移植保藏法　定期移植保藏法是一种经典的简易保藏法，也称为传代保藏法。采用该方法保藏微生物时，应注意针对不同的菌种而选择适宜的培养基，并在规定的时间内进行移种，以免由于菌株接种后不生长或保存时间过长而失去活力，从而丢失宝贵的微生物菌种。在琼脂斜面上保藏微生物的时间因菌种不同而有较大差异，有些可以保藏数年，而有的仅能保藏数周。一般来说，通过降低菌种的代谢活动或防止培养基干燥，可延长传代保藏的保存时间。

由于菌种进行长期传代十分繁琐，容易污染，特别是会由于菌株的自发突变而导致菌种衰退，使菌株形态、生理特性、代谢物的产量等发生变化，因此，该方法常用于种菌的临时保存。在实验室里除了采用传代法对常用的菌种进行保藏外，还必须根据条件采用其他方法，特别是对那些需要长期保存的菌种更是如此。

2. 液体石蜡保藏法　本方法基本与上述传代保藏法相同，为了防止培养基的水分蒸发和限制氧的供应，在琼脂斜面和穿刺培养物上覆盖液体石蜡。优质纯净的液体石蜡经 121℃ 高压灭菌 2h，然后 170℃ 干热处理 1～2h，以除水分。待冷却后，倒在斜面上，覆盖以超过斜面为宜。菌种用的试管塞以橡皮塞为好，并用蜡封口。在温室下保存。

3. 冷冻干燥粉保藏法　冷冻干燥粉保藏法（图 5-1）是将拟保藏的菌种先制成悬浮液，然后，在低温冻结状态下，在真空条件下使其干燥。低温、隔绝空气和干燥是保藏菌种的3 个重要因素，在该状态下，微生物处于休眠状态，代谢活动基本终止，故保藏时间较长。

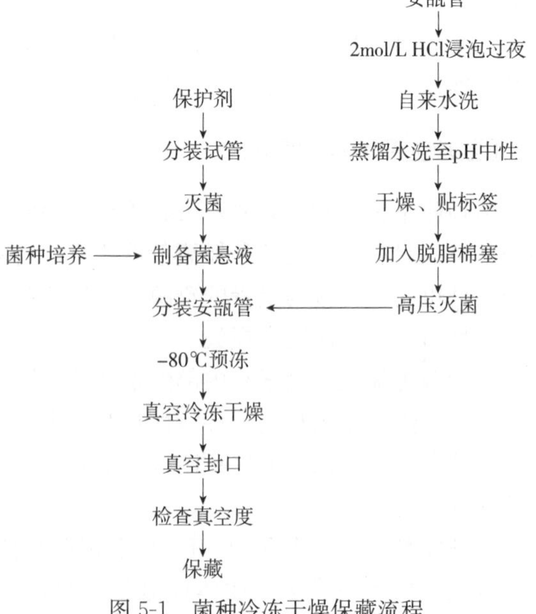

图 5-1　菌种冷冻干燥保藏流程

操作方法：

（1）安瓿管准备　安瓿管材料以中性玻璃为宜。用 2mol/L HCl 浸泡过夜（一般浸泡8～10h），先用自来水冲洗干净，再用蒸馏水浸泡，并反复冲洗 2～3 次，直至 pH 中性。安瓿管洗净后干燥，贴标签，标明菌号及时间，加入脱脂棉塞，121℃下高压灭菌15～20min，备用。

(2) 保护剂的选择和准备　根据微生物类别选择保护剂的种类。准备保护剂时，应注意其浓度和pH，以及灭菌方法。比如，血清应采用过滤灭菌；脱脂牛奶（用离心方法脱脂），一般用100℃间歇煮沸2～3次，每次10～30min，备用。厌氧菌保护剂在使用前应除掉保护剂中的溶解氧，一般采用在100℃的沸水中煮沸15min左右，脱气后立即放入冷水中急冷，封存备用。

(3) 菌种悬液制备及分装　在最适宜的培养条件下将细菌培养至静止期或成熟期，进行纯度检查后，与保护剂混合均匀制成悬液。如果是斜面培养，在每支斜面中加入2～3mL保护剂，用接种环轻轻将菌苔刮起，不能碰到培养基，混匀制成菌悬液；如果用液体培养的菌种，首先应离心收集细菌，再用灭菌生理盐水洗涤细菌，把收集的细菌与保护剂混合制成菌悬液。细菌悬液的浓度以细胞或孢子不少于10^8～10^{10}个/mL为宜。制好细菌悬液后，在无菌条件下进行悬液分装，每管分装量为0.1～0.2mL。操作时应特别注意不能将悬液溅污到安瓿管的上部管壁上，因此，一般采用较长的毛细滴管进行分装操作，以便直接将悬液滴入安瓿管的底部。另外，分装安瓿管的操作时间应尽量短，最好在1～2h内分装完毕并预冻。

(4) 预冻　−80℃冰箱中预冻1～2h。

(5) 真空冷冻干燥　采用真空冷冻干燥机进行冷冻干燥。真空冷冻干燥，时间一般为8～20h。终止干燥时间应根据下列情况判断：①安瓿管内冻干物呈酥块状或松散片状；②真空度接近空载时的最高值；③选用一支安瓿管，装1%～2%的氯化钴，如变深蓝色，可视为干燥完结。另外，也可尝试其他判断方法，比如，若在30min内抽气达到93.3Pa (0.7mmHg)真空度时，则干燥物不致熔化，以后再继续抽气，几小时内，肉眼可观察到被干燥物已趋干燥，一般抽到真空度26.7Pa (0.2mmHg)，保持压力6～8h即可。

(6) 真空封口　在真空条件下将安瓿管颈部的棉塞以下部位用强火焰拉细熔封。熔封后的干燥管可采用高频电火花真空测定仪测定真空度。

(7) 保藏　安瓿管应在低温避光条件下保藏。操作流程见图5-1。

4. 液氮超低温保藏法　Meryman (1956)提出，微生物在长期保藏过程中可能会变异，而在−130℃以下，微生物代谢是停止的。经超低温冻结的生物可在液氮温度无限期地保持其原有的性状而活下来。本保藏法需要一定的设备和器具，如液氮贮存罐、液氮发生器、贮存式液氮生容器、控制冷却速度装置、安瓿和铝夹等。

采用液氮保藏菌种，需要用低温保护剂制成菌悬液，常用的保护剂有10%甘油、5%甲醇、5%或10%二甲基亚砜（DMSO）、5%葡聚糖等，使用前应高压灭菌或过滤除菌。

经液氮保藏的菌种需使用时，应从液氮中取出，进行解冻和复苏培养。解冻时采取快速加温的方法，取出后立即放置38℃水浴中温浴，摇动3～5min即可溶化。

二、发酵生产

微生物工业中，发酵这一术语指的是任何大规模发酵过程，已成为习惯用语，不管微生物代谢发生的氧化作用是否有最终的外源电子受体。进行工业发酵的容器称为发酵罐 (fermenter)，也可叫做生物反应器（bioreactor)。工业发酵的方式有很多，但发酵过程是类似的，其基本步骤如图5-2。

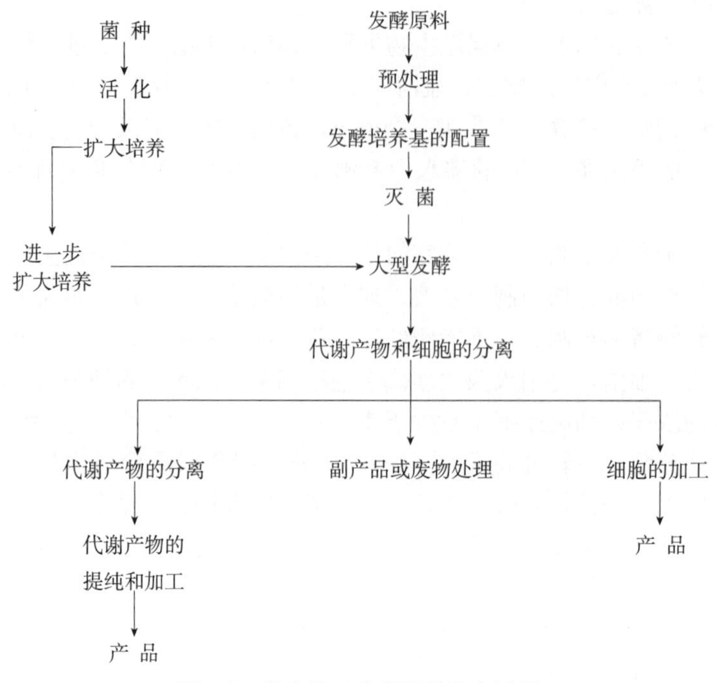

图 5-2　微生物工业发酵的基本过程

（一）生产菌种的要求

并非所有的微生物都可作为工业化生产的菌种，即使是属于同一个种（species）的不同株的微生物，也不是所有株都能用来进行发酵生产。例如，发酵生产碱性蛋白酶的生产菌种地衣芽孢杆菌（*Bacillus licheniformis*），不是该种菌中所有菌株都能用作菌种，而是经过精心选育，达到生产菌种要求的菌株才可作为菌种。对菌种一般有以下要求：

（1）菌株能在较短的发酵过程中高产有价值的发酵产品。通常以商业价值或是社会效益来衡量。

（2）菌种发酵的培养基应当价格低廉、来源充足，被转化为产品的效率高。如许多发酵工业都是用农副产品配制发酵培养基，不仅能满足菌种发酵所要求的营养成分，转化率高，而且发酵原料易获得，价格低廉。

（3）菌种发酵后，目标产物多，非目标产物少，而且目标产物与非目标产物容易彼此分离。

（4）菌种遗传特性稳定。

（二）生产工艺

目前广泛应用的生产饲用微生物制品的工业有液体发酵和固态发酵两种，液体发酵更为普遍。

1. 液体发酵　高活性的饲用微生物制剂通常是采用液态发酵法生产的。液体发酵根据菌种的生理特性和对氧的需求可分为厌氧发酵和耗氧发酵。液体培养饲用微生物的工艺流程如下。

斜面菌种 → 三角瓶扩大培养 → 一级种子 → 二级种子

↓

培养基配制 → 培养基灭菌 → 冷却 → 接种 → 培养 → 培养液后处理

(1) 发酵罐 发酵罐的容积差异很大，小至1～10L（图5-3），大至几十万立方米（图5-4）。发酵罐的灭菌和培养温度的控制是通过罐体夹层和罐内的盘旋管，用蒸汽或冷却水的流通来达到；罐内通常安装有搅拌器和挡板，有利于微生物均匀的获得氧和营养；为了保证发酵不被污染，需要安装无菌轴封（图5-5）。

图5-3 小型自动发酵罐

图5-4 大型露天发酵罐

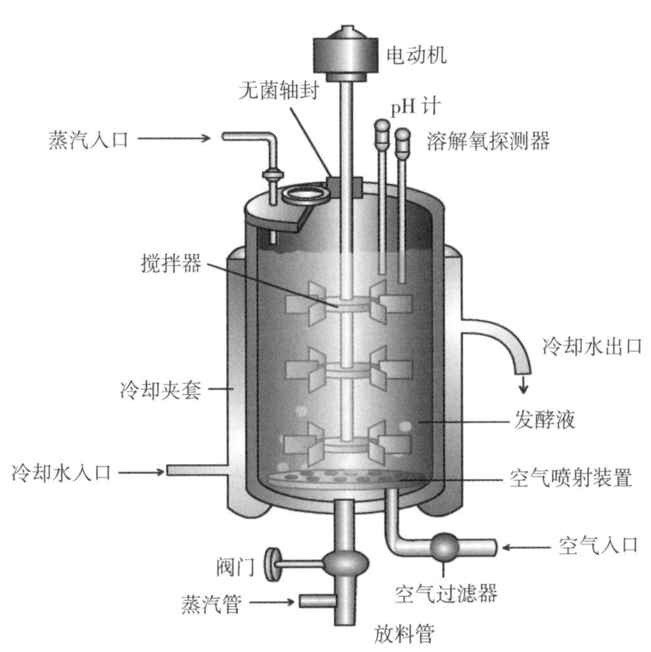

图5-5 大型发酵罐示意

工业发酵罐发酵过程中必须精心监视而加控制，因而发酵罐有观察孔、溶解氧监测器、温度监测仪、搅拌速度控制器、pH检测和控制器、酸碱添加泵、泡沫破碎叶片、营养物的

添加管道等设备和仪器，监测发酵时氧浓度、温度、搅拌速度、pH、泡沫状态、营养物的消耗情况、菌生长状况和产品形成等，并及时控制，以期达到最佳发酵条件，获得优质、高产、低成本的产品。计算机用于发酵罐生产的监视和控制起着重要的作用。根据生产过程中获得的各种资料的数据制作成的计算机软件，能够被用于生产的在线范围内，准确、及时地监测和控制整个发酵过程，使发酵生产顺利而正确地进行。大型好氧发酵罐还需要配备各种配套设备或系统，如菌种扩大培养系统、无菌空气供应系统、动力系统、培养基配制罐、储液罐、后处理设备等。

厌氧菌发酵罐与好氧菌发酵罐相比则较为简单，因为省去了无菌空气供应的装置和系统。除了上述搅拌式发酵罐之外，还有借助气体上升力搅拌的气升式发酵罐、氧利用率高的卧式发酵罐等各种各样的发酵罐。每一种类型的发酵罐都是根据发酵的特点、生产的需要和操作方式及所具备的条件所设计的。

（2）培养基　培养基是微生物赖以生存和繁殖的基础，它提供给微生物生长繁殖所需的营养物质。微生物的液体培养基必须具备如下要素：营养物质；灭菌；pH、温度等参数。

①营养物质　作为微生物的营养物质，从生理学的角度至少应满足下列两个条件：能通过细胞膜进入细胞；在细胞内酶体系的作用下，经化学变化后构成细胞的结构物质和提供细胞生命活动所需要的能量。微生物生长时需要大量的水分，足够量的碳、氮，适量的磷，含硫、镁、钙、钾和钠的盐类，以及微量的铁、铜、锌、镁和钼等元素。

A. 水分　水是微生物细胞的重要组成部分，也是微生物进行代谢活动的介质，同时水还参与一部分生物化学反应。营养物质的吸收、代谢产物的排出均是以水为媒介的。液态培养微生物时培养基中的水分均在90%以上。

B. 碳源　在细菌、酵母和霉菌的干物质中碳占了50%左右。另外，微生物在合成代谢过程中需要的大量ATP绝大多数也是由氧化碳源产生的，在微生物的各种营养需求中对碳的需要量是最大的。微生物最易利用的碳源通常是单糖，如葡萄糖、果糖等。目前发酵工业生产中应用的碳源主要是淀粉质粮食和糖蜜，它们经加水调浆、蒸煮和酶解以后生成单糖。双糖和少量寡糖为微生物生长代谢提供碳架和能量来源。

C. 氮源　微生物细胞的干物质中氮的含量仅次于碳和氧（在菌体细胞的干物质中占12%～15%），它是构成微生物细胞中核酸和蛋白质的重要元素。氮源可以是含氮的无机盐（俗称无机氮，如氨水、硫酸铵和尿素）或含氮的有机物（俗称有机氮，如蛋白胨和牛肉膏）。有机氮源往往比较贵，工业生产中通常用氨水、尿素和铵盐作为氮源。

D. 无机盐　微生物除了对碳、氮有需求外，还需要磷、硫、钾、钠、钙、镁等元素，它们不仅参与细胞结构物质的组成，而且还有调节细胞膜通透性的功能。

②培养基灭菌　目前工业生产中主要采用高温蒸汽灭菌，这种方法不仅简便有效，而且经济。在灭菌过程中随着杂菌的杀灭，培养基中的营养物质也不同程度受到破坏，为了既能达到所需的无菌效果又能保证培养基中有效成分的破坏在允许的范围之内，有必要根据所用的发酵系统，对培养基的灭菌操作进行合理的设计。许多生产实践证明，高温短时灭菌既能快速地灭菌，又能有效地保存培养基中的有效成分。大罐液态发酵培养基通常采用120℃保持30min高温蒸汽灭菌。

③pH、温度和其他参数　培养基的pH、温度和溶氧浓度等参数与微生物的生理活性密

切相关，直接影响发酵产量和质量，而且这些参数会随着发酵阶段的变化而变化，因此需要根据具体情况作出相应的调整。发酵过程的主要控制项目和方法如表 5-2。

表 5-2 发酵过程的主要控制项目和方法

主要控制项目	主要控制方法
温度	冷源或热源的流量
pH	加入酸或碱及其他物质
无菌空气流量	调节气进口或出口阀门
搅拌转速	变换电机转速
溶解氧	调节通气量、搅拌转速或罐压
泡沫控制	加入消泡剂、调节通气量、罐压
补料	加入添补的物质
罐压	改变尾气阀门开度
菌体浓度及状态	调节通气量、补料

对于大规模发酵，我们需要了解其特征，很好的控制它，使发酵过程优化，其目的是保障微生物发酵按预定的最佳动力学过程进行，获得的产品达到预期的目的，是微生物工业发酵不可缺少的重要组成部分。许多生物技术成果未能产业化，稳定的控制和顺利的后处理往往成为难以解决的瓶颈问题。而且在发酵规模逐渐放大的过程中，即小试、中试和大试各阶段，并不是设备体积的简单放大，而是逐步获得适宜放大生产的 pH、温度、溶解氧等参数。

2. 固态发酵 固态发酵（solid state fermentation）又称固体发酵，是指微生物在没有或几乎没有游离水的固态湿培养基上的发酵过程。固态的湿培养基一般含水在 50%左右，而无游离水流出。固态发酵工艺历史悠久，如青饲料发酵和做酒曲，但在现代微生物工业中应用较少。

微生物工业的生产是选择固态发酵工艺还是液态发酵工艺，取决于所用的菌种、原料、设备、技术等，比较两种工艺中那种可行性和经济效益好，则采用哪一种。表 5-3 中是固态发酵和液态发酵优缺点的比较。现代微生物工业大多数采用液态发酵，这是因为液态发酵适用面广，能精确调控，总效率高，易于自动化。

表 5-3 固态发酵和液体发酵相比的优缺点比较

优 点	缺 点
培养基含水少，废水、废渣易处理	菌种限于耐低水活性的微生物，选择性少
能源消耗量低，功能设备简单	发酵速度慢，周期长
材料多为天然基质，易得、价格低廉	天然原料成分复杂、多变，影响发酵的质和量
设备和技术较为简单，投资少	工艺参数难以测准和控制
产物浓度高，后处理方便	产品少，工艺操作劳动强度大

3. 混合培养发酵 混合培养发酵，是指多种微生物混合在一起共用一种培养基进行发酵，也称混合培养。如酒曲制作、白酒酿造，这些混合培养发酵中的菌种的种类和数量大都是未知的，人们主要通过培养基组成和发酵条件来控制，达到生产目的。

混合培养发酵有三个突出优势：①充分利用资源，同时获得多种产品；②混合培养发酵能获得一些独特的产品，这是纯种发酵所做不到的；③通过菌种的代谢组合，完成单个菌种难以完成的复杂代谢。

对于复合饲用微生物制剂而言，现在采用的通常是发酵单菌剂的混合，混合培养发酵应当是一个研究的发展方向，期望能够获得高效的复合制剂，但在菌种的选择和配伍及发酵工艺的确定和控制上还鲜有研究，因此还有漫长的路要走。

三、发酵产品的后处理

饲用微生物制剂的质量除受选育菌株的影响外，很大程度上取决于生产配方和生产工艺，由于各菌种特性不同，相应产品的生产工艺也有差异。

芽孢杆菌、乳酸菌、酵母菌等不同菌种对环境因素（如温度和氧）的耐受能力不同，若要获得优质的产品，则在工艺控制方面就应有独特之处。

为了降低饲用微生物制剂在后处理、贮存、使用过程中活性的丧失，在微生态制剂产品中添加保护剂和稳定剂，以延长产品的货架期。美国内布拉斯加大学的研究表明，添加油脂可在一定程度上保护酵母菌免遭制粒的破坏。一般认为液剂产品的稳定性差、保质期短，所以提倡产品固型化。近年来，将乳酸菌、双歧杆菌等不耐热、氧的菌株进行包埋或者制成微胶囊形式的产品，是饲料工业的热门课题之一。在包被的基础上，有的技术先进的产品还能实现定点缓释，促进菌体在特定位点的定植，但这类产品生产过程复杂，有专利技术保护，通常成本较高。

（一）包被技术

活菌数对于饲用微生物制品质量是非常重要的标志，除了芽孢杆菌抗逆能力较强外，其他常认为具有益生功能的菌株如乳酸菌和双歧杆菌，对外界环境较为敏感，在饲料加工和制粒以及保存过程中容易失活，如何提高产品质量和延长保质期成了这类产品的一大难题。国内外都在尝试通过基因改造或耐酸、耐氧菌株的筛选来提高菌种对酸和氧的耐受能力；在工艺上，希望通过不同的包被方式使菌体与氧和酸等不利因素隔离，提高菌的存活率。

1. 微胶囊包被 饲用微生物微胶囊制剂就是利用合适的囊材把菌体包裹住，使之与外部隔绝，以达到保护目的。对酸化速率而言，胶囊化产品要慢于非胶囊化产品，即达到相同的 pH，胶囊化产品需要更长的时间。Larisch 等（1994）发现海藻酸盐/聚-L-赖氨酸胶囊化的乳球菌（*Lactococci*）的 pH 下降到 5.5 所需的时间比非胶囊化细胞长 17%。这说明胶囊化影响了物质的传递速率和菌的活性。

对胶囊化的耐酸、胆汁试验表明：在酸性环境中，*L. acidophilus* 活性在 pH＝3 和 pH＝4 的情况下有类似的下降，在 pH＝3 和 pH＝4 培养 3h 约下降 2 个对数数量级，在 pH＝2 则下降 5 个数量级。*B. infantis* 在在 pH＝2 培养 3 小时后下降 3 个对数级，在 pH＝3和 pH＝4 活性仅有少量下降。这说明 *L. acidophilus* 较 *B. infantis* 对酸敏感。在低

pH 下无胶囊化菌也有类似的菌数失活情况，说明胶囊化在高酸度的情况下保护能力要弱一些。*L. acidophilus*、*B. infantis* 和 *L. casei* 在 1%和 2%胆汁中的存活试验表明：较高浓度胆汁条件下，*L. acidophilus* 和 *L. casei* 活菌数下降了 2 个数量级，*B. infantis* 下降甚微。

常用的胶囊材料有三大类：①天然高分子化合物，如明胶、阿拉伯胶，海藻酸钠等；②半合成大分子化合物，如羟甲基纤维素钠等；③合成高分子材料，如聚乙烯醇、聚乙二醇等。

一般常用天然或半合成囊材。囊材的选择原则是安全无毒、成膜性好、隔氧、适合于微生物活体，有的还具有肠溶性。

（1）微胶囊的制备　微胶囊有多种制备方法，但最常用的是挤压法，即将囊心和囊材混合均匀后挤压到固化剂中固化，或通过喷嘴喷入固化剂形成胶囊。

①囊心和囊材的制备　收集和洗涤饲用微生物发酵后的菌体，然后加入淀粉或其他保护剂混合成悬液或冻干成菌粉；将合适的囊材配制成溶液，经灭菌后与囊心混合均匀。固化剂通常采用 0.1～0.3mol/L 的氯化钙溶液灭菌后冷却待用。

②微胶囊的制备　将囊心和囊材的混合物挤压成细滴或喷入固化剂溶液中，缓缓搅拌固化，然后收集微胶囊，用缓冲液洗涤几次后即得湿的饲用微生物胶囊。

湿的微生物胶囊可直接用于生产各种制剂，也可干燥后使用。湿微胶囊的干燥有两种方式，一是在湿胶囊中加入一些填充剂如淀粉、碳酸钙等拌匀，然后在不高于 40℃下烘干；二是用喷雾干燥法进行干燥，喷雾干燥的优点是可以较快的使样品干燥，其缺点是菌体的死亡率高。影响微胶囊在喷雾干燥中菌的存活率的主要因素是喷雾时的进出风温度和囊材的配方。双歧杆菌对氧非常敏感，不宜用喷雾干燥法进行干燥。干燥微胶囊中菌的存活率与保护剂、水分含量等密切相关。

（2）微胶囊的质量评价　微胶囊的质量评价包括三个方面，即包埋效率、包埋产率及贮藏期菌体的失活率即稳定性。包埋效率是指微胶囊内外菌存在的数量，包埋效率＝1－（微胶囊表面活菌数）/（产品中活菌数）×100%，微胶囊内部活菌数越高说明包埋效率越高；包埋产率是指产品中的活菌数与微胶囊制备时加入的菌数之比，包埋产率＝（产品中活菌数）/（加入的活菌数）×100%；稳定性则指在一定条件下存储一段时间后菌体的存活率，菌的存活率越高说明稳定性越好。

2. 双层包埋　益生菌的双层包埋技术是近几年刚发展起来的目前最新型的包埋技术，该包埋技术是在益生菌表面包覆蛋白质，然后再包一层特殊胶体。这个技术的目的是解决益生菌不易保存与不耐胃酸的问题。利用这种特殊双层包埋技术，最外层的胶体在强酸性的胃酸中凝结，保护益生菌，等到益生菌进入十二指肠时，胶体自然分解溶化，释放益生菌，而第二层的蛋白质就会促进益生菌与肠壁纤毛附着，同时提供益生菌繁殖所需的营养。

双层包埋技术作为一种全新的技术体现出了其勃勃的生机和强大的优势。一是，双层包埋技术具有耐久存、耐胃酸，到达肠道后立即释出，任何益生菌都可以利用该技术包埋的优点；二是，该技术包覆材内含天然纤维寡糖益生物质，具有可以帮助益生菌在肠道内定植的优点；三是，双层包埋产品价格与一般未经包埋的益生菌相当，称得上是物美价廉。

（二）菌体的干燥

微生态制剂有液体型和干燥型两类。其中干燥型制剂具有保藏期长、制剂体积小、易保存和运输、携带方便等优点，因此，成为微生态制剂的主要剂型。

菌体干燥是制备干燥微生态制剂的基础。制品的质量取决于干燥菌体的存活率及其活性，因而菌体的存活率及活性是衡量干燥工艺优劣的指标。

菌体干燥的主要方法菌体干燥有喷雾干燥、烘干、真空低温干燥和冷冻干燥等多种方法。这里主要介绍其中的冷冻干燥和喷雾干燥。

1. 冷冻干燥 Heckly Hammer 于 1911 年首次采用冷冻干燥方法来保存微生物，至 70 年代随着菌粉的制备冷冻干燥技术的完善，许多研究者发现冷冻干燥方法具有其他方法无法比拟的优点，得到越来越广泛的应用。通常冷冻干燥也简称为冻干。

（1）*菌种* 微生物对冻干的抵抗力因属、种、株的不同而不同。Tsvekov 等曾对链球菌属、明串珠菌属、乳杆菌属的乳酸菌种进行冷冻干燥研究，发现链球菌属的细菌对冷冻干燥的抵抗力较强，即使采用普通冻干方法也可获得较高的存活率和较长的存活期，而明串珠菌和乳杆菌则对冻干的抵抗力稍差，虽然在冷冻干燥中存活率较高，但保存期限也相对较短。NCTC（英国国家标准菌种保藏局）分别对乳酸菌的不同菌属的冷冻干燥效果进行比较，结果显示乳酸菌的不同菌属如双歧杆菌、乳杆菌、链球菌、明串珠菌，其冻干存活率无明显差别，但链球菌的保存期限较长、双歧杆菌保存期限较短，其他则无明显差异。以上结果均是实验室为保存菌种的研究时获得的，在大规模工业生产上，由于双歧杆菌为厌氧菌，在培养发酵、离心、冷冻干燥和保存过程中不可避免地与空气中的氧接触，氧气对双歧杆菌具有很强的毒害作用，因而工业生产过程中冷冻干燥时双歧杆菌的存活率以及冻干菌体的存活期与实验室结果可能相差较大。

（2）*保护剂* 对于绝大多数细菌冷冻干燥成功的关键在于有效保护剂的使用。保护剂可以改变生物样品冷冻干燥时的物理、化学环境，减轻或防止冷冻干燥或复水对细胞的损害，尽可能保持原有的各种生理生化特性和生物活性，使得冻干产品的存活率高、存活期长。

按保护剂作用方式可分为能透入细胞的保护剂和不能透入细胞的保护剂两种，也可称为低分子保护剂和高分子保护剂。低分子保护剂能够进入细胞，能在溶液中与水分子结合，发生水合作用，使溶液的黏性增加。当冻干开始，温度下降时，溶液内冰晶的增长速度因此而减慢，从而降低了系统中水转化为冰的比例，减轻细胞外溶质浓度升高所造成的细胞损伤。同时，由于低分子保护剂能够进入细胞，使细胞内溶质浓度升高，细胞内压力接近于细胞外压力，使得在细胞外结冰引起的细胞脱水皱缩的程度和速度下降，从而减少了对细胞的损伤。高分子保护剂在冻干时使溶液呈过冷状态，降低了溶液结冰的速度，可在特定低温下，降低细胞外溶质（电解质）的浓度，避免在冻干过程中由于盐类浓缩使细胞脱水，而导致细菌发生渗透压性休克、细胞壁和细胞膜的塌陷、蛋白、质变性等不良后果。

冻干保护剂可以是单一组分，也可以是多种组分的复合物。比如，Rumlan 等研究考察了多种单一组分对乳酸菌、链球菌、明珠球菌的冻干保护效果，结果发现，戊糖、蔗糖、脯氨酸、脱脂奶粉等都具有较好的保护效果。也有研究认为，单一组分的冻干保护剂虽然各有优点，但其保护效果比不上复合成分的冻干保护剂。比如，曹永梅等对单一组分保护剂和复合保护剂对双歧杆菌的冻干保护效果进行了比较研究，结果发现，在 4℃下保存双歧杆菌 90d，单独使用脱脂奶粉作保护剂，其存活率为 7%；使用 20%脱脂奶粉＋1%甘油作保护剂，其存活率为 24.3%；使用 20%脱脂奶粉＋1%甘油＋8%蔗糖作保护剂，其存活率为 27%。由此说明复合保护剂比单独使用脱脂奶粉的效果好，其中 3 种成分组合的效果最好。

近年来，Westh 等发现隐生生物在干燥时其组织中的海藻糖含量都很高，这暗示海藻糖可能与隐生现象密切相关，所以更多的研究是针对海藻糖对冻干生物活性细胞和生物大分子的保护作用。海藻糖具有特殊的水合作用，在水溶液环境下，通过氢键与细菌细胞膜的磷脂极性头部相结合，在干燥过程中可以置换磷脂间的水分子，从而保持细菌的框架结构和结构的完整性，降低相变温度，使细菌在冷冻干燥过程中和复水过程中均处于液晶状态，避免了由于相的转变（液晶-凝胶-液晶）、导致组分的融合和成分渗透。并且在再水化时海藻糖能够从细胞膜上优先被排出，恢复了细菌的结构和活性，因而海藻糖在冷冻干燥生物制品方面具有广阔的应用前景。

目前常用的低分子保护剂可分为酸性保护剂、碱性保护剂和中性保护剂。酸性保护剂主要有：天门冬氨酸、谷氨酸、苹果酸和乳酸等；碱性保护剂主要有：精氨酸和组氨酸；中性保护剂主要有：蔗糖、葡萄糖、乳糖、棉籽糖、海藻糖、山梨醇和甘油等。常用的高分子保护剂主要有：脱脂奶粉、可溶性淀粉、糊精、海藻酸、果胶、葡聚糖、阿拉伯胶、白蛋白、动物胶、黏液蛋白、酵母汁、肉汁、聚乙烯吡咯烷酮（PVP）和羧甲基纤维素（CMC）等。为了防止在冻干过程中胺基、羰基和氧化反应等对细菌的伤害作用，在选择保护剂时还应考虑适量添加抗坏血酸（维生素C）、半胱氨酸、羟胺和胺基脲等。

（3）培养条件　一般来说，将要冻干保存的微生物在营养丰富而且容易增菌的培养基上进行培养为宜。Rumlan等分别用脱脂奶粉和MRS肉汤培养基培养乳杆菌后，再进行冷冻干燥，结果用MRS肉汤培养基的乳杆菌冻干存活率为45%，而用脱脂奶的为23%。兼性厌氧菌因培养方式（振荡培养或静置培养，有氧或厌氧）的不同，冷冻干燥后的存活率也会产生差异。长谷川治指出，从保存微生物的角度来看，培养的温度也很重要，以繁殖速度最快的生长最适温度进行培养是有些问题的，因为细菌的死亡速率比生长速率对温度变化更为敏感，如以稍低生长温度进行培养，效果会更好些。以变温的方式来培养也是非常值得研究的课题。Nagawa（1988）以不同的温度培养长双歧杆菌后，进行冷冻干燥，结果提示温度范围以34～37℃为好。菌龄也是非常关键的因素之一，乳酸菌生活史比较简单，无芽孢和孢子，一般选用对数生长期末或稳定期早期的细菌进行冷冻干燥。Rumlan等（1993）作者对保加利亚乳杆菌进行冻干，分别采用对数生长期末的细菌和稳定期后期的细菌，结果对数生长期末的细菌冻干存活率几乎为100%，而后者存活率仅为34%。然而Palmfeldt（2000）在研究乳杆菌的冻干条件时得出的结论却不完全一样，结果是对稳定期早、中、晚期的细菌进行冷冻干燥，存活率没有明显的差别。Nagawa在冷冻干燥长双歧杆菌时发现，处于稳定期早期的细菌冻干后，双歧杆菌的活菌数是处于稳定期后期的100倍。

（4）冻干工艺

①冷冻过程　菌泥与保护剂混匀后可以先进行预冻，也可直接进行冷冻。实验室用安瓿保存菌种进行冻干或受实验设备限制，可先放入液氮或干冰中进行预冻后，再进行干燥。工业大规模生产上由于样品量大，预冻操作又比较烦琐和难于进行，故多采用直接冷冻干燥方法。NCTC和ATCC（美国标准菌种保藏局）均采用直接冷冻干燥的方法，直接冷冻与预冻效果无明显差异。预冻的冷冻速度较快，高达100℃/min，而直接进行冷冻时冷冻速度一般小于10℃/min，当然视样品表面积与厚度之比而变化。Tsvetkov对乳酸菌进行冷冻时发现速冻（76℃/min）效果优于慢冻（0.4℃/min）。Rumlan等针对保加利亚乳杆菌进行冻干，采用速冻与慢冻两种方式，结果速冻细菌的存活率明显低于慢冻，比较常用的冷冻速度为1～5℃/min。冷冻的温度应根据该产品的共熔点来确定，一般以低于共熔点以下10～

20℃为宜，如高于共熔点，在真空状态下未冻结的液体迅速蒸发，造成样品的收缩，颜色加深，但温度差不能太低，这样不仅浪费能源和时间，对某些产品还会降低存活率。但含有高分子物质保护剂的溶液不显示明确的共晶而形成无定形的冰，因此，没有共熔点，只有相当于共熔点的温度。菌体悬液那样多成分物质的共熔点，根据其成分比而发生复杂的变化，但实际上冷却到30℃以下，就能无障碍地进行真空干燥。

②干燥过程　产品完全冻结后即可转入干燥阶段。干燥过程可以分为一次干燥、二次干燥。一次干燥就是冷冻样品利用升华除冰（冷冻水）的过程。二次干燥就是结合水的一部分在高真空下被除掉的过程。在一次干燥过程中对产品的加热是有限的，不能使产品的温度超过其自身共熔点温度，否则会发生产品熔化、干燥后体积缩小、出现气泡、颜色加深、溶解困难等现象。一次干燥结束后样品残留水分为5%～10%，二次干燥后的含水量为1%～3%。二次干燥的加热温度以20～30℃为宜。Nagawa等对长双歧杆菌乳液进行冻干时，二次干燥用不同的加热温度，结果显示加热温度在20～40℃范围内对制品中双歧杆菌的存活率和存活期没有明显的影响。

③制品的取出　冷冻干燥结束后，冻干箱仍处于真空状态。此时的制品对空气中的氧气特别敏感，如出箱时放入无菌空气，空气中的氧气立即进入干燥制品的缝隙中，与一些活性基团很快结合，对产品产生了不可挽回的影响，即使再抽真空也无济于事。如出箱时放入无菌氮气，出箱后氧气就不会进入产品中，然后再用氮气取代产品容器内的空气或真空包装，则产品受氧气损害的程度就会大大减轻。因此，产品出箱前必须放入干燥的高纯度惰性气体，再取出产品。如有条件最好采用箱内加塞法。

(5) 冻干制品的保存　乳酸菌均无芽孢，尤其是双歧杆菌粉剂对氧和水分较敏感，冻干的产品与水分接触，细菌就会发生不平衡代谢。发生氨基—羰基反应等，产品中活菌数明显下降。因此，控制水分和空气中氧对菌体的影响是剂型选择首先要考虑的因素。

Tsvetkov（1982）考察了冻干的乳杆菌菌粉在真空和空气中保存的效果。发现真空明显优于在空气中保存。Takeda针对双歧杆菌干燥制剂在贮存过程中死亡的现象，设计一种耐环境的双歧杆菌胶粒，并用铝箔包装，保存效果较好。S Motegi等针对在高温度下粉剂中双歧杆菌会大量死亡的现象，成功地用油将双歧杆菌菌粉包在其中，外被包膜制成微胶囊，在高湿度（RH=100%）与低湿度情况下（RH=40%）保存效果无明显差异。

2. 喷雾干燥　喷雾干燥，是使液体状态下的物料干燥成粉状的技术。自20世纪70年代初期我国已开始研究一次成粉技术，优于其他机械烘干、真空干燥。那些干燥技术均需再进行粉碎才可以得到粉状。

(1) 菌种及所处生长阶段对干燥后细胞活力的影响　据报道，微生物所处的生长阶段影响其对热的抵抗能力，在其稳定生长期对热敏感度最小。此外，Teixeira等（1995）对德氏乳杆菌保加利亚亚种进行干燥，并建议在其稳定生长期进行干燥以得到大量有活力的细胞。刘绘景等选择处于稳定期的双歧杆菌细胞并对其进行喷雾干燥。在MRSC培养基中，双歧杆菌进入稳定期所需的培养时间因菌种不同而不同。

(2) 不同载体及浓度对干燥后细胞活力的影响　不同载体干燥后于扫描电镜下观察微粒，不考虑干燥所用载体，这些微粒都是呈球形，但大小不同，与Charpennrier等（1998）的观察相似：脱脂乳微球表面呈现出明显可见的裂缝，这些裂缝有利于干燥后颗粒内部热量的排出，减少热对内部微生物的伤害。这也许是以脱脂乳为载体，喷雾干燥后双歧杆菌存活

率比其他载体高的原因之一。脱脂乳是蛋白质、碳水化合物等的混合体，阿拉伯树胶和可溶性淀粉是碳水化合物，明胶是变性蛋白质。除了具有不同的化学特征外，这些载体还具有不同的物理特征，如热传导性、热扩散等。因此，人们希望在喷雾干燥中，当内部微生物细胞对热失活敏感时，实验中所用载体能对细胞产生保护作用，从而对双歧杆菌存活产生一定程度的影响。比较干燥后阿拉伯树胶、明胶、可溶性淀粉对双歧杆菌存活率的影响可以发现，阿拉伯树胶中的 *B. infantis* 存活率最高，其次是明胶和可溶性淀粉。另外，*B. longum* 以明胶为载体比以阿拉伯树胶和可溶性淀粉为载体存活率高。以10%脱脂乳为载体进行干燥，*B. infantis* CCRS14633、*B. longum* B6 存活率分别增加到 76.0%和 82.6%。这些结果表明，双歧杆菌的存活率很大程度上取决于所用载体及所选用的菌株。

载体浓度对乳酸菌喷雾干燥后的存活率也有一定的影响。Espina 和 Packard 报道称，*L. acidophilus* 与 25%的 MSNF 喷雾干燥比与 40%的 MSNF 喷雾干燥存活率高。分别用10%的明胶、阿拉伯树胶和可溶性淀粉，经喷雾干燥 *B. infantis* CCRS14633 的存活率分别为 1.30%、2.15%和 0.92%。当将明胶、阿拉伯树胶或可溶性淀粉浓度从10%增加到20%或更高时，*L. acidophilus* 的存活率下降。据报道，在喷雾干燥过程中提高或降低微生物存活的因素是相互关联的。首先，颗粒表面水活下降，湿球温度过高，这时菌体可能处于致死温度。然而，也有报道说在中等湿度范围内，菌体对热影响不敏感。此外，料液中固体含量高则会形成大的颗粒，而它比小颗粒对热更敏感，颗粒内部的微生物热伤害也更强烈，这些因素都会导致微生物存活率的下降。

(3) 喷雾干燥排气温度对干燥后细胞活力的影响　在喷雾干燥中，热致死伤害是降低细胞活力的主要因素。据不同的研究者报道，提高排出气体的温度也会降低喷雾干燥后微生物的存活率。Espina 等将 *L. acidophilus* 与复水的脱脂奶粉一起喷雾干燥，当升高排出气体温度时活菌数急剧下降。温度升高到75℃时，活菌数从 7.0×10^{8} cfu/g 下降到 2.6×10^{7} cfu/g，温度为80℃或85℃时，活菌数则为 1.8×10^{6} cfu/g 和 3.6×10^{5} cfu/g。

观察喷雾干燥中双歧杆菌在排出气体温度为50℃、60℃和70℃时的存活率和所收集的干粉的水分含量。当不考虑载体，水分含量固定时，排出气体温度升高，存活率下降。与10%的明胶一起干燥，当排出气体温度从50℃上升到60℃时，*B. longum* B6 的存活率从63.47%急剧下降到5.72%。但是，由于温度升高引起的存活率下降的大小因载体不同而不同。一般情况下，当以可溶性淀粉为载体时，排出气体温度对存活影响较明显，如 *B. longum* 和 *B. infantis* CCRS14633，当排出气体温度从50℃上升至55℃时，两种菌株的存活率分别下降为90.8%和30.7%，当以其他物质为载体，排出气体温度的升高对菌体存活率影响较小。

第三节　饲用微生物添加剂的有效性及安全性

一、饲用微生物添加剂的有效性

(一) 饲用微生物的有效性研究

1. 对动物机体的影响　在实际应用中，我们常发现饲用微生物的作用效果不明显或不稳定，这其实是这类产品的特点。从理论上讲，饲用微生物对动物机体的影响主要有建立有利健康的肠道微生物区系，保持良好的微生态环境，补充提供宿主的必需营养成分，对条件性致病菌产生外加的抗性和其他清除效果。这些功能通常在肠道微生物区系不完整的条件下较易体现，对于表观健康的动物，这些功能是否在起作用难以表现。

目前，不仅在应用过程中存在难以客观评价饲用微生物功效的问题，在研究环节也是如此。比如，在研究过程中我们会经常遇到采用什么方法用以评价微生物饲料添加剂的有效性最科学。另外，当添加剂产品中含有两种以上微生物菌株时，需要提供什么样的数据用以证明添加剂中各种活性成分对动物机体的有效性。

目标微生物菌株能否有效调节肠道微生物区系平衡是评价其对动物机体有效性的重要功能之一。评价这项功能的关键指标是目标微生物菌株在肠道中的繁殖规律和肠道微生物区系的变化情况。从理论上讲，当肠道微生物区系受到某种程度的破坏时，饲用微生物可以发挥恢复和稳定肠道微生物区系的作用，并发挥益生作用。问题是在实际生产中我们如何准确和及时掌握肠道微生物区系的异常变化。另外，肠道微生物区系的变化受多种因素的影响，比如，日粮组成、环境温度、环境变迁等可能随时发生在某群中或少数动物体内。由于没有及时、快速、客观检测肠道微生物状态的方法，因此，难以做到准确和及时的添加使用微生物饲料添加剂，通常采用长期在饲料中添加的方式使用。在饲料中加入微生物添加剂被认为是一种预防微生物区系被破坏的技术措施。如果只是群体中的少数动物受到影响，那么该微生物产品的添加会使整个群体的生长性能结果的一致性更高，而对整体生产性能并不表现出明显的促进作用。

如果某个微生物饲料添加剂中含有两种或两种以上的菌株，需要证明混合物中各种活性成分的存在，及其对产品整体效果的贡献。微生物产品和其他用作动物营养的生物产品一样，常常产生的效果并不一致，因为对其作用机制还不完全明了，所以难以预测和操作（Thomke 和 Elwinger，1998）。产品效果在不同种类、不同日龄的动物之间差异很大。实际上微生物产品的作用不一定只反映在动物生产性能上，有时可能表现在影响环境条件、改善饲料品质等方面，因此，在研究微生物添加剂产品的有效性时，应注意根据微生物的特点综合考虑试验设计方案。

一种产品如果最初就能影响肠道微生物，那么就会导致一系列直接或是间接的影响，甚至包括一些是发生在动物体组织中。这些效果包括调节免疫和控制机会致病菌。特别是对于幼龄动物，效果可能体现在减少发病率和致死率上。合适的微生物产品对受到损伤的动物产生的一系列效果可能取决于起初微生物区系被破坏的原因和程度。早期微生物区系和免疫功能的改变可能只有在实验动物中才能检测到，在实际生产中，特别是对于幼龄动物，首先可以观测或是检测到的效果是降低的发病率和死亡率。只有当动物对于微生物产品的反应提高，才允许营养重新分配的发生。如果对添加剂的反应足够大，营养的重新分配足以产生可检测到的生产性能的变化。数据分析显示，微生物产品对猪的生产性能（许多实验的平均效果）的影响较小，但对幼龄、快速生长的动物有效，能提高体重或饲料转化率 4%左右（Pollman，1992；Rosen，1992）。而对于成年或老龄动物则没有这种效果。对于一个管理较好的群体，如果微生物产品只能使少数个体受益，那么难以表现出群体效应也是很正常的。

专门设计用于调节瘤胃功能和微生物活性而促进反刍动物生产性能的产品相对较少。宣称具有效果的产品主要是以酿酒酵母和曲霉为基础。这些产品虽然特性不同，但在瘤胃中产生的效果却很类似，通常是促进植物细胞壁纤维的降解。这通常伴随着瘤胃中纤维素降解菌、挥发性脂肪酸和微生物氮的改变（Yoon 和 Stern，1996）。对于黑曲霉产品，很可能发挥作用的是存留在发酵产品中的纤维素酶；对于酵母，清除瘤胃中对纤维素降解菌有毒性的痕量氧可能是其发挥作用的一种机制。

通常，在泌乳早期，而非中后期，酵母和曲霉的效果较好；虽然不能普遍使用，精料浓度高而非粗料浓度高时，无论对于奶牛还是肉牛，这些产品的效果较好。

在大部分生产试验中，由独立试验的数据分析所显示的动物生产性能对微生物产品的有效反应，通常表现不出在动物个体背景变异基础上有统计学意义的显著性。较好的实验设计可以有效地解决但不能完全消除该问题。

通过动物试验来证明某复合微生物中单菌株的效果常常是很困难的，如果这些单个成分的效果是可加的，且是平均分布的，单个添加时分散了在有多种成分存在时的效果，更何况多种成分存在时的效果是有限的，使得这样更难获得有统计学显著性的效果。如果复合微生物的效果在不同成分之间的分布不是平均分布，检测有效性最弱的成分也是一个很难的问题。另一种复杂情况是这些成分之间具有协同作用或者是在不同生理条件下活性状态不同，在这种情况下更难以在同一试验中分别证明它们的有效性。

通过检测微生物对体内或体外与生产性能相关指标的影响，有可能提供一种证明单个菌株有效性。微生物产品的任何有效影响可能最容易通过肠道微生物区系的变化来检测。实际上对微生物的确切机制了解得很少，很多只是假设，难以得到确证，就微生物学的检测方法很难达成共识。通常用作证明防止自然或人为微生物侵袭的证据是减少的发病率和死亡率。更直接的是微生物学和免疫学方法，例如在有添加剂存在时，大肠菌数减少，是否有细菌素的产生或是免疫状态的改变等。

应激是目前影响动物生产性能的主要环境因素之一，也是人们研究微生物功效的重点之一。过高的温度会导致动物热应激，使其生理机能发生变化和紊乱，表现为采食量的下降，轻者生长缓慢、抵抗力降低，重者死亡率增加，造成较大的经济损失。热应激破坏产蛋鸡肠道黏膜结构，降低肠道黏膜免疫水平。有研究证明益生菌可以维持肉鸡热应激时肠道菌群的平衡，直接或间接影响下丘脑-垂体-肾上腺和下丘脑-垂体-甲状腺轴的活动，降低肾上腺皮质醇水平，减轻炎症反应，改善热应激条件下肠道的黏膜结构，保持黏膜免疫反应，克服了蛋鸡采食量下降，增强机体体液免疫力。另外，日粮中添加益生菌可以降低热应激时肉鸡的氧化损伤，从而降低热应激对肉鸡的不利影响。在早期断奶仔猪饲料中添加纳豆芽孢杆菌提高了血清超氧物歧化酶和谷胱甘肽过氧化物酶活性，减少血清丙二醛的含量，对仔猪的抗氧化机能有改善作用。凝结芽孢杆菌可以分泌多糖，这些多糖有明显的抗氧化和自由基清除能力。

2. 改善饲料质量的作用 如果一些微生物制剂能够改善饲料的特性，它们也可被认为是一种工艺性添加剂。对饲料的改善作用常包括抗氧化、防霉等功效。该添加剂有效性的证据必须通过适当的标准方式提供，例如以一个公认的可接受的方式表现，在预计的使用条件下与适当的对照饲料比较。这些研究实验的设计和执行必须满足统计学评价的要求。应当提供有关被检查的活性物质、制剂、预混剂和饲料的全部资料、各批次的参照编号、详细的添加处理和检测条件。不论是工艺学还是生物学方面的，正面和负面的影响，对于每次试验都

应作详细客观描述。

目前，关于微生物是否在饲料中具有工艺性添加剂的作用还不清楚，这方面的研究也比较少。在现有饲料添加剂的产品中，有些成分是通过微生物发酵生产的，有些直接使用的就是微生物，比如一些防霉剂、酸化剂、酶制剂等产品。饲用微生物是一类特殊饲料添加剂，其特殊性在于其是一个活的生命体，在效果上也是多种功能的综合结果，因此，从功能出发，有可能出现菌种相同而用途不同的产品。

3. 对动物产品质量的影响 动物产品质量是一个内容丰富的概念，总体来讲，目前有关微生物影响动物产品质量的研究结果主要集中在肉蛋奶中脂肪或脂类物质含量上，在人类营养代谢的研究中也发现微生物可能具有减肥的效果。然而，在相关的文献报道中，也存在结果不一致和效果不稳定的现象，因此，关于微生物改善动物产品质量的效果问题不能一概而论。

有研究表明，微生物饲料添加剂可以调节畜产品中脂肪酸的组成和胆固醇含量。蛋鸡日粮中添加荚膜红细菌降低了蛋黄中的胆固醇和甘油三酯的含量，增加了其随粪便的排出，并且提高了蛋黄中不饱和脂肪酸与饱和脂肪酸的比例。沼泽红假单胞菌和荚膜红细菌都显著降低了大鼠血清胆固醇、甘油三酯、低密度脂蛋白、极低密度脂蛋白和肝脏甘油三酯的含量。酪酸梭状芽孢杆菌显著改善肉鸡的肉质和胸肌的脂肪酸组成，增加了胸肌 C20：5 n-3 和总 n-3 多不饱和脂肪酸的含量，并且提高了胸肌肌内脂肪含量，降低了剪切力。荚膜红细菌可以提高肉仔鸡腿肌和胸肌中不饱和脂肪酸与饱和脂肪酸的比例。凝结芽孢杆菌可以改善广西三黄鸡的口感，降低了胸肌的剪切力和滴水损失。

4. 对动物排泄物特性的影响 改变动物排泄物的某些性质，比如氮、磷、体积和气味，也是人们使用微生物饲料添加剂的主要目的。如果预计该添加剂能改善的话，那么就需要进行证实这些功能的试验研究。

随着畜禽生产集约化、规模化的快速发展，养殖过程中产生的有害气体已是环境污染的一个重要来源。畜舍中有害气体达到一定浓度后不仅使养殖人员感到不悦，并且降低了动物对疾病的抵抗力和生产性能。降低畜舍中有害气体的措施通常为增强通风换气、放置气体吸附剂或喷洒化学除臭剂和在饲料中添加添加剂等。动物体内和体外试验的研究结果表明，微生物饲料添加剂可以减少有害气体的产生。用乳酸菌处理日粮使肉鸡舍环境中的氨气水平和粪 pH 与水分含量都明显降低，挥发性有机物质如 1-丙醇、1-丁醇、3-甲基己烷和 2-甲苯等都降低到检测不出的水平，其他的主要恶臭气体如丁酮、己醛和二甲基二硫醚等也有减少，说明乳酸菌可以减少肉鸡舍中恶臭气体的产生，显著改善畜舍环境。硫化合物和氨化合物是动物粪便中主要有毒性和气味的物质，干酪乳杆菌与表皮基质细胞和 Caco-2 单层细胞有很强的结合力，并且减少大肠杆菌在生物基质上的定植，显著减少 MRS 培养基中的含硫和含氨化合物。有研究证实，益生菌减少有害气体产生是由于其改变粪中挥发性脂肪酸组成，显著降低了粪中丙酸盐含量。

考虑到难以重建微生物发挥最佳效果的条件，但是必须要求企业证明任何记录在案的实验是按合适的方法设计，所使用的动物数足量，在给定的置信水平，能够检测到所声明的效果的最小反应。根据已有的研究结果，饲用微生物产品的效果可以分成四类：①提高靶动物的生长性能，改善动物群体健康状况（减少靶动物死亡率，改善动物福利，减少兽药用量，改善群体均匀度，增加动物出栏数量）；②改善饲料品质（抗氧化、防霉）；③改善产品质量

(改善营养成分含量，降低鸡蛋胆固醇)；④改善环境质量（减少氨气、臭味)。

作为一个原则，设计用于证明某微生物添加剂在促进动物生长性能方面有效性试验的持续时间应当与农场产量进行经济评估和证明对生产者带来效益的时间相联系。比如，对于肉类生产来讲，试验周期的终点应是屠宰环节，应通过总体肉产量的是否改善判断应用效果；对于只负责育雏或培育幼龄家畜的企业，试验周期的终点应是雏禽和幼畜出售给经营下一生产环节的企业的时间。目前，很多的产品效果大部分都是依据某一阶段的有效性评价，这并不充分。对于蛋或奶生产来讲，试验期不必是整个生产期，因为在整个生产期中产品都被出售。应说明的是，虽然蛋、奶生产是连续性的，但是，由于动物不同生理阶段的肠道微生态环境有所不同，因此如果设计时间过短。试验结果仅能用于阶段性提供有效性证据。

目前，在理论上和实上，要求通过试验证明含有多种菌株的终产品中各种菌株的存在都不现实。有人认为任何能支持证明混合物中单菌株存在的证据都应接受。但是并没有推荐用于证明特异性菌株的数据，也不是仅以由文献中获得的科学数据得出的一般结论为基础。生产厂家对产品的声明是作为整体混合物而非单个组分。尽管现在对组成菌株都进行安全性检测，但是，如何评价一个复合菌株产品的安全性仍是一个需要研究探讨的问题。

（二）饲料微生物添加剂产品的质量控制

1. 添加剂的特性 添加剂的特性应包括以下几个方面的内容：

(1) 提出的商品名。

(2) 根据添加剂的主要功能确定的类型，若有可能，应包括关于其作用模式的证明资料。该活性物质的其他任何用途应予以说明。

(3) 各组分的定性和定量（活性物质、其他组分、杂质、各批次之间的变异)。如果活性物质是多种活性成分的混合物，而且其中每种都是明确可定义的，主要的活性成分必须分别描述，并且标明它们在给定的混合物中的比例。

(4) 物理状态、颗粒大小的分布、颗粒形状、密度、堆积密度；对于液体：黏度、表面张力。

(5) 生产过程，包括任何特定的加工步骤。

2. 活性物质的性质

(1) 根据国际命名法典规定的名称及其分类学描述。也可使用国际公认的分类手册中使用的名称。

(2) 应提供国际制定权威机构认定的名称和菌种保藏地点、菌株保藏号、基因修饰及其他与鉴定有关的所有特性。还有来源、合适的形态学和生理学特征、发育阶段、与其活性（作为添加剂）相关的因素及对其鉴定有用的遗传数据，每克菌落形成单位的数值（cfu)。

(3) *纯度* 遗传稳定性和培养菌株的纯度。

(4) *相关特性* 与鉴定和建议的用途相关的特性（如营养体或是芽孢形式，cfu)。

(5) *加工和纯化的方法及其使用的介质* 应说明在生产过程中各批次之间组成的差异。

3. 添加剂的性质：物理、化学、工艺学及生物学特性

(1) *稳定性* 对于微生物而言，当其暴露于环境条件中时，比如光、温度、pH、湿度、氧、压力等，其生物学活性（生存能力）会有不同程度的损失，这与其货架寿命和在预混剂及饲料制造中的稳定性相关。

（2）其他适宜的物理、化学、工艺学或生物学特性　如在预混剂和饲料中可以得到均匀混合的能力，形成粉尘的特性；以及微生物在消化道或体外模拟系统中抵抗降解或失去活性的能力。

（3）与饲料、载体、其他已批准使用的添加剂或药品的预期可能存在的不相容性。

4. 添加剂的使用条件

（1）当一种添加剂同时具有明显的工艺性和动物保健作用时，它必须具有满足两方面要求的声明。对于每种添加剂，这些声明必须是已鉴别过并且是合法的。

（2）说明在饲料配制过程中或必要时在饲料原料中使用时的工艺技术。

（3）提出在动物营养方面的使用方式的建议(例如：动物种类或类型和动物的年龄分组/生产阶段、饲料类型以及禁忌的提示)。

（4）在预混剂、饲料或必要时在饲料原料中添加方法和添加量的建议，说明该添加剂和有效成分在预混剂、配合饲料，或必要时在饲料原料中的重量比例；同时建议在最终饲料中的剂量和建议使用时间期限；如有必要建议停用期。

（5）应提供该活性物质的其他已知的各种用途的资料（如在食品、人类医药和兽药、农业和工业中的应用）。

5. 质量控制方法

（1）详细描述上文中所涉及的测定方法的标准。

（2）详细说明在预混剂和饲料中对于该活性物质日常质量控制的定性和定量分析方法。这种分析方法经过至少 3 个实验室参加的验证测定证明是正确的；或者已被确认是正确的。确认是按照对于分析方法的国际协调原则进行的，确认是否正确的指标包括适用性、选择性、校准、准确度、精确度、范围、检测限、定量灵敏度的下限、耐用和实用性等。

二、饲用微生物添加剂的管理和安全性评价

（一）饲用微生物添加剂的管理

各国对于饲用微生物安全性评价和管理的目的一致，但具体方法和方式并不完全相同，这可从各国所采用的不同政策和法规中得到体现。

在美国用作饲料添加剂的微生物产品实际上有两种形式：一种是竞争性抑制剂（competitive exclusion，CE），美国 FDA 兽医中心（The Center for Veterinary，CVM）（1997）在 CVM 有关 CE 产品的政策中对 CE 产品做出了相关说明。CE 产品所含有的活体微生物分离自鸡或是其他动物胃肠道，并且这类产品常常标示和/宣称具有治疗作用和/或有改善动物机体机能或是具有减少沙门菌及其他肠道病原菌的功能，因此 CE 产品被划归为药物类，由联邦食品、药品和化妆品法典（Federal Food，Drug，and Cosmetic Act）管理。由于这类产品并非一般认为安全和有效，当它们标示或是宣称具有药物功能或是宣称用于药物目的时，它们被认为是未获批的动物新药。如果要进入市场，这类产品须具有合理的标示，并且作为动物新药申请报批；另一种产品是直接饲用微生物（direct-fed microorganisms）产品，由“遵从政策指南（Compliance Policy Guide，CPG）”689.100 的相关条款管理。相对于 DFM 含有确定的微生物种类和数量（CFU），CE 产品通常为混合物，所含微生物的种类和

数量不确定。DFMCPG7162.41 对直接饲用微生物产品做出了相关说明。直接饲用微生物（DFM）需含有活体微生物。DFM 产品的标签和宣传材料及广告声明、表明或暗示对动物能产生某些与所含活体微生物相关的有益功效，这并不针对仅用于青贮而影响青贮效果的添加剂产品，产品可以同载体混入饲料或以口膏、颗粒等多种形式市售。这类产品通常是以干粉形式或是包含在载体中作为饲料成分，由于生产和储存方法所带来的一个重要的问题是这些产品是否含有它们所声称的微生物种类和活体数量。解决这个问题的一种方法是要求企业在标签上保证活体微生物的特定数量，然后用实验室的方法能验证上述保证的有效性。美国饲料管理协会（AAFCO）的声明指出 DFM 含有自然发生的活体微生物，并有相关微生物列表和所需的活体微生物含量（cfu/g）。如果 DFM 产品标示或声称具有治疗或缓解疾病、保护或影响动物机体的结构和功能的功效时，这类产品被视作动物新药，依照 501(a)(5) 节的相关条款管理，除非是已获批的动物新药申请产品；如果产品宣传材料所声称的效果与产品标签不一致，该产品被视为伪劣药，依照 501(f)(1) 的相关条款管理；如果 DFM 产品没有宣称有任何治疗或是改变机体结构的功效，但含有一种或多种并非 AAFCO 官方出版物所公布的微生物，该产品被视作未获批的食品添加剂，AAFCO 官方出版物所公布的微生物如果 DFM 产品含有 AAFCO 官方出版物所公布的微生物，并且符合 AAFCO 批准的微生物含量标签要求，但并未宣称具有任何治疗或是改变机体结构的功效，该产品被视作食品，依照 201(f)(3)的相关条款管理，并不要求 FDA 管理，但希望联邦能对产品进行监督。如果 FDA 认为此类产品有安全问题，并非“一般认为是安全的”，则将其视为饲料添加剂，由 FDA 强制管理；或是 FDA 产品含有 AAFCO 官方出版物所公布的微生物，但并不声称含有活体微生物，也无标签和宣传材料，也是为了提供特定的营养素，该产品被视作食品，依照 201(f)(3)的相关条款管理，并不要求 FDA 管理，但希望联邦能对产品进行监督。如果 FDA 认为此类产品有安全问题，并非“一般认为是安全的”，则将其视为饲料添加剂，由 FDA 强制管理。在美国，通常由企业对其产品提交申请，交由 FDA 审批，产品质量由公众和管理部门监督。如果某产品标示其具有治疗、预防等药物所具有的功能，将会被视为新药对待，需要经过四期临床试验，需要花费上百万美元之巨，所以很多产品并不愿宣称具有这些功效。

加拿大对饲料安全是通过立法管理，加拿大食品管理局（Canadian Food Inspection Agency，CFIA）通过《饲料法》（Feed Act）管理所有动物饲料。在加拿大饲用微生物产品通常是作为新饲料来管理，即在加拿大没有批准用作畜禽饲料或具有新的特点。如凝结芽孢杆菌，由于在加拿大未获批作为饲料原料，则作为新饲料管理；而活的屎肠球菌已被饲料法规所批准，所以不是新饲料。微生物产品被分作两类，即活体微生物产品和不含活体微生物的产品，如酶和维生素等代谢产物。在饲料法规中列出了各种饲料原料和调味料，其中有的原料如果符合管理安全性和标签标准，就不需要登记注册，而有的原料如活体微生物，由于考虑到安全性和有效性，必须进行登记、注册。所有微生物源的新饲料都需要经过食品管理局（CFIA）饲料部门的安全性评价，要考虑对动物、生产工人、动物产品消费者和环境的安全性。

欧盟委员会指令 2001/79/EC 中有关饲料添加剂安全性研究的内容中对微生物添加剂的特殊性作出了相关说明：

1. 安全性评价包括的内容 ①该添加剂对于靶动物使用的安全性；②与肠道病原体对

抗生素耐药性的选择和转移，以及与病原菌存在时间的延长和排泄相联系的任何风险；③消费的食品中含有该添加剂或其代谢物残留时，对于消费者导致的风险；④当有可能处理该添加剂，例如将添加剂混入预混剂或饲料时，对于接触人员的呼吸道、其他黏膜、眼或皮肤产生的风险；⑤由于该添加剂本身或添加剂衍生的副产品，不论是直接和/或由动物排泄，对环境产生不利影响的风险。在该添加剂与兽药和/或所涉及动物种类的相关日粮的组分之间，已知的不相容性和/或相互反应都应予以考虑。作为一般性原则，微生物或是由微生物获得的产品，必须是在预期的条件下使用，并对靶动物或人类都无致病性和无毒性。除非是能提供其使用的安全性符合要求的其他有意义的文件档案，对于微生物制剂都必须进行必要的安全性试验。对于微生物而言，至少应进行靶动物耐受剂量的检验。

2. 对于靶动物的研究

（1）对于靶动物的耐受量的试验　此试验的目的是确定安全性的界限，例如，在建议的饲料中最大添加剂量和可导致不良作用的最小剂量之间的范围。如果能证明导致不良反应的最小值远高于最大推荐量，只需指出安全临界值的最小值或是大约值就够了。但是，安全性的界限的系数至少是10倍才适合，可认为不需要进一步的试验。这种耐受量的试验必须利用靶动物进行。虽然1个月试验期限的结果通常是可接受的，但是进行这种耐受量的试验时间最好是贯穿生产周期的全程。至少要求评价临床症状和其他能确定影响靶动物健康的参数。应该设一个空白对照组（无抗生素、生长促进剂或其他治疗药物）。必要时根据其毒理学的主要特点还需要增加一些参数。

如果该产品预期使用的动物可能是用于育种的，则此试验的实施应能够识别在研究的条件下，由于使用该添加剂导致的对于雄性和雌性一般繁殖功能可能的损害，以及对于后代的危害作用。

（2）添加剂的微生物学研究

①全部试验都应该使用最高推荐剂量进行。

②如果在饲喂浓度下，某活性物质具有杀菌活性，需通过其对各种致病、非致病的革兰氏阳性或阴性菌的最小抑菌浓度（MIC）来确定其抗菌谱。

③测定该添加剂的下列能力的试验：诱导对于相关抗生素的交叉耐药性；在养殖试验的条件下利用其靶动物，选择耐药性细菌菌株，如果存在，则研究这种耐药性基因转移的遗传机理。

④确定该添加剂效果的试验：对消化道中微生物区系的影响；对消化道中微生物定植的影响；对病原微生物清除和排泄的影响。

⑤如果该活性物质表现了一种抗菌作用，在此情况下，就应提供测定对该添加剂具有抗性的菌株百分数的试验研究资料。

⑥如果活性物质是一种微生物，应确定其对抗生素是否具有耐药性。

⑦如果添加剂含有基因修饰过的生物或其组成，应在属于理事会指令90/220/EEC中条款2（1）和（2）的范畴。

对于饲用微生物来说，现在的研究水平还很难确定具有活性的是微生物自身还是其代谢产物，或是两者的综合，更难具体到一种特定的物质上，因此很多针对特定化学物质的安全评价准则并不适用，如急性毒性试验、致突变、致畸试验、代谢和分布研究等。另外，对于添加剂每日允许摄入量（ADI）和最高限量残留（MRLs）及停用期的建议通常适合于成分确定的化学物质，如何确定或者是否有必要确定饲用微生物的 ADI 和 MRLs 尚无定论。

3. 对操作工人安全性的评价 在生产、处理和使用添加剂时，操作工人可能主要以吸入或局部暴露的方式与添加剂接触。例如，农场工人在处理或混合添加剂时有可能接触到微生物饲料添加剂，因此，应提交微生物饲料添加剂产品如何使用的信息，对操作工人进行的风险评价必须包括在内。

对于以空气传播及局部暴露两种途径接触添加剂本身，造成对工人的危害进行评价时，在生产工厂的经验往往是一个重要的信息来源。应特别注意的是以干粉形式存在或容易导致粉尘产生的各种添加剂、加有添加剂的饲料和/或动物排泄物以及具有潜在过敏源性的饲料添加剂。

（1）对工人安全性的毒理学评价

①对呼吸系统的影响 应提供证据说明空气中的粉尘浓度不会对工人的健康构成威胁。必要时这些证据应包括以下内容：对于实验动物的吸入实验、已公布的流行病学资料和/或申请者拥有的关于其工作场所的数据和/或刺激性和呼吸系统的致敏试验。

②对眼睛和皮肤的影响 如果有可能，应该从已知的人类条件中直接获取证据，说明没有刺激性和/或致敏作用。但这应该补充有效的动物测试的结果，这种测试是说明使用该适合的添加剂对于眼睛和皮肤刺激性及致敏的可能性。

③影响全身的毒性 为满足安全性要求而生成的毒性数据（包括重复使用情况下的毒性、致突变性、致癌性、繁育毒性）将用来评价对于工人安全性的其他方面。在进行这个工作时，应该牢记，添加剂对皮肤的黏附/吸入是最有可能的接触途径。

（2）接触暴露评价 应该提供使用添加剂是如何导致各种暴露接触的方式——吸入、通过皮肤或被摄入的信息。如果可能，这些信息应该包括一份定量的评价，例如具有代表性的空气传播浓度，皮肤的污染或摄入。如果得不到定量的评价信息，应该提交充分的信息以能够用来评价所造成的接触暴露。

（3）接触暴露的防控措施 当采取一些措施防控接触暴露时，使用由毒理学和接触暴露评价得到的信息，能够得出关于对使用者健康风险的结论（对全身的影响、毒性、刺激性和致敏性），在这种情况下，这些措施就是合乎情理的。如果这种风险是不能接受的，就应该采用必要的预防措施去控制或者消除接触。改变产品配方或者改进产品的生产工艺、利用和/或将该添加剂处理成合适的溶液形式。如果防控措施能发挥作用，个人防护手段应该被看做是防范剩余风险的最后措施。

4. 环境风险的评价 考虑饲料添加剂对环境的影响非常重要，由于饲料添加剂的使用是典型的长期使用（甚至是终身）的，可能涉及大量的动物，并且许多添加剂不易消化吸收，因此，排泄出的未消化物值得我们谨慎考虑。然而在很多情况下，对环境评价的要求却会受到限制。因此在一般性导则中不适合于作出严格的规定。对于饲用微生物而言，对其环境风险评价还没有形成严格、具体的规范。

（二）饲用微生物添加剂的安全性评价

对微生物进行科学的安全性评价是对微生物相关产品的安全性进行严格把关的基础。一种完整、系统、具体可行的安全性评价体系对于微生物安全性评价具有重要意义和价值。世界各国对用于食品/饲料及其生产的微生物进行安全性评价的方法各不相同。如美国“通常认为是安全的（generally recognized as safe，GRAS）”的方法，美国食品药品管理局（Food and Drug Administration，FDA）的科学家根据通常可获得的安全性信息和自身进行安全性评价的经验对给定物质进行安全性评价，以确定该物质是否为 GRAS 物质。是否符合 GRAS 的结果要反映 FDA 科学家的一致意见，但最终决定权并不在 FDA 的科学家。而法国采用的是“个案分析（case-by-case）”的方法，只针对新的无使用史的微生物，评价是以申请者提供的档案材料为基础。丹麦的方法，是一种全程管理过程。对所有微生物进行完整的安全性评价是一种费时、费力的烦琐工作，而且对于有的具有较长安全使用史的微生物没有这种必要性。欧盟希望引进一种被称为安全资格认证（qualified presumption of safety，QPS）的方法来进行食品/饲料中微生物的安全性评估，该方法在观念和目的上与美国 GRAS 的定义类似，但考虑了欧洲不同的管理实践情况。QPS 中的资格（qualification）是建立在合理证据的基础上，能满足一些应用的合理限制性条件。对于 QPS，欧洲食品安全管理局（European Food Safety Authority，EFSA）最关心的问题是：所提供的证明力（weight-of-evidence）是否能足以保证 QPS 至少能达到“个案分析（case-by-case）”安全性评价方法所能达到的公信水平；所提供的证明力（weight-of-evidence）是否有充分的文献或材料证明；QPS 中是否尚有未充分考虑的问题。

1. QPS 引入的背景 有大量的不同种类的细菌和真菌用于食品/饲料生产，有的甚至直接用作添加剂。其中有的有较长的表观安全使用史，但对于其他有的种类了解较少，可能意味着对消费者存在有某种风险。引入 QPS 的目的在于将有限的评估资源集中用于风险和不确定性更大的微生物，而不是对所有用于食品/饲料生产的微生物进行完整的安全性评价。QPS 被认为是设置一种优先权，是欧洲食品安全管理局（EFSA）用于安全性评价的一种可操作的工具。

在欧洲，除了 Novel Food Regulation（新的食品法规）所包含的内容，通常没有对用于发酵生产食品的微生物进行严格管理。然而，对用于饲料添加剂和植物保护剂的微生物却进行了全面的管理。对于一种与自由用于生产人类食品的菌株，当用作生产饲料添加剂时却要经过欧共体的批准。QPS 可能代表着一条能协调安全性评价轻重缓急的方式，在安全性问题较少的地方，不引入非必要的安全性评价，而使较重要的安全性问题能得到很好的解决。当已被授予 QPS 的微生物以不同方式或方法使用和生产时，可以以公告的方式替代反复评价。在这一点上，相对于“个案分析（case-by-case）”方法，QPS 显示出了明显的优势。

2002 年 3 月，由前动物营养科学委员会（Scientific Committee on Animal Nutrition）、食物科学委员会（Scientific Committee on Food）和植物科学委员会（Scientific Committee on Plants）成员组成的科学组建议选择性地对某些微生物引入 QPS。这实际上是对已知微生物进行分组式安全性评价，这种评价独立于任何进入市场前的授权过程。如果该分类组没有安全问题，或是有安全问题存在，但该安全问题能被确定和排除，那么该组可被授予 QPS 资格（QPS Status）。对于某微生物菌株，如果能对其进行准确无误的鉴定，并将其划分到已被授予 QPS 资格的组，那么就没有必要对该菌株进行进一步的安全性评价。被认为不具备 QPS 资格的微生物仍需要接受完整的安全性评价。

2003 年 4 月，原来由欧委会科学委员会承担的食品/饲料安全评价责任正式移交给 EFSA。不久，EFSA 要求其科学委员会考虑 QPS 文件中提到的微生物安全评价方法是否能用于协调EFSA各科学小组用于评价微生物安全性的方法，并考虑各利益方对QPS的反应，于2004年底召开科学讨论会征求各方意见。科学委员会得出结论认为：QPS能够提供在EFSA中应用的通用审批系统，可以应用于所有对人为引入食物链的微生物进行安全性评价的要求。QPS的引入使得微生物的安全性评价在EFSA各小组间更加透明和一致，以便于能更有效的利用资源对那些风险性、不确定性更大的微生物进行评价。EFSA接受了科学委员会的建议，并提出科学委员会应在应用性方面对QPS进行评估。首先，要求科学委员会确定EFSA公告列表中最常见的微生物，包括那些用作微生物产品源的微生物。在调查、研究的基础上选择微生物的相关组，并提出QPS是否适合于这些组。

2. QPS操作方法 所有被认为适合于QPS资格的微生物必定附带有证明其安全性的报告。对于这一通则可能例外的是某些真菌属/种（genera/species），例如酵母属和某些克鲁维属酵母（*Kluyveromyes*）菌株。

尽管对于QPS资格的分析需要逐个进行，甚至某些资格对于特定的微生物及其应用是独特的。但还是有一些资格条件可在较宽范围内应用，尤其是对于细菌。例如：

（1）对于通过动物饲料进入食物链的活体微生物应该不含有对用于临床和兽药的重要抗生素具有抗性的因子。如果有抗性因子存在，但只用作生产菌株，产品中不含该菌株，那么该菌株不能被排除用于安全生产。

（2）进入食物链或用于生产目的的菌株应该不产生与用于临床和兽药的重要抗生素有类似结构的抗生素，以避免进一步促进抗药性的发展。

（3）某些分类组中有的菌株能产生毒素，如果细菌来自于该分类组，需要证明该菌不产毒素。

对准予QPS的分类单位提供资格证明，要求证明其不存在有产生负面效应（产生毒素和毒力因子）的能力，如果有可能，应提供遗传水平而非表型水平的证据。

（1）*建立QPS资格* 最初提出的QPS资格的建立取决于四大要素：分类（taxonomy）：需要对其确立QPS资格的分类水平或分类组，这是出发点；熟悉度（familiarity）：是否有足够的信息来确定所提出的组所含的微生物具有安全性；致病性（pathogenicity）：是否提出的分组中含有病原菌。如果有，是否对毒力因子和潜在致病性有足够的了解以能排除致病性菌株；最终用途（end use）：是否有活体微生物进入食物链，还是微生物用作生产其他产品。

QPS是由EFSA确立的，并且独立于公告发布者（Notifier），判断可获得的数据是否充分是由科学家决定的。开始，应当集中于那些普遍的公告种属。一旦QPS资格被确立并生效，按照公告发布者的要求，并在其帮助下添加到QPS列表中。对QPS的确定应当在任何特定的安全性评价以前进行，如果产品/生产过程涉及不符合QPS的微生物，该产品不应被排除，而应进行完整的安全性评价。

对于公告发布者，如果生产菌株或是产品中含有的微生物被划入已被授予QPS资格的组，对其安全性评价的要求只有如下条件：①对微生物的鉴定，如果是混合物，则是对组成菌株的鉴定；②提供微生物满足该分类单位所需一切资格的证据；③产品特异性安全数据。

（2）*微生物QPS资格的评价流程* 欧盟健康和消费者保护总理事会（DG SANCO）在有关QPS的工作文件中提出了QPS资格的评价流程（图5-6）。

（3）*QPS实践* 下面举例说明QPS是如何应用于生产中使用的微生物，这些评价只是初步的，只用来阐明QPS是如何进行的，并不得出确定性结论。

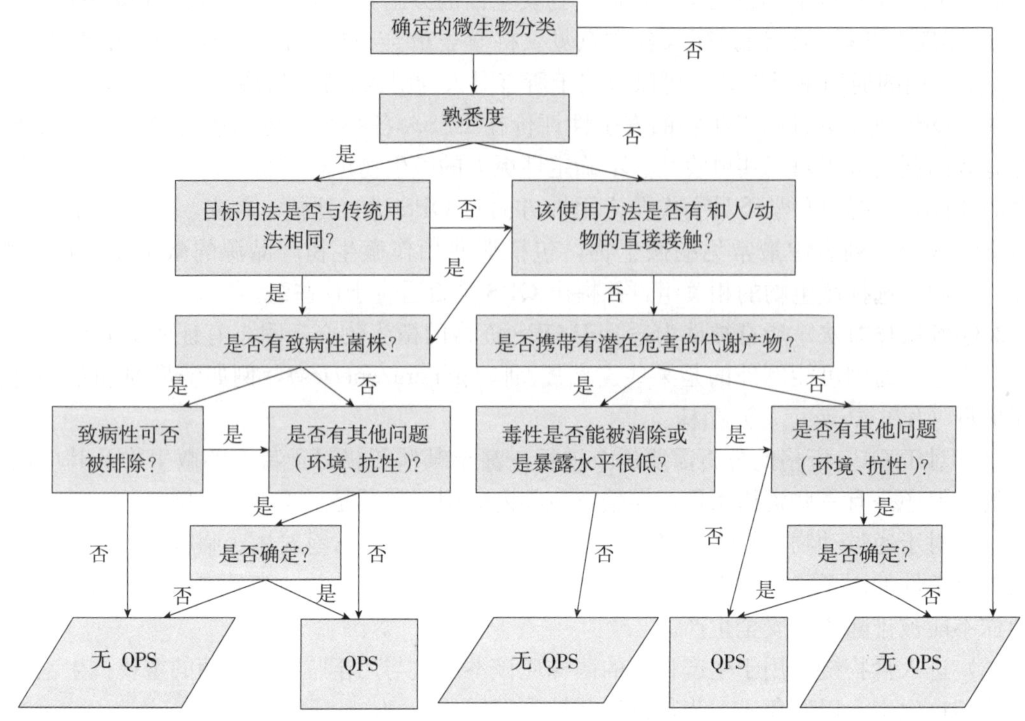

图 5-6　微生物的 QPS 适合性评价流程

①乳杆菌　乳杆菌属是一个能产乳酸，由分类学上不同的微生物组成的组。有的只产生单一发酵产物（同型发酵乳酸菌）或者还产生其他产物（异型发酵乳酸菌），如乙酸和 CO_2。有的是严格的同型发酵（嗜酸乳杆菌、瑞士乳杆菌、德氏乳杆菌）或异型发酵（短乳杆菌、发酵乳杆菌、布氏乳杆菌、罗氏乳杆菌），大部分同型发酵己糖，而异型发酵戊糖。尽管现代分子生物学方法已揭示了该属中的分簇情况，这种分簇与以生理、形态和发酵方式为基础的分组并不一致。

乳酸菌用于生产食品已经有很悠久的历史，除了主要的发酵产物，还能产生蚁酸和 H_2O_2 等。尽管没有已知乳杆菌产生抗生素的报道，但产生能抑制革兰氏阳性菌的蛋白或肽类细菌素的情况却很普遍。有些中和菌株能产生低分子量的抗菌物质，如罗氏乳杆菌产生的"reuterin"，一种 3-羟基环氧丙烷。这些物质中大部分化学结构还没有得到确定。偶尔也会有乳杆菌分泌生物胺的报道。

乳杆菌对生长环境的要求比较苛刻，尤其是用于生长的发酵糖。乳杆菌中还没有发现真正意义上的病原菌，尽管偶然会导致机会感染，但通常是在宿主有严重疾病的情况。由于通常用于生产奶制品的乳杆菌较容易鉴定到种的水平，而且种和菌株非常少，即便如此，还是有极少的乳杆菌被认为符合 QPS 资格，比如德氏乳杆菌、瑞士乳杆菌可被认为符合 QPS 要求。唯一需要证明的是其不含有获得的抗生素抗性。

②芽孢杆菌　描述细菌种的指导原则要求同种内染色体 DNA 杂交的同源性要高于 70%，种间低于 70%。枯草芽孢杆菌组传统上含有四个种：淀粉芽孢杆菌（*B. amyloliquefaciens*）、地衣芽孢杆菌（*B. licheniformis*）、短小芽孢杆菌（*B. pumilus*）和枯草芽孢杆菌（*B. subtilis*）。枯草芽孢杆菌组的代表种的 16s RNA 不同，但对于生态组

却并非这样。传统组中的种能通过表型来区分，但是莫哈维芽孢杆菌、枯草芽孢杆菌和萎缩芽孢杆菌间差异不大，只能通过分子生物学方法鉴定，萎缩芽孢杆菌和枯草芽孢杆菌只能通过染色来鉴定。

该组中的传统成员分类学地位已得到较好的确立，对其生物学特征已有较多的了解。枯草芽孢杆菌是最先进行全基因组测序的微生物之一，对其基因已有较多的注释。尽管包含在枯草芽孢杆菌组中的传统种被认为符合 QPS，但从单独的种来考虑可能更慎重。生态组中含有的成员与那些传统成员在遗传上有极高的相似度。除非对其分类地位的重新鉴定使得它们能够包含正在使用的生产菌株，否则，它们不适用于 QPS。偶尔会有地衣芽孢杆菌、短小芽孢杆菌和枯草芽孢杆菌导致食物中毒的报道，也有导致腹泻和呕吐的记载，但这些种产生毒素的机制并不是完全清楚。特别是不清楚它们的内毒素是否与蜡状芽孢杆菌（导致芽孢杆菌食物中毒最普遍的原因）相同，还是由于其他内毒素。通过 PCR 方法能获得有与蜡状芽孢杆菌溶血毒素类似基因存在的证据，但用 ELISA 试剂盒却检测不到溶血毒素和非溶血毒素的存在。如果不对毒素进行纯化或是对 PCR 产物进行测序，则不可能确定是否含有相同或相似的毒素。

其他表明枯草芽孢杆菌组有致病性的证据较少。然而，在很多临床报道中，会导致机会感染，这些病原菌没有鉴定到种的水平。短小芽孢杆菌可能会导致类似于李斯特菌病的感染。尽管地衣芽孢杆菌的毒力较弱，而且只有在有各种原因导致免疫缺陷的动物中才能自由增殖，但它还是能导致牛毒血症和流产。

芽孢杆菌很容易从肠道内容物中分离到，但似乎它们的存在是靠不断的重新注入，而不是由于其生长和繁殖。从而，动物和人经常暴露给在环境中遇到的没有表观致病性的芽孢杆菌，缺乏在肠道中停留的证据减少了发生遗传转移和其他负面效果的可能性。

这些微生物的致病性实际上只有少数菌株能产生轻微的食物中毒症状，已有足够的知识能显著降低这些风险。因此，除了短小芽孢杆菌，在种的水平上，潜在致病性并不是进行 QPS 的障碍。

对菌株进行鉴定的工具已经具备，枯草芽孢杆菌组对于我们来说是熟知的，对其生物学特征有较清楚的了解，对其致病性的了解足以能够排除致病性菌株。因此，枯草芽孢杆菌、淀粉芽孢杆菌、地衣芽孢杆菌被认为各自都适合于 QPS，只要满足下列条件，属于这些分类单位的菌株可被认为是安全的：

A. PCR 证据表明不具有产毒的潜在可能，由于怀疑可能存在有编码内毒素基因的同源区，还需要提供细胞毒素检测的证据。

B. 如果生产菌株被排除在最终产品外，并非必须将其排除在 QPS 外，但必须证明在应用的生产条件下，该菌株不产生可检测水平的毒素。每次更改生产条件都需要提供相同的证据。如果没有产毒的潜在可能，则没有这种必要。

C. 该菌株不具有针对应用于临床和兽药的重要抗生素的抗性，如果该菌不是以活菌的形式进入食物链，那么该菌还可以允许用于生产目的。

D. 不产生与临床和兽药中有重要应用的抗生素有类似结构的抗生素，以免促进抗药性的发展。

3. 与 QPS 应用相关的问题

（1）微生物的传统使用　用于饲料和食品生产的微生物，其较长的安全使用史表明对这些产品的消费具有较高的安全等级。传统使用微生物的方式可分为3类：A. 自然发酵过程，不是人为有意添加微生物，例如被称作“back-slopping”的过程，这种过程是把上次发酵产品的一部分加入到下次的发酵底物中，实际上是回收不确定的微生物混合物；B. 发酵过程使用的微生物是人为有意添加，但并不能确定其组成；C. 发酵过程使用的微生物，能被鉴定到菌株水平。

QPS不适用于成分不确定的微生物的混合物，如上面的A和B类。如果混合物的成分能够确定，他们就会被划入C类。如果成分不确定的混合物有较长的安全使用史，那么对于该种特殊用途就没必要进行安全性评价。但对于含有毒力因子、毒性代谢产物和抗生素抗性的产品则需要通过“个案分析”（case-by-case）来解决。

如果属于A和B类的混合物，对于具有较长安全使用史的微生物混合物，要获得QPS资格，只需对其鉴定到种，而没有必要鉴定到株。

对于C类中的微生物，QPS是一种很好的可用作安全性评价的方法。需要指出的是，这一类中，如果是微生物的混合物，那么混合物中的每种菌株都需要得到鉴定。

在新型食品法中有相关条款来对传统用于食品/饲料生产的微生物的新用法进行安全性评价。对于不确定微生物的新型用法，QPS不适用，需要进行“个案分析”评价；如果混合物的成分能够确定，QPS可以应用。

（2）熟悉度/分类　有两个概念对于QPS非常重要，即熟悉度（familiarity）和分类（taxonomy）。有的文献中也用“知识体系（body of knowledge）”代替“熟悉度”（图5-7）。熟悉度或知识体系及其界限的确定由专家组完成（expert panel）。判断一种微生物是否能被确认为“熟知的（familiar）”，取决于它的证明力（weight-of-evidence）。必须能够足以保证任何会导致对人类、家畜和环境造成负面影响的潜在可能性能够被了解和预测。判断现有数据是否充分，以材料提供的证明力为基础，最终由科学家小组讨论确定。对于并非普遍用于食品/饲料生产或安全使用史不长的微生物，则需要提供有关遗传背景及菌株在各种相关环境条件下生长和生化特征的实验数据。还应提供充分的关于其潜在致病性的检测报告。

组成熟悉度的要素（图5-7）：对该微生物使用史的了解；工业应用；微生物的生态学；该微生物的临床应用；公共数据库中该微生物的信息。

分类对于微生物的安全性评价非常重要，成分不明确的微生物混合物不适合于QPS评价是因为它们不是独立的分类单位。有人提议在合适的时候，如果我们对该混合物有更深的了解，那么我们同样可以应用QPS对其进行评价，有人建议以分子生物学的方法来解决混合物的问题。

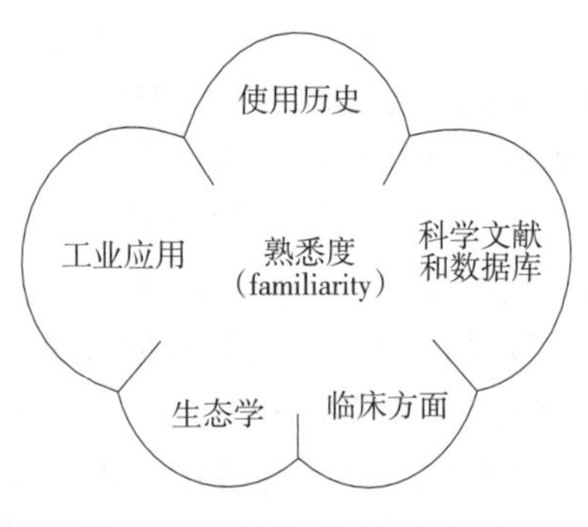

图5-7　“知识体系”的组成

QPS的先决条件是在分类水平清楚而不模棱两可的鉴定，QPS安全性评价对于菌株的鉴定水平取决于现有的关于该微生物的知识和该微生物的属性。如果该分类组中成员普遍被认为具有致病性，那么就不能应用QPS。如果这种致病性仅限于某些菌株，而且该致病性可被了解和检测，那么该分类单位仍有资格准予QPS。这些对于有毒性的芽孢杆菌种和肠球菌非常重要。QPS应该设定适合该评价目的的最高分类单位。对于乳杆菌（*Lactobacilli*），可能鉴定到属即可，但对于黑曲霉（*Aspergillus niger*）可能就需要鉴定到株。酵母属也有类似的问题，对于酵母（*Saccharomyces*）可能只需鉴定即可，但对于假丝酵母（*Candida*）却不行，因为对于这一属的了解远没酵母（*Saccharomyces*）清楚。对于丝状真菌也没有一致的分类系统，要对半知菌亚门成功进行 QPS 安全性评价需要特别小心。

如果该分类单位与当前或以往的命名无关，就不能应用 QPS，最有可能的情况是该分离物能鉴定到属的水平，但却不能划归到现存的种或亚种中或是该种被确定为新的分类单位。

很多用于工业生产的微生物菌株是通过筛选/突变程序获得的，用于提升某些用于特定目的的表型特征，大多数情况下，用于同一目的的筛选/突变不会影响微生物的分类水平。对于基因工程菌株则属于不同法规管理的内容。

（3）*在安全性评价中应用表观安全史的适合性*　较长的表观安全使用史并非简单地表示该微生物的使用时间长，还包括该微生物的暴露水平，有人认为较长的安全使用史自身并不能构成安全性评价，也不能保证某物绝对安全。但较长的安全使用史为证明该菌的无害性提供了证据支持。

考虑表观安全使用史时，还需要考虑其他因素。例如人群中易感个体的增加，包括年轻和年长者，还有那些宿主防线被破坏者，特别是处于免疫抑制状态者。与微生物相关的产品处于休眠状态可能也影响安全性评价。例如，青霉菌（*Penicillium roquefortii*）在蓝奶酪上生长不产生大量毒素，但当污染面包时会大量产毒。记住这些因素，考虑表观安全使用史就可以把资源集中在它们最需要的地方。

（4）*是否缺乏临床证据即表明缺乏致病性*　对于缺乏临床证据有利于建立该微生物的安全性，应谨慎对待。缺乏临床证据可能意味着该微生物不具有致病性，但这也可能是微生物群体在某一暴露程度下检测不到任何负面影响的情况。另一个在解释缺乏临床证据时需要注意的问题是所使用的方法是否能鉴定出负面效应。乳酸菌不能认为全部绝对安全，因为某些临床样品与乳酸菌相关。它们可能被认为是机会致病菌。从临床样品中分离到的乳杆菌，还没有鉴定出其具有毒力因子。可能由于这些细菌天然缺乏毒力因子，而它们在临床样品中的出现只是偶然。但也可能相反，乳杆菌至少在某些情况下能表达毒力因子，但却检测不到。

（5）*在 QPS 安全性评价中包含有致病菌株的分类单位*　肠球菌（*Enterococcus*）阐述的是另一种与临床证据相关的问题。这些细菌常常是机会致病菌，临床分离得到的这些菌株常常能表达黏附因子。表达黏附因子有助于该菌产生致病性，但同一特征却也是益生菌株所期望具有的。既然肠球菌被认为是机会致病菌，但却常用作奶制品的发酵剂，有的也用作动物益生菌，这是一个需要解决的重要问题。因此，如果有合适的鉴定水平，没有必要完全将含有致病性菌株的种排除在 QPS 安全性评价之外。

4. 在 QPS 中分子生物学工具的作用

（1）*分子生物学方法用于分类和菌株鉴定*　许多方法和技术被开发用来支持分类学研究和帮助鉴定微生物。以 DNA 序列为基础的方法克服了很多采用经典方法鉴定微生物所带来的问题。分子鉴定方法包括 16s RNA 分析，脉冲场凝胶电泳（Pulsed-Field Gel Electrophoresis）、多位点序列分型（Multi-Locus Sequence Typing）等。但在实际应用中究竟选择哪一种方法取决于应用的情况，选择的方法需可行、可信、具有重复性。

分子生物学方法对于混合微生物群的鉴定具有重要作用。分子探针可用于确定是否有不希望出现的微生物存在于混合微生物群中，也可用于确定编码毒素的基因或是可转移的抗性因子是否存在于混合物中。

为了确定不希望的微生物或其产品不出现在混合物中，分子方法可以用来监测随时间推移，该群体结构的变化，可以研究该群体的动力学。需要指出的是分类学是鉴定微生物的基础，最终对于安全性评价也非常重要。建立在形态学和生理学参数基础上的分类学方法被证明是一种重要工具，不应被低估。

（2）*分子生物学工具确定可转移抗生素抗性的能力*　对于候选菌株的QPS安全性评价都需要确定该微生物中是否有抗性因子存在。抗性因子自身并不具有安全性问题，而是当其发生转移时才出现安全性问题。内生抗性可能是由于目标微生物缺乏抗生素作用的靶标。这种抗性引起的安全性关注要小于那些由于获得可转移的DNA，这些DNA用于编码修饰和降解抗生素的酶。

应用基因探针来确定抗生素抗性需要小心。很多抗性因子的表达需要诱导，这些编码抗生素抗性因子的DNA序列的存在并不一定表明宿主菌株就表现出抗性。使用分子生物学方法检测抗生素抗性的另一个局限在于检测那些抗性产生的遗传机制已经明确的情况。确定毒素存在的情况与抗性因子的情况类似。

（3）*由分子生物学技术获得结果的局限性*　分子生物学方法在QPS安全性评价中发挥重要作用，但需要记住的是在某些情况下使用该方法并不合适。例如检测生物胺，寻找编码该产物的基因序列，然后检测该基因的表达量，这种方式显然还不如直接检测该物质。

5. QPS用于安全性评价的优点及相关问题

（1）*采用QPS方法的优点*　应用QPS的一个重要的优点就是评价与风险程度相联系，使得风险评估者能将资源集中在评价中更重要的方面，这样可以更好地利用有限的资源。在评价过程中需要使用的人力资源和实验动物将减少。另一个优点是能增强消费者的信心，评价过程的标准化会增加透明度。EFSA的责任在于制定一个有效的系统，以能向公众展示该方法切实可行。并且还能和公众交流，告诉公众含有微生物的产品并不可怕，这些微生物对于我们来说再熟悉不过。QPS还能协调评价过程，它是一种对含有微生物的食品和饲料进行评价的工具，希望能够保证各领域内安全性评价的公平和公正。

（2）*引入QPS的相关问题*　对用于生产的微生物开展安全性评价对于中小企业是一种经济负担，最终会导致部门化。QPS在EFSA中是一种可操作的工具，使得在安全性评价中设置了一种优先权，而与风险管理没有任何联系，在欧洲，对于食品/饲料的风险评估和管理是分开的。确定某一给定菌株的熟悉度即是将该菌株和现存的知识体系联系起来。在建立熟悉度的分类单位时，我们不仅要确定知道什么，还要确定哪些是不知道的。对于QPS难以用于不确定或是极复杂的天然微生物混合物，这是该方法的缺陷和局限性。另一个难题是确定是否应用分子生物学方法用于风险性评价。风险性评价应当以已被确证的方法为基础，而且分子生物学方法是一个发展迅速的领域，不应阻止使用者在特定时间使用最好、最新的可用方法。

（3）*对QPS的修改建议*

A. 欧盟健康和消费者保护总理事会（DG SANCO）对于QPS曾提出微生物在食品/饲料

中的最终应用有3种方式：活体微生物是最终产品的成分，被直接消费；活体微生物并非有意使其进入食物链，进入食物链是偶然的；微生物只是用于产品的生产，但最终产品中不含该微生物。2004年，由EFSA组织的科学讨论会建议应当将含有灭活微生物的产品纳入考虑范围。

B. 另外，2004年，由EFSA组织的科学讨论会还认为应对DG SANCO所提出的“流程图”进行修改，缺乏熟悉度将会直接导致不适合于QPS，这样将会导致“流程图”的右边部分被撤除。

C. 最初的QPS文件没有考虑产品特异性问题，特别是为用户建立安全性的基础。如载体的特性，粒度和产生粉尘的能力，这些与产品的特异性相关，而不适合于通用方法。其他一些对用户的危险性如通过呼吸道和眼睛引起过敏，这是包含微生物的蛋白质类产品常具有的特性。在提供特定的证明之前假设所有产品都有潜在的致敏性。

（4）*在菌种保藏机构保藏菌种的要求* 众人对是否需要在菌种保藏机构保藏菌种没有达成共识。有的专家认为如果不在批准的菌种保藏机构保藏给定菌株，QPS将无法实行；有的专家则认为取得QPS地位需要的是鉴定而非保藏。在特定菌种保藏机构保藏菌种将为使用分子生物学方法进行菌种鉴定提供很大帮助。如果QPS被采纳，应当鼓励在菌种保藏机构保藏菌种以提供参考资料。菌种保藏可以是非公开的，以保护知识产权。问题在于保存的菌种用于什么目的。在QPS的审批过程中还应考虑遗传漂变机制。有人建议菌种保藏也应当成为决定树的组成部分，应当强制性规定对于新取得QPS资格的菌株必须保藏在公认的菌种保藏机构，无论是以公开还是非公开的方式。

6. QPS的现状 约100个微生物种（species）已被提交给EFSA，要求对其进行安全性评价。其中包括了人为引入食物链和用作食品/饲料添加剂源的微生物，这些微生物中的大部分可归入以下四大类：革兰氏阳性、非芽孢细菌；芽孢杆菌；酵母；丝状真菌。

欧盟科学委员会工作组对革兰氏阳性非芽孢细菌、芽孢杆菌、酵母和丝状真菌四大类的各分类组分别进行了QPS适合性考评，考评内容包括分类的确定、知识体系的充分性、是否有安全性问题、安全性问题是否能被排除和最后提出通过QPS的分类单位。

科学委员会在考评后初步提出获得QPS资格的分类单位共有78个种（species）。其中革兰氏阳性、非芽孢细菌有53个种，大多为乳杆菌属，有嗜酸乳杆菌（*Lactobacillus acidophilus*）等32个种；芽孢杆菌（*Bacillus*）属有枯草芽孢杆菌（*Bacillus subtilis*）等13个种，要求不产生具有表面活性能导致食物中毒的毒素和不具产肠毒素的能力；酵母（Yeast）类中含酿酒酵母（*Saccharomyces cerevisiae*）等12个种，对酵母（*Saccharomyces*）要求不在42℃生长而且不是丝状。科学委员会工作组所提出的符合QPS资格的微生物列表中不含丝状真菌，原因在于这些种的分离物被报道在某些条件下能产生真菌毒素。

欧洲饲料添加剂生产商联盟（FEFANA）认为QPS不应与法律和风险评估框架脱离，希望能尽快将QPS整合进EFSA用于各种风险性评价的工具中，特别是当前正在讨论的饲料添加剂管理方针。尽管QPS的引入在对待新产品的研发和已经熟知的产品上会产生差异，但FEFANA认为只要能一贯保证授权过程公平、均衡、透明即可被认同。FEFANA最为看重的是QPS期望能平等地应用于发酵过程、食品和饲料用途的活体微生物。

在欧洲风险评价和风险管理是分开的，这种分离在 QPS 的应用中仍然存在。EFSA 所拥有的评价资源有限，但又不能有损安全性评价水平，而且还要保证安全性评价在各领域的公平、公正和透明，QPS 被认为是符合这些要求的一种机制。QPS 还没有真正得到实际应用，其各方面的要求和条件正在征求科学家和公众的评议意见，该体系正处在不断完善的过程中，目前还没有正式引入欧洲饲用微生物的安全评价体系中。

参考文献

曹永梅，丁一庆，张灏，等，1999. 保护剂在冷冻干燥双歧杆菌中的作用［J］. 食品与发酵工业，26（2）：40-45.

龟冈暄一，2005. 日本饲料法规［M］. 北京：中国农业出版社.

郭新华，2002. 益生菌基础和应用［M］. 北京：北京科学技术出版社.

孔健，2005. 农业微生物技术［M］. 北京：化学工业出版社.

沈萍，2002. 微生物学［M］. 北京：高等教育出版社.

张刚，2007. 乳酸细菌——基础、技术和应用［M］. 北京：化学工业出版社.

Anil Kumar Anal and Harjinder Singh，2007. Recent advances in microencapsulation of probiotics for industrial applications and targeted delivery［J］. Trends in Food Science & Technology，18：240-251.

Åsa Ljungh and Torkel Wadström，2006. Lactic Acid Bacteria as Probiotics［J］. Curr. Issues Intestinal Microbiol.，7：73-90.

B A Ayanwale，M I Kpel and V A Ayanwale，2006. The Effect of Supplementing Saccharomyces cerevisiae in the Diets on Egg Laying and Egg Quality Characteristics of Pullets［J］. International Journal of Poultry Science，5（8）：759-763.

Branda S S，et al.，2001. Fruiting body formation by *Bacillus subtilis*［J］. Proc. Natl. Acad. Sci. USA，98：11621-11626.

Brown I，et al.，1997. Fecal numbers of *bifidobacteria* are higher in pigs fed *Bifidobacterium longum* with a high amylose cornstarch than with a low amylose cornstarch［J］. J. Nutr.，127：1822-1827.

Casula G and Cutting S M，2002. *Bacillus* probiotics：spore germination in the gastrointestinal tract［J］. Appl. Environ. Microbiol.，68：2344-2352.

Christensen et al.，2003. *Lactobacilli* differentially modulate expression of cytokines and maturation surface markers in murine dendritic cells［J］. J. Immunol.，168：171-178.

Duc L H，et al.，2003. Bacterial spores as vaccine vehicles［J］. Infect. Immunol.，71：2810-2818.

Duc L H，Hong H A and Cutting S M，2003. Germination of the spore in the gastrointestinal tract provides a novel route for heterologous antigen presentation［J］. Vaccine，21，4215-4224.

Duc L H，et al.，2004. Characterization of Bacillus probiotics available for human use［J］. Applied and Environmental Microbiology，70：2161-2171.

Duc L H，et al.，2004. Intracellular fate and immunogenicity of *B. subtilis* spores［J］. Vaccine，22：1873-1885.

EFSA Scientific Colloquium Summary Report. Qualified Presumption of Safety of Micro-organisms in Food and Feed［EB］. Available at：http：//www. efsa. europa. eu/EFSA/Scientific _Document/efsa _qps1，0. pdf.

EFSA Annex1：Microbial species notified to EFSA and requiring a safety assessment［EB］. Available at：http：//www. efsa. europa. eu/EFSA/DocumentSet/Annex1，0. xls.

EFSA Annex 2：List of taxonomic units proposed for QPS status [EB] . Available at：http：//www. efsa. europa. eu/EFSA/DocumentSet/Annex2，0. pdf.

EFSA Annex 3：Assessment of Gram Positive Non-Sporulating Bacteria with respect to a Qualified Presumption of Safety [EB] . Available at：http：//www. efsa. europa. eu/EFSA/DocumentSet/Annex3，0. pdf.

EFSA Annex 4：Assessment of Bacillus Bacteria with respect to a Qualified Presumption of Safety [EB]. Available at：http：//www. efsa. europa. eu/EFSA/DocumentSet/Annex4，0. pdf.

EFSA Annex 5：Assessment of Yeasts with respect to a Qualified Presumption of Safety [EB] . Available at：http：//www. efsa. europa. eu/EFSA/DocumentSet/Annex5，0. pdf.

EFSA Annex 6：Assessment of filamentous fungi with respect to a Qualified Presumption of Safety [EB]. Available at：http：//www. efsa. europa. eu/EFSA/DocumentSet/Annex6，0. pdf.

European Commission，2003. On a generic approach to the safety assessment of microorganisms used in feed/food and feed/food production. A working paper open for comment [EB] . Available at：http：//europa. eu. int/comm/food/fs/sc/scf/out178 _ en. pdf.

FDA/ORA CPG7126. 41，Sec. 689. 100 Direct-fed microbial products [EB] . Available at：http：//www. fda. gov/ora/compliance _ ref/cpg/cpgvet/cpg689-100. html.

Food Law News-EU-2007. RISK ASSESSMENT-EFSA public consultation on the Qualified Presumption of Safety (QPS) approach for the safety assessment of microorganisms deliberately added to food and feed [EB] . Available at：http：//www. foodlaw. rdg. ac. uk/news/eu-07002. htm.

Galaqan J E，et al.，2005. Sequencing of *Aspergillus nidulans* and comparative analysis with *A. fumigatus* and *A. oryzae* [J] . Nature，438 (7071)：1105-1115.

Gerald W Tannock，2004. A Special Fondness for Lactobacilli [J] . Applied and Environmental Microbiology，70：3189-3194.

H Oeztuerk，et al.，2005. Influence of Living and Autoclaved Yeasts of Saccharomyces boulardii on In Vitro Ruminal Microbial Metabolism [J] . J. Dairy Sci.，88：2594-2600.

Hill J E，Lomax L G，Cole R J，et al.，1986. Toxicologic and immunologic effects of sublethal doses of cyclopiazonic acid in rats [J] . American of Journal Veterinary Research，47 (5)：1174-1177.

Huynh A Hong，Le Hong Duc，Simon M Cutting，2005. The use of bacterial spore formers as probiotics [J]. FEMS Microbiology Reviews，29：813-835.

Hyronimus，et al.，2000. Acid and bile tolerance of spore-forming lactic acid bacteria [J] . Int. J. Food Microbiol.，61：193-197.

Iizuka H，Iida M，1962. Maltoryzine，a new toxic metabolite produced by a strain of *Aspergillus oryzae* var. *microsporus* isolated from the poisonous malt sprout [J] . Nature，681-682.

Jadamus A，Vahjen W and Simon O，2001. Growth behaviour of a spore forming probiotic strain in the gastrointestinal tract of broiler chicken and piglets [J] . Arch. Tierernahr.，54：1-17.

Jadamus，et al.，2002. Influence of the probiotic strain *Bacillus cereus* var. *toyoi* on the development of enterobacterial growth and on selected parameters of bacterial metabolism in digesta samples of piglets [J]. J. Anim. Physiol. Anim. Nutr.，86：42-54.

Joint FAO/WHO Expert Committee of Food Additives，1992. Compendium of Food Additive Specifications [J]. Rome：Food and agriculture organization of The United Nations (FAO)，233-234.

Kaila Kailasapathy，2002. Microencapsulation of Probiotic Bacteria：Technology and Potential Applications [J]. Curr. Issues Intest. Microbiol.，3：39-48.

Lalitha Rao B, Husain A, 1985. Presence of cyclopiazonic acid in kodo millet (Paspalum scrobiculatum) causing kodua poisoning in man and its production by associated fungi [J]. Mycopathologia, 89 (3): 177-180.

La Ragione, et al., 2001. *Bacillus subtilis* spores competitively exclude *Escherichia coli* 070: K80 in poultry [J]. Vet. Microbiol., 79: 133-142.

Muir A D., 1984. Quantitative determination of 3-nitropropionic acid and 3-nitropropanol in plasma by HPLC [J]. Toxicollett., 20 (2): 133-136.

Nishiea K, Coleb R J, Dorner J W, 1985. Toxicity and nearopharmacology of cyclopiazonic acid [J]. Food and Chemical Toxicology, 23 (9): 831-839.

Orth R, 1977. Mycotoxins of *Aspergillus oryzae* strains for use in the food industry as starters and enzyme producing molds [J]. Ann. Nutr. Alim., 31: 617-624.

Spinosa et al., 2000. On the fate of ingested *Bacillus* spores [J]. Res. Microbiol., 151: 361-368.

Tannock G W, M P Dashkevicz, and S D Feighner, 1989. Lactobacilli and bile salt hydrolase in the murine intestinal tract [J]. Appl. Environ. Microbiol., 55: 1848-1851.

The Occupational Health & Safety Information Service, 2005. Opinion of the Scientific Committee on a request from EFSA related to A generic approach to the safety assessment by EFSA of microorganisms used in food/feed and the production of food/feed additives [J]. The EFSA Journal, 226: 1-12.

The replacement of a case-by-case safety assessment by a Qualified Presumption of Safety (QPS) Approach for micro-organisms. FEFANA CONTRIBUTIONS TO EFSA'S REQUEST FOR COMMENT [EB]. Available at: http://www.fefana.org/News/Positions/07-03-05_pp_qps.pdf.

Yokota, Sakurai A, Shinobu I, et al., 1981. Isolation and 13C NMR study of cyclopyazonic acid a toxic alkaloid produced by muscardine fungi. *Aspergillus flavus* and *A. oryzae* [J]. Agric. Biol Chem., 45 (1): 53-56.

第六章 饲用微生物菌种及特性

目前，我国批准使用的微生物种类有36种（表6-1）。美国饲料管理协会（AAFCO）公布"通常认为是安全的"微生物种类清单（表6-2）。表中所列出的微生物菌种通过了美国食品与药品管理局（FDA），以及兽医中心（CVM）的使用批准，被认为直接使用时不存在安全隐患。

表6-1 中国批准使用的饲用微生物菌种及使用范围

菌种	使用范围
地衣芽孢杆菌、枯草芽孢杆菌、两歧双歧杆菌、粪肠球菌、屎肠球菌、乳酸肠球菌、嗜酸乳杆菌、干酪乳杆菌、德氏乳杆菌乳酸亚种（曾用名：乳酸乳杆菌）、植物乳杆菌、乳酸片球菌、戊糖片球菌、产朊假丝酵母、酿酒酵母、沼泽红假单胞菌、婴儿双歧杆菌、长双歧杆菌、短双歧杆菌、青春双歧杆菌、嗜热链球菌、罗伊氏乳杆菌、动物双歧杆菌、黑曲霉、米曲霉、迟缓芽孢杆菌、短小芽孢杆菌、纤维二糖乳杆菌、发酵乳杆菌、德氏乳杆菌保加利亚亚种（曾用名：保加利亚乳杆菌）、约氏乳杆菌	养殖动物
产丙酸丙酸杆菌、布氏乳杆菌	青贮饲料、牛饲料
副干酪乳杆菌	青贮饲料
凝结芽孢杆菌	肉鸡、生长育肥猪和水产养殖动物
侧孢短芽孢杆菌（曾用名：侧孢芽孢杆菌）	肉鸡、肉鸭、猪、虾

表6-2 美国批准使用的饲用微生物菌种

Aspergillus niger（黑曲霉）	*Lactobacillus curvatus*（弯曲乳杆菌）
Aspergillus oryzae（米曲霉）	*Lactobacillus delbruekii*（德氏乳杆菌）
Bacillus coagulans（凝结芽孢杆菌）	*Lactobacillus farciminis*（香肠乳杆菌，只用于仔猪）
Bacillus lentus（迟缓芽孢杆菌）	*Lactobacillus fermentum*（发酵乳杆菌）
Bacillus licheniformis（地衣芽孢杆菌）	*Lactobacillus helveticus*（瑞士乳杆菌）
Bacillus pumilus（短小芽孢杆菌）	*Lactobacillus lactis*（乳酸乳杆菌）
Bacillus subtilis（枯草芽孢杆菌）	*Lactobacillus plantarum*（植物乳杆菌）
Bacteroides amylophilus（嗜淀粉拟杆菌）	*Lactobacillus reuterii*（罗氏乳杆菌）
Bacteroides capillosus（多毛拟杆菌）	*Lactobacillus mesenteroides*（肠膜明串珠菌）
Bacteroides ruminicola（栖瘤胃拟杆菌）	*Pediococcus acidilacticii*（乳酸片球菌）
Bacteroides suis（产琥珀酸拟杆菌）	*Pediococcus cerevisiae*（啤酒片球菌）
Bifidobacterium adolescentis（青春双歧杆菌）	*Pediococcus pentosaceus*（戊酸片球菌）
Bifidobacterium animals（动物双歧杆菌）	*Propionibacterium acidipropionici*（詹氏丙酸杆菌，只用于牛）
Bifidobacterium bifidum（两歧双歧杆菌）	*Propionibacterium-freudenreichii*（费氏丙酸杆菌）
Bifidobacterium infantis（婴儿双歧杆菌）	*Propionibacterium shermanii*（谢氏丙酸菌）
Bifidobacterium longum（长双歧杆菌）	*Saccharomyces cerevisiae*（酿酒酵母）
Bifidobacterium thermophilum（嗜热双歧杆菌）	* *Entercococcus cremoris*（乳脂肠球菌）
Lactobacillus acidophilus（嗜酸乳杆菌）	* *Entercococcus diacetylactis*（二乙酰乳酸肠球菌）
Lactobacillus brevis（短乳杆菌）	* *Entercococcus faecium*（屎肠球菌）
Lactobacillus buchneri（布氏乳杆菌，只用于牛）	* *Entercococcus intermedius*（中间肠球菌）
Lactobacillus bulgaricus（保加利亚乳杆菌）	* *Entercococcus lactis*（乳酸肠球菌）
Lactobacillus casei（干酪乳杆菌）	* *Entercococcus thermophilus*（嗜热肠球菌）
Lactobacillus cellobiosus（纤维二糖乳杆菌）	*Yeast*（酵母）

注：*早期目录中将 *Entercococcus*（肠球菌属）曾写成 *Streptococcus*（链球菌属）。

第一节　丙酸杆菌属

一、一般属性

丙酸杆菌属的拉丁名是 *Propionibacterium*（Orla-Jensen，1909），革兰氏阳性，不形成芽孢，不运动的杆菌，(0.5～0.8) μm×（1～5）μm，在 30～37℃和 pH 接近 7 时生长最快，DNA 的 G+C 含量范围为 53～67mol%。通常是多形态的杆菌，一端圆钝，而另一端渐细或变尖，并且着色不深。有的细胞为类球状、分叉或分枝，但不成丝状。细胞单个、成对或短链，呈 V 形或 Y 形出现，或方形排列。化学异养菌，需复杂营养，能代谢利用碳水化合物、蛋白胨、丙酮酸盐或乳酸盐。发酵葡萄糖和其他碳水化合物所产生的发酵物是含有丙酸和醋酸的混合物，也常含有少量的异戊酸、甲酸、琥珀酸或乳酸和二氧化碳。模式种有费氏丙酸杆菌、痤疮丙酸杆菌、颗粒丙酸杆菌。主要发现于乳酪、乳制品、人的皮肤和人与动物的肠道中，有些种可以是致病性的。

二、主要用途

（一）在青贮饲料中的应用

青贮饲料在空气中容易变质，特别是在温暖的气候条件下更容易变质。其原因是在20～30℃的空气条件下，青贮饲料的温度和 pH 上升，酵母、霉菌和好氧细菌生长，造成碳水化合物含量降低。同时会发生霉变和产生毒素，从而降低了青贮饲料的质量。丙酸杆菌添加到青贮中可产生大量的丙酸和乙酸，这些物质可以抑制酵母和霉菌的生长，增加青贮饲料在空气中的稳定性。将丙酸杆菌添加到青贮中，发酵后可明显增加丙酸和乙酸的含量，这样的青贮饲料在空气中暴露 3d 后，其营养品质仍然保持不变。另外，添加丙酸杆菌和添加乳酸菌相比，前者丙酸和乙酸含量较高，能更有效提高青贮饲料在空气中的稳定性。青贮饲料中使用丙酸杆菌添加量应达到 1×10^{6} cfu/g。

（二）直接饲喂反刍动物

丙酸杆菌作为饲料添加剂的研究主要集中在反刍动物的应用。有报道认为丙酸杆菌是瘤胃的土著微生物，可以把葡萄糖转化为丙酸，丙酸是肝糖脂新生的前体物质，理论上丙酸是比葡萄糖更高效的能源物质，直接饲喂丙酸杆菌是一种天然的加快葡萄糖代谢的方法，因此直接饲喂丙酸杆菌能提高机体的代谢效率。奶牛产仔后产奶和身体恢复需要大量的能量，在分娩前 2 周开始给奶牛饲喂丙酸杆菌，添加量为 6×10^{10} cfu/g 或 6×10^{11} cfu/g，瘤胃中丙酸含量明显升高，产后体重能够得到很快恢复，产后 45d 就可排卵。丙酸杆菌作为直接饲喂微生物对于增加奶牛产奶量也是有效的，奶牛饲料中添加丙酸杆菌可以改善哺乳期奶牛的能量平衡，降低饲料消耗。给奶牛饲喂丙酸杆菌（活菌含量 3.5×10^{10} cfu/g），牛奶中脂肪和蛋白质含量增加，牛的体重和奶产量保持不变，饲喂丙酸杆菌还可降低干物质消耗，提高能量利用效率，不影响奶产量。当反刍动物饲喂大量精饲料时，由于微生物的作用瘤胃中乳酸含量会急剧上升，pH 下降，pH 过低时会导致酸中毒，此时饲喂丙酸杆菌可以把乳酸转化为丙酸，丙酸是弱酸，而且丙酸可以被动物机体利用，因此可以缓解或防止反刍动物的酸中毒。丙酸杆菌在牛饲料中的适宜添加量为 1×10^{10} cfu/g。

三、可用菌种

（一）费氏丙酸杆菌费氏亚种［*Propionibacterium freudenreichii* subsp. *freudenreichii* (van Niel 1928) Moore and Holdeman 1970］

见图 6-1 所示，费氏丙酸杆菌费氏亚种在马血洋菜上（2d）的表面菌落为 0.2～0.5mm，圆形，全缘，凸面到垫状，半不透明，闪光，灰到白色（可以变成奶油色，棕黄色或粉色）。在深层洋菜中的菌落是双凸透镜状的，达 4mm，白色、棕黄色或粉色。葡萄糖营养液培养物呈现具有一种细腻的或颗粒状的沉淀的浑浊状态，或呈现具有一种颗粒状沉淀的清澈状态，最终 pH 为 4.5～4.9。厌氧到耐氧。暴气培养时，洋菜的表面很少生长，在深层培养液中生长，但比厌氧培养时生长更缓慢。菌株需泛酸、生物素或硫胺素，但不需要对氨基苯酸。在巯基醋酸盐培养物中产生的主要长链脂肪酸是 1，2-甲式四癸酸（约 43%）和一种 17 碳支链酸（约 12%）。细胞壁含有消耗二氨基庚二酸和较大量的半乳糖和中等量的甘露糖与鼠李糖；无葡萄糖。DNA 的 G+C 含量范围是 64～67mol%（熔解温度法）。从生乳、瑞士干酪及其他乳制品分离得到。应用：产维生素 B_{12}。

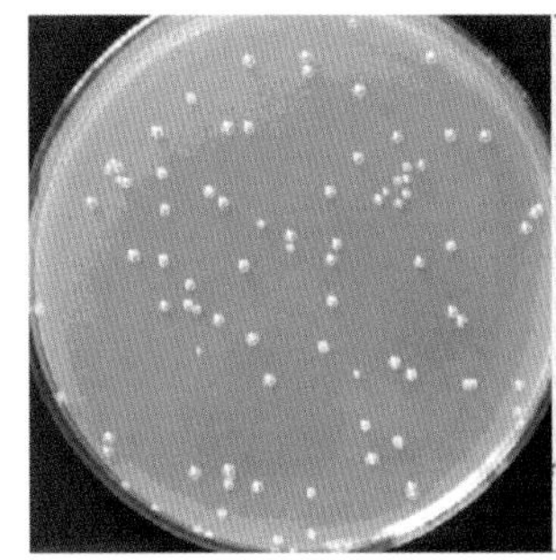

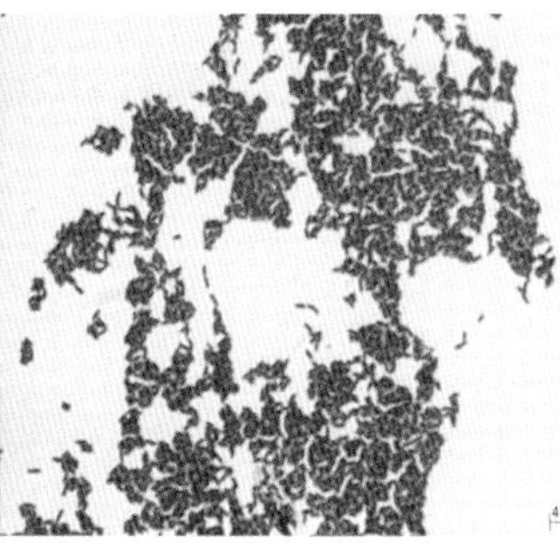

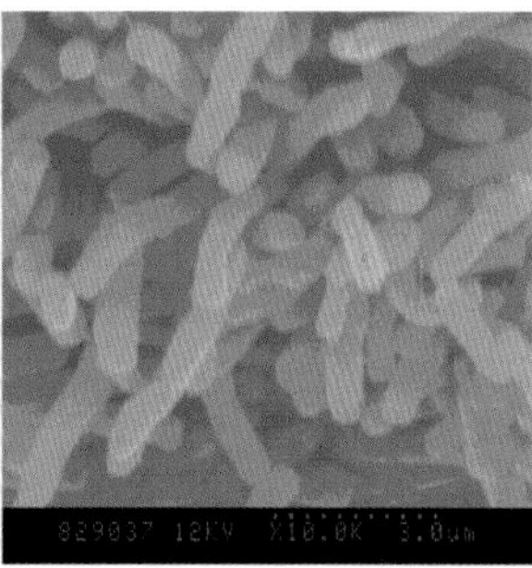

图 6-1　费氏丙酸杆菌费氏亚种 *Propionibacterium freudenreichii* subsp. *freudenreichii* CICC 10019

模式菌株：ATCC 6207＝DSM 20271

分离基物：瑞士干酪

核糖体 RNA 基因序列信息：GenBank：AF218432，*Propionibacterium freudenreichii* 16S-23S ribosomal RNA intergenic spacer region，complete sequence

序列长度：338bp

ORIGIN

```
  1 aaggagcctt ttcgccatcg tgcgtttcgt gggctgtgtc ctgcggcgtt ggtggtggag
 61 gttgtggagc attgaccgta gattgtcggc tggtttctgt ttgttagtac tgctggtgcc
121 ctgttggggt gttggtgtgg aacgcgggtg ggggttggtt ggtggtcgtg ggaggcacgt
181 tgttgggtcc tgagggatcg gccatgtttg tggctggttt ttcggtgtgg ccaggtggtt
241 gttccccgtg tttggggggt ggctggttgg gtccgcccgt atgttgagaa cttcacagtg
301 gacgcgagca tctttgtagt tttttatgag ttttgtgt//
```

（二）费氏丙酸杆菌谢氏亚种［*Propionibacterium freudenreichii* subsp. *shermanii* (van Niel 1928) Holdeman and Moore 1970］

和费氏丙酸杆菌费氏亚种非常相似，两者的区别在于：谢氏亚种不还原硝酸盐，发酵麦芽糖、松三糖和蜜二糖，而费氏亚种还原硝酸盐，不发酵这些糖。它们在干酪的制造中都具有重要作用。

模式菌株：ATCC 9614＝DSM 4902

核糖体 RNA 基因序列信息：GenBank：AF218434，*Propionibacterium freudenreichii* subsp. *shermanii* 16S-23S ribosomal RNA intergenic spacer region，complete sequence

序列长度：338bp

ORIGIN

```
  1 aaggagcctt ttcgccatcg tgcgtttcgt gggctgtgtc ctgcggcgtt ggtggtggag
 61 gttgtggagc attgaccgta gattgtcggc tggtttctgt ttgttagtac tgctggtgcc
121 cttttggggt gttggtgtgg aacgcgggtg ggggttggtt ggtggtcgtg ggaggcacgt
181 tgttgggtcc tgagggatcg gccatgtttg tggctggttt ttcggtgtgg ccaggtggtt
241 gttccccgtg tttggggggt ggctggttgg gtccgcccgt atgttgagaa cttcacagtg
301 gacgcgagca tctttgtagt tttttatgag ttttgtgt//
```

第二节　链球菌属（*Streptococcus*）

一、一般属性

细胞圆形到卵圆形，直径小于 2μm，因菌种不同其直径有所不同，革兰氏染色阳性，多数兼性厌氧，少数厌氧，过氧化氢酶阴性，适温 37℃，最适 pH 为 7.4～7.6。营养要求较高，培养基中需加入血清、血液或腹水。当生长在液体培养基中时，成对或成链形式存在。在血清类群 D 中，偶有运动的菌株。属化能异养菌，发酵葡萄糖的最终产物主要是右旋乳酸（同型发酵），有些种发酵产生苹果酸、柠檬酸、丝氨酸和精氨酸等有机酸。在血清类群 B 群和 D 群中有色素产生，通常是红色或黄色。不形成菌膜，不含血红蛋白化合物，联苯胺阴性，接触酶阴性。兼性厌氧菌，有氧存在时，能积累过氧化氢。最低营养要求一般都是复杂的（但可变化），包括氨基酸、嘌呤、嘧啶、肽、维生素，偶尔需要脂肪酸和高浓度的 CO_2。最适温度为 37℃左右，最高和最低温度因种而不同。DNA 的 G+C 含量 33～42mol%，广泛分布于自然界，从水、乳、尘埃、人和动物粪便以及健康人的鼻咽部皆可检出，是动物肠道中的常居菌，是一类条件性致病菌。根据细胞壁多糖抗原不同，可分为 A、B、C……V（缺 I 和 J）20 个群，其中对人致病的主要为 A 群，其他各群对动物致病。在家畜和家禽中发生的链球菌感染，主要为 B 群、C 群等溶血性链球菌，如由 B 群引起的牛乳腺炎和猪脓疱症；由 C 群引起的马腺疫以及羊、猪败血型链球菌感染。模式种为酿脓链球菌（*Streplococous pyogenes* Rosenbach 1884，23）。

二、主要用途

（一）粪肠球菌

1. 在家禽生产中的应用 饲料中添加粪肠球菌在家禽生产中的效果主要表现为提高生产性能，降低料肉（蛋）比，提高家禽产品品质，增强免疫力。在1日龄的AA肉鸡饲料中添加10^6cfu/g、10^7cfu/g、10^8cfu/g的微胶囊粪肠球菌，10^7cfu/g和10^8cfu/g组平均日增重提高9.5%和9.9%，料肉比显著降低4.00%和4.40%；在山麻鸭饲料中添加80g/t粪肠球菌（8×10^{10}cfu/g），试验30d，结果总蛋重提高了1.19%，料蛋比降低了4.73%；在刚开产的尼克粉蛋鸡饲料中添加80g/t粪肠球菌（8×10^{10}cfu/g），试验56d，结果蛋黄颜色提高0.15，哈氏单位增加3.55，蛋白高度提高0.48；在肉鸡饮水中添加粪肠球菌，结果鸡的新城疫抗体水平和免疫器官指数均显著提高。粪肠球菌在家禽饲料中的适宜添加量为10^6～10^8cfu/g。

2. 在养猪生产中的应用 在猪饲料中加入粪肠球菌，其主要效果表现为增强动物免疫力、降低有害菌数量、抑制大肠杆菌在肠道的黏附和降低仔猪腹泻。在断奶仔猪日粮中添加1.4×10^9cfu/kg的粪肠球菌，仔猪的日采食量、日增重和饲料转化率等生产性能指标没有明显变化，胃肠道菌落组成也没有明显变化，断奶仔猪20d血清IgG的含量显著增加。也研究认为在饲料中添加10^5～10^6cfu/g的粪肠球菌对断奶仔猪生长和饲料转化率等生产性能指标没有显著的影响，但可以减少致病型大肠杆菌的数量，进而减少仔猪腹泻发生率。粪肠球菌在猪饲料中的适宜添加量为10^7～10^9cfu/g。

（二）屎肠球菌

1. 在家禽生产中的应 家禽饲喂屎肠球菌可提高采食量，提高日增重，调节肠道菌群，降低有害菌数量，增加乳酸菌等有益菌的数量。在AA肉鸡饮水中添加0.01%屎肠球菌（活菌含量3.3×10^9cfu/g），试验期42d，结果发现肉鸡的饮水量、采食量有提高的趋势；给肉鸡经饮水添加含有屎肠球菌的微生物制剂，血清中钙和钾含量及白蛋白水平显著增加，而甘油三酯的含量显著降低，35～40日龄肉鸡的增重显著增加；在1日龄肉鸡饲料中添加屎肠球菌1×10^6cfu/g，然后用大肠杆菌K88进行攻毒，结果显示，在14、21和28d，屎肠球菌组体重明显提高，21和28日龄空肠绒毛长度显著增加，肠道中大肠杆菌数和产气荚膜梭菌数显著降低，乳酸菌和双歧杆菌数显著提高；在蛋鸡饲料中添加5×10^9cfu/g的屎肠球菌，结果显示添加屎肠球菌可降低总胆固醇、总脂、血钙、白细胞数、血细胞比容，增加红细胞数，对甘油三酯、产蛋量、蛋重等没有显著影响。屎肠球菌在家禽饲料中的适宜添加量为10^7～10^9cfu/g。

2. 在养猪生产中的应用 屎肠球菌在养猪生产中的应用主要集中在乳仔猪阶段，添加屎肠球菌能提高乳仔猪平均日增重和采食量、提高动物免疫功能、改善肠道菌群、降低仔猪腹泻的发生。在饲料中添加1×10^6cfu/g的屎肠球菌，仔猪的日增重显著提高11.46%，料重比显著降低6.20%，血清中白蛋白、IgA、IgG、C3、C4水平和溶菌酶活性分别显著提高28.06%、6.48%、25.43%、37.84%、25.00%和76.08%，血清中谷胱甘肽含量显著提高46.80%。另外，日粮中添加屎肠球菌使仔猪粪中沙门菌和大肠杆菌数量分别显著降低了 15.37%和 11.79%，乳酸菌数量显著增加了 18.78%，细菌总数无明显变化；在仔猪出生 2～3d 时，每头每天口服尿肠球菌 2.8×10^9 cfu，第 4 天至断奶每头每日口服 1.26×10^9 cfu，分 2 次饲喂。对发生腹泻的仔猪，在第 1 周每头每天补充乳酸钙和尿肠球菌 2.9×10^8 cfu，第 2 周每头每天补充乳酸钙和尿肠球菌 5.8×10^8 cfu，结果显示饲喂尿肠球菌对断奶体重影响不显著，但可以显著提高仔猪的平均日增重。对腹泻严重的仔猪没有治愈作用，但显著降低仔猪腹泻发生率和腹泻的严重程度；分别在仔猪刚出生时、3 日龄和 5 日龄时灌服 10%灭菌脱脂奶，其中含有尿肠球菌 5×10^8～6×10^8 cfu/mL，每次每头 2mL。结果显示，尿肠球菌可使仔猪盲肠的乳酸菌比率升高 8.91%，致病性肠杆菌的数量下降 28.68%，仔猪腹泻率下降 43.21%。尿肠球菌在猪饲料中的适宜添加量为 10^6～10^8 cfu/g。

三、可用菌种

（一）粪链球菌（*Streptococcus faecalis* Andrewes and Horder 1906）

也称粪肠球菌（*Enterococcus faecalis*），见图 6-2 所示。卵圆形细胞，可顺链的方向延长，直径 0.5～1.0μm，大多数成对或成短链形式存在，通常不运动，DNA 的 G+C 含量为 33.5～38mol%（化学分析），革兰氏阳性菌，过氧化氢酶阴性，是人和动物肠道内主要菌群之一。在营养丰富的培养基上，可能与葡萄球菌、微球菌等相混淆。菌落光滑，全缘，罕见色素（由于金属离子沉淀可能形成假色素）。粪肠球菌发酵葡萄糖主要形成乳酸，如果培养基维持中性，也能形成大量的甲酸盐、醋酸盐和乙醇。丙酮酸盐可用做一种能源，并通过磷酸裂解途径和歧化途径发酵。粪肠球菌发酵柠檬酸盐、丝氨酸和苹果酸盐，并产生能量的过程与丙酮酸盐代谢相连，因为应用这些能源都需要硫辛酸盐。粪肠球菌能利用精氨酸作为能源，但其机制尚未可知。尿链球菌也能引起类似的或相同的水解反应，但释放出来的能量对生长无用。粪肠球菌能产生细菌素等抑菌物质，抑制大肠杆菌和沙门菌等病原菌的生长，改善肠道微环境；还能抑制肠道内产尿素酶细菌和腐败菌的繁殖，减少肠道尿素酶和内毒素的含量，使血液中氨和内毒素的含量下降。将其制备成微生物活菌制剂可直接饲喂畜禽等养殖动物，有利于改善肠道内微生态平衡，防治动物肠道菌丛区系紊乱。粪肠球菌具有分解蛋白质为小肽，合成 B 族维生素的功能。粪肠球菌也能增强巨噬细胞的活性，促进动物的免疫反应，提高抗体水平。粪肠球菌在动物肠道内可形成生物薄膜附着于动物肠道黏膜上，并且发育、生长和繁殖，可形成乳酸菌屏障，抵御外来病菌、病毒及霉菌毒素等的负面影响。粪肠球菌能把部分蛋白质分解成酰胺和氨基酸，把大部分的碳水化合物的无氮浸出物转化为 L 型乳酸，可以将钙质合成 L-乳酸钙，促进养殖动物对钙质的吸收。粪肠球菌还能够将饲料中的纤维变软，提高饲料的转化率。

粪肠球菌作为一种益生菌，在医学、食品、饲料等领域得到了广泛应用。但是，多年的研究发现该菌含有毒力因子，具有潜在危害。当抗生素大量使用或宿主免疫力低下时，宿主与粪肠球菌之间的共生关系破裂，粪肠球菌离开正常寄居部位进入其他组织器官，它首先在宿主组织局部聚集达到阈值密度，然后在黏附素的作用下黏附于宿主细胞的胞外矩阵蛋白，分泌细胞溶解素、明胶酶等毒力因子侵袭破坏宿主组织细胞，并通过质粒接合转移使致病性在肠球菌种间扩散，并耐受宿主的非特异性免疫应答，引起感染性疾病的发生、发展。

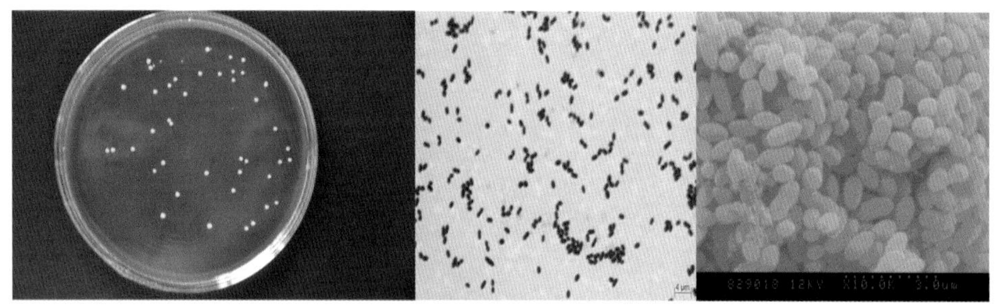

图 6-2　粪肠球菌 *Enterococcus faecalis* ATCC 19433

模式菌株：ATCC 19433＝DSM 20478

核糖体 RNA 基因序列信息：GenBank：DQ411814，*Enterococcus faecalis* strain ATCC 19433 16S ribosomal RNA gene，partial sequence

序列长度：1 483bp

ORIGIN

1 gacgaacgct ggcggcgtgc ctaatacatg caagtcgaac gcttctttcc tcccgagtgc
61 ttgcactcaa ttggaaagag gagtggcgga cgggtgagta acacgtgggt aacctaccca
121 tcagaggggg ataacacttg gaaacaggtg ctaataccgc ataacagttt atgccgcatg
181 gcataagagt gaaaggcgct ttcgggtgtc gctgatggat ggacccgcgg tgcattagct
241 agttggtgag gtaacggctc accaaggcca cgatgcatag ccgacctgag agggtgatcg
301 gccacactgg gactgagaca cggcccagac tcctacggga ggcagcagta gggaatcttc
361 ggcaatggac gaaagtctga ccgagcaacg ccgcgtgagt gaagaaggtt ttcggatcgt
421 aaaactctgt tgttagagaa gaacaaggac gttagtaact gaacgtcccc tgacggtatc
481 taaccagaaa gccacggcta actacgtgcc agcagccgcg gtaatacgta ggtggcaagc
541 gttgtccgga tttattgggc gtaaagcgag cgcaggcggt ttcttaagtc tgatgtgaaa
601 gcccccggct caaccgggga gggtcattgg aaactgggag acttgagtgc agaagaggag
661 agtggaattc catgtgtagc ggtgaaatgc gtagatatat ggaggaacac cagtggcgaa
721 ggcggctctc tggtctgtaa ctgacgctga ggctcgaaag cgtggggagc aaacaggatt
781 agataccctg gtagtccacg ccgtaaacga tgagtgctaa gtgttggagg gtttccgccc
841 ttcagtgctg cagcaaacgc attaagcact ccgcctgggg agtacgaccg caaggttgaa
901 actcaaagga attgacgggg gcccgcacaa gcggtggagc atgtggttta attcgaagca
961 acgcgaagaa ccttaccagg tcttgacatc ctttgaccac tctagagata gagctttccc
1 021 ttcggggaca aagtgacagg tggtgcatgg ttgtcgtcag ctcgtgtcgt gagatgttgg
1 081 gttaagtccc gcaacgagcg caacccttat tgttagttgc catcatttag ttgggcactc
1 141 tagcgagact gccggtgaca aaccggagga aggtggggat gacgtcaaat catcatgccc
1 201 cttatgacct gggctacaca cgtgctacaa tgggaagtac aacgagtcgc tagaccgcga
1 261 ggtcatgcaa atctcttaaa gcttctctca gttcggattg caggctgcaa ctcgcctgca
1 321 tgaagccgga atcgctagta atcgcggatc agcacgccgc ggtgaatacg ttcccgggcc
1 381 ttgtacacac cgcccgtcac accacgagag tttgtaacac ccgaagtcgg tgaggtaacc
1 441 tttttggagc cagccgccta aggtgggata gatgattggg gtg//

（二）屎链球菌（*Streptococcus faecium* Orla-Jensen 1919）

也称屎肠球菌（*Enterococcus faecium*），见图 6-3 所示。卵圆形细胞，长轴方向与链的方向相同，主要成对，偶尔成短链，常出现运动性的变种。肽聚糖的结构与粪链球菌相同，但肽间桥是由 D-天冬酰胺组成的。菌落形态类似于粪链球菌，并有产黄色素的变种。DNA 的 G+C 含量为 38.3～39mol%（熔解温度法）。

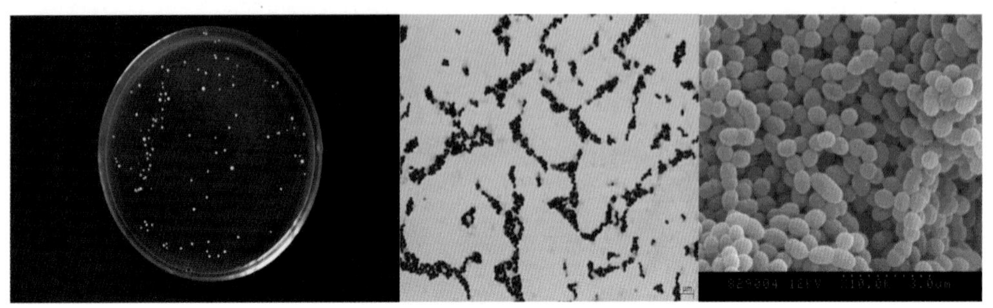

图 6-3　屎肠球菌 *Enterococcus faecium* ATCC 19434

屎肠球菌能耐受 45℃的温度，在 50℃情况下几乎不能存活；屎肠球菌适宜 pH 为5.0～7.5，通过筛选可以选出耐胃酸的菌株，可在 pH 1.5～7.5 的大范围环境中存活。屎肠球菌对胆盐的耐受性相对来说较好，能够耐受小肠内的胆盐浓度（0.03%～0.30%）。屎肠球菌在胃肠道上皮细胞上黏附能力较强，并能迅速生长繁殖。有人曾比较过不同菌种在肠道中的定殖能力，结果发现干酪乳杆菌、嗜酸乳杆菌、干酪乳杆菌鼠李糖亚种（LC-705）和乳杆菌 GG（ATCC53103）的黏附能力最强，而屎肠球菌的黏附力仅次干酪乳杆菌。

屎肠球菌在代谢过程中能产生乳酸、乙酸、异丁酸、乙醇、2，3-丁二醇、过氧化氢、细菌素等物质，这些物质具有抑制病原菌和腐败菌的作用。其中代谢产生的细菌素对葡萄球菌、梭状芽孢杆菌、沙门菌和志贺氏菌等都有抑制作用。可以抑制大肠杆菌 K88ac 和 K88MB 黏附到小肠黏膜上，并对 K88ac 的抑制作用具有剂量效应，当活菌数达到 1×10^9cfu/g时，其抑制效率可达 90%。屎肠球菌对肠黏膜结构有影响，可促进小肠黏膜的发育，比如可提高断奶后 14d 时仔猪小肠黏膜绒毛高度及绒毛高度与隐窝深度比值，而且断奶后的 2 周内仔猪采食量显著增加。屎肠球菌对动物免疫机能和血液指标有影响，比如，分别在出生 7d 和 14d 时给新生仔猪饲喂屎肠球菌能显著或极显著提高其血清总蛋白浓度，显著提高血红蛋白、血细胞比值和白细胞数量，能提高红细胞数量，能提高粒细胞的吞噬活性，提高血钙水平和血清谷胱甘肽过氧化物酶浓度。对于屎肠球菌的免疫调节作用也有不同的研究报道，比如，饲喂屎肠球菌对断奶后 6d 仔猪的血清 IgG 及肠内 IgG 没有影响，而对断奶后 20d 仔猪血清 IgG 浓度有降低作用。因此，关于屎肠球菌对动物免疫机能的确切作用还有待进一步研究。

肠球菌对人的危害已经引起广泛关注。近几年新生儿和儿童肠球菌败血症的发病率增加了 6 倍，肠球菌感染是新生儿败血症的第 3 位病因，是内源性和外源性医院感染的第二大病原菌，检出率仅次于大肠杆菌。在引起尿路感染的致病菌中肠球菌感染居第 2 位，腹腔、盆腔感染中肠球菌居第 3 位，败血症中肠球菌居第 3 位。屎肠球菌与粪肠球菌一样都是肠道中的优势菌，此消彼长。鉴于屎肠球菌在畜牧上的广泛应用，欧盟针对其安全性进行了系统评估。评估结论认为，当氨苄青霉素对屎肠球菌的最小抑菌浓度>2mg/L 时，该菌不能使用。若≤2mg/L，应继续检测是否含有 IS16，以及 *hylEfm* 和 *esp* 两种毒力因子，三者均不得检出，否则不能使用。IS16 是一种医院分离株的特异性标记，如果含有这个标记，说明该菌株来源医院或接触过医院致病菌株；*hylEfm* 是一种糖基水解酶，与医院分离株相关，含有这个酶的菌株不能使用；*Esp* 是一种黏附因子，与耐药性和致炎性相关，含有这个独立因子的菌株不能使用。

模式菌株：ATCC 19434=DSM 20477

核糖体 RNA 基因序列信息：GenBank：DQ411813，*Enterococcus faecium* strain ATCC 19434 16S ribosomal RNA gene，partial sequence

序列长度：1 482bp

ORIGIN

```
    1 gacgaacgct ggcggcgtgc ctaatacatg caagtcgaac gcttcttttt ccaccggagc
   61 ttgctccacc ggaaaaagag gagtggcgaa cgggtgagta acacgtgggt aacctgccca
  121 tcagaagggg ataacacttg gaaacaggtg ctaataccgt ataacaatcr aaaccgcatg
  181 gttttgattt gaaaggcgct ttcgggtgtc gctgatggat ggacccgcgg tgcattagct
  241 agttggtgag gtaacggctc accaaggcca cgatgcatag ccgacctgag agggtgatcg
  301 gccacattgg gactgagaca cggcccaaac tcctacggga ggcagcagta gggaatcttc
  361 ggcaatggac gaaagtctga ccgagcaacg ccgcgtgagt gaagaaggtt ttcggatcgt
  421 aaaactctgt tgttagagaa gaacaaggat gagagtaact gttcatccct tgacggtatc
  481 taaccagaaa gccacggcta actacgtgcc agcagccgcg gtaatacgta ggtggcaagc
  541 gttgtccgga tttattgggc gtaaagcgag cgcaggcggt ttcttaagtc tgatgtgaaa
  601 gcccccggct caaccgggga gggtcattgg aaactgggag acttgagtgc agaagaggag
  661 agtggaattc catgtgtagc ggtgaaatgc gtagatatat ggaggaacac cagtggcgaa
  721 ggcggctctc tggtctgtaa ctgacgctga ggctcgaaag cgtggggagc aaacaggatt
  781 agataccctg gtagtccacg ccgtaaacga tgagtgctaa gtgttggagg gtttccgccc
  841 ttcagtgctg cagctaacgc attaagcact ccgcctgggg agtacgaccg caaggttgaa
  901 actcaaagga attgacgggg gcccgcacaa gcggtggagc atgtggttta attcgaagca
  961 acgcgaagaa ccttaccagg tcttgacatc ctttgaccac tctagagata gagcttcccc
1 021 ttcgggggca aagtgacagg tggtgcatgg ttgtcgtcag ctcgtgtcgt gagatgttgg
1 081 gttaagtccc gcaacgagcg caacccttat tgttagttgc catcattcag ttgggcactc
1 141 tagcaagact gccggtgaca aaccggagga aggtggggat gacgtcaaat catcatgccc
1 201 cttatgacct gggctacaca cgtgctacaa tgggaagtac aacgagttgc gaagtcgcga
1 261 ggctaagcta atctcttaaa gcttctctca gttcggattg caggctgcaa ctcgcctgca
1 321 tgaagccgga atcgctagta atcgcggatc agcacgccgc ggtgaatacg ttcccgggcc
1 381 ttgtacacac cgcccgtcac accacgagag tttgtaacac ccgaagtcgg tgaggtaacc
1 441 ttttggagcc agccgcctaa ggtgggatag atgattgggg tg//
```

（三）乳链球菌［*Streptococcus lactis*（Lister 1873）Lohnis 1909］

也称乳酸乳球菌乳酸亚种（*Lactococcus lactis* subsp. *lactis*），见图 6-4 所示。细胞卵圆

形，长轴与成链的方向一致，直径 0.5～1.0μm。绝大多数成对或短链，有时也能形成长链。肽聚糖的结构与酿脓链球菌的相同，不同的是其肽间桥由 D-异天冬酰胺组成。已知有许多血清型。在葡萄糖培养液中最终 pH 为 4.0～4.5。发酵葡萄糖、麦芽糖和乳糖产酸，是否发酵木糖、阿拉伯糖、蔗糖、海藻糖和甘露醇不确定，发酵棉籽糖、菊粉、甘油和山梨醇不产酸，不能使酪氨酸脱去羧基。在含有 4.0% NaCl 的培养基中能生长，而在 6.5%时不生长。在 pH9.2 时能开始生长，而在 pH9.6 时不能生长。在 0.3%的美蓝牛奶中生长。有些菌株能够代谢亮氨酸产生 3-甲基丁醇（3-methylbutanal），可以使乳制品具有麦芽味。

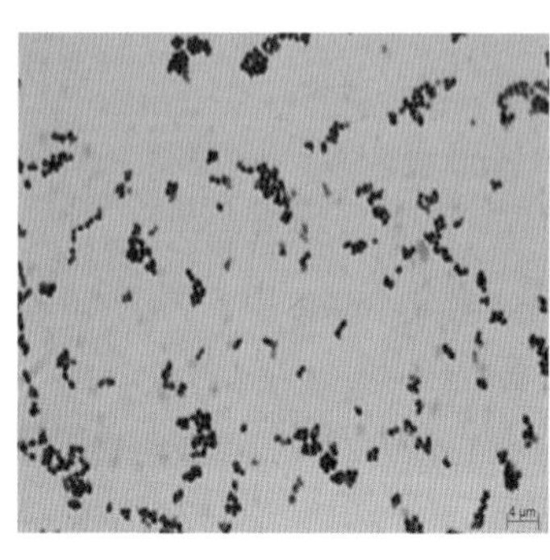

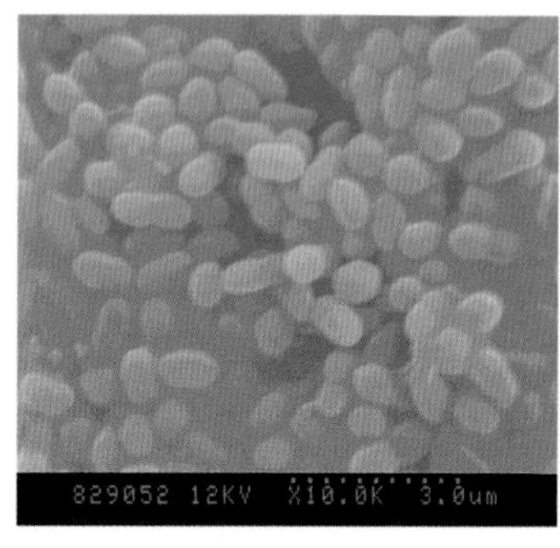

图 6-4　乳酸乳球菌乳酸亚种 *Lactococcus lactis* subsp. *lactis* CGMCC 1.2281

乳酸乳球菌乳酸亚种的营养需求比较复杂。一般在合成培养基中培养时，需要补充 B 族维生素、氨基酸、醋酸盐、油酸盐或硫锌酸盐。最适温度在 30℃左右。有些菌株在 41℃极少生长。在 45℃不能生长。本菌是牛奶和乳制品中常见的污染菌。DNA 的 G+C 含量范围为 38.4～38.6mol%（熔解温度法）。

有些菌株能产生抗生素，能抑制多种革兰氏阳性菌及其芽孢的生长和繁殖，特别对金黄色葡萄球菌和溶血性链球菌的抑制作用明显。有些菌株还能合成叶酸和胆盐水解酶。就产生抑菌物质和叶酸而言，其益生作用毋庸置疑。然而，其产生胆盐水解酶的功能是否有益有待深究。胆盐水解酶（bile salt hydrolase，BSH）是分解结合胆盐的酶，在胆盐肝肠循环中，能将结合胆盐分解成氨基酸和游离胆盐，后者与胆固醇结合后形成难溶的沉淀复合物随粪便排出体外，从而降低血清中总胆固醇的含量。胆固醇是动物机体的生命物质，其重要性表现在多个方面，比如胆固醇是所有类固醇激素的前体物质。另外，不论是在维持细胞正常结构方面，还是在参与营养代谢过程中都有不可替代的作用。动物机体内肝肠循环这一生理现象的存在可能正是由于胆固醇的重要性而受自然选择的结果。在自然界中植物体内不含有胆固醇，动物体内的胆固醇主要来源于动物性食粮和自身合成，一般前者占 30%，后者占 70%。如果通过粪便排出体外的胆固醇数量增加，必然引起体内合成的增加，针对这一过程是否有益还没有明确的结论。

模式菌株：ATCC 19435=DSM 20481

核糖体 RNA 基因序列信息：GenBank：NC _ 002662，*Lactococcus lactis* subsp. *lactis* Il1403，complete genome. 16S ribosomal RNA gene region：537561..539108

序列长度：1 548bp

ORIGIN

1 tttatttgag agtttgatcc tggctcagga cgaacgctgg cggcgtgcct aatacatgca

61 agttgagcgc tgaaggttgg tacttgtacc gactggatga gcagcgaacg ggtgagtaac
121 gcgtggggaa tctgcctttg agcgggggac aacatttgga aacgaatgct aataccgcat
181 aaaaacttta aacacaagtt ttaagtttga aagatgcaat tgcatcactc aaagatgatc
241 ccgcgttgta ttagctagtt ggtgaggtaa aggctcacca aggcgatgat acatagccga
301 cctgagaggg tgatcggcca cattgggact gagacacggc ccaaactcct acgggaggca
361 gcagtaggga atcttcggca atggacgaaa gtctgaccga gcaacgccgc gtgagtgaag
421 aaggttttcg gatcgtaaaa ctctgttggt agagaagaac gttggtgaga gtggaaagct
481 catcaagtga cggtaactac ccagaaaggg acggctaact acgtgccagc agccgcggta
541 atacgtaggt cccgagcgtt gtccggattt attgggcgta aagcgagcgc aggtggttta
601 ttaagtctgg tgtaaaaggc agtggctcaa ccattgtatg cattggaaac tggtagactt
661 gagtgcagga gaggagagtg gaattccatg tgtagcggtg aaatgcgtag atatatggag
721 gaacaccggt ggcgaaagcg gctctctggc ctgtaactga cactgaggct cgaaagcgtg
781 gggagcaaac aggattagat accctggtag tccacgccgt aaacgatgag tgctagatgt
841 agggagctat aagttctctg tatcgcagct aacgcaataa gcactccgcc tggggagtac
901 gaccgcaagg ttgaaactca aaggaattga cgggggcccg cacaagcggt ggagcatgtg
961 gtttaattcg aagcaacgcg aagaacctta ccaggtcttg acatactcgt gctattccta
1 021 gagataggaa gttccttcgg gacacgggat acaggtggtg catggttgtc gtcagctcgt
1 081 gtcgtgagat gttgggttaa gtcccgcaac gagcgcaacc cctattgtta gttgccatca
1 141 ttaagttggg cactctaacg agactgccgg tgataaaccg gaggaaggtg gggatgacgt
1 201 caaatcatca tgccccttat gacctgggct acacacgtgc tacaatggat ggtacaacga
1 261 gtcgcgagac agtgatgttt agctaatctc ttaaaaccat tctcagttcg gattgtaggc
1 321 tgcaactcgc ctacatgaag tcggaatcgc tagtaatcgc ggatcagcac gccgcggtga
1 381 atacgttccc gggccttgta cacaccgccc gtcacaccac gggagttggg agtacccgaa
1 441 gtaggttgcc taaccgcaag gagggcgctt cctaaggtaa gaccgatgac tggggtgaag
1 501 tcgtaacaag gtagccgtat cggaaggtgc ggctggatca cctccttt//

（四）乳脂链球菌（*Streptococcus cremoris* Orla-Jensen 1919）

也称乳酸乳球菌乳脂亚种（*Lactococcus lactis* subsp. *cremoris*），见图 6-5 所示。细胞圆形或卵圆形，其卵圆形的长轴方向与链的方向一致。直径 0.60～1.0μm，一般情况下这种菌的细胞体积大于乳链球菌。可以成对存在也可形成长链，在牛奶中主要以长链形式存在，在其他培养基中成对的细胞占优势。肽聚糖除了肽间桥成分外，其他与酿脓链球菌相同。

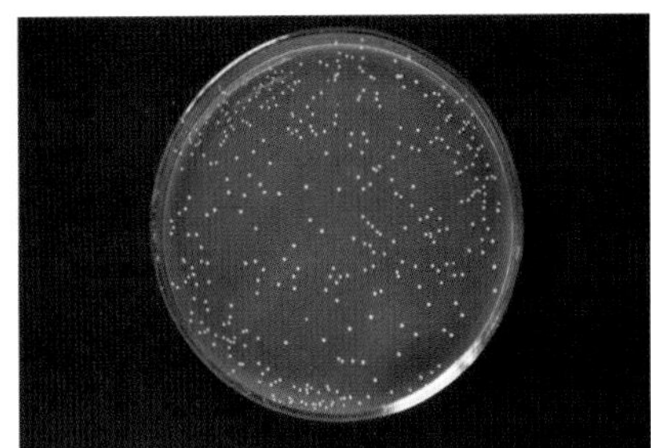
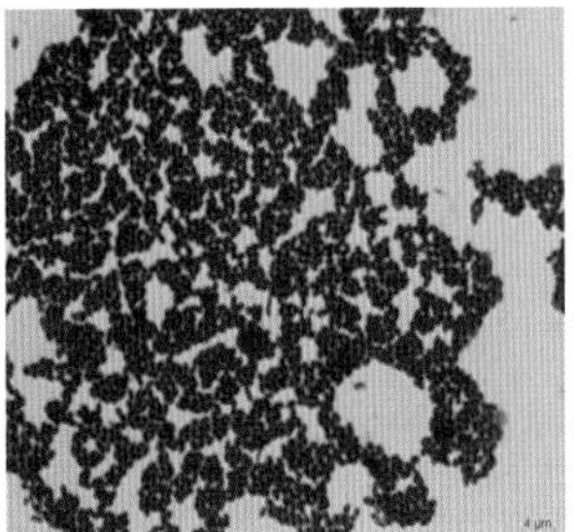

图 6-5 乳酸乳球菌乳脂亚种 *Lactococcus lactis* subsp. *cremoris* CICC 20408

在葡萄糖培养液中的最终 pH 是 4.0～4.5。发酵葡萄糖和乳糖产酸，是否发酵海藻糖不确定。几乎不发酵麦芽糖、蔗糖、棉籽糖和甘露醇。不发酵阿拉伯糖、木糖、菊糖、甘油和山梨醇。在有葡萄糖或其他可发酵糖存在条件下，有些菌株能降解柠檬酸盐产生二氧化碳、醋酸和丁二酮。有些菌株也能产生类似抗生素的物质。营养特征与乳链球菌相似。最适温度大约 30℃，在 40℃时不生长。主要来源于生奶和乳制品。

乳链球菌和乳脂链球菌的区别是：前者能利用精氨酸产氨，通常在含 4%NaCl 培养液中生长，一般在 pH9.2 培养液中能开始生长，在 0.3%的美蓝牛奶中生长。而后者在这些试验中均为阴性。DNA 的 G+C 含量范围为 38～40mol%。

乳脂链球菌可以代谢产生丁二酮，当该物质的含量适宜时其具有奶油香，同时也具有一定的抑菌活性。

模式菌株：ATCC 19257=DSM 20069

核糖体 RNA 基因序列信息：GenBank：NC _ 009004，*Lactococcus lactis* subsp. *cremoris* MG1363，complete genome. 16S ribosomal RNA gene region：511423..512971

序列长度：1 549bp

ORIGIN

```
      1 ttatttgaga gtttgatcct ggctcaggac gaacgctggc ggcgtgccta atacatgcaa
     61 gttgagcgat gaagattggt gcttgcacca atttgaagag cagcgaacgg gtgagtaacg
    121 cgtggggaat ctgcctttga gcgggggaca acatttggaa acgaatgcta ataccgcata
    181 ataactttaa acataagttt taagtttgaa agatgcaatt gcatcactca aagatgatcc
    241 cgcgttgtat tagctagttg gtgaggtaaa ggctcaccaa ggcgatgata catagccgac
    301 ctgagagggt gatcggccac attgggactg agacacggcc caaactccta cgggaggcag
    361 cagtagggaa tcttcggcaa tggacgaaag tctgaccgag caacgccgcg tgagtgaaga
    421 aggttttcgg atcgtaaaac tctgttggta gagaagaacg ttggtgagag tggaaagctc
    481 atcaagtgac ggtaactacc cagaaaggga cggctaacta cgtgccagca gccgcggtaa
    541 tacgtaggtc ccgagcgttg tccggattta ttgggcgtaa agcgagcgca ggtggtttat
    601 taagtctggt gtaaaaggca gtggctcaac cattgtatgc attggaaact ggtagacttg
    661 agtgcaggag aggagagtgg aattccatgt gtagcggtga aatgcgtaga tatatggagg
    721 aacaccggtg gcgaaagcgg ctctctggcc tgtaactgac actgaggctc gaaagcgtgg
    781 ggagcaaaca ggattagata ccctggtagt ccacgccgta aacgatgagt gctagatgta
    841 gggagctata agttctctgt atcgcagcta acgcaataag cactccgcct ggggagtacg
    901 accgcaaggt tgaaactcaa aggaattgac gggggcccgc acaagcggtg gagcatgtgg
    961 tttaattcga agcaacgcga agaaccttac caggtcttga catactcgtg ctattcctag
  1 021 agataggaag ttccttcggg acacgggata caggtggtgc atggttgtcg tcagctcgtg
  1 081 tcgtgagatg ttgggttaag tcccgcaacg agcgcaaccc ctattgttag ttgccatcat
  1 141 taagttgggc actctaacga gactgccggt gataaaccgg aggaaggtgg ggatgacgtc
  1 201 aaatcatcat gccccttatg acctgggcta cacacgtgct acaatggatg gtacaacgag
  1 261 tcgcgagaca gtgatgttta gctaatctct taaaaccatt ctcagttcgg attgtaggct
  1 321 gcaactcgcc tacatgaagt cggaatcgct agtaatcgcg gatcagcacg ccgcggtgaa
  1 381 tacgttcccg ggccttgtac acaccgcccg tcacaccacg ggagttggga gtacccgaag
```

1 441 taggttgcct aaccgcaagg agggcgcttc ctaaggtaag accgatgact ggggtgaagt

1 501 cgtaacaagg tagccgtatc ggaaggtgcg gctggatcac ctcctttct//

（五）嗜热链球菌（*Streptococcus thermophilus* Orla-Jensen 1919）

也称唾液链球菌嗜热亚种（*Streptococcus salivarius* subsp. *thermophilus*），见图 6-6 所示。圆形或卵圆形细胞，直径 0.7～0.9μm，肽聚糖的结构与粪肠球菌的结构相同。来源于牛乳及乳制品，如瑞士干酪、保加利亚奶酒。在这些产品的生产中这个菌常被用作“引子”。这个菌种很容易通过耐热性和不发酵麦芽糖及不能在含有 2.0%的氯化钠培养基中生长的特征加以识别。

DNA 的 G+C 含量为 40.0mol%。

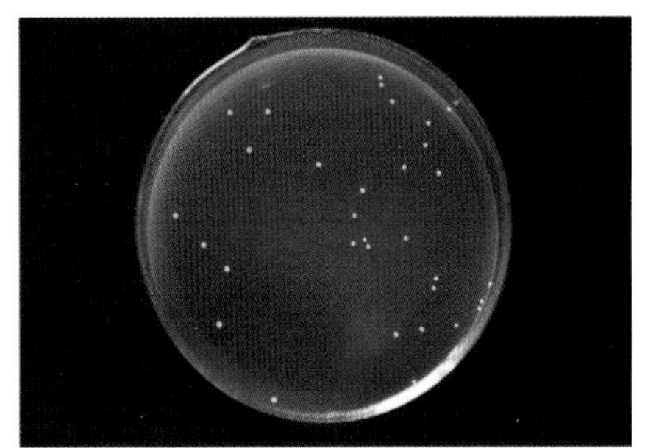
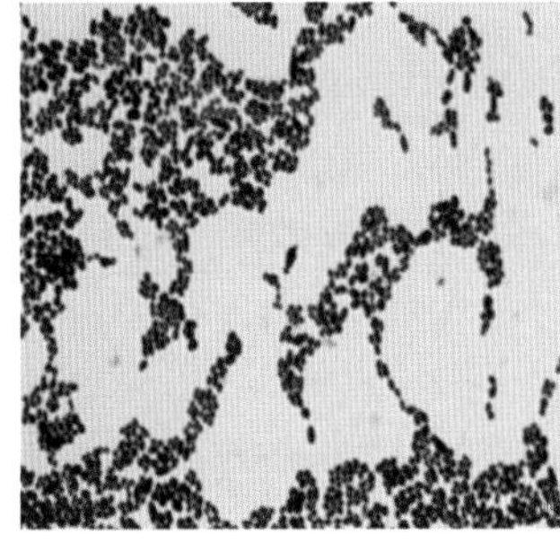
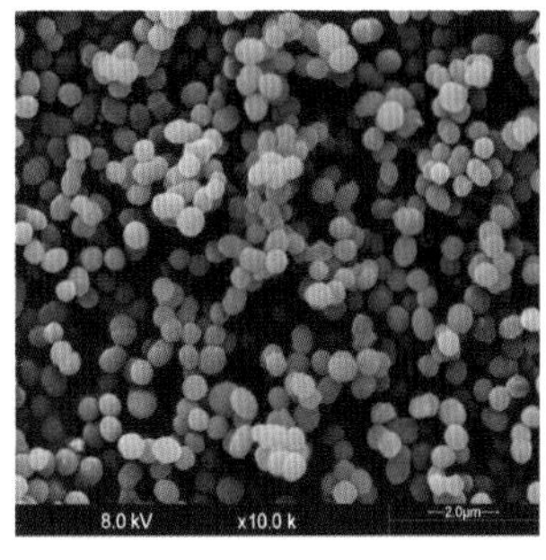

图 6-6 嗜热链球菌 *Streptococcus thermophilus* ACCC 10651

在 65℃下可存活，37℃生长良好，在 45℃乳中生长迅速。在不同生长环境条件下其形态特征不同。在 15℃乳中不生长，在 45℃乳中呈链状，在 30℃乳中多数呈成对存在，在酸度较高的乳中其变成长链形式存在。在 MRS 培养基上，菌落呈现乳白色，底部略带蛋黄色，表面光滑、湿润、中间凸起、边缘不整齐。属同型乳酸发酵菌，主要利用乳糖、蔗糖，产物为乳酸。可以水解精氨酸，发酵牛奶，使发酵牛奶中 L-乳酸含量为 0.7%～1.0%。在牛奶中发酵还能产生少量乙酸、丙酸、甲酸、乙醇、3-羟基丁酮、乙醛、二氧化碳和己酸等。在培养基（胰蛋白胨 0.5%、酵母膏 0.25%、乳糖 1.0%、琥珀酸钠 1.0%、KH_2PO_4 0.2%、K_2HPO_4 0.2%、琼脂 1.5%，pH6.8±0.2）中细菌生长良好，但是为了获得更好的培养效果，除了碳、氮、水之外，还需要适量补充氨基酸、肽和维生素等。

嗜热链球菌被认为是“公认安全性（GRAS）”微生物，主要用于一些发酵乳制品生产，包括酸奶和奶酪（如瑞士、林堡干酪）。嗜热链球菌也具有一些生物功能活性，比如生产胞外多糖、细菌素和维生素。对艰难梭菌、鼠伤寒沙门菌、大肠杆菌、金黄色葡萄球菌、单核细胞增生李斯特菌、产气荚膜梭菌等致病菌都具有一定的抑制作用。嗜热链球菌在 pH=6.8 的酸性溶液中的存活率是 100%，在 pH=4 的酸性溶液中的存活率约是 75%，在 pH=3 的酸性溶液中的存活率约是 70%。该菌能够在较高浓度的胆汁中生存，可以在体内免受胆汁的损害而到达小肠的远端。因此，该菌的存在和繁殖对许多病原微生物都将产生抑制作用。

另外，嗜热链球菌也可以发挥间接益生作用，比如降低肠道 pH，促进肠蠕动，从而阻止病原菌定植；产生超氧化物歧化酶（SOD）清除体内代谢过程中产生的过量超氧阴离子自由基，从而延缓衰老；嗜热链球菌能产生 β-半乳糖苷酶，因此可以帮助乳糖的消化，这对缺乏这个酶的动物来讲非常有益；能明显上调鼠脾细胞中的白细胞介素 IL-12、干扰素 INF-γ、肿瘤坏死因子 TNF-α 的产量，由此说明可以对动物免疫机能具有一定的调节作用。

模式菌株：ATCC 19258＝DSM 20617

分离基物：巴氏杀菌牛奶

核糖体 RNA 基因序列信息：GenBank：AY188354，*Streptococcus thermophilus* strain ATCC 19258 16S ribosomal RNA gene，complete sequence

序列长度：1 539bp

ORIGIN

```
    1 atgggagagt ttgatcctgg ctcaggacga acgctggcgg cgtgcctaat acatgcaagt
   61 agaacgctga agagaggagc ttgctcttct tggatgagtt gcgaacgggt gagtaacgcg
  121 taggtaacct gccttgtagc gggggataac tattggaaac gatagctaat accgcataac
  181 aatggatgac acatgtcatt tatttgaaag gggcaattgc tccactacaa gatggacctg
  241 cgttgtatta gctagtaggt gaggtaatgg ctcacctagg cgacgataca tagccgacct
  301 gagagggtga tcggccacac tgggactgag acacggccca gactcctacg ggaggcagca
  361 gtagggaatc ttcggcaatg gggggcaaccc tgaccgagca acgccgcgtg agtgaagaag
  421 gttttcggat cgtaaagctc tgttgtaagt caagaacggg tgtgagagtg gaaagttcac
  481 actgtgacgg tagcttacca gaaagggacg gctaactacg tgccagcagc cgcggtaata
  541 cgtaggtccc gagcgttgtc cggatttatt gggcgtaaag cgagcgcagg cggtttgata
  601 agtctgaagt taaaggctgt ggctcaacca tagttcgctt tggaaactgt caaacttgag
  661 tgcagaaggg gagagtggaa ttccatgtgt agcggtgaaa tgcgtagata tatggaggaa
  721 caccggtggc gaaagcggct ctctggtctg taactgacgc tgaggctcga aagcgtgggg
  781 agcgaacagg attagatacc ctggtagtcc acgccgtaaa cgatgagtgc taggtgttgg
  841 atcctttccg ggattcagtg ccgcagctaa cgcattaagc actccgcctg gggagtacga
  901 ccgcaaggtt gaaactcaaa ggaattgacg ggggcccgca caagcggtgg agcatgtggt
  961 ttaattcgaa gcaacgcgaa gaaccttacc aggtcttgac atcccgatgc tatttctaga
1 021 gatagaaagt tacttcggta catcggtgac aggtggtgca tggttgtcgt cagctcgtgt
1 081 cgtgagatgt tgggttaagt cccgcaacga gcgcaacccc tattgttagt tgccatcatt
1 141 cagttgggca ctctagcgag actgccggta ataaaccgga ggaaggtggg gatgacgtca
1 201 aatcatcatg ccccttatga cctgggctac acacgtgcta caatggttgg tacaacgagt
1 261 tgcgagtcgg tgacggcgag ctaatctctt aaagccaatc tcagttcgga ttgtaggctg
1 321 caactcgcct acatgaagtc ggaatcgcta gtaatcgcgg atcagcacgc cgcggtgaat
1 381 acgttcccgg gccttgtaca caccgcccgt cacaccacga gagtttgtaa cacccgaagt
1 441 cggtgaggta accttttgga gccagccgcc taaggtggga cagatgattg gggtgaagtc
1 501 gtaacaaggt agccgtatcg gaaggtgcgg ctggatcac//
```

(六) 中间型链球菌 (*Streptococcus intermedius* Prévot 1925 emend)

曾用名为中间消化链球菌（*Peptostreptococcus intermedius*）。这种菌不是严格厌氧，在有空气条件下几次转接后仍能生长良好。主要是发酵糖产生乳酸，因此前人将它归类为链球菌属。

在人医上研究比较明确，中间型链球菌是中间型链球菌一组中的一种。这组菌中包含 3 种菌，即中间型链球菌（*Str. intermedius*）、星座链球菌（*Str. contellatus*）和咽峡链球菌（*Str. anginosus*）。93%的中间型链球菌属非 β-溶血，38%的星座链球菌和 12%的咽峡链球菌呈 β-溶血。是肠道中的常居菌群，是一种条件性致病菌。

模式菌株：ATCC 27335=DSM 20573

核糖体 RNA 基因序列信息：GenBank：AF104671，*Streptococcus intermedius* strain ATCC27335 16S ribosomal RNA gene，partial sequence

序列长度：1 558bp

ORIGIN

1 tttgatcctg gttcaggacg aacgctggcg gcgtgcctaa tacatgcaag tagaacgcac
61 aggatgcacc gtagtttact acaccgtatt ctgtgagttg cgaacgggtg agtaacgcgt
121 aggtaacctg cctggtagcg ggggataact attggaaacg atagctaata ccgcataaga
181 acatttactg catggtagat gtttaaaagg tgcaaatgca tcactaccag atggacctgc
241 gttgtattag ctagtaggtg aggtaacggc tcacctaggc gacgatacat agccgacctg
301 agagggtgat cggccacact gggactgaga cacggcccag actcctacgg gaggcagcag
361 tagggaatct tcggcaatgg ggggaaccct gaccgagcaa cgccgcgtga gtgaagaagg
421 ttttcggatc gtaaagctct gttgttaagg aagaacgagt gtgagaatgg aaagttcata
481 ctgtgacggt acttaaccag aaagggacgg ctaactacgt gccagcagcc gcggtaatac
541 gtaggtcccg agcgttgtcc ggatttattg ggcgtaaagc gagcgcaggc ggttagataa
601 gtctgaagtt aaaggcagtg gctcaaccat tgtaggcttt ggaaactgtt taacttgagt
661 gcagaagggg agagtggaat tccatgtgta gcggtgaaat gcgtagatat atggaggaac
721 accggtggcg aaagcggctc tctggtctgt aactgacgct gaggctcgaa agcgtgggga
781 gcgaacagga ttagataccc tggtagtcca cgccgtaaac gatgagtgct aggtgttagg
841 tcctttccgg gacttagtgc cgcagctaac gcattaagca ctccgcctgg ggagtacgac
901 cgcaaggttg aaactcaaag gaattgacgg gggcccgcac aagcggtgga gcatgtggtt
961 taattcgaag caacgcgaag aaccttacca ggtcttgaca tcccgatgcc cgctctagag
1 021 atagagcttt acttcggtac atcggtgaca ggtggtgcat ggttgtcgtc agctcgtgtc
1 081 gtgagatgtt gggttaagtc ccgcaacgag cgcaaccctt attgttagtt gccatcattc
1 141 agttgggcac tctagcgaga ctgccggtaa taaaccggag gaaggtgggg atgacgtcaa
1 201 atcatcatgc cccttatgac ctgggctaca cacgtgctac aatggctggt acaacgagtc
1 261 gcaagccggt gacggcaagc taatctctga aagccagtct cagttcggat tgtaggctgc
1 321 aactcgccta catgaagtcg gaatcgctag taatcgcgga tcagcacgcc gcggtgaata
1 381 cgttcccggg ccttgtacac accgcccgtc acaccacgag agtttgtaac acccgaagtc
1 441 ggtgaggtaa ccgtaaggag ccagccgcct aaggtgggat agatgattgg ggtgaagtcg
1 501 taacaaggta gccgtatcgg aaggtgcggc tggatcacct ccttggtcat agctgttt//

（七）醋酸乳酸双重链球菌（*Streptococcus diacetilactis*）

这株菌已归入乳链球菌（*Streptococcus lactis*）内，可参考乳链球菌（*Streptococcus lactis*）部分的描述。

第三节 明串珠菌属（*Leuconostoc*）

一、一般属性

细胞可呈球状，尤其在琼脂培养基上，常呈透镜状，通常排列成对和链。不运动。革兰氏阳性。不形成孢子。菌落小，通常直径小于1mm，光滑、圆、灰白色。化能异养菌，需要丰富的培养基；所有的种都需要烟酸和硫胺素、泛酸、生物素，但不需要钴胺素和对-氨基苯甲酸。发酵葡萄糖产生D-乳酸、乙醇和二氧化碳。有些菌株具有氧化机制，因而不形成乙醇而形成乙酸。不发酵鼠李糖、松三糖、菊糖、淀粉、甘油、山梨醇，很少发酵糊精。细胞壁胞壁质的交联肽的氨基酸成分由丙氨酸、丝氨酸和赖氨酸组成。接触酶阴性，但是有些菌株生长在含有正铁血红蛋白的培养基中时也可分解过氧化氢，另外有些菌株有过氧化物酶活性。不分解邻-甲苯胺。无细胞血素。不水解精氨酸。很少使牛奶酸化和凝结，除非补加可发酵的碳水化合物和酵母提取物。不分解蛋白质。不形成吲哚。不还原硝酸盐。不溶血。兼性厌氧菌。最适温度为20～30℃。对动物和人不致病。乳明串珠菌（*Leuconostoc lactis*）的DNA的G+C含量为43～44mol%，而所有的其他种为38～42mol%（熔解温度法/浮力密度法）。模式种：肠膜明串珠菌［*Leuconostoc mesenteroides*（Tsenkovskii）van Tieghem 1878］。

二、主要用途

1989年美国将肠膜明串珠菌列为可以直接食（饲）用的安全微生物之一，我国卫生部也于2012年将肠膜明串珠菌肠膜亚种列入了《可用于食品的菌种名单》，我国农业部尚未将其列入允许使用的饲用微生物目录。关于肠膜明串珠菌在饲料中的应用研究较少。

有研究认为肠膜明串珠菌对低致病性禽流感病毒（H_9N_2）具有抵抗作用，将肠膜明串珠菌的发酵液（活菌含量2.5×10^8cfu/mL）添加到5周龄SPF鸡饲料中，添加量1%，经过2周的预试期，用H_9N_2进行攻毒，试验结果显示添加肠膜明串珠菌组与对照组相比体重显著增加，脾脏指数显著提升，法氏囊指数有提升但差异不显著，器官中病毒数显著降低，泄殖腔病毒数有降低但差异不显著。这个结果说明，肠膜明串珠菌在预防和治疗禽流感方面有一定潜力。在奶牛饲料中加入100mL/头肠膜明串珠菌发酵液（活菌含量10^9cfu/mL），奶牛平均日产奶量比试验前期显著提高了12.03%，奶中乳蛋白质量分数、乳糖质量分数及干物质质量分数显著提高，分别提高了1.76%、1.23%和0.76%，而乳脂率没有明显变化。在每头奶牛每天日粮中添加200mL肠膜明串珠菌发酵液（活菌10^9cfu/mL），连续使用7d，结果奶牛隐性乳房炎的治愈率为70%；在健康奶牛中，奶产量显著提高了11.26%，奶中的乳蛋白率、乳糖质量分数和乳脂率分别显著提高了2.06%、1.45%、1.63%。肠膜明串珠菌对虹鳟也具有益生作用，在虹鳟商品饲料中添加肠膜明串珠菌1×10^6cfu/g，饲喂4周以后，统计发现添加肠膜明串珠菌的饲料对虹鳟没有毒害作用，与对照组相比虹鳟的生长速率没有差异。然而，此时利用格氏乳球菌对虹鳟进行攻毒，肠膜明串珠菌可使虹鳟的死亡率由78%降低至46%～54%。

三、可用菌种

肠膜明串珠菌［*Leuconostoc mesenteroides*（Tsenkovskii 1878）van Tieghem 1878］

见图 6-7 所示，肠膜明串珠菌细胞球形或透镜形，大小为（0.5～0.7）μm×（0.7～1.2）μm，排列成对或成短链。能利用蔗糖形成特征性的葡聚糖黏液，20～25℃有利于这种黏液的形成。在蔗糖琼脂上形成不同的菌落型，取决于形成的葡聚糖的特征。某些菌株（尤其是乳制品来源的菌株）产生少量葡聚糖。以戊糖途径厌氧分解葡萄糖，产生各 1mol 的 D-乳酸、乙醇和 CO_2。有磷酸酮酶（Phosphoketolase），无 1,6-二磷酸果糖醛缩酶。某些菌株也有好氧的氧化代谢，每 1mol 葡萄糖利用 1mol 的氧，产生等分子量的 CO_2、乳酸盐和乙酸盐。这些菌株也有过氧化酶的活性。乳酸盐和酒石酸盐是唯一碳源，不利用乙酸盐。生长所必需的氨基酸的种类不多，所有的菌株仅需要缬氨酸和谷氨酸。该菌本身在 55℃条件下，30min 后就会死亡，但其能够发酵蔗糖产生黏质性葡聚糖，当菌体包裹在这些葡聚糖中时可耐受 80～85℃的高温。最适温度为 20～30℃。常见于黏糖溶液、水果、蔬菜、牛奶和乳制品中。DNA G+C 含量为39～42mol%。

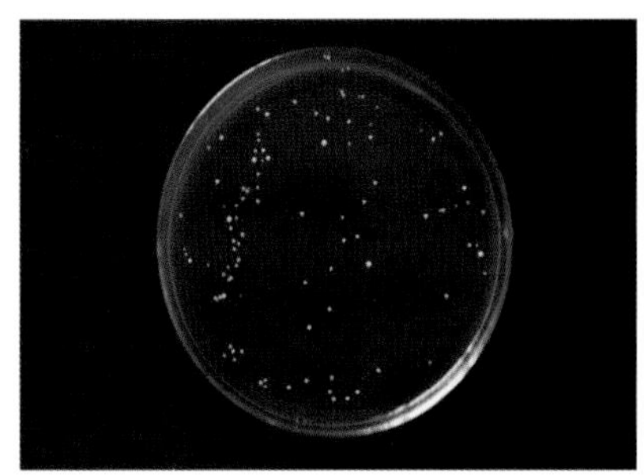

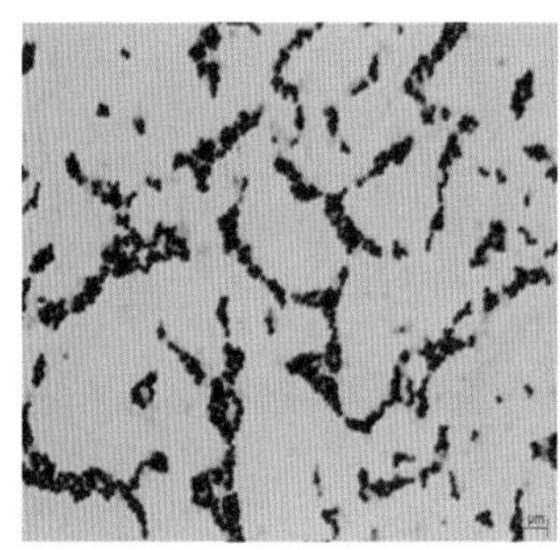

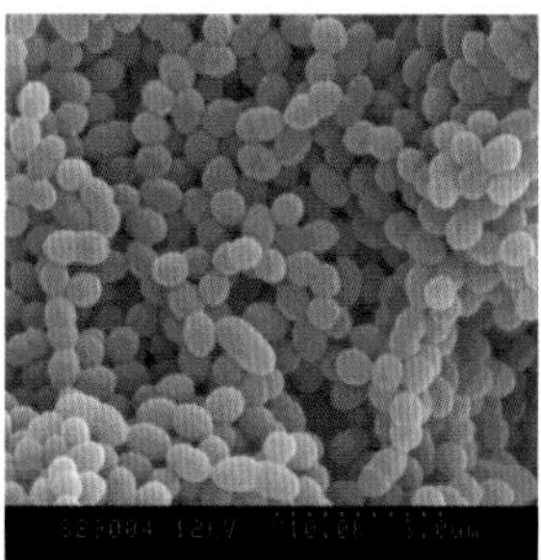

图 6-7　肠膜明串珠菌 *Leuconostoc mesenteroides* ATCC 8293

模式菌株：ATCC 8293＝DSM 20343

分离基物：发酵橄榄

核糖体 RNA 基因序列信息：GenBank：CP000414，*Leuconostoc mesenteroides* subsp. *mesenteroides* ATCC 8293，complete genome

16S ribosomal RNA gene region：22669..24217

序列长度：1 549bp

ORIGIN

```
  1 ttgagagttt gatcctggct caggatgaac gctggcggcg tgcctaatac atgcaagtcg
 61 aacgcacagc gaaaggtgct tgcacctttc aagtgagtgg cgaacgggtg agtaacacgt
121 ggacaacctg cctcaaggct ggggataaca tttggaaaca gatgctaata ccgaataaaa
181 cttagtgtcg catgacacaa agttaaaagg cgcttcggcg tcacctagag atggatccgc
241 ggtgcattag ttagttggtg gggtaaaggc ctaccaagac aatgatgcat agccgagttg
301 agagactgat cggccacatt gggactgaga cacggcccaa actcctacgg gaggctgcag
361 tagggaatct tccacaatgg gcgaaagcct gatggagcaa cgccgcgtgt gtgatgaagg
421 ctttcgggtc gtaaagcact gttgtatggg aagaacagct agaataggaa atgattttag
```

481 tttgacggta ccataccaga aagggacggc taaatacgtg ccagcagccg cggtaatacg
541 tatgtcccga gcgttatccg gatttattgg gcgtaaagcg agcgcagacg gtttattaag
601 tctgatgtga aagcccggag ctcaactccg gaatggcatt ggaaactggt taacttgagt
661 gcagtagagg taagtggaac tccatgtgta gcggtggaat gcgtagatat atggaagaac
721 accagtggcg aaggcggctt actggactgc aactgacgtt gaggctcgaa agtgtgggta
781 gcaaacagga ttagataccc tggtagtcca caccgtaaac gatgaacact aggtgttagg
841 aggtttccgc ctcttagtgc cgaagctaac gcattaagtg ttccgcctgg ggagtacgac
901 cgcaaggttg aaactcaaag gaattgacgg ggacccgcac aagcggtgga gcatgtggtt
961 taattcgaag caacgcgaag aaccttacca ggtcttgaca tcctttgaag cttttagaga
1 021 tagaagtgtt ctcttcggag acaaagtgac aggtggtgca tggtcgtcgt cagctcgtgt
1 081 cgtgagatgt tgggttaagt cccgcaacga gcgcaaccct tattgttagt tgccagcatt
1 141 cagatgggca ctctagcgag actgccggtg acaaaccgga ggaaggcggg gacgacgtca
1 201 gatcatcatg ccccttatga cctgggctac acacgtgcta caatggcgta tacaacgagt
1 261 tgccaacccg cgagggtgag ctaatctctt aaagtacgtc tcagttcgga ttgtagtctg
1 321 caactcgact acatgaagtc ggaatcgcta gtaatcgcgg atcagcacgc cgcggtgaat
1 381 acgttcccgg gtcttgtaca caccgcccgt cacaccatgg gagtttgtaa tgcccaaagc
1 441 cggtggccta accttttagg aaggagccgt ctaaggcagg acagatgact ggggtgaagt
1 501 cgtaacaagg tagccgtagg agaacctgcg gctggatcac ctcctttct//

第四节　拟杆菌属（*Bacteroides*）

一、一般属性

革兰氏阴性，长短不一，形状不一，常有不规则的膨胀，不产生芽孢，不运动或以周生鞭毛运动，化能异养菌。有能发酵糖和不能发酵糖的两类菌种。能发酵糖的产物包括琥珀酸、乳酸、乙酸、甲酸或丙酸的混合物，有时也有短链的醇类。丁酸通常不是一种主要的产物，当正丁酸产生时，异丁酸的和异戊酸也同时存在。不发酵糖的菌种能发酵蛋白胨，发酵产物有少量的琥珀酸、甲酸、乙酸和乳酸，大量的乙酸和丁酸和中等量的醇类和异戊酸、丙酸和异丁酸。某些肠道中的菌株能利用或需要二氧化碳，并结合 CO_2 生成琥珀酸。有些种在氧化培养基中受抑制，当加入血清或腹水时，这些菌也可生长。通常不产生接触酶，或仅产微量，通常不水解马尿酸盐。当生长在还原性不强的培养基上时，细胞更为多形态。端生或中生的膨大、气泡或丝状体都是常见的。通常于 37℃ 和 pH 近 7.0 时生长最快。DNA 的 G+C 含量（已测定的种）为 28～61mol%。发现于人和其他动物的体腔中，软组织的感染和垃圾。有些苗种可以致病。

二、主要用途

拟杆菌是美国 1998 年新增的饲用微生物菌种，关于它在饲料中的应用研究报道比较少，主要在猪与禽上进行了一些试验研究，比如拟杆菌对仔猪免疫机能可能产生影响。给断奶仔猪饲喂拟杆菌微生物制剂（拟杆菌数 1×10^8cfu/mL）和复合拟杆菌微生物制剂（总菌数1×10^8cfu/mL），添加量 0.2%，在试验前对所有试验猪与对照仔猪全部进行猪瘟及蓝耳病免疫，随后进行 4 周试验，结果饲喂拟杆菌的抗体水平比空白对照组提高了 15%，而复合拟杆菌的抗体水平比空白对照组提高了 91%，且明显提高了猪瘟抗体效价。多形拟杆菌对断奶仔猪肠道菌群平衡会产生影响，饲料中分别添加 1×10^8cfu/mL、1×10^9cfu/mL、1×10^{10}cfu/mL 的拟杆菌发酵液 100mL，试验期 35d，结果显示，外源添加拟杆菌使肠道中的拟杆菌数量显著增加，双歧杆菌数量显著增加，乳酸菌的数量有增加但不显著，大肠杆菌数量显著降低。用拟杆菌饲喂肉仔鸡可以对其生产性能有改善作用，用脆弱拟杆菌制剂（活菌含量每毫升 100 亿个）饮水喂肉仔鸡，剂量为每 60 羽 1mL/d。结果表明，在 48 个饲养日内，试验组肉仔鸡体重达到 2.965kg，比对照组日增重提高 7.11%，料重比降低 5.83%，死亡率降低 0.73 个百分点；试验组脾脏、法氏囊、胸腺和小肠重量均显著高于对照组；试验组肠道淀粉酶活力、脂肪酶活性和蛋白酶活性均显著高于对照组。综上所述，当外源补充拟杆菌后，动物肠道中除了其本身数量明显增加外，还促进了其他有益微生物的繁殖，而对有害微生物的繁殖产生了抑制作用，对宿主的免疫机能具有增强作用，同时还能改善肠道消化酶的活性。

三、可用菌种

（一）喜淀粉拟杆菌（*Bacteroides amylophilus* Hamlin and Hungate 1956）

也称嗜淀粉瘤胃杆菌（*Ruminobacter amylophilus* Stackebrandt and Hippe 1987）。在 PY-麦芽糖肉汤培养 2d，菌体大小为（0.9～1.2）μm×（1～3）μm，多形态，两端圆的长杆状或圆锥状。在其他培养基上肿胀或形状不规则。在滚管中胃液-葡萄糖-纤维二糖琼脂上的表面菌落（2d）为 1mm，圆，全缘，稍凸起，半透明，光滑，闪光，白到黄褐色。在琼脂培养基深部的菌落为 0.8mm，双凸透镜状，全缘至不规则，白色，软乳脂状。使淀粉肉汤混浊，最终 pH 为 5.3～5.5。吐温-80 能够刺激该菌产生淀粉酶。生长需要二氧化碳、氨和可发酵的碳水化合物，不需要氨基酸和脂肪酸。可固定 CO_2 和同化氨。最适生长温度是 37℃。不降解纤维素。对抑制生长的重金属和微量元素非常敏感。不含细胞色素和鞘酯类化合物。在牛瘤胃内容物中，喜淀粉拟杆菌是主要的淀粉消化者，组成牛胃的细菌群落的 10%。在羊的瘤胃中也有存在。DNA 的 G+C 含量范围为 40～42mol%（浮力密度法）。

模式菌株：ATCC 29744=DSM 1361

分离基物：羊的瘤胃

应用：产琥珀酸

核糖体 RNA 基因序列信息：GenBank：Y15992，*Ruminobacter amylophilus* strain DSM 1361，ATCC 29744 16S rRNA gene

序列长度：1 539bp

ORIGIN

1 aaagtgaaga gtttgatcat ggctcagatt gaacgctggc ggcaggctta atacatgcaa

61 gtcgaacggt aacagcagga agcttgcttc ctggctgacg agtggcggac gggtgagtaa

121 tacctgggga gctgcctgaa tgagggggac aacacctgga aacgggtgct aataccgcgt

181 aagcctgagg gggaaaggct gggcaaccag tcgcattcag atgcgcccag gtgggattag

241 ctagttggtg gggtaacggc ctaccaaggc gacgatctct agctggtctg agaggatgat

301 cagccacact ggaactgaga cacggtccag actcctacgg gaggcagcag tagggaatat

361 tgcacaatgg gggaaaccct gatgcagcca tgccgcgtgt gtgaagaagg cctttgggtt

421 gtaaagcact ttcagtatgg aggaagtgta gtatgttaac agcatgctgc attgacgtta

481 catacagaag aagcaccggc taactccgtg ccagcagccg cggtaatacg gagggtgcga

541 gcgttaatcg gaataactgg gcgtaaagag ctcgtaggcg gtttgtcaag tcagatgtga

601 aagccccggg cttaacctgg gaaccgcatt tgaaactgac agactagagt actgtagagg

661 gaggtagaat tccaggtgta gcggtgaaat gcgtagatat ctggaggaat accggtggcg

721 aaggcggcct cctggacaga gactgacgct gaggagcgaa agcgtgggga gcaaacagga

781 ttagataccc tggtagtcca cgccgtaaac gatgtcaatt agaagcatgt tgccatgagt

841 agtgtgtttc taagctaacg cgataaattg accgcctggg gagtacggcc ggcaaggtta

901 aaactcaaat gaattgacgg gggcccgcac aagcggtgga gcatgtggtt taattcgatg

961 caacgcgaag aaccttacct ggacttgaca tattgagaag tatttagaga tagatacgtg

1 021 ccgcaaggag ctcaaataca ggtgctgcat ggctgtcgtc agctcgtgtc gtgagatgtt

1 081 gggttaagtc ccgcaacgag cgcaaccctt gttctttgtt gccagcacgt aaaggtggga

1 141 actcaaagaa gactgccggt gacaaaccgg aggaaggcag ggatgacgtc aagtcatcat

1 201 ggcccttacg tccagggcta cacacgtgct acaatgggtt gtacagaggg aagcgaagtc

1 261 gcgaggtaga gcggaaccca gaaagcaact cgtagtccgg attggagtct gcaactcgac

1 321 tccatgaagt cggaatcgct agtaatcgcg aatcagaatg tcgcggtgaa tacgttcccg

1 381 ggccttgtac acaccgcccg tcacaccatg ggagtgaatt gcaccagaag tagttagctt

1 441 aacccgcaag ggagggcgat taccacggtg tggtttatga ctggggtgaa gtcgtaacaa

1 501 ggtaaccata ggggaacctg tggttggatc acctcctta//

（二）栖瘤胃拟杆菌（*Bacteroides ruminicola* Bryant et al.，1958）

也称栖瘤胃普雷沃氏菌（*Prevotella ruminicola*）。细胞大小为（0.8～1.0）μm×（0.8～8.0）μm。细胞边缘圆形或稍微成梭状。大部分细胞长 1.2～6μm。培养 2～3d 后细胞肿胀，含有圆形的内含物。能使葡萄糖肉汤培养物混浊并具有光滑或线状至絮状的沉淀物。在葡萄糖肉汤中的最终 pH 为 4.6～5.7。30℃生长，22℃或 45℃不生长。在厌氧罐中培养时，瘤胃菌株不能在添加瘤胃液的马血琼脂和卵黄琼脂表面生长。大多数菌株在含葡萄糖、CO_2、无机盐、血红蛋白、B 族维生素、某些挥发性的脂肪酸、蛋氨酸和半胱氨酸的合成培养基上生长良好。游离氨基酸不能作为氮源，氨或肽可作为主要氮源。蛋氨酸和半胱氨酸在培养基中是必不可少的，能否有刺激作用取决于菌株。大多数菌株的生长需要血红蛋白或有关的四吡咯，但有一些菌株可以合成，不需要它们。乙酸盐和 2-甲基丁酸或异丁酸对大多数菌株的生长有高度刺激作用，特别是在无肽的培养基中更为明显。通过丙烯酸代谢途径形成丙酸盐。含有 b-型细胞色素和 o-型细胞色素。能够利用细胞外的氢减少延胡索酸通过 b-型细胞色素转化为琥珀酸盐。利用肽产生氨。谷氨酰胺脱羧酶阴性。含有鞘酯类化合物。可从牛、绵羊和麋鹿的网胃中分离到，推测它是大多数反刍动物胃的优势细菌。也可从鸡肠道内容物分离到。本种包含两个亚种：根据发酵木糖和木聚糖的能力、需要亚铁血红蛋白和细胞形态学分成 2 个亚种。栖瘤胃拟杆菌瘤胃亚种（*Bacteroides ruminicola* subsp. *ruminicola*）和栖瘤胃拟杆菌短亚种（*Bacteroides ruminicola* subsp. *brevis*）。在蛋白胨酵母粉培养基上短亚种的生长比瘤胃亚种好。

（三）栖瘤胃拟杆菌瘤胃亚种（*Bacteroides ruminicola* subsp. *ruminicola*）

菌体比栖瘤胃拟杆菌短亚种长。亚铁血红蛋白和有关四吡咯化合物是生长必需的。不能利用阿拉伯树胶产酸。DNA 的 G+C 含量范围为 49mol%（浮力密度法）。

模式菌株：ATCC 19189

分离基物：牛瘤胃

核糖体 RNA 基因序列信息：GenBank：L16482，*Bacteroides ruminicola* ATCC 19189 16S ribosomal RNA gene，complete sequence

序列长度：1 473bp

ORIGIN

1 tncaatgaag agtttgatcc tggctcagga tnaacgctag ctncaggctt aacacatgca
61 agtcgagggg cagcataatc gaagcttgct ttgattgatg gcgaccggcg cacgggtgag
121 taacgcgtat ccaaccttcc ctatagtaga gaatagcccg gcgaaagtcg gattaatgct
181 ctatgttgta tttagaggac atctnaagaa taccaaaggt ttaccgctat aggatgggga
241 tgcgtctgat taggtagtag gcggggtaac ggcccaccta gccgacgatc agtaggggtt
301 ctgagaggaa ggtcccccac attggaactg agacacggtc caaactccta cgggaggcag
361 cagtgaggaa tattggtcaa tggacggaag tctgaaccag ccaagtagcg tgcaggatga
421 cggccctntg ggttgtaaac tnctttttata tagggataaa gtcggggacg tgtcccngtt
481 tgtaggtact atatgaataa ggaccggcta attccgtgcc agcagccgcg gtaatacgga
541 aggtcnnggc gttatccgga tttattgggt ttaaagggag cgcaggctga tgattaagcg
601 tgacgtgaaa tgtagccgct naacggcnna actgcgtcgc gaactggtta tcttgagtga
661 gttcgatgtt ggcggaattc gtggtgtagc ggtgaaatgc ttagatatca cgaagaactc
721 cgattgcgaa ggcagccaac aaggcctnta ctgacgctaa agctcgaagg tgcgggtatc
781 gaacaggatt ngataccctg gtagtccgca cggtnaacga tggatgcccg ctntttgcga
841 tatactgtga gcggccaaga gaaatcgtta agcatcccac ctggggagta cgccggcaac
901 ggtgaaactc aaaggaattg acgggggccc gcacaagcgg aggaacatgt ggtttaattc
961 gatgatacgc gaggaacctt acccgggctt gaactgccag cgaacgattc agagatgatg
1 021 aggtccttcg ggacgctggt ggaggtgctg catggttgtc gtcagctcgt gccgtgaggt
1 081 gtcggcttna gtgccataac gagcgcaacc ctnttcttta gttgccatca ggtaatgctg
1 141 ggcactctgg agatactgcc accgtaaggt gtgaggaagg tggggatgac gtcaaatcag
1 201 cacggccctt acgtccgggg ctacacacgt gttacaatgg ggggtacaga gagtcggakm
1 261 wwsgcaakww kswtctaatc cttaaagcct tcctcagttc ggattggggt ctgcaacccg
1 321 accccatgaa gctggattcg ctagtaatcg cgcatcagcc atggcgcggt gaatacgttc
1 381 ccgggccttg tacacaccgc ccgtcaagcc atgaaagccg ggggcgcttg aagtccgtga
1 441 ccgcaaggat cggcctagag cgaaactggt aat//

（四）栖瘤胃拟杆菌短亚种[*Bacteroides ruminicola* subsp. *brevis*（Bryant，et al.，1958）]

这个亚种生长虽不需要亚铁血红蛋白或相关的四吡咯化合物，但是亚铁血红蛋白能促进某些菌株的生长。大部分菌株比栖瘤胃拟杆菌瘤胃亚种短。产生脱氧核糖核酸酶和磷酸酯酶，不产生纤溶酶、弹性蛋白酶、透明质酸酶和硫酸软骨素酶。DNA 的 G+C 含量范围为 50mol%（浮力密度法）。

模式菌株：ATCC 19188

（五）多毛拟杆菌［*Bacteroides capillosus*（Tissier）Kelly 1957］

在葡萄糖肉汤中培养 24h，菌体呈现直杆状或弯曲杆状，大小为（0.7～1.1）μm×（1.6～7.0）μm，菌体单个，成对或呈短链。表面菌落极小到 1mm，圆，全缘，凸起，半透明，光滑。模式菌株细胞壁不含二氨基庚二酸（DAP）。肉汤培养物稍混浊，有时有沉淀（光滑到稍有线状）。氯化血红蛋白、胃液或吐温-80 可促进大多数菌株的生长。菌株通常是非发酵性的，当吐温-80 加到培养基中后，这种菌可以将其发酵。最适生长温度 37℃和 45℃，30℃生长微弱，25℃不生长。产脱氧核糖核酸酶和磷酸酯酶，不产生弹性蛋白酶、透明质酸酶和硫酸软骨素酶。大部分对青霉素 G 敏感。研究的 8 株菌被血液中含有的氯霉素、甲硝唑和强力霉素抑制。对青霉素和头孢菌素的抗性可变。自囊肿、伤口、粪便，猪和鼠消化道和污泥中分离。DNA 的 G+C 含量范围为 60mol%（浮力密度法）。

模式菌株：ATCC 29799

分离基物：人粪

核糖体 RNA 基因序列信息：GenBank：AY136666，*Bacteroides capillosus* strain ATCC 29799 16S ribosomal RNA gene，partial sequence

序列长度：1 483bp

ORIGIN

```
  1 gatgaacgct ggcggcgtgc ttaacacatg caagtcgaac ggagagctca tgacagagga
 61 ttcgtccaat ggattgggtt tcttagtggc ggacgggtga gtaacgcgtg aggaacctgc
121 ctcggagtgg ggaataacag tccgaaagga ctgctaatac cgcataatgc agctgagtcg
181 catgacactg gctgccaaag atttatcgct ctgagatggc ctcgcgtctg attagctagt
241 tggcggggta acggcccacc aaggcgacga tcagtagccg gactgagagg ttggccggcc
301 acattgggac tgagacacgg cccagactcc tacgggaggc agcagtgggg aatattgggc
361 aatgggcgca agcctgaccc agcaacgccg cgtgaaggat gaaggctttc gggttgtaaa
421 cttcttttat cagggacgaa ataaatgacg gtacctgatg aataagccac ggctaactac
481 gtgccagcag ccgcggtaat acgtaggtgg caagcgttat ccggatttac tgggtgtaaa
541 gggcgtgtag gcgggactgc aagtcaggtg tgaaaaccac gggctcaacc tgtggcctgc
601 atttgaaact gtagttcttg agtgctggag aggcaatcgg aattccgtgt gtagcggtga
661 aatgcgtaga tatacggagg aacaccagtg gcgaaggcgg attgctggac agtaactgac
721 gctgaggcgc gaaagcgtgg ggagcaaaca ggattagata ccctggtagt ccacgccgta
781 aacgatggat actaggtgtg gggggactga ccccctccgt tgccgcagtt aacacaataa
841 gtatcccacc tggggagtac gatcgcaagg ttgaaactca aaggaattga cgggggcccg
```

901 cacaagcggt ggagtatgtg gtttaattcg aagcaacgcg aagaacctta ccagggcttg
961 acatccgact aacgaagcag agatgcatta ggtgcccttc ggggaaagtc gagacaggtg
1 021 gtgcatggtt gtcgtcagct cgtgtcgtga gatgttgggt taagtcccgc aacgagcgca
1 081 acccttattg ttagttgcta cgcaagagca ctctagcgag actgccgttg acaaaacgga
1 141 ggaaggtggg gacgacgtca aatcatcatg ccccttatgt cctgggccac acacgtacta
1 201 caatggtggt taacagaggg aagcaatgcc gcgaggtgga gcaaatccct aaaagccatc
1 261 ccagttcgga ttgcaggctg aaacccgcct gtatgaagtt ggaatcgcta gtaatcgcgg
1 321 atcagcatgc cgcggtgaat acgttcccgg gccttgtaca caccgcccgt cacaccatga
1 381 gagtcgggaa cacccgaagt ccgtagccta accgcaagga gggcgcggcc gaaggtgggt
1 441 tcgataattg gggtgaagtc gtaacaaggt agccgtatcg gaa//

（六）猪拟杆菌（*Bacteroides suis* Benno et al.，1983）

模式菌株：ATCC 35419＝DSM 20612

分离基物：猪粪

核糖体 RNA 基因序列信息：GenBank：DQ497991，*Bacteroides suis* 16S ribosomal RNA gene，partial sequence

序列长度：1 430bp

ORIGIN

1 catgcaagtc gaggggcagc atgaatattg gcttgccaat atttgatggc gaccggcgca
61 cgggtgagta acacgtatcc aaccttccgg ttactcgggg ataggctttc gaaagaaaga
121 ttaatacccg atgttgtgta tctttctcct gaaagatacg ccaaaggatt ccggtaaccg
181 atggggatgc gttccattag gcagttggcg gggtaacggc ccaccaaacc ttcgatggat
241 aggggttctg agaggaaggt cccccacatt ggaactgaga cacggtccaa actcctacgg
301 gaggcagcag tgaggaatat tggtcaatgg acggaagtct gaaccagcca agtagcgtga
361 aggatgactg ccctctgggt tgtaaacttc ttttatacgg gaataacatg aggtacgcgt
421 accttattgc atgtaccgtt atgaataagc atcggctaac tccgtgccag cagccgcggt
481 aatacggagg atgcgagcgt tatccggatt tattgggttt aaagggagcg taggtgggat
541 attaagtcag ctgtgaaagt ttggggctca accttaaaat tgcagttgat actggtttcc
601 ttgagtacgg tacaggtggg cggaattcgt ggtgtagcgg tgaaatgctt agatatcacg
661 aagaactccg atcgcgaagg cagctcaccg ggccggaact gacactgatg ctcgaaagtg
721 cgggtatcaa acaggattag ataccctggt agtccgcaca gtaaacgatg aatactcgct
781 gtttgcgata cacagtaagc ggccaagcga aagcgttaag tattccacct ggggagtacg
841 ccggcaacgg tgaaactcaa aggaattgac gggggcccgc acaagcggag gaacatgtgg
901 tttaattcga tgatacgcga ggaaccttac ccgggcttaa attgcgctgg cttttaccgg
961 aaacggtatt ttcttcggac cagcgtgaag gtgctgcatg gttgtcgtca gctcgtgccg
1 021 tgaggtgtcg gcttaagtgc cataacgagc gcaaccctta tctttagtta ctaacagttt
1 081 tgctgaggac tctaaagaga ctgccgtcgt aagatgcgag gaaggtgggg atgacgtcaa
1 141 atcagcacgg ccccttacgtc cggggctaca cacgtgttac aatggggagc acagcaggtt
1 201 gctacacggc gacgtgatgc caatccgtaa aactcctctc agttcggatc gaagtctgca

1 261 acccgacttc gtgaagctgg attcgctagt aatcgcgcat cagccacggc gcggtgaata
1 321 cgttcccggg ccttgtacac accgcccgtc aagccatgaa agccgggggt acctgaagta
1 381 cgtaaccgcg aggatcgtcc tagggtaaac ctggtgattg ggggctaagt//

第五节　片球菌属（*Pediococcus*）

一、一般属性

单个细菌球状，不延长，直径 1.2～2.0μm。在适宜条件下，成对排列或沿着两个垂直平面交替分裂形成四联状，罕见单个或成链的细胞。革兰氏阳性。不运动，不产芽孢。兼性厌氧，有的菌株在有氧时会抑制生长。化能异养，细胞需要丰富营养的培养基，发酵糖类（主要是单糖和双糖类）。发酵葡萄糖产酸不产气，主要产物是 DL 或 L（+）-乳酸盐。触酶阴性，氧化酶阴性。不还原硝酸盐成亚硝酸盐。最适生长温度 25～40℃。出现于蔬菜和食品；对植物或动物不致病。DNA 的 G+C 含量范围为 34～44mol％。

二、主要用途

1. 在家禽生产中的应用　戊糖片球菌在肉禽的应用效果主要体现在提高体增重，降低料肉比，改善肉色，提高胸肌率和腿肌率等。从 1 日龄就开始使用戊糖片球菌 1g/kg（活菌含量 2.5×10^{9} cfu/g），可提高肉仔鸡体增重 13.36％，料肉比降低 6.07％，胸肌率提高 15.58％，腿肌率提高 11.07％；有研究发现，戊糖片球菌对肉仔鸡生产性能的影响可能与其开始使用时间有关，比如前 3 周饲喂基础饲粮，从第 4 周起在基础饲粮基础上每只禽分别饲喂聚丙烯戊糖片球菌 1×10^{9}、1×10^{10}和1×10^{11} cfu/d，42d 后，聚丙烯戊糖片球菌对肉仔鸡生长性能的影响均不显著。戊糖片球菌在肉仔鸡饲料中的适宜添加量为 1×10^{6}～1×10^{9} cfu/g。

2. 在水产养殖中的应用　戊糖片球菌在水产养殖的应用效果主要体现在提高生长速度，提高鱼对有害菌的抵抗力。在澎泽鲫养殖水体中喷洒戊糖片球菌 1×10^{9} cfu/L，结果发现，澎泽鲫的增重率提高了 4.63％，水体亚硝酸盐和氨氮含量降低；在军曹鱼饲料中添加戊糖片球菌，经过 2 周的试验，生长速率提高了 12％，在美人鱼发光杆菌感染下的存留率提高了 22％。戊糖片球菌可提高石斑鱼耐受鳗弧菌感染的能力，可以提高石斑鱼在感染情况下的存活率和生长率，另外，血液白细胞数和吞噬细胞数显著提高。

三、可用菌种

（一）乳酸片球菌（*Pediococcus acidilactici* Lindner 1887）

见图 6-8 所示，单个细菌球状，直径 0.6～1.0μm。在葡萄糖蛋白胨酵母提取物明胶培养基上菌落小，呈白色。沿琼脂穿刺线的生长物呈丝状；在表面生长少或不生长。在不加啤酒花麦芽汁中生长，但在啤酒花麦芽汁或啤酒中不生长。利用半乳糖、阿拉伯糖、木糖、柳醇和海藻糖发酵产酸；某些菌株利用蔗糖和乳糖产微量的酸。利用麦芽糖、甘露醇、α-甲基葡萄糖苷或糊精不产酸。产生丁二酮。除了蛋氨酸外，生长几乎需要所有的氨基酸。核黄素、维生素 B_6、泛酸、烟酸和生物素对其生长也是必需的。最适生长温度为 40℃，最高温度 52℃。致死条件为 70℃ 10min。某些菌株，尤其在新分离时较耐热。见于酸泡菜和发酵的麦芽汁中。DNA 的 G+C 含量为 38～44mol%（熔解温度法）。

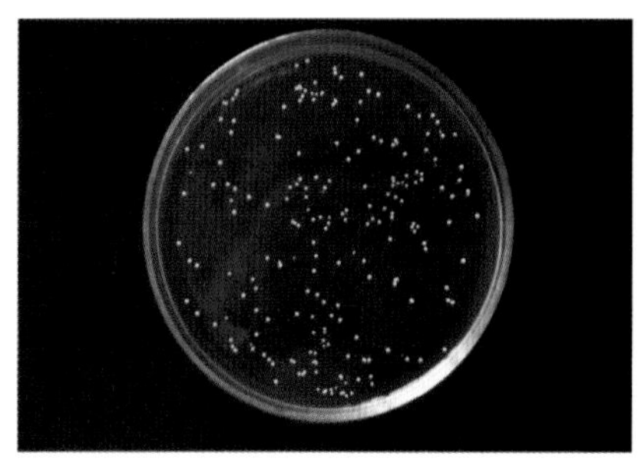

图 6-8 乳酸片球菌 *Pediococcus acidilactici* DSM 20284

模式菌株：DSM 20284

分离基物：大麦

核糖体 RNA 基因序列信息：GenBank：AJ305320，*Pediococcus acidilactici* 16S rRNA gene，strain DSM 20284（T）

序列长度：1 569bp

ORIGIN

1 agagtttgat cctggctcag gatgaacgct ggcggcgtgc ctaatacatg caagtcgaac
61 gaacttccgt taattgatca ggacgtgctt gcactgaatg agattttaac acgaagtagn
121 tggcggacgg gtgagtaaca cgtgggtaac ctgcccagaa gcaggggata acacctggaa
181 acagatgcta ataccgtata acagagaaaa ccgcctggtt ttcttttaaa agatggctct
241 gctatcactt ctggatggac ccgcggcgca ttagctagtt ggtgaggtaa cggctcacca
301 aggcgatgat gcgtagccga cctgagaggg taatcggcca cattgggact gagacacggc
361 ccagactcct acgggaggca gcagtaggga atcttccaca atggacgcaa gtctgatgga
421 gcaacgccgc gtgagtgaag aagggtttcg gctcgtaaag ctctgttgtt aaagaagaac
481 gtgggtgaaa gtaactgttc acccagtgac ggtatttaac cagaaagcca cggctaacta
541 cgtgccagca gccgcggtaa tacgtaggtg gcaagcgtta tccggattta ttgggcgtaa
601 agcgagcgca ggcggtcttt taagtctaat gtgaaagcct tcggctcaac cgaagaagtg
661 cattggaaac tgggagactt gagtgcagaa gaggacagtg gaactccatg tgtagcggtg
721 aaatgcgtag atatatggaa gaacaccagt ggcgaaggcg gctgtctggt ctgtaactga
781 cgctgaggct cgaaagcatg ggtagcgaac aggattagat accctggtag tccatgccgt
841 aaacgatgat tactaagtgt tggagggttt ccgcccttca gtgctgcagc taacgcatta
901 agtaatccgc ctggggagta cgaccgcaag gttgaaactc aaaagaattg acgggggccc
961 gcacaagcgg tggagcatgt ggtttaattc gaagctacgc gaagaacctt accaggtctt
1 021 gacatcttct gccaacctaa gagattaggc gttcccttcg ggacagaat gacaggtggt
1 081 gcatggttgt cgtcagctcg tgtcgtgaga tgttgggtta agtcccgcaa cgagcgcaac

1 141 ccttattact agttgccagc attcagttgg gcactctagt gagactgccg gtgacaaacc
1 201 ggaggaaggt ggggacgacg tcaaatcatc atgcccctta tgacctgggc tacacacgtg
1 261 ctacaatgga tggtacaacg agttgcgaaa ccgcgaggtt tagctaatct cttaaaacca
1 321 ttctcagttc ggactgtagg ctgcaactcg cctacacgaa gtcggaatcg ctagtaatcg
1 381 cggatcagca tgccgcggtg aatacgttcc cgggccttgt acacaccgcc cgtcacacca
1 441 tgagagtttg taacacccaa agccggtggg gtaacctttt aggagctagc cgtctaaggt
1 501 gggacagatg attagggtga agtcgtaaca aggtagccgt aggagaacct gcggctggat
1 561 cacctcctt//

（二）戊糖片球菌（*Pediococcus pentosaceus* Mees 1934）

见图 6-9 所示，单个细菌球形，直径 0.8～1.0μm。在葡萄糖蛋白胨酵母提取物明胶培养基上表面菌落为白色，针尖状；沿穿刺线生长物白色，但在表面不生长。发酵半乳糖、麦芽糖，通常也发酵阿拉伯糖、木糖、乳糖、柳醇和 α-甲基葡萄糖苷产酸；有时发酵蔗糖产微量酸，通常发酵鼠李糖、海藻糖、甘露醇、糊精或菊糖不产酸。产生丁二酮。生长要求所有的氨基酸，而其中丝氨酸、蛋氨酸和赖氨酸起刺激作用。叶酸、烟酸和泛酸对生长是必需的，生物素起刺激作用，少数菌株还要求核黄素。通常接触酶为阴性，但在含糖低的培养基中可能是弱阳性。最适生长温度 35℃；最高温度为 42～45℃。65℃条件下 8min 可致死。最初分离于制作啤酒的麦芽汁；然而在一些发酵物，如酸腌菜、泡菜、青贮料和谷物的浆汁中也广泛存在。DNA 的 G+C 含量为 35～39mol%（熔解温度法）。

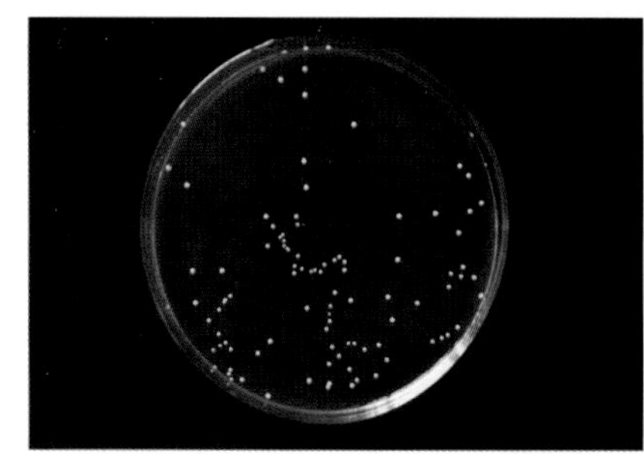
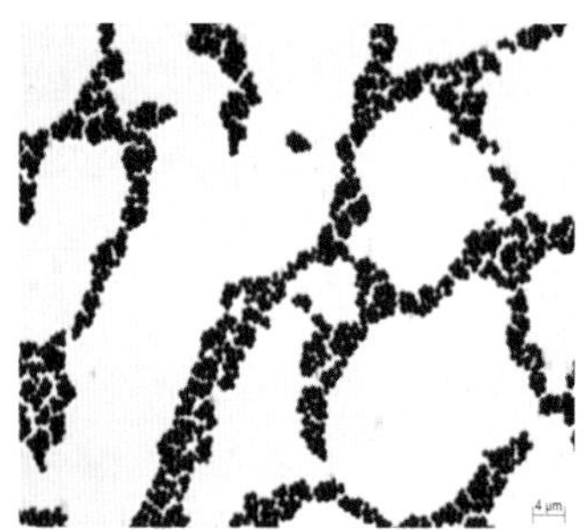

图 6-9 戊糖片球菌 *Pediococcus pentosaceus* ATCC 33316

模式菌株：ATCC 33316＝DSM 20336

分离基物：干燥美国啤酒酵母

核糖体 RNA 基因序列信息：GenBank：AJ305321，*Pediococcus pentosaceus* 16S rRNA gene，strain DSM 20336（T）

序列长度：1 569bp

ORIGIN

1 agagtttgat catggctcag gatgaacgct ggcggcgtgc ctaatacatg caagtcgaac
61 gaacttccgt taattgatta tgacgtactt gtactgattg agattttaac acgaagtagn
121 tggcgaacgg gtgagtaaca cgtgggtaac ctgcccagaa gtaggggata acacctggaa
181 acagatgcta ataccgtata acagagaaaa ccgcatggtt ttcttttaaa agatggctct
241 gctatcactt ctggatggac ccgcggcgta ttagctagtt ggtgaggtaa aggcccacca

301 aggcagtgat acgtagccga cctgagaggg taatcggcca cattgggact gagacacggc
361 ccagactcct acgggaggca gcagtaggga atcttccaca atggacgcaa gtctgatgga
421 gcaacgccgc gtgagtgaag aagggtttcg gctcgtaaag ctctgttgtt aaagaagaac
481 gtgggtaaga gtaactgttt acccagtgac ggtatttaac cagaaagcca cggctaacta
541 cgtgccagca gccgcggtaa tacgtaggtg gcaagcgtta tccggattta ttgggcgtaa
601 agcgagcgca ggcggtcttt taagtctaat gtgaaagcct tcggctcaac cgaagaagtg
661 cattggaaac tgggagactt gagtgcagaa gaggacagtg gaactccatg tgtagcggtg
721 aaatgcgtag atatatggaa gaacaccagt ggcgaaggcg gctgtctggt ctgcaactga
781 cgctgaggct cgaaagcatg ggtagcgaac aggattagat accctggtag tccatgccgt
841 aaacgatgat tactaagtgt tggagggttt ccgcccttca gtgctgcagc taacgcatta
901 agtaatccgc ctggggagta cgaccgcaag gttgaaactc aaaagaattg acgggggccc
961 gcacaagcgg tggagcatgt ggtttaattc gaagctacgc gaagaacctt accaggtctt
1 021 gacatcttct gacagtctaa gagattagag gttcccttcg ggacagaat gacaggtggt
1 081 gcatggttgt cgtcagctcg tgtcgtgaga tgttgggtta agtcccgcaa cgagcgcaac
1 141 ccttattact agttgccagc attaagttgg gcactctagt gagactgccg gtgacaaacc
1 201 ggaggaaggt ggggacgacg tcaaatcatc atgcccctta tgacctgggc tacacacgtg
1 261 ctacaatgga tggtacaacg agtcgcgaga ccgcgaggtt aagctaatct cttaaaacca
1 321 ttctcagttc ggactgtagg ctgcaactcg cctacacgaa gtcggaatcg ctagtaatcg
1 381 cggatcagca tgccgcggtg aatacgttcc cgggccttgt acacaccgcc cgtcacacca
1 441 tgagagtttg taacacccaa agccggtggg gtaacctttt aggagctagc cgtctaaggt
1 501 gggacagatg attagggtga agtcgtaaca aggtagccgt aggagaacct gcggctggat
1 561 cacctcctt//

(三) 啤酒片球菌（*Pediococcus cerevisiae* Balcke 1884）

单个细菌呈球形，直径 0.6～1.0μm。在葡萄糖蛋白胨酵母提取物明胶培养基上，菌落由白色变为浅黄褐色，在麦芽汁明胶上菌落为白色，直径为 2～3mm，在琼脂斜面上生长物呈稀疏的念珠状。琼脂中沿穿刺线的生长物呈丝状，不生长在表面。发酵麦芽糖、半乳糖和柳醇产酸，不产气。发酵戊糖、乳糖、蔗糖或甘露醇不产酸。一般产生丁二酮，腐败啤酒中的特殊气味就是由它产生的。烟酸和生物素是其生长所必需的，维生素 B_6 起刺激作用，抗坏血酸对某些菌株是刺激剂。生长需要二氧化碳。最适温度 25℃，在 35℃不生长。致死条件是 60℃ 10min。高度耐啤酒花防腐剂，啤酒花葎草酮使其形成直径为 5～15μm 的巨大细胞。在 pH 3.5～6.2 可生长，最适 pH 约为 5.5。在腐败的啤酒和啤酒酵母中发现。

在 ATCC 和 DSMA 现在的分类系统中，之前所命名为啤酒片球菌的菌株已分别并入戊糖片球菌（*P. pentosaceus*）、乳酸片球菌（*P. acidilactici*）和糊精片球菌（*P. dextrinicus*）等其他片球菌种中，该菌种的分子信息可参考戊糖片球菌（*P. pentosaceus*）和乳酸片球菌（*P. acidilactici*）的描述。

第六节 乳杆菌属（*Lactobacillus*）

一、一般属性

细菌的形态各种各样，呈现从长到短、从粗到细的杆状。一般成链状，特别是在对数生长期的后期。通常不运动，如运动则借助于周生鞭毛。不形成芽孢。随菌龄和培养基酸度的增加由革兰氏阳性变为阴性。当用革兰氏染色或次甲基蓝染色时，有些菌株呈现出两极体和内部颗粒，或呈现出横线条。乳杆菌属内所有成员的血清群及其鉴别方法是由Sharpe（1955）、Sharpe和Wheater（1957）提出的。发酵葡萄糖时pH会降低一个或几个单位，在碳的最终产物中至少有一半是乳酸盐。不发酵乳酸盐，其他副产物可能是醋酸盐、甲酸盐、琥珀酸盐、二氧化碳和乙醇。不产生多于两个碳原子的挥发性的酸。厌氧或降低氧浓度和5%～10%的二氧化碳可促进固体培养基上的表面生长。某些菌株专性厌氧。极少见硝酸盐还原反应，只有pH最终平衡于6.0以上时才能还原硝酸盐。不液化明胶。不分解酪朊，但有些菌种的某些菌株能产生很少的可溶性氮。不产生吲哚和硫化氢。接触酶和细胞色素阴性；有极少数菌株以假接触酶分解过氧化物；联苯胺反应阴性。罕见色素，假如有色素，则是黄色或橙色至锈红色或砖红色。营养要求复杂，需要氨基酸、肽、核酸衍生物、维生素、盐类、脂肪或脂肪酸类和可发酵的碳水化合物。一般说来，每个菌种都有特殊的营养要求。温度范围2～53℃，最适温度一般为30～40℃。耐酸，最适pH通常是5.5～6.2或更低些。一般在pH5.0或更低的情况下可生长。在中性或开始是碱性的pH时，生长量减少。

常见于乳制品和制奶场流出物中，在谷物、肉制品、水、污水、啤酒、葡萄酒、水果及果汁、泡菜、发酸面团、麦芽汁中也有发现。还有的寄生于温血动物（包括人）的口腔、肠道和阴道中。极少有致病性。DNA的G+C含量范围为32～53mol%（浮力密度法）。

模式种：德氏乳杆菌［*Lactobacillus delbrueckii*（Leichmann 1896）Beijerinck 1901］。

二、主要用途

（一）植物乳杆菌

1. 在家禽生产中的应用 饲料中添加植物乳杆菌在家禽生产中的效果主要表现为提高生产性能，提高动物免疫力，抑制肠道有害菌。在产蛋高峰期的饲料中添加植物乳杆菌制剂2×10^{5} cfu/g、4×10^{5} cfu/g、8×10^{5} cfu/g、1×10^{6} cfu/g，料蛋比分别降低了3.25%、6.19%、6.84%、7.81%，可见在蛋鸡日粮中添加一定浓度的植物乳杆菌对提高蛋鸡的生产性能有很好地促进作用。在肉鸡饲料中添加8×10^{5}cfu/g的植物乳杆菌，结果日增重显著提高，料肉比显著降低。植物乳杆菌的培养物添加到蛋鸡饲料中，结果鸡粪便的pH明显降低，粪便中乳酸菌含量显著提高，大肠杆菌数显著降低。用沙门菌感染肉鸡后，再将植物乳杆菌和木聚糖酶联合使用，结果同时添加0.1g/kg木聚糖酶和1×10^{6} cfu/g

植物乳杆菌，使肉鸡生长速度提高 12.5%，料肉比降低 8.6%。植物乳杆菌和木聚糖酶联合使用可以抑制沙门菌对肉鸡的侵害。植物乳杆菌在家禽饲料中的适宜添加量约为 1×10^{6} cfu/g。

2. 在养猪生产的应用 在猪饲料中加入植物乳杆菌可提高饲料转化率，提高动物生长速度，提高日增重，改善肠道菌群，降低仔猪腹泻的发生。在断奶仔猪饲料中添加 1×10^{9} cfu/g 的植物乳杆菌，显著提高了日增重和饲料转化率；在断奶仔猪饲料中添加 0.3%植物乳杆菌（活菌数 3.8×10^{9} cfu/g），30d 后，仔猪粪便中大肠杆菌数降低了 9.31%，乳酸菌数增加了 4.18%；在断奶仔猪饲料中添加 6.8×10^{7} cfu/g 的植物乳杆菌，与添加 80mg/kg 金霉素相比，显著提高饲料转化率，显著提高血清中超氧化物歧化酶、谷胱甘肽氧化酶、过氧化物酶的活性，显著降低丙二醛的含量。植物乳杆菌在猪饲料中的适宜添加量为 1×10^{6} cfu/g。

3. 在水产养殖中的应用 在水产养殖中使用植物乳杆菌，可以改善水质，促进鱼虾生长，提高饲料转化率，颉颃有害菌，降低死亡率。在彭泽鲫养殖水体中喷洒植物乳杆菌，每升养殖水体每日喷洒 5mg 植物乳杆菌（活菌数 1×10^{8} cfu/L），彭泽鲫的增重率和存活率显著提高，饵料系数显著下降。另外，水体氨氮、亚硝酸盐及 COD 含量也有所降低；在南美白对虾饲料中添加植物乳杆菌，南美白对虾的存活率和增重率显著提高，饵料系数显著降低；用亲水气单胞菌感染南亚野鲮后，再用添加 1×10^{8} cfu/g 植物乳杆菌的饲料进行饲养，结果发现植物乳杆菌能显著提高南亚野鲮的生长速率和饲料利用率，显著提高了亲水气单胞菌感染后的存活率；在点带石斑鱼饲料中添加植物乳杆菌 1×10^{8} cfu/g，结果发现植物乳杆菌能明显提高链球菌和虹彩病毒攻击下的存活率，显著改善鱼的生长速率和饲料利用率。植物乳杆菌在水产饲料中的适宜添加量约为 1×10^{6} cfu/g。

（二）罗氏乳杆菌

1. 在家禽生产中的应用 饲喂罗氏乳杆菌（1×10^{5} cfu/g）对肉仔鸡的体增重具有一定促进作用，可以显著影响肉仔鸡盲肠微生物菌群，改善肠道的微生态环境。

2. 在养猪生产中的应用 在饲粮中添加 0.5%（$\geqslant1.0\times10^{7}$ cfu/g）和 0.75%（$\geqslant1.5\times10^{7}$ cfu/g）猪源罗氏乳杆菌，发现其显著提高断奶仔猪的平均日增重，并显著降低料重比，极显著降低断奶仔猪血清中白蛋白与球蛋白比值，极显著增加血清中 γ 干扰素含量。结果表明罗氏乳杆菌能够提高断奶仔猪机体免疫能力，提高断奶仔猪的生长性能；通过日粮中补给罗氏乳杆菌（3.0×10^{9} cfu/g），可以显著提高各肠段乳酸杆菌含量，降低各肠段大肠杆菌含量；给仔猪饲喂罗氏乳杆菌（1.0×10^{9} cfu/g），可以提高仔猪平均日增重，显著降低仔猪腹泻率和料肉比，提高仔猪采食量。

（三）短乳杆菌

1. 在家禽生产中的应用 通过饮水方式给雏鸡服用短乳杆菌（1.0×10^{7} cfu/mL），能提高鸡肠黏膜的 sIgA 滴度。该菌对肠道黏膜有较强的黏附力。

2. 在养猪生产中的应用 饲喂短乳杆菌可显著提高粪便中乳酸菌数量，显著降低大肠杆菌数量，能极显著提高血清球蛋白含量，显著提高 IFN-γ 含量，极显著降低白球比（白蛋白∶球蛋白）及结合珠蛋白含量，从而增强生长猪的免疫功能，极显著降低料重比，改善生长猪的生长性能。在生长猪饲料中添加短乳杆菌制剂 0.1%，最终配合饲料中短乳杆菌的

浓度为 2.40×10^{6} cfu/g。

（四）发酵乳杆菌

1. 在家禽生产中的应用 发酵乳杆菌可显著提高肉鸡全净膛率和胸肌率，提高肉鸡屠宰性能，对鸡肉系水力和肉色有一定改善效果。其中以添加剂量为 2×10^{6} cfu/mL 时效果较好；发酵乳杆菌对肉鸡空肠和胰腺组织淀粉酶活性有显著或趋于显著的增强效果，可以显著提高肉鸡空肠和回肠胰蛋白酶活性，可显著提高十二指肠、空肠和回肠的绒毛长度和宽度，降低隐窝深度，对肉鸡的生长、粗蛋白质消化率和能量利用率都有明显促进作用。

2. 在养猪生产中的应用 在断奶仔猪日粮添加 5.8×10^{7} cfu/g 发酵乳杆菌后，仔猪血清中 IgG 含量显著增高；另外，发酵乳杆菌可以促进仔猪 T 淋巴细胞的分化，同时诱导回肠细胞因子的表达，这一结果说明发酵乳杆菌可以调节仔猪的免疫功能。

（五）干酪乳杆菌

1. 在养猪生产中的应用 添加 1×10^{5} cfu/g 的干酪乳杆菌，对 30 日龄二元杂交猪（长白×大白）的日增重和料肉比均有显著的促进作用，可明显提高断奶仔猪的体重。

2. 在水产方面的应用 干酪乳杆菌（1×10^{5} cfu/mL）具有去除养殖水体亚硝酸盐的作用，这一效果与其分泌乳酸有直接关系。

3. 在饲料加工上的应用 在苜蓿青贮中添加干酪乳杆菌，可以显著提高糖类和非结构性碳水化合物的含量，但同时也降低了可利用纤维素的含量。能在一定程度上通过保护真蛋白和提高快速降解碳水化合物组分及非结构性碳水化合物含量，提高苜蓿青贮营养价值。

（六）嗜酸乳杆菌

1. 在家禽生产中的应用 嗜酸乳杆菌对雏鸡具有促进生长的作用，可提高雏鸡肠道乳酸杆菌和双歧杆菌的数量，减少大肠杆菌和沙门菌在肠道内的定植和增殖，促进对葡萄糖和小肽的吸收；嗜酸乳杆菌可显著提高黄羽肉鸡的增重和饲料报酬率，并显著提高粗脂肪、粗蛋白、钙和磷的消化率。在饲料中添加 1.0×10^{6} cfu/g 效果最好。

2. 在水产上的应用 在饲料中添加 1.0×10^{7} cfu/g 的嗜酸乳杆菌可以明显改善大菱鲆的饲料系数和蛋白质利用率。

（七）德氏乳杆菌

1. 在家禽生产中的应用 在饲料中添加 3.0×10^{9} cfu/g 的德氏乳杆菌可降低鸡伤寒沙门菌和金黄色葡萄球菌的数量，提高肠道乳酸菌数量，提高鸡的成活率和生长性能。

2. 在养猪生产中的应用 通过饮水口服德氏乳杆菌（5×10^{8} cfu/mL）菌液能够改善仔猪胃肠道菌群区系平衡，具有增加哺乳仔猪胃和小肠内有益菌数量，尤其是乳酸菌数量，抑制有害菌的增殖，有助于维持大肠内微生态环境的平衡，保持乳酸菌等有益菌数量的相对稳定的效果，改善仔猪胃肠道菌群区系平衡，从而具有降低肠道内 pH，降低哺乳仔猪腹泻率，提高哺乳仔猪生产性能的作用。对哺乳仔猪的免疫机能和免疫因子分泌具有促进作用，比如小肠空肠、回肠黏膜固有层树突状细胞的数量会明显增加，还能够促进肠黏膜 TLR2、TLR4 的表达，促进相关细胞因子 mRNA 和蛋白水平的表达，尤其是 IL-2 mRNA 的表达，提高血清中 TP、ALB、IgG、IgA 和 IgM 含量。对哺乳仔猪小肠的绒毛高度和空肠的隐窝深度都有改善效果，还能提高哺乳仔猪胰脏和肠道消化酶活性。可提高仔猪血清中 SOD、GSH-Px 和 CAT 活性及 T-AOC，降低 MDA 含量。综合上述作用效果，德氏乳杆菌可降低哺乳仔猪的腹泻率和死亡率，提高日增重，从而呈现出对仔猪的促生长作用。

（八）约氏乳杆菌

1. 在家禽生产中的应用 约氏乳杆菌可以在一定程度上改善产蛋鸡产蛋率、平均蛋重、平均日采食量和料蛋比，对 17～24 周龄时的料蛋比影响显著，能够显著提高鸡蛋的蛋黄颜色，但对蛋壳强度、蛋白高度和哈氏单位均无显著影响；另外，给雏鸡喂服约氏乳杆菌，发现其明显增加雏鸡的体重。在鸡饲料中添加 7×10^{8} cfu/g 的约氏乳杆菌对蛋鸡和雏鸡生产性能都有促进作用。

2. 在养猪生产中的应用 添加 6×106cfu/g 的约氏乳杆菌，能提高初生窝重和断奶窝重，提高断奶仔猪成活率，降低母猪便秘率及厌食率，减少母猪粪便中有害菌的数量，增加乳酸菌的数量，提高血清 IgG 水平，降低血清谷丙转氨酶活性，还能显著增加仔猪外周血中 $CD3^{+}CD4^{+}$ 的数量和 $CD3^{+}CD4^{+}/CD3^{+}CD8^{+}$ 比值，提高仔猪的抗应激能力。

三、可用菌种

（一）德氏乳杆菌（*Lactobacillus delbrueckii*）

宽 0.5～0.8μm，长 2～9μm，两端呈圆形，以单个和短链存在。最适生长温度 45℃，甚至达到 48～52℃。需要泛酸、烟酸。某些菌株需要核黄素、叶酸、维生素 B_{12} 和胸腺嘧啶核苷。不需要硫胺素、维生素 B_6、生物素和对氨基苯甲酸。

德氏乳杆菌（*L. delbrueckii*）、保加利亚乳杆菌（*L. bulgaricus*）、乳酸乳杆菌（*L. lactis*）和赖氏乳杆菌（*L. leichmannii*）具有高度同源性。德氏乳杆菌 DNA 的 G+C 含量为 49～51mol%（浮力密度法）。

由于德氏乳杆菌（*L. delbrueckii*）、赖氏乳杆菌（*L. leichmannii*）、乳酸乳杆菌（*L. lactis*）和保加利亚乳杆菌（*L. bulgaricus*）在表型和基因型方面极其相似，因此，除德氏乳杆菌仍作为一个单独的种——德氏乳杆菌德氏亚种之外，乳酸乳杆菌和赖氏乳杆菌已定名为德氏乳杆菌乳酸亚种（*L. delbrueckii* subsp. *lactis*），保加利亚乳杆菌已定名为德氏乳杆菌保加利亚亚种（*L. delbrueckii* subsp. *bulgaricus*）。

1. 德氏乳杆菌德氏亚种［*Lactobacillus delbrueckii* subsp. *delbrueckii*（Leichmann 1896）Beijerinck 1901］ 宽 0.5～0.8μm，长 2～9μm，两端呈圆形，以单个和短链存在。用次甲基蓝染色可显示胞内颗粒。不运动。菌落通常是粗糙的，不产生色素。发酵葡萄糖和其他碳水化合物产酸不产气。发酵麦芽糖，但不发酵麦芽糖的变种。同型发酵产生 D-乳酸。一般可利用精氨酸产氨，不可利用牛奶产酸。细胞壁含甘油磷壁酸。肽聚糖属于 L-赖氨酸-

D-门冬氨酸型。未检出血清类型。需要泛酸钙、烟酸和核黄素。新模式菌株需要胸腺嘧啶核苷。不需要硫胺素、维生素 B_6 醛、叶酸或维生素 B_{12}。在 15℃不生长，最适生长温度为 40～44℃。DNA 的 G+C 含量为 50.0mol%（浮力密度法）。在高于 41℃的发酸土豆醪、谷物和蔬菜酯的发酵物中发现。应用：利用玉米葡萄糖和糖浆产 D-乳酸、丙氨酸、吡哆醛测定、降解糖浆。

模式菌株：ATCC 9649=DSM 20074

分离基物：酸性糖化醪

核糖体 RNA 基因序列信息：Genbank：AY050172，*Lactobacillus delbrueckii* subsp. *Delbrueckii* ATCC 9649 16S ribosomal RNA gene，partial sequence

序列长度：1 507bp

ORIGIN

1 gttagcttct ggctcagacg aacgctggcg gcgtgcctaa tacatgcaag tcgagcgagc
61 tgaattcaaa gatcccttcg gggtgatttg ttggacgcta gcggcggatg ggtgagtaac
121 acgtgggcaa tctgccctaa agactgggat accacttgga aacaggtgct aataccggat
181 aacaacatga atcgcatgat tcaagtttga aaggcggcgc aagctgtcac tttaggatga
241 gcccgcggcg cattagctag ttggtggggt aaaggcctac caaggcaatg atgcgtagcc
301 gagttgagag actgatcggc cacattggga ctgagacacg gcccaaactc ctacgggagg
361 cagcagtagg gaatcttcca caatggacgc aagtctgatg gagcaacgcc gcgtgagtga
421 agaaggtctt cggatcgtaa agctctgttg ttggtgaaga aggatagagg cagtaactgg
481 tctttatttg acggtaatca accagaaagt cacggctaac tacgtgccag cagccgcggt
541 aatacgtagg tggcaagcgt tgtccggatt tattgggcgt aaagcgagcg caggcggaat
601 gataagtctg atgtgaaagc ccacggctca accgtggaac tgcatcggaa actgtcattc
661 ttgagtgcag aagaggagag tggaactcca tgtgtagcgg tggaatgcgt agatatatgg
721 aagaacacca gtggcgaagg cggctctctg gtctgcaact gacgctgagg ctcgaaagca
781 tgggtagcga acaggattag ataccctggt agtccatgcc gtaaacgatg agcgctaggt
841 gttggggact ttccagtcct cagtgccgca gcaaacgcat taagcgctcc gcctggggag
901 tacgaccgca aggttgaaac tcaaaggaat tgacgggggc ccgcacaagc ggtggagcat
961 gtggtttaat tcgaagcaac gcgaagaacc ttaccaggtc ttgacatcct gcgctacacc
1 021 tagagatagg tggttccctt cggggacgca gagacaggtg gtgcatggct gtcgtcagct
1 081 cgtgtcgtga gatgttgggt taagtcccgc aacgagcgca acccttgtct ttagttgcca
1 141 tcattaagtt gggcactcta aagagactgc cggtgacaaa ccggaggaag gtggggatga
1 201 cgtcaagtca tcatgcccct tatgacctgg gctacacacg tgctacaatg ggcagtacaa
1 261 cgagaagcaa acccgcgagg gtaagcggat ctcttaaagc tgttctcagt tcggactgca
1 321 ggctgcaact cgcctgcacg aagctggaat cgctagtaat cgcggatcag cacgccgcgg
1 381 tgaatacgtt cccgggcctt gtacacaccg cccgtcacac catggaagtc tgcaatgccc
1 441 aaagtcggtg agataacctt tataggagtc agccgcctaa ggcagggcag atgactgggg
1 501 tgaagta//

2. 德氏乳杆菌保加利亚亚种［*Lactobacillus delbrueckii* subsp. *bulgaricus*（Orla-jensen 1919）］ 见图 6-10 所示。本菌也称保加利亚乳杆菌［*Lactobacillus bulgaricus*（Orla-

Jensen 1919) Rogosa and Hansen 1971]。这个种与乳酸乳杆菌关系密切，形态上无区别，在牛奶中产生相同数量的 D-乳酸，有相同的细胞壁结构和抗原群，包括甘油磷壁酸和 L-赖氨酸-D-天冬氨酸型的肽聚糖。一样的乳酸脱氨酶，DNA 的 G+C 含量也有类似的摩尔百分数（为 50.3）。它们仅有的差别是保加利亚乳杆菌发酵的糖类比乳酸乳杆菌的少。应用：分解苏氨酸产乙醛，发酵生产乳制品。

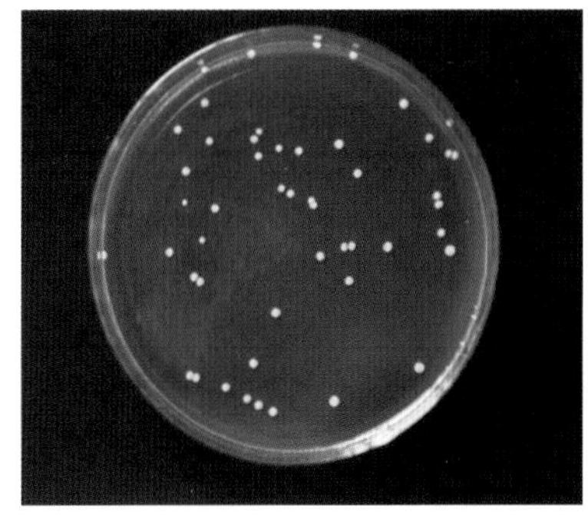

图 6-10　德氏乳杆菌保加利亚亚种 ATCC 11842

模式菌株：ATCC 11842=DSM 20081

分离基物：保加利亚酸奶酪

核糖体 RNA 基因序列信息：Genbank：CR954253，*Lactobacillus delbrueckii* subsp. *bulgaricus* ATCC 11842 complete genome 16S ribosomal RNA gene region：806393..807953

序列长度：1 561bp

ORIGIN

1 gagagtttga tcctggctca ggacgaacgc tggcggcgtg cctaatacat gcaagtcgag
61 cgagctgaat tcaaagattc cttcgggatg atttgttgga cgctagcggc ggatgggtga
121 gtaacacgtg ggcaatctgc cctaaagact gggataccac ttggaaacag gtgctaatac
181 cggataacaa catgaatcgc atgattcaag tttgaaaggc ggcgtaagct gtcactttag
241 gatgagcccg cggcgcatta gctagttggt ggggtaaagg cctaccaagg caatgatgcg
301 tagccgagtt gagagactga tcggccacat tgggactgag acacggccca aactcctacg
361 ggaggcagca gtagggaatc ttccacaatg gacgcaagtc tgatggagca acgccgcgtg
421 agtgaagaag gttttcggat cgtaaagctc tgttgttggt gaagaaggat agaggcagta
481 actggtcttt atttgacggt aatcaaccag aaagtcacgg ctaactacgt gccagcagcc
541 gcggtaatac gtaggtggca agcgttgtcc ggatttattg ggcgtaaagc gagcgcaggc
601 ggaatgataa gtctgatgtg aaagcccacg gctcaaccgt ggaactgcat cggaaactgt
661 cattcttgag tgcagaagag gagagtggaa ttccatgtgt agcggtggaa tgcgtagata
721 tatggaagaa caccagtggc gaaggcggct ctctggtctg caactgacgc tgaggctcga
781 aagcatgggt agcgaacagg attagatacc ctggtagtcc atgccgtaaa cgatgagcgc
841 taggtgttgg ggactttccg gtcctcagtg ccgcagcaaa cgcattaagc gctccgcctg
901 gggagtacga ccgcaaggtt gaaactcaaa ggaattgacg gggcccgca caagcggtgg
961 agcatgtggt ttaattcgaa gcaacgcgaa gaaccttacc aggtcttgac atcctgcgct
1 021 acacctagag ataggtggtt cccttcgggg acgcagagac aggtggtgca tggctgtcgt

1 081 cagctcgtgt cgtgagatgt tgggttaagt cccgcaacga gcgcaaccct tgtctttagt

1 141 tgccatcatt aagttgggca ctctaaagag actgccggtg acaaaccgga ggaaggtggg

1 201 gatgacgtca agtcatcatg ccccttatga cctgggctac acacgtgcta caatgggcag

1 261 tacaacgaga agcgaacccg cgagggtaag cggatctctt aaatctgttc tcagttcgga

1 321 ctgcaggctg caactcgcct gcacgaagct ggaatcgcta gtaatcgcgg atcagcacgc

1 381 cgcggtgaat acgttcccgg gccttgtaca caccgcccgt cacaccatgg aagtctgcaa

1 441 tgcccaaagt cggtgggata acctttatag gagtcagccg cctaaggcag ggcagatgac

1 501 tggggtgaag tcgtaacaag gtagccgtag gagaacctgc ggctggatca cctcctttct

1 561 a//

3. 德氏乳杆菌乳酸亚种［*Lactobacillus delbrueckii* subsp. *lactis*（Orla-Jensen 1919）Weiss et al.，1984］ 也称乳酸乳杆菌［*Lactobacillus lactis*（Orla-Jensen 1919）Bergey et al.，1934］。宽度小于 2μm，常表现出长杆状，趋向于成线状，常鬈曲，幼龄时单个或成对，生长旺盛。用次甲基蓝染色可显示出颗粒状物。不运动。菌落通常粗糙，直径 1～3mm，白色到浅灰色。同型发酵产 D-乳酸。七叶灵反应阴性，微弱或不稳定。牛奶凝固，最终酸度约达 1.6%乳酸。发酵精氨酸不产氨。细胞壁含甘油磷壁酸，肽聚糖是 L-赖氨酸-D-天冬氨酸盐型，无特异的己糖或戊糖。血清群为 E。需要泛酸钙、烟酸、核黄素；个别菌株需要维生素 B_{12}（氰基钴维生素类）；不需要硫胺素、吡哆醛或吡哆胺、叶酸和胸腺嘧啶核苷。在 15℃不生长；最适生长温度 40～43℃，在 45～52℃也能生长。DNA 的 G+C 含量为 50.3±1.4mol%（浮力密度法）。分离自牛奶、干酪和用于制造干酪的引子。应用：产乳酸。

模式菌株：ATCC 12315＝DSM 20072

分离基物：瑞士多孔干酪

核糖体 RNA 基因序列信息：Genbank：AY050173，*Lactobacillus delbrueckii* subsp. *lactis* 16S ribosomal RNA gene，partial sequence，strain ATCC 12315

序列长度：1 505bp

ORIGIN

1 gtttgatcct ggctcagacg aacgctggcg gcgtgcctaa tacatgcaag tcgagcgagc

61 tgaattcaaa gattccttcg ggrtgatttg ttggacgcta gcggcggatg ggtgagtaac

121 acgtgggcaa tctgccctaa agactgggat accacttgga aacaggtgct aataccggat

181 aacaacatga atcgcatgat tcaagtttga aaggcggcgc aagctgtcac tttaggatga

241 gcccgcggcg cattagctag ttggtggggt aaaggcctac caaggcaatg atgcgtagcc

301 gagttgagag actgatcggc cacattggga ctgagacacg gcccaaactc ctacgggagg

361 cagcagtagg gaatcttcca caatggacgc aagtctgatg gagcaacgcc gcgtgagtga

421 agaaggtctt cggatcgtaa agctctgttg ttggtgaaga aggatagagg cagtaactgg

481 tctttatttg acggtaatca accagaaagt cacggctaac tacgtgccag cagccgcggt

541 aatacgtagg tggcaagcgt tgtccggatt tattgggcgt aaagcgagcg caggcggaat

601 gataagtctg atgtgaaagc ccacggctca accgtggaac tgcatcggaa actgtcattc

661 ttgagtgcag aagaggagag tggaactcca tgtgtagcgg tggaatgcgt agatatatgg

721 aagaacacca gtggcgaagg cggctctctg gtctgcaact gacgctgagg ctcgaaagca

781 tgggtagcga acaggattag ataccctggt agtccatgcc gtaaacgatg agcgctaggt
841 gttggggact ttccggtcct cagtgccgca gcaaacgcat taagcgctcc gcctggggag
901 tacgaccgca aggttgaaac tcaaaggaat tgacgggggc ccgcacaagc ggtggagcat
961 gtggtttaat tcgaagcaac gcgaagaacc ttaccaggtc ttgacatcct gcgctacacc
1 021 tagagatagg tggttccctt cggggacgca gagacaggtg gtgcatggct gtcgtcagct
1 081 cgtgtcgtga gatgttgggt taagtcccgc aacgagcgca acccttgtct ttagttgcca
1 141 tcattaagtt gggcactcta gagagactgc cggtgacaaa ccggaggaag gtggggatga
1 201 cgtcaagtca tcatgcccct tatgacctgg gctacacacg tgctacaatg ggcagtacaa
1 261 cgagaagcga acccgcgagg gtaagcggat ctcttaaagc tgctctcagt tcggactgca
1 321 ggctgcaact cgcctgcacg aagctggaat cgctagtaat cgcggatcag cacgccgcgg
1 381 tgaatacgtt cccgggcctt gtacacaccg cccgtcacac catggaagtc tgcaatgccc
1 441 aaagtcggtg ggataacctt tataggagtc agccgcctaa ggcagggcag atgactgggg
1 501 taagt//

（二）瑞士乳杆菌［*Lactobacillus helveticus*（Orla-Jensen 1919）Bergey et al.，1925］

见图 6-11 所示，本菌大小为（0.6～1.0）μm×（2.0～6.0）μm，单个和成链状，用次甲基蓝染色无颗粒物（这一点与德氏乳杆菌、保加利亚乳杆菌、赖氏乳杆菌和乳酸乳杆菌不同）。在琼脂平板上，菌落直径 2～3mm 或更小，通常不透明，白色到浅灰色，粗糙到假根状。在厌氧和 5% CO_2 条件下洋菜划线培养的生长物大量增加，在含吐温-80 或油酸钠的培养基中菌落较大和较光滑。同型发酵产 DL-乳酸。发酵果糖和甘露糖较少产酸，缓慢或不产酸。偶尔发酵海藻糖。发酵精氨酸不产氨。细胞壁含甘油磷壁酸，肽聚糖为 L-赖氨酸-D-天冬氨酸盐型，无阿拉伯糖、鼠李糖、半乳糖和甘露糖残基。血清群为 A。要求复杂的培养基。在牛奶中生长良好，产生 2%或更多的乳酸。在含乳清、西红柿汁、肝或胡萝卜水解物加上酵母提取物和能发酵的碳水化合物的培养基中生长良好。在合成的营养培养基中需要泛酸钙、烟酸、核黄素、吡哆醛或吡哆胺和镁。不需要硫胺素、叶酸、维生素 B_{12} 和胸腺嘧啶核苷。在 15℃不生长。最适温度 45℃，在 50～52℃也可生长。DNA 的 G+C 含量为 37～40mol%（浮力密度法）。分离自酸乳、制干酪的引子、干酪和瑞士多孔干酪。

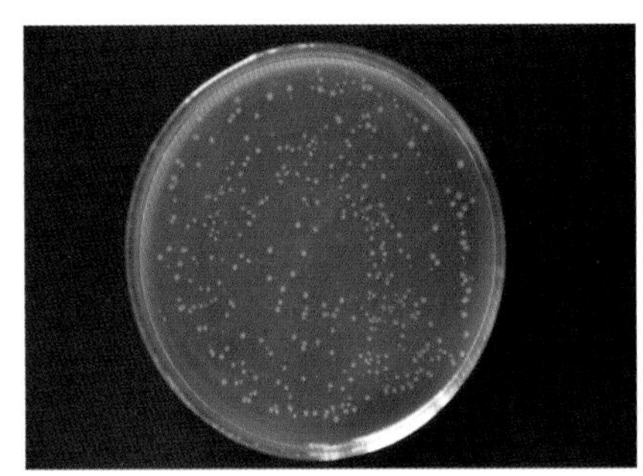

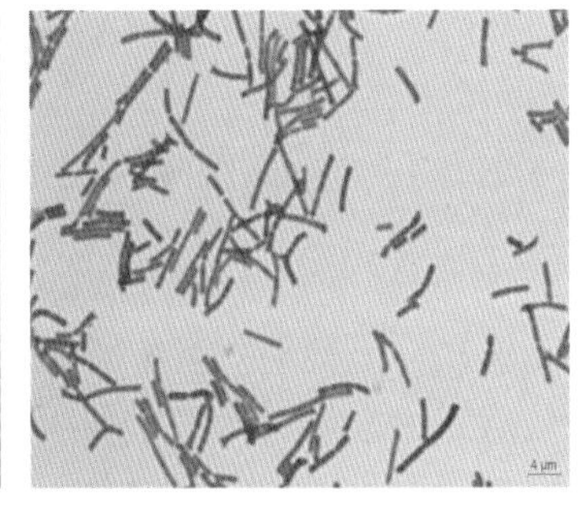

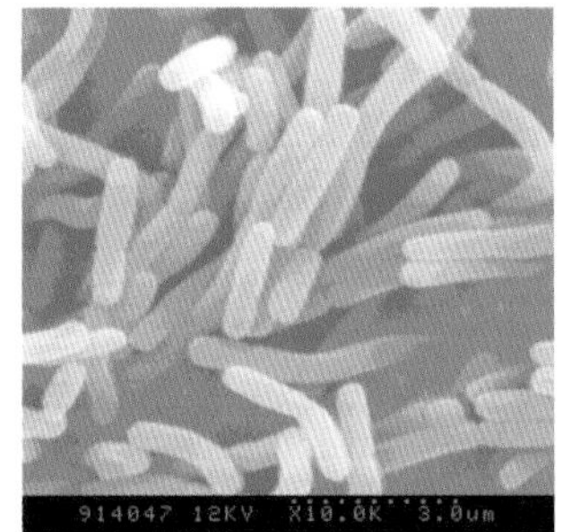

图 6-11 瑞士乳杆菌 ATCC 15009

模式菌株：ATCC 15009=DSM 20075

分离基物：瑞士多孔干酪

核糖体 RNA 基因序列信息：Genbank：AM113779，*Lactobacillus helveticus* partial 16S rRNA gene，type strain：DSM 20075

序列长度：1 554bp

ORIGIN

```
    1 aaagtttgat tctggctcag gacgaacgct ggcggcgtgc ctaatacatg caagtcgagc
   61 gagcagaacc agcagattta cttcggtaat gacgctgggg acgcgagcgg cggatgggtg
  121 agtaacacgt ggggaacctg ccccatagtc tgggatacca cttggaaaca ggtgctaata
  181 ccggataaga aagcagatcg catgatcagc ttataaaagg cggcgtaagc tgtcgctatg
  241 ggatggcccc gcggtgcatt agctagttgg taaggtaacg gcttaccaag gcaatgatgc
  301 atagccgagt tgagagactg atcggccaca ttgggactga gacacggccc aaactcctac
  361 gggaggcagc agtagggaat cttccacaat ggacgcaagt ctgatggagc aacgccgcgt
  421 gagtgaagaa ggttttcgga tcgtaaagct ctgttgttgg tgaagaagga tagaggtagt
  481 aactggcctt tatttgacgg taatcaacca gaaagtcacg gctaactacg tgccagcagc
  541 cgcggtaata cgtaggtggc aagcgttgtc cggatttatt gggcgtaaag cgagcgcagg
  601 cggaagaata agtctgatgt gaaagccctc ggcttaaccg aggaactgca tcggaaactg
  661 tttttcttga gtgcagaaga ggagagtgga attccatgtg tagcggtgga atgcgtagat
  721 atatggaaga acaccagtgg cgaaggcgac tctctggtct gcaactgacg ctgaggctcg
  781 aaagcatggg tagcgaacag gattagatac cctggtagtc catgccgtaa acgatgagtg
  841 ctaagtgttg ggaggtttcc gcctctcagt gctgcagcta acgcattaag cactccgcct
  901 ggggagtacg accgcaaggt tgaaactcaa aggaattgac gggggcccgc acaagcggtg
  961 gagcatgtgg tttaattcga agcaacgcga agaaccttac caggtcttga catctagtgc
1 021 catcctaaga gattaggagt tcccttcggg gacgctaaga caggtggtgc atggctgtcg
1 081 tcagctcgtg tcgtgagatg ttgggttaag tcccgcaacg agcgcaaccc ttgttattag
1 141 ttgccagcat taagttgggc actctaatga gactgccggt gataaaccgg aggaaggtgg
1 201 ggatgacgtc aagtcatcat gccccttatg acctgggcta cacacgtgct acaatggaca
1 261 gtacaacgag aagcgagcct gcgaaggcaa gcgaatctct gaaagctgtt ctcagttcgg
1 321 actgcagtct gcaactcgac tgcacgaagc tggaatcgct agtaatcgcg gatcagaacg
1 381 ccgcggtgaa tacgttcccg ggccttgtac acaccgcccg tcacaccatg gaagtctgca
1 441 atgcccaaag ccggtggcct aaccttcggg aaggagccgt ctaaggcagg gcagatgact
1 501 ggggtgaagt cgtaacaagg tagccgtaga gaacctgcgg ctggatcacc tcct//
```

（三）嗜酸乳杆菌［*Lactobacillus acidophilus*（Moro 1900）Hansen and Mocquot 1970］

见图 6-12 所示，嗜酸乳杆菌两端圆，通常大小为（0.6～0.9）μm×（1.5～6）μm，以单个、成双和短链出现。不运动，无鞭毛。菌落通常粗糙。用显微镜观察，一般显示缠绕或微毛丝状物，从似暗影的菌落的中心放射伸出。深层菌落呈放射或分枝形的不规则形状。无特有的色素。某些菌株可发酵糖原，通常发酵较弱。某些菌株发酵蜜二糖、棉籽糖或对两者均可发酵。同型发酵、产生 DL-乳酸。其他碳水化合物发酵产物通常少于 10%。发酵精氨酸不产氨，发酵牛奶产酸，可产 0.3%～1.9%乳酸。细胞壁肽聚糖为 L-赖氨酸-D-天冬氨酸盐型，通常缺乏磷壁酸。在某些菌株中可测出少量甘油磷壁酸。细胞中不含有任何可鉴别的己糖和戊糖。菌株在血清试验中表现不同，血清群群反应未得到证实。需要乙酸盐或甲羟戊酸、核黄素、泛酸钙、烟酸和叶酸。不需要外源硫胺素、吡哆醛和胸腺嘧啶核苷。通常不需要维生素 B_{12}。变异株可能需要脱氧核糖核苷。在15℃不生长，最适温度 35～38℃。生长初始 pH 为 5～7，最适 pH 5.5～6.0。DNA 的 G+G 含量为 32～37mol%（浮力密度法）。从人和动物的肠道分离到，也能从人的口腔和阴道中分离获得。应用：产过氧化氢，作为抗原凝集试验菌株。

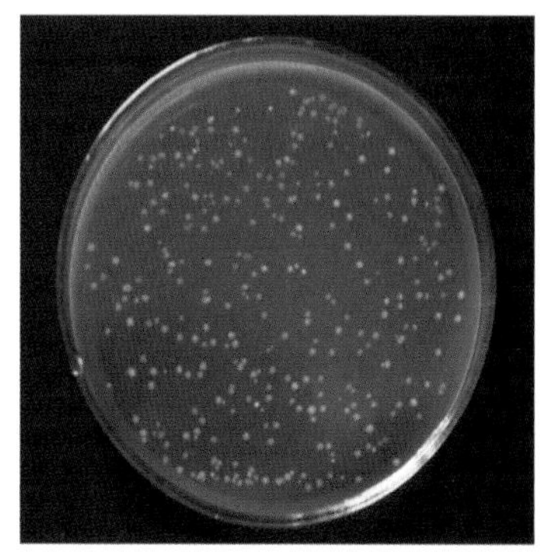

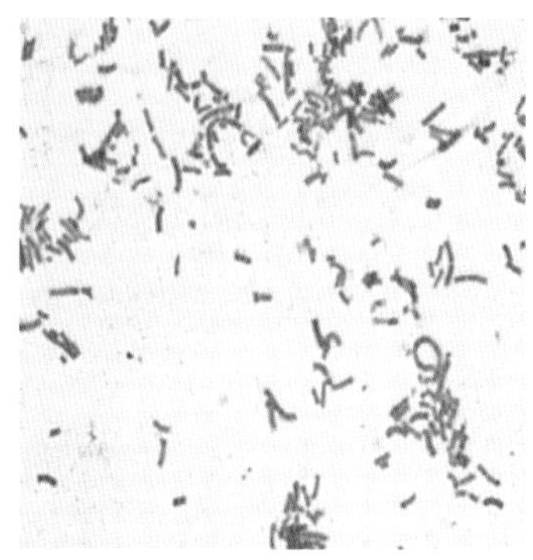

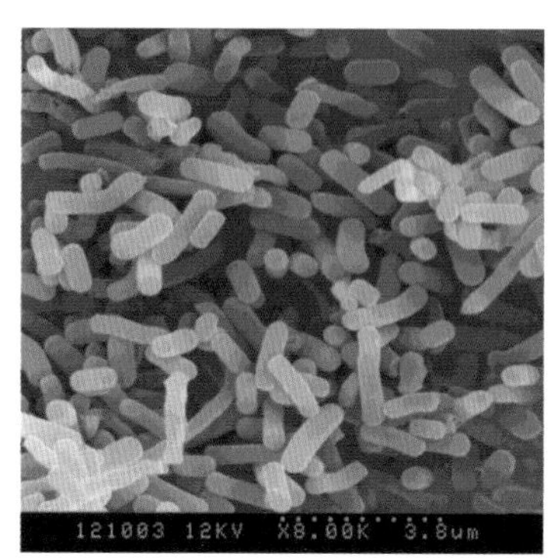

图 6-12　嗜酸乳杆菌 ATCC 4356

模式菌株：ATCC 4356=DSM 20079

分离基物：人

核糖体 RNA 基因序列信息：Genbank：AF429493，*Lactobacillus acidophilus* ATCC 4356 16S ribosomal RNA gene，partial sequence

序列长度：504bp

ORIGIN

```
  1 aacgctggcg gcgtgcctaa tacatgcaag tcgagcgagc tgaaccaaca gattcacttc
 61 ggtgatgacg ttgggaacgc gagcggcgga tgggtgagta acacgtgggg aacctgcccc
121 atagtctggg ataccacttg gaaacaggtg ctaataccgg ataagaaagc agatcgcatg
181 atcagcttat aaaaggcggc gtaagctgtc gctatgggat ggccccgcgg tgcattagct
241 agttggtagg gtaacggcct accaaggcaa tgatgcatag ccgagttgag agactgatcg
301 gccacattgg gactgagaca cggcccaaac tcctacggga ggcagcagta gggaatcttc
361 cacaatggac gaaagtctga tggagcaacg ccgcgtgagt gaagaaggtt ttcggatcgt
421 aaagctctgt tgttggtgaa gaaggataga ggtagtaact ggcctttatt tgacggtaat
481 caaccagaaa gtcacggcta acta//
```

(四) 短乳杆菌 [*Lactobacillus brevis* (Orla-Jensen 1919) Bergey et al., 1934]

见图 6-13 所示，短乳杆菌通常短且直，大小为（0.7～1.0）μm×（2.0～4.0）μm，两端圆，单个或成短链。革兰氏或次甲基蓝染色可显示出两极体或其他颗粒状物。菌落一般粗糙或为中间型，扁平，可能近乎半透明。通常无色素，有些菌株有橙色到红色的色素。异型发酵。利用高压灭菌的葡萄糖培养基中产酸和气。厌氧条件下利用果糖产酸和气，生长物消耗 4%葡萄糖酸盐产生大量的 CO_2，发酵 D-核糖成为乳酸和乙酸而不产气。对丙酮酸盐发生歧化作用，从而产生乳酸盐+乙酸盐+CO_2；有氧条件下，乳酸盐缓慢地产生乙酸盐+

CO_2，不形成乙酰甲基甲醇。葡萄糖通过单磷酸乙糖的分路进行代谢。有6-磷酸葡萄糖脱氢酶的活性，因为单磷酸己糖途径对于好氧条件下葡萄糖的异化作用是主要途径。缺乏1,6-二磷酸果糖醛缩酶活性。发酵果糖生成甘露醇。80%菌株发酵α-甲基-D-葡萄糖苷。在牛奶中产酸少或不产酸。产生DL-乳酸（50%的葡萄糖的总碳量），其他较重要的产物是乙酸盐、乙醇和CO_2。极个别的菌株以假接触酶分解过氧化物。利用精氨酸产氨。细胞壁含甘油磷壁质，肽聚糖是L-赖氨酸-D-天冬氨酸盐型。血清群为E（与保加利亚乳杆菌和乳酸乳杆菌一样）。要求复杂营养。需要泛酸钙、烟酸、硫胺素、叶酸，不需要核黄素、吡哆醛和维生素B_{12}。在15℃生长；45℃不生长，最适温度约为30℃。DNA的G+C含量为44～47mol%（浮力密度法）。分离自牛奶、酸乳酒、干酪、酸泡菜、腐败的西红柿产物、面包引子、某些土壤、青贮料、牛粪尿。

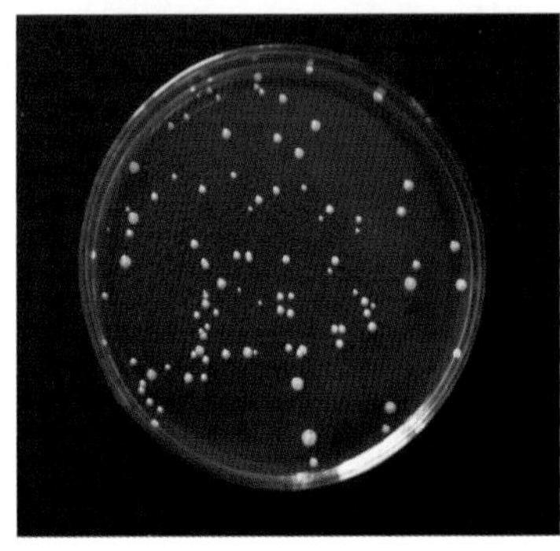
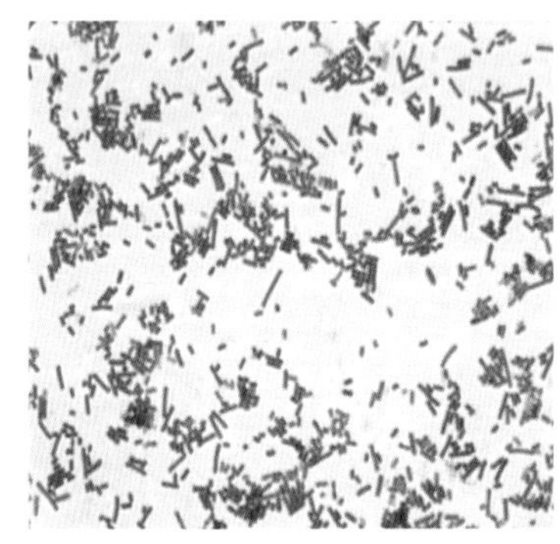
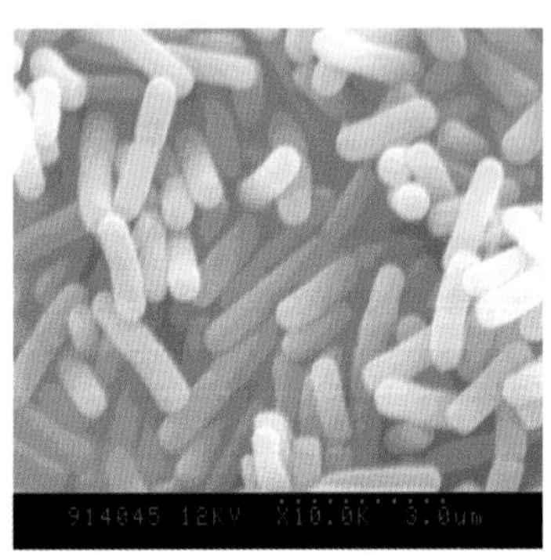

图6-13　短乳杆菌 *Lactobacillus brevis* CICC 6004

模式菌株：ATCC 14869＝DSM 20054

分离基物：粪便

核糖体RNA基因序列信息：Genbank：EF468097，*Lactobacillus brevis* strain DSM 20054 16S ribosomal RNA gene，partial sequence

序列长度：487bp

ORIGIN

```
  1 tgcaagtcga acgagcttcc gttgaatgac gtgcttgcac tgatttcaac aatgaagcga
 61 gtggcgaact ggtgagtaac acgtgggaaa tctgcccaga agcaggggat aacacttgga
121 aacaggtgct aataccgtat aacaacaaaa tccgcatgga ttttagtttg aaaggtggct
181 tcggctatca cttctggatg atcccgcggc gtattagtta gttggtgagg taaaggccca
241 ccaagacgat gatacgtagc cgacctgaga gggtaatcgg ccacattggg actgagacac
301 ggcccaactc ctacgggagg caagcagtag ggaatcttcc acaatggacg aaagtctgat
361 ggagcatgcc gcgtgagtga agaagggttt cggctcgtaa aactctgttg ttaaagaaga
421 acacctttga gagtaactgt tcaagggttg acggtattta acctaaagcc acggctaact
481 acgtgcc//
```

（五）干酪乳杆菌［*Lactobacillus casei*（Orla-Jensen 1916）Hansen and Lessel 1971］

见图6-14所示，干酪乳杆菌为短或长杆菌，通常宽小于1.5μm，大小为(0.7～1.1)μm×(2.0～4.0) μm，两端呈方形，多数呈链状存在，无鞭毛，不运动。倾倒平板培养的深层菌落光滑，透镜或菱形，白色到很浅的黄色。在培养液中生长物很混浊。通常发酵山梨醇和山梨糖。常缓慢发酵麦芽糖和蔗糖，从阳性群体中常可选出阴性的变异株。不利用糖原和淀粉。产生L-乳酸超过D-乳酸，结果旋光为右旋。有果糖1,6-二磷酸盐醛缩酶活性。发酵核糖成乳酸和乙酸，不产CO_2，用4%葡萄糖酸盐诱导生长迅速，并产生大量的CO_2。利用精氨酸不产氨。细胞壁的肽聚糖是L-赖氨酸-D-天冬氨酸盐型。细胞壁含鼠李糖、半乳糖、葡萄糖、甘露糖、氨基葡萄糖、氨基半乳糖和一种未知的氨基已糖；未发现有二氨基庚二酸（它存在于植物乳杆菌中）。细胞壁中未检出磷壁酸，但甘油磷壁酸在非细胞壁物质中已有发现。需要核黄素、叶酸、泛酸钙和烟酸。需要吡哆醛或吡哆胺，或作为刺激素。不需要硫胺素、维生素B_{12}和胸腺嘧啶核苷。除干酪乳杆菌鼠李糖亚种外在45℃不生长。DNA的G+C的含量为45～47mol%（浮力密度法）。分离自牛奶、干酪乳制品和奶厂环境、酸面团、牛粪、青贮饲料。本种从未从大鼠、小鼠或家兔的口或肠道样品中分离到。应用：产3-羟基丁酮、二乙酰，质量控制菌株。

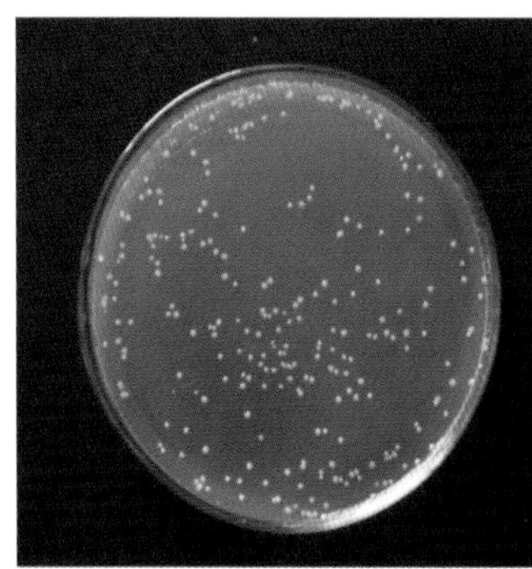
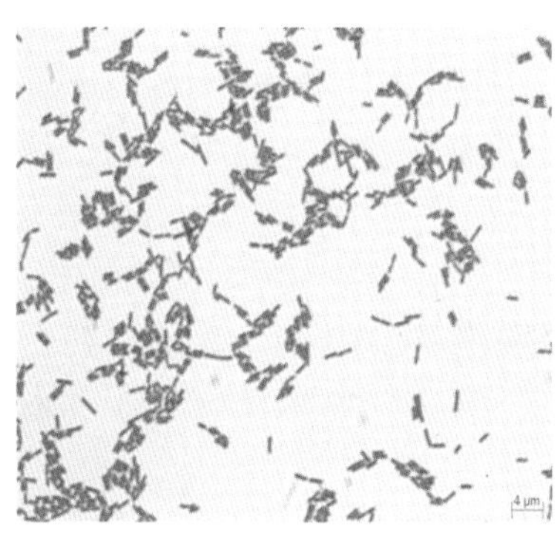

图6-14 干酪乳杆菌干酪亚种 *Lactobacillus casei* subsp. *casei* ATCC 334

模式菌株：ATCC 393=DSM 20011

分离基物：干酪

核糖体RNA基因序列信息：Genbank：EF468100，*Lactobacillus casei* strain DSM 20011 16S ribosomal RNA gene，partial sequence

序列长度：619 bp

ORIGIN

```
  1 aagtcgaacg agttttggtc gatgaacggt gcttgcactg agattcgact taaaacgagt
 61 ggcggacggg tgagtaacac gtgggtaacc tgcccttaag tgggggataa catttggaaa
121 cagatgctaa taccgcataa atccaagaac cgcatggttc ttggctgaaa gatggcgcaa
181 gctatcgctt ttggatggac ccgcggcgta ttagctagtt ggtgaggtaa cggctcacca
241 aggcgatgat acgtagccga actgagaggt tgatcggcca cattgggact gagacacggc
301 ccaaactcct acgggaggca gcagtaggga atcttccaca atggacgcaa gtctgatgga
361 gcaacgccgc gtgagtgaag aaggctttcg ggtcgtaaaa ctctgttgtt ggagaagaat
421 ggtcggcaga gtaactgttg tcggcgtgac ggtatccaac cagaaagcca cggctaacta
481 cgtgccagca gccgcggtaa tacgtagtgg caagcgttat ccggatttat tgggcgtaaa
541 gcgagcgcag gcggtttttt aatctgatgt gaaagccctc ggcttaaccg aggaagcgca
601 tcggaaactg ggaaacttg//
```

（六）植物乳杆菌［*Lactobacillus plantarum* subsp. *plantarum*（Orla-Jensen 1919）Bergey et al.，1923］

见图6-15所示，植物乳杆菌为圆端直杆菌，通常宽0.9～1.2μm，长3～8μm，单个、成对或成短链。通常缺乏鞭毛，但能运动。厌氧，在MRS固体培养基上，表面菌落宽约3mm，凸起，圆，光滑，细密，白色，偶尔浅黄色或深黄色。培养液中的生长物很混浊。发酵α-甲基-D-葡糖苷和松三糖，有些菌株发酵α-甲基-D-甘露糖苷。有些菌株发酵阿拉伯糖，而有些能发酵阿拉伯糖和木糖，已分别通称为阿拉伯糖乳杆菌和戊糖乳杆菌。产生DL-乳酸。有果糖1,6-二磷酸醛缩酶活性，也有单磷酸己糖途径的活性。在葡萄酸盐中生长，并产生CO_2。发酵核醣成为1mol/L乳酸和1mol/L乙酸。若其他戊糖被发酵的话，其产物与核糖的相同。通常不还原硝酸盐，但是当pH平衡在6.0或6.0以上时，个别菌株可以还原。利用精氨酸不产氨。在4%牛磺胆酸钠中生长。使牛奶酸化，并可能凝固；产生0.3%～1.2%可滴定的酸。细胞壁的肽聚糖是直接交链的消旋二氨基庚二酸型；有核糖醇胞壁酸和葡萄糖；没有半乳糖胺。血清群为D。这些特征和干酪乳杆菌有区别。在15℃生长，一般不在45℃生长，通常最适温度为30～35℃。需要泛酸钙和烟酸，不需要硫胺素、吡哆醛或吡哆胺、叶酸、维生素B_{12}、胸腺嘧啶核苷或脱氧核苷，通常不需要核黄素。DNA的G+C含量为44～46mol%（浮力密度法）。分离自乳制品及其有关的环境发酵的植物、青贮料、酸泡菜、腌菜、腐败的西红柿、面包引子、牛粪以及人的口腔、肠道和大便。这个种在鼠、兔和豚鼠的口腔和肠道中从未见到。应用：质量控制菌株。

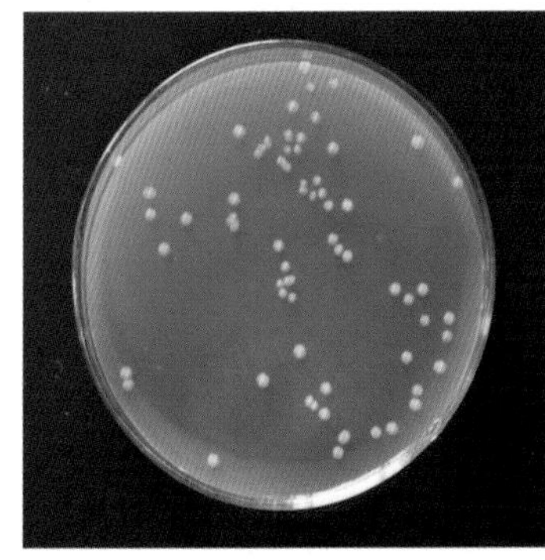

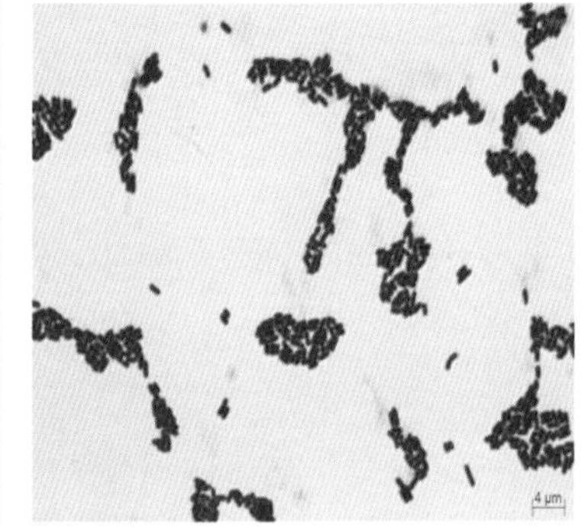

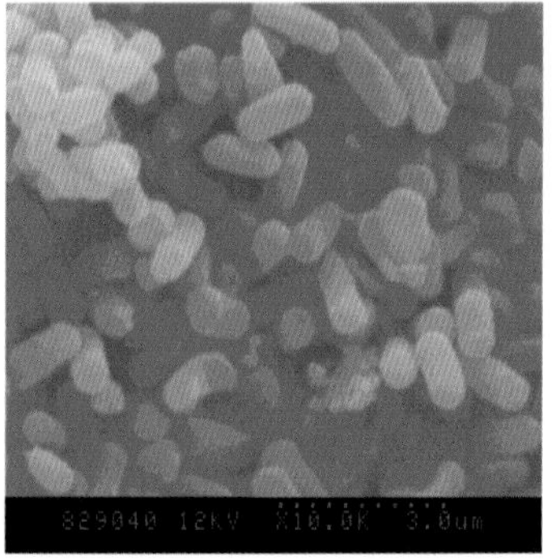

图6-15　植物乳杆菌 *Lactobacillus plantarum* subsp. *Plantarum* ATCC 14917

模式菌株：ATCC 14917=DSM 20174=JCM 1149

分离基物：醋渍甘蓝菜

核糖体RNA基因序列信息：Genbank：EF468099，*Lactobacillus plantarum* strain DSM 20174 16S ribosomal RNA gene，partial sequence

序列长度：561bp

ORIGIN

1 ctaatacatg caagtcgaac gaactctggt attgattggt gcttgcatca tgatttacat

61 ttgagtgagt ggcgaactgg tgagtaacac gtgggaaacc tgcccagaag cgggggataa

121 cacctggaaa cagatgctaa taccgcataa caacttggac cgcatggtcc gagcttgaaa

181 gatggcttcg gctatcactt ttggatggtc ccgcggcgta ttagctagat ggtggggtaa
241 cggctcacca tggcaatgat acgtagccga cntgagaggg taatcggccn cattgggact
301 gagacacggc ccaaactcct acgggaggca gcagtaggga atcttccaca atggacgaaa
361 gtctgatgga gcaacgccgc gtgagtgaag aagggtttcg gctcgtaaaa ctctgttgtt
421 aaagaagaac atatctgaga gtaactgttc aggtattgac ggtatttaac cagaaagcca
481 cggctaacta cgtgccagca gccgcggtaa tacgtaggtg gcaagcgttg tccggattta
541 ttgggcgtaa agcgagcgca g//

（七）弯曲乳杆菌［*Lactobacillus curvatus*（Troili-Petersson 1903）Abo-Elnaga and Kandler 1965］

弯曲、豆状的杆菌，两端圆，大小为（0.7～0.9）μm×（1.0～1.2）μm，成短链或通常为 4 个细胞组成封闭的环形或马蹄形，无芽孢。有些菌株初能运动，再次培养则丧失运动性。未见有鞭毛。菌落通常与植物乳杆菌的外观相同，体积较小。细胞壁中无二氨基庚二酸（这点不同于植物乳杆菌）；其肽聚糖是 L-赖氨酸-D-天冬氨酸盐型。同型发酵。发酵葡萄糖产酸不产气，主要产物是 DL-乳酸。分解七叶灵（98%）。在 4%牛磺胆酸盐中不生长（不同于植物乳杆菌）。发酵乳糖可变（41%阳性）。在牛奶中产酸可变（59%阴性）。发酵淀粉和松二糖的能力微弱或可能没有。在 15℃生长，在 45℃不生长，最适温度范围为 30～37℃。DNA 的 G+C 含量为 42～44mol%（浮力密度法）。分离自牛粪、牛奶、泡菜、面团、肉制品和青贮料。应用：产乳酸消旋酶。

模式菌株：ATCC 25601＝DSM 20019

分离基物：牛奶

核糖体 RNA 基因序列信息：Genbank：AM113777，*Lactobacillus curvatus* partial 16S rRNA gene，type strain：DSM 20019

序列长度：1 559bp

ORIGIN

1 aagtttgatt atagctcagg acgaacgctg gcggcgtgcc taatacatgc aagtcgaacg
61 cactctcgtt agattgaaga agcttgcttc tgattgataa catttgagtg agtggcggac
121 gggtgagtaa cacgtgggta acctgcccta aagtggggga taacatttcg gaaacagatg
181 ctaataccgc ataaaaccta acaccgcatg gtgcaaggtt gaaagatggt ttcggctatc
241 actttaggat ggacccgcgg tgcattagtt agttggtgag gtaaaggctc accaagaccg
301 tgatgcatag ccgacctgag agggtaatcg gccacactgg gactgagaca cggcccagac
361 tcctacggga ggcagcagta gggaatcttc cacaatggac gaaagtctga tggagcaacg
421 ccgcgtgagt gaagaaggtt ttcggatcgt aaaactctgt tgttggagaa gaacgtattt
481 gatagtaact gatcaggtag tgacggtatc caaccagaaa gccacggcta actacgtgcc
541 agcagccgcg gtaatacgta ggtggcaagc gttgtccgga tttattgggc gtaaagcgag
601 cgcaggcggt ttcttaagtc tgatgtgaaa gccttcggct caaccgaaga agtgcatcgg
661 aaactgggaa acttgagtgc agaagaggac agtggaactc catgtgtagc ggtgaaatgc
721 gtagatatat ggaagaacac cagtggcgaa ggcggatgtc tggtctgtaa ctgacgctga
781 ggctcgaaag catgggtagc aaacaggatt agataccctg gtagtccatg ccgtaaacga

841 tgagtgctag gtgttggagg gtttccgccc ttcagtgccg cagctaacgc attaagcact

901 ccgcctgggg agtacgaccg caaggttgaa actcaaagga attgacgggg gcccgcacaa

961 gcggtggagc atgtggttta attcgaagca acgcgaagaa ccttaccagg tcttgacatc

1 021 ctttgaccac tctagagata gagctttccc ttcggggaca aagtgacagg tggtgcatgg

1 081 ttgtcgtcag ctcgtgtcgt gagatgttgg gttaagtccc gcaacgagcg caacccttat

1 141 tactagttgc cagcatttag ttgggcactc tagtgagact gccggtgaca aaccggagga

1 201 aggtggggac gacgtcaaat catcatgccc cttatgacct gggctacaca cgtgctacaa

1 261 tggatggtac aacgagtcgc gagaccgcga ggtttagcta atctcttaaa accattctca

1 321 gttcggattg taggctgcaa ctcgcctaca tgaagccgga atcgctagta atcgcggatc

1 381 agcatgccgc ggtgaatacg ttcccgggcc ttgtacacac cgcccgtcac accatgagag

1 441 tttgtaacac ccaaagccgg tgaggtaacc ttcgggagcc agccgtctaa ggtgggacag

1 501 atgattaggg tgaagtcgta acaaggtagc cgtagagaac ctgcggctgg atcacctct//

（八）发酵乳杆菌［*Lactobacillus fermentum*（Beijerinck 1901）］

见图 6-16 所示，发酵乳杆菌大小可变，通常短，大小为（0.5～1.0）μm×3.0μm 或以上，有时成对或成链。不运动。菌落通常扁平、圆形或不规则到粗糙，透明。无色素，但个别菌株产生锈橙色素。异型发酵。发酵葡萄糖产酸产气，在 4%葡萄糖酸盐中生长，并产生丰富的 CO_2。发酵 D-核糖成乳酸和乙酸，但不产气。发酵果糖产生甘露醇。葡萄糖可能以单磷酸已糖途径代谢（有葡萄糖 6-磷酸脱氢酶和 6-磷酸葡萄酸脱氢酶活性）。无果糖 1,6-磷酸醛缩酶活性。通常发酵半乳糖、乳糖、蜜二糖和棉籽糖。通常不发酵阿拉伯糖、木糖、α-甲基-D-葡萄糖苷和海藻糖。通常在牛奶中缓慢或少量产酸。产生 DL-乳酸（占葡萄糖总碳量的 50%），其他主要产物为乙酸盐、乙醇和 CO_2。不还原硝酸盐（极个别例外）。利用精氨酸产氨。细胞壁含甘油磷壁酸，肽聚糖是 L-鸟氨酸-D-天冬氨酸盐型。需要泛酸钙、烟酸、硫胺素。不需要核黄素、吡哆醛、叶酸。在 15℃不生长，在 45℃生长。新鲜分离的菌株最适温度为 41～42℃。DNA 的G+C 含量为 52～54mol%（浮力密度法）。分离自酵母、乳制品、面包引子、发酵的植物或产品、果酒、肥料、青贮料。应用：产丝氨酸脱氨酶、丝氨酸脱水酶。

模式菌株：ATCC 14931＝DSM 20052

分离基物：发酵甜菜

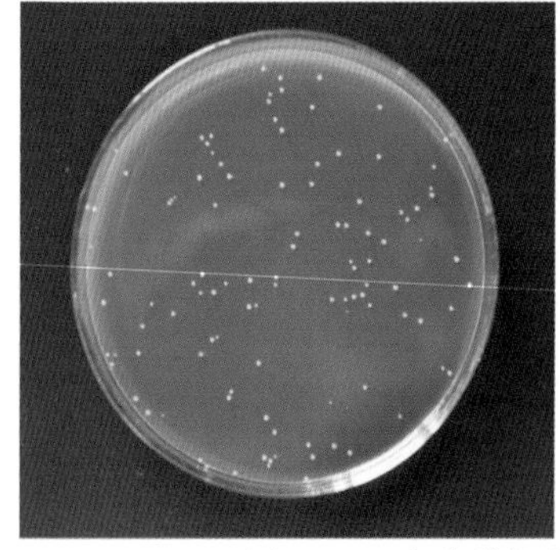

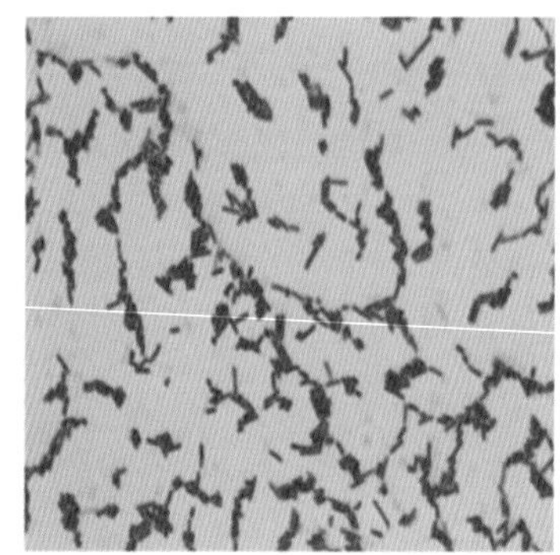

图 6-16　发酵乳杆菌 *Lactobacillus fermentum*（Beijerinck 1901）ATCC 14931

核糖体 RNA 基因序列信息：Genbank：AF429506，*Lactobacillus fermentum* ATCC 14931 16S ribosomal RNA gene，partial sequence

序列长度：515bp

ORIGIN

1 aacgccggcg gtgtgcctaa tacatgcaag tcgaacgcgt tggcccaatt gattgatggt
61 gcttgcacct gattgatttt ggtcgccaac gagtggcgga cgggtgagta acacgtaggt
121 aacctgccca gaagcggggg acaacatttg gaaacagatg ctaataccgc ataacaacgt
181 tgttcgcatg aacaacgctt aaaagatggc ttctcgctat cacttctgga tggacctgcg
241 gtgcattagc ttgttggtgg ggtaacggcc taccaaggcg atgatgcata gccgagttga
301 gagactgatc ggccacaatg ggactgagac acggcccata ctcctacggg aggcagcagt
361 agggaatctt ccacaatggg cgcaagcctg atggagcaac accgcgtgag tgaagaaggg
421 tttcggctcg taaagctctg ttgttaaaga agaacacgta tgagagtaac tggtcatacg
481 ttgacggtat ttaaccagaa agtcacggct aacta//

（九）纤维二糖乳杆菌［*Lactobacillus cellobiosus*（Rogosa et al.，1953）］

大小可变，可成短杆状，常为（0.5～1.0）μm×（3～5）μm 或更长，不运动，无鞭毛。菌落形状有变化，从光滑、凸起、奶油状、灰白到粗糙型或菜花状，这些形状通常混杂在纯培养物中。异型发酵葡萄糖，主要产物是乳酸盐、乙酸盐、CO_2和乙醇。在葡萄糖酸盐培养基上诱导生长可产生 CO_2；发酵 D-核糖产生乳酸和乙酸，不产气。具有葡萄糖 6-磷酸和 6-磷酸葡萄糖酸脱氢酶活性，无果糖 1,6-二磷酸醛缩酶活性。84%的菌株发酵木糖。对甘露糖、乳糖和柳醇发酵弱、缓慢或阴性。利用精氨酸产氨。在牛奶中产生少量酸或不产酸。细胞壁的肽聚糖是 L-鸟氨酸-D-天冬氨酸盐型，有甘油磷壁酸，未测出抗原群。营养要求复杂，需要泛酸钙、烟酸和硫胺素，不需要核黄素、吡哆醛、叶酸和维生素 B_{12}。在 15℃生长可变，在 45℃不生长，最适温度为 30～35℃。DNA 的 G+C 含量为 53.1±0.8mol%（浮力密度法）。本种和发酵乳杆菌很相似，不同的是纤维二糖乳杆菌能发酵纤维二糖和分解七叶灵。

纤维二糖乳杆菌的表型与发酵乳杆菌高度相似，且 DNA 具有完全的同源性，因此被认为是发酵乳杆菌的一个生物型。按照新的分类系统，本种的模式菌株 ATCC 11739＝DSM 20055 已归入发酵乳杆菌种内，其分子信息可参考发酵乳杆菌的描述。

（十）罗氏乳杆菌［*Lactobacillus reuteri*（Kandler et al.，1982）］

见图 6-17 所示。

模式菌株：F275＝ATCC 23272＝DSM 20016＝JCM 1112

分离基物：成人肠道

核糖体 RNA 基因序列信息：Genbank：NC _009513，*Lactobacillus reuteri* F275，complete genome 16S ribosomal RNA gene region：177719..179305

序列长度：1 587bp

ORIGIN

1 ttttatatga gagtttgatc ctggctcagg atgaacgccg gcggtgtgcc taatacatgc

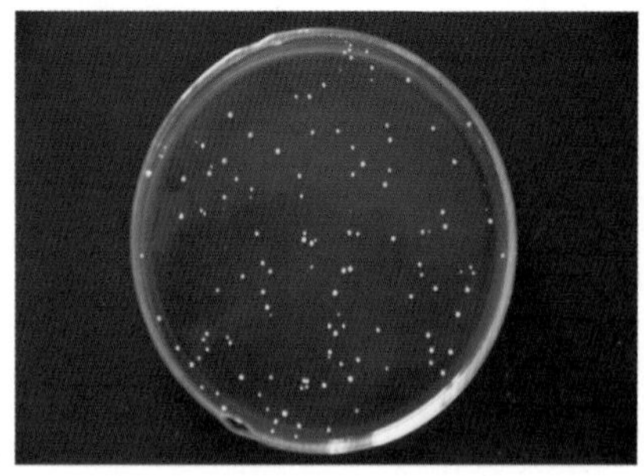
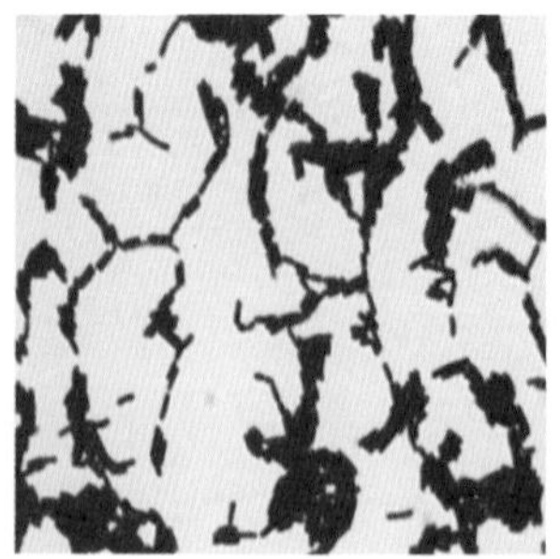
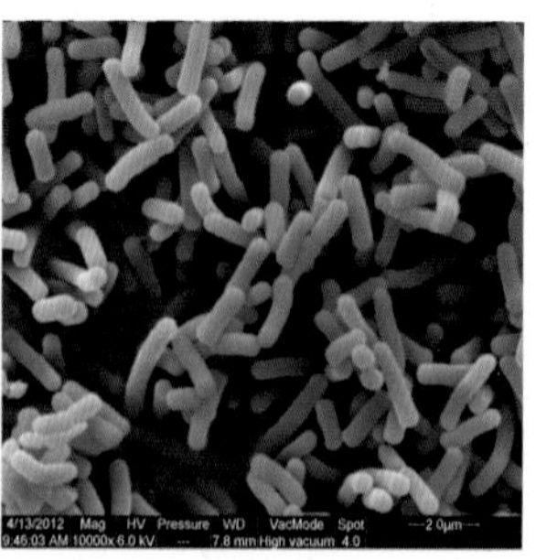

图 6-17 罗氏乳杆菌 *Lactobacillus reuteri* CICC 6226

61 aagtcgtacg cactggccca actgattgat ggtgcttgca cctgattgac gatggatcac
121 cagtgagtgg cggacgggtg agtaacacgt aggtaacctg ccccggagcg gggataaca
181 tttggaaaca gatgctaata ccgcataaca acaaaagcca catggctttt gtttgaaaga
241 tggctttggc tatcactctg ggatggacct gcggtgcatt agctagttgg taaggtaatg
301 gcttaccaag gcgatgatgc atagccgagt tgagagactg atcggccaca atggaactga
361 gacacggtcc atactcctac gggaggcagc agtagggaat cttccacaat gggcgcaagc
421 ctgatggagc aacaccgcgt gagtgaagaa gggtttcggc tcgtaaagct ctgttgttgg
481 agaagaacgt gcgtgagagt aactgttcac gcagtgacgg tatccaacca gaaagtcacg
541 gctaactacg tgccagcagc cgcggtaata cgtaggtggc aagcgttatc cggatttatt
601 gggcgtaaag cgagcgcagg cggttgctta ggtctgatgt gaaagccttc ggcttaaccg
661 aagaagtgca tcggaaaccg ggcgacttga gtgcagaaga ggacagtgga actccatgtg
721 tagcggtgga atgcgtagat atatggaaga acaccagtgg cgaaggcggc tgtctggtct
781 gcaactgacg ctgaggctcg aaagcatggg tagcgaacag gattagatac cctggtagtc
841 catgccgtaa acgatgagtg ctaggtgttg gagggtttcc gcccttcagt gccggagcta
901 acgcattaag cactccgcct ggggagtacg accgcaaggt tgaaactcaa aggaattgac
961 gggggcccgc acaagcggtg gagcatgtgg tttaattcga agctacgcga agaaccttac
1 021 caggtcttga catcttgcgc taaccttaga gataaggcgt tcccttcggg gacgcaatga
1 081 caggtggtgc atggtcgtcg tcagctcgtg tcgtgagatg ttgggttaag tcccgcaacg
1 141 agcgcaaccc ttgttactag ttgccagcat taagttgggc actctagtga gactgccggt
1 201 gacaaaccgg aggaaggtgg ggacgacgtc agatcatcat gccccttatg acctgggcta
1 261 cacacgtgct acaatggacg gtacaatgag tcgcaagctc gcgagagtaa gctaatctct
1 321 taaagccgtt ctcagttcgg actgtaggct gcaactcgcc tacacgaagt cggaatcgct
1 381 agtaatcgcg gatcagcatg ccgcggtgaa tacgttcccg ggccttgtac acaccgcccg
1 441 tcacaccatg ggagtttgta acgcccaaag tcggtggcct aacctttatg gagggagccg
1 501 cctaaggcgg gacagatgac tggggtgaag tcgtaacaag gtagccgtag gagaacctgc
1 561 ggctggatca cctcctttct aaggaat//

（十一）约氏乳杆菌［*Lactobacillus johnsonii* subsp. *bulgaricus*（Fujisawa et al.，1992）］

见图 6-18 所示。

约氏乳杆菌于 1980 年首次被分离，然而在分类学上一直将其划分为嗜酸乳杆菌

(*Lactobacillus acidophilus*)(Johmson et al., 1980)。1992 年 Fujisawa 等通过一系列生化试验和 DNA 杂交试验发现其与嗜酸乳杆菌为不同种，主要表现在：①约氏乳杆菌能够利用海藻糖、蜜三糖和糊精产酸，而嗜酸乳杆菌则无法利用这三种糖；②约氏乳杆菌的 DNA 杂交试验发现其 G+C 含量达到 32.7～34.8mol%，而嗜酸乳杆菌的 G+C 含量为 32.3～34.9mol%。应用：可降低紫外线对皮肤的伤害，减少宿主肠道内病原菌数量，增强机体天然免疫防御能力。

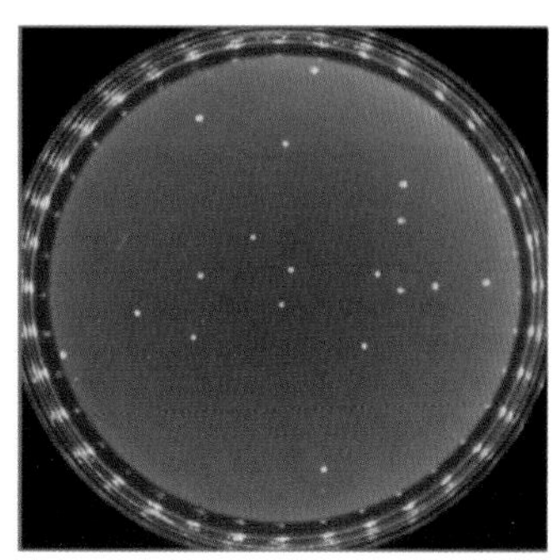

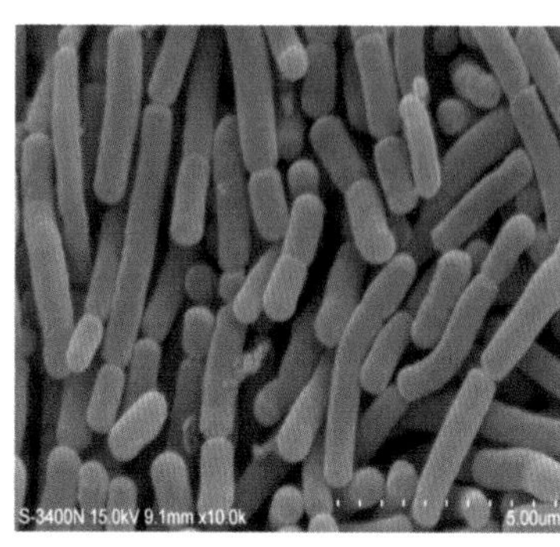

图 6-18 约氏乳杆菌 *Lactobacillus johnsonii* subsp. *Bulgaricus* CGMCC4926

模式菌株：ATCC 33200=DSM 10533

分离基物：人的血液

核糖体 RNA 基因序列信息：Genbank：CP006811，*Lactobacillus johnsonii* ATCC33200 complete genome 16S ribosomal RNA gene region：520311..521890

序列长度：1 580bp

ORIGIN

1 aaaatgagag tttgatcctg gctcaggacg aacgctggcg gcgtgcctaa tacatgcaag
61 tcgagcgagc ttgcctagat gattttagtg cttgcactaa atgaaactag atacaagcga
121 gcggcggacg ggtgagtaac acgtgggtaa cctgcccaag agactgggat aacacctgga
181 aacagatgct aataccggat aacaacacta gacgcatgtc tagagtttga aagatggttc
241 tgctatcact cttggatgga cctgcggtgc attagctagt tggtaaggta acggcttacc
301 aaggcaatga tgcatagccg agttgagaga ctgatcggcc acattgggac tgagacacgg
361 cccaaactcc tacgggaggc agcagtaggg aatcttccac aatggacgaa agtctgatgg
421 agcaacgccg cgtgagtgaa gaagggtttc ggctcgtaaa gctctgttgg tagtgaagaa
481 agatagaggt agtaactggc ctttatttga cggtaattac ttagaaagtc acggctaact
541 acgtgccagc agccgcggta atacgtaggt ggcaagcgtt gtccggattt attgggcgta
601 aagcgagtgc aggcggttca ataagtctga tgtgaaagcc ttcggctcaa ccggagaatt
661 gcatcagaaa ctgttgaact tgagtgcaga agaggagagt ggaactccat gtgtagcggt
721 ggaatgcgta gatatatgga agaacaccag tggcgaaggc ggctctctgg tctgcaactg
781 acgctgaggc tcgaaagcat gggtagcgaa caggattaga taccctggta gtccatgccg
841 taaacgatga gtgctaagtg ttgggaggtt tccgcctctc agtgctgcag ctaacgcatt
901 aagcactccg cctggggagt acgaccgcaa ggttgaaact caaaggaatt gacgggggcc
961 cgcacaagcg gtggagcatg tggtttaatt cgaagcaacg cgaagaacct taccaggtct

1 021 tgacatccag tgcaaaccta agagattagg tgttcccttc ggggacgctg agacaggtgg
1 081 tgcatggctg tcgtcagctc gtgtcgtgag atgttgggtt aagtcccgca acgagcgcaa
1 141 cccttgtcat tagttgccat cattaagttg ggcactctaa tgagactgcc ggtgacaaac
1 201 cggaggaagg tggggatgac gtcaagtcat catgcccctt atgacctggg ctacacacgt
1 261 gctacaatgg acggtacaac gagaagcgaa cctgcgaagg caagcggatc tcttaaagcc
1 321 gttctcagtt cggactgtag gctgcaactc gcctacacga agctggaatc gctagtaatc
1 381 gcggatcagc acgccgcggt gaatacgttc ccgggccttg tacacaccgc ccgtcacacc
1 441 atgagagtct gtaacaccca aagccggtgg gataaccttt ataggagtca gccgtctaag
1 501 gtaggacaga tgattagggt gaagtcgtaa caaggtagcc gtaggagaac ctgcggctgg
1 561 atcacctcct ttctaaggaa//

第七节 双歧杆菌属（*Bifidobacterium*）

一、一般属性

外观形态为多种多样的杆状体，初次分离的菌株一般是分叉的 Y 和 V 类型，以及棍棒状或匙状类型，菌株形态特征受营养条件的影响。革兰氏阳性，不抗酸，不形成芽孢，不运动，着色不规则，偶尔有两个或更多的颗粒可被次甲基蓝着色，而细胞的其余部分不着色。发酵糖，不产气。发酵葡萄糖，主要生成乙酸和 L-乳酸，二者的摩尔比一般为 3∶2；可产生少量甲酸和琥珀酸，不产生 CO_2、丁酸和丙酸。没有果糖-1,6-二磷酸醛缩酶活性。通常情况下也没有葡萄糖-6-磷酸脱氢酶活性，但在蜜蜂体内发现的菌株和青春双歧杆菌（*B. adolescentis*）中有这种酶的活性。葡萄糖经由果糖-6-磷酸支路降解，其中磷酸解酮酶裂解果糖-6-磷酸成乙酰磷酸和赤藓糖-4-磷酸；戊糖磷酸是由转醛醇酶和转酮醇酶形成；木酮糖-5-磷酸磷酸解酮醇酶裂解底物成乙酰磷酸和甘油醛-3-磷酸；通过糖酵解，由甘油醛-3-磷酸可形成乳酸。过氧化氢酶阴性；联苯胺反应阴性；吲哚反应阴性；不还原硝酸盐。厌氧，在 CO_2 存在时可以忍耐稀少的氧。最适温度为 36～38℃。G+C 的摩尔含量为 57.2～64.5mol%（211 个菌株）。模式菌种：两歧双歧杆菌［*Bifidobacterium bifidum*（Tissier 1900）Orla-Jensen 1924］。

二、主要用途

双歧杆菌是动物肠道中的有益菌和优势菌，这一点已被普遍认可。在肉鸡试验中发现两歧双歧杆菌对肉鸡不同肠段都具有较强的黏附性；两歧双歧杆菌在体外与大肠杆菌 K88、猪霍乱沙门菌和鼠伤寒沙门菌分别进行 6、12、24、48h 共培养，结果发现该菌对仔猪肠道这三种病原菌的生长均有显著的抑制作用，而其自身的生长并不受病原菌的影响；口服双歧杆菌对断乳仔兔低纤维日粮引起的盲肠菌群失调具有重要的调控作用；给大鼠口服双歧杆菌对过敏原诱发呼吸道炎症具有改善作用；短双歧杆菌能够通过 TLR2/MyD88 途径激活肠道 CD103（+）树突状细胞产生 IL-10 和 IL-27，也诱导大肠中产 IL-

10 的 Tr1 细胞的形成，进而阻止肠炎的发生；双歧杆菌和苦豆籽粕制成合剂饲喂 AA 肉仔鸡，结果显示，该合剂可提高肉仔鸡的新城疫抗体效价、NK 细胞活性、血清 γ-干扰素的浓度。另外，用苦豆籽粕、两歧双歧杆菌和唾液乳杆菌制成合剂，可提高早期断奶仔猪的饲料转化率，改善其肠道内环境，改善体液免疫机能，从而对改善仔猪早期断奶应激具有良好效果，能有效预防仔猪腹泻和促进仔猪生长。双歧杆菌对不同动物的作用效果有差异，比如，有研究认为，在火鸡饲料中添加双歧杆菌，对火鸡生产性能、免疫能力未产生显著影响。

三、可用菌种

（一）两歧双歧杆菌［*Bifidobacterium bifidum*（Tissier 1900）Orla-Jensen 1924］

见图 6-19 所示，两歧双歧杆菌呈革兰氏阳性，随菌龄增加可能着色不规则；次甲烯蓝可在内微粒上着色，而非整个细胞，杆菌外形变化多样。在厌氧条件下，琼脂平板上的菌落通常是圆形、凸面或透镜状，微白，不透明，有平滑至黏液状的柔软表面，不形成菌丝体。琼脂深层菌落的形态不定，靠近表面没有菌落出现，细菌不能生长。厌氧条件下在葡萄糖培养液中生长良好，混浊，无絮状沉淀，最后将变清。最终 pH 为 4.0～4.8。不水解明胶。H_2S 试验阴性。不利用精氨酸产氨。生长需要有机氮，生长依赖可发酵的碳水化合物的存在。细胞壁胞壁质中含有胞壁酸和葡糖胺，一种由 L-丙氨酸、D-谷氨酸酰胺、L-鸟氨酸和 D-丙氨酸组成的四肽，二肽在鸟氨酸的 ε-氨基和 D-丙氨酸的羧基之间交联，并与其含有丝氨酸和天冬氨酸的四肽相邻。最适生长温度为 36～38℃，32～38℃生长良好，生长极限为 23～25℃，20℃以下和 45℃不生长。最适初始 pH 为 6～7，pH5.5 以下生长少或不生长。厌氧，好氧传代培养中迅速死亡，生长时是否需要 CO_2 尚待研究。对人和动物的致病性未见报道。从哺乳期幼儿粪便中首先分离到。发现于乳婴、瓶喂婴儿以及成人的食道和大便。

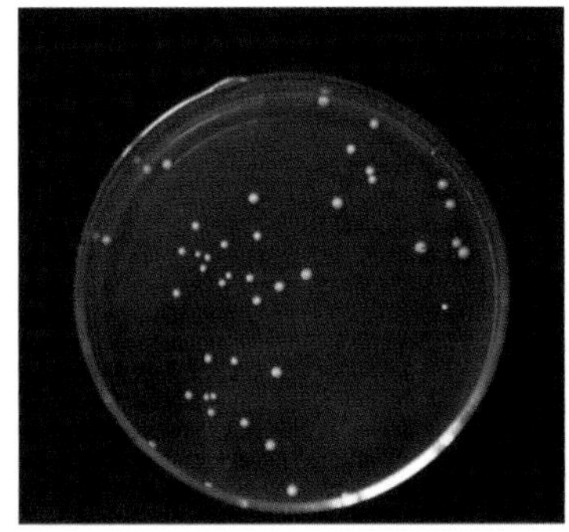
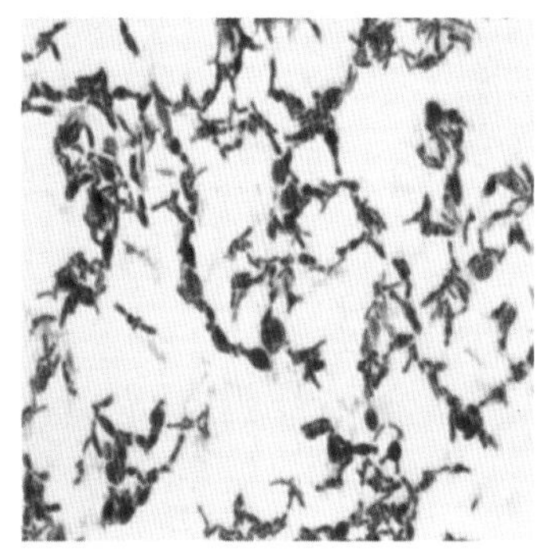
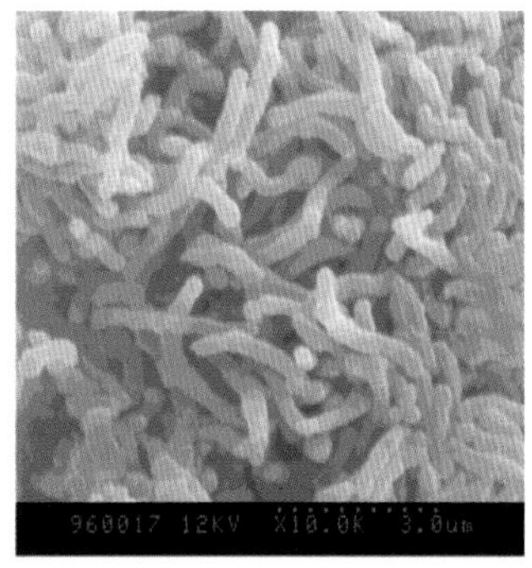

图 6-19 两歧双歧杆菌 *Bifidobacterium bifidum* ATCC 29521

模式菌株：ATCC 29521＝DSM 20456＝JCM 1255

分离基物：婴儿粪便

核糖体 RNA 基因序列信息：GenBank：AB116283，*Bifidobacterium bifidum* gene for 16S ribosomal RNA，partial sequence，strain：JCM 1255T

序列长度：477bp

ORIGIN

1 cgctggcggc gtgcttaaca catgcaagtc gaacgggatc catcaagctt gcttggtggt
61 gagagtggcg aacgggtgag taatgcgtga ccgacctgcc ccatgctccg gaatagctcc
121 tggaaacggg tggtaatgcc ggatgttcca catgatcgca tgtgattgtg ggaaagattc
181 tatcggcgtg ggatggggtc gcgtcctatc agcttgttgg tgaggtaacg gctcaccaag
241 gcttcgacgg gtagccggcc tgagagggcg accggccaca ttgggactga gatacggccc
301 agactcctac gggaggcagc agtggggaat attgcacaat gggcgcaagc ctgatgcagc
361 gacgccgcgt gagggatgga ggccttcggg ttgtaaacct cttttgtttg ggagcaagcc
421 ttcgggtgag tgtacctttc gaataagcgc cggctaacta cgtgccagca gccgcgg//

（二）青春双歧杆菌（*Bifidobacterium adolescentis* Reuter 1963）

见图 6-20 所示，青春双歧杆菌为一群短而弯曲的，偶尔分叉的棒状杆菌，厌氧。在生长过程中，需要核黄素、泛酸、烟酸、吡哆醇、硫胺素等，不需要叶酸、对氨基苯甲酸和生物素。在培养过程中，青春双歧杆菌能够合成、分泌氨基酸，分泌较多的是丙氨酸、缬氨酸和天门冬氨酸。在糖代谢特征上，其特点是在发酵葡萄糖酸盐时能产生 CO_2。可以发酵阿拉伯糖、木糖、鼠李糖、葡萄糖酸、纤维二糖、乳糖和水杨苷，对甘露糖、松三糖、淀粉和海藻糖不确定。多种低聚糖对青春双歧杆菌具有增殖作用，比如低聚果糖、异构化乳糖、分枝低聚糖、棉籽糖、水苏糖、4′-低聚半乳糖、6′-低聚半乳糖和葡萄糖。最适生长温度 35～37℃，46.5℃以上和 20℃以下不生长。

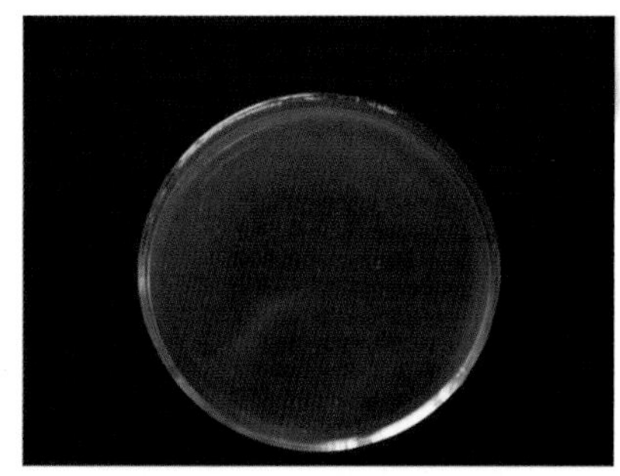
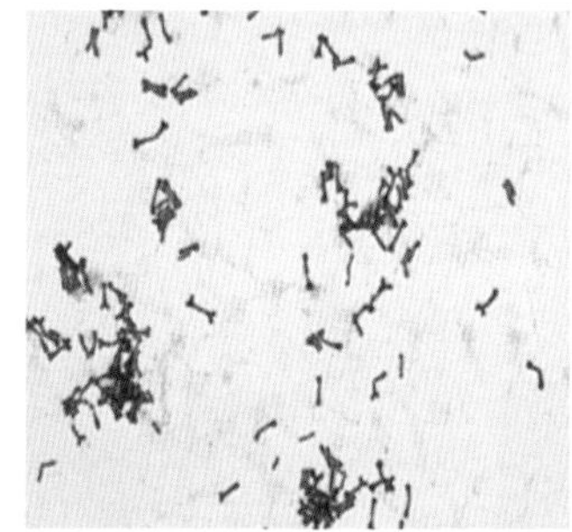
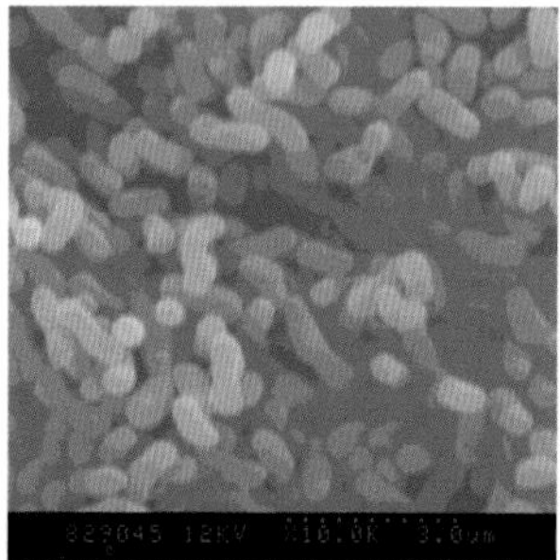

图 6-20　青春双歧杆菌 *Bifidobacterium adolescentis* ATCC 15703

模式菌株：ATCC 15703＝DSM 20083＝JCM 1275

分离基物：成人肠道

核糖体 RNA 基因序列信息：GenBank：AB116269，*Bifidobacterium adolescentis* gene for 16S ribosomal RNA，partial sequence，strain：JCM 1275T

序列长度：480bp

ORIGIN

1 cgctggcggc gtgcttaaca catgcaagtc gaacgggatc ggctggagct tgctccggcc
61 gtgagagtgg cgaacgggtg agtaatgcgt gaccgacctg ccccatacac cggaatagct
121 cctggaaacg ggtggtaatg ccggatgctc cagttggatg catgtccttc tgggaaagat
181 tctatcggta tgggatgggg tcgcgtccta tcagcttgat ggcggggtaa cggcccacca
241 tggcttcgac gggtagccgg cctgagaggg cgaccggcca cattgggact gagatacggc

301 ccagactcct acgggaggca gcagtgggga atattgcaca atgggcgcaa gcctgatgca
361 gcgacgccgc gtgcgggatg acggccttcg ggttgtaaac cgcttttgac tgggagcaag
421 ccttcggggt gagtgtacct ttcgaataag caccggctaa ctacgtgcca gcagccgcgg//

（三）婴儿双歧杆菌（*Bifidobacterium infantis* Reuter 1963）

见图 6-21 所示，本菌也称长双歧杆菌婴儿变种（*Bifidobacterium longum* bv. *infantis*），厌氧。细胞小而细，时常为球形或水泡状，常有中心颗粒，大部分无双歧状。细胞形态与本属其他种相似，无特异性的特征。在生长过程中，只需要泛酸，不需要核黄素、烟酸、吡哆醇、硫胺素、叶酸、对氨基苯甲酸和生物素。在培养过程中，婴儿双歧杆菌能够合成、分泌氨基酸，分泌较多的是丙氨酸、缬氨酸和天门冬氨酸。只发酵鼠李糖和乳糖，不发酵阿拉伯糖、木糖、葡萄糖酸、甘露糖和松三糖，对纤维二糖、水杨苷、淀粉和海藻糖不确定。多种低聚糖对婴儿双歧杆菌具有增殖作用，比如低聚果糖、异构化乳糖、分枝低聚糖、棉籽糖、水苏糖、4′-低聚半乳糖、6′-低聚半乳糖和葡萄糖。最适生长温度 35～37℃，46.5℃以上和 20℃以下不生长。

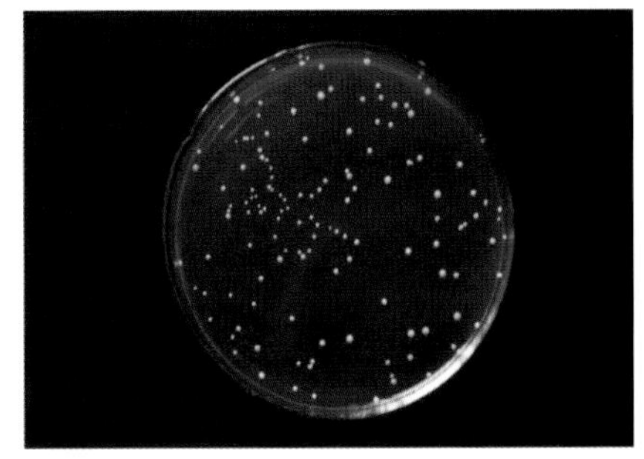
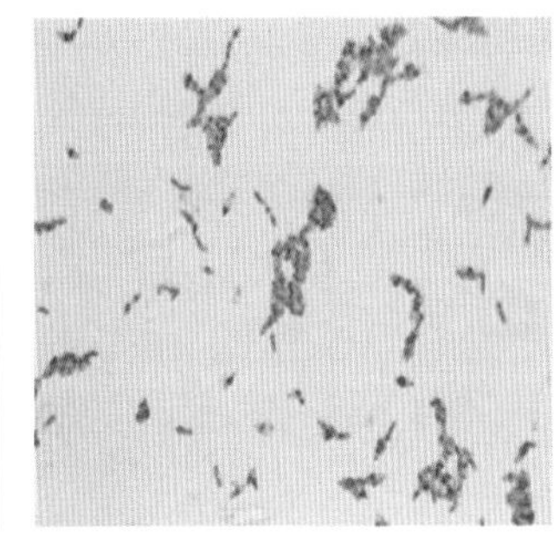
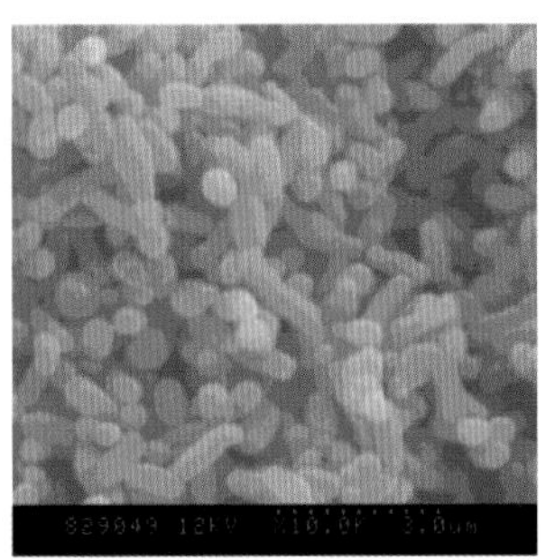

图 6-21 婴儿双歧杆菌 *Bifidobacterium infantis* ATCC 15697

模式菌株：ATCC 15697＝DSM 20088＝JCM 1222

分离基物：婴儿粪便

核糖体 RNA 基因序列信息：GenBank：AB116305，*Bifidobacterium longum* bv. *infantis* gene for 16S ribosomal RNA，partial sequence，strain：JCM 1222T

序列长度：472bp

ORIGIN

1 cgctggcggc gtgcttacac atgcaagtcg aacgggatcc atcgggcttt gcttggtggt
61 gagagtggcg aacgggtgaa taatgcgtga ccgacctgcc ccatacaccg gaatagctcc
121 tggaaacggg tggtaatgcc ggatgttcca gttgatcgca tggtcttctg ggaaagcttt
181 cgcggtatgg gatggggtcg cgtcctatca gcttgacggc ggggtaacgg cccaccgtgg
241 cttcgacggg tagccggcct gagagggcga ccggccacat tgggactgag atacggccca
301 gactcctacg ggaggcagca gtggggaata ttgcacaatg ggcgcaagcc tgatgcagcg
361 acgccgcgtg agggatggag gccttcgggt tgtaaacctc ttttatcggg gagcaagcgt
421 gagtagtgta cccgttgaat aagcaccggt taactcgtgc cagcagccgc gg//

（四）长双歧杆菌（*Bifidobacterium longum* Reuter 1963）

见图 6-22 所示，长双歧杆菌细胞长而弯曲，棍棒状，为膨胀或哑铃形的杆菌，可分叉，厌氧。革兰氏染色不定。菌落凸面至垫状，全缘，直径 2～5mm，柔软，湿润，有光泽或黏液状。只发酵阿拉伯糖、木糖、鼠李糖、乳糖和松三糖，不发酵葡萄糖酸、纤维二糖、甘露糖和水杨苷，对淀粉和海藻糖不确定。多种低聚糖对长双歧杆菌具有增殖作用，比如低聚果糖、异构化乳糖、分枝低聚糖、棉籽糖、水苏糖、4′-低聚半乳糖、6′-低聚半乳糖和葡萄糖。最适温度为 35～37℃，46.5℃以上和 20℃以下不生长。

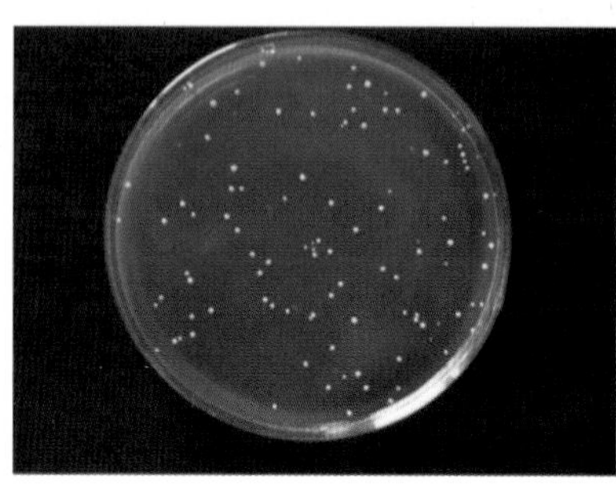
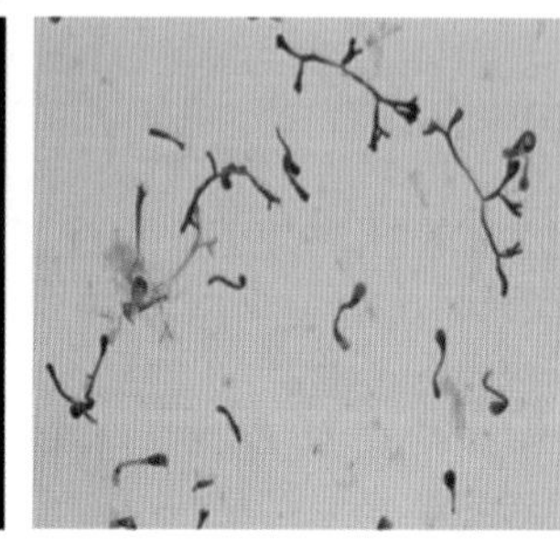
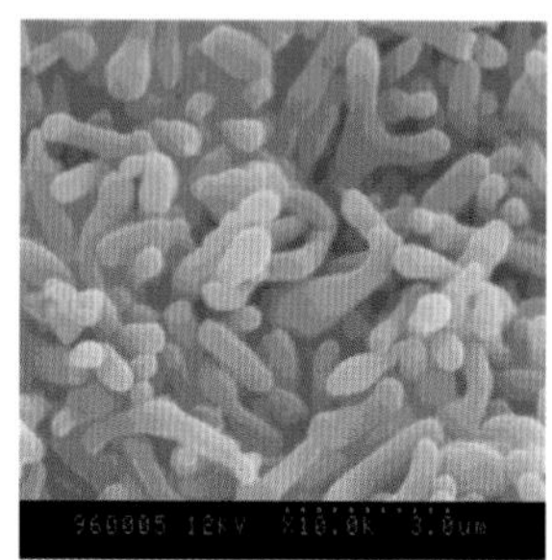

图 6-22　长双歧杆菌 *Bifidobacterium longum* ATCC 15707

模式菌株：ATCC 15707＝DSM 20219＝JCM 1217

分离基物：成人肠道

核糖体 RNA 基因序列信息：GenBank：AB116313，*Bifidobacterium longum* bv. *longum* gene for 16S ribosomal RNA，partial sequence，strain：JCM 1217T

序列长度：476bp

ORIGIN

```
  1 cgctggcggc gtgcttaaca catgcaagtc gaacgggatc catcagggct ttgcttggtg
 61 gtgagagtgg cgaacgggtg agtaatgcgt gaccgacctg ccccatacac cggaatagct
121 cctggaaacg ggtggtaatg ccggatgctc cagttgatcg catggtcttc tgggaaagct
181 ttcgcggtat gggatggggt cgcgtcctat cagcttgacg gcggggtaac ggcccaccgt
241 ggcttcgacg ggtagccggc ctgagagggc gaccggccac attgggactg agatacggcc
301 cagactccta cgggaggcag cagtggggaa tattgcacaa tgggcgcaag cctgatgcag
361 cgacgccgcg tgagggatgg aggccttcgg gttgtaaacc tcttttatcg ggagcaagc
421 gagagtgagt ttacccgttg aataagcacc ggctaactac gtgccagcag ccgcgg//
```

（五）嗜热双歧杆菌（*Bifidobacterium thermophilum* Mitsuoka 1969）

见图 6-23 所示，嗜热双歧杆菌菌体长 3～8μm，略弯曲并带有尖细的末端，接近成对细胞的连接处有小突起或不规则状物，很少有歧，革兰氏染色不规则。厌氧。在培养时只需要核黄素、泛酸和吡哆醇。只发酵淀粉，不发酵阿拉伯糖、木糖、鼠李糖、葡萄糖酸和甘露糖，对纤维二糖、乳糖、松三糖、水杨苷和海藻糖不确定。嗜热双歧杆菌能产生 L-异亮氨酸，在 1.5%DL-α-氨基丁酸存在下能产生 5mg/mL 的 L-异亮氨酸。在 46.5℃生长，最适 pH6.5～7.0，pH 低于 5.0 和 pH 大于 8.0 时不生长。DNA 的 G+C 含量为 60±1.5mol%

(熔解温度法)。与瘤胃双歧杆菌(*B. ruminal*)完全同源;与假长双歧杆菌(*B. pseudolongum*)有18%～54%同源。

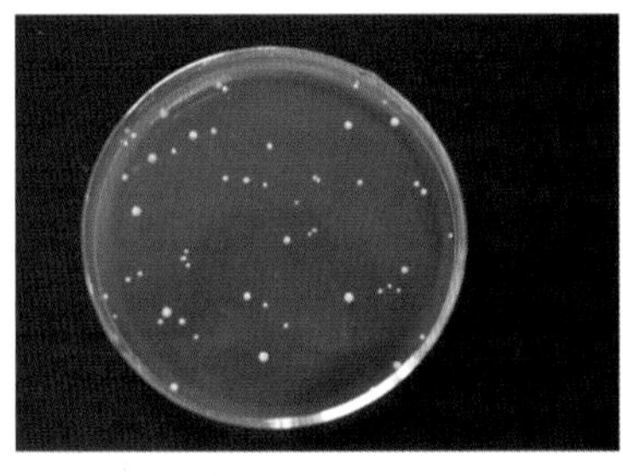
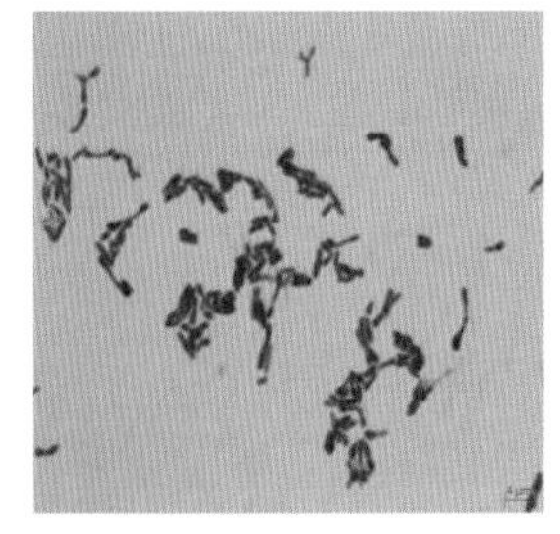
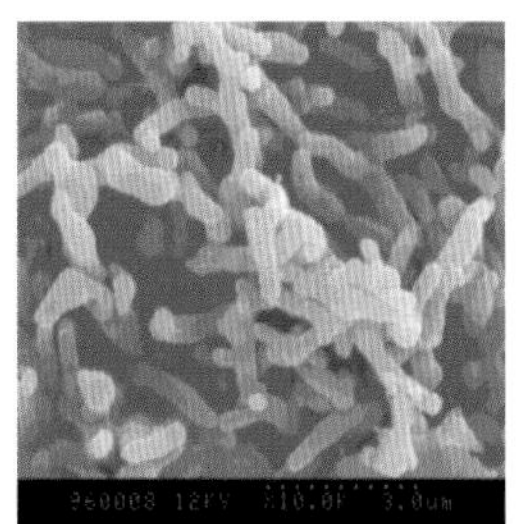

图 6-23　嗜热双歧杆菌 *Bifidobacterium thermophilum* ATCC 25525

模式菌株:ATCC 25525＝DSM 20210＝JCM 1297

分离基物:猪粪

核糖体 RNA 基因序列信息:GenBank:AB116355,*Bifidobacterium thermophilum* gene for 16S ribosomal RNA, partial sequence, strain: JCM 1297T

序列长度:458bp

ORIGIN

```
  1 cgctgggggg cttacacatg caagtcgaac gggatcctgc agcttgcttg cggggtgaga
 61 gtggcgaacg ggtgagtatg cgtgaccaac ctgccccatg ctccggaata gctcctggaa
121 acgggtggta atgccggatg tgccgggctc ctgcatgggg gtccgggaaa gctctggcgg
181 cgtgggatgg ggtcgcgtcc tatcagcttg ttggcggggt gagggcccac caaggcttcg
241 acgggtagcc ggcctgagag ggcgaccggc cacattggga ctgagatacg gcccagactc
301 ctacgggagg cagcagtggg gaatattgca caatgggcgc aagcctgatg cagcgacgcc
361 gcgtgcggga tggaggcctt cgggttgtaa accgcttttg tttgggagca aagccttcgg
421 gggtgagtgt acctttccaa tagccaccgg gtaactac//
```

(六)动物双歧杆菌[*Bifidobacterium animalis*(Mitsuoka 1969)Scardovi and Trovatelli 1974]

见图 6-24 所示,本菌曾被认为是长双歧杆菌的一个亚种,长双歧杆菌动物亚种(*Bifidobacterium longum* subsp. *animalis*),同时发酵树胶醛糖和戊醛糖,是该种双歧杆菌区别于其他种的特征。

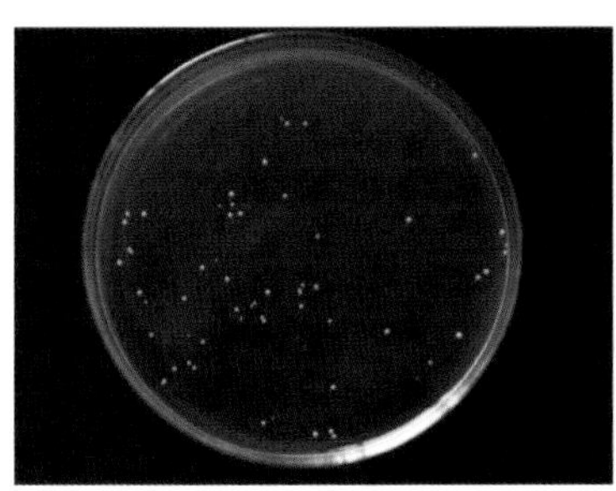
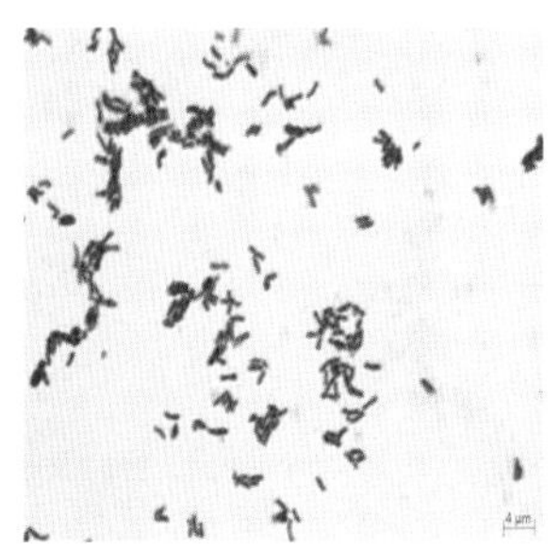
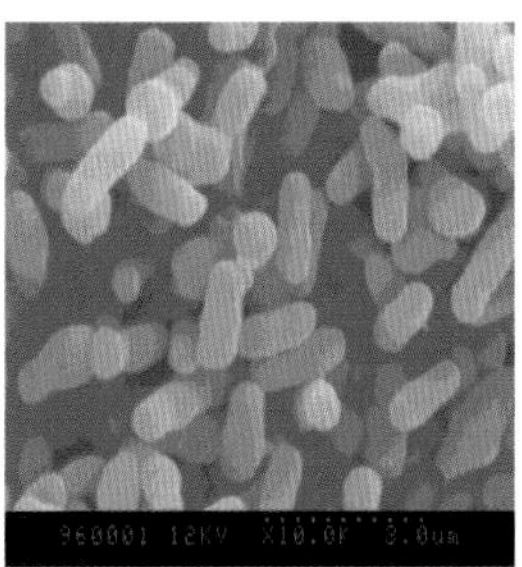

图 6-24　动物双歧杆菌动物亚种 *Bifidobacterium animalis* subsp. *animalis* ATCC 25527

模式菌株：ATCC 25527＝DSM 20104＝JCM 1190

分离基物：鼠粪

核糖体 RNA 基因序列信息：GenBank：AB116277，*Bifidobacterium animalis* gene for 16S ribosomal RNA，partial sequence，strain：JCM 1190T

序列长度：481bp

ORIGIN

```
  1 cgctggcggc gtgcttaaca catgcaagtc gaacgggatc cctggcggcc tggctgccgg
 61 ggtgagagtg gcgaacgggt gagtaatgcg tgaccaacct gccctgtgca ccggaatagc
121 tcctggaaac gggtggtaat accggatgct ccgccccacc gcatggtggg gtgggaaatg
181 ctttttgcgg catgggatgg ggtcgcgtcc tatcagcttg ttggcggggt gatggcccac
241 caaggcgttg acgggtagcc ggcctgagag ggtgaccggc cacattggga ctgagatacg
301 gcccagactc ctacgggagg cagcagtggg gaatattgca caatgggcgc aagcctgatg
361 cagcgacgcc gcgtgcggga tggaggcctt cgggttgtaa accgcttttg ttcaagggca
421 aggcacggct ttgagtgtac ctttcgaata agcaccggct aactcgtgcc agcagccgcg
481 g//
```

第八节　芽孢杆菌属（*Bacillus*）

一、一般属性

菌体杆状，直或稍弯曲，大小为（0.3～2.2）μm×（1.2～7.0）μm。常以成对或链状排列，多数运动，鞭毛典型侧生。一个细菌产一个芽孢，暴露于空气中时，不妨碍孢子的形成。细胞染色大多数在幼龄培养时呈现革兰氏阳性。好氧或兼性厌氧，有机化能营养，利用多种底物进行严格呼吸代谢，严格发酵代谢或呼吸和发酵二者兼有的代谢。在呼吸代谢中，最终的电子受体是分子氧，在一些种中可以利用硝酸盐代替氧。大多数菌种接触酶阳性。DNA 的 G+C 含量为 32～62mol%（熔解温度法和浮力密度法）。芽孢杆菌属的细菌特性有很大差异，营养体的生长温度范围从 5℃到 75℃以上。生长 pH 为 2～8。耐盐范围从低于 2%的 NaCl 到 25%的 NaCl。形成内生孢子为芽孢杆菌属的鉴别特征。正常菌株芽孢的形成取决于培养条件，培养基中含有锰对某些菌形成芽孢有利。芽孢杆菌的几个种能产生多肽类抗生素，单菌株可以形成一种以上的抗生素。抗生素的产生恰在芽孢的形成过程中。抗生素可以溶解其他有机体的营养细胞，在一些例子中证明，细胞壁成分被酶所降解。该属细菌多数没有血清型报道。模式种：枯草芽孢杆菌［*Bacillus subtilis*（Ehrenberg）Cohn 1872］。饲用芽孢杆菌属各种的特征描述见表 6-3 和表 6-4。

表 6-3　芽孢杆菌属饲用微生物的鉴别特征

菌　种	芽　孢			葡萄糖作用产物		
	形状	孢子囊明显膨胀	主要位置	产酸	产气	VP
枯草芽孢杆菌	椭圆或柱状	−	中生	+	−	+

（续）

菌种	芽孢			葡萄糖作用产物		
	形状	孢子囊明显膨胀	主要位置	产酸	产气	VP
短小芽孢杆菌	椭圆或柱状	－	中生	＋	－	＋
地衣芽孢杆菌	椭圆或柱状	－	中生	＋	V	＋
凝结芽孢杆菌	椭圆或柱状	V	中生或次端生	＋	－	＋或－
迟缓芽孢杆菌	椭圆或柱状	－	V	＋		－

注：“＋”肯定，“－”否定，“V”可变。表2相同；VP：乙酰甲基甲醇试验。

表 6-4 芽孢杆菌属饲用微生物各种的生理生化特征比较

	枯草芽孢杆菌	短小芽孢杆菌	地衣芽孢杆菌	凝结芽孢杆菌	坚强芽孢杆菌
菌体长度（μm）	0.7～0.8	0.6～0.7	0.6～0.8	0.6～1	0.6～0.9
菌体宽度（μm）	2～3	2～3	1.5～3	2.5～5	0.2～4
革兰氏反应	＋	＋	＋	＋	＋
运动性	＋	＋	＋	＋	V
过氧化氢酶	＋	＋	＋	＋	＋
淀粉水解	＋	－	＋	＋	＋
马尿酸盐水解	－	＋	－		
柠檬酸盐利用	＋	＋	＋	反应不同	－
丙酸盐利用	－	－	＋	－	－
酪素水解	＋	＋	＋	＋	＋
还原 NO_3-NO_2	＋	－	＋	反应不同	＋
生长在 7%NaCl	＋	＋	＋	＋	＋
厌氧洋菜中生长	－	－	＋	＋	－
最高生长温度（℃）	45～55	45～50	50～55	35～45	40～45
最低生长温度（℃）	5～20	5～15	15	15～20	5～20

二、主要用途

（一）枯草芽孢杆菌

1. 在家禽生产中的应用 枯草芽孢杆菌在家禽生产中的效果主要表现为提高生产性能，提高家禽产品品质，增强免疫力，抑制肠道中肠炎沙门菌和产气荚膜杆菌的定殖与繁殖。在45周龄伊莎蛋种鸡饲料中添加0.01%的枯草芽孢杆菌制剂（活菌含量 1×10^{10} cfu/g），结果提高产蛋率2.38%，提高蛋重2.82%，种蛋合格率提高2.63%；在饲料中添加0.05%的枯草芽孢杆菌（活菌含量 1×10^{9} cfu/g），结果使如皋黄鸡的半净膛率和腿肌率分别显著提高了3.0%和8.1%；在蛋鸡饲料中添加500mg/kg的枯草芽孢杆菌（活菌含量 6×10^{9} cfu/g），结果使蛋壳厚度增加5μm，蛋黄颜色提高0.13，哈氏单位增加2.39，胆固醇含量显著降低；在AA肉鸡饲料中添加 2×10^{6} cfu/g 的枯草芽孢杆菌，结果肉鸡的粪便中大肠杆菌数在1周龄和3周龄时显著降低。另外，枯草芽孢杆菌可显著增加肠道中乳酸杆菌的数量，减少沙门菌的数量。在饲料中添加 1×10^5 cfu/g 的枯草芽孢杆菌，能有效抑制肠炎沙门菌和产气荚膜杆菌在小鸡胃肠道中的定殖与繁殖。枯草芽孢杆菌在家禽饲料中的适宜添加量为 $1\times10^5\sim1\times10^6$ cfu/g。

2. 在养猪生产中的应用 在猪饲料中加入枯草芽孢杆菌可促进猪的生长，提高动物免疫力，降低有害菌数量，增加有益菌数量，降低仔猪腹泻的发生率。在断奶仔猪日粮中添加枯草芽孢杆菌制剂（活菌含量 2×10^{10} cfu/g），结果净增重和日增重分别显著提高 30.2%和 33.3%。黄雪泉在仔猪饲料中添加 0.1%的枯草芽孢杆菌制剂（活菌含量 2×10^{10} cfu/g），结果饲喂枯草芽孢杆菌的试验猪平均日增重提高了 14.72%；枯草芽孢杆菌具有促进新生仔猪小肠细胞免疫和体液免疫的作用。灌服 1×10^8 cfu/g 枯草芽孢杆菌可刺激小肠 TLR9 的表达，然后诱导细胞因子 IL-6 的分泌、促进分泌 IgA，因此对预防新生仔猪腹泻具有明显效果。枯草芽孢杆菌可以有效预防仔猪细菌性腹泻。当饲喂 1×10^9 cfu/g 的枯草芽孢杆菌时，对仔猪细菌性腹泻还具有一定的治疗作用效果。给猪饲喂 3×10^6 cfu/g 的枯草芽孢杆菌，猪粪便中大肠菌群数量显著降低，而乳酸菌数量显著增加。枯草芽孢杆菌在猪饲料中的适宜添加量为 $1\times10^7\sim1\times10^9$ cfu/g。

3. 在水产养殖中的应用 在水产养殖中使用枯草芽孢杆菌，可以改善水质，促进鱼虾生长，提高饲料转化率，颉颃有害菌，降低死亡率等。连续使用枯草芽孢杆菌（3×10^9 cfu/g）5d 后，水中氨氮含量降低 70%，亚硝酸盐降低 60%，从而说明枯草芽孢杆菌具有改善水质的作用；在草鱼饲料添加枯草芽孢杆菌，经过 70d 的池塘网箱养殖，结果添加枯草芽孢杆菌 2 000mg/kg（活菌含量 2×10^9 cfu/g）使草鱼的生长性能提高了 30.85%；枯草芽孢杆菌对斑点叉尾鮰生产性能也有促进作用，以添加枯草芽孢杆菌 700mg/kg（5×10^9 cfu/g）效果最好，饲料中粗蛋白利用率提高 35.21%，饵料系数降低 26.02%；也有人对枯草芽孢杆菌是否可用于治疗凡纳滨对虾的弧菌感染进行了研究，结果表明，饲料中添加 2×10^5 cfu/g 的枯草芽孢杆菌可使因弧菌感染所致的死亡率显著降低 18.25%。枯草芽孢杆菌在水产饲料中的适宜添加量为 $1\times10^{5\sim6}$ cfu/g。若用于调节水质，适宜添加量为 1×10^9 cfu/g。

（二）地衣芽孢杆菌

1. 在家禽饲养中的应用 地衣芽孢杆菌在家禽的应用效果主要表现为提高生产性能，提高家禽产品品质，抗热应激，降低肠道有害菌感染等。在青脚麻鸡的饲料中添加地衣芽孢杆菌（1×10^8 cfu/g），56d 后鸡的体重和平均日增重显著增加，日采食量和料肉比降低；在饲料中添加 3.2×10^9 cfu/g 的地衣芽孢杆菌，在 60～90d 内能使产蛋率由 83.1%提高至 86.7%；在 1 日龄麻羽肉鸡饲料中添加 2×10^{10} cfu/g 的地衣芽孢杆菌，肉鸡的半净膛率和全净膛率均高于空白组，分别提高了 5.67%和 5.23%；地衣芽孢杆菌对蛋鸡还具有抗热应激的作用效果，比如，在蛋鸡处于热应激时，饲喂含有地衣芽孢杆菌（2×10^{10} cfu/g）的饲料，可提高产蛋率 50%；地衣芽孢杆菌具有抑制病原菌的作用，在 0～3 周龄肉仔鸡饲料中添加地衣芽孢杆菌 2.53×10^5 cfu/g，在 7 日龄、14 日龄和 21 日龄时，可发现肉仔鸡肠道中的大肠杆菌数极显著降低；在饲料中添加 $1.6\times10^6\sim8\times10^7$ cfu/g 的地衣芽孢杆菌，可以有效预防产气荚膜梭菌引起的家禽坏死性肠炎。地衣芽孢杆菌在家禽饲料中的适宜添加量为 $1\times10^6\sim1\times10^8$ cfu/g。

2. 在养猪生产上的应用　地衣芽孢杆菌在猪饲料中的应用主要在仔猪阶段，可提高仔猪的生长速度，提高饲料利用率，减少仔猪腹泻的发生，改善养殖环境。在日粮中添加 2×10^{10} cfu/g 的地衣芽孢杆菌，平均日增重提高 11.94%，料重比降低 11.79%，腹泻率降低 10%；在断奶仔猪饲料中添加 1.2×10^{6} cfu/g 的地衣芽孢杆菌具有良好效果，比如分别在断奶 2d 和断奶 10d 开始饲喂仔猪含地衣芽孢杆菌的饲料，断奶 2d 开始的日增重提高 12.67%，料肉比降低 1.47%，仔猪腹泻率下降 33.3%。断奶 10d 开始的日增重提高 26.87%，料肉比降低 23.66%，仔猪腹泻率下降 70.37%。同时，还显著降低了仔猪粪便中氨的含量。地衣芽孢杆菌在猪饲料中的适宜添加量为 $1\times10^{6}\sim1\times10^{7}$ cfu/g。

3. 在水产养殖中的应用　在水产养殖中使用地衣芽孢杆菌，可以改善水质，促进鱼虾生长，提高饲料转化率，颉颃有害菌，提高免疫力等。地衣芽孢杆菌对降低氨态氮和残饵的污染具有显著的作用效果。比如，在水中泼洒 5%（体积比）的地衣芽孢杆菌菌液（菌液中细菌浓度约为 9.0×10^{8} cfu/L），在 30℃、盐度 2.0、pH7.0，氨态氮初始浓度为 100mg/L 的情况下，24h 内氨氮的降解率达 36.2%；在试验鱼池中每隔 15d 喷洒 1 次地衣芽孢杆菌菌液（菌液中细菌浓度约为1×10^{9} cfu/g），用量为 7.5kg/hm²，试验 5 个月后，黄鳍鲷的成活率、体长增长率和体重增长率分别提高 18.2%、21.0%和 31.2%；在鲫饲料中添加地衣芽孢杆菌（$2.0\times10^{5}\sim2.0\times10^{6}$ cfu/g），其磷表观消化率提高了 35%以上，饵料系数降低了 0.5；将地衣芽孢杆菌添加到白对虾和凡纳滨对虾的饲料中，肠道细菌总数保持不变，但致病弧菌数显著降低，白细胞数和超氧化物歧化酶的活性显著提高。地衣芽孢杆菌在水产饲料中的适宜添加量为 $1\times10^{5}\sim1\times10^{6}$ cfu/g。

（三）凝结芽孢杆菌

1. 在家禽生产中的应用　凝结芽孢杆菌在家禽生产中的主要作用表现为提高日增重，提高饲料转化率，改善肉和蛋品质，调整肠道菌群，预防疾病等。给 AA 肉鸡饲喂 200mg/kg 凝结芽孢杆菌（活菌含量 2×10^{10} cfu/g），结果全期平均日增重提高 15.29%，全期料肉比降低 9.09%。在配合饲料中添加凝结芽孢杆菌 5×10^{6} cfu/g，饲喂广西黄鸡，结果表明凝结芽孢杆菌对其生产性能没有显著影响，但显著提高胸部肌肉的嫩度和系水力；从 200 日龄开始在鸭饲料中添加 150g/t（活菌含量 8.0×10^{9} cfu/g）的凝结芽孢杆菌，产蛋率没有明显变化，但显著提高鸭蛋蛋黄颜色、蛋白高度和哈氏单位；将凝结芽孢杆菌直接饮水喂肉仔鸡，42d 后发现其空肠中乳酸杆菌数量显著增加，大肠杆菌数量显著减少。凝结芽孢杆菌在家禽饲料中的适宜添加量为5.0×10^{6} cfu/g。

2. 在猪养殖中的应用　凝结芽孢杆菌在猪的应用效果主要表现为提高日增重，提高饲料转化率，改善肠道菌群，防治仔猪腹泻等。凝结芽孢杆菌对断奶仔猪具有促生长和改善饲料转化率的作用。比如，在断奶仔猪日粮中添加 0.05%（活菌含量 1×10^{10} cfu/g）的凝结芽孢杆菌，结果日增重提高 18.7%、饲料转化率提高 8.96%，同时还发现粪便中大肠杆菌的数量显著减少；凝结芽孢杆菌对生长育肥猪的生产性能也有改善作用。比如，在生长育肥猪饲料中添加 100mg/kg（活菌含量 1×10^{8} cfu/g）的凝结芽孢杆菌，平均日增重提高 13.69%，饲料增重比降低 28.81%，沙门菌阳性率降低 21.24%。凝结芽孢杆菌在乳仔猪阶段饲料中的适宜添加量为 5.0×10^{5} cfu/g，在中大猪饲料中的适宜添加量为 1×10^{4} cfu/g。

3. 在水产养殖中的应用　凝结芽孢杆菌在水产养殖中的应用效果主要表现为提高日增

重，提高鱼虾肠道消化酶活力，降低饵料系数，改善肉质等。江永明等研究发现，在奥尼罗非鱼的饲料中添加凝结芽孢杆菌 3×10^{11} cfu/kg，其增重率显著提高 8.56%，饵料系数显著降低 8.18%。付天玺等研究发现，在奥尼罗非鱼的饲料中添加 1×10^{11} cfu/kg 的凝结芽孢杆菌，其胃蛋白酶的活性显著提高 30.59%，蛋白质表观消化率显著提高 4.71%。慈丽宁等在团头鲂饲料中添加1 000mg/kg的凝结芽孢杆菌，饲养 8 周后，其增重显著提高 9.49%，蛋白质利用率显著增加 19.2%，饵料系数显著降低 4.4%。王彦波等研究发现，在罗非鱼饲料中添加添加 5×10^{6} cfu/g的凝结芽孢杆菌，可显著降低鱼肉中粗脂肪含量 24.21%，显著提高鱼肉中钙、磷的含量。凝结芽孢杆菌在水产饲料中的适宜添加量为 $1\times10^{6}\sim1\times10^{8}$ cfu/g。

三、可用菌种

（一）枯草芽孢杆菌［*Bacillus subtilis*（Ehrenberg）Cohn 1872）］

枯草芽孢杆菌（图 6-25）是芽孢杆菌属的一种。单个细胞大小为（0.7～0.8）μm×（2～3）μm，着色均匀。无荚膜，周生鞭毛，能运动。革兰氏阳性菌，芽孢大小为（0.6～0.9）μm×（1.0～1.5）μm，椭圆至柱状，位于菌体中央或稍偏，芽孢形成后菌体不膨大。菌落表面粗糙不透明，污白色或微黄色，在液体培养基中生长时，常形成皱醭。需氧菌。可利用蛋白质、多种糖及淀粉，分解色氨酸形成吲哚。在遗传学研究中应用广泛，对此菌的嘌呤核苷酸的合成途径与其调节机制的研究比较清楚。广泛分布在土壤及腐败的有机物中，易在枯草浸汁中繁殖，故名枯草芽孢杆菌。琼脂培养基上生长的菌落圆或不规则形状，表面颜色暗淡、不光滑，可以起皱，可以变为奶油色或褐色。菌落的形状随培养基的成分不同而有很大的变化。当琼脂表面潮湿时，菌落易于扩散。在琼脂上生长的菌苔在液体中不易扩散。1%葡萄糖琼脂穿刺，表面生长物变厚，常常是粗糙的和褐色的。在生长的下部可以形成盘状淡红色素。可深部生长，但生长的时间短，几乎刚开始生长即停止。底部有弱酸形成（溴甲酚紫为指示剂）并从表面向下进行中和。在培养液中色暗、形成皱褶、有完整的膜、轻度混浊或不混浊。主要通过呼吸代谢，氧为最终电子受体。在含有葡萄糖的复杂培养基中可进行厌氧代谢，其生长和发酵都是弱的；有氧时生长旺盛，主要产物为 2,3-丁二醇、乙酰甲基甲醇和 CO_2。能分解植物组织的果胶和多糖类物质，有些菌株能引起有生活力的马铃薯块茎腐烂。利用果糖和棉籽糖形成果聚糖，并分泌到细胞外，其产量随菌株不同而不同。在许多菌株中色素可呈现褐色或红色，少数为橙色或黑色。依据培养基成分的不同而产生不同的色素。无精氨酸双水解酶活性。溶血作用可变。不产生卵磷脂酶。产生多肽类抗生素，一个菌株可以形成几种抗生素。释放对活菌体具有溶菌作用的酶。pH 5.5～8.5 生长良好。DNA 的 G+C 含量为 42～43mol%（分析法：熔解温度法和浮力密度法）。应用：产芽孢菌素（bacilysin）和丰原素（fengymycin），质量控制菌株，尿中抗菌剂测定，苯丙酮酸尿症生物检测。

模式菌株：ATCC 6051＝DSM 10

核糖体 RNA 基因序列信息：GenBank：AJ276351，*Bacillus subtilis* 16S rRNA gene，strain DSM 10

序列长度：1 517bp

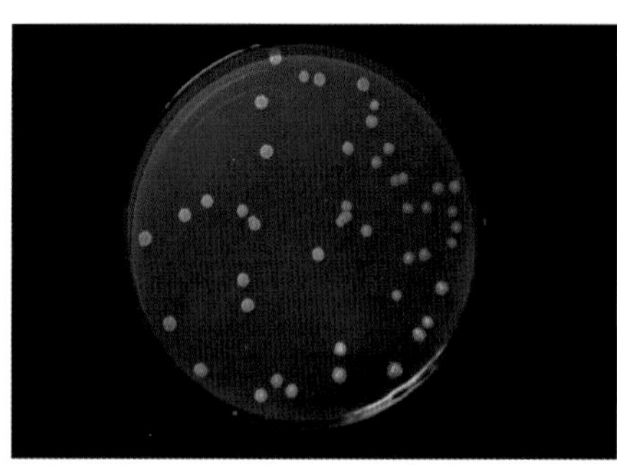

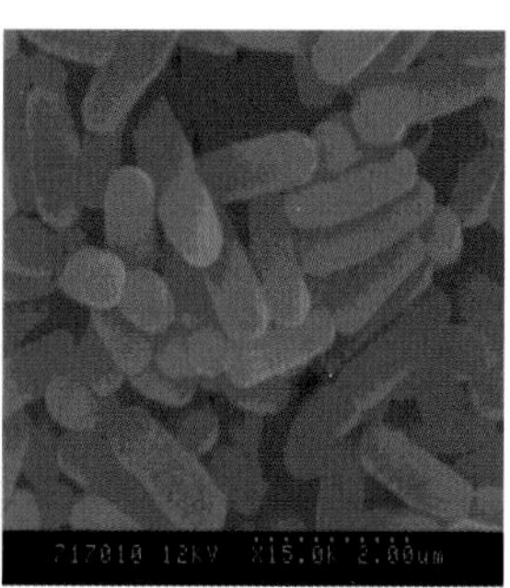

图 6-25　枯草芽孢杆菌 *Bacillus subtilis* ATCC 6051

ORIGIN

```
    1 cctggctcag gacgaacgct ggcggcgtgc ctaatacatg caagtcgagc ggacagatgg
   61 gagcttgctc cctgatgtta gcggcggacg ggtgagtaac acgtgggtaa cctgcctgta
  121 agactgggat aactccggga aaccggggct aataccggat ggttgtttga accgcatggt
  181 tcaaacataa aaggtggctt cggctaccac ttacagatgg acccgcggcg cattagctag
  241 ttggtgaggt aacggctcac caaggcaacg atgcgtagcc gacctgagag ggtgatcggc
  301 cacactggga ctgagacacg gcccagactc ctacgggagg cagcagtagg gaatcttccg
  361 caatggacga aagtctgacg gagcaacgcc gcgtgagtga tgaaggtttt cggatcgtaa
  421 agctctgttg ttagggaaga acaagtaccg ttcgaatagg gcggtacctt gacggtacct
  481 aaccagaaag ccacggctaa ctacgtgcca gcagccgcgg taatacgtag gtggcaagcg
  541 ttgtccggaa ttattgggcg taaagggctc gcaggcggtt tcttaagtct gatgtgaaag
  601 cccccggctc aaccggggag ggtcattgga aactggggaa cttgagtgca gaagaggaga
  661 gtggaattcc acgtgtagcg gtgaaatgcg tagagatgtg gaggaacacc agtggcgaag
  721 gcgactctct ggtctgtaac tgacgctgag gagcgaaagc gtggggagcg aacaggatta
  781 gataccctgg tagtccacgc cgtaaacgat gagtgctaag tgttaggggg tttccgcccc
  841 ttagtgctgc agctaacgca ttaagcactc cgcctgggga gtacggtcgc aagactgaaa
  901 ctcaaaggaa ttgacggggg cccgcacaag cggtggagca tgtggtttaa ttcgaagcaa
  961 cgcgaagaac cttaccaggt cttgacatcc tctgacaatc ctagagatag gacgtcccct
1 021 tcgggggcag agtgacaggt ggtgcatggt tgtcgtcagc tcgtgtcgtg agatgttggg
1 081 ttaagtcccg caacgagcgc aacccttgat cttagttgcc agcattcagt tgggcactct
1 141 aaggtgactg ccggtgacaa accggaggaa ggtggggatg acgtcaaatc atcatgcccc
1 201 ttatgacctg ggctacacac gtgctacaat ggacagaaca aagggcagcg aaaccgcgag
1 261 gttaagccaa tcccacaaat ctgttctcag ttcggatcgc agtctgcaac tcgactgcgt
1 321 gaagctggaa tcgctagtaa tcgcggatca gcatgccgcg gtgaatacgt tcccgggcct
1 381 tgtacacacc gcccgtcaca ccacgagagt ttgtaacacc cgaagtcggt gaggtaacct
1 441 tttaggagcc agccgccgaa ggtgggacag atgattgggg tgaagtcgta acaaggtagc
1 501 cgtatcggaa ggtgcgg//
```

（二）短小芽孢杆菌［*Bacillus pumilus* Meyer and Gottheil 1901］

见图 6-26 所示。本菌与枯草芽孢杆菌的特征很相近，因此，很难区别鉴定，血清学试验和芽孢萌发的方法也不能把这两个种可靠地区分开。除了表 6-2 中的差别外，短小芽孢杆菌还有两个不同的特性：①许多菌株在营养琼脂上的菌落是光滑的且呈现淡黄色；②需要生物素，有些菌株还要氨基酸。

芽孢分布极广，在土壤中比枯草芽孢杆菌的芽孢子更常见。DNA 的 G+C 含量为 39～43mol%（熔解温度法和浮力密度法）。

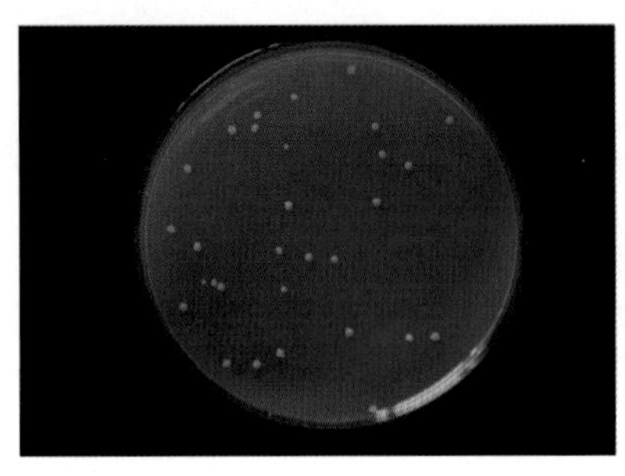
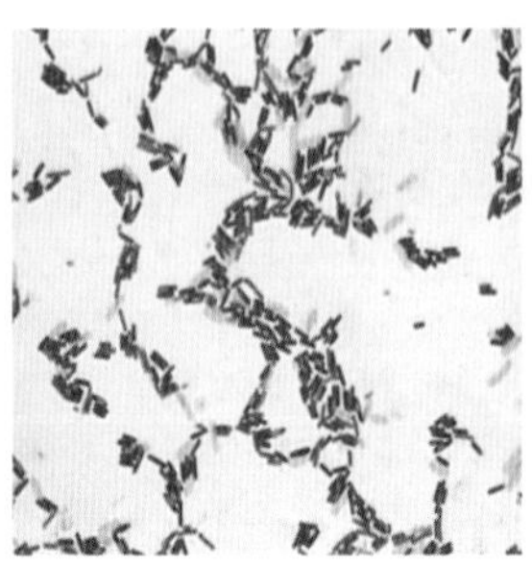
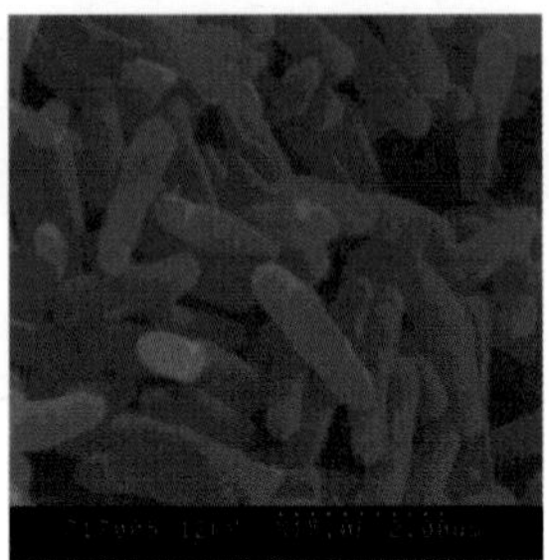

图 6-26　短小芽孢杆菌 *Bacillus pumilus* ATCC 7061

模式菌株：ATCC 7061=DSM 27

核糖体 RNA 基因序列信息：GenBank：AY876289，*Bacillus pumilus* strain ATCC 7061 16S ribosomal RNA gene，partial sequence

序列长度：1 434bp

ORIGIN

1 tgcagtcgag cggacagaag ggagcttgct cccggatgtt agcggcggac gggtgagtaa
61 cacgtgggta acctgcctgt aagactggga taactccggg aaaccggagc taataccgga
121 tagttccttg aaccgcatgg ttcaaggatg aaagacggtt tcggctgtca cttacagatg
181 gacccgcggc gcattagcta gttggtgggg taatggctca ccaaggcgac gatgcgtagc
241 cgacctgaga gggtgatcgg ccacactggg actgagacac ggcccagact cctacgggag
301 gcagcagtag ggaatcttcc gcaatggacg aaagtctgac ggagcaacgc cgcgtgagtg
361 atgaaggttt tcggatcgta aagctctgtt gttagggaag aacaagtgcg agagtaactg
421 ctcgcacctt gacggtacct aaccagaaag ccacggctaa ctacgtgcca gcagccgcgg
481 taatacgtag gtggcaagcg ttgtccggaa ttattgggcg taaagggctc gcaggcggtt
541 tcttaagtct gatgtgaaag cccccggctc aaccggggag ggtcattgga aactgggaaa
601 cttgagtgca gaagaggaga gtggaattcc acgtgtagcg gtgaaatgcg tagagatgtg
661 gaggaacacc agtggcgaag gcgactctct ggtctgtaac tgacgctgag gagcgaaagc
721 gtggggagcg aacaggatta gataccctgg tagtccacgc cgtaaacgat gagtgctaag
781 tgttaggggg tttccgcccc ttagtgctgc agctaacgca ttaagcactc cgcctgggga
841 gtacggtcgc aagactgaaa ctcaaaggaa ttgacggggg cccgcacaag cggtggagca
901 tgtggtttaa ttcgaagcaa cgcgaagaac cttaccaggt cttgacatcc tctgacaacc
961 ctagagatag ggctttccct tcggggacag agtgacaggt ggtgcatggt tgtcgtcagc
1 021 tcgtgtcgtg agatgttggg ttaagtcccg caacgagcgc aacccttgat cttagttgcc
1 081 agcatttagt tgggcactct aaggtgactg ccggtgacaa accggaggaa ggtggggatg
1 141 acgtcaaatc atcatgcccc ttatgacctg ggctacacac gtgctacaat ggacagaaca

1 201 aagggctgcg agaccgcaag gtttagccaa tcccataaat ctgttctcag ttcggatcgc
1 261 agtctgcaac tcgactgcgt gaagctggaa tcgctagtaa tcgcggatca gcatgccgcg
1 321 gtgaatacgt tcccgggcct tgtacacacc gcccgtcaca ccacgagagt ttgcaacacc
1 381 cgaagtcggt gaggtaacct ttatggagcc agccgccgaa ggtggggcag atga//

(三) 地衣芽孢杆菌 [*Bacillus licheniformis* (Weigmann 1898) Chester 1901]

见图 6-27 所示，地衣芽孢杆菌细胞形态和排列呈杆状、单生，细胞内无聚-β-羟基丁酸盐（PHB）颗粒。革兰氏阳性杆菌，细胞大小为（0.6～0.8）μm×（1.5～3.0）μm。芽孢萌发时，营养细胞发生的位置从赤道板到顶端各种情况都有。芽孢壳不是多处破裂，也不迅速消解。营养琼脂上的菌落变成不透明，表面暗淡粗糙，边缘一般毛发状，通常牢固地附着在琼脂上。特别是在葡萄糖琼脂和谷氨酰胺甘油琼脂上，菌落上积累大量的黏液，呈山丘状和裂叶状。营养明胶（22℃）液化缓慢，7d 呈茶碟状。葡萄糖厌氧发酵生成多种产物，其中 2,3-丁二醇和甘油是最具特征的。形成的各酰基多肽在胞外呈无定形的黏液。利用蔗糖和棉籽糖形成果聚糖分泌到细胞外。老的培养物可变成褐色。大多数菌株精氨酸双水解酶为阳性。可诱导产生青霉素酶。产生多肽类抗生素。新分离菌株在缺乏生长因子的条件下能以氨作为唯一氮源生长。在含有葡萄糖或硝酸盐的复杂培养基中可出现厌氧生长。利用葡萄糖产生 CO_2，利用硝酸盐产生 N_2 和 N_2O。在许多食物中，特别是在 30～50℃都能生长。DNA 的 G+C 含量为 43～47mol%（熔解温度法和浮力密度法）。

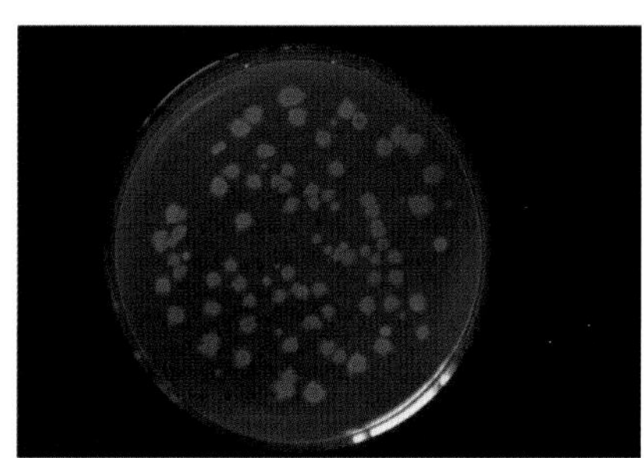
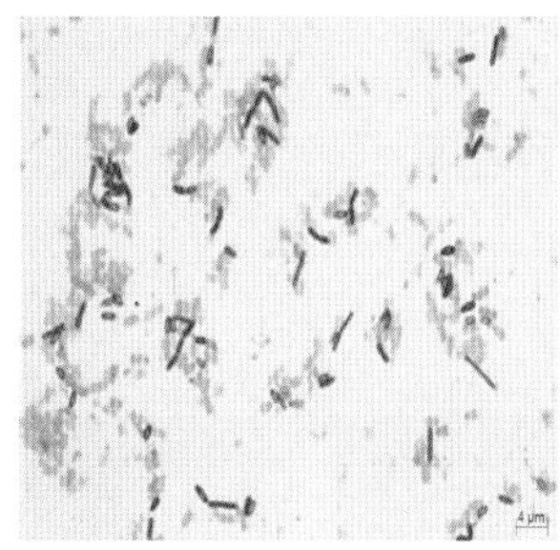
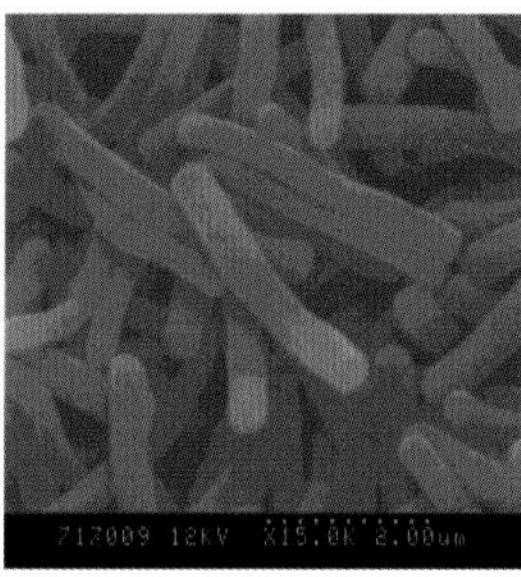

图 6-27 地衣芽孢杆菌 *Bacillus licheniformis* ATCC 14580

模式菌株：ATCC 14580＝DSM 13

核糖体 RNA 基因序列信息：GenBank：NC _006322，*Bacillus licheniformis* ATCC 14580，complete genome 16S ribosomal RNA gene region：158106..159654

序列长度：1 549bp

ORIGIN

1 tggagagttt gatcctggct caggacgaac gctggcggcg tgcctaatac atgcaagtcg
61 agcggaccga cgggagcttg ctcccttagg tcagcggcgg acgggtgagt aacacgtggg
121 taacctgcct gtaagactgg gataactccg ggaaaccggg gctaataccg gatgcttgat
181 tgaaccgcat ggttccaatc ataaaaggtg gcttttagct accacttaca gatggacccg
241 cggcgcatta gctagttggt gaggtaacgg ctcaccaagg cgacgatgcg tagccgacct
301 gagagggtga tcggccacac tgggactgag acacggccca gactcctacg ggaggcagca
361 gtagggaatc ttccgcaatg gacgaaagtc tgacggagca acgccgcgtg agtgatgaag

421 gttttcggat cgtaaaactc tgttgttagg gaagaacaag taccgttcga atagggcggc
481 accttgacgg tacctaacca gaaagccacg gctaactacg tgccagcagc cgcggtaata
541 cgtaggtggc aagcgttgtc cggaattatt gggcgtaaag cgcgcgcagg cggtttctta
601 agtctgatgt gaaagccccc ggctcaaccg gggagggtca ttggaaactg gggaacttga
661 gtgcagaaga ggagagtgga attccacgtg tagcggtgaa atgcgtagag atgtggagga
721 acaccagtgg cgaaggcgac tctctggtct gtaactgacg ctgaggcgcg aaagcgtggg
781 gagcgaacag gattagatac cctggtagtc cacgccgtaa acgatgagtg ctaagtgtta
841 gagggtttcc gccctttagt gctgcagcaa acgcattaag cactccgcct ggggagtacg
901 gtcgcaagac tgaaactcaa aggaattgac gggggcccgc acaagcggtg gagcatgtgg
961 tttaattcga agcaacgcga agaaccttac caggtcttga catcctctga caaccctaga
1 021 gatagggctt ccccttcggg ggcagagtga caggtggtgc atggttgtcg tcagctcgtg
1 081 tcgtgagatg ttgggttaag tcccgcaacg agcgcaaccc ttgatcttag ttgccagcat
1 141 tcagttgggc actctaaggt gactgccggt gacaaaccgg aggaaggtgg ggatgacgtc
1 201 aaatcatcat gccccttatg acctgggcta cacacgtgct acaatgggca gaacaaaggg
1 261 cagcgaagcc gcgaggctaa gccaatccca caaatctgtt ctcagttcgg atcgcagtct
1 321 gcaactcgac tgcgtgaagc tggaatcgct agtaatcgcg gatcagcatg ccgcggtgaa
1 381 tacgttcccg ggccttgtac acaccgcccg tcacaccacg agagtttgta acacccgaag
1 441 tcggtgaggt aaccttttgg agccagccgc cgaaggtggg acagatgatt ggggtgaagt
1 501 cgtaacaagg tagccgtatc ggaaggtgcg gctggatcac ctcctttct//

（四）迟缓芽孢杆菌（*Bacillus lentus* Gibson 1935）

见图 6-28 所示。迟缓芽孢杆菌在尿素培养中产生明显可滴定的碱性，对明胶和酪素无作用。DNA 的 G+C 含量为 36.3～47.3mol%（熔解温度法）。产生甘露聚糖酶。

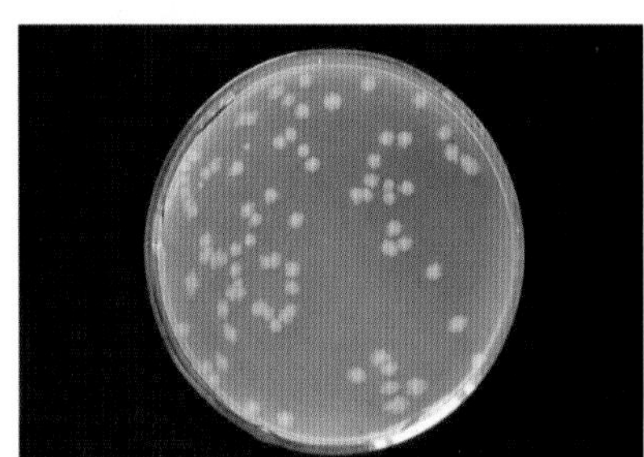
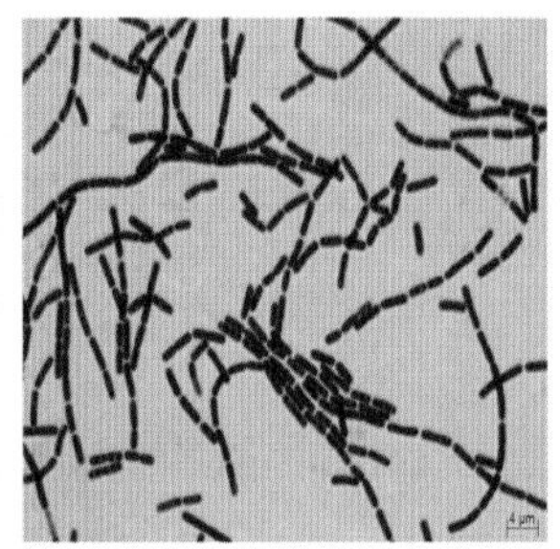

图 6-28　迟缓芽孢杆菌 *Bacillus lentus* ATCC 10840

模式菌株：ATCC 10840=DSM 9

核糖体 RNA 基因序列信息：GenBank：AF478110，*Bacillus lentus* clone EK-3N _F 16S ribosomal RNA gene，partial sequence；16S-23S internal transcribed spacer，complete sequence；tRNA-Ile and tRNA-Ala genes，complete sequence；and 23S ribosomal RNA gene，partial sequence

序列长度：669 bp

ORIGIN

1 atgccacggt gaatacgttc ccgggccttg tacacaccgc ccgtcacacc acgagagttt
61 gtaacacccg aagtcggtgg ggtaaccctt acgggagcca gccgccgaag gtgggacaga
121 tgattggggt gaagtcgtaa caaggtagcc gtatcggaag gtgcggctgg atcacctcct
181 ttctaaggaa tcttgttggc cgcggtgcca acataaatag acgtatttgt ttcgttcagt
241 tttgagaggt cgaactctct taccatacac acaatgtggg cctgtagctc agctggttag
301 agcacacgcc tgataagcgt gaggtcggtg gttcgagtcc actcaggccc accatcccac
361 atttgtttct ttgaaatggg gaatttttaa tttaatgggg ccttagctca gctgggagag
421 cgcctgcctt gcacgcagga ggtcagcggt tcgatcccgc taggctccac caacagatat
481 tcgttctttg aaaaccagat aaaatgagaa gcaataaacc gagaaacatc accttatgga
541 ttttttccat aagtattgta tgaccttttt aaatgatcgg gaggataagc cgttagaagc
601 ttatcattga ccgaatgatt aagttagaaa gggcgcatgg tggatgcctt ggcactagga
661 gcctatgaa//

（五）凝结芽孢杆菌（*Bacillus coagulans* Hammer 1915）

见图6-29所示，凝结芽孢杆菌细胞形态呈现多样性。Smith等（1952）曾将凝结芽孢杆菌划分为两个类群，群1（芽孢椭圆或柱状，孢囊不明显膨大）和群2（芽孢椭圆，孢囊膨大）。葡萄糖发酵的主要产物是L（+）-乳酸以及少量的2,3-丁二醇、乙酰甲基甲醇、乙酸和乙醇。最终pH4.0～5.0，且随培养基、菌株和培养条件而不同。最低营养要求也变化很大，随菌株和培养温度而变化。生长初期最适pH接近6，有的菌株生长的最低pH为4.0～5.0。芽孢在土壤中相对稀少。营养体生长的选择条件是要有可发酵糖的存在，可在45～55℃进行好氧或厌氧培养。可在酸性食物，如番茄汁罐头和青贮饲料中繁殖。DNA的G+C含量为47～48mol%（熔解温度法）。应用：产糖苷水解酶抑制剂。

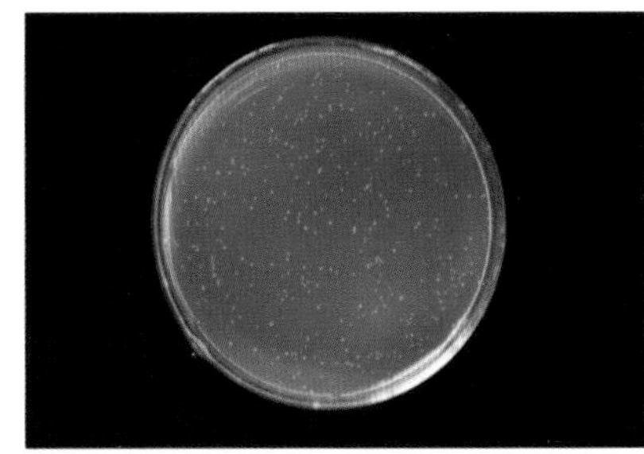
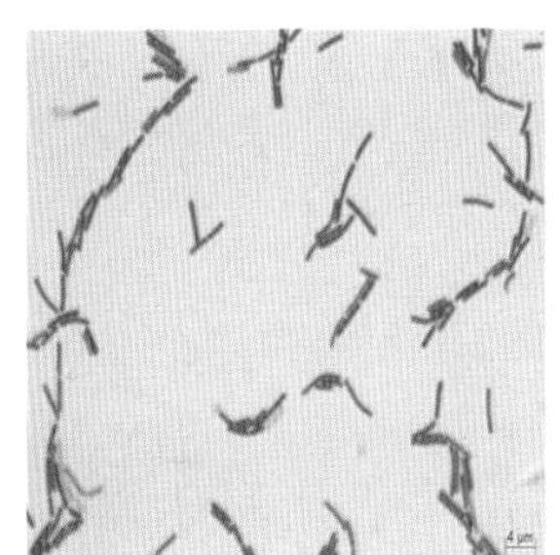
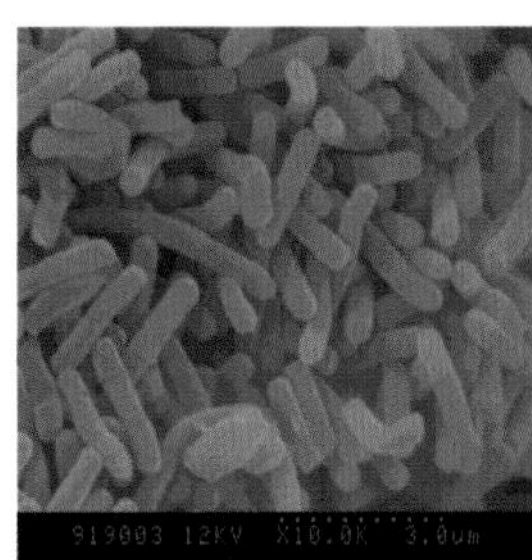

图6-29　凝结芽孢杆菌 *Bacillus coagulans* ATCC 7050

模式菌株：ATCC 7050=DSM 1

分离基物：炼乳

核糖体RNA基因序列信息：GenBank：DQ297928，*Bacillus coagulans* strain ATCC 7050 16S ribosomal RNA gene，partial sequence

序列长度：1 549bp

ORIGIN

1 tggagagttt gatcctggct caggacgaac gctggcggcg tgcctaatac atgcaagtcg
61 tgcggacctt ttaaaagctt gcttttaaaa ggttagcggc ggacgggtga gtaacacgtg

121 ggcaacctgc ctgtaagact gggataacgc cgggaaaccg gggctaatac crgatagttt
181 tttcctccgc atggaggaaa aaggaaaggc ggcttcggct gccacttaca gatgggcccg
241 cggcgcatta gctagttggc ggggtaacrg cccaccaagg caacgatgcg tagccgacct
301 gagagggtga tcggccacat tgggactgag acacggccca aactcctacg ggaggcagca
361 gtagggaatc ttccgcaatg gacgaaagtc tgacggagca acgccgcgtg agtgaagaag
421 gccttcgggt cgtaaaactc tgttgccggg gaagaacaag tgccgttcga acagggcggc
481 gccttgacgg tacccggcca gaaagccacg gctaactacg tgccagcagc cgcggtaata
541 cgtaggtggc aagcgttgtc cggaattatt gggcgtaaag cgcgcgcagg cggcttctta
601 agtctgatgt gaaatcttgc ggctcaaccg caagcggtca ttggaaactg ggaggcttga
661 gtgcagaaga ggagagtgga attccacgtg tagcggtgaa atgcgtagag atgtggagga
721 acaccagtgg cgaaggcggc tctctggtct gtaactgacg ctgaggcgcg aaagcgtggg
781 gagcaaacag gattagatac cctggtagtc cacgccgtaa acgatgagtg ctaagtgtta
841 gagggtttcc gccctttagt gctgcagcta acgcattaag cactccgcct ggggagtacg
901 gccgcaaggc tgaaactcaa aggaattgac gggggcccgc acaagcggtg gagcatgtgg
961 tttaattcga agcaacgcga agaaccttac caggtcttga catcctctga cctccctgga
1 021 gacagggcct tccccttcgg gggacagagt gacaggtggt gcatggttgt cgtcagctcg
1 081 tgtcgtgaga tgttgggtta agtcccgcaa cgagcgcaac ccttgacctt agttgccagc
1 141 attgagttgg gcactctaag gtgactgccg gtgacaaacc ggaggaaggt ggggatgacg
1 201 tcaaatcatc atgcccctta tgacctgggc tacacacgtg ctacaatgga tggtacaaag
1 261 ggctgcgaga ccgcgaggtt aagccaatcc cagaaaacca ttcccagttc ggattgcagg
1 321 ctgcaacccg cctgcatgaa gccggaatcg ctagtaatcg cggatcagca tgccgcggtg
1 381 aatacgttcc cgggccttgt acacaccgcc cgtcacacca cgagagtttg taacacccga
1 441 agtcggtgag gtaaccttta cggagccagc cgccgaaggt gggacagatg attggggtga
1 501 agtcgtaaca aggtagccgt atcggaaggt gcggytggat cacctcctt//

第九节　红假单胞菌属（*Rhodopseudomonas*）

一、一般属性

杆状、卵形状或球形的细菌，大小为（0.6～2.5）μm×（0.6～5.0）μm，以二分分裂或不对称分裂（芽生但不形成柄）形式繁殖。通过极生鞭毛的摆动进行运动或不运动。革兰氏阴性。含有叶绿素a、叶绿素b和类胡萝卜素。这两种色素位于囊管状（二分分裂的种）和片层状（芽殖的种）的内膜系统上。没有气泡。在厌氧条件下是光能自养菌，在黑暗中和微好氧或好氧的条件下能够进行氧化代谢。当有简单有机化合物时，能进行光合作用。这些有机物有两个功能：一是直接进行光同化作用，二是固定二氧化碳。可以分子氢作为电子供体，不能利用元素硫作为光合作用的电子供体。光合作用时，不释放氧。由于光合作用能产生色素，因此，细胞悬液有颜色，多呈黄绿色、棕色和红色等不同颜色。DNA的G+C含量为61.5～71.4mol%（浮力密度法）。模式种：沼泽红假单胞菌［*Rhodopseudomonas palustris*（Molisch 1907）van Niel 1944]。

二、主要用途

沼泽红假单胞菌

沼泽红假单胞菌是一种光合细菌，主要用于水产养殖，其功能主要体现在净化水体、改良水质、提高水产动物生长性能、提高成活率等方面。比如，在养殖对虾的水体中添加 1.25×10^{6}cfu/mL 的沼泽红假单胞菌，96h 后显著降低了水体中氨氮、硝酸盐和磷酸盐的含量；沼泽红假单胞菌对铜绿微囊藻分泌的微囊藻毒素具有降解作用，并且随时间延长其降解能力增强，比如在 6d 时，其对毒素的降解率为 36.5%，12d 时达到最高，降解率为 78.7%；将沼泽红假单胞菌和蒙脱石混合（产品中活菌含量为 4.6×10^{10}cfu/g）用于鲫的养殖，添加量为 0.01g/L，可显著降低养殖水体后期氨氮、亚硝酸盐氮、硝酸盐氮、化学需氧量和硫化物的含量，提高了鲫的日增长和相对增长率；将沼泽红假单胞菌用于罗非鱼的养殖，经过 2 周的养殖后，加入沼泽红假单胞菌组的成活率显著提高 20%，平均体长增长率提高了 4.27%，体重增长率提高了 29.55%。40d 内，平均日增重、生长速率和体重都显著提高，而且显著提高超氧化物歧化酶和过氧化氢酶的活性；沼泽红假单胞菌在暗纹东方鲀育苗中的应用效果也很明显，若按 50μg/L 的浓度向试验池中投放沼泽红假单胞菌（1.8×10^{9}cfu/mL），与对照池相比鱼苗育成率提高 50%，生长速度也明显快于对照池。沼泽红假单胞菌在水产养殖中的适宜添加量为 $1\times10^{5}\sim1\times10^{7}$cfu/mL。

三、可用菌种

沼泽红假单胞菌［*Rhodopseudomonas palustris*（Molisch 1907）van Niel 1944］

见图 6-30 所示，沼泽红假单胞菌单个细胞呈杆状或卵形，偶见弯曲，大小为（0.6～0.9）μm×（1.2～2.0）μm，以极生或亚极生鞭毛运动。芽生繁殖，母细胞产生一个细管，管长为原来细胞长度的 1.5～2.0 倍，并位于有鞭毛相反的一端。管的一端膨大（芽的形成），子细胞变成像原来细胞那么样大和不透明，从而产生了一个哑铃状的菌体。然后发生不对称的分裂，形成一个卵形子细胞和带有芽管的卵形母细胞。在老培养物上这种菌呈现出丛生或簇生，在丛和簇中的每个菌以鞭毛端互相连在一起。在某些复杂的有机培养基中，单个细胞可长达 10μm，形状不规则，也可形成分枝。在细胞质膜的下面，有光合膜系统，这一系统呈现平行的片层状，并相互连着，在管中没有片层结构。厌氧液体培养物最初呈淡红色，后来变成红色或褐红色，老培养物中呈暗棕红色，好氧培养物中呈无色或粉红色。

光能异养菌，兼性好氧，可以在光照下进行厌氧生活，或在黑暗下进行好氧生长。大多数菌株能在琼脂平板或斜面生长。能在含有简单有机底物、碳酸氢钠和对氨基苯甲酸盐的无机盐培养基上生长。有的菌株还需要加入生物素。酵母膏有显著刺激生长的作用。pH 范围为 5.5～8.5，在 pH7.0 以下时，脂肪酸会抑制其生长。最适的温度范围为 30～37℃。乙醇、脂肪酸、C4 二羧酸、氨基酸、苯甲酸盐、环己烷羧酸等都可作为碳源或光合作用的电子供体的底物。甲酸盐、分子氢和硫代硫酸盐只能在有少量酵母膏存在时才能被利用。不利用单糖类、糖醇类和硫化物。氮源主要是氨盐。能产生叶绿素 a 和类胡萝卜素。DNA 的

G+C 含量为 64.8～66.3mol%（浮力密度法）。生境：广泛分布在暴露于光下的泥和水中。应用：产神经氨酸酶。

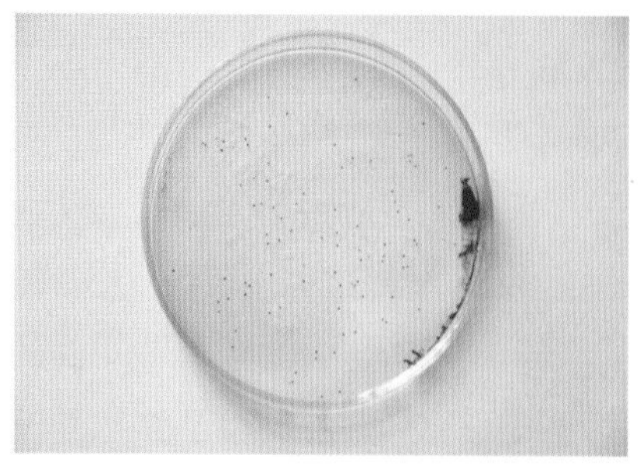
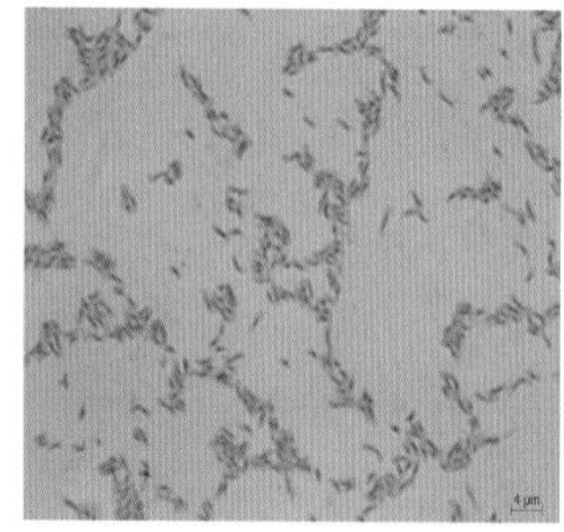
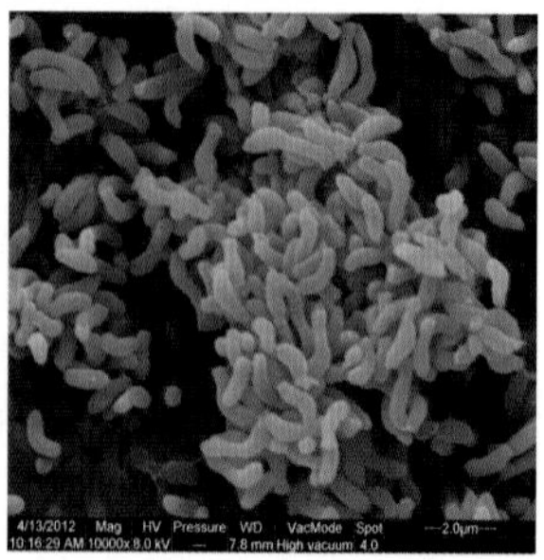

图 6-30　沼泽红假单胞菌 *Rhodopseudomonas palustris* ATCC 17001

模式菌株：ATCC 17001＝DSM 123

核糖体 RNA 基因序列信息：GenBank：AB175650，*Rhodopseudomonas palustris* gene for 16S ribosomal RNA，partial sequence，strain：DSM 123

序列长度：1 439bp

ORIGIN

1 cgaacgctgg cggcaggctt aacacatgca agtcgaacgg gcatagcaat atgtcagtgg
61 cagacgggtg agtaacgcgt gggaacgtac cttttggttc ggaacaactg agggaaactt
121 cagctaatac cggataagcc cttacgggga aagatttatc gccgaaagat cggcccgcgt
181 ctgattagct agttggtgtg gtaaaggcgc accaaggcga cgatcagtag ctggtctgag
241 aggatgatca gccacattgg gactgagaca cggcccaaac tcctacggga ggcagcagtg
301 gggaatattg gacaatgggc gaaagcctga tccagccatg ccgcgtgagt gatgaaggcc
361 ctagggttgt aaagctcttt tgtgcgggaa gataatgacg gtaccgcaag aataagcccc
421 ggctaacttc gtgccagcag ccgcggtaat acgaaggggg ctagcgttgc tcggaatcac
481 tgggcgtaaa gggtgcgtag gcgggtcttt aagtcagagg tgaaagcctg gagctcaact
541 ccagaactgc ctttgatact gaggatcttg agtatgggag aggtgagtgg aactgcgagt
601 gtagaggtga aattcgtaga tattcgcaag aacaccagtg gcgaaggcgg ctcactggcc
661 cataactgac gctgaggcac gaaagcgtgg ggagcaaaca ggattagata ccctggtagt
721 ccacgccgta aacgatgaat gccagccgtt agtgggttta ctcactagtg gcgcagctaa
781 cgctttaagc attccgcctg gggagtacgg tcgcaagatt aaaactcaaa ggaattgacg
841 ggggcccgca caagcggtgg agcatgtggt ttaattcgac gcaacgcgca gaaccttacc
901 agcccttgac atgtccagga ccggtcgcag agatgtgacc ttctcttcgg agcctggagc
961 acaggtgctg catggctgtc gtcagctcgt gtcgtgagat gttgggttaa gtcccgcaac
1 021 gagcgcaacc ccngtcctta gttgctacca tttagttgag cactctaagg agactgccgg
1 081 tgataagccg cgaggaaggt ggggatgacg tcaagtcctc atggccctta cgggctgggc
1 141 tacacacgtg ctacaatggc ggtgacaatg ggangctaag gggcnaccct tcgcaaatct
1 201 caaaaaaccg tctcagttcg gattggagtc tgcaactcga ctccatgaag ttggaatcgc
1 261 tagtaatcgt ggatcagcat gccacggtga atacgttccc gggccttgta cacaccgccc
1 321 gtcacaccat gggagttggt tctacctgaa ggcagtgcgc taacccgcaa gggaggcagc

1 381 tgaccacggt agggtcagcg actggggtga agtcgtaaca aggtagccgt aggggaacc//

第十节 假丝酵母属（*Candida*）

一、一般属性

旧称念珠菌属或丛梗孢属（*Monilia*）。在不同生长条件下菌体形态各不相同，有的可以长成酵母形式，有的则成为比较短的菌丝状。细胞圆形、卵形或柱形，直径 3～8μm，以多边芽殖方式进行无性繁殖，形成假菌丝，有时有真菌丝，可形成厚垣孢子、子囊孢子、冬孢子或掷孢子，无节孢子。富含水解酶，能分解淀粉和其他多糖生成双糖和单糖，很多菌种有酒精发酵能力，也能以醋酸作为碳源而进行蛋白质分解，不产色素。

本属有的苗种可用于生产酵母蛋白，供食用或饲料用，如产朊假丝酵母（*C. utilis*），其蛋白质及 B 族维生素的含量均高于啤酒酵母；热带假丝酵母（*C. tropicalis*）是脱蜡与生产菌体蛋白的优良菌种，可氧化烃类。能以石油为原料生产酵母蛋白，也可利用工业废料生产酵母蛋白。只有白假丝酵母（*C. albicans*），医学上称白色念珠菌，是人体条件致病菌，常见于健康人的口腔及肠道中，会引起人和动物的假丝酵母病（即白色念珠菌病），导致脑膜炎、肺炎、肠炎、口角炎和阴道炎等。

二、主要用途

关于产朊假丝酵母在饲料中的研究报道比较少，相关研究主要集中在对奶牛瘤胃的影响、发酵改善饼粕类饲料原料的营养价值和发酵生产单细胞蛋白。产朊假丝酵母对瘤胃发酵特性和纤维降解可能产生影响。比如在全混合日粮中添加 2.67×10^6 cfu/mL 的产朊假丝酵母，通过体外 72h 的试验，结果底物的营养物质（干物质、中性洗涤纤维、酸性洗涤纤维）的消失率、产气量、累积产气量、产气动力学参数、微生物蛋白质与总挥发性脂肪酸浓度以及丙酸、戊酸与支链脂肪酸含量均显著或极显著升高，而乙酸、丁酸含量以及甲烷生成量则极显著降低。产阮假丝酵母对棉粕中的棉酚具有显著的降解作用，将其接种到棉粕中进行固体发酵，接种量为 5%，发酵底物含水量为 37%，发酵时间 48h，发酵温度 30℃，对发酵前和发酵后的样品中棉酚的含量进行检测，结果显示棉酚的降解率在 85.7%左右。利用产朊假丝酵母还可以改善麻疯树饼粕的蛋白质含量，采用固体发酵，麻疯树饼粕培养基的湿度为 75%，发酵 3d，发酵后培养基中的粗蛋白含量从 35.26%提高到 48.65%，总氨基酸和必需氨基酸分别提高了 17.60%和 18.73%，特别是缬氨酸和赖氨酸得到显著提高。粗蛋白体外消化率由 30.8%增加到 38.9%。

三、可用菌种

产朊假丝酵母［*Candida utilis*（Henneberg）Lodder et Kreger-van Rij］

见图 6-31 所示，产朊假丝酵母细胞圆形、椭圆形或香肠形，大小为（3.5～4.5）μm×

(7～13) μm。液体培养时无醭（液体表面的一种白膜），会沉入底部。有不发达的假菌丝，无真菌丝。菌落乳白色、平滑、边缘整齐或菌丝状。能发酵和同化葡萄糖、蔗糖、棉籽糖和木糖。可利用造纸厂亚硫酸废液、糖蜜、淀粉厂废液和木材水解液作碳源，以尿素或硝酸盐作氮源生长。其蛋白质和B族维生素含量均超过酿酒酵母（*Saccharomyces cerevisiae*），是生产食用、药用或饲料用单细胞蛋白的优良菌种。

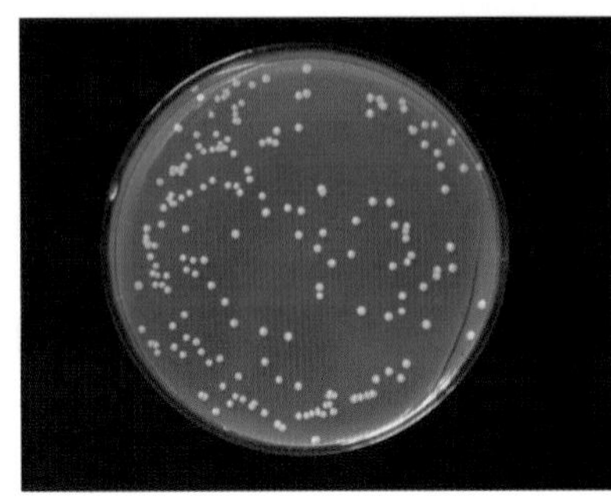
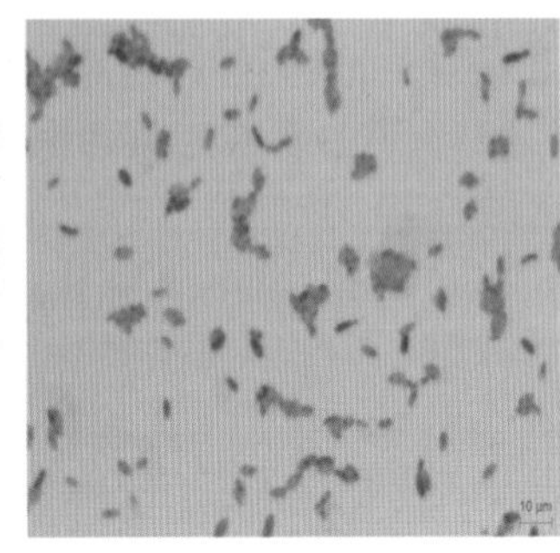

图 6-31　产朊假丝酵母 *Candida utilis* ATCC 22023

模式菌株：ATCC 22023＝CBS 621＝JCM 9624

核糖体 RNA 基因序列信息：GenBank：AB054569，*Pichia jadinii* strain JCM 9624 gene for 18S rRNA，partial sequence

序列长度：1 757bp

ORIGIN

1 agtcatatgc ttgtctcaaa gattaagcca tgcatgtcta agtataagca atttatacag
61 tgaaactgcg aatggctcat taaatcagtt atagtttatt tgatagtacc ttactacttg
121 gataaccgtg gtaattctag agctaataca tgctaaaaac cccgactgct tgggaggggt
181 gtatttatta gataaaaaat caatgccctc gggctctttg atgattcata ataacttgtc
241 gaatcgcatg gctttacgcc ggcgatggtt cattcaaatt tctgccctat caactgtcga
301 tggtaggata gtggcctacc atggtggcaa cgggtaacgg ggaataaggg ttcgattccg
361 gagagggagc ctgagaaacg gctaccacat ccaaggaagg cagcaggcgc gcaaattacc
421 caatcctaat tcagggaggt agtgacaata aataacgata cagggccctt ctgggtcttg
481 taattggaat gagtacaatg taaataccttt aacgaggaac aattggaggg caagtctggt
541 gccagcagcc gcggtaattc cagctccaat agcgtatatt aaagttgttg cagttaaaaa
601 gctcgtagtt gaactttggg cctggcaggc cggtccgctt tttggcgagt actgaccctg
661 ccgggccttt ccttctggct accctcccct ctggagaggc gaaccaggac ttttactttg
721 aaaaaattag agtgttcaaa gcaggccttt gctcgaatat attagcatgg aataatagaa
781 taggacgttt ggttctattt tgttggtttc taggaccatc gtaatgatta atagggacgg
841 tcgggggcat cagtattcag ttgtcagagg tgaaattctt ggatttactg aagactaact
901 actgcgaaag catttgccaa ggacgttttc attaatcaag aacgaaagtt aggggatcga
961 agatgatcag ataccgtcgt agtcttaacc ataaactatg ccgactaggg atcgggtgtt
1 021 gtttttataa tgactcactc ggcaccttac gagaaatcaa agtctttggg ttctgggggg
1 081 agtatggtcg caaggctgaa acttaaagga attgacggaa gggcaccacc aggagtggga

1 141 ctgcggctta atttgactca acacggggaa actcaccagg tccagacaca ataaggattg
1 201 acagattgag agctctttct tgattttgtg ggtggtggtg catggccgtc cttagttggt
1 261 ggagtgattt gtctgcttaa ttgcnntaac gaacgagacc ttaacctact aaatagcgcg
1 321 actagctttt gctggtbtga cgcttcttag agggactatc gatttcaagt cgatggaagt
1 381 ttgaggcaat aacaggtctg tgatgccctt agacgttctg ggccgcacgc gcgctacact
1 441 gacggagcca gcgagtctag ccttggccga gaggtcatgg gtaatcttgt gaaactccgt
1 501 cgtgctgggg atagagcatt gcaattattg ctcttcaacg aggaattcct agtaagcgca
1 561 agtcatcagc ttgcgttgat tacgtccctg ccctttgtac acaccgcccg tcgctactac
1 621 cgattgaatg gcttagtgag gcttcaggat tggcttatgg cgggaggcga ctcctgcctg
1 681 gagccgagaa tctagtcaaa cttggtcatt tagaggaagt aaaagtcgta acaaggtttc
1 741 cgtaggtgaa cctgcgg//

第十一节　酵母属（*Saccharomyces*）

一、一般属性

分布很广，特别是在含糖基质上，如花蜜及果实的表面。此外，在土壤、动物排泄物、植物营养体及牛奶等都有分布。营养体为单细胞，细胞圆形、椭圆形或腊肠形。繁殖方式有 3 种：①出芽繁殖。出芽时，由母细胞生出小突起，为芽体（芽孢子），经核分裂后，一个子核移入芽体中，芽体长大后与母细胞分离，单独成为新个体。繁殖旺盛时，芽体未离开母体又生新芽，常有许多芽细胞连成一串，称为假菌丝。②孢子繁殖。在不利的环境下，细胞变成子囊，内生 4 个孢子，子囊破裂后，散出孢子。③接合繁殖。有时每两个子囊孢子或由它产生的两个芽体，双双结合成合子，合子不立即形成子囊，而产生若干代二倍体的细胞，然后在适宜的环境下进行减数分裂，形成子囊，子囊成熟时破裂，子囊孢子 1～4 个。发酵糖，产物主要为乙醇和二氧化碳，不同化乳糖和硝酸盐。能发酵产生 B 族维生素。

酵母菌形态虽然简单，但生理却比较复杂，种类也比较多，应用也是多方面的。在工业上用于酿酒，酵母菌将葡萄糖、果糖、甘露糖等单糖吸入细胞内，在无氧的条件下，经过内酶的作用，把单糖分解为二氧化碳和酒精，此作用即为发酵。在医药方面，因酵母菌富含 B 族维生素、蛋白质和多种酶，菌体可制成酵母片，治疗消化不良。也可从酵母菌中提取生产核酸类衍生物、辅酶 A、细胞色素 C、谷胱甘肽和多种氨基酸的原料。模式种：酿酒酵母，又名啤酒酵母。

二、主要用途

酿酒酵母

1. 在家禽生产中的应用　酿酒酵母菌在禽类养殖中的应用效果主要体现在提高采食量和日增重、提高消化率、降低料肉比、改善风味等方面。在肉鸡日粮中添加酿酒酵母 1×

10^7 cfu/g 或 2×10^7 cfu/g 可显著提高肉鸡肠道淀粉酶、脂肪酶和胃蛋白酶的活性，对平均日增重和饲料报酬也有一定的改善作用；在高纤维日粮中添加啤酒酵母可改善肉鸡对日粮的表观消化率，并促进其生长。用酵母发酵液饲喂肉鸡，每天每只鸡通过饮水饲喂 0.5mL 酵母发酵液，在 42d 内，每只肉鸡的平均重量高于对照组 193g（增重率为 7.7%），料肉比从 1.685 降低到 1.567（降低率为 7.0%）。饲喂酵母菌的鸡肉品质有明显改善，其中粗蛋白含量、总游离氨基酸含量、必需氨基酸含量和风味氨基酸含量分别比对照组提高了 4.0%、23.6%、4.2%和 32.0%，磷的利用率显著提高了 22.11%。酿酒酵母菌在肉鸡饲料中的适宜添加量为 1×10^7 cfu/g。

2. 在养猪生产中的应用 酿酒酵母菌在养猪中的应用研究主要集中在断奶仔猪阶段，饲料中添加酿酒酵母菌可以提高断奶仔猪的采食量，提高日增重，提高免疫力，降低仔猪腹泻等。在断奶仔猪饲料中添加活性干酵母，添加量为 0.1%（产品中活菌含量为 1×10^9 cfu/g），对平均日增重有一定的改善作用，能显著降低仔猪的腹泻率，血清中 IL-2、IL-4、IL-10、INF-γ 和 IgG 的水平有所升高；在母猪怀孕阶段和哺乳阶段在饲料中添加活性干酵母（1.5×10^{10} cfu/g）0.125%～0.3%，在教槽料中添加同一产品 0.2%～0.4%。结果对母猪怀孕阶段、分娩阶段和哺乳阶段的体重影响不大，但哺乳阶段母猪总产奶量显著提高，奶中粗蛋白含量提高，球蛋白含量提高。仔猪平均日增重显著提高，料肉比显著降低，采食量没有明显差异。酿酒酵母菌在猪饲料的适宜添加量为 1×10^7 cfu/g。

3. 在反刍动物生产中的应用 酿酒酵母菌在反刍动物饲料中应用非常广泛，主要表现在促进饲料的消化，提高产奶量，改善奶品质，调节瘤胃 pH，改善奶牛的健康水平。每天每头饲喂活酵母 0.5g（产品中活菌含量 2×10^{10} cfu/g），60d 后，平均采食量每头提高 2.08kg；每天给奶牛饲喂活性干酵母每头 10g，可以明显增加奶牛的采食量，增加产奶量每头 2.25kg，乳脂率提高 9.62%，牛乳体细胞数极显著下降；在泌乳早期奶牛日粮中添加酿酒酵母菌（活菌含量5×10^9 cfu/g）每头10～20g/d，可以显著提高奶牛采食量；每头奶牛饲喂 8×10^{10} cfu/d，在饲草/精料达到 49∶51 时，可以防止瘤胃 pH 过低导致的瘤胃酸中毒，另外，奶牛采食量提高 1.7kg/d，奶产量提高 3.1kg/d。酿酒酵母菌在每头牛饲料中的适宜添加量为 1×10^{10} cfu/d。

三、可用菌种

酿酒酵母（*Saccharomyces cerevisiae* Meyen ex E C Hansen）

酿酒酵母是与人类关系最广泛的一种酵母。传统上它用于制作食品及酿酒，在现代分子和细胞生物学中用作真核模式生物，其作用相当于原核模式生物大肠杆菌。酿酒酵母（图 6-32）的细胞为球形或者卵形，直径 5～10μm。其繁殖的方法为出芽生殖。分布在各种水果的表皮、发酵的果汁、土壤和酒曲中。菌体内维生素、蛋白质含量高，可食用、药用和做饲料酵母。也可用于提取核酸、麦角醇、谷胱甘肽、细胞色素 C、凝血质、辅酶 A、腺苷三磷酸等。在维生素的微生物测定中，常用酿酒酵母测定生物素、泛酸、硫胺素、吡哆醇、肌醇等。酿酒酵母也是制作培养基常用成分酵母提取物的主要原料。

模式菌株：ATCC 18824＝CBS 1171＝DSM 70449

分离基物：表层的发酵的啤酒酵母

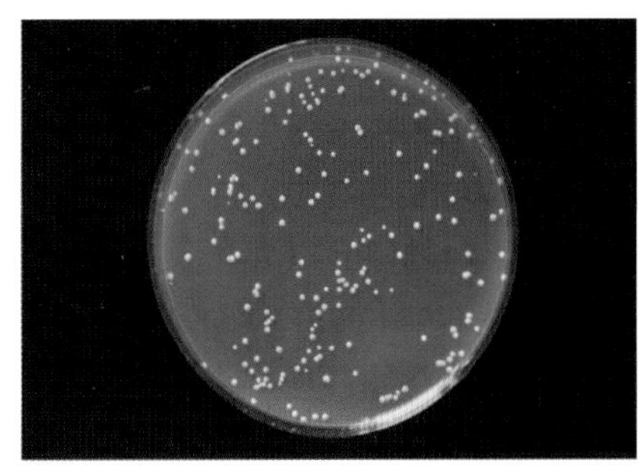
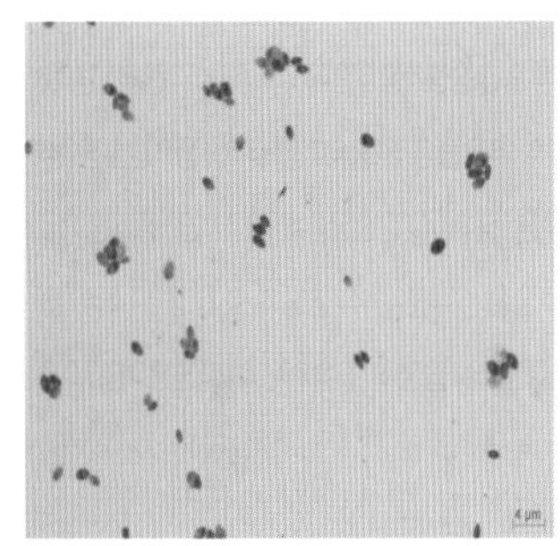
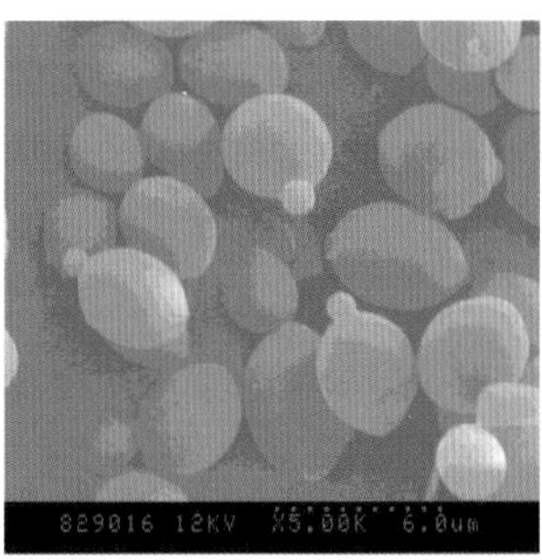

图 6-32　酿酒酵母 *Saccharomyces cerevisiae* ATCC 18824

核糖体 RNA 基因序列信息：GenBank：AY497740，*Saccharomyces cerevisiae* strain CBS 1171 18S ribosomal RNA gene，partial sequence

序列长度：1 089bp

ORIGIN

```
    1 ataactgtgg taattctaga gctaatacat gcttaaaatc tcgacccttt ggaagagatg
   61 tatttattag ataaaaaatc aatgtcttcg gactctttga tgattcataa taacttttcg
  121 aatcgcatgg ccttgtgctg gcgatggttc attcaaattt ctgccctatc aactttcgat
  181 ggtaggatag tggcctacca tggtttcaac gggtaacggg gaataagggt tcgattccgg
  241 agagggagcc tgagaaacgg ctaccacatc caaggaaggc agcaggcgcg caaattaccc
  301 aatcctaatt cagggaggta gtgacaataa ataacgatac agggcccatt cgggtcttgt
  361 aattggaatg agtacaatgt aaataccta acgaggaaca attggagggc aagtctggtg
  421 ccagcagccg cggtaattcc agctccaata gcgtatatta aagttgttgc agttaaaaag
  481 ctcgtagttg aactttgggc ccggttggcc ggtccgattt tttcgtgtac tggatttcca
  541 acagggcctt tccttctggc taaccttgag tccttgtggc tcttggcgaa ccaggacttt
  601 tactttgaaa aaattagagt gttcaaagca ggcgtattgc tcgaatatat tagcatggaa
  661 taatagaata ggacgtttgg ttctattttg ttggtttcta ggaccatcgt aatgattaat
  721 agggacggtc gggggcatca gtattcaatt gtcagaggtg aaattcttgg atttattgaa
  781 gactaactac tgcgaaagca tttgccaagg acgttttcat taatcaagaa cgaaagttag
  841 gggatcgaag atgatcagat accgtcgtag tcttaaccat aaactatgcc gactagggat
  901 cgggtggtgt ttttttaatg acccactcgg caccttacga gaaatcaaag tctttgggtt
  961 ctggggggag tatggtcgca aggctgaaac ttaaaggaat tgacggaagg gcaccaccag
1 021 gagtggagcc tgcggcttaa tttgactcaa cacggggaaa ctcaccaggt ccagaccaat
1 081 aaggattga//
```

第十二节　曲霉属（*Aspergillus*）

一、一般属性

曲霉（*Aspergillus*）是自然界分布最普遍的腐生菌类之一，几乎到处存在，广泛分布在谷物、空气、土壤和各种有机物上。许多种具有重要的经济意义，已被利用的近 60 种。现代工业利用曲霉生产各种酶制剂（淀粉酶、蛋白酶、果胶酶等）、有机酸（柠檬酸、葡萄糖酸、五倍子酸等），农业上用作糖化饲料菌种。例如，黑曲霉、米曲霉等。由于曲霉产生大量的孢子和具有多种多样的生化活性，有的菌种能耐受高温或高渗透压，使它们能在不同的环境和基物上生长。曲霉是土壤和大气微生物区系的正常组成部分，并参与自然界物质分解过程。生长在花生和大米上的曲霉，有的能产生对人体有害的真菌毒素，如黄曲霉毒素 B_1 能导致癌症，有的则引起水果、蔬菜、粮食发霉腐烂。

在平板培养时，菌落能很快蔓延而扩及培养基的全部表面，菌落边缘有时整齐，也有时不规则缺裂，菌落厚密或稀薄而透明。基部菌丝体薄或厚，柔软或坚韧，平坦、褶皱或具沟纹。分生孢子梗（conidiophore）有两种类型，一种是由埋生的菌丝体或紧贴于培养基表面的基部菌丝中生出，呈现丝绒状，称丝绒（velvety）质地；另一种类型是从培养基表面以上的气生菌丝（aerial hyphae）生出，这些结构均匀分布，呈疏松的棉絮状，称絮状（floccose）质地。菌丝有隔膜，为多细胞霉菌。在幼小而活力旺盛时，菌丝体产生大量的分生孢子梗。分生孢子梗顶端膨大成为顶囊，一般呈球形。顶囊表面长满一层或两层辐射状小梗（初生小梗与次生小梗）。最上层小梗瓶状，顶端密布成串的球形分生孢子。分生孢子梗、顶囊、初生小梗、次生小梗和分生孢子等几部分结构合称为孢子穗。分生孢子梗生于足细胞上，并通过足细胞与营养菌丝相连。曲霉孢子穗的形态，包括分生孢子梗的长度、顶囊的形状、小梗分布状态是单轮还是双轮，以及分生孢子的形状、大小、表面结构和颜色等，都是菌种鉴定的依据。曲霉属中的大多数仅发现了无性阶段，极少数可形成子囊孢子，故在真菌学中仍归于半知菌类。产生多种有机酸、酶、抗生素、脂肪；部分菌种产生真菌毒素并引起中毒症。生长温度为 24～26℃。

二、主要用途

（一）黑曲霉

黑曲霉作为益生菌极少直接添加到饲料中使用，而是作为产酶菌种用于发酵一些饲料原料，降解动物难以利用或有害的物质，从而改善饲料的营养品质和价值，提高动物对饲料原料的可利用性。黑曲霉能够大幅度降解玉米秸秆中的纤维素，对提高反刍动物对玉米的消化有作用；黑曲霉对黄曲霉毒素 B_1 具有一定的降解作用，也有研究认为其对黄曲霉毒素 B_1 的降解率可达 90%以上。用黑曲霉经过固态发酵处理棉粕后，棉粕中游离棉酚显著降低；黑曲霉对糟渣中的粗纤维成分具有降解作用，比如在酱油糟中接种黑曲霉 30d 后，其中粗纤维的降解率达到了 84%，对纤维素和木质素的降解率分别为 23.86%和 9.43%。

（二）米曲霉

米曲霉主要用于对饲料原料的发酵和在反刍动物饲料中直接添加应用，很少直接用于单胃动物的饲料中。在肉牛粗饲料中添加米曲霉培养物，可显著增加其干物质采食量（DMI）和平均日增重（ADG），但当 DMI 受限制时米曲霉培养物对肉牛生产性能没有影响；在奶牛饲料中添加米曲霉，可显著提高日粮干物质、粗蛋白、酸性洗涤纤维和中性洗涤纤维的瘤胃降解率，改善日粮粗蛋白和中性洗涤纤维的表观消化率；米曲霉培养物对瘤胃发酵状况具有显著影响，比如，增加24h的产气量、微生物蛋白浓度、总挥发性脂肪酸、乙酸和丙酸的含量。由此说明，添加米曲霉培养物可提高瘤胃微生物酶活性，促进瘤胃发酵；米曲霉的代谢物对绵羊瘤胃体外发酵具有促进作用，能够保持瘤胃pH稳定在一个适宜的范围，增加挥发性脂肪含量，可能具有调节瘤胃生理功能的作用。

三、可用菌种

（一）黑曲霉（*Aspergillus niger* van Tieghem 1867）

见图6-33所示，黑曲霉菌落在查氏琼脂上生长迅速，少数菌株生长较局限；平坦或中心稍凸起，有规则或不规则的辐射状沟纹；质地丝绒状或稍呈絮状；有大量分生孢子结构，表面呈暗褐黑色至炭黑色；渗出液有或无，无色；具或不具霉味；菌落反面无色或呈不同程度的黄色、黄褐色或带微黄绿色。分生孢子头初为球形至辐射形，直径150～500μm，老后分裂成几个圆柱状结构，可达800μm。菌落在麦芽汁琼脂上生长更快。37℃大多生长良好，少数生长较差。本种是分布于世界各地的广布种，新模式分离自美国。本种具有重要的经济意义，主要是生产柠檬酸和其他有机酸用于食品工业，还有许多酶活性可以利用。应用：降解纸浆和造纸厂废水，发酵单宁酸和正镓酸，转化乙酰苯胺至苯胺，转化倍半萜内酯和木香烯内酯，产苯胺，产葡糖酸，产葡萄糖氧化酶，产葡萄糖苷酶，产犬尿氨酸酶类，产培高利特砜。

模式菌株：ATCC 16888

核糖体RNA基因序列信息：GenBank：AY373852，*Aspergillus niger* strain ATCC 16888 18S ribosomal RNA gene，partial sequence；internal transcribed spacer 1，5.8S ribosomal RNA gene，and internal transcribed spacer 2，complete sequence；and 28S

图6-33　黑曲霉 *Aspergillus niger* 菌落、分生孢子及分生孢子梗形态 ATCC 52172

ribosomal RNA gene，partial sequence

序列长度：623bp

ORIGIN

```
  1 tccgtaggtg aacctgcgga aggatcatta ccgagtgcgg gtcctttggg cccaacctcc
 61 catccgtgtc tattgtaccc tgttgcttcg gcgggcccgc cgcttgtcgg ccgccggggg
121 ggcgcctctg ccccccgggc ccgtgcccgc cggagacccc aacacgaaca ctgtctgaaa
181 gcgtgcagtc tgagttgatt gaatgcaatc agttaaaact ttcaacaatg gatctcttgg
241 ttccggcatc gatgaagaac gcagcgaaat gcgataacta atgtgaattg cagaattcag
301 tgaatcatcg agtctttgaa cgcacattgc gccccctggt attccggggg gcatgcctgt
361 ccgagcgtca ttgctgccct caagcccggc ttgtgtgttg ggtcgccgtc cccctctccg
421 gggggacggg cccgaaaggc agcggcggca ccgcgtccga tcctcgagcg tatggggctt
481 tgtcacatgc tctgtaggat tggccggcgc ctgccgacgt tttccaacca ttctttccag
541 gttgacctcg gatcaggtag ggatacccgc tgaacttaag catatcaata agcggaggaa
601 aagaaaccaa ccgggattgc ctc//
```

（二）米曲霉［*Aspergillus oryzae*（Ahlburg）Cohn 1884］

见图 6-34 所示，米曲霉菌落在查氏琼脂上 25℃培养 7d 直径 45～55mm；质地丝绒状，中央出现絮状或全部呈絮状，薄或厚；分生孢子结构多或少，颜色初为浅黄绿色至黄绿色，近于橄榄浅黄色、橄榄黄色或黄橘青色，后呈淡茶褐色，近于淡褐橄榄色或古铜色至浅黄橄榄色；渗出液无或有，呈稀疏小滴，无色；菌落反面无色或呈淡粉红色至淡褐色。分生孢子头呈球形，后呈辐射形，散乱，直径 80～250μm，也有少数呈短柱形的。菌落在麦芽汁琼脂上 25℃培养 7d 直径 60～65mm，10～12d 扩及全皿。37℃生长良好。本种主要来自东方的酿造制品中，最初分离自日本制造清酒用的酒曲，被命名为 *Eurotium oryzae*，由于不产生有性型，因此被转移到曲霉属。长期以来被用于酿酒、制酱和酱油，主要是利用它的糖化酶和蛋白酶。应用：产淀粉酶。

模式菌株：ATCC 1011＝IFO 5375

分离基物：日本酒曲

核糖体 RNA 基因序列信息：GenBank：AB000533，*Aspergillus oryzae* genes for 18S rRNA，ITS1，5. 8S rRNA，ITS2，28S rRNA，strain：IFO 5375

序列长度：555bp

ORIGIN

```
  1 aaggatcatt accgagtgta gggttcctag cgagcccaac ctcccacccg tgtttactgt
 61 accttagttg cttcggcggg cccgccattc atggccgccg ggggctctca gccccgggcc
121 cgcgcccgcc ggagacacca cgaactctgt ctgatctagt gaagtctgag ttgattgtat
181 cgcaatcagt taaaactttc aacaatggat ctcttggttc cggcatcgat gaagaacgca
241 gcgaaatgcg ataactagtg tgaattgcag aattccgtga atcatcgagt ctttgaacgc
301 acattgcgcc ccctggtatt ccggggggca tgcctgtccg agcgtcattg ctgcccatca
361 agcacggctt gtgtgttggg tcgtcgtccc ctctccgggg gggacgggcc ccaaaggcag
421 cggcggcacc gcgtccgatc ctcgagcgta tggggctttg tcacccgctc tgtaggcccg
```

481 gccggcgctt gccgaacgca aatcaatctt ttccaggttg acctcggatc aggtagggat

541 acccgctgaa cttaa//

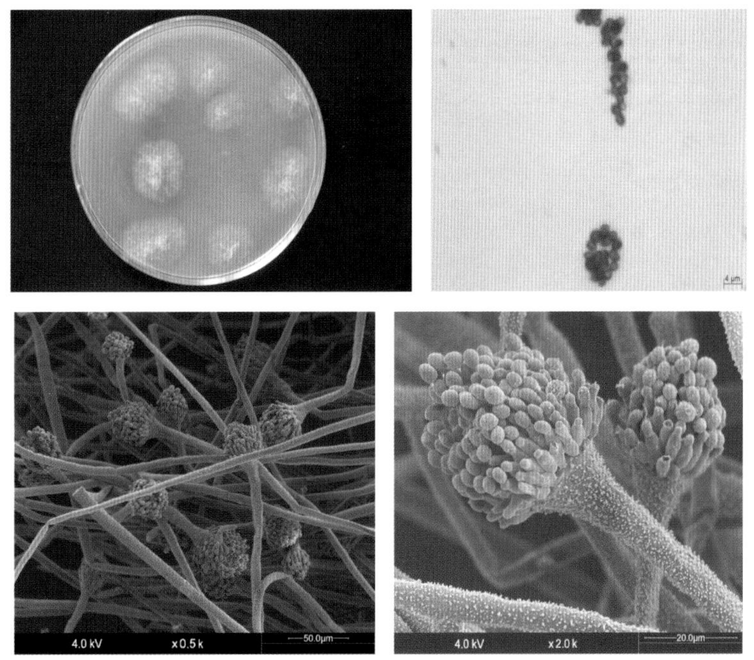

图 6-34 米曲霉 *Aspergillus oryzae* 菌落形态、分生孢子梗及分生孢子形态 ACCC 30155

参考文献

鲍延娥，汪攀，董晓芳，等，2013. 约氏乳杆菌对产蛋鸡生产性能、蛋品质和免疫机能的影响［J］. 动物营养学报，25（3）：595-602.

蔡艳，胡善辉，付金衡，等，2013. 多形拟杆菌对仔猪肠道菌群的影响［J］. 江西畜牧兽医杂志（2）：31-33.

曹煌成，李卓佳，杨莺莺，等，2010. 地衣芽孢杆菌 De 株对黄鳍鲷生长及其养殖池塘主要环境因子的影响［J］. 南方水产，6（3）：1-6.

曹希亮，2007. 枯草芽孢杆菌和约氏乳杆菌对仔猪 T 细胞免疫与肠道黏膜免疫的影响［D］. 雅安：四川农业大学.

曾红根，付金衡，邓红，等，2011. 拟杆菌微生态制剂对仔猪免疫能力的影响［J］. 中国微生态学杂志，23（11）：989-990.

陈生龙，林东文，李宋钰，2009. 酵母添加水平对断奶仔猪生产性能和免疫功能的影响［J］. 畜牧与兽医，41（6）：47-49.

程福亮，梁瑾，范群平，等，2012. 产朊假丝酵母菌发酵降解棉酚的效果［J］. 饲料广角（14）：22-23.

仇明，王爱民，封功，等，2010. 枯草芽孢杆菌对斑点叉尾鮰生长性能及肌肉营养成分影响［J］. 粮食与饲料工业（7）：46-49.

慈丽宁，刘波，谢骏，等，2011. 乳酸芽孢杆菌对团头鲂生长、免疫及抗病力的影响［J］. 安徽农业科学，39（35）：21818-21821.

邓文，董晓芳，佟建明，2011. 日粮添加地衣芽孢杆菌对热应激蛋鸡产蛋率和血清激素水平的影响［J］. 中国家禽，33（13）：23-29.

丁洪涛，刘星，夏冬华，等，2012. 产朊假丝酵母对奶牛体外瘤胃发酵参数及日粮营养物质消化率的影响［J］. 中国畜牧杂志，48（9）：56-59.

丁洪涛，杨新艳，夏冬华，2013. 米曲霉对奶牛体外瘤胃发酵的影响［J］. 中国畜牧杂志，49（16）：42-46.

付果花，2010. 发酵乳杆菌 *Lactobacillus Fermentum* F-6 对肉鸡生长性能及消化功能的影响［D］. 呼和浩特：内蒙古农业大学.

付天玺，许国焕，吴月嫦，等，2008. 凝结芽孢杆菌对奥尼罗非鱼消化酶活性、消化率及生长性能的影响［J］. 淡水渔业，38（4）：30-35.

龚郁，2013. 德氏乳杆菌对哺乳仔猪肠道树突状细胞及相关细胞因子影响研究［D］. 长沙：湖南农业大学.

郭东清，王雪飞，孙晓磊，等，2014. 苦豆籽粕-两岐双歧杆菌-唾液乳杆菌合生元对早期断奶仔猪血清生化指标及免疫球蛋白含量的影响［J］. 动物医学进展，35（10）：38-42.

郭彤，许梓荣，2004. 两歧双歧杆菌体外抑制断奶仔猪肠道病原菌的研究及其机理探讨［J］. 畜牧兽医学报，35（6）：664-669.

郭元晟，闫素梅，张和平，2011. *L. fermentum* F-6 对肉鸡屠宰性能及肌肉品质的影响［J］. 饲料工业，32（5）：19-22.

郭照辉，2014. 日粮补给罗伊乳酸杆菌和枯草芽孢杆菌对断奶仔猪消化道主要微生物的影响［J］. 农业现代化研究，35（1）：123-127.

郝生宏，董晓芳，佟建明，等，2010. 耐制粒枯草芽孢杆菌对肉仔鸡生产性能、血清生化指标及粪便大肠杆菌的影响［J］. 中国畜牧杂志，46（19）：54-56.

郝生宏，佟建明，杨荣芳，2008. 地衣芽孢杆菌对 0～3 周龄肉仔鸡的影响［J］. 西北农林科技大学学报：自然科学版，36（8）：20-24.

何志刚，袁海，杨斌，等，2013. 植物乳杆菌在南美白对虾饲料中的应用试验［J］. 科学养鱼（6）：72-73.

洪艺珊，许丽，王浩，等，2013. 聚丙烯戊糖片球菌对肉仔鸡生长性能、屠体指标及肉品质的影响［J］. 中国饲料，3：18-21.

候成立，2012. 猪源益生乳杆菌的分离、筛选及应用研究［D］. 呼和浩特：内蒙古农业大学.

胡诸华，马忠范，李巳林，等，2003. 饲喂牛得喜活性酵母对奶牛生产性能的影响［J］. 中国乳业（9）：17-19.

黄其永，2013. 德氏乳杆菌对哺乳仔猪消化器官及消化酶活性的影响研究［D］. 长沙：湖南农业大学.

黄帅，苗树君，张静芝，等，2010. 米曲霉对奶牛瘤胃降解率及日粮表观消化率的影响［J］. 中国牛业科学，36（6）：23-26，50.

黄雪泉，2010. 添加枯草芽孢杆菌制剂对仔猪生产性能的影响［J］. 中国畜牧兽医，37（7）：212-214.

黄怡，黄琴，崔志文，等，2012. 新生仔猪口服屎肠球菌对其肠道菌群组成及化学屏障的影响［J］. 中国畜牧兽医学报，7（32）：1007-1019.

黄志勇，王海胜，蒋培霞，等，2005. 几株光合细菌的分离鉴定及在养殖罗非鱼中的应用［J］. 微生物学通报，32（4）：72-78.

江永明，付天玺，张丽，等，2011. 微生物制剂对奥尼罗非鱼生长及消化酶活性的影响［J］. 水生生物学报，35（6）：998-1004.

赖玉娇，罗海玲，王朕朕，2014. 添加不同乳酸菌剂对苜蓿青贮营养价值的影响［J］. 中国畜牧兽医，41（8）：111-115.

李保珍，冯佳，谢树莲，2012. 沼泽红假单胞菌对微囊藻毒素的降解［J］. 生态学杂志，31（1）：119-123.
李冰，董征英，常维山，2012. 黑曲霉对黄曲霉毒素 B_1 的降解与应用研究［J］. 饲料博览（11）：6-10.
李国建，2004. 凝结芽孢杆菌替代抗生素对猪生产性能的影响［J］. 河南农业科学（10）：72-74.
李念珍，满春伟，孙静，等，2013. 鸡源戊糖片球菌微胶囊制剂对肉仔鸡生产性能和免疫器官指数的影响［J］. 四川农业大学学报，31（4）：444-450.
李鹏，马良，范寰，等，2013. 黑曲霉发酵酱油渣的研究［J］. 饲料工业，34（16）：46-48.
李瑞，侯改凤，黄其永，等，2013. 德氏乳杆菌对哺乳仔猪生长性能、血清生化指标、免疫和抗氧化功能的影响［J］. 动物营养学报，25（12）：2943-2950.
李云锋，邓军，张锦华，等，2011. 枯草芽孢杆菌对仔猪小肠局部天然免疫及 TLR 表达的影响［J］. 畜牧兽医学报，42（4）：562-566.
梁晋琼，2011. 采用枯草芽孢杆菌活菌制剂预防和治疗仔猪细菌性腹泻的研究［J］. 农业技术与装备（6）：64-65.
林裕胜，林智涛，林水龙，等，2014. 地衣芽孢杆菌对仔猪生长性能和腹泻率的影响［J］. 福建畜牧兽医，36（1）：11-12.
刘波，刘文斌，王恬，2005. 地衣芽孢杆菌在异育银鲫日粮中的应用［J］. 湛江海洋大学学报，25（6）：31-35.
刘观忠，赵国先，安胜英，等，2005. 高活性酵母培养物对蛋雏鸡生产性能的影响［J］. 四川畜牧兽医，1：31-33.
刘辉，季海峰，王四新，等，2011.2 种乳酸菌制剂对断奶仔猪生产性能的影响［J］. 饲料研究（11）：49-51.
刘辉，季海峰，张董燕，2013. 饲粮添加短乳杆菌对生长猪生长性能和血清生化指标的影响［J］. 动物营养学报，25（1）：182-189.
刘统，2012. 德氏乳杆菌对哺乳仔猪胃肠道微生物多样性影响研究［D］. 长沙：湖南农业大学.
刘伟学，武文斌，朱爱军，2012. 酪乳杆菌对断奶仔猪影响效果研究［J］. 饲料与畜牧（1）：27-28.
刘影，田国民，张峥，等，2010. 枯草芽孢杆菌对蛋种鸡生产性能的影响［J］. 饲料工业，31（16）：33-34.
陆俊贤，龚建森，倪同艳，等，2011. 枯草芽孢杆菌制剂对如皋黄鸡生长性能与屠宰性能的影响［J］. 江苏农业科学（1）：238-239.
骆超超，高学军，卢志勇，等，2010. 肠膜明串珠菌对奶牛产奶量和乳品质的影响［J］. 乳业科学与技术（2）：60-62.
马玉龙，许梓荣，尤萍，2004. 双歧杆菌对病原菌粘附肉鸡肠粘液的影响［J］. 上海交通大学学报，22（1）：90-93.
缪东，王升平，肖蕾，2013. 罗伊乳酸杆菌和纳豆芽孢杆菌对仔猪应用效果研究［J］. 湖南农业科学（9）：109-112.
么淑芬，刘景利，王子敬，2014. 肠膜明串珠菌发酵液对奶牛乳房炎及生产性能的影响［J］. 畜牧兽医科技信息（8）：26-27.
潘宝海，孙鸣，孙冬岩，等，2010. 酿酒酵母对仔猪生产性能和消化道微生物区系的影响［J］. 饲料研究（1）：68-69.
庞德公，杨红建，曹斌斌，等，2014. 高精料全混合日粮中产朊假丝酵母添加水平对体外瘤胃发酵特性和纤维降解的影响［J］. 动物营养学报，26（4）：940-946.
齐欣，魏雪生，陈颖，等，2007. 益生菌对彭泽鲫生长性能及水体环境的影响［J］. 中国饲料（17）：27-29.

祁风华，周立强，马红，等，2014. 嗜酸乳杆菌对黄羽肉鸡生长性能及营养物质代谢率的影响［J］. 畜牧与兽医，46（4）：17-19.

秦欢蕾，马秋刚，赵丽红，等，2012. 饮水中添加屎肠球菌及酸化剂对肉鸡饮水及采食的影响［J］. 中国畜牧杂志，48（17）：62-65.

邱燕，蔡春芳，代小芳，等，2010. 枯草芽孢杆菌对草鱼生长性能与肠道黏膜形态的影响［J］. 中国饲料（19）：34-36.

任克宁，张福元，王莹莹，等，2011. 白腐菌及黑曲霉对玉米秸秆生物降解的研究［J］. 中国饲料（3）：35-38.

宋丽华，刘太程，周振峰，2006. 酵母活性物对奶牛产奶量及乳成分的影响［J］. 中国畜牧兽医，33（5）：14-15.

宋蓉，许春苹，梁运祥，2013. 一株干酪乳杆菌对养殖水体亚硝酸盐去除机理的研究［J］. 淡水渔业（43）1：3-8.

孙冬岩，孙鸣，潘宝海，2009. 枯草芽孢杆菌对水质净化作用的研究［J］. 饲料研究（3）：58-59.

孙华，吴跃明，李亚学，等，2013. 体外法研究米曲霉培养物对瘤胃发酵参数及微生物酶活性的影响［J］. 中国畜牧杂志（49）11：37-40.

孙晓磊，2013. 苦豆籽粕-两歧双歧杆菌-唾液乳杆菌合生元对早期断奶仔猪生产性能及消化功能影响的研究［D］. 呼和浩特：内蒙古农业大学.

唐峰，王建发，刘秀萍，2013. 鸡源嗜酸乳杆菌对蛋雏鸡生长性能、肠道微生物菌群及吸收功能的影响［J］. 中国畜牧杂志，49（15）：73-77.

唐文富，黄江南，宋琼丽，等，2013. 日粮中添加益生菌对笼养蛋鸭产蛋性能及蛋品质的影响［J］. 江西农业学报，25（11）：95-96.

田经伟，徐东岩，王敏，2014. 复合双歧杆菌油乳剂的研制及防治仔猪腹泻和促生长效果的研究［J］. 吉林农业（19）：16.

王春芳，王彩玲，程茂基，2011. 黑曲霉固态生料发酵对棉粕中游离棉酚的影响［J］. 饲料博览（2）：25-26.

王聪，任金焕，刘强，等，2005. 酵母对奶牛泌乳性能及健康状况影响的研究［J］. 兽药与饲料添加剂，10（1）：7-9.

王浩，许丽，王文梅，等，2013. 戊糖片球菌对肉仔鸡生长性能、肉品质及抗氧化指标的影响［J］. 中国家禽，35（12）：28-32.

王琼，赵红梅，2007. 同源短乳杆菌对鸡肠黏膜 sIgA 分泌的影响［J］. 安徽农学通报，13（8）：44-45.

王士长，陈静，潘健存，等，2006. 植物乳杆菌对断奶仔猪生产性能和血液生化指标的影响［J］. 中国畜牧兽医，33（8）：67-70.

王向荣，张旭，蒋桂韬，等，2013. 凝结芽孢杆菌对蛋鸭产蛋性能、蛋品质及血清生化指标的影响［J］. 家畜生态学报，34（2）：69-74.

王晓磊，甄玉国，肖君，等，2014. 高产纤维素酶的米曲霉选育及固态发酵代谢产物对绵羊瘤胃体外发酵的影响［J］. 中国畜牧杂志，50（11）：46-48.

王学东，呙于明，姚娟，等，2007. 活性酵母在肉鸡日粮中的应用效果初探［J］. 中国饲料（9）：24-30.

王雪飞，2010. 苦豆籽粕-双歧杆菌合生元对 AA 肉仔鸡免疫功能影响的研究［D］. 呼和浩特：内蒙古农业大学.

王彦波，2010. 益生菌 *B. Coagulans* 对罗非鱼生长性能和肌肉营养成分的影响研究［J］. 饲料工业（z1）：74-77.

温建新，王华友，李焕明，2008. 乳酸 L-68 型粪肠球菌对肉鸡免疫功能的影响［J］. 山东畜牧兽医（29）：4-6.

温军辉，王彦波，韩剑众，2008. 载菌蒙托石改善鲫养殖水质和生长性能的研究［J］. 水产科学，27（11）：557-560.

文静，孙建安，周绪霞，等，2011. 屎肠球菌对仔猪生长性能、免疫和抗氧化功能的影响［J］. 浙江农业学报，23（1）：70-73.

吴建忠，杜冰，冯定远，2007. 乳酸芽孢杆菌制剂对黄羽肉鸡生产性能和免疫器官发育的影响［J］. 养禽与禽病防治（10）：8-10.

吴远根，彭湘屏，张晓娟，等，2009. 产朊假丝酵母固态发酵麻疯树饼粕产菌体蛋白的研究［J］. 食品工业科技，30（2）：161-164.

吴志宏，王颖，胡凡光，等，2013. 嗜酸乳杆菌对大菱鲆生长促进作用的研究［J］. 渔业现代化，40（4）：28-31.

肖定福，胡雄贵，罗彬，等，2008. 地衣芽孢杆菌对仔猪生产性能和猪舍氨浓度的影响［J］. 家畜生态学报，29（5）：74-77.

谢全喜，张建梅，谷巍，2013. 植物乳杆菌对肉鸡生长性能、免疫功能和抗氧化能为的影响［J］. 中国饲料（14）：26-30.

许禔森，2008. 德氏乳杆菌对鸡肠道菌群的影响［J］. 安徽农业科学，36（8）：3228-3229.

许志强，杨启银，吴向华，等，2004. 沼泽红假单胞菌在暗纹东方鲀育苗上的应用［J］. 南京师大学报：自然科学版，27（4）：85-88.

闫凤兰，卢峥，朱玉琴，1996. 肉仔鸡饲喂枯草芽孢杆菌（*Bacillus subtilis*）效果的研究［J］. 动物营养学报，8（4）：34-38.

杨红亚，崔红玉，闫帅，2013. 黑龙江散养鸡中一株乳酸菌的分离鉴定及益生特性和抗病毒特性研究［J］. 中国预防兽医学报，35（6）：444-448.

杨家军，钱坤，章薇，等，2014. 地衣芽孢杆菌对肉鸡生产性能、抗氧化及营养物质代谢的影响研究［J］. 中国兽医学报，34（5）：736-739.

杨莺莺，曹煜成，李卓佳，等，2009. PS1 沼泽红假单胞菌对集约化对虾养殖废水的净化作用［J］. 中国微生态学杂志，21（1）：4-6.

喻婷，邓兵，王丽霞，等，2014. 不同益生菌对樱桃谷肉鸭肉质形状的影响［J］. 上海畜牧兽医通讯（1）：29-31.

张董燕，季海峰，王晶，2011. 猪源罗伊氏乳酸杆菌对断奶仔猪生长性能和血清指标的影响［J］. 动物营养学报，23（9）：1553-1559.

张可毅，吕乐，张鑫，等，2011. 筛选酵母菌提高肉鸡生长速度和品质的研究［J］. 中国动物保健（6）：26-30.

张庆华，封永辉，王娟，等，2011. 地衣芽孢杆菌对养殖水体氨氮、残饵降解特性研究［J］. 水生生物学报，35（3）：498-503.

张仁义，陈家祥，蔡亚稻，等，2010. 地衣芽孢杆菌对肉鸡生产性能和屠宰性能的影响［J］. 福建农林大学学报：自然科学版，39（4）：384-387.

张英来，程起方，曹燕淑，等，2000. 饲喂百奥美速酵源对荷斯坦乳牛产奶量及乳品质的影响［J］. 中国奶牛（5）：20-22.

张玉华，2003. 纤维型腹泻断乳仔兔盲肠区菌群化及双歧杆菌对其调控的研究［D］. 保定：河北农业大学.

张志焱，李金敏，李伟，等，2012. 不同浓度植物乳杆菌对产蛋鸡生产性能及肠道酶活的影响［J］. 饲料广角（20）：20-21.

赵国群，张伟，张桂，2009. 辣椒粕发酵生产单细胞蛋白的菌种筛选研究［J］. 中国酿造，7：109-111.

周泉勇，刘林秀，宋琼莉，等，2013. 日粮中添加益生菌对蛋鸡产蛋性能及蛋品质的影响［J］. 饲料工业，34（24）：7-9.

周映华，吴胜莲，胡新旭，等，2012. 不同芽孢杆菌对断奶仔猪生产性能的影响［J］. 饲料工业，33（3）：21-23.

朱五文，施伟领，陈晓峰，2007. 不同剂量枯草芽孢杆菌制剂对断奶仔猪饲养效果试验［J］. 畜牧与兽医，39（8）：32-33.

朱延旭，尚尔彬，王占红，2012. BF-839 脆弱拟杆菌对肉仔鸡生产性能的影响［J］. 现代畜牧兽医（3）：40-42.

Abef，Ishibashi N，Shinmamura S，1995. Effect of administration of bifidobacteria and lactic acid bacteria to newborn calves and piglets［J］. Journal of Dairy Science，78（12）：2838-2346.

Adami A，Cavazzoni V，1999. Occurrence of selected bacterial groups in the faeces of piglets fed with Bacillus coagulans as probiotic［J］. J Basic Microbiol.，39（1）：3-9.

Adami A，Sandrucci A，Cavazzoni V，1997. Piglets fed from birth with the probiotic Bacillus coagulans as additive：zootechnical and microbiological aspects［J］. Ann Microbiol Enzimol.，47：139-149.

Aina Wang，Haifeng Yu，Xin Gao，Xiaojie Li，Shiyan Qiao，2009. Infuence of Lactobacillus fermentum I5007 on the intestinal and systemic immune responses of healthy and *E. coli* challenged piglets［J］. Antonie van Leeuwenhoek，96：89-98.

Alex T H，Shu Y L，Tsung Y Y，et al.，2012. Effects of *Bacillus coagulans* ATCC 7050 on growth performance intestinal morphology，and microflora composition in broiler chickens［J］. Animal Production Science，52：874-879.

AlZahal O，Dionissopoulos L，Laarman A H，et al.，2014. Active dry Saccharomyces cerevisiae can alleviate the effect of subacute ruminal acidosis in lactating dairy cows［J］. J Dairy Sci.，97：1-13.

Balcázar J L，Rojas-Luna T，2007. Inhibitory activity of probiotic *Bacillus subtilis* UTM 126 against vibrio species confers protection against vibriosis in juvenile shrimp（*Litopenaeus vannamei*）［J］. Curr Microbiol.，55（5）：409-412.

S Seifert，C Fritz，N Carlini，2011. Modulation of innate and adaptive immunity by the probiotic Bifidobacterium longum PCB133 in turkeys［J］. Poultry Science，（90）：2275-2280.

Broom L J，Miller H M，Kerr K G，et al.，2006. Effects of zinc oxide and *Enterococcus faecium* SF68 dietary supplementation on the performance，intestinal microbiota and immune status of weaned piglets［J］. Research in Veterinary Science，80：45-54.

Büsing K，Zeyner A，2014. Effects of oral Enterococcus faecium strain DSM 10663 NCIMB 10415 on diarrhoea patterns and performance of sucking piglets［J］. Benef Microbes，11：1-4.

C C Francisco，C S Chamberlain，D N Waldner，et al.，2002. Propionibacteria Fed to Dairy Cows：Effects on Energy Balance，Plasma Metabolites and Hormones.，and Reproduction［J］. J. Dairy Sci.，85：1738-1751.

Cao G T，Zeng X F，Chen A G，et al.，2013. Effects of a probiotic，Enterococcus faecium，on growth performance，intestinal morphology，immune response，and cecal microflora in broiler chickens challenged with *Escherichia coli* K88［J］. Poult Sci.，92（11）：2949-2955.

Capcarova M, Chmelnicna L, Kolesarova A, et al., 2010. Effects of Enterococcus faecium M 74 strain on selected blood and production parameters of laying hens [J]. Poult Sci., 51 (5): 614-620.

Capcarova M, Hascik P, Adriana K, et al., 2011. The effect of selected microbial strains on internal milieu of broiler chickens after peroral administration [J]. Research in Veterinary Science, 91 (1): 132-137.

D Taras, W Vahjen, 2006. Performance, diarrhea incidence, and occurrence of Escherichia coli virulence genes during long term administration of a probiotic Enterococcus faecium strain to sows and piglets [J]. J Anim Sci., 84: 608-617.

D R Stein, D T Allen, E B Perry, 2006. Effects of Feeding Propionibacteria to Dairy Cows on Milk Yield, Milk Components, and Reproduction [J]. J. Dairy Sci., 89: 111-125.

David F M, Arthur E B, Gary J N, et al., 1998. An investigation of vancomycin-resistant enterocicci faecium within the pediatric service of a large urban medical center [J]. Pediatr Infect Dis J., 17 (3): 184.

Denli M, Celik K, Okan F, 2003. Comparaitve elects of feeding diets containing Flavomycin, Bioteskin-L and dry yeast (*Saceharomyces cerevisive*) on borlier pefrormance [J]. Journal of Applied Animal Rsearch, 23 (2): 139-144.

Flores-Galarza, B Glatz, C Bern, and L Van Fossen, 1985. Preservation of high moisture corn by microbial fermentation [J]. J. Food Prot., 48: 467-511.

Giri S S, Sukumaran V, Oviya M, 2013. Potential probiotic *Lactobacillus plantarum* VSG3 improves the growth, immunity, and disease resistance of tropical freshwater fish, *Labeo rohita* [J]. Fish & Shellfish Immunol., 34 (2): 660-666.

Gueimonde M, Laitine K, Salminen S, 2007. Breast milk: a source of bifidobacteria for infant gut development and maturation [J]. Neonatology, 92 (1): 64-66.

H F Yu, A N Wang, X J Li and S Y Qiao, 2008. Effect of viable Lactobacillus fermentum on the growth performance, nutrient digestibility and immunity of weaned pigs [J]. Journal of Animal and Feed Sciences, 17, 61-69.

I Filya, E Sucu and A Karabulut, 2004. The effect of Propionibacterium acidipropionici, with or without Lactobacillus plantarum, on the fermentation and aerobic stability of wheat, sorghum and maize silages [J]. Journal of applied microbiology, 97 (4): 818-826.

Jian-Bin Huang, Yu-Chi Wu, Shau-Chi Chi, 2014. Dietary supplementation of *Pediococcus pentosaceus* enhances innate immunity, physiological health and resistance to *Vibrio anguillarum* in orange-spotted grouper (*Epinephelus coioides*) [J]. Fish & Shellfish Immunology, 39 (2): 196-205.

Jurgens M H, Rikabi R A, Zimmerman D R, 1997. The effect of dietary active dry yeast supplement on performance of sows during gestation-lactation and their pigs [J]. J Anim Sci., 75 (3): 593-597.

Knap I, Lund B, Kehlet A B, et al., 2010. *Bacillus licheniformis* prevents necrotic enteritis in broiler chickens [J]. Avian Dis., 54 (2): 930-935.

Kornegay E T, Risley C R, 1996. Nutrient digestibilities of a com-soybean meal diet as influenced by bacillusproducts fed to finishing swine [J]. J Anim Sci., 74: 799-805.

Kurtoglu V, Kurtoglu F, Seker E, et al., 2004. Effect of probiotic supplementation on laying hen diets on yield performance and serum and egg yolk cholesterol [J]. Food Addit Contam., 21 (9): 817-823.

Kyriakis S C, Tsiloyiannis V K, Vlemmas J, et al., 1999. The effect of probiotic LSP 122 on the control of post-weaning diarrhoea syndrome of piglets [J]. Res Vet Sci., 67 (3): 223-228.

La Ragione R M, Woodward M J, 2003. Competitive exclusion by *Bacillus subtilis* spores of *Salmonella enterica* serotype enteritidisand clostridium perfringensin young chickens [J] . Vet Microbiol. , 94: 245-256.

Li J, Li D, Gong L, et al. , 2006. Effects of live yeast on the performance, nutrient digestibility, gastrointestinal microbiota and concentration of volatile fatty acids in weanling pigs [J] . Arch Anim Nutr. , 60 (4): 277-288.

Li K, Zheng T, Tian Y, et al. , 2007. Beneficial effects of *Bacillus licheniformis* on the intestinal microflora and immunity of the white shrimp, *Litopenaeus vannamei* [J] . Biotechnol Lett. , 29 (4): 525-530.

Loh T C, Choe D W, Foo H L, et al. , 2014. Effects of feeding different postbiotic metabolite combinations produced by Lactobacillus plantarum strains on egg quality and production performance, faecal parameters and plasma cholesterol in laying hens [J] . BMC Veterinary Research, 10: 149.

M Nakphaichit, S Thanomwongwattana, C Phraephaisarn, N Sakamoto, S Keawsompong, J Nakayama, and S Nitisinprasert, 2011 . The effect of including Lactobacillus reuteri KUB-AC5 during post-hatchfeeding on the growth and ileum microbiota of broiler chickens [J] . Poultry Science (90) : 2753-2765.

Macsharry J, Mahony C, Shalaby K H, 2012. Immunomodulatory effect of feeding with *B. longum* on allergen induced lung inflammation in themouse [J] . Pulm Pharmacol Ther. , 25 (4): 325-334.

Malik P K, Marisa A M, Mario R R, et al. , 1999. Epidemiology and control of vancomycin-resistant enterococci in a regional neonatal intensive care unit [J] . Pediatr Infect Dis J. , 18 (4): 352.

Nancy J Tomes , Cummings I, 1991. Bacterial treatment to preserve silage [P] . United States Patent, Patent No: 4981705.

Onifade A A, Babahmde G M, 1996. Supplemental value of dried yeast ni a high—fibre diet for brolier chicks [J] . Animal Feed Science Technology, 62: 91-96.

S Vandeplas, R Dubois Dauphin, C Thiry, et al. , 2009. Efficiency of a Lactobacillus plantarum-xylanase combination on growth performances, microflora populations, and nutrient digestibilities of broilers infected with Salmonella Typhimurium [J] . Poultry Science, 88 (8): 1643-1654.

Sauer F D, J K G Kramer, and W J Cantwell, 1989. Antiketogenic effects of monensin in early lactation [J] . J. Dairy Sci. , 72: 436-442.

Seo B J, Rather I A, Kumar V J, et al. , 2012. Evaluation of Leuconostoc mesenteroides YML003 as a probiotic against low-pathogenic avian influenza (H9N2) virus in chickens [J] . J Appl Microbiol. , 113 (1): 163-171.

Son V M, Chang C C, Wu M C, et al. , 2009. Dietary administration of the probiotic, Lactobacillus plantarum, enhanced the growth, innate immune responses, and disease resistance of the grouper *Epinephelus coioides* [J] . Fish & Shellfish Immunol. , 26 (5): 691-698.

Suo C, Yin Y, Wang X, Lou X, et al. , 2012. Effects of *lactobacillus plantarum* ZJ316 on pig growth and pork quality [J] . BMC Veterinary Research, 8: 89.

T E Dawson , S R Rust , and M T Yokoyama. 1998. Improved Fermentation and Aerobic Stability of Ensiled, High Moisture Corn with the Use of *Propionibacterium acidipropionici* [J] . Journal of Dairy Science, 81 (4): 1015-1021.

Thomas G Rehberger, 2005. Propionibacterium P-63 for use in direct-feed microbials for animal feeds [P]. United States Patent, Patent No: US6887489B2.

Thomas G Rehberger, Wauwatosa, 2008. Direct-feed microbial [P] . United States Patent, Patent No: US6951643B2.

Tricarico J M, Abney M D, Galyean M L, 2007. Effects of a dietary *Aspergillus oryzae* extract containing a-amylase activity on performance and carcass characteristics of finishing beef cattle [J]. J. Anim. Sci., (85): 802-811.

Vendrell D, Balcázar J L, de Bias I, et al., 2008. Protection of rainbow trout (*Oncorhynchus mykiss*) from lactococcosis by probiotic bacteria [J]. Comp Immunol Microbiol Infect Dis., 31 (4): 337-345.

Veysel Akay, Richard G Dado, 2001. Effects of Propionibacterium Strain P5 on In-Vitro Volatile Fatty Acids Production and Digestibility of Fiber and Starch [J]. Turk J Vet Anim Sci., 25: 635-642.

W Hall, X L Zhang, D W Wang, et al., 2013. Effects of microencapsulated Enterococcus fecalis CG1.0007 on growth performance, antioxidation activity, and intestinal microbiota in broiler chickens [J]. Journal of Animal Science, 91 (9): 4374-4382.

Wang J, Ji H F, Wang S X, et al., 2012. Lactobacillus plantarum ZLP001: In vitro Assessment of oxidant Capacity and Effect on Growth Performance and Antioxidant Status in Weaning Piglets [J]. Asian-Australas J Anita Sci., 25 (8): 1153-1158.

Wohlt J E, Corcione T T, Zajac P K, 1998. Effect of yeast on feed intake and performance of cows fed diets based on corn silage during early lactation [J]. J Dairy Sci., 81 (5): 1345-1352.

Xing C F, Hu H H, Huang J B, et al., 2013. Diet supplementation of *Pediococcus pentosaceus* in cobia (*Rachycentron canadum*) enhances growth rate, respiratory burst and resistance against photobacteriosis [J]. Fish & Shellfish Immunol., 35 (4): 1122-1128.

Xu C L, Ji C, Ma Q, et al., 2006. Effects of a dried *Bacillus subtilis* culture on egg quality [J]. Poult Sci., 85: 364-368.

Zeyner A, Boldt E, 2006. Effects of a probiotic *Enterococcus faecium* strain supplemented from birth to weaning on diarrhoea patterns and performance of piglets [J]. J Anita Physiol Anim Nutr., 90: 25-31.

Zhou X, Tian Z, Wang Y, et al., 2010. Effect of treatment with probiotics as water additives on tilapia (*Oreochromis niloticus*) growth performance and immune response [J]. Fish Physiol Biochem., 36 (3): 501-509.

Zhou X, Wang Y, Gu Q, et al., 2010. Effect of dietary probiotic *Bacillus coagulans* on growth performance chemical composition and meat quality of Guangxi yellowchicken [J]. Poultm. Scie. nce., 89 (3): 588-593.

后　记

动物科学研究的不断进步和发现使我们充分认识到在自然条件下微生物的存在对宿主健康是十分重要的，同时微生物与宿主、微生物与微生物之间通过长期适应也构成了一种相互制约、相互依赖的生态平衡关系。饲用微生物的主要技术原理就是维护微生态平衡，有利于畜禽机体健康。然而，在实际应用中，饲用微生物产品并不能稳定发挥其作用，有时有效，有时无效。是什么原因导致这种现象发生还不清楚，因此，如何才能稳定饲用微生物的作用效果，以有效发挥其保健作用，这是一个摆在目前有关科技人员面前的关键问题之一。

一般而言，产品功效的稳定性常决定于产品自身质量是否稳定，其作用靶点是否准确，其作用条件是否满足。从实际应用情况看，目前允许使用的大多数饲用微生物菌种，都普遍缺乏主要活性成分、作用机制、作用靶点和作用条件的科学描述。由于缺乏明确的活性成分研究成果，在质量控制上只能用活细菌数量来判断，质量控制与产品功效缺乏直接关联。饲用微生物是一个活的细胞，其代谢产物复杂多样，而且随着环境条件变化还有可能发生改变。因此，微生物与宿主之间和微生物与微生物之间的关系总是处于不确定的状态中。这为研究饲用微生物的作用机制、作用靶点和作用条件平添了障碍，这也是至今研究过程中所面临的主要难题之一。由于缺乏充足的饲用微生物的科学依据，使得人们对其在实际应用过程中所出现的有时有效和有时无效的现象无法做出科学明确的解释。若长此以往，对饲用微生物即便使用时间再长，也无法摆脱依靠主观经验而使用的状态，而这种状态将直接限制饲用微生物产业的健康发展。

对饲用微生物的生物学特性研究还应加强，为能准确控制其质量创造条件。另外，还应加强对宿主亚健康形成因素的研究，比如营养代谢病研究。通过这些研究以在整体水平、组织学水平、细胞水平、分子水平上逐渐揭示影响动物机体亚健康的主要因素和关键节点，为筛选并最终建立饲用微生物的确切靶点提供科学依据。有了明确的靶点，加之搞清楚饲用微生物的生物学特征，我们就有可能通过“定靶筛选”或“非定靶筛选”等技术措施，研究开发出功能确切、效果稳定的饲用微生物产品。

图书在版编目（CIP）数据

饲用微生物学/佟建明主编．—北京：中国农业出版社，2018.6

“十三五”国家重点图书出版规划项目　当代动物营养与饲料科学精品专著

ISBN 978-7-109-23328-7

Ⅰ.①饲…　Ⅱ.①佟…　Ⅲ.①饲料—微生物学　Ⅳ.①S816.3

中国版本图书馆 CIP 数据核字（2017）第 219304 号

中国农业出版社出版

（北京市朝阳区麦子店街 18 号楼）

（邮政编码 100125）

责任编辑　刘　玮　黄向阳

北京通州皇家印刷厂印刷　　新华书店北京发行所发行

2018 年 11 月第 1 版　　2018 年 11 月北京第 1 次印刷

开本：787mm×1092mm 1/16　　印张：26.5

字数：620 千字

定价：198.00 元